普通高等教育“十二五”规划教材

工程流体力学
（水力学）

向文英　主　编
龙天渝　副主编
张　智　主　审

化学工业出版社
·北京·

本书分为两篇，上篇为基本理论篇，内容包括绪论、流体静力学、流体运动学与势流理论、流体动力学、相似原理与量纲分析、流动阻力与水头损失；下篇为工程应用篇，内容包括孔口、管嘴出流与有压管路、紊流射流与扩散、明渠均匀流、明渠非均匀流、堰流与闸孔出流、渗流、一维气体动力学基础。同时教材兼顾了国内外学者对教材的要求。

本书可作为普通高等院校给水排水工程、环境工程、市政工程、土木工程等专业师生的教材，也可作为工程技术人员和研究生入学考试的参考书，还可作为给水排水工程专业注册设备工程师的学习教材。

图书在版编目（CIP）数据

工程流体力学（水力学）/向文英主编．—北京：化学工业出版社，2015.2

普通高等教育“十二五”规划教材

ISBN 978-7-122-22578-8

Ⅰ.①工… Ⅱ.①向… Ⅲ.①工程力学-流体力学-高等学校-教材 Ⅳ.①TB126

中国版本图书馆 CIP 数据核字（2014）第 298191 号

责任编辑：满悦芝　　文字编辑：荣世芳

责任校对：宋　玮　　装帧设计：刘剑宁

出版发行：化学工业出版社（北京市东城区青年湖南街 13 号　邮政编码 100011）

印　　刷：北京永鑫印刷有限责任公司

装　　订：三河市宇新装订厂

787mm×1092mm　1/16　印张 20¼　字数 504 千字　2015 年 3 月北京第 1 版第 1 次印刷

购书咨询：010-64518888（传真：010-64519686）　售后服务：010-64518899

网　　址：http：//www.cip.com.cn

凡购买本书，如有缺损质量问题，本社销售中心负责调换。

定　　价：39.90 元

前言

本教材在编者多年教学实践和科学研究工作的基础上，在专业指导委员会的指导下编写而成。编写过程中学习了国内外先进的学科建设与教学经验，博采众家之长，力求具有较强的专业教育特色。按照全国高等学校环境工程与科学、给水排水、土木工程专业的最新教学大纲，和普通高等教育“十二五”国家级规划的要求，针对给水排水工程、环境工程、土木工程专业，解决工程中存在的水力学问题，既具有丰富的基础理论知识，又具有丰富的专业知识和极强的专业特色。真正让同学们感到工程流体力学（水力学）课程的工程性与重要性，学习起来具有更强的主动性和积极性。

本教材从基本理论、基本原理、计算方法出发，由浅入深，从简单的理想流体到复杂的实际流体，从一般的三维流动到简化的一维流动，学习起来更加易懂。根据给水排水工程专业、环境工程专业、土木工程专业的发展，融入新的前沿研究方向和实际工程经验，力求将经典理论与实际工程应用相结合，强化基础、重视实际、计算简便、思路清晰。

教材共包括13章，分为上篇和下篇两部分，上篇为基本理论篇，内容包括绪论、流体静力学、流体运动学与势流理论、流体动力学、相似原理与量纲分析、流动阻力与水头损失；下篇为工程应用篇，内容包括孔口、管嘴出流与有压管路、紊流射流与扩散、明渠均匀流、明渠非均匀流、堰流与闸孔出流、渗流、一维气体动力学基础。同时教材兼顾了国内外学者对教材的要求。

书中融入了科学研究的最新成果和技术资料，及时反映学科发展的方向和新知识，引入目前著名的大型工程三峡工程、南水北调工程作为实际例证。既拓宽专业知识面，又力求做到具有科学性、理论性、系统性和专业针对性。教材编写尽量考虑到不同层次同学的要求，由浅入深、循序渐进，具有较强的逻辑性与实用性。

参加本书编写的有重庆大学的龙天渝（第2章、第3章、第13章）；程光均（第5章、第9章、第12章）；向文英（第1章、第4章、第6章、第7章、第8章、第10章、第11章）；安强（第6～12章习题与答案）。本书由重庆大学张智主审。在编写过程中得到了校内外领导、老师们的帮助与支持，在此一并表示衷心感谢！

由于编者水平和时间有限，疏漏之处在所难免，欢迎读者提出宝贵意见！

编者

2015年1月

目 录

上篇 流体力学的基本理论

上篇

流体力学的基本理论

第1章　绪论

1.1　流体力学的任务及其发展史

流体是日常生活中不可缺少的物质之一，它广泛应用于水利工程、交通运输、土木、市政、环境、机械、船舶、化工、冶金、石油开采、矿业、生命科学等领域。本书重点研究在环境工程、市政给水排水工程、土木工程中流体的机械运动规律及其在工程中的应用，具体任务就是研究以水为代表的流体在污染防治、取用、输送、排泄和处理过程中的平衡和机械运动的规律及其在工程中的应用。水力学中水的基本规律同样适合于性质基本相同（牛顿流体）的其他液体和不可压缩气体。

流体力学（水力学）和其他学科一样是随着生产的发展而发展起来的一门古老而又新兴的科学。在我国，相传四千多年前就有了大禹治水；西汉武帝（公元前120—公元前111年）时期，为引洛水灌溉农田，在黄土高原上修建了龙首渠；公元256—210年间修建了都江堰、郑国渠、灵渠三大水利工程。其中都江堰工程至今还发挥着巨大的作用，造福于成都平原，在2008年5月12日四川汶川八级大地震中安然无恙。这些水利工程无疑显示出古代中国人民对水的运动规律的认识、利用和高度智慧。

国外，公元前250年欧洲出现了阿基米德定律。16世纪以后随着资本主义的发展，在城市建设、航海、机械等领域的发展需求推动下，形成了近代的自然科学，水力学得到了不断发展。18世纪中叶以后，随着牛顿古典力学的建立，也形成了古典流体力学，利用严密的数学分析方法建立了流体的基本运动方程，为工程流体力学奠定了理论基础。与此同时，生产的快速发展，形成了实验水力学，在明渠水流、有压管流、紊流理论等方面得到了大量的经验公式和图表。然而，这些公式缺少理论指导，受到较大的局限。直至20世纪，随着航空事业的迅猛发展，使得古典流体力学和实验水力学结合，形成现代流体力学。现代流体力学以古典流体力学的基本理论为基础，结合实验数据和经验公式，研究实际工程所要求的精度范围内的近似解。如侧重于理论，称为理论流体力学；侧重于应用则称为工程流体力学，如研究水体的也称为水力学，研究空气的称为空气动力学。

近代，我国人民在不断利用水体的自然资源和更好地满足人们生活生产需要过程中，修建了许多大型的水利工程，如葛洲坝水利枢纽、小浪底水利枢纽、三峡水利枢纽、南水北调工程等。这些工程为工程流体力学（水力学）积累了丰富的经验和大量现场实测数据。同样，航空航天事业在我国的快速发展，也为理论流体力学和工程流体力学积累了大量的研究成果和应用实例。

工程流体力学就是这样不断地随着数学、生产的发展而不断发展，因此它既是一门古老的学科，也是一门新兴学科。随着计算数学的发展、计算机技术的发展，流体力学派生出计算流体力学。随着生产的发展，派生出多相流体力学、环境流体力学、生物流体力学等。

1.2 连续介质模型

自然界的物质以三种形态存在，即固态、液态和气态。物质处于固态、液态和气态下，其力学特性不同，突出表现为它们对外力的承受能力不同。其中，固体物质由于其分子间距离很小，内聚力很大，可以保持一定的形状和体积，可承受一定量的拉力、压力和剪切力。液体和气体物质分子间距离较大，内聚力较小，都不能承受拉力，静止时也不能承受剪切力，仅在做相对运动时可承受剪切力，能承受较大的压力。因此，气体和液体统称为流体。

众所周知，不管何种形态的物质都是由分子组成的，以水为代表的液体和以空气为代表的气体也不例外。从微观的角度看，分子之间总是存在一定的空隙，并不断地进行着随机热运动。分子之间的这种空隙间距因物质的形态不同而不同。固态物质分子之间的空隙间距最小，液态物质次之，气态物质最大。以液态分子间的距离为例，相邻分子间的距离大约为3×10^{-10}m。分子之间随着热运动特性不断地发生碰撞，进行能量和动量交换。因此，从微观结构和运动上说，分子在空间或时间上都是不连续的。

工程流体力学中站在宏观角度，流体运动的特征尺度及特征时间远远大于分子间距及分子碰撞时间，不考虑分子的个别行为，从统计平均的观点，以工程实际问题所要求的宏观特性去研究流体运动，已完全能够满足实际工程问题所要求的精度。通常，假定流体由没有几何维度的流体质点组成，流体质点间没有空隙，连续地充满其所占据的几何空间，称这个假定为连续介质模型。所谓流体质点，是指微观上足够大而宏观上又充分小的流体分子微团，这些流体的分子微团内包含足够多的分子，它们的运动物理量按统计平均值考虑。宏观上充分小是指分子团的宏观尺寸远远小于所研究问题的特征尺度，使得分子团内各分子的物理量可以认为是均匀分布，并可将它近似地看成是一个几何上没有维度的点。

有了以上的连续介质模型，在以后的流体计算中，就可以利用数学上的连续函数理论计算和分析流体的物理性质和运动规律以及相关计算。当然，并不是所有流体都可以采用这一连续介质模型，如高空稀薄气体，原因在于高空稀薄气体由于分子间距太大而无法按连续介质模型进行计算。

与此同时，在连续介质模型的基础上，一般还认为流体具有均匀性和各向同性，即均质流体。当然流体随着其本身具有的性质和边界条件不同也会发生变化。

1.3 流体的主要物理性质

1.3.1 易流动性

流体在静止时不能承受剪切力，即使在很小的剪切力作用下，静止流体都将发生连续不断的变形运动，直到剪切力消失为止，这称为流体的易流动性。液体与气体两者的差别在于液体分子内聚力比气体分子内聚力大得多，液体具有一定的体积，但无一定的形状；气体则是可以充满任何形状的体积，既不具有一定的体积也无一定的形状。气体易于压缩，而液体难以压缩。但当气体流速远小于声速时，气体的密度变化很小，气体的运动规律与液体相同。

1.3.2 流体的密度

流体密度是指单位体积流体具有的质量，以“ρ”表示。密度是反映流体惯性特性的物理量。设均质流体质量为 M，体积为 V，则其密度为

$$\rho = M/V \tag{1-1}$$

非均质流体，对于流体中某点的密度可表示为：

$$\rho = \lim_{\Delta V \to 0} \frac{\Delta m}{\Delta V} \tag{1-2}$$

式中，Δm、ΔV 分别为微元体的质量和体积。密度 ρ 的单位为 kg/m^3。流体的密度随温度和压强而变化，在压强变化不太大时，密度主要随温度而变化。表 1-1 为标准大气压下水的密度。

在给水排水工程、环境工程和土木工程的水力计算问题中，通常采用一个标准大气压、温度为 4℃时的水的密度：$\rho = 1000kg/m^3$。

表 1-1 水的密度（标准大气压下）

温度 t/℃	0	4	10	15	20	25	30
密度 ρ/(kg/m^3)	999.9	1000.0	999.7	999.1	998.2	997.0	995.7
温度 t/℃	40	50	60	70	80	90	100
密度 ρ/(kg/m^3)	992.2	988.0	983.2	977.8	971.8	965.3	958.4

为反映流体的重力特征，称单位体积流体所具有的重量为流体的容重或重度，以“γ”表示。容重与密度的关系为：

$$\gamma = \rho g \tag{1-3}$$

一个标准大气压下，4℃的水容重 $\gamma = \rho g = 9800N/m^3$。常温常压下水银密度为 $\rho_{Hg} = 13.6 \times 10^3 kg/m^3$，容重为 $\gamma_{Hg} = 133.3 \times 10^3 N/m^3$。20℃常压下干空气的密度为 $\rho_{空气} = 1.2kg/m^3$，容重为 $\gamma_{空气} = 11.8N/m^3$。

1.3.3 流体的黏性与理想流体模型

1.3.3.1 流体的黏性

流体在做相对运动时具有抵抗剪切变形的能力，这种特性称为流体的黏性或黏滞性。黏性是流体本身的属性，相对运动时黏性以内摩擦力体现，也称剪切力。流体在运动过程中内摩擦力做功转换为热能消失，从而使流体产生机械能损失。

流体产生黏性的原因体现在两个方面：一是流体分子内聚力；二是分子碰撞引起的动量交换。对于液体，分子内聚力随温度升高而减小，分子碰撞引起的动量交换则随温度升高而增大，但液体分子的动量交换对液体黏性的影响不大，故液体的温度升高时黏性减小。气体因内聚力较小，黏性主要由分子碰撞引起的动量交换产生，温度升高，动量交换加剧，因此，气体黏性随温度升高而增大。

可用黏性系数表示流体黏性的强弱，如动力黏滞系数或运动黏性系数。动力黏滞系数以“μ”表示，其国际制单位为 $N \cdot s/m^2$ 或 $Pa \cdot s$，也称为动力黏度。μ 表示单位角变形速度所引起的内摩擦力。运动黏性系数综合反映流体的黏性和密度的相对比值，以“ν”表示，即：

$$\nu=\frac{\mu}{\rho} \tag{1-4}$$

运动黏性系数的国际制单位为 m^2/s。液体的黏性强弱可以用动力黏性系数 μ 或运动黏性系数 ν 度量。黏性系数的值大，黏性越强；相反，黏性系数的值小，黏性越弱。影响黏性系数的因素有压力和温度，其中压力的影响很小，因而温度起着决定性作用。表 1-2 列出了不同温度下水体的黏性系数 μ 、ν 的值。

水的运动黏性系数还可以按下列经验公式计算

$$\nu=\frac{0.01775}{1+0.0337t+0.000221t^2} \tag{1-5}$$

式中，t 为水温，以℃计；ν 的单位为 cm^2/s。

表 1-2　不同水温下的黏性系数值

温度 t/℃	0	5	10	15	20	25	30	35
ν/($10^{-6}m^2/s$)	1.785	1.519	1.306	1.139	1.003	0.893	0.800	0.727
μ/($10^{-3}N/m^2$)	1.781	1.518	1.307	1.139	1.002	0.890	0.798	0.723
温度 t/℃	40	45	50	60	70	80	90	100
ν/($10^{-6}m^2/s$)	0.658	0.605	0.553	0.474	0.413	0.364	0.326	0.294
μ/($10^{-3}N/m^2$)	0.653	0.599	0.547	0.466	0.404	0.354	0.315	0.282

1.3.3.2　牛顿内摩擦定律

实际流体总是具有黏性的，静止时也不例外。若流体做相对运动，则各流层之间或流体与固壁之间便产生了剪切力，即内摩擦力。内摩擦力的大小与两流层的接触面积或流体与固壁的接触面积的大小有关，当然还与流体本身具有的黏性强弱和相对运动的快慢有关，这一点可通过下面的实验加以验证。

设一水槽中水体作二维平行直线运动，见图 1-1(a)。由于水槽内水很浅，可近似认为其内沿水深方向的速度成线形分布。当水面放置一平板，并给一拉力使其做匀速运动，则水体

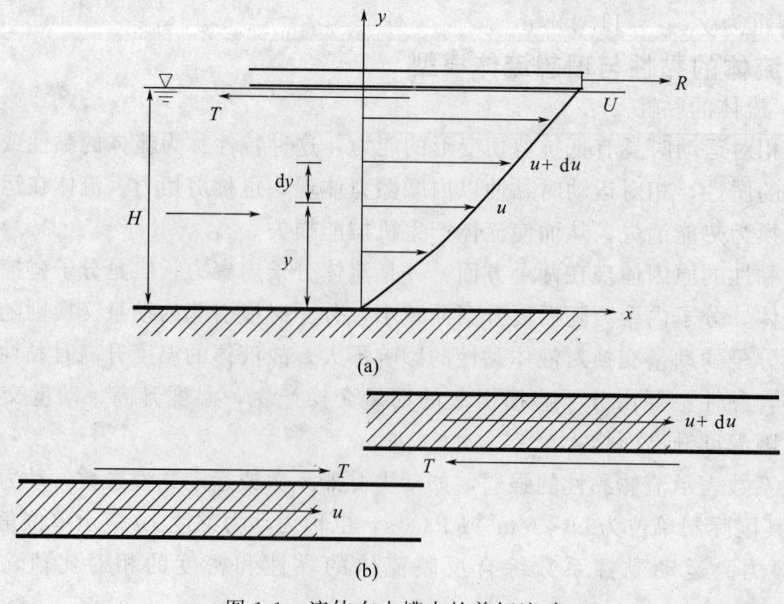

图 1-1　流体在水槽中的剪切流动

给予平板的摩擦力可由作用在平板上的拉力测得。经多次反复测得剪切力 T 与平板的面积 A、速度 U、流体黏度 μ 成正比，与水槽深度 H 成反比。即为：

$$T = A\mu \frac{U}{H} \tag{1-6}$$

根据速度三角形，可知任意点的速度为：$u(y)=\frac{U}{H}y$，则 $\frac{\mathrm{d}u}{\mathrm{d}y}=\frac{U}{H}$，有：

$$\tau = \mu \frac{\mathrm{d}u}{\mathrm{d}y} \tag{1-7}$$

式中，τ 为单位面积上的内摩擦力，$\tau=\mu\frac{T}{A}$ 称为内摩擦切应力，简称切应力；μ 为动力黏滞系数，其值随流体种类及温度、压强的不同而异；$\frac{\mathrm{d}u}{\mathrm{d}y}$ 为流速梯度，为两流层流速差与距离的比值。

式(1-7) 即为牛顿内摩擦定律，它反映流体做相对运动时，各流层间及流体与固壁间的内摩擦切应力与流体黏性及流速梯度成正比。

值得提出的是牛顿内摩擦定律是针对流体质点做有规则的一层一层向前运动而不相互混掺的流动，后面的理论中这种流动称为层流运动。由于流体具有黏性，因而各个流层的流速并不相等，固壁上的流体质点由于黏性的作用而粘在固壁上不动，速度等于固壁的速度。对于流体中的任意流层，上层流速为 $u+\mathrm{d}u$，相邻下层流速为 u。在这两流层之间将出现成对的切应力，如图 1-1（b）所示。下层流体对上层流体起阻碍作用，则内摩擦力与流速方向相反；与此同时，上层流体对下层流体起推动作用，内摩擦力与流速方向相同。这两个内摩擦力大小相等、方向相反。在流动过程中，内摩擦力作功，从而消耗掉流体的机械能，产生了机械能损失，这将在后面的章节中详细讨论。

牛顿内摩擦定律还可以由流体微团的剪切变形速率确定。

在两层流体 $u+\mathrm{d}u$、u 层中取出一高度为 $\mathrm{d}y$ 的矩形微元体 $ABCD$，经过 $\mathrm{d}t$ 时间后，微团变形为 $A'B'C'D'$，并产生了一角变形，如图 1-2 所示。

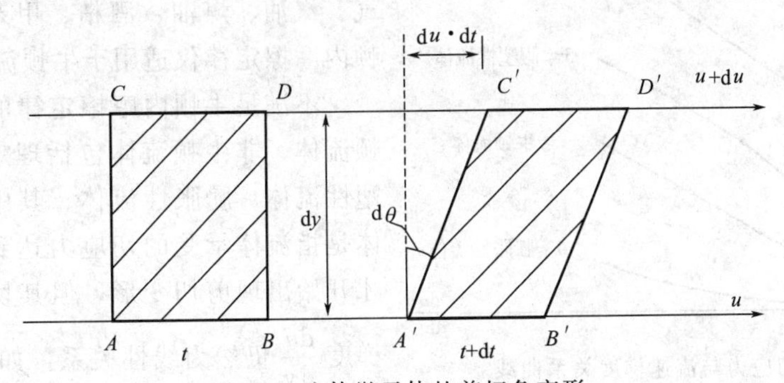

图 1-2 流体微元体的剪切角变形

由于上下流层存在流速差 $\mathrm{d}u$，经 $\mathrm{d}t$ 时间后微元体形状发生变化，由原来的矩形变为平行四边形，即产生了剪切变形（或角变形），微元体产生了 $\mathrm{d}\theta$ 的角变形，其剪切变形速度为 $\frac{\mathrm{d}\theta}{\mathrm{d}t}$。上层流体较下层流体多移动了距离 $\mathrm{d}u\mathrm{d}t$，则有：

$$\mathrm{d}\theta \approx \tan(\mathrm{d}\theta) = \frac{\mathrm{d}u\mathrm{d}t}{\mathrm{d}y}$$

$$所以\frac{du}{dy}=\frac{d\theta}{dt} \tag{1-8}$$

将式(1-8) 代入式(1-7)，牛顿内摩擦定律又可写为：

$$\tau=\mu\frac{d\theta}{dt}=\mu\frac{du}{dy} \tag{1-9}$$

式(1-9) 表明：流体做层流运动时，相邻流层之间所产生的内摩擦切应力的大小与剪切角变形速度成正比。

【例 1-1】 有一底面积为 1m×0.5m 的平板，质量为 5kg，沿一与水平面成 20°角的斜面匀速下滑，见图 1-3。已知水的温度为 20℃，平板与斜面的距离为 0.6mm。试求平板运动的速度和受到的摩擦力为多少？

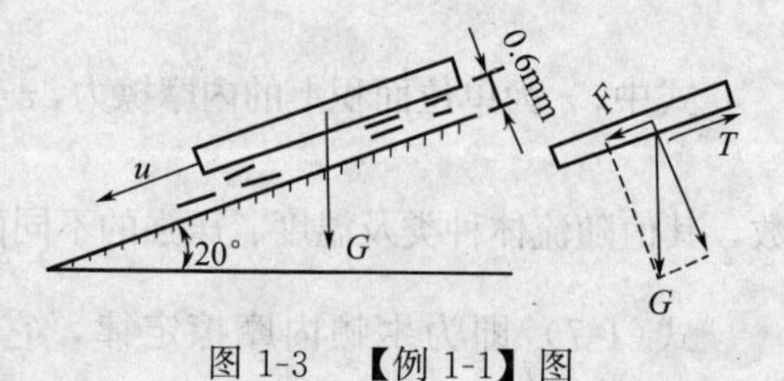

图 1-3 【例 1-1】图

【解】 根据题目已知水温，查表 1-2 得此温度下水的动力黏度 $\mu=1.002\times10^{-3}$ Pa·s。

由于平板沿斜面匀速下滑，其摩擦力等于重力的分力，有：

$$T=G\sin\theta=5\times9.8\sin20\text{N/m}^2=16.76\text{N/m}^2$$

根据牛顿内摩擦定律，采用式 (1-9)：$\tau=\mu\frac{du}{dy}\approx\mu\frac{u}{y}=\frac{T}{A}$

得：$u=y\frac{T}{\mu A}=0.0006\times\frac{16.76}{1.002\times10^{-3}\times1\times0.5}\text{m/s}=20.07\text{m/s}$

1.3.3.3 牛顿流体与非牛顿流体

按式(1-9) 可绘出切应力与流速梯度的关系曲线，见图 1-4 中曲线 1。该曲线为一条过圆心的直线，即是在温度不变的条件下，切应力随流速梯度呈线性增长，并且，当剪切变形速度为零时，切应力也为零，满足这种条件的流体称为牛顿流体。日常生活中有水、空气、汽油、煤油、酒精、甲苯、乙醇等。牛顿内摩擦定律仅适用于牛顿流体。

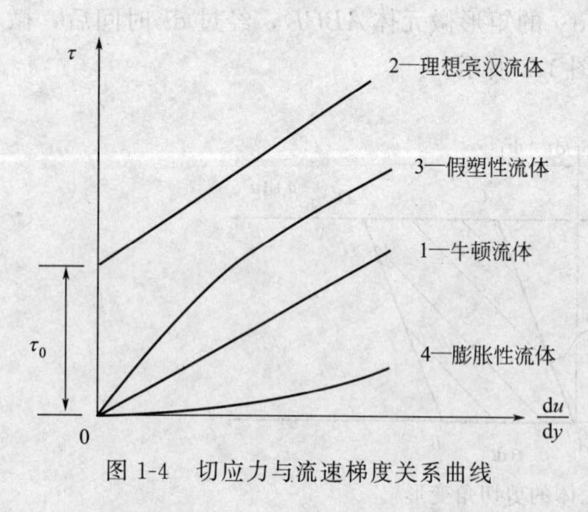

图 1-4 切应力与流速梯度关系曲线

不满足牛顿内摩擦定律的流体称为非牛顿流体。非牛顿流体包括理想宾汉流体、假塑性流体、膨胀性流体。其中，理想宾汉流体是指流体承受的切应力达到某一值 τ_0 时，才开始出现剪切变形，但其切应力 τ 与流速梯度 $\frac{du}{dy}$ 仍然为线性关系，如泥浆、血浆等，图中为曲线 2。图 1-4 中曲线 3 为假塑性流体，这类流体有尼龙、橡胶溶液、颜料、油漆等；曲线 4 为膨胀性流体，这类流体有生面团、浓淀粉糊等。假塑性流体与膨胀性流体的切应力 τ 与流速梯度 $\frac{du}{dy}$ 均为非线性关系。在本书范围内只讨论牛顿流体。

1.3.3.4 理想液体模型

如某种流体的黏性系数为零，称其为理想流体，这种流体在现实生活中实际上是不存在的。但总有一些流体的黏性系数很小，或是在特定条件下忽略其黏性以简化计算，它并不影响整个系统的计算精度。对于这种简化模型称理想流体模型。

实际流体边界条件具有多样性，因此流动极其复杂，理论分析和数学求解非常困难。有了“理想流体”的概念和理想流体模型的简化后使计算大为简化，理想液体模型带来的误差，用实验加以修正。这在以后的分析中经常采用。

1.3.4 流体的压缩性与不可压缩模型

1.3.4.1 液体的压缩性

作用在流体上的压强增加，流体体积减少；相反，压强减小，流体的体积增加，这种性质称流体的压缩性。流体的压缩性可用压缩系数 β 表示，有时也将这种特性称为弹性，采用体积弹性系数 K 表示。

设流体的体积为 V，当其上压强增加 $\mathrm{d}p$，则体积减少了 $\mathrm{d}V$，密度增加了 $\mathrm{d}\rho$。则流体压缩系数 β 可表示为：

$$\beta=-\frac{\frac{\mathrm{d}V}{V}}{\mathrm{d}p}=\frac{\frac{\mathrm{d}\rho}{\rho}}{\mathrm{d}p} \tag{1-10}$$

压缩系数单位为 $\mathrm{m^2/N}$，即压强单位的倒数。“—”表示体积变化与压强变化方向相反。压缩系数反映了体积随压强成负向变化，密度随压强成正向变化的关系，即压强增加，流体的体积减少，而密度加大。体积弹性系数则定义为压缩系数的倒数，为：

$$K=\frac{1}{\beta}=-\frac{\mathrm{d}p}{\frac{\mathrm{d}V}{V}}=\frac{\mathrm{d}p}{\frac{\mathrm{d}\rho}{\rho}} \tag{1-11}$$

体积弹性系数的单位为 $\mathrm{N/m^2}$。不同流体，压缩性和弹性不同，但同种流体其压缩性和弹性也随温度、压强而不同。以水为例，常温下水的压缩系数为 $\beta=5\times10^{-10}\mathrm{m^2/N}$，并且水的压缩系数随温度、压强变化较小。

流体体积不但受到压力的影响，还受到温度的影响。当流体温度升高，体积膨胀；温度降低，体积缩小，流体的这种性质称为流体的膨胀性或热胀性。可用体积膨胀系数 α_T 表示。设流体的温度增加 $\mathrm{d}T$，体积膨胀系数 α_T 定义为：

$$\alpha_T=\frac{\frac{\mathrm{d}V}{V}}{\mathrm{d}T}=-\frac{\frac{\mathrm{d}\rho}{\rho}}{\mathrm{d}T} \tag{1-12}$$

体积膨胀系数的单位为 $\mathrm{T^{-1}}$。与压缩系数一样，水的热膨胀系数很小，一般可忽略不计。只有在一些特殊情况下方计入其压缩性和膨胀性。如有压管路中的水击现象由于压力过大，必须考虑液体的可压缩性；热水采暖等问题则需考虑液体的膨胀性。

1.3.4.2 气体的压缩性

气体具有显著的压缩性和膨胀性。温度与压强的变化对气体的密度影响很大。在温度不过低，压强不过高时，气体的密度、压强和温度服从理想气体的状态方程。即：

$$\frac{p}{\rho}=RT \tag{1-13}$$

式中，p 为气体的绝对压强，$\mathrm{N/m^2}$；T 为气体的热力学温度，K；R 为气体常数，$\mathrm{m\cdot N/(kg\cdot K)}$，对于空气 $R=287\mathrm{m\cdot N/(kg\cdot K)}$，其他气体 $R=\frac{8314}{n}\mathrm{m\cdot N/(kg\cdot K)}$，

n 为气体的相对分子质量；ρ 为气体的密度，kg/m^3。

当气体处于等温过程，气体温度为常数，$RT=const$。气体流动前后两个地点的压强与密度之比相等，即：

$$\frac{p}{\rho}=\frac{p_1}{\rho_1} \tag{1-14}$$

式(1-14) 反映了气体处于等温过程时压强与密度呈正比的关系。但必须注意，气体并不是无限可压的，气体具有一个极限密度，也就对应一个极限压强。超过这个极限密度，无论压强增加多少，气体的密度不再增加。因此式(1-14) 仅适合于气体密度远小于极限密度时。

在定压过程中，气体压强为常数，气体的状态方程变形为：

$$\rho_0 T_0=\rho T \tag{1-15}$$

式中，ρ_0 为热力学温度 $T_0=273K$ 时的气体密度，kg/m^3；ρ、T 为定压过程中任一地点处气体的密度与温度。

在绝热过程中，气体与外界无热量交换，也称等熵过程。气体满足如下方程：

$$\frac{p}{\rho^k}=const \tag{1-16}$$

式中，k 为绝热指数，对于空气和多原子气体，常温下可取 1.4。

1.3.4.3　不可缩压模型

水和其他液体的压缩性很小，气体的压缩系数比液体的压缩系数大，但在常温常压下气体流速远小于声速时，可不计其可压缩性，这个假定称为流体的不可压缩模型。对于水击现象和长距离气体的输送等必须除外。

1.3.5　表面张力特性

表面张力特性是液体独有的性质，常常发生在液体的自由表面上。所谓自由表面是指与大气相接触的表面。同时主要作用在具有曲面特征的固体壁面上。它是在分子作用半径范围内，由于分子引力大于斥力而在表层沿表面方向产生的张力，称为表面张力，液体在表面张力作用下具有尽量缩小其表面的趋势，通常用表面张力系数 σ 度量。表面张力系数是指单位长度上所受到的表面张力的大小，其单位为 N/m。表面张力系数的值随液体种类和温度而变化，在 20℃时，水的表面张力系数为 $\sigma_{H_2O}=0.0728N/m$，水银为 $\sigma_{Hg}=0.514N/m$。

表面张力很小，一般情况下可忽略不计，仅当研究某些特殊问题时，如微小液滴的运动，水深很浅的明渠水流和堰流等，其影响则不能忽略。

表面张力的大小一方面与液体本身的性质有关，同时与液体接触的曲面的曲率半径大小

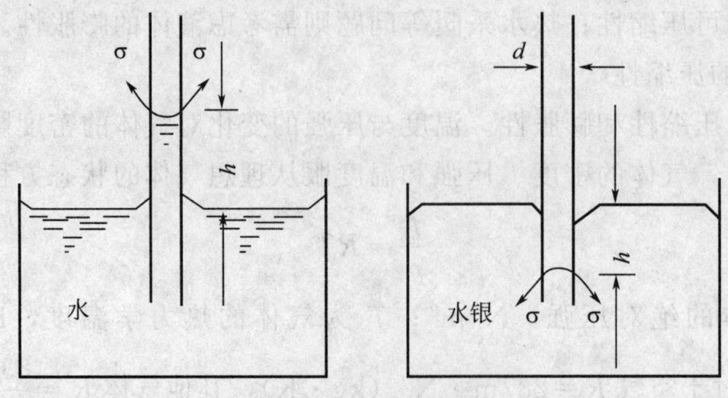

图 1-5　毛细管现象

有密切关系。

取盛有水和水银的两个容器，其内各插入一根直径为 d 的细玻璃管。在自由表面由于表面张力作用，与固体壁面接触的水面上升，水银面下降，这种现象也称毛细管现象，见图 1-5。

毛细管中液面升高或降低 h 的大小与管径大小以及液体的性质有关，可以通过力平衡计算出其值，作用在毛细管内水体的力只有表面张力和水体本身的重力。在水温 20℃、直径为 d 的玻璃管中的水面高出容器水面的高度 h 为

$$h(\mathrm{mm})=\frac{29.8}{d} \tag{1-17}$$

对于水银，玻璃管中水银液面低于容器液面的高度 h 为

$$h(\mathrm{mm})=\frac{10.15}{d} \tag{1-18}$$

由此可见，玻璃管管径越小，毛细管液面升高值 h 越大，为避免由于毛细现象影响测试精度而带来误差，测管直径尽量大于 10mm。同时在测试时注意读数的位置面以保持准确。

1.3.6 汽化压强

液体分子逸出液面向空中扩散的过程称汽化，汽化的逆过程称凝结。任何时刻都存在汽化与凝结两种过程，只是何者占上风而已，其结果是或者液体汽化为蒸汽，或者蒸汽液化为液体，日常生活中随时可见。只有在汽化与凝结达到动平衡时，宏观的汽化现象或凝结现象停止，此时液面的压强即汽化压强。汽化压强一般以“p_v”表示，单位为 kN/m^2。同样，汽化压强随温度升高而升高。以水为例：水温 $t=0℃$，汽化压强 $p_v=0.61kN/m^2$；水温 $t=100℃$，汽化压强 $p_v=101.33kN/m^2$。各温度下的汽化压强见表 1-3。

表 1-3 各温度下水的汽化压强

水温 t/℃	0	5	10	15	20	25	30
汽化压强 $p_v/(kN/m^2)$	0.61	0.87	1.23	1.70	2.34	3.17	4.24
水温 t/℃	40	50	60	70	80	90	100
汽化压强 $p_v/(kN/m^2)$	7.38	12.33	19.92	31.16	47.31	70.10	101.33

工程中经常会遇到液体某处的实际压强小于汽化压强，这时便在该处产生汽化现象，也称空化现象和汽蚀。气蚀是一种不良现象，它对固壁产生破坏作用。如在水工建筑物和流体机械中常常因为气蚀现象而出现固壁破坏，因此工程中要求极力避免。

1.4 作用在流体上的力

流体和固体一样，无论是处于平衡状态还是处于运动状态都要受到各种不同的力作用，按力的物理性质分有重力、压力、黏滞力、弹性力、表面张力和惯性力等。然而，在流体力学中常常按作用方式将这些力分为两大类，即质量力、表面力。

1.4.1 质量力

当力作用在流体质点上，与质量成正比时称之为质量力，以“F”表示，单位为 N、kN，这些力包括重力、惯性力。重力是地球对流体的吸引力，与质量成正比，即 $G=mg$；

惯性力因流体作加速运动而产生，也是与质量成正比，$I=ma$。

对于均质流体，其质量与体积成正比，质量力又称为体积力。在具体计算中，根据坐标轴的不同，可在不同坐标轴上分解 F_x、F_y、F_z。

单位质量的流体所受到的质量力称为单位质量力，以“f”表示，在不同坐标轴上分解 X、Y、Z，有时也用 f_x、f_y、f_z 表示。则：

$$f=\frac{F}{M} \tag{1-19}$$

$$\begin{cases} X=\dfrac{F_x}{M} \\ Y=\dfrac{F_y}{M} \\ Z=\dfrac{F_z}{M} \end{cases} \tag{1-20}$$

单位质量力的单位为 m/s^2，它与重力加速度 g、加速度 a 相同。对于重力来说，其单位质量力就是重力加速度 g，对于惯性力的单位质量力即是加速度 a。

1.4.2 表面力

当力作用在流体的表面，与表面积成正时称为表面力，主要的表面力有压力、黏滞力等。根据表面力作用方向的不同又分为压力和切力。

压力是垂直于表面的力，以“P”表示。切力是平行于作用面的力，以“T”表示，两者的单位都是 N、kN。

对于单位面积上受到的压力称压应力，以“p”表示，也称压强。单位面积上受到的切力称切应力，以“τ”表示。两者的单位为 N/m^2 (Pa)、kN/m^2。

对于流体中的某一微元体，在其表面积 ΔA 上的作用压力为 ΔP，则当微元体无限缩小为一点时，则该点的压强为：

$$p=\lim_{\Delta A \to 0}\frac{\Delta P}{\Delta A} \tag{1-21}$$

若在表面积 ΔA 上作用 ΔT 的切力时，该点的切应力为：

$$\tau=\lim_{\Delta A \to 0}\frac{\Delta T}{\Delta A} \tag{1-22}$$

对于流体中某点的压应力，在静力学中称静压强，动力学中称动压强。

1.5 流体力学的研究方法

为了学好工程流体力学（水力学），必须了解其研究方法。流体的流动较固体更加复杂，由于自身的特点决定了受外界影响较大。一方面必须用理论方法，主要是经典力学、数学的基本方法去分析它的流动；另一方面，在理论无法达到的时候必须采用实验的方法总结经验，在实验室用模型，或在现场原型测试具体的实验数据加以总结。与此同时，还要借助于现代科学的手段，结合计算机进行数值分析模拟计算。三者结合，进一步推动工程流体力学（水力学）向前发展。

1.5.1 理论分析法

理论分析法即是在连续介质假定基础上，应用经典力学的基本原理如牛顿三大定律，动能、动量定律，质量守恒原理，结合流体的运动规律，建立流体力学的基本方程，这种方法称理论分析法。

在理论分析法中，往往要借助于数学分析法、微积分理论，采用无限微量法或有限控制体法。无限微量法是指在流场中取微小控制体微团，分析其运动和受力情况，然后建立微分方程，积分并扩大到整个流场中。有限控制体法是在流场中取固定有限控制体空间，分析在该空间内流体的变化与运动状态，从而建立起流场的微分方程。

1.5.2 实验方法

实验方法包括原型观测、模型试验、系统实验和模拟实验等方法。

原型观测主要是对大型工程，直接测试各物理量，收集第一手资料总结规律。

模型试验则是按一定比例关系将工程缩小，在模型上演示各种水流现象，分析设计方案可行性，考察水流条件的优劣，对方案、投资、安全等因素进行分析研究。

系统实验需根据某种目的，在实验室内进行局部的试验测试。

模拟实验则是运用电流、气流、水的相似性进行相互间的模拟研究。

以上这些方法均属实验的方法，或称物理模型。

1.5.3 数值计算方法

随着电子计算机的高速发展，流体力学中的流场问题研究常常采用数值计算的方法，即是根据流体力学方程编制计算程序，通过计算机进行数学模拟计算，也称数学模型。近年来，云计算的发展，使得流体力学的数值计算越来越向着投资省、见效快的方向发展。

以上三种方法相辅相成，数学模型指导实验，实验对理论进行补充和完善，并加快理论的发展；反之，理论又指导数学模型和实验研究。

习　题

1-1　流体的压缩性与什么因素有关？

1-2　动力黏性系数及运动黏性系数分别反映流体的什么性质？它们的量纲分别是什么？

1-3　什么是流体的表面力？什么是流体的质量力？它们的大小分别与什么因素有关？

1-4　体积为 0.5m^3 的油料，重量为 4410N，试求该油料的密度是多少？

1-5　水在温度 18℃时，如密度取为 $\rho=998\text{kg/m}^3$，求该水的动力黏滞系数 μ 及运动黏滞系数 ν。

1-6　活塞加压，缸体内液体的压强为 0.1MPa 时，体积为 1000cm^3，压强为 10MPa 时，体积为 995cm^3。试求液体的体积模量。

1-7　一金属导线从充满绝缘液体涂料的模具中拉过。已知导线直径为 0.9mm，长度为 20mm，涂料的黏度 $\mu=0.02\text{Pa}\cdot\text{s}$。导线牵引速度为 50m/s，试求所需牵拉力。

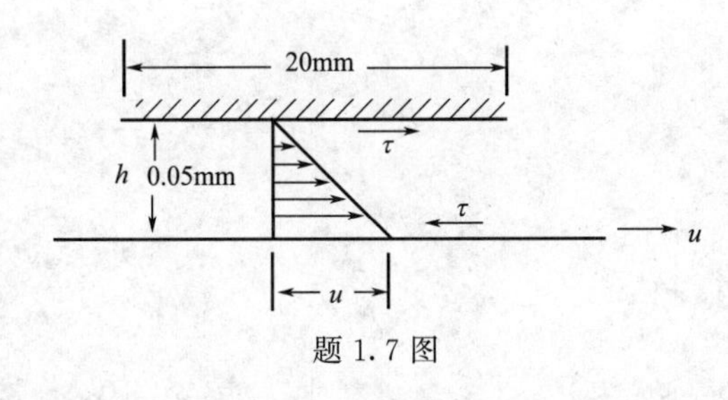

题 1.7 图

1-8　如图所示转筒黏度计，外筒以角速度 n（r/min）转动，通过两筒间的液体将力矩传至内筒。内筒挂于一转轴下，轴所受扭矩 M 可由其转角来测定。若两筒间的间隙 $\delta=r_2-r_1$，底部对内筒的影响不计。试证明动力黏性系数 μ 的计算公式为 $\mu=\dfrac{15M\delta}{\pi^2 r_1^2 r_2 hn}$。

1-9　有一底面积为50cm×50cm的木板，质量为2.5kg，沿一与水平面成20°角的斜面下滑，油的动力黏度μ为0.05Pa·s，求木板运动的速度。

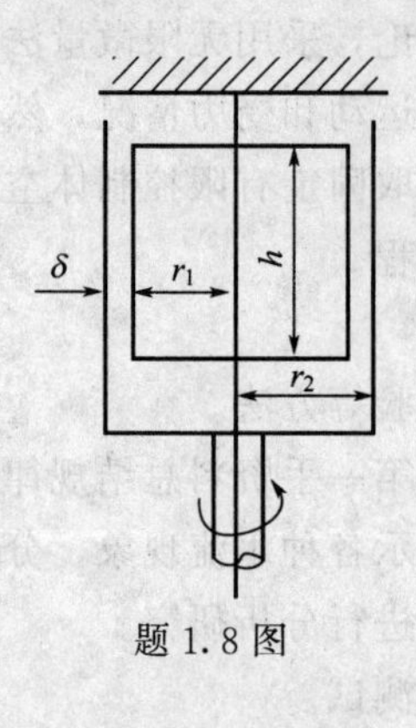

题1.8图

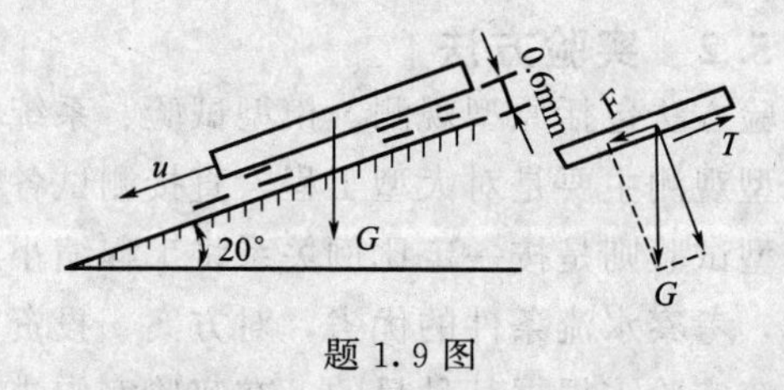

题1.9图

第2章　流体静力学

流体静力学研究流体在外力作用下处于静止或平衡状态时的力学规律及其在工程实际中的应用。

流体的静止状态，是指流体相对于参考坐标系没有运动。有两种情况：一种是参考坐标系固定在地球上，流体相对地球没有运动；另一种是流体相对地球有运动，但相对于容器不运动（如沿直线等加速运动或等角速度旋转运动容器内的流体），若将参考坐标系固定在容器上，流体仍静止，称为相对静止或相对平衡。

流体无论是处于静止或是处于相对静止，流体内部质点之间都没有相对运动，黏性不起作用，剪切力为零，因此，流体静力学中所得结论，无论对实际流体还是对理想流体都适用。

静止状态下的流体压强称为静压强。本章以静压强为中心，介绍静压强的特性，静压强的分布，以及作用于固体壁面上的流体总压力的计算。

2.1　流体静压强及其特性

在静止流体中，围绕某点取一面积为 ΔA 的微小作用面，设作用在其上的压力为 ΔP ，当 ΔA 无限缩小至趋于该点时，比值 $\dfrac{\Delta P}{\Delta A}$ 定义为该点的流体静压强，即

$$p=\lim_{\Delta A\to 0}\frac{\Delta P}{\Delta A} \tag{2-1}$$

国际单位制中，静压强 p 的单位为 N/m² （牛顿/米²），kN/m² （千牛顿/米²），N/m² 亦称为 Pascal（帕斯卡），简称为 Pa（帕）。

流体静压强有以下两个基本特性。

① 流体静压强的方向与受压面垂直并指向受压面。因为流体在任何微小的剪切力作用下都会发生变形，变形必将引起质点的相对运动，这就破坏了流体的平衡。因此，流体处于静止状态时，切应力等于零。又因流体不能承受拉力而只能承受压力，所以，作用于流体的应力只有垂直指向作用面的静压强 p 。

② 静止流体中任一点的流体静压强的大小与其作用面的方位无关，只是该点坐标的函数。即在静止流体中的任意给定点，其静压强的大小在各方向都相等。

为了证明这一特性，我们在静止流体中任意点 A 处取一微元四面体 $ABCD$，设直角坐标系的原点与 A 点重合。微元四面体正交的三个边长分别为 $\mathrm{d}x$ 、$\mathrm{d}y$ 和 $\mathrm{d}z$ ，如图 2-1 所示。由于微元四面体处于静止状态，作用在其上的力平衡。

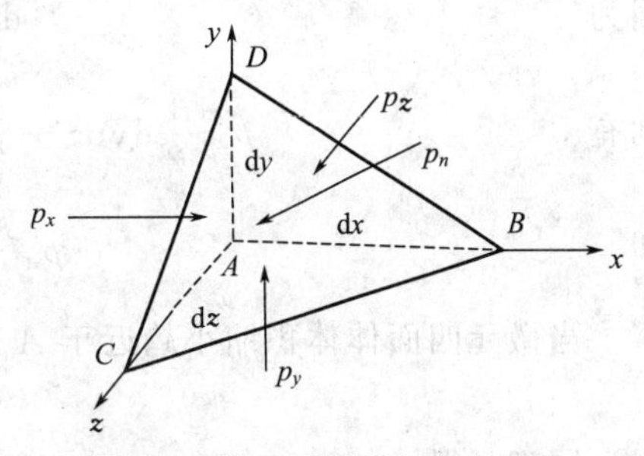

图 2-1　流体静压强的各向同性

现在来分析作用于微元四面体 $ABCD$ 上的力，由于静止流体中没有切应力，所以作用在微元四面体四个表面上的表面力只有垂直于各个表面的压力。因所取微元四面体的各个三角形表面都是微元面，可以认为，在微元面上的静压强的分布均匀。设作用在 ACD、ABC、ABD 和 BCD 四个面上的流体静压强分别为 p_x 、p_y 、p_z 和 p_n ，p_n 与 x、y、z 轴的夹角分别为 α 、β 、γ ，则作用在流体各表面上的压力分别为：

$$P_x = p_x \frac{1}{2}\mathrm{d}y\mathrm{d}z$$

$$P_y = p_y \frac{1}{2}\mathrm{d}z\mathrm{d}x$$

$$P_z = p_z \frac{1}{2}\mathrm{d}x\mathrm{d}y$$

$$P_n = p_n \frac{1}{2}\mathrm{d}A_n$$

其中，$\mathrm{d}A_n$ 为 $\triangle BCD$ 的面积。除压力外，作用在微元体上的力还有质量力，该质量力作用在微元体中的全部流体质点上。设微元体的平均密度为 ρ ，则微元四面体的质量为 $\mathrm{d}m = \frac{1}{6}\rho\mathrm{d}x\mathrm{d}y\mathrm{d}z$。假定作用在微元体上的单位质量力为 $\boldsymbol{f}$ ，它在各坐标轴上的分量分别为 X、Y、Z，则作用在微元四面体上的总质量力为：

$$\boldsymbol{F} = \frac{1}{6}\rho\mathrm{d}x\mathrm{d}y\mathrm{d}z\boldsymbol{f}$$

它在三个坐标轴上的分量为： $F_x = \frac{1}{6}\rho\mathrm{d}x\mathrm{d}y\mathrm{d}zX$

$$F_y = \frac{1}{6}\rho\mathrm{d}x\mathrm{d}y\mathrm{d}zY$$

$$F_z = \frac{1}{6}\rho\mathrm{d}x\mathrm{d}y\mathrm{d}zZ$$

由于微元四面体处于静止状态，故作用在其上的一切力在任意轴上投影的代数和等于零。

在 x 方向作用力的平衡方程为

$$P_x - P_n\cos\alpha + F_x = 0$$

把 P_x 、P_n 和 F_x 的各式代入得

$$p_x \frac{1}{2}\mathrm{d}y\mathrm{d}z - p_n\mathrm{d}A_n\cos\alpha + \frac{1}{6}\rho\mathrm{d}x\mathrm{d}y\mathrm{d}zX = 0$$

因为

$$\mathrm{d}A_n\cos\alpha = \frac{1}{2}\mathrm{d}y\mathrm{d}z$$

则有

$$p_x \frac{1}{2}\mathrm{d}y\mathrm{d}z - p_n \frac{1}{2}\mathrm{d}y\mathrm{d}z + \frac{1}{6}\rho\mathrm{d}x\mathrm{d}y\mathrm{d}zX = 0$$

即

$$p_x - p_n + \frac{1}{3}\rho X\mathrm{d}x = 0$$

当微元四面体体积缩小趋近于 A 点时，$\mathrm{d}x$ 、$\mathrm{d}y$ 、$\mathrm{d}z$ 趋近于零，则上式成为

$$p_x = p_n$$

同理可得

$$p_y = p_n$$

$$p_z = p_n$$

所以

$$p_x = p_y = p_z = p_n \tag{2-2}$$

当微元四面体体积缩小趋近于 A 点时，p_x 、p_y 、p_z 表示 A 点分别在作用面方位为 x 、y 、z 方向上的静压强，而 p_n 表示该点在作用面方位为 $\boldsymbol{n}$ 方向上的静压强，由于 $\boldsymbol{n}$ 是任意选取的，所以从式（2-2）可得出结论：静止流体中任一点的流体静压强的大小与其作用面在空间的方位无关，只是该点坐标的函数。因而，对于某点的静压强也就没有必要加角标写成 p_x 、p_y 、p_z 和 p_n ，可直接写成 p ，且

$$p = p(x,\ y,\ z) \tag{2-3}$$

应当指出，流体静压强 p 实际上是一个标量函数，在对静压强方向的讨论中提到的“静压强方向”应理解为作用面上流体压强产生的压力（矢量）的方向。

2.2 流体平衡微分方程

根据静止流体的受力平衡条件和流体静压强的基本特性，可以建立流体平衡的基本关系式，研究流体静压强的空间分布规律。

2.2.1 流体平衡微分方程及其积分

为了解析地探讨流体平衡规律，在静止流体中任取一边长为 dx 、dy 、dz 的微元正六面体，如图 2-2 所示，其中心点为 A，该点的静压强为 $p(x,\ y,\ z)$。

作用在微元六面体上的力有表面力和质量力。表面力中切向力为零，只有在六面体六个面上的压力。由于静压强是空间坐标的连续函数，当六面体中心点 A 的静压强设为 p 时，则作用在六面体六个面中心点上的静压强可按泰勒级数展开，并略去二阶以上微量，分别求得。例如，在垂直于 x 轴的左、右两个平面中心点 B、C 上的静压强分别等于

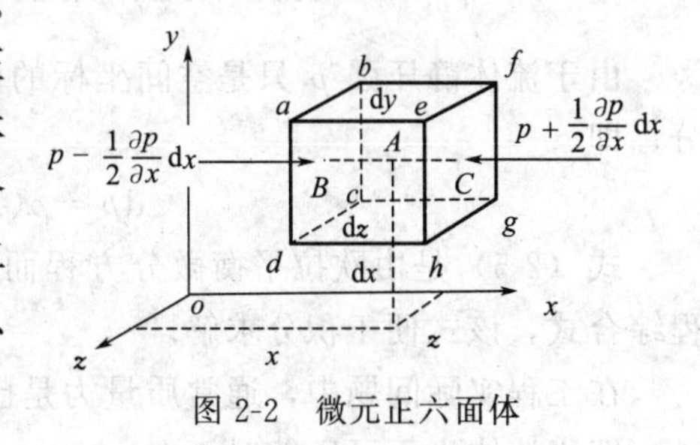

图 2-2 微元正六面体

$$p-\frac{1}{2}\frac{\partial p}{\partial x}dx \text{ 和 } p+\frac{1}{2}\frac{\partial p}{\partial x}dx$$

由于六面体是微元体，可以把各微元面上中心点处的压强视为各微元面上的平均值，因此，垂直于 x 轴的左、右两微元面上的总压力分别为

$$\left(p-\frac{1}{2}\frac{\partial p}{\partial x}dx\right)dydz \text{ 和 } \left(p+\frac{1}{2}\frac{\partial p}{\partial x}dx\right)dydz$$

同理，可得到垂直于 y 轴的下、上两微元面上的总压力分别为

$$\left(p-\frac{1}{2}\frac{\partial p}{\partial y}dy\right)dzdx \text{ 和 } \left(p+\frac{1}{2}\frac{\partial p}{\partial y}dy\right)dzdx$$

垂直于 z 轴的后、前两微元面上的总压力分别为

$$\left(p-\frac{1}{2}\frac{\partial p}{\partial z}dz\right)dydx \text{ 和 } \left(p+\frac{1}{2}\frac{\partial p}{\partial z}dz\right)dydx$$

作用在微元六面体上的外力除表面上的压力外，还有质量力。若六面体的平均密度为 ρ，以 X、Y、Z 分别表示单位质量力在 x、y、z 方向上的分量，则质量力沿三个坐标轴的分量为

$$X\rho dxdydz,\ Y\rho dxdydz,\ Z\rho dxdydz$$

处于静止状态下的微元体的平衡条件是作用在其上的外力在三个坐标轴上的投影的代数和均等于零。在 x 方向，有

$\left(p-\frac{1}{2}\frac{\partial p}{\partial x}dx\right)dydz-\left(p+\frac{1}{2}\frac{\partial p}{\partial x}dx\right)dydx+X\rho dxdydz=0$ 整理上式，并把各项都除以微元体的质量 $\rho dxdydz$，则得

同理可得

$$\left.\begin{aligned}X-\frac{1}{\rho}\frac{\partial p}{\partial x}=0\\Y-\frac{1}{\rho}\frac{\partial p}{\partial y}=0\\Z-\frac{1}{\rho}\frac{\partial p}{\partial z}=0\end{aligned}\right\}\tag{2-4}$$

式(2-4) 称为流体平衡微分方程，它是欧拉 1775 年首先导出的，所以又称为欧拉平衡微分方程。在推导此方程过程中，对质量力无任何限制。同时推导中也未涉及流体的密度 ρ 是否变化及如何变化，因此它既适合于不可压缩流体，也适合于可压缩流体。流体平衡微分方程是流体静力学中最基本的方程，它给出了处于平衡状态的流体中压强的空间变化率与单位质量力之间的关系。流体静力学的一切计算公式都是以它为基础推导出来的。

为便于应用，可以将欧拉平衡微分方程改写为全微分的形式。若将式（2-4）分别乘以 dx、dy、dz，然后相加，得

$$Xdx+Ydy+Zdz=\frac{1}{\rho}\left(\frac{\partial p}{\partial x}dx+\frac{\partial p}{\partial y}dy+\frac{\partial p}{\partial z}dz\right)$$

由于流体静压强 p 只是空间坐标的函数，则上式右端括号内表示的是静压强 p 的全微分，即

$$dp=\rho(Xdz+Ydy+Zdz)\tag{2-5}$$

式（2-5）是由欧拉平衡微分方程而得，它与欧拉平衡微分方程等价，也称平衡微分方程综合式，该式便于积分求解。

在工程实际问题中，通常质量力是已知的，如果能补充密度 ρ 不变。

即当流体为不可压缩时，有：

$$\frac{dp}{\rho}=d\left(\frac{p}{\rho}\right)=dW$$

则有：$dW=Xdx+Ydy+Zdz=d\left(\frac{p}{\rho}\right)=\frac{\partial W}{\partial x}dx+\frac{\partial W}{\partial y}dy+\frac{\partial W}{\partial z}dz$

$$X=\frac{\partial W}{\partial x},\ Y=\frac{\partial W}{\partial y},\ Z=\frac{\partial W}{\partial z}\tag{2-6}$$

函数 $W(x, y, z)$ 称为力的势函数，有势函数存在的力叫有势力。重力是有势力，在重力场中势函数表示单位质量流体的位势能。因此可以得出结论：只有在有势质量力的作用下，不可压缩流体才能处于静止状态。

将式（2-6）中的 X、Y、Z 代入式（2-5）得

$$dp=\rho dW$$

积分得

$$p=\rho W+C\tag{2-7}$$

式中，C 为积分常数，可由流体表面或内部的势函数 W_0 和 p_0 确定，从而有

$$p=p_0+\rho(W-W_0)\tag{2-8}$$

在式(2-8) 中，$\rho(W-W_0)$ 项的大小取决于流体的密度与质量力势函数，而与参考点的压强 p_0 无关。即若 p_0 值有所增减，则在所研究的静止流体中各点的压强 p 值也都随之有同样量值的增减。因此，在平衡状态下，不可压缩流体中任一点的压强变化必将等值地传到流体的其他各点上，这就是帕斯卡原理，它广泛地应用于水压机与其他液压或气压机械的设计中。

2.2.2 等压面

流体静压强的大小是空间坐标（x，y，z）的连续函数，在平衡流体的空间里，各点的流体压强都有它一定的数值。静止流体中由压强值相等的各点组成的面（曲面或平面）称为等压面。

根据等压面的定义可知，在等压面上 $p=C$，因而

$$dp=0$$

由于流体的密度不为零，于是从式（2-5）可得等压面的微分方程为

$$X dx+Y dy+Z dz=0 \tag{2-9}$$

将不同平衡情况下的 X、Y、Z 值分别代入式(2-9)，积分即可得各种平衡情况下的等压面。

由式（2-7）中 $dp=0$，可得 $dW=0$，即在不可压缩静止流体中，等压面也是质量力势函数为常数的等势面。

在等压面上任一点处沿任意方向取微小位移矢量 $d\boldsymbol{r}$，设该点的单位质量力为 $\boldsymbol{f}$，有

$$\boldsymbol{f} d\boldsymbol{r}=X dx+Y dy+Z dz=0 \tag{2-10}$$

式(2-10) 表明：质量力必垂直于等压面。根据这一特性，我们可以在已知质量力的方向后，确定等压面的形状，或已知等压面的形状后确定质量力的方向。

液体与气体的分界面，即液体的自由液面是等压面，其上各点的压强等于在分界面上各点气体的压强，可以证明，互不渗透的两种液体的分界面也是等压面。

由本节推导出静止流体的平衡微分方程后，下面将分别讨论这个方程在不同质量力时的具体应用。

2.3 重力场中的液体平衡

自然界或工程实际中经常遇到的是，液体处于静止状态，此时，作用在液体上的质量力只有重力。本节研究质量力只有重力时静止液体中的压强分布规律。

2.3.1 静力学基本方程

对于图 2-3 所示的重力作用下的静止液体，设液体自由液面上的压强为 p_0。选取直角坐标系的 x、y 轴水平，z 轴铅垂向上，则单位质量力沿各坐标轴的分力为

$$X=0 \quad Y=0 \quad Z=-g$$

代入式(2-5) 得

$$dp=-\rho g dz$$

对于均质液体，密度 ρ 为常数，积分上式得

$$p=-\rho g z+C \tag{2-11}$$

式中，C 为积分常数，可由边界条件等决定。利用液面上 $z=z_0$，$p=p_0$ 的边界条件，求得积分常数 $C=p_0+\rho g z_0$，代入式 (2-11)，得

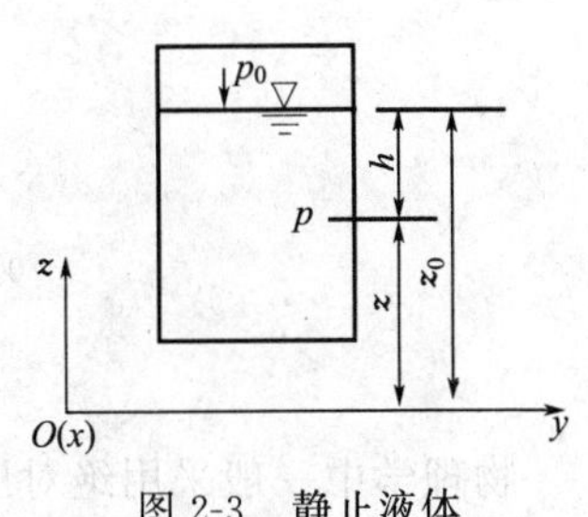

图 2-3 静止液体

$$p = p_0 + \rho g(z_0 - z)$$

$$p = p_0 + \rho g h \tag{2-12}$$

式中，h 为压强为 p 的点到液面的距离，称为淹没深度。

上式就是重力作用下的液体平衡方程，称静力学基本方程，此式即为重力作用下的静止液体中任意点处的静压强计算公式。分析公式可知以下几点。

① 在重力作用下的静止液体中，任一点的静压强 p 由两部分组成：一部分为作用在液面上的压强 p_0，此表面力可以是固体对液体表面施加的作用力，也可以是一种液体对另一种液体表面的作用力，或气体对液体表面的作用力；另一部分为液体自身重量（即质量力）引起的压强，ρgh 表示底面积为单位面积、高为 h 的圆柱体的液重。

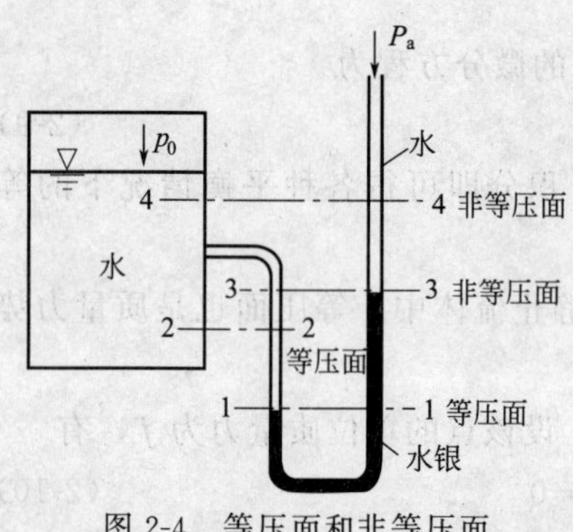

图 2-4　等压面和非等压面

② 在静止液体中，静压强 p 随淹没深度 h 按线性规律变化。

③ 在静止液体中，位于同一淹没深度（h ＝常数）的各点的静压强相等，因此在重力作用下的静止液体中等压面是水平面。但需指出，这一结论只适用于质量力只为重力、同种均质且连续的静止液体。不满足这一条件的水平面都不是等压面，如图 2-4 中所示的 1—1 和 2—2 水平面为等压面，3—3 和 4—4 水平面为非等压面。

静力学基本方程式（2-12）是在均质液体的条件下得出的，在不考虑压缩性时，该式也适用于气体。由于气体的密度很小，在高差不很大时，气柱所产生的压强很小，可以忽略。式（2-12）简化为

$$p = p_0 \tag{2-13}$$

例如贮气罐内各点的压强相等。

2.3.2　压强的度量

2.3.2.1　绝对压强、相对压强和真空值

对流体压强的测量和标定有两种不同的基准，一种是以完全真空时的绝对零压强为基准来计量的压强值，称为绝对压强，用符号 p_{abs} 表示；另一种以当地大气压强 p_a 为基准来计量的压强值称为相对压强，用符号 p 表示。相对压强与绝对压强的关系是

$$p = p_{abs} - p_a \tag{2-14}$$

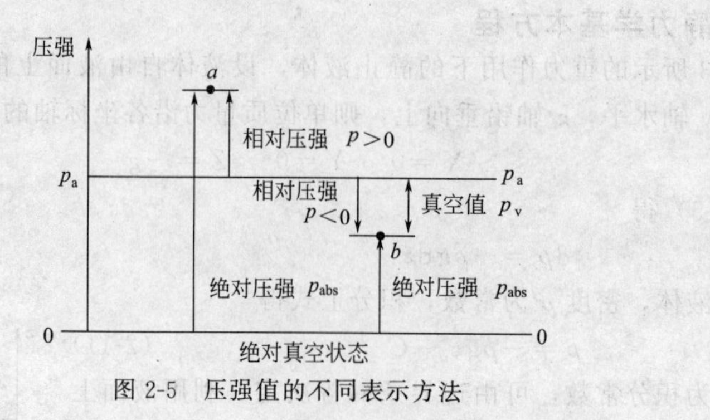

图 2-5　压强值的不同表示方法

物理学中一般采用绝对压强。工程技术中大量使用相对压强，这是因为测量压强的各种

仪表，因测量元件处于大气压的作用下，因而实际测量的就是绝对压强与当地大气压强之差，即相对压强，故也把相对压强称为表压强。

以后对压强的讨论或具体计算，一般都是指相对压强。在上述重力作用下的液体平衡方程式（2-12）中，如 p 代表相对压强，当自由液面上的压强等于当地大气压强时，即 $p_0=p_a$，静止液体中任一点的相对压强为

$$p=(p_a+\rho gh)-p_a=\rho gh \tag{2-15}$$

实际情况中，绝对压强 $p_{abs}\geqslant 0$，而相对压强可正可负。当流体的绝对压强低于当地大气压强时，相对压强为负，称流体处于负压状态或真空状态。当流体的绝对压强低于当地大气压强时，相对压强的绝对值称为真空值，用 p_v 表示，即

$$p_v=p_a-p_{abs}$$

绝对压强、相对压强和真空值的相互关系如图 2-5 所示。

2.3.2.2 单位势能和测压管水头

将式（2-11）改写为

$$z+\frac{p}{\rho g}=C \tag{2-16}$$

这是静力学基本方程的另一种形式。结合图 2-6，讨论方程中各项以及整个方程的物理意义与几何意义。

从物理学知，把质量为 m 的物体从基准面提升高度 z 后，该物体就具有位势能 mgz，则单位重量物体的位势能为 z，所以式(2-16) 中 z 表示单位重量液体对某一基准面的位势能。它具有长度的量纲，z 也是液体质点（例如 A 点）离基准面的高度，所以 z 又称为位置高度或位置水头。

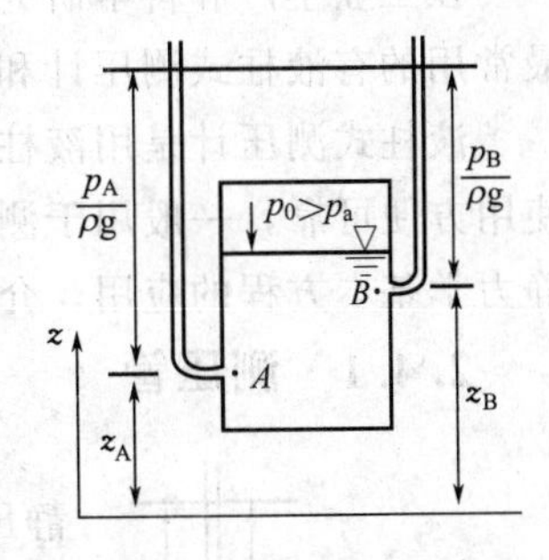

图 2-6 测压管水头

式(2-16) 中的 $p/(\rho g)$ 表示单位重量液体的压强势能。可说明如下：在离基准面 z 处开一个小孔，接一个开口的玻璃管（称为测压管），在开孔处液体静压强 p 的作用下，液体进入测压管，上升的高度为 h_p，并且 $h_p=\dfrac{p}{\rho g}$，因此，称 $p/(\rho g)$ 为压强势能，它也具有长度的量纲，故又称为压强高度或压强水头。

单位重量液体的位势能与压强势能之和 $z+\dfrac{p}{\rho g}$ 称为单位重量液体的总势能；位置水头与压强水头之和称为测压管水头。流体静力学基本方程的物理意义可以概括为：在重力作用下处于静止状态的连续、均质的液体中各点单位重量液体的总势能处处相等。几何意义为：静止液体中各点的测压管水头都相等，也即是，各点测压管水头线为水平线。在图 2-6 中，尽管 A、B 两点的位置坐标和压强均不相同，但它们的总势能却是一样的，它们的测压管水头线为同一水平线。

2.3.2.3 压强的计算单位

① 从压强的基本定义出发，用单位面积上的力表示。国际单位为 N/m^2（Pa），工程单位为 kgf/cm^2，kgf/m^2 等。

② 用大气压的倍数来表示。国际上规定的标准大气压，单位为 atm；工程界常用工程大气压，单位为 at（kgf/cm^2）。

③ 用液柱高度来表示。常用水柱高度或水银柱高度来表示，单位为 mH_2O、mmH_2O、mmHg 等。将真空值用液柱高度表示时，即 $h_v=\dfrac{p_v}{\rho g}$，称 h_v 为真空高度。

表 2-1 给出了常用的压强单位及其换算关系。

表 2-1　压强的单位及其换算关系

帕 (Pa)	工程大气压 (at)	标准大气压 (atm)	巴 (bar)	米水柱 (mH_2O)	毫米汞柱 (mmHg)
1	1.01972×10^{-5}	9.86923×10^{-6}	10^{-5}	1.01972×10^{-4}	7.50064×10^{-3}
9.80665×10^{4}	1	9.67841×10^{-1}	9.80665×10^{-1}	10	7.35561×10^{2}
1.01325×10^{5}	1.03323	1	1.01325	1.03323×10	7.60×10^{2}
10^{5}	1.01972	9.86923×10^{-1}	1	1.01972×10	7.50064×10^{2}
9.80665×10^{3}	10^{-1}	9.67841×10^{-2}	9.80665×10^{-2}	1	7.35561×10
1.33322×10^{2}	1.35951×10^{-3}	1.31579×10^{-3}	1.33322×10^{-3}	1.35951×10^{-2}	1

2.4　液柱式测压计

在工业生产和科学研究中，经常需要测量压强的大小。用于量测压强的仪表较多，其中最常用的有液柱式测压计和金属测压表。

液柱式测压计是用液柱高度或液柱高度差来测量流体的静压强或压强差，它结构简单，使用方便可靠，一般用于测量 1000mmHg 以下低压强、真空高度和压强差。下面结合流体静力学基本方程的应用，介绍液柱式测压计。

2.4.1　测压管

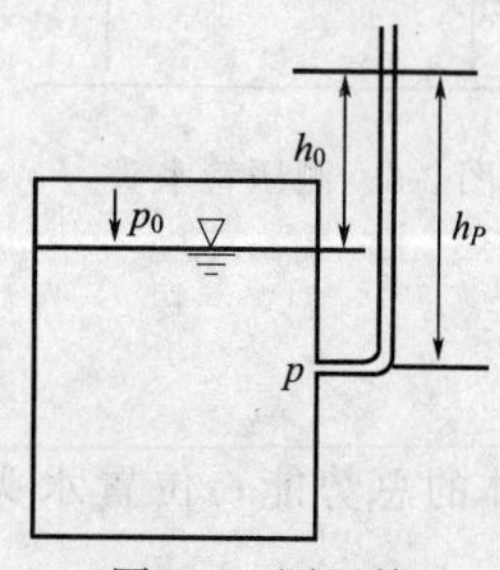

图 2-7　测压管

测压管是接于测点竖直向上的开口玻璃管，如图 2-7 所示。在静压强 p 的作用下，液体在测压管中上升高度 h_P，设被测液体的密度为 ρ，由式(2-12) 可得 M 点的相对压强为

$$p=\rho g h_P$$

自由液面上的相对压强为

$$p_0=\rho g h_0$$

用测压管测压，测压管高度不宜超过 2m，测压管太长，不便测读，且易损坏。此外，为避免毛细管作用，测压管不能太细，一般直径 $d\geqslant 5$mm。

2.4.2　U 形管测压计

如图 2-8 所示，U 形管测压计内装入密度为 ρ_P 的水银或其他界面清晰的工作液体。在测点压强 p（$p>0$）的作用下，U 形管左管的液面下降，右管的液面上升，直到平衡为止。设被测液体的密度为 ρ，U 形管中通过两种液体交界面的 N—N 水平面为等压面，有

$$p_A+\rho g h=\rho_P g h_P$$

则

$$p_A=\rho_P g h_P-\rho g h \tag{2-17}$$

当测点 A 为真空状态，在大气压强的作用下，U 形管右管的液面下降，左管的液面上升（图 2-9），其计算方法与上面相似，由 N—N 等压面，有

$$p_A + \rho g h + \rho_P g h_P = 0$$

A 点的真空值

$$p_v = -p_A = \rho g h + \rho_P g h_P \tag{2-18}$$

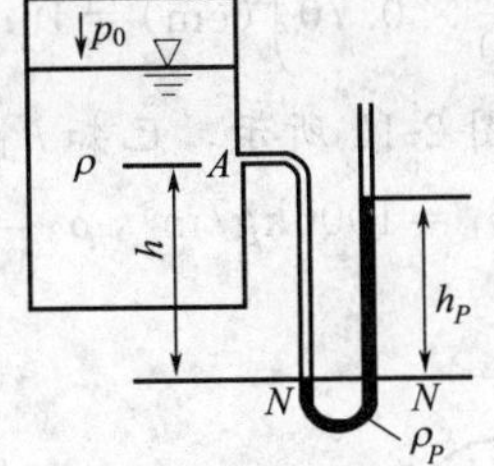

图 2-8 U形管测压计

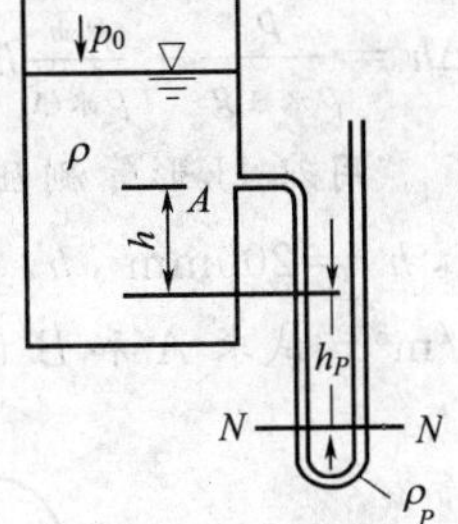

图 2-9 U形管真空计

2.4.3 倾斜微压计

当测量的流体压强很微小时，为了提高测量精度，往往采用倾斜微压计。如图 2-10 所示，截面积为 A_1，可调倾斜角为 α 的玻璃管与一容器相连接，该容器的截面积为 A_2，内盛工作液体，密度为 ρ 。

在未测压时，倾斜微压计的两端通大气，容器与斜管中的液面在同一水平面 0—0 上，当测压时，容器上部测压口与被测点相连接，在被测压强 p（$p>0$）的作用下，容器内液面下降 h_2，斜管内液面上升长度 L，其上升高度 $h_1 = L\sin\alpha$ 。根据容器内液体下降的体积等于倾斜管中液体上升的体积，于是 $h_2 = L\dfrac{A_1}{A_2}$

$$p = \rho g(h_1 + h_2) = \rho g L\left(\frac{A_1}{A_2} + \sin\alpha\right) = KL \tag{2-19}$$

式中，$K = \rho g\left(\dfrac{A_1}{A_2} + \sin\alpha\right)$ 为倾斜微压计常数，当 A_1、A_2 和 ρ 不变时，它仅是倾斜角 α 的函数。改变 α，可以得到不同的 K 值，得到不同的放大倍数。微压计常数 K 一般有 0.2、0.3、0.4、0.6 和 0.8 五挡，都刻在微压计支架上供测微压时选用。

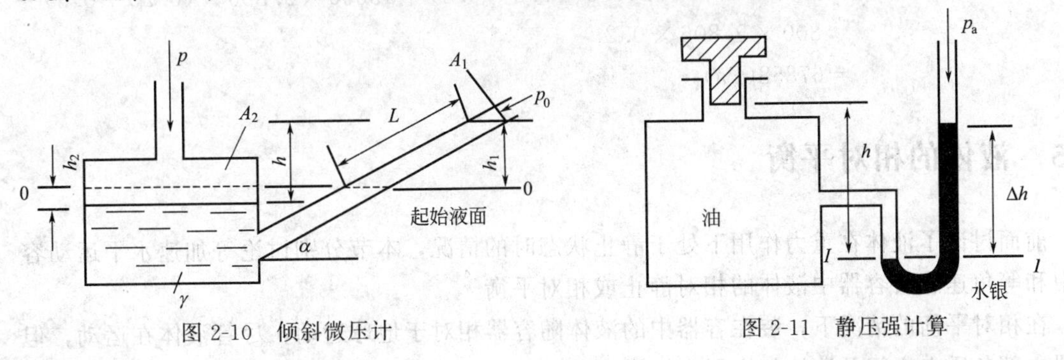

图 2-10 倾斜微压计

图 2-11 静压强计算

【例 2-1】 如图 2-11 所示测量装置，活塞直径 $d=35\text{mm}$，油的密度 $\rho_{油}=920\text{kg/m}^3$，水银的密度 $\rho_{水银}=13600\text{kg/m}^3$，活塞与气缸无漏泄与摩擦。当活塞施加的压力 $P=15\text{N}$ 时，$h=700\text{mm}$，试计算 U 形管测压计的液面高差 Δh 。

【解】 活塞施加的液面压强为

$$p = \frac{P}{\frac{\pi}{4}d^2} = \frac{15}{\frac{\pi}{4}\times 0.035^2}(\text{Pa}) = 15590(\text{Pa})$$

列等压面1—1的平衡方程

$$p+\rho_{油}gh=\rho_{水银}g\Delta h$$

解得 $\Delta h=\dfrac{p}{\rho_{水银}g}+\dfrac{\rho_{油}}{\rho_{水银}}h=\left(\dfrac{15590}{13600\times 9.806}+\dfrac{920}{13600}\times 0.70\right)(\text{cm})=16.4(\text{cm})$

【例 2-2】 用双U形管测压计测量两点的压强差，如图2-12所示，已知 $h_1=600\text{mm}$，$h_2=250\text{mm}$，$h_3=200\text{mm}$，$h_4=300\text{mm}$，$h_5=500\text{mm}$，$\rho_1=1000\text{kg/m}^3$，$\rho_2=800\text{kg/m}^3$，$\rho_3=13600\text{kg/m}^3$，试求A和B两点的压强差。

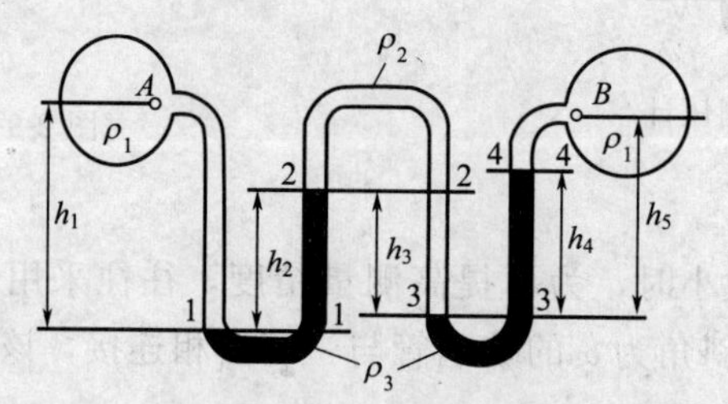

图2-12 双U形管测压计

【解】 根据等压面条件，图中1—1、2—2、3—3均为等压面，应用式（2-12）得

$$p_1=p_A+\rho_1gh_1$$
$$p_2=p_1-\rho_3gh_2$$
$$p_3=p_2+\rho_2gh_3$$
$$p_4=p_3-\rho_3gh_4$$
$$p_B=p_4-\rho_1g(h_5-h_4)$$

逐个将式子代入，则

$$p_B=p_A+\rho_1gh_1-\rho_3gh_2+\rho_2gh_3-\rho_3gh_4-\rho_1g(h_5-h_4)$$

所以

$$\begin{aligned}p_A-p_B&=\rho_1g(h_5-h_4-h_1)+\rho_3g(h_2+h_4)-\rho_2gh_3\\&=1000\times 9.806\times(0.5-0.3-0.6)+13600\times 9.806\times(0.25+0.3)-\\&\quad 800\times 9.806\times 0.2\\&=67858(\text{Pa})\end{aligned}$$

2.5 液体的相对平衡

前面讨论了液体在重力作用下处于静止状态时的情况，本节分别讨论等加速水平运动容器中和等角速旋转容器中液体的相对静止或相对平衡。

在相对平衡的情况下，装在容器中的液体随容器相对于地球运动，尽管液体在运动，但容器内部各质点之间及液体与容器之间没有相对运动，液体就像整块“固体”在运动一样，若把坐标系取在容器上，则液体相对于所取的参考坐标系而言，也处于静止状态，称为相对静止或相对平衡。应用理论力学中达朗贝尔原理，在质量力中计入惯性力，就可将这种运动作为静止问题来处理。

2.5.1 等加速水平运动容器中液体的相对平衡

如图2-13所示，盛有液体的容器以等加速度 $\boldsymbol{a}$ 做水平运动，容器内的液体对于容器处于相对平衡状态。把坐标系取在容器上，坐标原点取在液面上，x 轴水平且与 $\boldsymbol{a}$ 的方向一致，

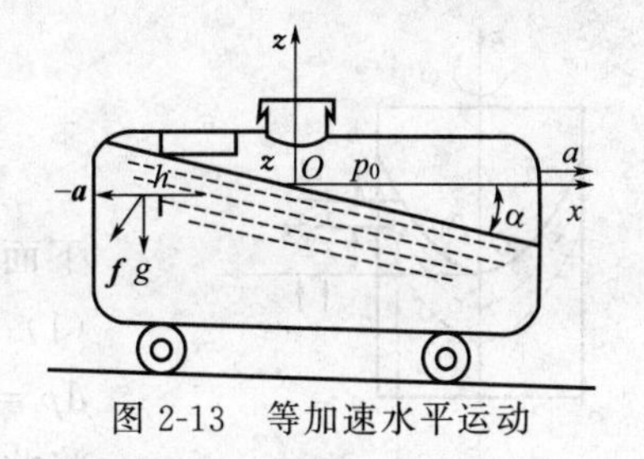

图 2-13 等加速水平运动

z 轴铅垂向上。应用达朗贝尔原理，作用在液体上的质量力，除重力外，还要虚加上一个大小等于液体的质量乘以加速度、方向与加速度方向相反的惯性力。则作用在单位质量液体上的质量力的分力为

$$X=-a\ ,Y=0\ ,Z=-g$$

下面我们分别求出静压强的分布规律和等压面方程。

(1) 静压强分布规律　将单位质量力的分力代入式(2-5)，得

$$dp=\rho(-a\,dx-g\,dz)$$

将此式积分，得

$$p=-\rho(ax+gz)+C$$

为了确定积分常数 C，应用边界条件，当 $x=0$，$z=0$ 时，将 $p=p_0$ 代入上式，得

$$p_0=C$$

于是

$$p=p_0-\rho(ax+gz) \tag{2-20}$$

这就是等加速水平运动容器中液体的静压强分布公式。公式表明，压强 p 不仅随 z 的变化而变化，而且还随 x 的变化而变化。

(2) 等压面方程　将单位质量力的分力代入等压面微分方程式（2-9），得

$$a\,dx+g\,dz=0$$

积分上式，得

$$ax+gz=C_1 \tag{2-21}$$

式中，C_1 为积分常数。式（2-21）为等加速水平运动容器中液体的等压面方程。该等压面已经不是水平面，而是一簇平行的斜面。其与 x 方向的倾斜角的大小为

$$\alpha=\arctan\frac{a}{g} \tag{2-22}$$

自由液面为等压面，且通过点 $x=z=0$，可得积分常数 $C_1=0$，故自由液面方程为

$$ax_s+gz_s=0$$

或

$$z_s=-\frac{a}{g}x_s \tag{2-23}$$

式中，x_s、z_s 为自由液面上点的坐标。

如果考察与 x_s 相同 x 坐标处的压强情况，将上式代入静压强分布公式（2-20），得

$$p=p_0+\rho g(z_s-z)=p_0+\rho gh \tag{2-24}$$

可以看出，等加速水平运动容器中液体的静压强公式（2-24）与静止液体中的静压强公式（2-12）完全相同，即任一点的静压强等于液面上的压强 p_0 加上密度和重力加速度与该点淹没深度的乘积。

2.5.2 等加速旋转容器中液体的相对平衡

如图 2-14 所示，盛有液体的容器绕铅垂轴以等角速度 ω 旋转。开始时，液体由于离心力作用向外甩，但很快液体便会达到一个新的平衡状态，成为一个整体，随容器一起旋转，形成相对平衡。根据达朗贝尔原理，作用在液体上的质量力除重力外，还要虚加上一个大小等于液体的质量乘向心加速度（等角速度旋转时切向加速度为零）、方向与向心加速度的方向相反的离心惯性力。将坐标原点 O 取在自由液面的最低点上，z 轴铅直向上，Oxy 坐标平面为水平面。于是作用在单位质量液体上的质量力的分力为

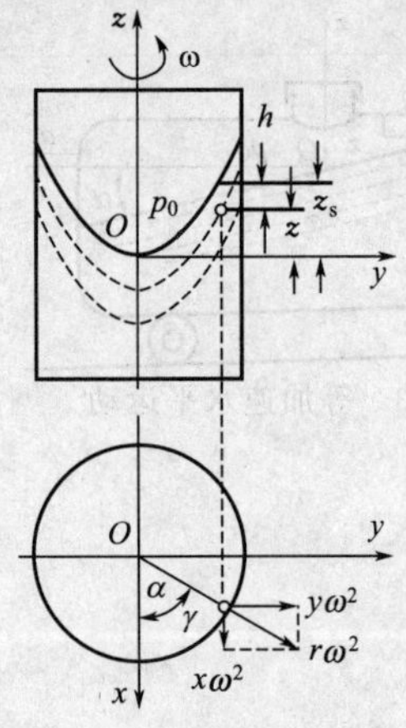

图 2-14　等角速度旋转

$$X=\omega^2 r\cos\alpha=\omega^2 x$$

$$Y=\omega^2 r\sin\alpha=\omega^2 y$$

$$Z=-g$$

下面分别求出静压强分布规律和等压面方程。

(1) 静压强分布规律　将单位质量力的分力代入式(2-5)，得

$$\mathrm{d}p=\rho(\omega^2 x\mathrm{d}x+\omega^2 y\mathrm{d}y-g\mathrm{d}z)$$

将此式积分，得

$$p=\rho\left(\frac{\omega^2 x^2}{2}+\frac{\omega^2 y^2}{2}-gz\right)+C$$

或
$$p=\rho\left(\frac{\omega^2 r^2}{2}-gz\right)+C$$

根据边界条件，当 $r=0$，$z=0$ 时，$p=p_0$，可求出积分常数 $C=p_0$，于是得

$$p=p_0+\rho g\left(\frac{\omega^2 r^2}{2g}-z\right) \tag{2-25}$$

这就是等角速度旋转容器中液体的静压强分布公式。公式表明：在同一高度上，液体的静压强沿径向按半径的二次方增长。

(2) 等压面方程　将单位质量力的分力代入等压面微分方程式(2-9)，得

$$\omega^2 x\mathrm{d}x+\omega^2 y\mathrm{d}y-g\mathrm{d}z=0$$

积分上式，得
$$\frac{\omega^2 x^2}{2}+\frac{\omega^2 y^2}{2}-gz=C_1$$

或
$$\frac{\omega^2 r^2}{2}-gz=C_1 \tag{2-26}$$

该式说明，等压面是一簇绕 z 轴的旋转抛物面。

自由液面是等压面，自由液面通过坐标原点，可得积分常数 $C_1=0$，如以下标 s 代表自由液面上点的坐标，则自由液面的方程为

$$\frac{\omega^2 r_s^2}{2}-gz_s=0$$

或
$$z_s=\frac{\omega^2 {r_s}^2}{2g} \tag{2-27}$$

如果考察与 r_s 相同的 r 坐标处的压强情况，将式（2-27）代入式（2-25），得

$$p=p_0+\rho g(z_s-z)=p_0+\rho gh \tag{2-28}$$

可以看出，绕铅垂轴等角速度旋转容器中液体的静压强公式（2-28）与静止液体中的静压强公式（2-12）完全相同，即任一点的静压强等于液面上的压强加上密度和重力加速度与该点淹没深度的乘积。

下面看两个特例。

① 如图 2-15 所示，在装满液体的容器顶盖中心开口，当这种容器绕铅垂轴做等角速度旋转时，液体虽借离心力而向外甩，但由于受容器顶盖的限制，液面并不能形成旋转抛物面。取坐标系与推导式(2-25) 相同，坐标原点取于容器顶盖中心。容器中液体质点的受力情况也与推导式(2-25) 相同，根据边界条件，当 $r=0$，$z=0$ 时，$p=0$，可导出液体内各点的静压强分布为

$$p=\rho g\left(\frac{\omega^2 r^2}{2g}-z\right)$$

液体作用在顶盖上的压强为

$$p=\frac{\rho\omega^2 r^2}{2} \tag{2-29}$$

作用在顶盖上各点的静压强仍按旋转抛物面分布，中心 O 处的液体静压强 $p=0$，边缘处的液体静压强 $p=\frac{\rho\omega^2 R^2}{2}$。顶盖上各点的压强如图中箭头所示，边缘处的静压强最高。角速度 ω 越大，边缘处的静压强越大。离心铸造就是根据这一原理，通过离心铸造机的高速旋转而增大铸模外缘处液态金属的压力，从而得到较密实的铸件。

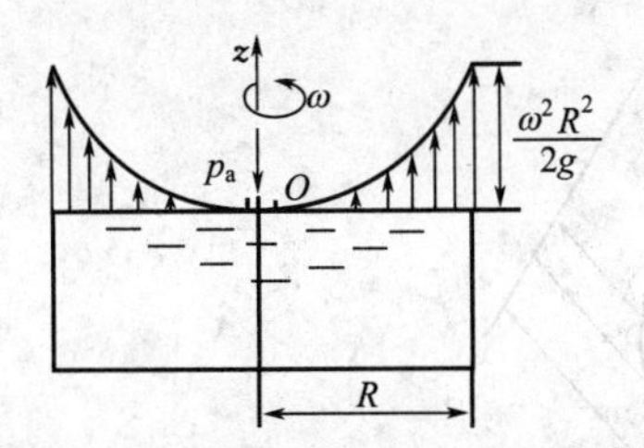

图 2-15 顶盖中心开口的旋转容器

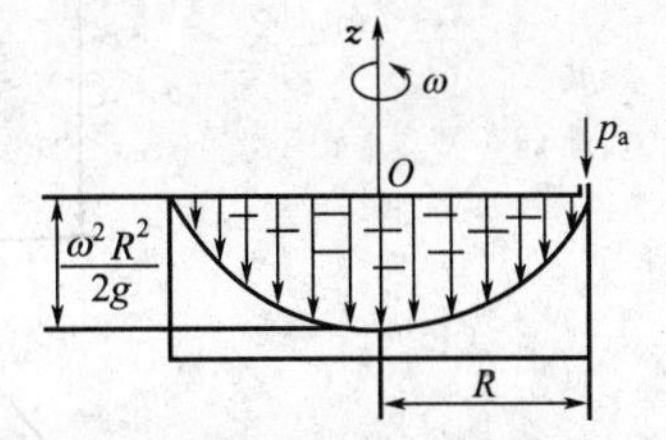

图 2-16 顶盖边缘开口的旋转容器

② 如图 2-16 所示，在装满液体的容器顶盖边缘处开口，当这种容器绕铅垂轴等角速度旋转时，液体虽借离心力而向外甩，但在容器内部产生的真空将把液体吸住，以致液体甩不出去。取坐标系与推导式（2-25）相同，坐标原点取于容器顶盖中心。根据边界条件，当 $r=R$，$z=0$ 时，$p=0$，可导出液体内各点的静压强分布为

$$p=-\rho g\left[\frac{\omega^2(R^2-r^2)}{2g}+z\right]$$

液体作用在顶盖上的真空值为

$$p_v=\frac{\rho\omega^2(R^2-r^2)}{2} \tag{2-30}$$

可见，尽管液面没有形成旋转抛物面，但作用在顶盖上各点的静压强仍按旋转抛物面的规律分布，顶盖上各点的压强如图中箭头所示。顶盖边缘开口处 $p=0$，中心点 O 处真空值最大，为 $\frac{\rho\omega^2 R^2}{2}$，角速度 ω 越大，中心处的真空值越大。离心水泵和离心风机即是据此原理，当叶轮旋转时，在叶轮中心处形成真空，又借离心力将流体甩向外缘，增大压强后输送出来。

2.6 静止液体作用在平面上的总压力

已知静压强的分布规律后，就可计算液体作用在整个受压面上的总压力。在工程技术中，常常需要计算静止液体作用在某个平面或曲面上的总压力，例如设计各种阀、容器以及校验管道强度等，都会遇到这类问题。本节将首先讨论静止液体作用在平面上的总压力的计算方法。

平面上总压力的大小和作用点的计算可以采用解析法和图解法，这两种方法都是依据液体静压强的分布规律进行求解的。在解决实际问题时，究竟采用哪一种方法较为方便，要由具体情况定。

2.6.1 解析法

如图 2-17 所示，有一任意形状的平面 ab，倾斜放置在液面压强为大气压强的静止液体中，它与水平液面的夹角为 α 、面积为 A，平面的右侧为大气。由于平面左右两侧均受大气压强的作用，相互抵消，只需计算液体作用在平面上的总压力。取平面的延长面与水平液面的交线为 x 轴，Oxy 坐标面与平面在同一平面上。为便于看图分析，将平面绕 y 轴旋转 90°置于纸面上，由于平面上各点的淹没深度各不相同，各点的静压强亦不相同，但各点的静压强方向相同，皆垂直于平面，组成一平行力系。

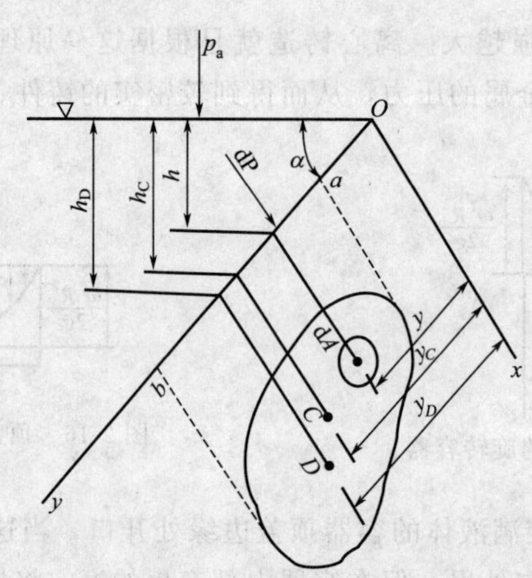

图 2-17 平面上的液体总压力

在平面上任取一微元面积 $\mathrm{d}A$ ，其中心点的淹没深度为 h，在 Oy 轴上的坐标为 y ，压强为 p ，则液体作用在 $\mathrm{d}A$ 上的总压力为

$$\mathrm{d}P = p\,\mathrm{d}A = \rho g h\,\mathrm{d}A = \rho g y \sin\alpha\,\mathrm{d}A$$

作用在整个平面上的总压力可通过积分求得

$$P = \int_A \mathrm{d}P = \rho g \sin\alpha \int_A y\,\mathrm{d}A$$

其中 $\int_A y\,\mathrm{d}A = A y_C$ 为整个平面 ab 对 Ox 轴的面积矩，其大小等于面积 A 与形心 C 的坐标 y_C 的乘积，因此，总压力的大小为

$$P = \rho g \sin\alpha\, y_C A = \rho g h_C A \qquad [2\text{-}31(\mathrm{a})]$$

或

$$P = p_C A \qquad [2\text{-}31(\mathrm{b})]$$

式中，h_C 为形心 C 的淹没深度；p_C 为形心 C 上的压强。上式表明，静止液体作用于任意形状平面上的总压力等于该平面的面积与其形心点静压强的乘积，而形心点的静压强就是整个作用面上的平均压强。

总压力 P 的方向与 $\mathrm{d}P$ 方向相同，即沿受压面的法线方向并指向该面。

根据理论力学中的合力矩定理（合力对任一轴的力矩等于各分力对该轴的力矩之和），可求得总压力 P 的作用点 D（即压力中心）的坐标 x_D 、y_D 。对 Ox 轴取力矩，有

$$P y_D = \int_A y\,\mathrm{d}P = \int_A y\rho g h\,\mathrm{d}A = \int_A y\rho g y \sin\alpha\,\mathrm{d}A = \rho g \sin\alpha \int_A y^2\,\mathrm{d}A$$

式中，$\int_A y^2\,\mathrm{d}A$ 是平面 ab 对 Ox 轴的惯性矩，用符号 I_{xO} 表示。整理上式得

$$y_D = \frac{\rho g I_{xO} \sin\alpha}{\rho g y_C A \sin\alpha} = \frac{I_{xO}}{y_C A} \tag{2-32}$$

根据惯性矩的平行移轴定理 $I_{xO} = I_{xC} + y_C^2 A$，可将平面对 Ox 轴的惯性矩 I_{xO} 换算成惯性矩 I_{xC}，它是平面 ab 对通过受压面形心 C 且平行于 Ox 轴的轴线的惯性矩，代入上式得

$$y_D = y_C + \frac{I_{xC}}{y_C A} \tag{2-33}$$

因为 $I_{xC}/(y_C A) > 0$，故 $y_D > y_C$，即压力中心 D 位于平面形心点 C 的下方，其距离为 $I_{xC}/(y_C A)$。

同理，对 Oy 轴取力矩，可求得压力中心 D 与 Oy 轴的距离 x_D。在工程实际中遇到的许多受压平面都是轴对称的，对称轴平行于 y 轴，总压力 P 的作用点必位于对称轴上。因此，只需计算 y_D，就可得到压力中心 D 的位置。

为了便于计算，将几种常见对称平面的面积 A、形心坐标 y_C 及惯性矩 I_{xC} 列于表2-2中。

表 2-2 常见对称平面的 A、y_C、I_{xC} 值

名称	图形形状及有关尺寸	面积 A	形心坐标 y_C	惯性矩 I_{xC}
矩形	y_C, C, h, b	bh	$\frac{1}{2}h$	$\frac{1}{12}bh^3$
三角形	y_C, C, h, b	$\frac{1}{2}bh$	$\frac{2}{3}h$	$\frac{1}{36}bh^3$
梯形	a, y_C, C, h, b	$\frac{1}{2}h(a+b)$	$\frac{h}{3}(\frac{a+2b}{a+b})$	$\frac{h^3}{36}(\frac{a^2+4ab+b^2}{a+b})$
圆形	y_C, C	πr^2	r	$\frac{\pi}{4}r^4$
半圆形	y_C, C	$\frac{\pi}{2}r^2$	$\frac{4r}{3\pi}$	$\frac{(9\pi^2-64)}{72\pi}r^4$

式(2-31) 和式(2-33) 是在液面压强为大气压强的情况下导出的，当液面压强 p_0 不为大气压强时，式[2-31(b)] 仍可用于求解总压力，但应用式 [2-31(a)] 和式 (2-33) 求解

总压力和压力中心时，则应以相对压强为零的虚设液面（或称自由液面的延长面）为 y 坐标的起算点（即将坐标原点取在相对压强为零的虚设液面上）。这个虚设液面和实际液面的距离为 $|p_0-p_a|/(\rho g)$，当 $p_0>p_a$ 时，虚设液面在实际液面的上方，反之，在下方。

【例 2-3】 两边都承受水压的矩形水闸如图 2-18 所示，已知：闸门两边的水深分别为 $h_1=2\text{m}$，$h_2=4\text{m}$，试求单位宽度闸门上所承受的总压力及其作用点。

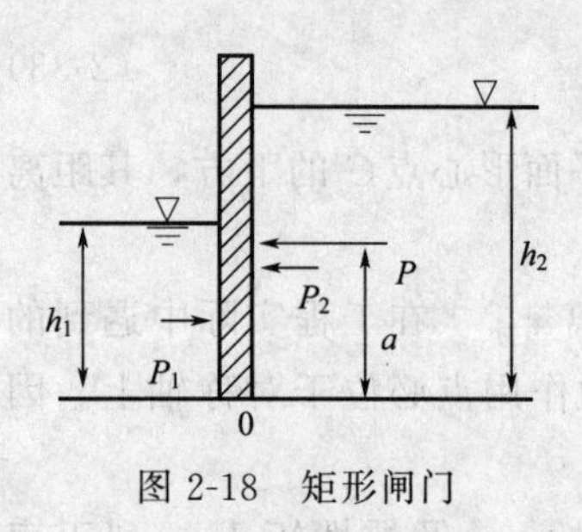

图 2-18 矩形闸门

【解】 单位宽度水闸左边的总压力为

$$P_1=\rho g h_C A=\rho g\frac{h_1}{2}h_1\times 1=\frac{1}{2}\rho g h_1^2$$

$$=\frac{1}{2}\times 1000\times 9.806\times 2^2=19612(\text{N})$$

由式(2-33) 确定 P_1 的压力中心坐标

$$y_D=y_C+\frac{I_{xC}}{y_C A}=\frac{1}{2}h_1+\frac{\frac{1}{12}bh_1^3}{\frac{1}{2}h_1h_1b}=\frac{2}{3}h_1$$

即 P_1 的作用点位置在离底 $\frac{1}{3}h_1=\frac{2}{3}m$ 处。

同理，单位宽度水闸右边的总压力为

$$P_2=\frac{1}{2}\rho g h_2^2=\frac{1}{2}\times 1000\times 9.806\times 4^2=78448(\text{N})$$

P_2 作用点的位置在离底 $\frac{1}{3}h_2=\frac{4}{3}m$ 处。

单位宽水闸上所承受的总压力为

$$P=P_2-P_1=78448-19612=58836(\text{N})$$

假设总压力的作用点离底的距离为 a，对通过闸底的 O 点并垂直于纸面的轴取矩，得

$$Pa=P_2\frac{h_2}{3}-P_1\frac{h_1}{3}$$

则

$$a=\frac{P_2\frac{h_2}{3}-P_1\frac{h_1}{3}}{P}$$

$$=\frac{78448\times 4-19612\times 2}{3\times 58836}$$

$$=1.56(\text{m})$$

【例 2-4】 倾斜矩形闸门 AB，宽度 $b=1\text{m}$，A 处为铰轴，整个闸门可绕此轴转动，如图 2-19 所示。已知：$H=3\text{m}$，$h=1\text{m}$，闸门与水平面的倾角 $\alpha=60°$。闸门自重及铰链的摩擦力可略去不计，求升起此闸门时所需垂直向上的拉力。

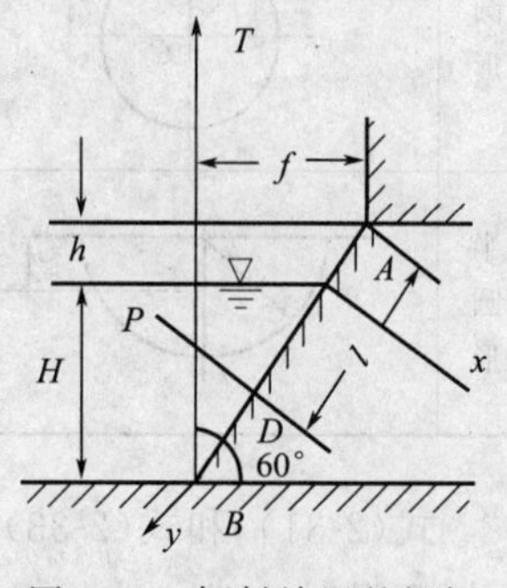

图 2-19 倾斜放置的闸门

【解】 闸门所受总压力为

$$P=\rho g h_C A$$

$$=1000\times 9.806\times 1.5\times\left(\frac{3}{\sin 60°}\times 1\right)=50953(\text{N})=50.953\text{kN}$$

由式(2-33) 可得压力中心 C 点到铰链轴 A 的距离为

$$l=\frac{h}{\sin 60^\circ}+\left(y_C+\frac{I_x\ c}{y_C A}\right)$$

$$=\frac{h}{\sin 60^\circ}+\left[\frac{1}{2}\times\frac{H}{\sin 60^\circ}+\frac{\frac{1}{12}b\left(\frac{H}{\sin 60^\circ}\right)^3}{\frac{1}{2}\times\frac{H}{\sin 60^\circ}\left(b\ \frac{H}{\sin 60^\circ}\right)}\right]$$

$$=\frac{1}{\sin 60^\circ}+\left[\frac{1}{2}\times\frac{3}{\sin 60^\circ}+\frac{\frac{1}{12}\times 1\times\left(\frac{3}{\sin 60^\circ}\right)^3}{\frac{1}{2}\times\frac{3}{\sin 60^\circ}\times\left(1\times\frac{3}{\sin 60^\circ}\right)}\right]$$

$$=3.45\text{m}$$

由图可得，f 的值应为 $$f=\frac{H+h}{\tan 60^\circ}=2.31\text{m}$$

由力矩平衡，对通过 A 点垂直于纸面的轴取矩，得

$$Pl-Tf=0$$

$$T=\frac{Pl}{f}=\frac{50.963\times 3.455}{2.31}=76.21\text{kN}$$

2.6.2 图解法

用图解法确定作用在矩形平面上的液体总压力时比较方便。应用图解法时需要先绘出静压强分布图，以此为基础来计算总压力。

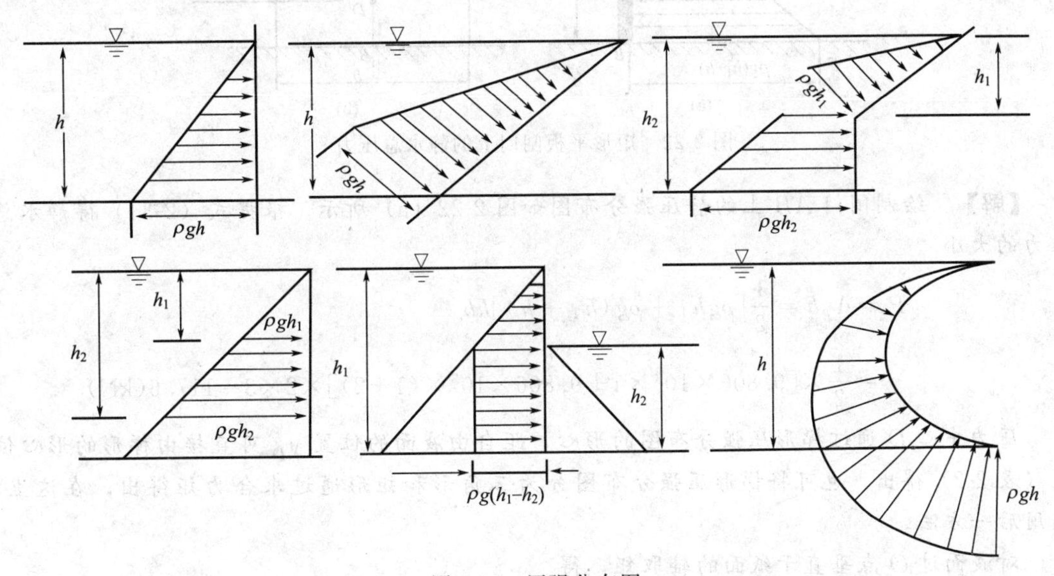

图 2-20 压强分布图

静压强分布图是根据静力学基本方程和静压强的特性，以一定比例尺的矢量线段表示压强大小和方向的图形，是液体静压强分布规律的几何图示。通常构筑物上大气压强所产生的合力为零，工程设计中只需绘制相对压强的分布图。由于液体中的压强沿水深线性分布，平面图形受压面中只要把上、下两点的压强用线段绘出，中间以直线相连，就得到压强分布图。受压面为曲面时，由于各点压强不平行，须画出各点压强，连接各点的压强分布图为曲面。图 2-20 中所示的是几种有代表性的静压强分布图。

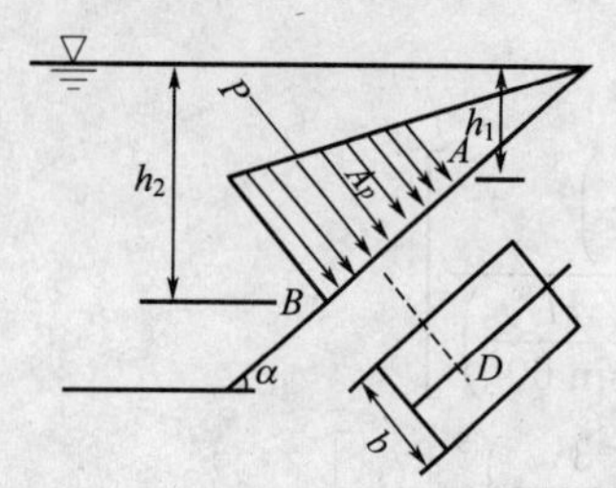

图 2-21　图解法求平面上的总压力

如图 2-21 所示，设矩形平面 AB 与水平面夹角为 α，平面的宽度为 b，上、下底边的淹没深度为 h_1、h_2，在平面 AB 上绘出压强分布图。

根据平面上总压力的大小等于受压面上全部微元面积所受压力的总和，即

$$P=\int_A \mathrm{d}P=\int_A p\,\mathrm{d}A=A_p b \tag{2-34}$$

式中，A_p 为压强分布图的面积。上式表明：总压力的大小等于压强分布图的面积 A_p 乘以受压面的宽度 b。

总压力的作用线通过压强分布图的形心，作用线与受压面的交点就是总压力的压力中心或作用点。常见压强分布图有三角形、矩形和梯形等，它们的形心见表 2-2。

【例 2-5】　铅直放置的矩形闸门如图 2-22 所示。已知闸门高度 $h=2\text{m}$，宽度 $b=3\text{m}$，闸门上缘到自由液面的距离 $h_1=1\text{m}$，试用图解法求作用在闸门上的静水总压力的大小及其作用点的位置。

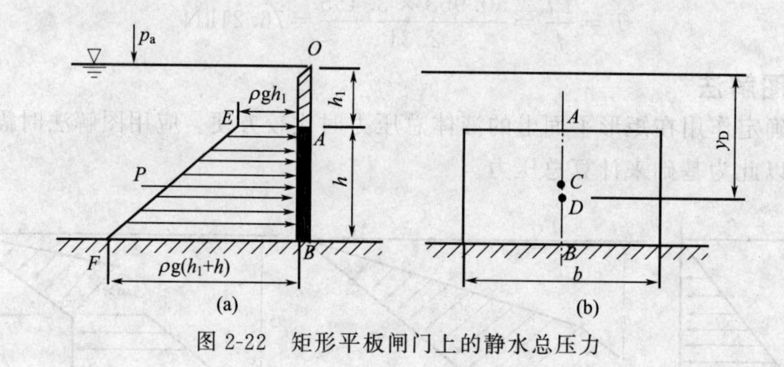

图 2-22　矩形平板闸门上的静水总压力

【解】　绘制闸门 AB 上的静压强分布图如图 2-22 (a) 所示。根据式 (2-34) 得静水总压力的大小

$$P=A_p b=\frac{1}{2}[\rho g h_1+\rho g(h_1+h)]hb$$

$$=\frac{1}{2}\times[9.806\times10^3\times1+9.806\times10^3\times(1+2)]\times2\times3=117.6(\text{kN})$$

压力中心 D 通过梯形压强分布图的形心，距自由液面的位置 y_D 可直接由梯形的形心位置（表 2-2）得出，也可将梯形压强分布图分为三角形和矩形通过求合力矩得出，在这里，选用后一方法。

对液面过 O 点垂直于纸面的轴取矩，得

$$y_D\times\frac{1}{2}[\rho g h_1+\rho g(h_1+h)]h$$

$$=\rho g h_1\times h\times\left(\frac{h}{2}+h_1\right)+\frac{1}{2}\rho g h_1\times h\times\left(\frac{3}{2}h+h_1\right)$$

$$y_D\times\frac{1}{2}[9.806\times10^3\times1+9.806\times10^3(1+2)\times2]$$

$$=9.806\times10^3\times1\times2\left(\frac{2}{2}+1\right)+\frac{1}{2}\times9.806\times10^3\times2\times2\left(\frac{2}{3}\times2+1\right)$$

$$y_D = \frac{39.2 + 45.73}{39.2} = 2.17(\text{m})$$

2.7 静止液体作用在曲面上的总压力

实际工程中经常遇到受压面为曲面的情况，如圆柱形水池壁面、圆管壁面、弧形闸门等，需要确定作用在曲面上的总压力。由于静止液体作用在曲面上各点的静压强都垂直于曲面，其各点的方向各不相同，彼此互不平行，因此，它们所形成的力系与平面上所形成的平行力系不同，不能像平面那样直接由各微元面上的总压力求其代数和。为求曲面上的总压力，通常按平行力系求合力的方法，求出作用在曲面上的水平分力和垂向分力，然后再合成总压力。在工程上用得最多的是二向曲面（柱面），下面讨论静止液体作用于二向曲面上的总压力问题。

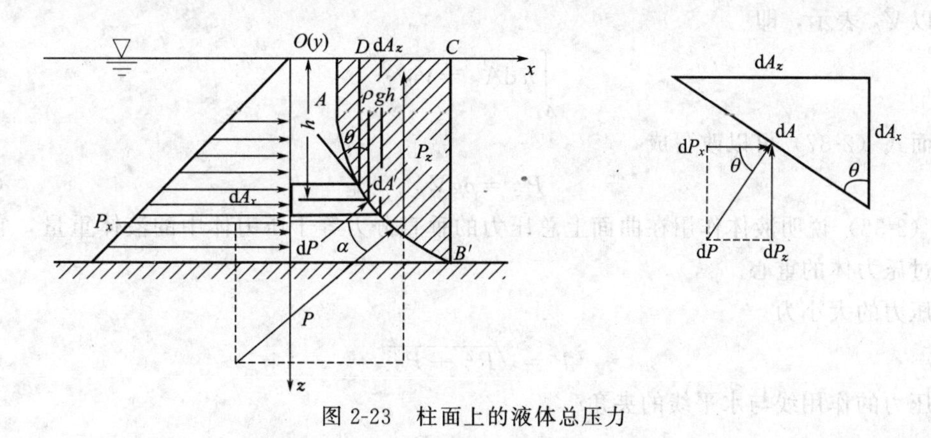

图 2-23 柱面上的液体总压力

如图 2-23 所示，AB 为左侧承受液体压力的二向曲面，其面积为 A，取坐标系的 Oy 轴与二向曲面的母线平行，曲面在 Oxz 坐标平面上的投影为曲线 AB 。在曲面上取一微元面积 $\mathrm{d}A$，设该微元面形心的淹没深度为 h，则液体作用在它上面的总压力的大小为

$$\mathrm{d}P = \rho g h \,\mathrm{d}A$$

此力方向垂直于微元面积 $\mathrm{d}A$，与 x 轴成 θ 角。可将其分解为水平分力 $\mathrm{d}P_x$ 和垂直分力 $\mathrm{d}P_z$ ，即

$$\mathrm{d}P_x = \mathrm{d}P\cos\theta = \rho g h \,\mathrm{d}A\cos\theta = \rho g h \,\mathrm{d}A_x$$

$$\mathrm{d}P_z = \mathrm{d}P\sin\theta = \rho g h \,\mathrm{d}A\sin\theta = \rho g h \,\mathrm{d}A_z$$

式中，$\mathrm{d}A_x$ 为微元面积 $\mathrm{d}A$ 在铅垂面 Oyz 上的投影；$\mathrm{d}A_z$ 为微元面积 $\mathrm{d}A$ 在水平面 Oxy 上的投影，将此二微元分力在整个面积 A 上进行积分，便可求得作用在曲面上的总压力的水平分力与垂直分力。

总压力的水平分力为

$$P_x = \int_{A_x} \rho g h \,\mathrm{d}A_x = \rho g \int_{A_x} h \,\mathrm{d}A_x \tag{2-35}$$

与求作用在平面上的液体总压力类似，$\int_{A_x} h \,\mathrm{d}A_x$ 表示曲面 AB 在铅垂平面上的投影面积 A_x 对 y 轴的面积矩，若 h_C 表示 A_x 的形心的淹没深度，则式(2-35) 为

$$P_x = \rho g h_C A_x \tag{2-36}$$

这就是作用在曲面上总压力的水平分力的计算公式。该式表明：液体作用在曲面上的总压力的水平分力等于液体作用在该曲面在铅垂投影面上的投影面积 A_x 上的总压力。同液体作用在平面上的总压力一样，水平分力 P_x 的作用线通过 A_x 的压力中心，可按前一节的方法确定。

总压力的垂直分力

$$P_z = \int_{A_z} \rho g h \, dA_z = \rho g \int_{A_z} h \, dA_z \tag{2-37}$$

从图 2-23 可以看出，上式中 $h dA_z$ 表示微元面积 dA 与它在自由液面或液面的延长面上的投影面积 dA_z 之间所围成的柱体体积。而积分 $\int_{A_z} h dA_z$ 表示整个曲面 AB 与其在液面或液面延长面上的投影面 A_z 之间所围成的柱体体积，该体积 $ABCD$ 称为曲面 AB 的压力体，它的体积以 V_p 表示，即

$$\int_{A_z} h \, dA_z = V_p$$

因而式（2-37）可以改写成

$$P_z = \rho g V_p \tag{2-38}$$

式（2-38）说明液体作用在曲面上总压力的垂直分力等于压力体中的液体重量，它的作用线通过压力体的重心。

总压力的大小为

$$P = \sqrt{P_x^2 + P_z^2} \tag{2-39}$$

总压力的作用线与水平线的夹角

$$\alpha = \arctan \frac{P_z}{P_x} \tag{2-40}$$

水平分力 P_x 的作用线通过曲面的投影平面 A_x 的压力中心，垂直分力 P_z 的作用线通过压力体 V_p 的重心，总压力 P 的压力中心为 P_x 与 P_z 作用线的交点，该压力中心不一定在曲面上。

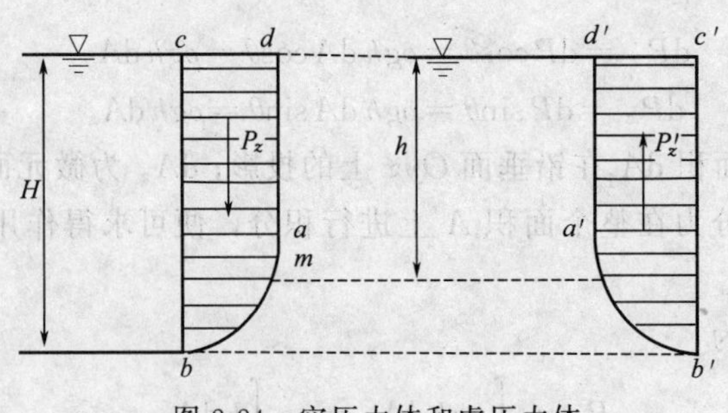

图 2-24　实压力体和虚压力体

P_z 的方向（向上或向下）取决于液体、压力体与受压曲面的相对位置，可根据实际作用在曲面上的压强方向来判断垂直分力向上还是向下。在图 2-24 中有两个形状、尺寸和淹没深度都完全相同的曲面 ab 与 $a'b'$，两者压力体完全相同（图中影线部分），所以两者垂直

分力的大小相同。但是，这两个垂直分力的方向却正好相反。当与受压面相接触的液体和压力体位于受压曲面的同侧（如图中曲面 ab 压力体 $abcd$），对应的垂直分力 P_z 的方向向下，习惯上称为实压力体；当与受压面相接触的液体和压力体位于受压曲面的异侧（如图中 $a'b'$ 压力体 $a'b'c'd'$），所对应的垂直分力 P_z 的方向向上，习惯上称为虚压力体。由此可见，对于压力体的理解应当是，液体作用在曲面上总压力的垂直分力的大小恰好与压力体内的液体重量相等，但是，并非作用在曲面上的垂直分力就是压力体内的液体的重力。

对于水平投影重叠的曲面，可在曲面与铅垂面相切处将曲面分开，分别绘出各部分的压力体，然后相叠加，虚、实压力体重叠部分相抵消。例如图 2-25 所示的曲面 $ABCD$，分别按曲面 AC、CD 界定压力体，前者得虚压力体 $ABCEA$，如图 2-25(a) 所示；后者得实压力体 $DCEFD$，如图 2-25(b) 所示；叠加后得到虚压力体 $ABFA$ 和实压力体 $BCDB$，如图 2-25(c) 所示。

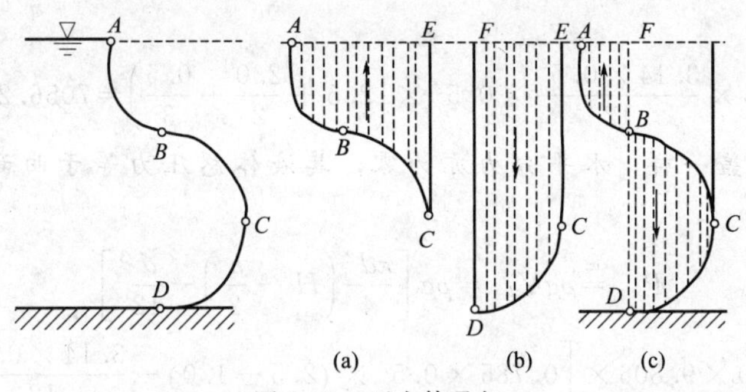

图 2-25 压力体叠加

以上的讨论虽是针对二向曲面，但所得结论完全可以应用于任意的三维曲面。所不同的是对于三维曲面除了水平分力 P_x 外，还有另一水平分力 P_y，其求法与求 P_x 完全相同。

【例 2-6】 弧形闸门如图 2-26 所示。已知 $H=5\text{m}$，$\theta=60°$，闸门宽度 $B=10\text{m}$，求作用于曲面 ab 上的总压力。

【解】 闸门所受的水平分力

$$P_x=\rho g h_C A_x=\frac{1}{2}\rho g B H^2$$

$$=\frac{1}{2}\times 1000\times 9.806\times 10\times 5^2=1225750(\text{N})$$

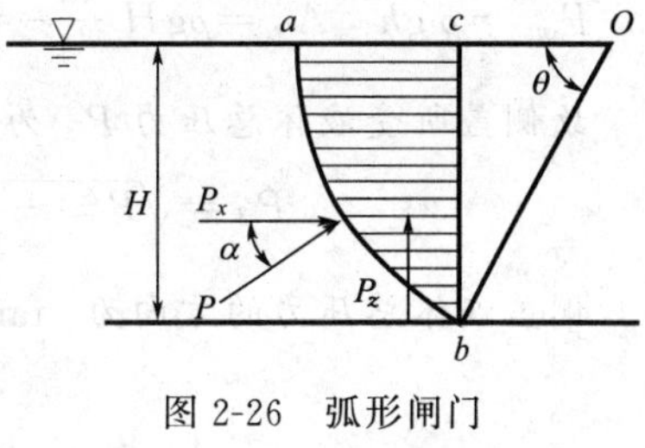

曲面 ab 上的压力体 $V_p=BA_{abc}$，面积 A_{abc} 为扇形面积 aOb 与三角形面积 cOb 之差。闸门所受的垂向分力

$$P_z=\rho g V_p=\rho g B A_{abc}=\rho g B\left(\frac{\pi\theta R^2}{360}-\frac{H^2}{2\tan\theta}\right)$$

图 2-26 弧形闸门

总压力的大小、方向为

$$P=\sqrt{P_x^2+P_z^2}=\sqrt{1225750^2+1000212^2}=1580727(\text{N})$$

$$\tan\alpha=\frac{P_z}{P_x}=\frac{1000212}{1225750}=0.816$$

$$\alpha=39°15'$$

由于弧形闸门上每点的静压强的方向线都通过闸门的转轴 O，因此总压力的作用线必通过闸门的转轴 O，并与水平线的夹角为 $\alpha=39°15'$。

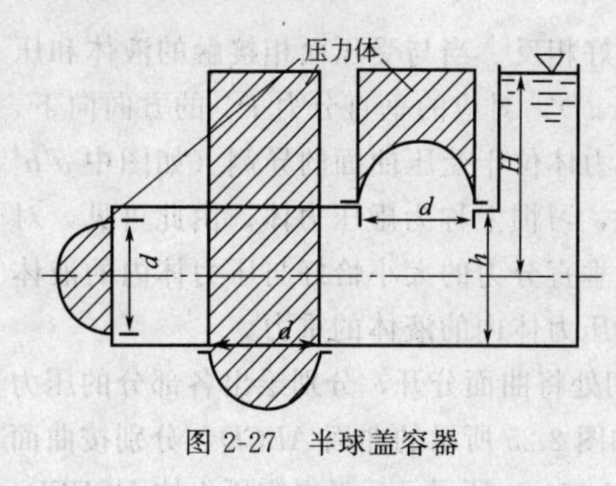

图 2-27 半球盖容器

【例 2-7】 图 2-27 为一贮水容器，容器壁上有三个半球形的盖，已知 $d=0.5\text{m}$，$h=2.0\text{m}$，$H=2.5\text{m}$，试求作用在各球盖上的液体总压力。

【解】 ①底盖：因为底盖的左、右两半部分水平压力大小相等方向相反，故底盖的水平分力为零。其液体总压力就是曲面总压力的垂直分力，即

$$P_{z1}=\rho g V_{p1}=\rho g\left[\frac{\pi d^2}{4}\left(H+\frac{h}{2}\right)+\frac{1}{2}\times\frac{4\pi}{3}\left(\frac{d}{2}\right)^3\right]$$

$$=\rho g\,\frac{\pi}{4}d^2\left(H+\frac{h}{2}+\frac{d}{3}\right)$$

$$=1000\times 9.806\times\frac{3.14\times 0.5^2}{12}\times 0.5^2\times\left(2.5+\frac{2.0}{2}+\frac{0.5}{3}\right)=7056.2(\text{N})\ \text{方向向下}$$

② 顶盖：与底盖一样，水平分力亦为零，其液体总压力等于曲面总压力的垂直分力，即

$$P_{z2}=\rho g V_{p2}=\rho g\left[\frac{\pi d^2}{4}\left(H-\frac{h}{2}\right)-\frac{d^3}{12}\right]$$

$$=1000\times 9.806\times\left[0.785\times 0.5^2\times(2.5-1.0)-\frac{3.14\times 0.5^2}{12}\right]$$

$$=2565.9(\text{N})\ \text{方向向上}$$

③ 侧盖：其液体总压力由垂直分力与 x 方向水平分力合成。其垂直分力应等于盖之下半部与上半部的压力体之差的液体重量，亦即为半球体体积的水重，即

$$P_{z3}=\rho g V_{p3}=\rho g\times\frac{\pi d^3}{12}=1000\times 9.806\times\frac{3.14\times 0.5^3}{12}=320.7(\text{N})\ \text{方向向下}$$

水平分力

$$P_{x3}=\rho g h_{Cx}A_x=\rho g H\,\frac{\pi d^2}{4}=1000\times 9.806\times 2.5\times 0.785\times 0.5^2=4811(\text{N})\ \text{方向向左}$$

故侧盖所受液体总压力 P_3 为

$$P_3=\sqrt{P_{x3}^2+P_{z3}^2}=\sqrt{4811^2+320.7^2}=5821.7(\text{N})$$

侧盖液体总压力的方向为 $\tan\alpha=\dfrac{P_{z3}}{P_{x3}}=\dfrac{320.7}{4811}=0.067$

$$\alpha=3°\,51'$$

总压力 P 垂直于侧盖曲面并通过球心。

2.8 潜体与浮体的平衡和稳定

应用流体静力学基本原理，可以研究静止流体中物体的平衡与稳定性。

2.8.1 潜体的平衡和稳定

完全淹没在液面以下且任何淹没深度处都能维持平衡的物体称作潜体。设质量力为重力。按照压力体的虚、实，潜体表面可分成上表面 A_U 和下表面 A_L，见图 2-28。因为物体

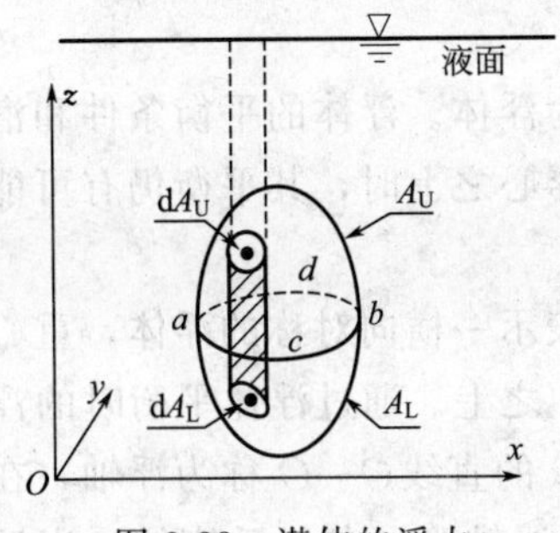

图 2-28 潜体的浮力

表面是封闭曲面，对于上表面的任意微元面积 dA_U，总能在下表面上找到相应的微元面积 dA_L，两者有完全相同的水平投影。叠加两微元面的压力体，上表面实压力体与下表面虚压力体相互抵消后，剩余的体积是虚压力体（图 2-28 中阴影），它恰好与潜体表面上的微元面积 dA_U 与 dA_L 围成的体积重叠，所代表的作用力方向向上，称为浮力。潜体上所有微元面积的压力体叠加就是潜体的体积。这就导出了阿基米德原理：潜体受到的浮力 P_B 等于潜体所排开液体的重量。即

$$P_B = \rho g V_B$$

式中，V_B 为潜体的体积。浮力的作用点称为浮心，它位于物体被淹没部分的几何中心上。可以证明，阿基米德原理对部分淹没于液体中的物体，也完全适用。

物体在静止液体中，除受浮力的作用外，还受到重力 G 的作用。潜体的平衡是指潜体在水中既不发生上浮或下沉，也不发生转动的平衡状态。图 2-29 为一潜体，假定物体内部质量不均匀，重心 C 和浮心 D 并不在同一位置。在这种情况下，潜体在浮力及重力作用下保持平衡的条件是：

① 作用于潜体上的浮力和重力相等，即 $G=\rho g V_B$。

② 重力和浮力对任意点的力矩代数和为零。要满足平衡条件，必须使重心 C 和浮心 D 位于同一铅垂线上［图 2-29(a)］。

平衡的稳定性是指已经处于平衡状态的潜体，因为某种外来干扰使之脱离平衡位置时潜体自身恢复平衡的能力。

图 2-29(b)、(c) 表示一个重心位于浮心之下的潜体，原来处于平衡状态，由于外来干扰，使潜体向左或向右侧倾斜，因而有失去平衡的趋势。但倾斜以后，由重力和浮力所形成的力偶可以反抗其继续倾倒。当外来干扰撤除后，自身有恢复平衡的能力，这样的平衡状态称为稳定平衡。相反，如图 2-30 所示，一个重心位于浮心之上的潜体，原来处于平衡状态，由于外来干扰使潜体发生倾斜。当倾斜以后，由重力和浮力所构成的力偶，有使潜体继续扩大其倾覆的趋势，这种平衡状态，即使在干扰撤除以后仍可以遭到破坏，因而为不稳定平衡。故潜体平衡的稳定条件是重心应位于浮心之下。

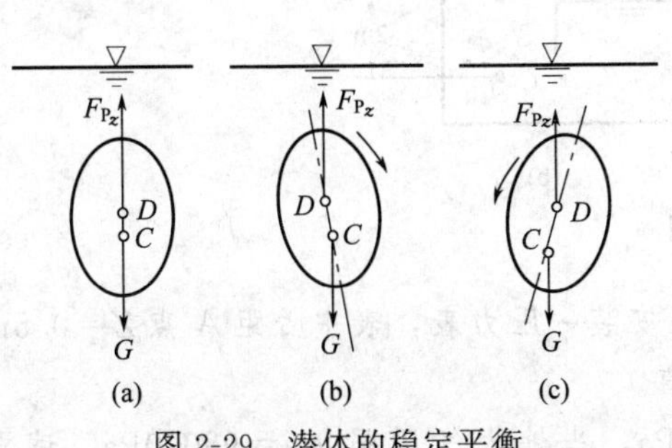

图 2-29 潜体的稳定平衡

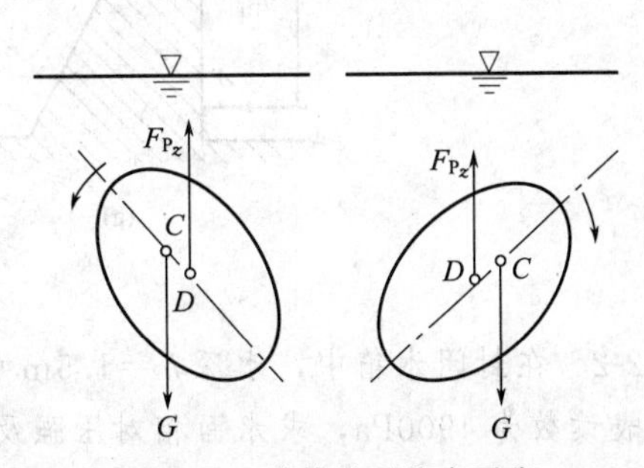

图 2-30 潜体的不稳定平衡

当潜体的重心与浮心重合时，潜体处于任何位置都是平衡的，此种平衡状态称为随遇平衡。

2.8.2 浮体的平衡及其稳定性

一部分淹没于液面下，另一部分暴露于液面上的物体，称为浮体。浮体的平衡条件和潜体一样，但浮体平衡的稳定要求和潜体有所不同。浮体重心在浮心之上时，其平衡仍有可能是稳定的，下面来作具体分析。

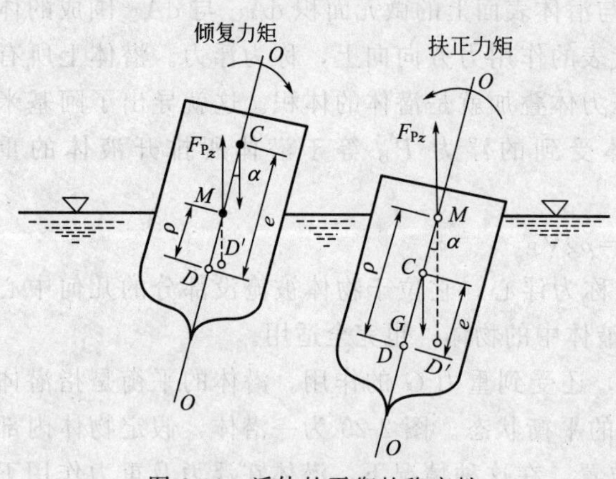

图 2-31 浮体的平衡的稳定性

图 2-31 表示一横向对称的浮体，重心 C 位于浮心 D 之上。通过浮体平衡时的浮心 D 和重心 C 的直线 $O—O$ 称为浮轴，在平衡条件下，浮轴为一条铅垂直线。当浮体受到外来干扰发生倾斜时，浮体被淹没部分的几何形状改变，从而使浮心 D 移至新的位置 D'，此时浮力 P_B 与浮轴有一交点 M，M 称为定倾中心，MD 的距离称为定倾半径，以 ρ 表示。在倾角 α 不大的情况下，实用上可近似认为 M 点位置不变。

假定浮体的重心 C 点也不变，令 C 与 D 之间的距离为 e，称 e 为重心与浮心的偏心距。由图 2-31 不难看出，当 $\rho > e$（即定倾中心高于重心）时，浮体平衡是稳定的，此时浮力与重力所产生的力偶可以使浮体恢复平衡，故此力偶称为扶正力偶。若当 $\rho < e$（即定倾中心低于重心）时，浮力与重力构成了倾覆力偶，使浮体有继续倾倒的趋势。故浮体平衡的稳定条件为定倾中心要高于重心，或者说，定倾半径大于偏心距。

习 题

2-1 试求图(a)、(b) 中，A、B、C 各点的绝对压强和相对压强。已知当地大气压强 $p_a = 98070\text{Pa}$。

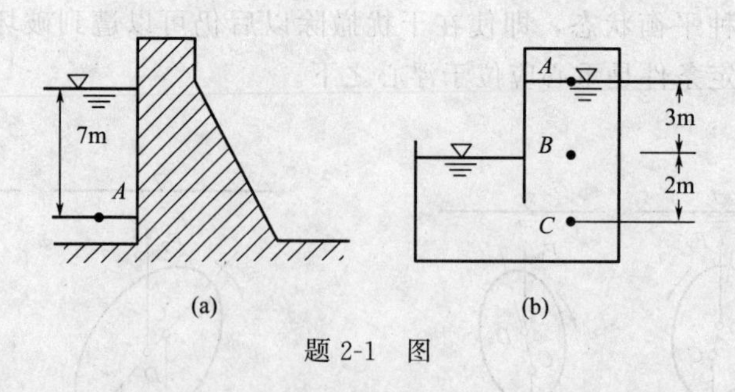

题 2-1 图

2-2 在封闭水箱中，水深 $h = 1.5\text{m}$ 的 A 点上安装一压力表，表中心距 A 点 $Z = 0.5\text{m}$，压力表读数为 4900Pa，求水面相对压强及其真空值。

2-3 封闭容器水面的绝对压强 $p_0 = 107700\text{Pa}$，当地大气压强 $p_a = 98070\text{Pa}$。试求：①水深 $h_1 = 0.8\text{m}$ 时，A 点的绝对压强和相对压强；② 压力表 M 的读数和酒精（$\rho = 810\text{kg/m}^3$）测压计的读数 h。

2-4 已知图中 $z = 1\text{m}$，$h = 2\text{m}$，求 A 点的相对压强及测压管中空气的真空值。

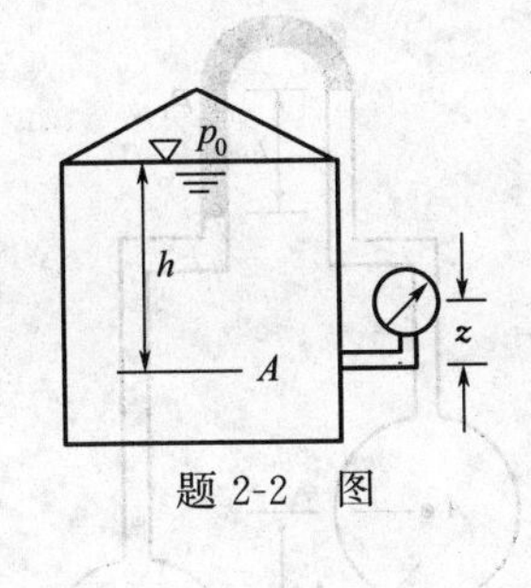

题 2-2 图

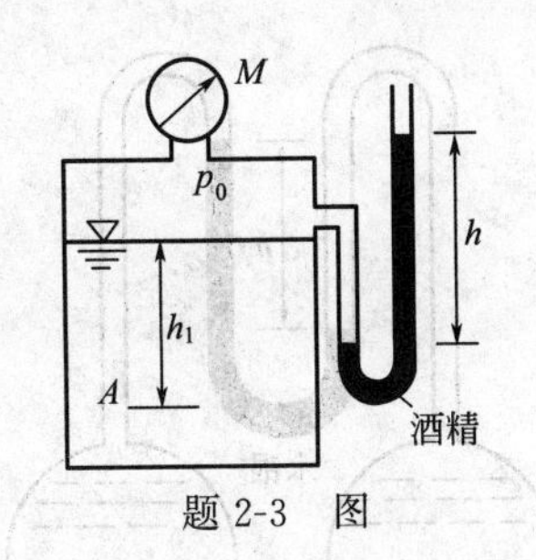

题 2-3 图

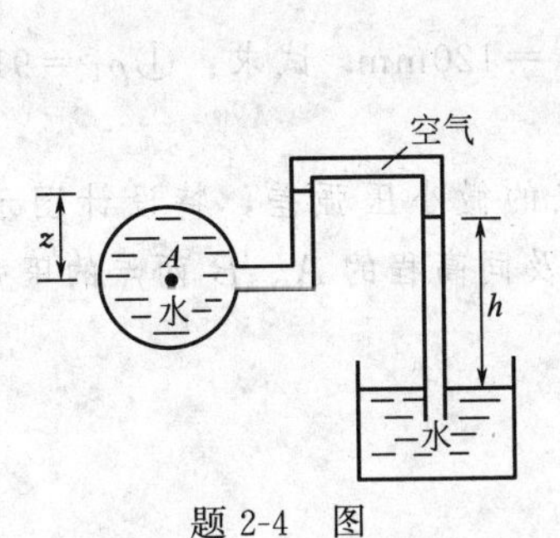

题 2-4 图

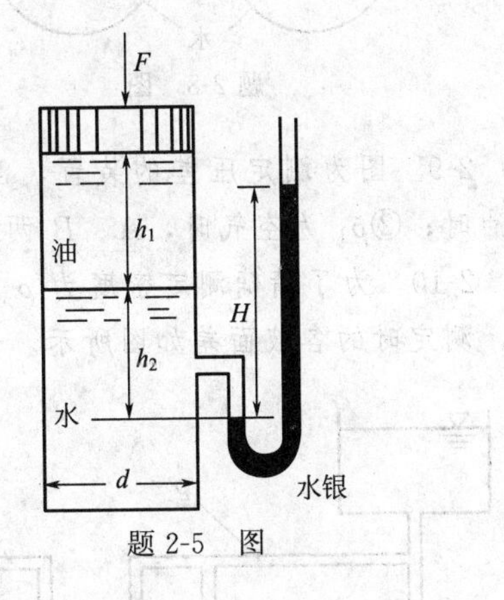

题 2-5 图

2-5 如图所示，在盛有油和水的圆柱形容器盖上施加的力 $F=5788\text{N}$，已知：$h_1=30\text{cm}$，$h_2=50\text{cm}$，$d=0.4\text{m}$，$\rho_{油}=800\text{kg/m}^3$，试求U形测压管中水银柱的高度 H。

2-6 如图所示，两根水银测压管与盛有水的封闭容器连接，若上面的测压管的水银液面距自由液面的高度 $h_1=60\text{cm}$，水银柱高 $h_2=25\text{cm}$；下面的测压管水银柱高 $h_3=30\text{cm}$，试求下面测压管水银面距自由液面的高度 h_4。

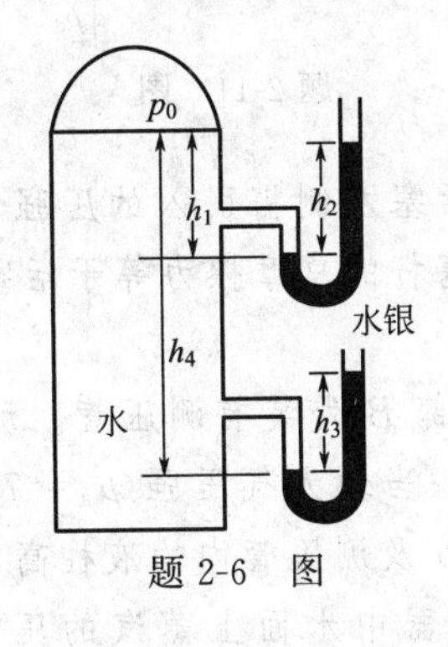

题 2-6 图

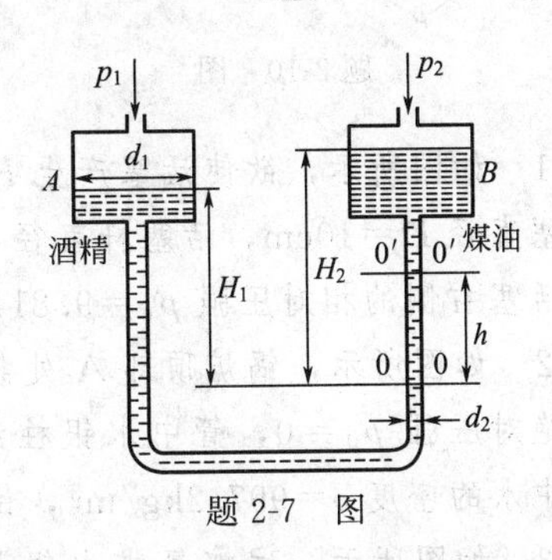

题 2-7 图

2-7 双杯式微压计如图所示，A、B 两杯的直径均为 $d_1=50\text{mm}$，用U形管连接，U形管的直径 $d_2=5\text{mm}$. A 杯中盛有酒精，密度 $\rho_1=870\text{kg/m}^3$，B 杯中盛有煤油，密度 $\rho_2=830\text{kg/m}^3$，当两杯的压强差为零时，酒精煤油的分界面在0—0线上，试求当分界面上升到 $0'$—$0'$线、$h=280\text{mm}$ 时，两杯的压强差 Δp。

2-8 如图所示，差压计水银面的高差 $h=15\text{cm}$，求充满水的 A、B 两圆筒内的压强差。①A、B 两点同高；②A、B 两点不同高，高差为 $\Delta z=z_A-z_B=1\text{m}$。

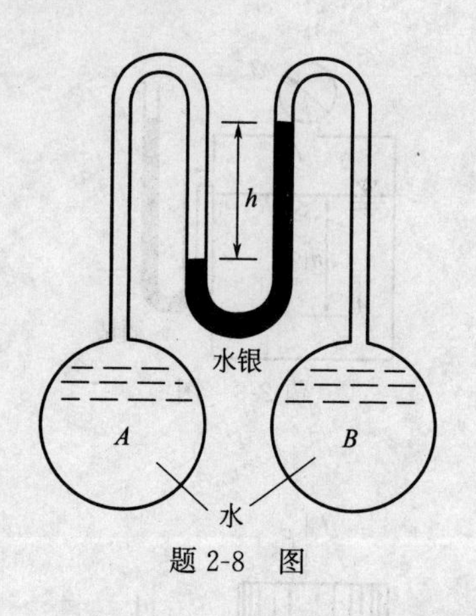

题 2-8　图

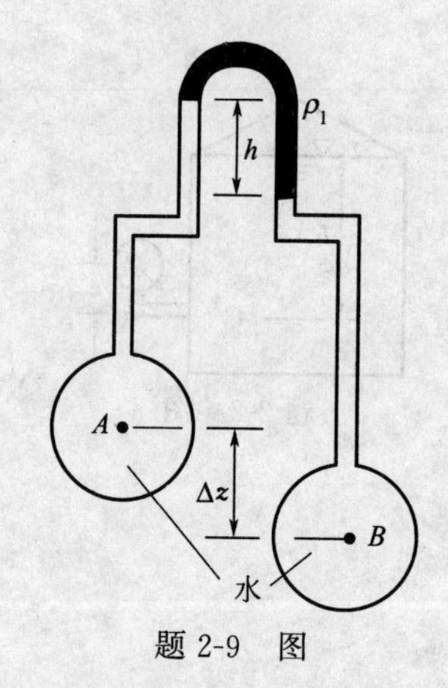

题 2-9　图

2-9　图为测定压差的装置，测得 $\Delta z=200\text{mm}$，$h=120\text{mm}$. 试求：①$\rho_1=919\text{kg/m}^3$ 为油时；②ρ_1 为空气时，A、B 两点的压强差。

2-10　为了精确测定密度为 ρ 的液体中 A、B 两点的微小压强差，特设计图示的微压计，测定时的各液面差如图所示。试求 ρ 和 ρ' 的关系以及同高程的 A、B 两点的压强差。

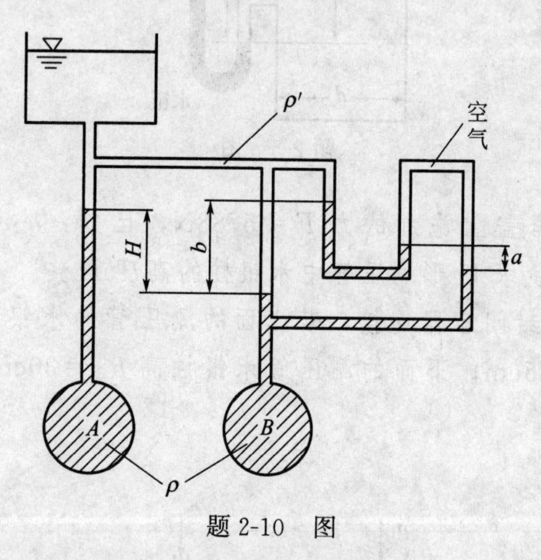

题 2-10　图

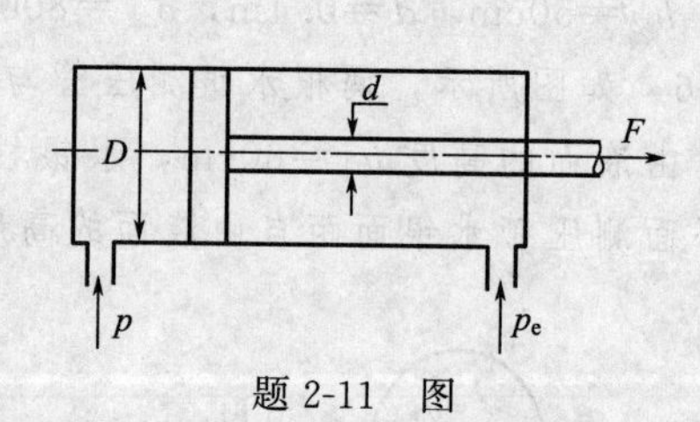

题 2-11　图

2-11　如图所示，欲使活塞产生 $F=7848\text{N}$ 的推力，活塞左侧需引入的压强 p 为多少？已知活塞直径 $D=10\text{cm}$，活塞杆直径 $d=3\text{cm}$，活塞和活塞杆的总摩擦力等于活塞总推力的 10%，活塞右侧的相对压强 $p_e=9.81\times10^4\text{Pa}$。

2-12　如图所示，锅炉顶部 A 处装有 U 形测压计，底部 B 处装有测压管。测压计顶端封闭，绝对压强 $p_0=0$，管中水银柱液面高差 $h_2=80\text{cm}$，当地大气压强 $p_a=750\text{mmHg}$，测压管中水的密度 $\rho=997.2\text{kg/m}^3$，试求锅炉内蒸汽压强 p 及测压管内的液柱高度 h_1。

2-13　如图所示，试按复式水银测压计的读数算出容器中水面上蒸汽的压强。已知：$\nabla_1=2.3\text{m}$，$\nabla_2=1.2\text{m}$，$\nabla_3=2.5\text{m}$，$\nabla_4=1.4\text{m}$，$\nabla_5=3.0\text{m}$。

2-14　如图所示，底面积 $b\times b=200\text{mm}\times200\text{mm}$ 的正方形容器，质量 $m_1=4\text{kg}$，当它装水的高度 $h=150\text{mm}$ 时，在 $m_2=25\text{kg}$ 的载荷作用下沿平面滑动。设容器底与平面间的摩擦系数 $f=0.3$，试求不使水溢出容器时的最小高度 H。

2-15　利用装有液体并与物体一起运动的 U 形管量测物体的加速度，如图所示，U 形管直径很小，$L=30\text{cm}$，$h=5\text{cm}$，求物体的加速度 a。

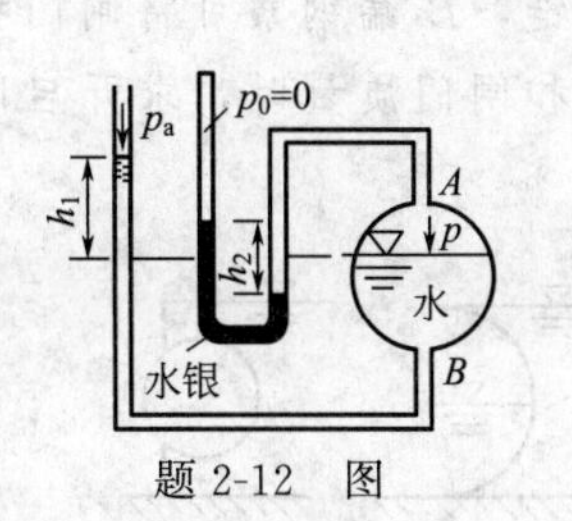

题 2-12 图

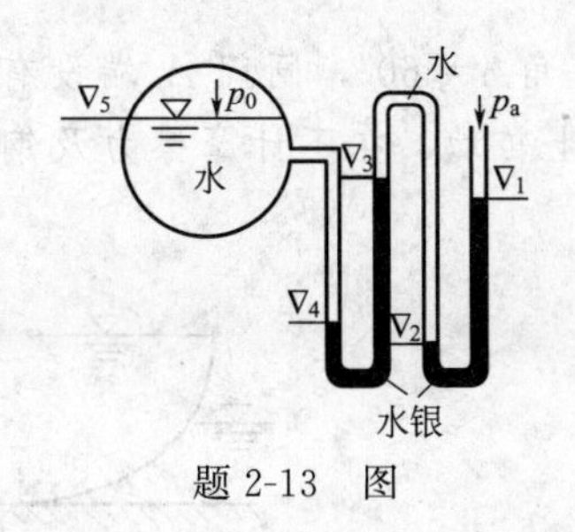

题 2-13 图

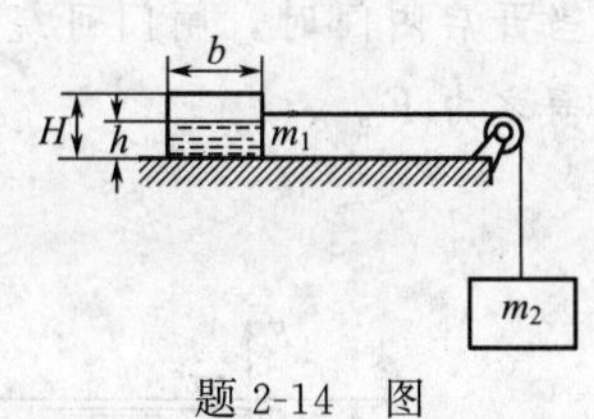

题 2-14 图

2-16 如图所示，在直径 $D=30\text{cm}$，高 $H=50\text{cm}$ 的圆柱形容器内注入液体至高度 $h=30\text{cm}$，容器绕中心轴旋转，若自由液面的边缘与容器口等高，试求容器的旋转角速度。

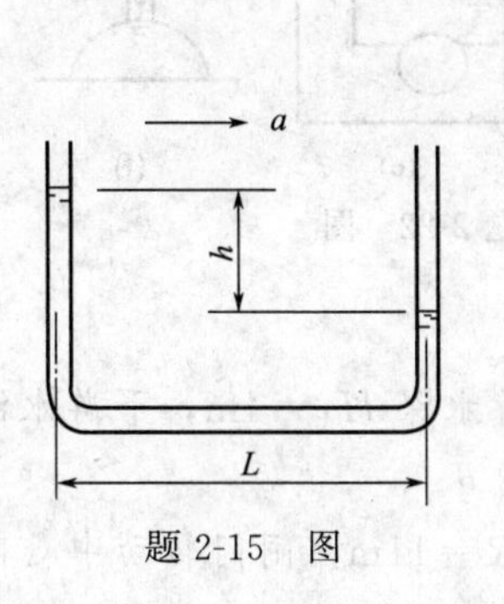

题 2-15 图

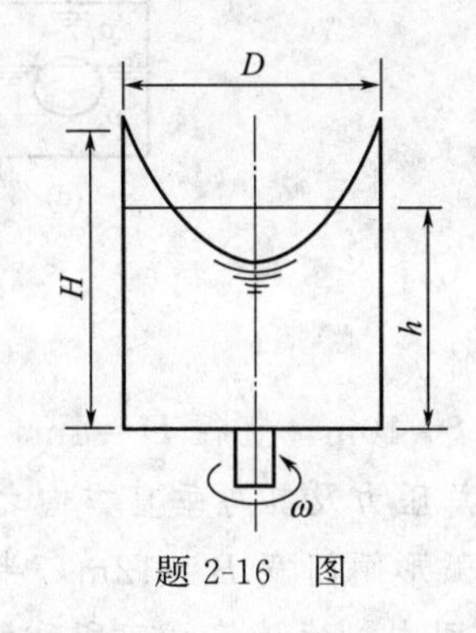

题 2-16 图

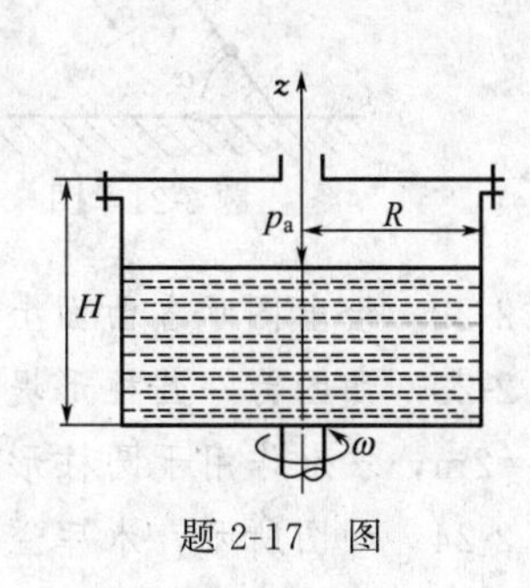

题 2-17 图

2-17 如图所示，一圆筒高 $H=0.7\text{m}$，半径 $R=0.4\text{m}$，内装 $V=0.25\text{m}^3$ 的水，以角速度 $\omega=\dfrac{10}{s}$ 绕垂直轴旋转，圆筒中心通大气，顶盖质量 $m=5\text{kg}$，试确定作用在顶盖螺栓上的力。

2-18 绕铰链轴 O 转动的自动开启式水闸如图所示，当水位超过 $H=2\text{m}$ 时，闸门自动开启。若闸门另一侧的水位 $h=0.4\text{m}$，角 $\alpha=60°$，试求铰链至闸门下端的距离 x。

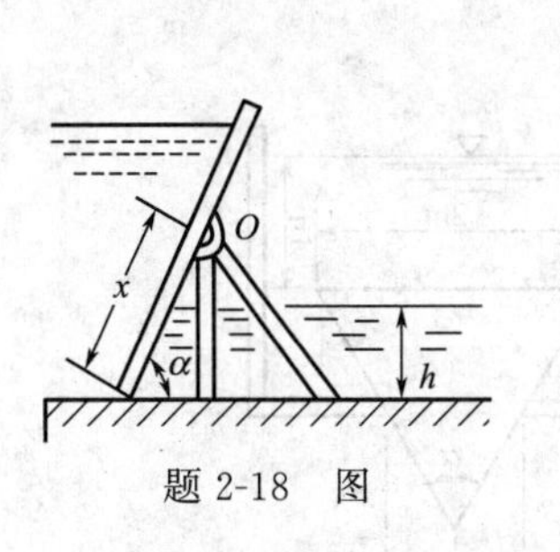

题 2-18 图

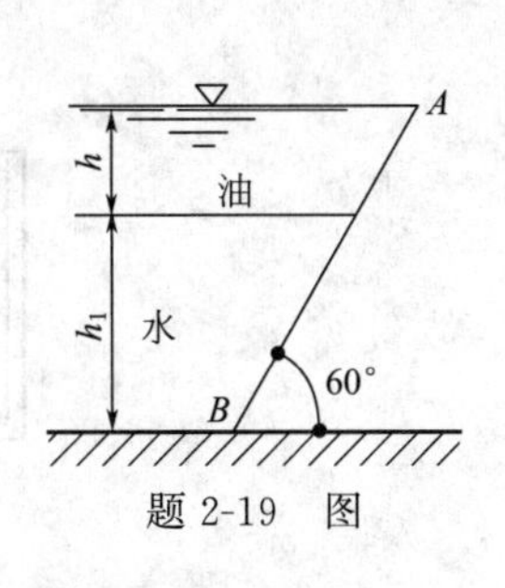

题 2-19 图

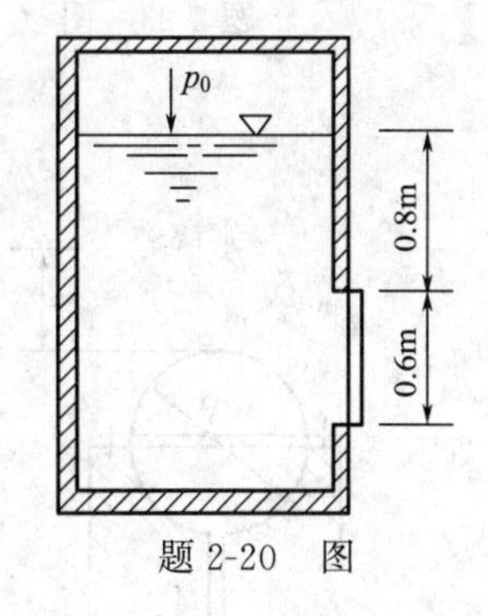

题 2-20 图

2-19 如图所示，倾角 $\alpha=60°$ 的矩形闸门 AB，上部油深 $h=1\text{m}$，下部水深 $h_1=2\text{m}$，$\rho_{油}=800\text{kg/m}^3$，求作用在闸门上每米宽度的总压力及其作用点。

2-20 如图所示，密封容器中盛水，底部侧面开 $0.5\text{m}\times0.6\text{m}$ 的矩形孔，水面绝对压强 $p_0=17.7\times10^3\text{Pa}$，当地大气压 $p_a=98.07\times10^3\text{Pa}$，试求作用于孔盖板上的总压力及其作用点至孔盖板上沿的距离。

2-21 如图所示，水坝的圆形泄水孔，装一直径 $d=1\text{m}$ 的平板闸门，闸门中心水深

$h=3\text{m}$，闸门所在斜面与水平面的夹角 $\alpha=60°$，闸门 A 端设有铰链，B 端钢索可将闸门拉开。当开启闸门时，闸门可绕 A 向上转动，在不计摩擦力及钢索和闸门质量时，求开启闸门所需之力 F。

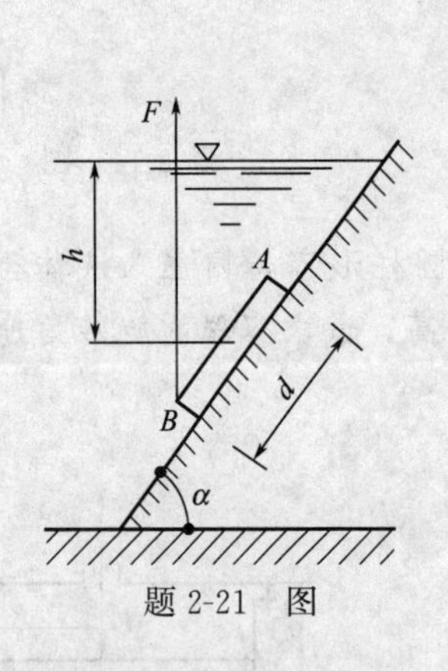

题 2-21 图

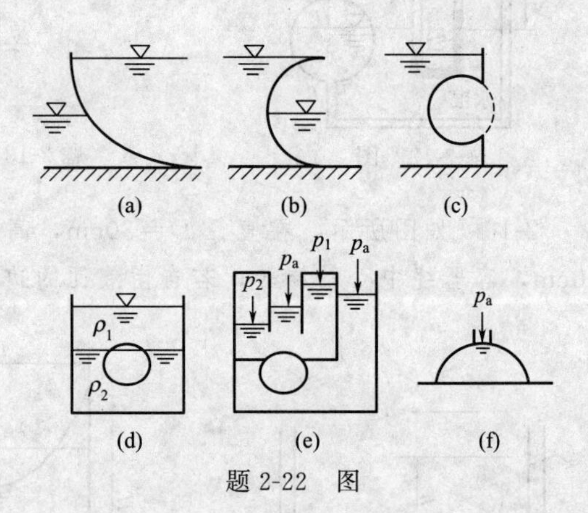

题 2-22 图

2-22 绘出图示各曲面上的压力体。

2-23 如图为一圆柱形堤，长度 $l=10\text{m}$，直径 $D=4\text{m}$，上游水深 $H_1=4\text{m}$，下游水深 $H_2=2\text{m}$，求水作用于圆柱形堤上的总压力及其与垂直方向之夹角 θ。

2-24 如图所示，水库溢流坝顶弧形闸门宽 $B=12\text{m}$，半径 $R=11\text{m}$，闸门转动中心高程以及上游水位和下游水位高程标于图中，试计算闸门所受的水压力。

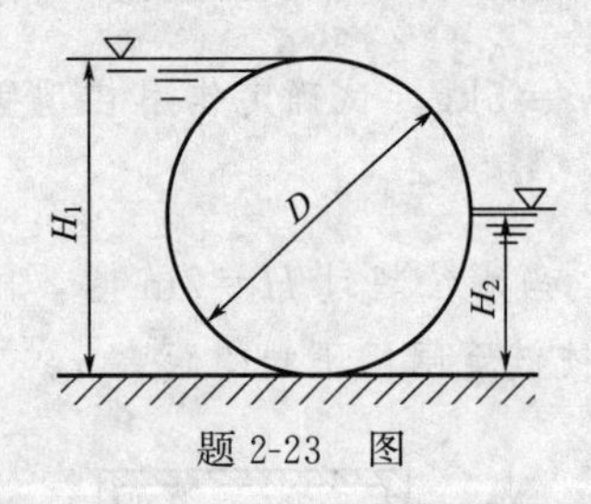

题 2-23 图

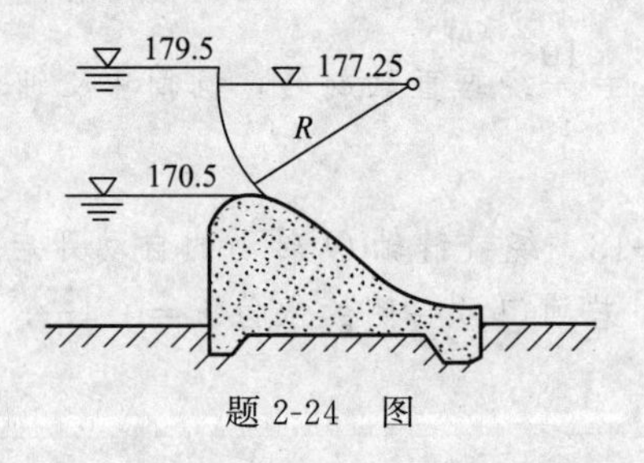

题 2-24 图

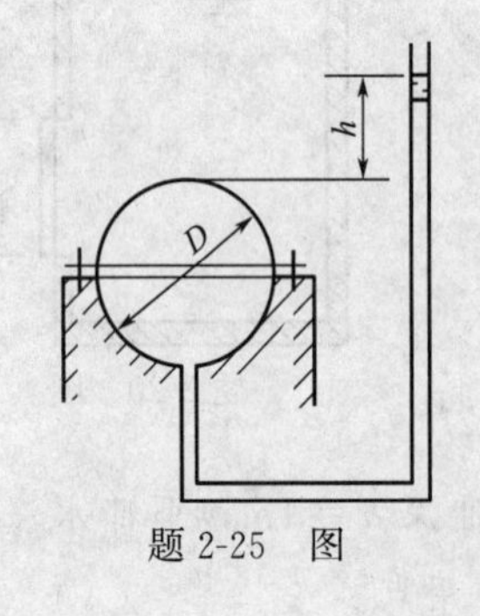

题 2-25 图

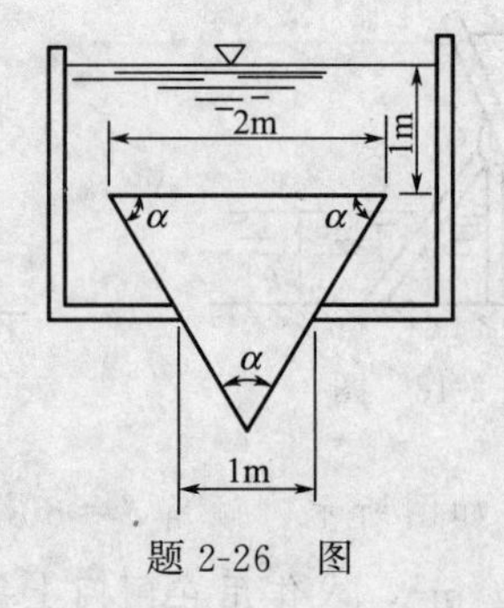

题 2-26 图

2-25 如图所示，有一球形容器由两个半球铆接而成。下半球固定，容器中充满水，已知 $h=1\text{m}$、$D=2\text{m}$，求全部铆钉所受的总拉力。

2-26 如图所示，用一圆锥形体堵塞直径 $d=1\text{m}$ 的底部孔洞。求作用于此圆锥形体的静水压力。

第3章 流体运动学与势流理论

在自然界和工程实际中，流体大多处于运动状态，由于流体易于变形，流体的运动比固体的运动更复杂，怎样来描述复杂的流体运动，成为研究流体运动规律和动力学的首要问题，也是本章的基本内容。本章讨论描述流体运动的方法，建立流场的概念，分析质量守恒定律在流体运动中的表述，通过对流体微团运动速度的分解，得出流体运动的四种形式，根据运动要素的特性对流动进行分类，在此基础上，就有旋流动和无旋流动以及恒定平面势流进行分析。

3.1 流体运动的描述方法

流体流动时，表征运动特性的物理量或运动参数一般都随着时间和空间位置而变化，按照连续介质的假设，流体是由无穷多流体质点组成的连续介质，流体的运动便是这无穷多流体质点运动的总和，怎样用数学方法来描述流体的运动呢？常用的方法有两种：拉格朗日法和欧拉法。

3.1.1 拉格朗日法

拉格朗日法以研究个别流体质点的运动为基础，通过对每个流体质点运动的研究来获得整个流体运动。用这种方法来研究流体运动是跟随一个选定的流体质点，观察这个质点在空间运动过程中运动参数自始至终的变化情况。每个流体质点运动规律性的总和，就构成整个流体运动的规律性。

为了区别不同的流体质点，必须给出流体质点的标志。为此，拉格朗日法定义在某一起始时刻 $t=t_0$ 时。流体质点所在的空间位置的坐标作为该流体质点的标志，在直角坐标系中是（x_0，y_0，z_0），在柱坐标系中表示为（r_0，θ_0，z_0），或用其他曲线坐标系来表示。这些作为标志的量概括地用（a，b，c）来表示。由于不同的质点在 t_0 时有着不同的空间位置坐标，因此用空间位置坐标作为标志，就能区别出不同的质点。对于空间连续的流体质点，它们的标志（a，b，c）也连续。

给出了每个流体质点的标志后，它们的运动参数就可用这种标志和时间 t 表示出来。例如，对于某一质点（a，b，c）来说，它的位置因时刻 t 不同而不同，反之对于某一时刻 t，不同质点（a，b，c），将运动到不同的位置。所以质点的位置因时间 t 和不同的质点（a，b，c）而不同。或者说，质点的位置（x，y，z）是（a，b，c）与 t 的函数。可表示为下列函数形式：

$$\left.\begin{aligned} x&=x(a,\ b,\ c,\ t)\\ y&=y(a,\ b,\ c,\ t)\\ z&=z(a,\ b,\ c,\ t)\end{aligned}\right\} \tag{3-1}$$

式中，a，b，c，t 称为拉格朗日变数。在上式中，如果固定 a，b，c 而令 t 改变，则得某一流体质点的运动规律。如果固定时间 t 而令 a，b，c 改变，则得同一时刻不同流体质点的位置分布。

根据定义，对于某流体质点，在运动过程中 a，b，c 不变，仅是 t 变化。其速度应为

$$\left.\begin{aligned} u_x&=\frac{\partial x}{\partial t}=u_x(a,\ b,\ c,\ t)\\ u_y&=\frac{\partial y}{\partial t}=u_y(a,\ b,\ c,\ t)\\ u_z&=\frac{\partial z}{\partial t}=u_z(a,\ b,\ c,\ t)\end{aligned}\right\}\tag{3-2}$$

同理，加速度为

$$\left.\begin{aligned} a_x&=\frac{\partial u_x}{\partial t}=\frac{\partial^2 x}{\partial t^2}=a_x(a,\ b,\ c,\ t)\\ a_y&=\frac{\partial u_y}{\partial t}=\frac{\partial^2 y}{\partial t^2}=a_y(a,\ b,\ c,\ t)\\ a_z&=\frac{\partial u_z}{\partial t}=\frac{\partial^2 z}{\partial t^2}=a_z(a,\ b,\ c,\ t)\end{aligned}\right\}\tag{3-3}$$

其他物理量，如压力、密度等，均可用 a，b，c，t 的函数来表示，即

$$p=p(a,\ b,\ c,\ t)\tag{3-4}$$

$$\rho=\rho(a,\ b,\ c,\ t)\tag{3-5}$$

拉格朗日法实质上是应用质点动力学的方法来研究流体的运动。这种方法物理概念清晰，理论上能直接得出各质点的运动轨迹以及运动参数在运动过程中的变化，但在数学上常常遇到很大的困难。在实际工程中，大多数工程问题并不需要知道每个质点的运动情况，如工程中的管流问题，一般只要求知道若干个控制断面上的流速、流量及压强等的变化即可。因此，除少数的流动问题外，都采用欧拉法。本书后面各章节都用欧拉法。

3.1.2 欧拉法

欧拉法是以考察不同流体质点通过固定的空间点的运动情况来研究整个流动空间内的流动情况。用欧拉法来研究流体运动时，需选定一空间点，观察不同时刻占据该空间点的各个流体质点的运动参数的变化情况。综合流动空间中的所有点，便可得到整个流动空间流体的运动情况。

在这种情况下，空间点是任意选定的，它的位置坐标 x，y，z 不是时间 t 的函数，而是独立变量。要注意区别空间点位置 x，y，z 和质点位置 x，y，z 含意的不同，前者为独立变量，而后者是独立变量 t 的函数。

用欧拉法描述流体的运动，流体质点的运动参数一般可表示为空间坐标和时间变量的连续函数，如

速度
$$\left.\begin{aligned} \boldsymbol{u}&=\boldsymbol{u}(x,\ y,\ z,\ t)\\ u_x&=u_x(x,\ y,\ z,\ t)\\ u_y&=u_y(x,\ y,\ z,\ t)\\ u_z&=u_z(x,\ y,\ z,\ t)\end{aligned}\right\}\tag{3-6}$$

压强
$$p=p(x,\ y,\ z,\ t)$$

密度
$$\rho=\rho(x,\ y,\ z,\ t)$$

式中，x，y，z，t 称为欧拉变数。时间 t 变化而 x，y，z 不变时，表示固定的空间点上，质点的各运动参数随时间的变化情况，x，y，z 变化而 t 不变时，表示在同一瞬时不同空间点上运动参数的分布情况。

在数学上，将每一空间点都对应着某个物理量的一个确定值的空间区域定义为该物理量的场。因此，以欧拉法的观点来研究流体运动问题，就归结为研究含有时间 t 为参变量的流场，包括矢量场（速度场、压强场等）和标量场（密度场和温度场等）。

3.1.3 流体质点的加速度和质点导数

应该注意到，式(3-6) 中各运动参数是空间坐标和时间的函数。对运动质点而言，其位置坐标也随时间变化，即描述质点运动的坐标变量 x，y，z 对质点而言也是 t 的函数，在欧拉法中，流体质点的某运动参数对时间的变化率必须按复合函数的微分法则进行推导。如根据质点加速度的定义，可写出加速度在 x 方向上的分量为

$$a_x=\frac{\mathrm{d}u_x}{\mathrm{d}t}=\frac{\partial u_x}{\partial t}+\frac{\partial u_x}{\partial x}\frac{\mathrm{d}x}{\mathrm{d}t}+\frac{\partial u_x}{\partial y}\frac{\mathrm{d}y}{\mathrm{d}t}+\frac{\partial u_x}{\partial z}\frac{\mathrm{d}z}{\mathrm{d}t}$$

由于运动质点的坐标对时间的导数等于该质点的速度分量，即

$$\frac{\mathrm{d}x}{\mathrm{d}t}=u_x,\ \frac{\mathrm{d}y}{\mathrm{d}t}=u_y,\ \frac{\mathrm{d}z}{\mathrm{d}t}=u_z$$

故

同理

$$\left.\begin{aligned}a_x&=\frac{\partial u_x}{\partial t}+u_x\frac{\partial u_x}{\partial x}+u_y\frac{\partial u_x}{\partial y}+u_z\frac{\partial u_x}{\partial z}\\a_y&=\frac{\partial u_y}{\partial t}+u_x\frac{\partial u_y}{\partial x}+u_y\frac{\partial u_y}{\partial y}+u_z\frac{\partial u_y}{\partial z}\\a_z&=\frac{\partial u_z}{\partial t}+u_x\frac{\partial u_z}{\partial x}+u_y\frac{\partial u_z}{\partial y}+u_z\frac{\partial u_z}{\partial z}\end{aligned}\right\}\tag{3-7}$$

由上式可以看出，用欧拉法描述的流体质点加速度，由两部分组成，第 1 部分 $\frac{\partial u_x}{\partial t}$、$\frac{\partial u_y}{\partial t}$ 和 $\frac{\partial u_z}{\partial t}$ 是速度场随时间变化而引起的加速度，称为时变加速度或当地加速度；第 2 部分 $u_x\frac{\partial u_x}{\partial x}+u_y\frac{\partial u_x}{\partial y}+u_z\frac{\partial u_x}{\partial z}$、$u_x\frac{\partial u_y}{\partial x}+u_y\frac{\partial u_y}{\partial y}+u_z\frac{\partial u_y}{\partial z}$ 和 $u_x\frac{\partial u_z}{\partial x}+u_y\frac{\partial u_z}{\partial y}+u_z\frac{\partial u_z}{\partial z}$ 是速度场随空间位置变化而引起的加速度，称为位变加速度或迁移加速度。举例说明如下。

一水箱的出水管中的 A、B 两点，如图 3-1 所示，在出水过程中，某水流质点占据 A 点，另一水流质点占据 B 点，经 dt 时间后，两质点分别从 A 点移到 A' 点，从 B 点移到 B' 点。如果水箱水面保持不变，管内流动不随时间变化，则 A 点和 B 点的流速都不随时间变化，因此时变加速度都是零。在管径不变处，A 点和 A' 点的流速相同，位变加速度也为零，所以 A 点没有加速度；而在管径改变处，B' 点的流速大于 B 点的流速，B 点的位变加速度不等于零。如果水箱水面随着出水过程不断下降，则管内各处流速都会随时间逐渐减小。这时，即使在管径不变的 A 处，其位变加速度虽仍为零，但也还有负的加速度存在，这个加速度就是时变加速度；而在管径改变的 B 处，除了有时变加速度以外，还有位变加速度，B 点的加速度是

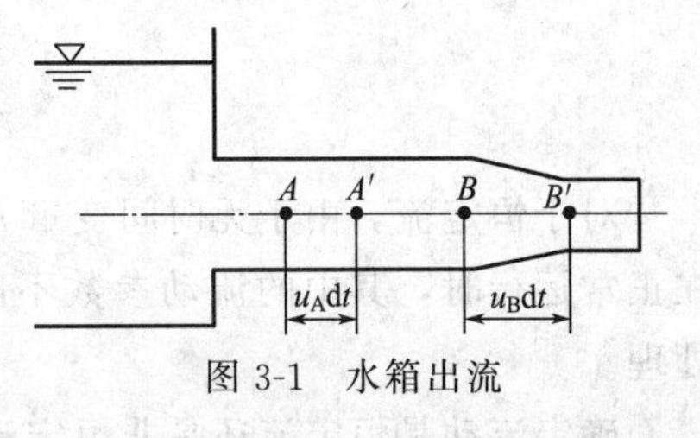

图 3-1 水箱出流

两部分加速度的总和。

用欧拉法描述流体的运动时，流体质点的某运动参数对时间的变化率称为该运动参数的质点导数，式（3-7）表示的质点加速度就是速度的质点导数，式（3-7）的微分法则及其意义对于其他运动参数也同样适用，如压强和密度的质点导数分别为

$$\frac{\mathrm{d}p}{\mathrm{d}t}=\frac{\partial p}{\partial t}+u_x\frac{\partial p}{\partial x}+u_y\frac{\partial p}{\partial y}+u_z\frac{\partial p}{\partial z} \tag{3-8}$$

$$\frac{\mathrm{d}\rho}{\mathrm{d}t}=\frac{\partial \rho}{\partial t}+u_x\frac{\partial \rho}{\partial x}+u_y\frac{\partial \rho}{\partial y}+u_z\frac{\partial \rho}{\partial z} \tag{3-9}$$

3.2 流体流动的若干基本概念

运动流体所占据的空间为流场。按欧拉法的观点，不同时刻，流场中每个流体质点都有它一定的空间位置、流速、加速度、压强等，从而形成速度场、加速度场、压强场等。研究流体运动就是求解流场中运动参数的变化规律。为深入研究流体运动的规律，需要继续引入有关流体运动的一些基本概念。

3.2.1 流场的分类

用欧拉法描述流体的运动，各运动参数是空间坐标和时间变量的函数，可按不同的时空标准对流动进行分类。

3.2.1.1 恒定流和非恒定流

在流场中，各空间点上的任何运动参数均不随时间变化，这种流动称为恒定流动。否则，为非恒定流。恒定流动时流体的所有运动参数只是空间坐标的函数而与时间无关，即

$$\left.\begin{aligned}u_x&=u_x(x,y,z)\\u_y&=u_y(x,y,z)\\u_z&=u_z(x,y,z)\\p&=p(x,y,z)\\\rho&=\rho(x,y,z)\end{aligned}\right\} \tag{3-10}$$

它们的时变加速度为零，即

$$\left.\begin{aligned}&\frac{\partial u_x}{\partial t}=\frac{\partial u_y}{\partial t}=\frac{\partial u_z}{\partial t}=0\\&\frac{\partial p}{\partial t}=0\\&\frac{\partial \rho}{\partial t}=0\end{aligned}\right\} \tag{3-11}$$

对于恒定流，由于无时间变量 t，流动问题的求解将得到简化，实际工程中，多数系统在正常运行时，其中的流动参数不随时间发生变化，或随时间变化缓慢，可以作为恒定流处理。

确定流动是恒定流还是非恒定流与坐标的选择有关。例如，船在静止的水中等速直线行驶，确定船的两侧的水流流动是恒定流或非恒定流，这将因坐标系选取的不同而不同。如果将坐标系固定在岸上，则船两侧的水流流动是非恒定流，但是如果将坐标系固定在行驶中的船上（即对于坐在船上的人看到的情况），船两侧水流的流动则是恒定流。它相当于船不动，

水流从远处以船行驶速度流向船。

由于恒定流比非恒定流简单，所以只要有可能，总是通过选择坐标系将非恒定流动转化为恒定流来研究。

3.2.1.2 一维流动、二维流动和三维流动

以空间坐标为标准，若各空间点上的运动参数是三个空间坐标的函数，该流动为三维流动。

任何实际流动从本质上讲都是在三维空间中发生的，二维流动和一维流动是在一些特定情况下对实际流动的简化与抽象。

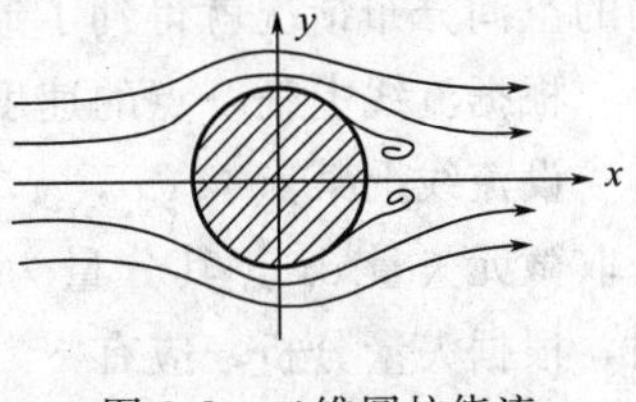

图 3-2 二维圆柱绕流

二维流动是指运动参数与某一空间坐标无关，且沿该坐标方向无速度分量的流动。如水流绕过很长的圆柱体（图 3-2），忽略两端的影响，令 z 轴与圆柱体的轴线重合，该流动各空间点上的速度都平行于 Oxy 平面，有 $u_z=0$，$\frac{\partial u_x}{\partial z}=\frac{\partial u_y}{\partial z}=0$，且其他运动参数也与 z 坐标无关，该流动为二维流动。

若运动参数只是一个空间坐标的函数，这样的流动为一维流动。管道和明渠内的流动，流动方向的尺度远大于横向尺寸，忽略各断面上运动参数的横向变化，各参数的断面平均值仅与一个空间坐标有关，这样的流动（在 3.2.3 中定义为“总流”）可简化为一维流动。

3.2.1.3 均匀流和非均匀流

若质点的位变加速度为零，即

$$\left.\begin{aligned}u_x\frac{\partial u_x}{\partial x}+u_y\frac{\partial u_x}{\partial y}+u_z\frac{\partial u_x}{\partial z}=0\\u_x\frac{\partial u_y}{\partial x}+u_y\frac{\partial u_y}{\partial y}+u_z\frac{\partial u_y}{\partial z}=0\\u_x\frac{\partial u_z}{\partial x}+u_y\frac{\partial u_z}{\partial y}+u_z\frac{\partial u_z}{\partial z}=0\end{aligned}\right\}\tag{3-12}$$

这样的流动为均匀流，反之为非均匀流。在实际流动中，有些流动可近似为均匀流，如等截面的长直管内的流动，以及断面形状不变且水深不变的长直渠道内的流动等。

3.2.2 迹线和流线

用欧拉法研究流场中同一时刻不同质点的运动情况，建立了流线的概念。

用拉格朗日法研究流体中各质点在不同时刻（自始至终的连续时间内）运动的变化情况，引入了迹线的概念。

某一流体质点在运动过程中，不同时刻所流经的空间点所连成的线称为迹线，即迹线就是流体质点运动所形成的轨迹线。

流线与迹线不同。流线是指某一瞬时在速度场中的一空间曲线，在该曲线上的每一个流体质点的速度方向都与该曲线相切，见图 3-3。

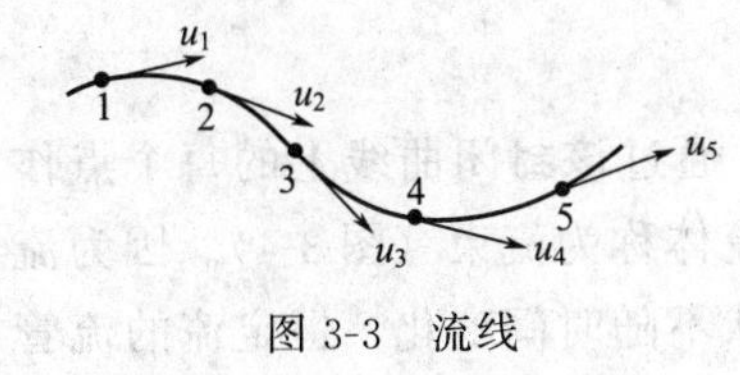

图 3-3 流线

流线可采用几何的方法绘出，如图 3-3 所示，考虑某时刻 t 的流场，速度场表示为 $\boldsymbol{u}=\boldsymbol{u}(x, y, z, t)$，在场内取点 1，作该瞬时点 1 的速度矢量 $\boldsymbol{u}_1$，在 $\boldsymbol{u}_1$ 矢量线上取与点 1 相距极近的点 2，绘出同一瞬时点 2 的速度矢量 $\boldsymbol{u}_2$，再在

$\boldsymbol{u}_2$ 的矢量线上取与点 2 相距极近的点 3，绘出同一瞬间点 3 的速度矢量 $\boldsymbol{u}_3$，如此继续作下去，就可得到折线 123…如果所取各点间的距离无限缩短，使其趋近于零，这条折线就成了一条光滑的曲线，即为该时刻的一条流线。流线也可用流动显示的方法显示出来，如在水槽中水流的表面注入示综粒子（细木屑、铝粉等），配合闪频摄影，照片上由示综粒子组成的曲线，便是拍摄时刻水流表面的流线图。

由于通过流场中的每一点都可以绘一条流线，因此流线将布满整个流场。有了流线，流场的空间分布情况就得到了形象化的描述。

根据流线上任一点的速度方向与流线相切的性质，可以建立起流线的微分方程。

设流线上某点 $M(x, y, z)$ 处的速度为 $\boldsymbol{u}$，其分量为 u_x，u_y，u_z，若在流线上 M 点处取微元矢量 $\mathrm{d}\boldsymbol{s}$，其分量为 $\mathrm{d}x$，$\mathrm{d}y$，$\mathrm{d}z$，由流线定义可知，速度矢量 $\boldsymbol{u}$ 应与 $\mathrm{d}\boldsymbol{s}$ 方向相同，根据矢量分析，应有

$$\frac{\mathrm{d}x}{u_x(x, y, z, t)}=\frac{\mathrm{d}y}{u_y(x, y, z, t)}=\frac{\mathrm{d}z}{u_z(x, y, z, t)} \tag{3-13}$$

这就是流线的微分方程。因流线是某一固定时刻的曲线，所以这里的时间 t 不是自变量，是参变量。欲求某一给定时刻的流线时，只需将 t 作为常数，对方程进行积分即可。

流线不能相交（驻点或奇点除外），也不能是折线。因为在流场中，某一时刻，占据某空间点的流体质点只能有唯一的速度方向。流线只能是一条光滑的曲线或直线。

恒定流因各空间点上的流体质点的速度不随时间变化，所以流线的形状与位置不随时间变化，非恒定流一般来说流线随时间变化。恒定流时，流线和迹线重合。均匀流因速度的方向和大小都不随位置而变化，所以均匀流的流线是相互平行的直线，同一流线上各点的速度相等。

【例 3-1】 已知某二维恒定流动的速度分布为

$$u_x=kx \qquad u_y=-ky$$

试求流场中流体质点的加速度及流线方程。

【解】 质点加速度

$$a_x=\frac{\mathrm{d}u_x}{\mathrm{d}t}=u_x\frac{\partial u_x}{\partial x}+u_y\frac{\partial u_y}{\partial y}=k^2x$$

$$a_y=\frac{\mathrm{d}u_y}{\mathrm{d}t}=u_x\frac{\partial u_y}{\partial x}+u_y\frac{\partial u_y}{\partial y}=k^2y$$

$$a=\sqrt{a_x^2+a_y^2}=k^2\sqrt{x^2+y^2}=k^2r$$

将已知速度分量 u_x、u_y 代入流线方程，有

$$\frac{\mathrm{d}x}{kx}=\frac{\mathrm{d}y}{-ky}$$

$$ky\mathrm{d}x+kx\mathrm{d}y=\mathrm{d}(kxy)=0$$

积分得

$$xy=C$$

可见，流线是一簇双曲线。

3.2.3 流管和流量

在流场中，任取一条非流线的封闭曲线 c，在同一时刻，通过该封闭曲线上的每个点作流线，由这些流线围成的管状的曲面称为流管。充满流管的流体称为流束（图 3-4）。因为流线不能相交，所以流体不能由流管出入。恒定流中流线的形状不随时间变化，恒定流的流管

和流束的形状也不随时间变化。

与流动方向正交的流束横断面称过流断面。

过流断面面积无限小的流束称为元流；过流断面面积有限的流束称为总流。因元流的过流断面面积无限小，断面上的运动参数可认为是均匀分布的，如果沿元流的流动方向取坐标 s，则元流的运动参数仅与空间坐标 s 有关，为一维流动。

总流可认为是无数元流的叠加。总流过流断面上的运动参数一般为非均匀分布，各点的值不相同，如用参数的断面平均值代替实际值，并沿总流的流动方向取坐标 s，总流问题也可简化为仅与空间坐标 s 有关的一维流动。

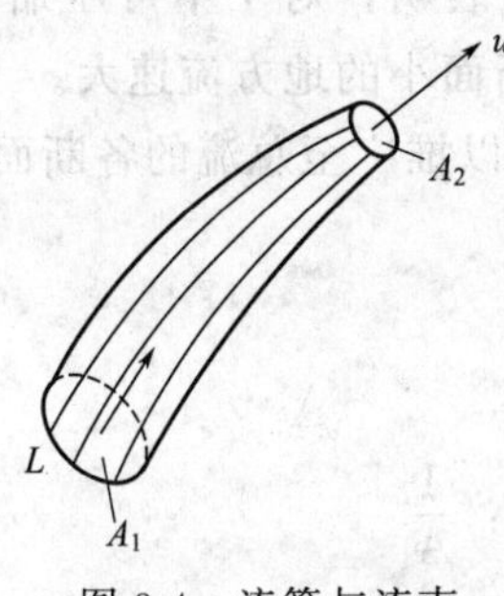

图 3-4　流管与流束

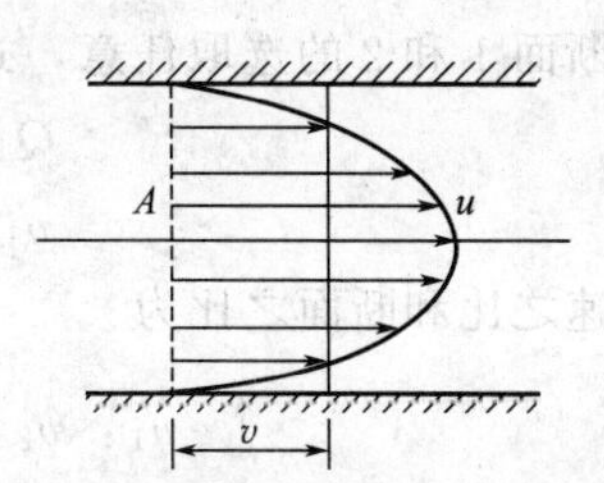

图 3-5　流速分布与平均流速

单位时间通过流场中某曲面的流体量称为通过该曲面的流量。其流体量可以用体积来计量，也可用质量来计量，分别称为体积流量 Q 和质量流量 Q_m。若曲面为元流或总流的过流断面，由于速度方向与过流断面垂直（图 3-5），其体积流量为

元流
$$dQ = u\,dA \tag{3-14}$$

总流
$$Q = \int_A u\,dA \tag{3-15}$$

定义体积流量与过流断面面积的比

$$v = \frac{Q}{A} = \frac{\int_A u\,dA}{A} \tag{3-16}$$

为断面平均流速。它是过流断面上不均匀流速 u 的平均值，假设过流断面上各点的流速大小均等于 v，方向与实际流动方向相同，则通过的流量与不均匀流速 u 流过此断面的实际流量相等。

3.3　恒定总流的连续性方程

连续性方程是流体力学的基本方程之一，是质量守恒原理在流体力学中的表达。

恒定总流中取上游过流断面 A_1 和下游过流断面 A_2 之间的流束段，研究该流束段中流体的质量平衡（图 3-6）。

在恒定条件下，流管的形状、位置不随时间变化，该流束段中流体的质量也不随时间变化，由于没有流体通过流管侧壁流入或流出，流体只能通过两过流断面流入或流出该流束段。根据质量守恒原理可以得出，单位时间通过 A_1 流入的流体质量应等于通过 A_2 流

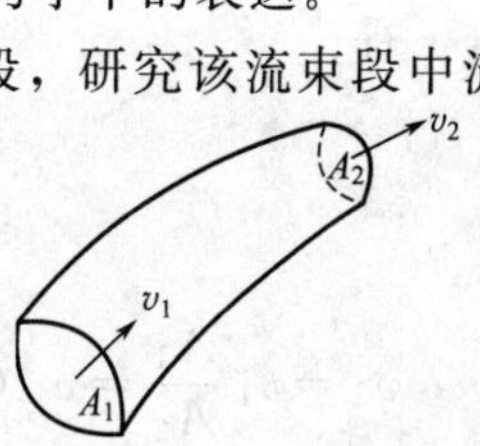

图 3-6　恒定总流

出的流体质量，即

$$Q_{m1}=Q_{m2} \text{ 或 } \rho_1 Q_1=\rho_2 Q_2$$

$$\iint_{A_1}\rho_1 u_1 \mathrm{d}A_1=\iint_{A_2}\rho_2 u_2 \mathrm{d}A_2 \tag{3-17}$$

这就是恒定条件下总流的连续性方程。

当流体不可压缩时，密度为常数，因此，不可压缩恒定总流的连续性方程为

$$Q_1=Q_2 \tag{3-18}$$

$$v_1 A_1=v_2 A_2 \tag{3-19}$$

也就是说通过两过流断面的体积流量相等。式(3-19) 表明，对于不可压缩恒定总流，平均流速与断面面积成反比关系。断面大的地方流速小，断面小的地方流速大。

由于断面 1 和 2 的选取任意，式(3-18) 和式(3-19) 可以推广至总流的各断面。即

$$\left.\begin{array}{l}Q_1=Q_2=\cdots=Q\\ v_1A_1=v_2A_2=\cdots=vA\end{array}\right\} \tag{3-20}$$

而流速之比和断面之比为

$$v_1: v_2: \cdots: v=\frac{1}{A_1}: \frac{1}{A_2}: \cdots: \frac{1}{A} \tag{3-21}$$

从式 (3-21) 可以看出，不可压缩恒定总流的连续性方程确立了总流各断面平均流速沿流向的变化规律。

同理，可以证明，对任意恒定元流，有

流体可压缩时

$$\left.\begin{array}{l}\mathrm{d}Q_{m1}=\mathrm{d}Q_{m2}\\ \rho_1u_1\mathrm{d}A_1=\rho_2u_2\mathrm{d}A_2\end{array}\right\} \tag{3-22}$$

流体不可压缩时

$$\left.\begin{array}{l}\mathrm{d}Q_1=\mathrm{d}Q_2\\ u_1\mathrm{d}A_1=u_2\mathrm{d}A_2\end{array}\right\} \tag{3-23}$$

【例 3-2】 某段变直径水管（图 3-7）。已知管径 $d_1=2.5\text{cm}$，$d_2=5\text{cm}$，$d_3=10\text{cm}$，试求当流量为 4L/s 时，各段的平均流速。

【解】 根据不可压缩恒定总流的连续性方程

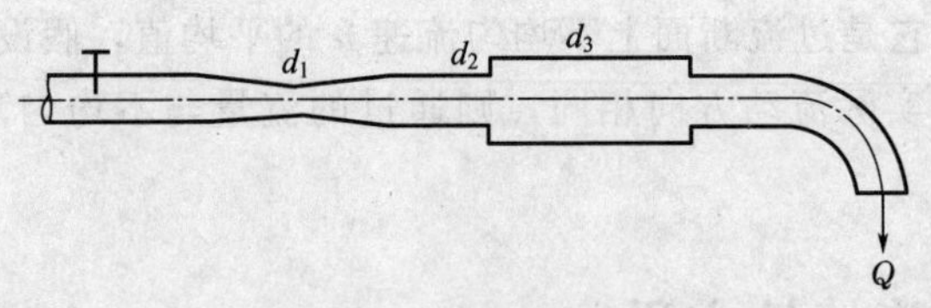

图 3-7 变直径水管

$$Q=v_1A_1=v_2A_2=v_3A_3$$

得

$$v_1=\frac{Q}{A_1}=\frac{4\times10^{-3}}{\frac{\pi}{4}\times(2.5\times10^{-2})^2}=8.16\text{m/s}$$

$$v_2=v_1\frac{A_1}{A_2}=v_1\left(\frac{d_1}{d_2}\right)^2=8.16\times\left(\frac{2.5\times10^{-2}}{5\times10^{-2}}\right)2=2.04\text{m/s}$$

$$v_3 = v_1 \left(\frac{d_1}{d_3}\right)^2 = 8.16 \times \left(\frac{2.5 \times 10^{-2}}{10 \times 10^{-2}}\right)^2 = 0.51\mathrm{m/s}$$

【例 3-3】 输水管道经三通管分流（图 3-8）。已知管径 $d_1 = d_2 = 200\mathrm{mm}$，$d_3 = 100\mathrm{mm}$，断面平均流速 $v_1 = 2\mathrm{m/s}$，$v_2 = 1.5\mathrm{m/s}$，试求断面平均流速 v_3

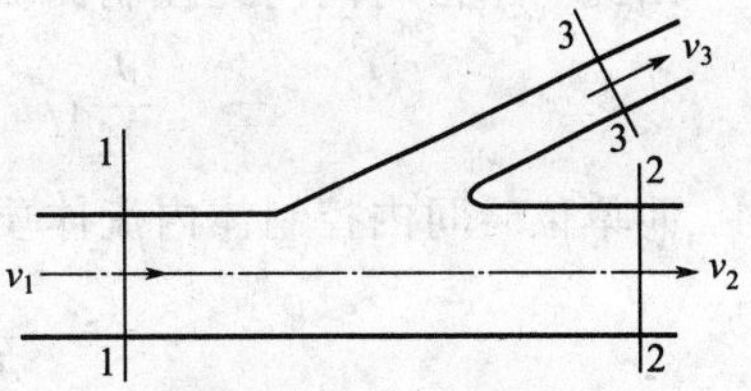

图 3-8 三通分流管

【解】 根据不可压缩流体恒定总流的连续性方程，有

$$Q_1 = Q_2 + Q_3$$

$$v_1 A_1 = v_2 A_2 + v_3 A_3$$

$$v_3 = (v_1 - v_2)\left(\frac{d_1}{d_2}\right)^2 = (2 - 1.5)\left(\frac{200}{100}\right)^2 = 2(\mathrm{m/s})$$

3.4 流体运动的连续性微分方程

在空间流场中取一边长为 $\mathrm{d}x$、$\mathrm{d}y$、$\mathrm{d}z$ 的微元正六面体作为控制体，如图 3-9 所示。正交的三边分别平行于 x、y、z 轴。微元正六面体中心点为 O（x，y，z），该点的流速为 $\boldsymbol{u}(u_x, u_y, u_z)$，密度为 ρ。

控制体是在流场中选取的空间区域，其形状、位置均固定不变，但其中包含的流体因不断有流体通过控制体的表面（控制面）流入或流出而变化。

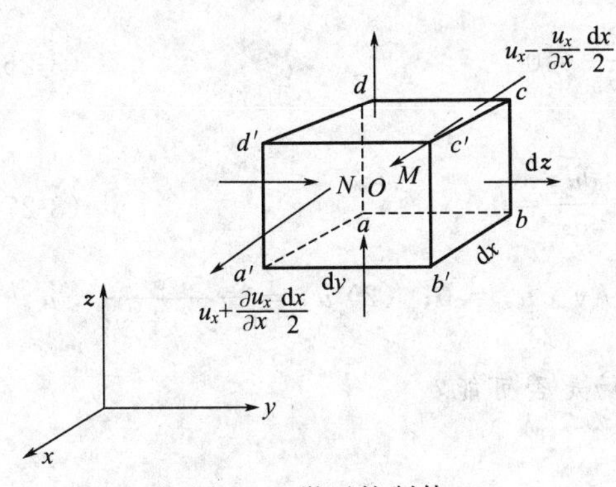

图 3-9 微元控制体

在流场中，尽管有流体不断地流进或流出控制体，控制体中所包含的流体质量可随时间变化，但是，无论流动多么复杂，对于该控制体而言，它本身既不能产生质量，也不能“消灭”质量，必须满足质量守恒原理。即：单位时间内通过控制面流入的流体质量之和等于单位时间内控制体内流体质量的增量。

先分析与 x 轴相垂直的 $abcd$ 面和 $a'b'c'd'$ 面，单位时间内从 $abcd$ 面流入的流体质量为

$$\left(\rho - \frac{\partial \rho}{\partial x}\frac{\mathrm{d}x}{2}\right)\left(u_x - \frac{\partial u_x}{\partial x}\frac{\mathrm{d}x}{2}\right)\mathrm{d}y\mathrm{d}z$$

单位时间内从 $a'b'c'd'$ 面流出的流体质量为

$$\left(\rho + \frac{\partial \rho}{\partial x}\frac{\mathrm{d}x}{2}\right)\left(u_x + \frac{\partial u_x}{\partial x}\frac{\mathrm{d}x}{2}\right)\mathrm{d}y\mathrm{d}z$$

略去高阶微量，单位时间内沿 x 方向净流入控制体的流体质量为

$$-\frac{\partial}{\partial x}(\rho u_x)\mathrm{d}x\mathrm{d}y\mathrm{d}z$$

同理，单位时间内沿 y 方向净流入控制体的流体质量为

$$-\frac{\partial}{\partial y}(\rho u_y)\mathrm{d}x\mathrm{d}y\mathrm{d}z$$

单位时间内沿 z 方向净流入控制体的流体质量为

$$-\frac{\partial}{\partial z}(\rho u_z)\mathrm{d}x\mathrm{d}y\mathrm{d}z$$

因此，单位时间内经控制面流入的流体质量之和为

$$-\left[\frac{\partial}{\partial x}(\rho u_x)+\frac{\partial}{\partial y}(\rho u_y)+\frac{\partial}{\partial z}(\rho u_z)\right]\mathrm{d}x\mathrm{d}y\mathrm{d}z$$

而单位时间内控制体内流体质量的增量为

$$\frac{\partial}{\partial t}(\rho\mathrm{d}x\mathrm{d}y\mathrm{d}z)=\frac{\partial\rho}{\partial t}\mathrm{d}x\mathrm{d}y\mathrm{d}z$$

根据质量守恒原理，有

$$-\left[\frac{\partial}{\partial x}(\rho u_x)+\frac{\partial}{\partial y}(\rho u_y)+\frac{\partial}{\partial z}(\rho u_z)\right]\mathrm{d}x\mathrm{d}y\mathrm{d}z=\frac{\partial\rho}{\partial t}\mathrm{d}x\mathrm{d}y\mathrm{d}z$$

简化后得

$$\frac{\partial\rho}{\partial t}+\frac{\partial}{\partial x}(\rho u_x)+\frac{\partial}{\partial y}(\rho u_y)+\frac{\partial}{\partial z}(\rho u_z)=0 \tag{3-24}$$

式(3-24) 就是三维流动的连续性微分方程在直角坐标系下的表达式，该方程适用于可压缩流体的非恒定流动。

对于恒定流动，由于$\frac{\partial\rho}{\partial t}=0$，连续性方程为

$$\frac{\partial}{\partial x}(\rho u_x)+\frac{\partial}{\partial y}(\rho u_y)+\frac{\partial}{\partial z}(\rho u_z)=0 \tag{3-25}$$

对于不可压缩流体的流动（无论是恒定流或非恒定流），连续性方程为

$$\frac{\partial u_x}{\partial x}+\frac{\partial u_y}{\partial y}+\frac{\partial u_z}{\partial z}=0 \tag{3-26}$$

柱坐标系下的形式为

$$\frac{u_r}{r}+\frac{\partial u_r}{\partial r}+\frac{\partial u_\theta}{r\,\partial\theta}+\frac{\partial u_z}{\partial z}=0 \tag{3-27}$$

【例 3-4】 试判断函数 (1) $u_x=kx$，$u_y=-ky$，$u_z=0$；(2) $u_x=-\frac{y}{x^2+y^2}$，$u_y=-\frac{x}{x^2+y^2}$，$u_z=0$ 作为不可压缩流体运动的速度场是否可能？

【解】 (1) $\frac{\partial u_x}{\partial x}=k$，$\frac{\partial u_y}{\partial y}=-k$，$\frac{\partial u_z}{\partial z}=0$

$$\frac{\partial u_x}{\partial x}+\frac{\partial u_y}{\partial y}+\frac{\partial u_z}{\partial z}=k-k+0=0$$

满足连续性微分方程式 (3-26)，可作为不可压缩流体运动的速度场。

(2) $\frac{\partial u_x}{\partial x}=\frac{2xy}{(x^2+y^2)^2}$，$\frac{\partial u_y}{\partial y}==\frac{-2xy}{(x^2+y^2)^2}$，$\frac{\partial u_z}{\partial z}=0$

则 $\frac{\partial u_x}{\partial x}+\frac{\partial u_y}{\partial y}+\frac{\partial u_z}{\partial z}=\frac{2xy}{(x^2+y^2)^2}-\frac{2xy}{(x^2+y^2)^2}+0=0$

满足连续性微分方程，可作为不可压缩流体运动的速度场。

3.5 流体微团运动的分析

刚体的一般运动可分解为平移和转动两部分，而流体与刚体的主要不同在于它有流动

性，极易变形。因此，流体微团的运动除了像刚体那样可以有平移和转动之外，还会发生变形运动。流体微团的基本运动形式有平移运动、旋转运动和变形运动。

3.5.1 亥姆霍兹速度分解定理

设流体微团上点 $M_0(x, y, z)$ 的速度分量为 u_x、u_y、u_z，将微团上与该点相距 $\mathrm{d}r$ 的点 $M(x+\mathrm{d}x, y+\mathrm{d}y, z+\mathrm{d}z)$ 的速度分量在邻点 M_0 处展开成泰勒级数（如图 3-10），并略去二阶及其以上高阶微量，得点 M 处 x 方向的速度分量展开式为

M(x+dx, y+dy, z+dz)
dr
u_M
$M_0(x,y,z)$
u

图 3-10 速度分解

$$
\begin{aligned}
u_{xM} &= u_x + \frac{\partial u_x}{\partial x}\mathrm{d}x + \frac{\partial u_x}{\partial y}\mathrm{d}y + \frac{\partial u_x}{\partial z}\mathrm{d}z \\
&= u_x + \frac{\partial u_x}{\partial x}\mathrm{d}x + \frac{1}{2}\left(\frac{\partial u_x}{\partial y} + \frac{\partial u_y}{\partial x}\right)\mathrm{d}y + \frac{1}{2}\left(\frac{\partial u_x}{\partial z} + \frac{\partial u_z}{\partial x}\right)\mathrm{d}z \\
&\quad + \frac{1}{2}\left(\frac{\partial u_x}{\partial y} - \frac{\partial u_y}{\partial x}\right)\mathrm{d}y + \frac{1}{2}\left(\frac{\partial u_x}{\partial z} - \frac{\partial u_z}{\partial x}\right)\mathrm{d}z
\end{aligned} \tag{3-28}
$$

采用符号 $\varepsilon_{xx} = \frac{\partial u_x}{\partial x}$，$\varepsilon_{xy} = \frac{1}{2}\left(\frac{\partial u_x}{\partial y} + \frac{\partial u_y}{\partial x}\right)$，$\varepsilon_{xz} = \frac{1}{2}\left(\frac{\partial u_x}{\partial z} + \frac{\partial u_z}{\partial x}\right)$

$$
\omega_x = \frac{1}{2}\left(\frac{\partial u_z}{\partial y} - \frac{\partial u_y}{\partial z}\right),\ \omega_y = \frac{1}{2}\left(\frac{\partial u_x}{\partial z} - \frac{\partial u_z}{\partial x}\right),\ \omega_z = \frac{1}{2}\left(\frac{\partial u_y}{\partial x} - \frac{\partial u_x}{\partial y}\right)
$$

则式(3-28) 可写为

$$
u_{xM} = u_x + \varepsilon_{xx}\mathrm{d}x + \varepsilon_{xy}\mathrm{d}y + \varepsilon_{xz}\mathrm{d}z - \omega_z\mathrm{d}y + \omega_y\mathrm{d}z \tag{3-29(a)}
$$

同理可得点 M 处 y 方向和 z 方向速度分量的展开式

$$
u_{yM} = u_y + \varepsilon_{yx}\mathrm{d}x + \varepsilon_{yy}\mathrm{d}y + \varepsilon_{yz}\mathrm{d}z + \omega_z\mathrm{d}x - \omega_x\mathrm{d}z \tag{3-29(b)}
$$

$$
u_{zM} = u_z + \varepsilon_{zx}\mathrm{d}x + \varepsilon_{zy}\mathrm{d}y + \varepsilon_{zz}\mathrm{d}z - \omega_y\mathrm{d}x + \omega_x\mathrm{d}y \tag{3-29(c)}
$$

这就是流体微团中任意两点的速度关系的一般形式，称为亥姆霍兹速度分解定理。

3.5.2 流体微团的运动

下面以 Oxy 平面上的运动为例，解释亥姆霍兹速度分解定理中各项的物理意义，分析流体微团的运动。

在 t 时刻取矩形微团 $MANB$（图 3-11），到 $t+\mathrm{d}t$ 时刻，微团移至新的位置 $M'A'N'B'$

3.5.2.1 线变形

由于 M 点和 A 点之间有速度差 $\frac{\partial u_x}{\partial x}\mathrm{d}x$。当这速度差为正时，微团沿 x 方向发生伸长变

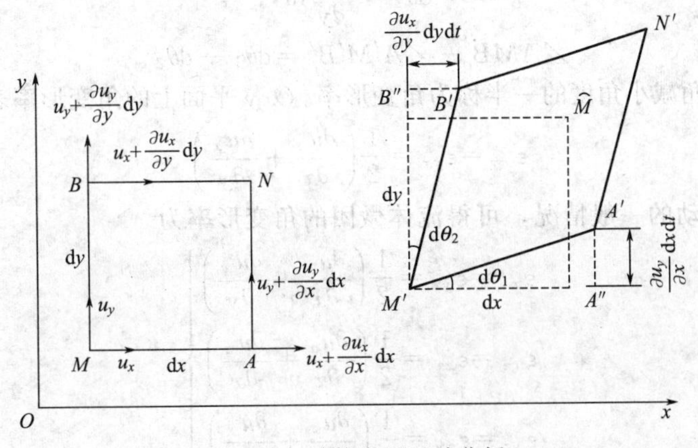

图 3-11 流体微团运动分析

形；当它为负值时，微团沿 x 方向发生压缩变形。单位时间、单位长度的线变形称为线变形率。用 ε_{xx} 表示微团沿 x 方向的线变形率，有

$$\varepsilon_{xx}=\frac{1}{\mathrm{d}t}\left(\frac{MA-M'A''}{MA}\right)$$

$$=\frac{\left(\mathrm{d}x+\frac{\partial u_x}{\partial x}\mathrm{d}x\,\mathrm{d}t\right)-\mathrm{d}x}{\mathrm{d}t\left(\mathrm{d}x+\frac{\partial u_x}{\partial_x}\mathrm{d}x\,\mathrm{d}t\right)}$$

分母中略去高阶微量： $=\dfrac{\partial u_x}{\partial x}$

同理可得沿 y 方向的线变形率为 $\varepsilon_{yy}=\dfrac{\partial u_y}{\partial y}$

推广到三维流动的一般情况，可得流体微团的线变形率为

$$\left.\begin{aligned}\varepsilon_{xx}&=\frac{\partial u_x}{\partial x}\\ \varepsilon_{yy}&=\frac{\partial u_y}{\partial y}\\ \varepsilon_{zz}&=\frac{\partial u_z}{\partial z}\end{aligned}\right\}\tag{3-30}$$

3.5.2.2 角变形

$\angle AMB$ 由 t 时刻的直角减小为 $t+\mathrm{d}t$ 时刻的 $\angle A'M'B'$，它是由 A 点相对于 M 点的 y 方向的速度差以及 B 点相对于 M 点的 x 方向的速度差引起的，直角减小的角度为

$$\mathrm{d}\theta_1\approx\tan\mathrm{d}\theta_1=\frac{A'A''}{M'A''}=\frac{\frac{\partial u_y}{\partial x}\mathrm{d}x\,\mathrm{d}t}{\mathrm{d}x+\frac{\partial u_x}{\partial x}\mathrm{d}x\,\mathrm{d}t}$$

因 $\dfrac{\partial u_x}{\partial x}\mathrm{d}x\,\mathrm{d}t$ 为 $\mathrm{d}x$ 高阶微量，可以略去不计，故有

$$\mathrm{d}\theta_1\approx\frac{\partial u_y}{\partial x}\mathrm{d}t$$

同理

$$\mathrm{d}\theta_2\approx\frac{\partial u_x}{\partial y}\mathrm{d}t$$

$$\angle AMB-\angle A'M'B'=\mathrm{d}\theta_1+\mathrm{d}\theta_2$$

单位时间内直角减小角度的一半称为角变形率。Oxy 平面上的角变形率表示为 ε_{xy} 和 ε_{yx}

$$\varepsilon_{xy}=\varepsilon_{yx}=\frac{1}{2}\left(\frac{\partial u_y}{\partial x}+\frac{\partial u_x}{\partial y}\right)$$

推广到三维流动的一般情况，可得流体微团的角变形率为

$$\left.\begin{aligned}\varepsilon_{xy}=\varepsilon_{yx}&=\frac{1}{2}\left(\frac{\partial u_y}{\partial x}+\frac{\partial u_x}{\partial y}\right)\\ \varepsilon_{xz}=\varepsilon_{zx}&=\frac{1}{2}\left(\frac{\partial u_x}{\partial z}+\frac{\partial u_z}{\partial x}\right)\\ \varepsilon_{yz}=\varepsilon_{zy}&=\frac{1}{2}\left(\frac{\partial u_z}{\partial y}+\frac{\partial u_y}{\partial z}\right)\end{aligned}\right\}\tag{3-31}$$

3.5.2.3 旋转运动

分析直角边 MA 和 MB 从 t 时刻到 $t+\mathrm{d}t$ 时刻所发生的逆时针旋转，与直角减小过程相同，区别仅在于 MB 逆时针旋转的角度是 $-\mathrm{d}\theta_2$，直角边 MA 和 MB 逆时针旋转的平均值为

$$\frac{1}{2}(\mathrm{d}\theta_1-\mathrm{d}\theta_2)=\frac{1}{2}\left(\frac{\partial u_y}{\partial x}-\frac{\partial u_x}{\partial y}\right)\mathrm{d}t$$

Oxy 平面上两直角边旋转的平均速率，即直角平分线的旋转角速度，也是旋转角速度矢量在 z 轴的分量为

$$\omega_z=\frac{1}{2}\left(\frac{\partial u_y}{\partial x}-\frac{\partial u_x}{\partial y}\right)$$

推广到三维流动的一般情况，可得流体微团的旋转角速度为

$$\boldsymbol{\omega}=\omega_x\boldsymbol{i}+\omega_y\boldsymbol{j}+\omega_z\boldsymbol{k}$$

分量为

$$\left.\begin{aligned}\omega_x&=\frac{1}{2}\left(\frac{\partial u_z}{\partial y}-\frac{\partial u_y}{\partial z}\right)\\\omega_y&=\frac{1}{2}\left(\frac{\partial u_x}{\partial z}-\frac{\partial u_z}{\partial x}\right)\\\omega_z&=\frac{1}{2}\left(\frac{\partial u_y}{\partial x}-\frac{\partial u_x}{\partial y}\right)\end{aligned}\right\}\tag{3-32}$$

现在再来讨论亥姆霍兹速度分解定理

$$\begin{aligned}u_{xM}&=u_x+\varepsilon_{xx}\mathrm{d}x+\varepsilon_{xy}\mathrm{d}y+\varepsilon_{xz}\mathrm{d}z-\omega_z\mathrm{d}y+\omega_y\mathrm{d}z\\u_{yM}&=u_y+\varepsilon_{yx}\mathrm{d}x+\varepsilon_{yy}\mathrm{d}y+\varepsilon_{yz}\mathrm{d}z+\omega_z\mathrm{d}x-\omega_x\mathrm{d}z\\u_{zM}&=u_z+\varepsilon_{zx}\mathrm{d}x+\varepsilon_{zy}\mathrm{d}y+\varepsilon_{zz}\mathrm{d}z-\omega_y\mathrm{d}x+\omega_x\mathrm{d}y\end{aligned}$$

式中各项的物理意义：右边第 1 项为平移速度，第 2 项、第 3 项和第 4 项分别为微团线变形运动和角变形运动所引起的速度增量，第 5 项和第 6 项为微团旋转运动所引起的速度增量。亥姆霍兹速度分解定理说明流体微团运动可分为平移运动、变形运动和旋转运动。

亥姆霍兹速度分解定理对于分析流体运动具有重要意义。正是由于将旋转运动从复杂的流体运动中分离出来，才使我们有可能将流体的运动分为有旋运动和无旋运动，可分别对它们进行研究；而将变形运动从复杂的流体运动中分离出来，则使我们有可能将流体的变形率与流体的应力联系起来，为黏性流体运动规律的研究奠定了基础。

【例 3-5】 已知流速分布（1）$u_x=-ky$，$u_y=kx$，$u_z=0$；（2）$u_x=-\dfrac{y}{x^2+y^2}$，$u_y=-\dfrac{x}{x^2+y^2}$，$u_z=0$。求旋转角速度、线变形率和角变形率。

【解】 （1）$\dfrac{\partial u_x}{\partial y}=-k$，$\dfrac{\partial u_y}{\partial x}=k$

$$\omega_x=0，\omega_y=0，\omega_z=\frac{1}{2}(k+k)=k$$

$$\varepsilon_{xy}=\frac{1}{2}(k-k)=0，\varepsilon_{zx}=\varepsilon_{yz}=0$$

$$\varepsilon_{xx}=\varepsilon_{yy}=\varepsilon_{zz}=0$$

（2）$\dfrac{\partial u_x}{\partial y}=\dfrac{y^2-x^2}{(x^2+y^2)^2}$，$\dfrac{\partial u_y}{\partial x}=\dfrac{y^2-x^2}{(x^2+y^2)^2}$

$$\omega_x=0,\ \omega_y=0,\ \omega_z=0$$

$$\varepsilon_{xy}=\frac{y^2-x^2}{(x^2+y^2)^2},\ \varepsilon_{zx}=\varepsilon_{yz}=0$$

$$\varepsilon_{xx}=\frac{y^2-x^2}{(x^2+y^2)^2},\ \varepsilon_{yy}=-\frac{2xy}{(x^2+y^2)^2},\ \varepsilon_{zz}=0$$

3.6 有旋流动和无旋流动

在流场中，旋转角速度不全为零的流动称为有旋流动，否则，为无旋流动。

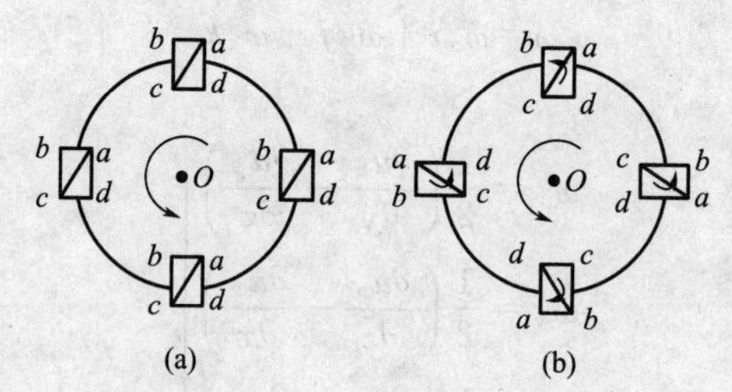

图 3-12 无旋流动与有旋流动

有旋是指流体微团绕其自身轴旋转的运动，分析图 3-12 所示的运动可知，(a) 图流体微团相对于 O 点做圆周运动，其轨迹是圆，但运动是无旋的，因为流体微团本身没有旋转，只是运动的轨迹是圆；(b) 图流体微团除相对于 O 点做圆周运动外，且绕其自身轴旋转，运动是有旋的。

自然界中，存在的流动大多是有旋流动。它们有的以明显可见的旋涡形式表现出来，例如桥墩后的旋涡区、大气中的龙卷风等。而在许多情况下流体运动的旋涡特性并不是一眼就能看出来，例如，当物体在流体中运动时，在其表面形成一层很薄的边界层流动，在此薄层中存在大量的小旋涡，而用肉眼是观察不到的。

3.6.1 有旋流动

设流体的旋转角速度为 $\boldsymbol{\omega}$，则

$$\boldsymbol{\Omega}=2\boldsymbol{\omega}=\Omega_x\boldsymbol{i}+\Omega_y\boldsymbol{j}+\Omega_z\boldsymbol{k} \tag{3-33}$$

称为涡量。其在直角坐标系下的分量表达式为

$$\left.\begin{aligned}\Omega_x&=\frac{\partial u_z}{\partial y}-\frac{\partial u_y}{\partial z}\\ \Omega_y&=\frac{\partial u_x}{\partial z}-\frac{\partial u_z}{\partial x}\\ \Omega_z&=\frac{\partial u_y}{\partial x}-\frac{\partial u_x}{\partial y}\end{aligned}\right\} \tag{3-34}$$

涡量是空间坐标和时间的函数：$\boldsymbol{O}=\boldsymbol{O}(x,y,z,t)$，它构成一矢量场，称为涡量场。涡量场可用与描述速度场类似的方法和概念来描述。

涡线是某瞬时对应流场中的一空间曲线，在该曲线上的每一个流体质点的涡量都与该曲线相切，见图 3-13。设涡线上某点 $M(x,y,z)$ 处的涡量为 $\boldsymbol{\Omega}$，其分量为 Ω_x，Ω_y，Ω_z。

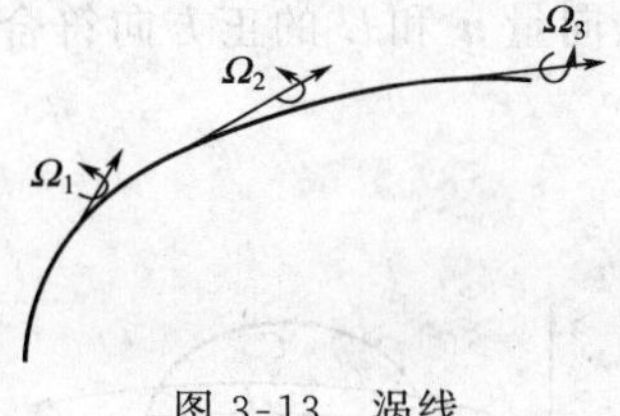

图 3-13 涡线

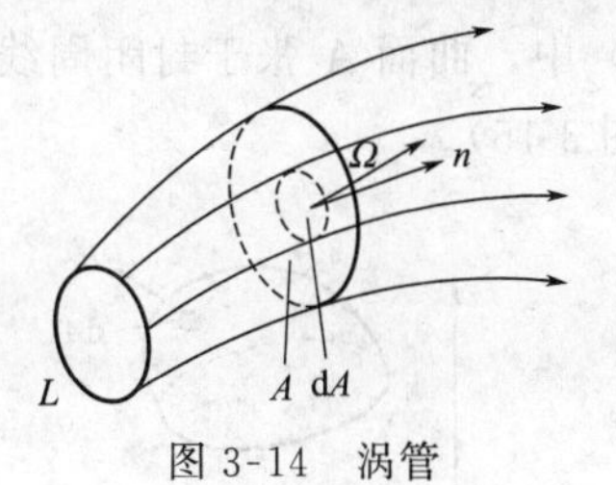

图 3-14 涡管

若在涡线上 M 点处取微元矢量 d$\boldsymbol{s}$，其分量为 dx，dy，dz。由涡线定义可知，涡量 $\boldsymbol{\Omega}$ 应与 d$\boldsymbol{s}$ 方向相同，所以

$$\frac{\mathrm{d}x}{\Omega_x(x,y,z,t)}=\frac{\mathrm{d}y}{\Omega_y(x,y,z,t)}=\frac{\mathrm{d}z}{\Omega_z(x,y,z,t)} \tag{3-35}$$

这就是涡线的微分方程。

在流场中，取一条不与涡线重合的封闭曲线 L，在同一时刻过 L 上每一点作涡线，由这些涡线组成的管状曲面称为涡管（图 3-14），截面积无限小的涡管称为微元涡管。

设 A 为流场中某曲面，微元面 dA 的外法线单位矢量为 $\boldsymbol{n}$，涡量在 $\boldsymbol{n}$ 方向的投影为 Ω_n，则通过曲面 A 的涡量通量

$$I=\iint_A \Omega g\,\mathrm{d}A=\iint_A \Omega_n\,\mathrm{d}A \tag{3-36}$$

I 简称为涡通量。通过涡管中任一截面的涡通量称为该涡管的涡管强度。可以证明：在同一瞬时，通过同一涡管的各截面涡管强度相等，即

$$I_1=I_2=I \tag{3-37(a)}$$

$$\iint_{A_1}\Omega_n\,\mathrm{d}A=\iint_{A_2}\Omega_n\,\mathrm{d}A=\iint_A \Omega_n\,\mathrm{d}A \tag{3-37(b)}$$

对于微元涡管

$$\Omega_{n1}\,\mathrm{d}A_1=\Omega_{n2}\,\mathrm{d}A_2=\Omega_n\,\mathrm{d}A \tag{3-38}$$

可见，微元涡管截面愈小的地方，流体的旋转角速度愈大。由于流体的旋转角速度不可能为无穷大，所以涡管截面不可能收缩为零。也就是说，涡管不可能在流体内部开始或终止，而只能在流体中自行封闭成涡环，或者终止于和开始于边界面，例如自然界中的龙卷风开始于地面，终止于云层。

在流场中任取一曲线 AB，流速 $\boldsymbol{u}$ 沿曲线 AB 的积分

$$\Gamma_{AB}=\int_{AB}\boldsymbol{u}\,\mathrm{d}\boldsymbol{L}=\int_{AB}u_x\,\mathrm{d}x+u_y\,\mathrm{d}y+u_z\,\mathrm{d}z \tag{3-39}$$

Γ_{AB} 称为曲线 AB 上的速度环量。式中 d$\boldsymbol{L}$ 为 AB 上的微元段矢量，并规定由起点 A 指向终点 B 的方向为正方向。

涡通量与速度环量都能表征旋涡强度，联系速度环量和涡通量之间关系的是斯托克斯定理。

斯托克斯定理：沿包围单连通区域的有限封闭围线的速度环量等于通过此单连通区域的涡通量，即

$$\oint_L \boldsymbol{u}\,\mathrm{d}\boldsymbol{L}=\iint_A \boldsymbol{\Omega}_n\boldsymbol{n}\,\mathrm{d}A \tag{3-40}$$

单连通区域是指该连通区域中任意围线均可连续地收缩成一点而不越过连通域的边界。

式(3-40) 中，曲面 A 张于封闭周线 L 上，曲面的单位法向量 $\boldsymbol{n}$ 和 L 的正方向符合右手螺旋法则（图 3-15）。

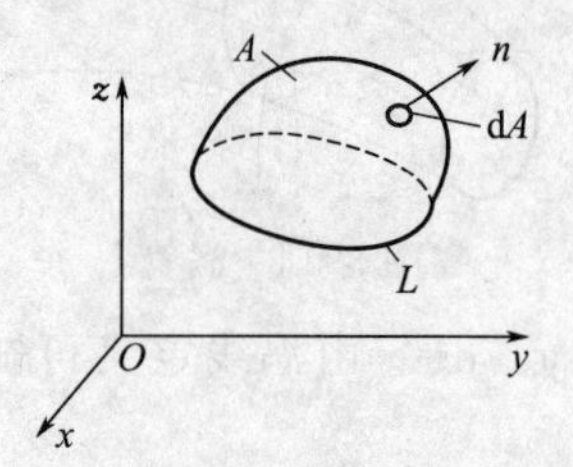

图 3-15　斯托克斯定理

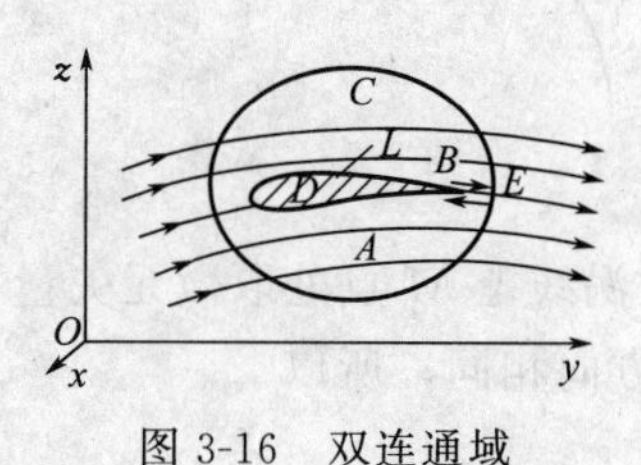

图 3-16　双连通域

根据斯托克斯公式，上式可写成

$$\oint_L u_x \mathrm{d}x + u_y \mathrm{d}y + u_z \mathrm{d}z$$

$$= \iint_A \left(\frac{\partial u_z}{\partial y} - \frac{\partial u_y}{\partial z}\right)\mathrm{d}y\mathrm{d}z + \left(\frac{\partial u_x}{\partial z} - \frac{\partial u_z}{\partial x}\right)\mathrm{d}x\mathrm{d}z + \left(\frac{\partial u_y}{\partial x} - \frac{\partial u_x}{\partial y}\right)\mathrm{d}x\mathrm{d}y$$

$$= \iint_A \Omega_x \mathrm{d}y\mathrm{d}z + \Omega_y \mathrm{d}z\mathrm{d}x + \Omega_z \mathrm{d}x\mathrm{d}y \tag{3-41}$$

斯托克斯定理可以推广到多连通区域，凡是不具有单连通域性质的连通域称为多连通域，例如绕过不可穿透物体的平面流动区域，如图 3-16 所示。C 为包围该物体 D 的任一封闭曲线，L 为物体表面周线，封闭曲线 C 和 L 所围的区域 A 为双连通域，将此域在 BE 处切开作一割缝，即可将此双连通域变为单连通域，应用斯托克斯定理可得到：

$$\Gamma_{BECEBLE} = \iint \boldsymbol{\Omega}_n \mathrm{d}A = \Gamma_{BE} + \Gamma_C + \Gamma_{EB} - \Gamma_L$$

考虑到 Γ_{BE} 和 Γ_{EB} 积分路径相反，可以相互抵消，所以

$$\iint_A \boldsymbol{\Omega}_n \mathrm{d}A = \Gamma_C - \Gamma_L \tag{3-42}$$

式(3-42) 说明穿过双连通域内涡通量等于沿该域外周线的速度环量和沿内周线的速度环量之差。

【例 3-6】　已知不可压缩流体流场中的速度分布为：$u_x = a\ (z+y)$，$u_y = u_z = 0$，求沿封闭曲线 $x^2 + y^2 = b^2$，$z=0$ 的速度环量，其中 a、b 是常数。

【解】　由所给定的封闭曲线方程可知该曲线是在 $z=0$ 的平面上的圆周线。在 $z=0$ 的平面上速度分布为

$$u_x = ay,\ u_y = u_z = 0$$

涡量分布为　$\Omega_x = \Omega_y = 0,\ \Omega_z = \dfrac{\partial u_y}{\partial x} - \dfrac{\partial u_x}{\partial y} = -a$

根据斯托克斯定理得　$\Gamma = \iint_A \Omega_z \mathrm{d}x\mathrm{d}y = -\pi ab^2$

3.6.2　无旋流动

在流场中，旋转角速度 $\boldsymbol{\omega} = 0$ 的流动，称为无旋流动，因此

$$\omega_x = \frac{1}{2}\left(\frac{\partial u_z}{\partial y} - \frac{\partial u_y}{\partial z}\right) = 0$$

$$\omega_y=\frac{1}{2}\left(\frac{\partial u_x}{\partial z}-\frac{\partial u_z}{\partial x}\right)=0$$

$$\omega_z=\frac{1}{2}\left(\frac{\partial u_y}{\partial x}-\frac{\partial u_x}{\partial y}\right)=0$$

有：

$$\frac{\partial u_x}{\partial y}=\frac{\partial u_y}{\partial x}$$

$$\frac{\partial u_y}{\partial z}=\frac{\partial u_z}{\partial y}$$

$$\frac{\partial u_z}{\partial x}=\frac{\partial u_x}{\partial z} \tag{3-43}$$

上式为存在某连续可微函数 $\varphi(x, y, z)$ 的充要条件。它和速度分量的关系为

$$\mathrm{d}\varphi=u_x\mathrm{d}x+u_y\mathrm{d}y+u_z\mathrm{d}z \tag{3-44}$$

函数 φ 称为速度势函数。存在着速度势函数的流动，称为有势流动，简称势流。无旋流动一定是有势流动。

φ 的全微分为

$$\mathrm{d}\varphi=\frac{\partial\varphi}{\partial x}\mathrm{d}x+\frac{\partial\varphi}{\partial y}\mathrm{d}y+\frac{\partial\varphi}{\partial z}\mathrm{d}z$$

比较以上两式，有

$$\left.\begin{aligned} u_x&=\frac{\partial\varphi}{\partial x}\\ u_y&=\frac{\partial\varphi}{\partial y}\\ u_z&=\frac{\partial\varphi}{\partial z}\end{aligned}\right\} \tag{3-45}$$

即速度在某坐标轴上的投影，等于速度势函数对相应坐标的偏导数。

把速度势函数代入不可压缩流体的连续性方程

$$\frac{\partial u_x}{\partial x}+\frac{\partial u_y}{\partial y}+\frac{\partial u_z}{\partial z}=0$$

得

$$\frac{\partial^2\varphi}{\partial x^2}+\frac{\partial^2\varphi}{\partial y^2}+\frac{\partial^2\varphi}{\partial z^2}=0 \tag{3-46}$$

速度势函数满足拉普拉斯方程。满足拉普拉斯方程的函数称为调和函数，所以速度势函数是一个调和函数。

3.7 恒定平面势流

无旋流动一定存在速度势函数，所以也称为势流。严格地说，具有黏滞性的实际液体的流动都是有旋流动，即使是理想液体的流动也不都是无旋流动。许多情况下，流体都是从静止状态开始运动（如在水库或容器中），在这种情况下，无黏性流体的流动是势流。在求解实际流体的某些运动问题时，如大雷诺数下的绕流，根据边界层的概念，在边界层以外，惯性力占主导地位，黏性力对流动的作用可以忽略，这样就可把实际流体看作为无黏性流体，把流动近似地作为势流处理。

直角坐标系或柱坐标系中的如下流动

$$\begin{cases} u_x = u_x \ (x,\ y,\ t) \\ u_y = u_y \ (x,\ y,\ t) \\ u_z = 0 \end{cases} \qquad \begin{cases} u_r = u_r \ (r,\ \theta,\ t) \\ u_\theta = u_\theta \ (r,\ \theta,\ t) \\ u_z = 0 \end{cases}$$

它们的流场与 z 无关，且没有 z 方向的速度，流体质点都只在 $z=C$（常数）的相互平行的平面簇中的一个平面上运动，且所有这些平面上对应点的流动情况都相同，只需知道其中任意一个平面上的流动情况，就可以知道整个流场的流动情况，这样的流动称为平面流动。平面流动是一种典型的二维流动。对于恒定平面流动，流动参数只是 x、y 的函数。

3.7.1 流函数

在不可压缩流体的平面流动中，连续性方程（3-26）简化为

$$\frac{\partial u_x}{\partial x} + \frac{\partial u_y}{\partial y} = 0$$

由上式可以定义一个函数 ψ

$$\frac{\partial \psi}{\partial y} = u_x,\ \frac{\partial \psi}{\partial x} = -u_y \tag{3-47}$$

称函数 ψ 为流函数。一切不可压缩流体的平面流动，无论是有旋流动或是无旋流动都存在流函数。

对于平面流动，流线微分方程（3-13）简化为

$$\frac{dx}{u_x} = \frac{dy}{u_y}$$

或
$$u_x dy - u_y dx = 0$$

沿流线
$$d\psi = \frac{\partial \psi}{\partial x} dx + \frac{\partial \psi}{\partial y} dy = u_x dy - u_y dx = 0$$

即
$$\psi = C$$

上式表明，流函数的等值线就是流线。

如图 3-17 所示，在 Oxy 平面上任取流函数值为 ψ_1 和 ψ_2 的两条流线，两流线间任取一曲线 AB，则流体通过该曲线的单宽（z 方向为单位宽度）体积流量为

$$q = \int_A^B u\, dl = \int_A^B (u_x \cos\alpha + u_y \sin\alpha)\, dl$$

$$= \int_A^B (-u_x dx + u_y dy)\, dl = \int_{\psi_1}^{\psi_2} d\psi = \psi_2 - \psi_1 \tag{3-48}$$

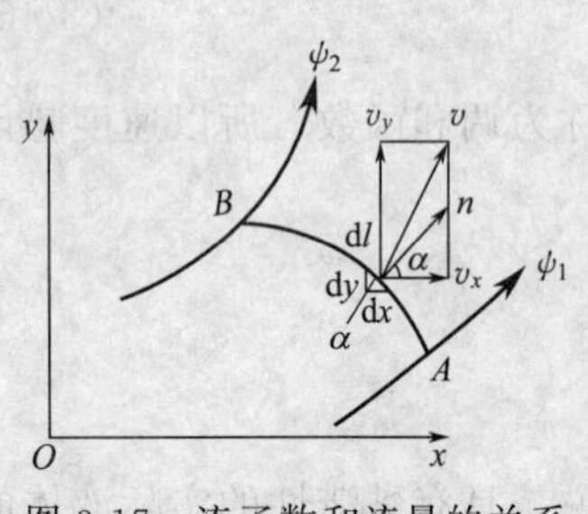

图 3-17 流函数和流量的关系

即流体通过两流线间的单宽体积流量等于两条流线的流函数值之差。

若用极坐标表示流函数与速度分量的关系，有

$$u_r = \frac{\partial \psi}{r\, \partial \theta},\ u_\theta = -\frac{\partial \psi}{\partial r} \tag{3-49}$$

如果流动是平面势流，则有

$$\omega_z = \frac{1}{2}\left(\frac{\partial u_y}{\partial x} - \frac{\partial u_x}{\partial y}\right) = 0$$

$$\frac{\partial u_y}{\partial x}-\frac{\partial u_x}{\partial y}=0$$

而
$$\frac{\partial \psi}{\partial y}=u_x,\ \frac{\partial \psi}{\partial x}=-u_y$$

有
$$\frac{\partial^2 \psi}{\partial x^2}+\frac{\partial^2 \psi}{\partial y^2}=0 \tag{3-50}$$

上式表明平面势流的流函数 ψ 满足拉普拉斯方程，平面势流的流函数与速度势函数一样，也是调和函数。

3.7.2 流函数与势函数的关系

对于平面势流

$$u_x=\frac{\partial \varphi}{\partial x} \qquad u_y=\frac{\partial \varphi}{\partial y} \tag{3-51}$$

$$\mathrm{d}\varphi=\frac{\partial \varphi}{\partial x}\mathrm{d}x+\frac{\partial \varphi}{\partial y}\mathrm{d}y=u_x\mathrm{d}x+u_y\mathrm{d}y \tag{3-52}$$

等 φ 值的曲线称为等势线。等势线方程为

$$\varphi(x,y)=C$$

或
$$\mathrm{d}\varphi=u_x\mathrm{d}x+u_y\mathrm{d}y=0$$

由式(3-47) 和式(3-51)，可知

$$u_x=\frac{\partial \varphi}{\partial x}=\frac{\partial \psi}{\partial y}, \quad u_y=\frac{\partial \varphi}{\partial y}=-\frac{\partial \psi}{\partial x} \tag{3-53}$$

上式表明，流函数和速度势函数是共轭函数。

将式(3-53) 两边同乘以 $\frac{\partial \psi}{\partial y}$，得

$$\frac{\partial \varphi}{\partial y}\times\frac{\partial \psi}{\partial y}=-\frac{\partial \varphi}{\partial x}\times\frac{\partial \psi}{\partial x} \tag{3-54}$$

由高等数学知，这个关系式表明流函数的等值线与势函数的等值线相互垂直。

图 3-18 是由流函数等值线和势函数等值线组成的曲边形，设 $\mathrm{d}n$ 是两等势线之间的距离，$\mathrm{d}m$ 是两流线之间的距离，有

$$\mathrm{d}x=\mathrm{d}n\cos\theta=-\mathrm{d}m\sin\theta$$

$$\mathrm{d}y=\mathrm{d}n\sin\theta=\mathrm{d}m\cos\theta$$

$$u_x=u\cos\theta,\ u_y=u\sin\theta$$

则
$$\mathrm{d}\varphi=(\varphi+\mathrm{d}\varphi)-\varphi=u_x\mathrm{d}x+u_y\mathrm{d}y$$

$$=u\cos\theta\mathrm{d}n\cdot\cos\theta+u\sin\theta\cdot\mathrm{d}n\sin\theta$$

$$=u\mathrm{d}n\cos^2\theta+u\mathrm{d}n\sin^2\theta$$

$$=u\mathrm{d}n\ (\cos^2\theta+\sin^2\theta)$$

$$=u\mathrm{d}n$$

$$\mathrm{d}\psi=(\psi+\mathrm{d}\psi)-\psi=u_x\mathrm{d}y-u_y\mathrm{d}x$$

$$=u\cos\theta\cdot\mathrm{d}m\cos\theta-u\sin\theta\cdot(-\mathrm{d}m\sin\theta)$$

$$=u\mathrm{d}m\cos^2\theta+u\mathrm{d}m\sin^2\theta$$

$$=u\mathrm{d}m\ (\cos^2\theta+\sin^2\theta)=u\mathrm{d}m$$

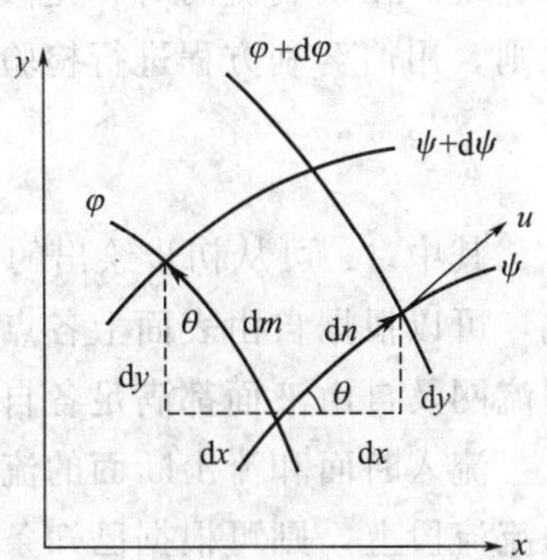

图 3-18 流网中的网格

则
$$\frac{d\varphi}{d\psi}=\frac{u\,dn}{u\,dm}=\frac{dn}{dm} \tag{3-55}$$

3.7.3 流网的绘制

由一族等势线和等流函数线（即流线）构成的正交网格称为流网。

前面已经证明，流线和等势线正交，由式(3-55)知，如取$\frac{d\varphi}{d\psi}=1$，则$\frac{dn}{dm}=1$，相应的每一网格都成曲边正方形。根据流网的特性，可以用流网表明流动的情况，求得流场的流速分布与压强分布。因为任何两条相邻流线之间的单宽流量 $dq=d\psi$ 是一个常数，所以任何网格中的流速为

$$u=\frac{dq}{dm} \tag{3-56}$$

任意两个网格中流速之比为

$$\frac{u_1}{u_2}=\frac{dm_1}{dm_2} \tag{3-57}$$

在流网里可以直接量出各处的 dm，根据式(3-57)就可得出流速的相应变化关系。若有一点的流速为已知，则可从上式得出各点流速的数值。从式(3-57)可以看出，流网中相邻两条流线的间距愈大处，流速愈小；间距愈小处，流速愈大。可见流网图形可以清晰地表示出流速的分布情况。

压强分布则可由能量方程求得，当两点的位置高度 z_1 和 z_2 为已知，流速 u_1 和 u_2 已通过流网求出时，则两点的压强差为

$$\frac{p_1-p_2}{\rho g}=\frac{\Delta p}{\rho g}=z_2-z_1+\frac{u_2^2-u_1^2}{2g} \tag{3-58}$$

如果有一点的压强已知，就可按上式求得其他各点的压强，因此可以通过流网来求解恒定平面势流问题。

绘制流网时，首先必须确定边界条件。边界条件一般有固体边界、自由表面、流入断面和流出断面等的条件。固体边界上的流动条件是垂直于边界的流速分量为零。由于流体是无黏性流体，所以流体可以沿固体边界流动，因而固体边界就是一条流线，称为边界流线。由流网特性知道，等势线与固体边界垂直。

如果边界条件中有自由液面，具有自由液面的流动条件与固体边界条件类似，自由液面也是一条边界流线，等势线与自由液面垂直。由于渠道底坡、形状、尺寸、水深的变化，都会引起自由液面的变化，故自由液面的形状、位置是未知的，因此，要根据流动的动力条件来确定。在绘制流网时，先假定一个自由液面进行绘制，然后根据自由液面相对压强为零的原则，用伯努利方程进行检验，即

$$z+\frac{p}{\rho g}+\frac{u^2}{2g}=H_0$$

其中，z 可从初步绘出的自由液面量出，u 可从初步绘出的流网按 $u=\Delta q/\Delta m$ 求得。因此，可以根据自由表面上各点的总水头是否等于常数来判断所绘出的流网是否需要修改，直到流网及自由液面都满足各自的条件为止。

流入断面和流出断面的流动条件有一部分是已知的。如果把流入断面和流出断面选在均匀流流段上，则可根据已知条件确定这些断面的流线和等势线。

在绘制流网时，先按一定比例绘出边界流线和边界等势线，从而可确定需要绘制流网的

流动区域。再根据事先选定的网格比例绘制出流线和与流线正交的等势线，最后根据流网的特征，反复修改，力争使每一个网格都绘制成曲边正方形。

如图 3-19 所示，有一平面势流，由于边界条件已知，则可绘制该流动的流网。绘制步骤为：

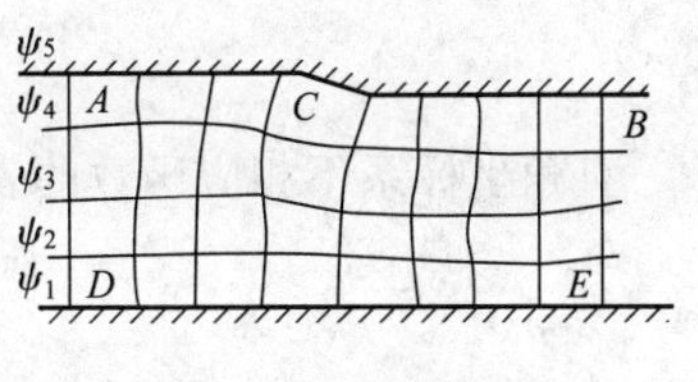

图 3-19 流网的绘制

① 根据已知边界条件来确定流场的流动区域。AB、DE 是边界流线，作等势线 AD 和 BE 垂直于 AB、DE 边界流线，流场的区域为 $ABED$。

② 根据拟定的比例，将等势线 AD 等分成若干小段，按流函数自下向上的增加方向绘制流线 ψ_1、ψ_2、ψ_3、ψ_4、ψ_5。

③ 如果流动是由 D 向 E，流速势增值的方向也是从 D 到 E。因 C 点是驻点，因此，在绘制等势线时，应该从 C 点开始，分别向上、下游按事先拟定的比例绘制。

3.8 势流的叠加原理与复合势流

3.8.1 几种基本的平面势流

3.8.1.1 均匀直线流动

在均匀直线流动中，流速及其在 x、y 方向上的分速度保持为常数，即 $u_x=a$，$u_y=b$

势函数
$$\mathrm{d}\varphi=u_x\mathrm{d}x+u_y\mathrm{d}y=a\mathrm{d}x+b\mathrm{d}y$$

积分得
$$\varphi=\int a\mathrm{d}x+b\mathrm{d}y=ax+by \tag{3-59}$$

流函数根据
$$\mathrm{d}\psi=u_x\mathrm{d}y-u_y\mathrm{d}x=a\mathrm{d}y-b\mathrm{d}x$$

得
$$\psi=ay-bx \tag{3-60}$$

当流动平行于 y 轴，$u_x=0$，有
$$\varphi=by，\psi=-bx \tag{3-61}$$

当流动平行于 x 轴，$u_y=0$，则
$$\varphi=ax，\psi=ay \tag{3-62}$$

将上式变换为极坐标下的形式，代入 $x=r\cos\theta$，$y=r\sin\theta$，有
$$\left.\begin{aligned}\varphi=ar\cos\theta\\ \psi=ar\sin\theta\end{aligned}\right\} \tag{3-63}$$

3.8.1.2 源流和汇流

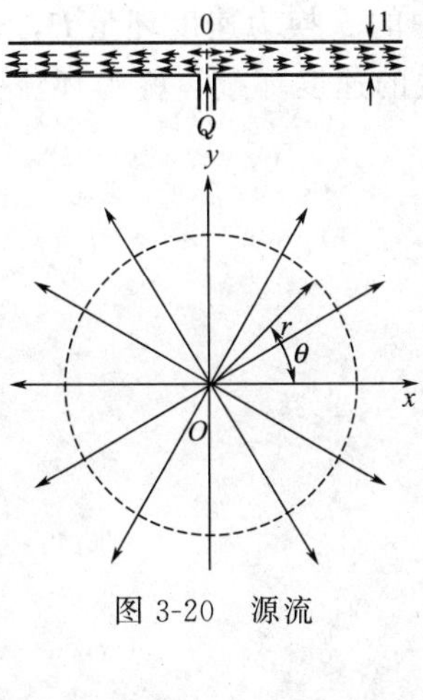

设想流体从通过 O 点并垂直于 Oxy 平面的直线，沿径向 r 均匀地流出，这种流动称为源流（图 3-20）。O 点为源点，单宽体积流量为 q，q 称为源流强度。连续性条件要求，流经任一半径为 r 的圆周的流量 q 不变，则径向流速 u_r 等于流量 q 除以周长 $2\pi r$，即

图 3-20 源流

$$u_r=\frac{q}{2\pi r}，u_\theta=0$$

$$\text{势函数}\ \varphi=\int u_r\mathrm{d}r+\int u_\theta r\mathrm{d}\theta=\int\frac{q}{2\pi r}\mathrm{d}r+\int 0r\mathrm{d}\theta$$

$$\varphi=\frac{q}{2\pi}\ln r \tag{3-64}$$

流函数
$$\psi=\int u_r r\,\mathrm{d}\theta+\int u_\theta\,\mathrm{d}r=\int\frac{q}{2\pi r}r\,\mathrm{d}\theta+\int 0\,\mathrm{d}r$$

$$\psi=\frac{q}{2\pi}\theta \tag{3-65}$$

直角坐标系下相应函数的表达式为

$$\left.\begin{aligned}\varphi&=\frac{q}{2\pi}\ln\sqrt{x^2+y^2}\\ \psi&=\frac{q}{2\pi}\arctan\frac{y}{x}\end{aligned}\right\} \tag{3-66}$$

可以看出，源流流线为从源点向外射出的射线，而等势线则为同心圆周簇。

当流体反向流动，即流体沿径向流向汇合点，这种流动称为汇流。汇流的单宽流量称为汇流强度，它的 φ 和 ψ 函数，是源流相应的函数的负值。

$$\left.\begin{aligned}\varphi&=-\frac{q}{2\pi}\ln r\\ \psi&=-\frac{q}{2\pi}\theta\end{aligned}\right\} \tag{3-67}$$

直角坐标系下相应函数的表达式为

$$\left.\begin{aligned}\varphi&=-\frac{q}{2\pi}\ln\sqrt{x^2+y^2}\\ \psi&=-\frac{q}{2\pi}\arctan\frac{y}{x}\end{aligned}\right\} \tag{3-68}$$

3.8.1.3　环流

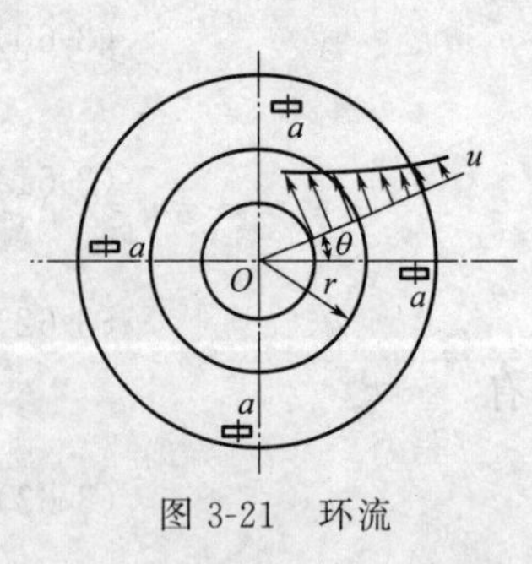

图 3-21　环流

流场中各流体质点绕某点 O（图 3-21）以周向流速 $u_\theta=\frac{c}{r}$（c 为常数）做圆周运动，因而流线为同心圆簇，而等势线则为自圆心 O 发出的射线簇，这种流动称为环流。环流的流函数和势函数分别是

$$\left.\begin{aligned}\psi&=-\frac{\Gamma}{2\pi}\ln r\\ \varphi&=\frac{\Gamma}{2\pi}\theta\end{aligned}\right\} \tag{3-69}$$

将源流的流函数和势函数互换，把式（3-64）和式（3-65）中的 q 换为速度环量 Γ，若考虑到流动方向，就得式（3-69）。在环流的情况下，沿某一流线的速度环量，称为环流强度。环流强度为

$$\Gamma=\int_0^{2\pi}u_\theta r\,\mathrm{d}\theta=2\pi r u_\theta=2\pi c=\text{常量}$$

因此，环流速度为

$$u_r=\frac{\partial\varphi}{\partial r}=0$$

$$u_\theta=\frac{\partial\varphi}{r\,\partial\theta}=\frac{\Gamma}{2\pi r}$$

上式说明：环流流速与 r 的大小成反比，而原点 O 为奇点。

应当注意，环流是圆周流动，但却不是有旋流动。因为，除了原点这个特殊的奇点之外，流场各点均无旋转角速度。如果把一个固体质点漂浮在环流中（图 3-21），则该质点本身将不旋转地沿圆周流动。

3.8.1.4 直角内的流动

假设无旋流动的速度势为

$$\varphi=a\ (x^2-y^2) \tag{3-70}$$

则 $u_x=\dfrac{\partial\varphi}{\partial x}=2ax,\ u_y=-2ay$

流函数 $\mathrm{d}\psi=u_x\mathrm{d}y-u_y\mathrm{d}x=2ax\mathrm{d}y+2ay\mathrm{d}x=2a\mathrm{d}\ (xy)$

积分得

$$\psi=2axy \tag{3-71}$$

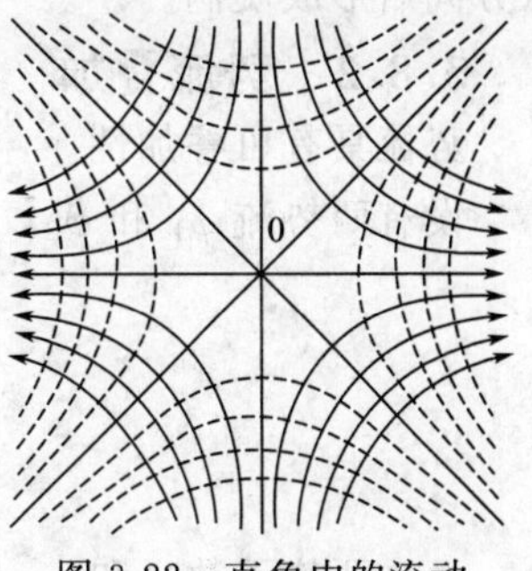

图 3-22 直角内的流动

流线是双曲线簇。当 $\psi>0$ 时，x、y 值的符号相同，流线在一、三象限内；当 $\psi<0$ 时，x、y 值符号相反，流线在二、四象限内。

当 $\psi=0$ 时，$x=0$，或 $y=0$，说明坐标轴就是流线，$\psi=0$ 的流线，称为零流线，原点是速度为零的驻点。

根据 $\varphi=a\ (x^2-y^2)$ 可以看出，在 $y=0$ 的轴上，随着 x 绝对值的增大，φ 也增加，说明流动方向是沿 x 轴向外，如图 3-22 所示。

在无黏性流体中，由于忽略黏性的影响，固体边界线可以看作一条流线，因此，若把流场中某一流线换为固体边界线，并不破坏原有流场。我们把图 3-22 中的零流线 x、y 轴的正值部分用固体壁面来代替，就得到直角内的流动，其势函数就是原有流场的势函数。如果把 x 轴的全部用固体壁面代替，则原来的势函数就代表垂直流向固体壁面的流动。

为写成极坐标的形式，代入 $x=r\cos\theta$，$y=\sin\theta$，得

$$\left.\begin{aligned}\psi&=ar^2\sin\theta\cos\theta=ar^2\sin2\theta\\ \varphi&=a\ (r^2\cos^2\theta-r^2\sin^2\theta)\ =ar^2\cos2\theta\end{aligned}\right\} \tag{3-72}$$

这种直角转角内的流动可以推广至更一般的 α 转角内的流动，它的流函数和势函数为

$$\left.\begin{aligned}\psi&=ar^{\frac{\pi}{\alpha}}\sin\frac{\pi\theta}{\alpha}\\ \varphi&=ar^{\frac{\pi}{\alpha}}\cos\frac{\pi\theta}{\alpha}\end{aligned}\right\} \tag{3-73}$$

其中零流线为 $\theta=0$ 和 $\theta=\alpha$，相当于转角的固体壁面线。当 $\alpha=45°$ 和 $\alpha=225°$时，其流线形状见图 3-23。

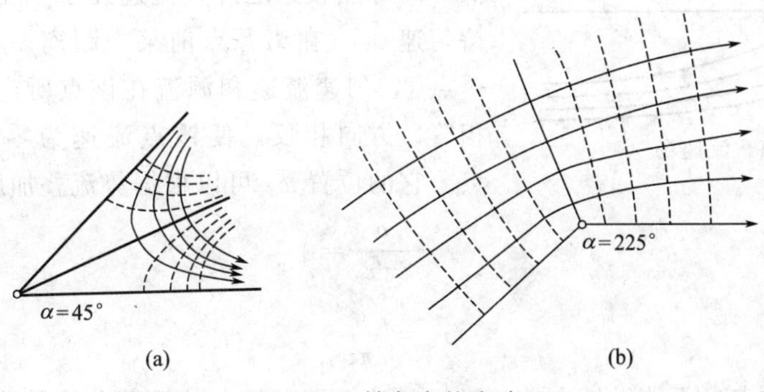

图 3-23 转角内的流动

由于 $\alpha=225°$大于180°，在 $u_r=\frac{\partial\varphi}{\partial r}=\frac{\pi}{\alpha}ar^{\frac{\pi}{\alpha}-1}\cos\frac{\pi\theta}{\alpha}$中，$r$ 的指数$\frac{\pi}{\alpha}-1$为负值。则在转角点 $r\to0$ 处 $r^{\frac{\pi}{\alpha}-1}\to\infty$，$u_r\to\infty$，这显然是不可能的。实际上是在转角处出现流动的分离，在分离后形成旋涡。

3.8.2 势流叠加

势流具有可叠加性。

设有两势流 φ_1 和 φ_2，它们都满足拉普拉斯方程

$$\frac{\partial^2\varphi_1}{\partial x^2}+\frac{\partial^2\varphi_1}{\partial y^2}=0$$

$$\frac{\partial^2\varphi_2}{\partial x^2}+\frac{\partial^2\varphi_2}{\partial y^2}=0$$

而这两势函数之和，$\varphi=\varphi_1+\varphi_2$ 也将适合拉普拉斯方程。因为

$$\frac{\partial^2\varphi_1}{\partial x^2}+\frac{\partial^2\varphi_2}{\partial x^2}+\frac{\partial^2\varphi_1}{\partial y^2}+\frac{\partial^2\varphi_2}{\partial y^2}=\frac{\partial^2\varphi}{\partial x^2}+\frac{\partial^2\varphi}{\partial y^2}=0$$

这就是说，两势函数之和形成新势函数，代表新流动。新流动的流速

$$u_x=\frac{\partial\varphi}{\partial x}=\frac{\partial\varphi_1}{\partial x}+\frac{\partial\varphi_2}{\partial x}=u_{x1}+u_{x2}$$

$$u_y=\frac{\partial\varphi}{\partial y}=\frac{\partial\varphi_1}{\partial y}+\frac{\partial\varphi_2}{\partial y}=u_{y1}+u_{y2}$$

是原两势流流速的叠加。

同样可以证明，复合流动的流函数等于原流动流函数的代数和，即

$$\psi=\psi_1+\psi_2$$

显然以上的结论可以推广到两个以上的流动，这样就可以将某些基本的有势流动，叠加为复杂的但实际上有意义的有势流动。下面来看两个实例。

3.8.2.1 均匀直线流中的源流

将源流和水平匀速直线流相叠加，坐标原点选在源点，则流函数为

$$\psi=v_0r\sin\theta+\frac{q}{2\pi}\theta \tag{3-74}$$

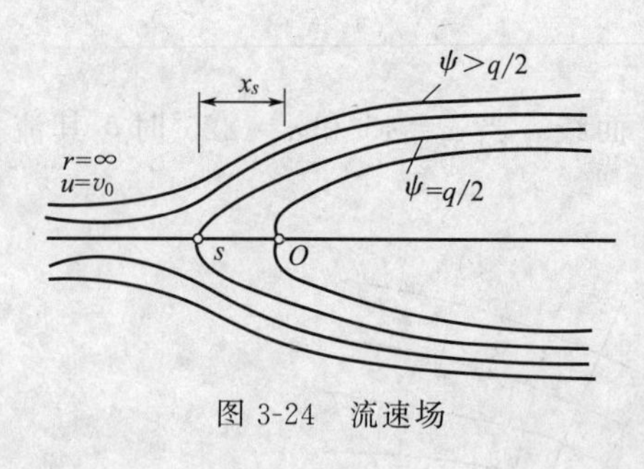

图 3-24 流速场

绘出流速场，如图 3-24 所示，这是绕某特殊形状物体前部的流动。

在原点 O，流速极大，离开原点，流速迅速降低，离源点较远之外，流速几乎不受源流的影响，保持匀速 v_0。在离源点前某一距离 x_s，必然存在着某一点 s，匀速流速和源流在该点所产生的速度，大小相等，方向相反，使该点流速为零，这一点称为驻点。它的位置 x_s 可以根据势流叠加原理来确定，即

$$v_0-\frac{q}{2\pi x_s}=0$$

$$x_s=\frac{q}{2\pi v_0} \tag{3-75}$$

到达驻点的质点，不能继续向前流动，被迫两路分流。这两路分流的流线，可以换为物

体的轮廓线，则得流体绕此物体流动的流场。

为求此物体的轮廓线，可将驻点的极坐标 $r=\frac{q}{2\pi v_0}$，$\theta=\pi$，代入式(3-74)。得出驻点的流函数值

$$\psi=v_0\left(\frac{q}{2\pi v_0}\right)\sin\theta+\frac{q}{2\pi}\pi=\frac{q}{2}$$

显然，这也是轮廓线的流函数数值。则轮廓线方程为

$$v_0 r\sin\theta+\frac{q}{2\pi}\theta=\frac{q}{2} \tag{3-76}$$

从方程可以看出，$\theta=0$，$r=\infty$，但 $r\sin\theta=y$，则 $v_0 y=\frac{q}{2}$，$y=\frac{q}{2v_0}$，表示物体的轮廓以 $y=\frac{q}{2v_0}$为渐近线。

匀速直线流和源流叠加所形成的绕流物体是有头无尾的，因此称为半无限物体，半无限物体在对称物体头部流速和压强分布的研究上很有用。这种方法的推广，是采用很多不同强度的源流，沿 x 轴排列，使它和匀速直线流叠加，形成和实际物体轮廓线完全一致或较为吻合的边界流线。这样，就可以估计物体上游端的流速分布和压强分布。

3.8.2.2 匀速直线流中的等强源汇流

为了将上述的半物体变成全物体，在匀速直线流中，沿 x 轴叠加一对强度相等的源和汇，这样叠加的势流场，可用以描述如图 3-25 所示的绕朗金椭圆的流动。

匀速直线流中的等强源汇流的流函数为

$$\psi=v_0 y+\frac{q}{2\pi}\left(\arctan\frac{y}{x+a}-\arctan\frac{y}{x-a}\right) \tag{3-77}$$

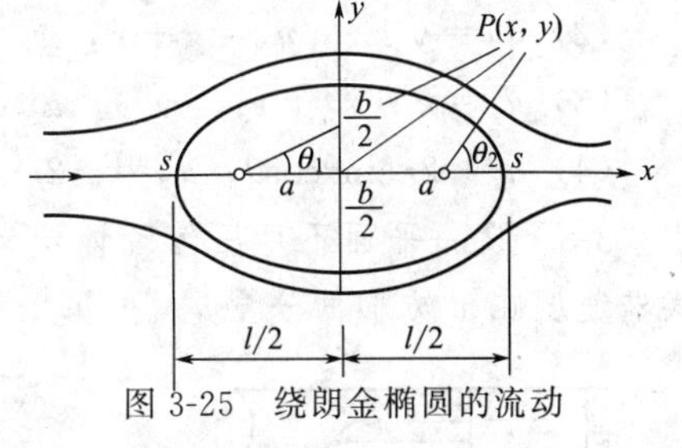

图 3-25 绕朗金椭圆的流动

驻点在物体的前后，其流速为零的条件为

$$\frac{-q}{2\pi\left(\frac{l}{2}-a\right)}+\frac{q}{2\pi\left(\frac{l}{2}+a\right)}+v_0=0$$

得出

$$\frac{l}{2}=a\sqrt{1+\frac{q}{a\pi v_0}} \tag{3-78}$$

驻点在 $y=0$，$x=\pm\frac{l}{2}$处。由式（3-77）可以看出，过驻点的流线的流函数之值为零。

为求宽度 b，将 $x=0$，$y=\frac{b}{2}$，代入 $\psi=0$，得出

$$v_0\frac{b}{2}+\frac{q}{\pi}\arctan\frac{b}{2a}=0 \tag{3-79}$$

其中，$\frac{b}{2}$可以用试算法或迭代法定出。

若已知流函数，则流速场可以确定，而压强分布可以根据能量方程求出。但是，绕流物体的尾部，由于尾迹旋涡的形成，不能根据上述方法求解。但物体的前部，由于附面层很薄，而且流动处于加速区，理论推算和实测结果基本相符。

习　题

3-1　已知速度场 $u_x=2t+2x+2y$，$u_y=t-y+z$，$u_z=t+x-z$，试求点（2，2，1）处在 $t=3$ 时的加速度。

3-2　平面非恒定流动的速度分布为 $u_x=x+t$，$u_y=-y+2t$，试求 $t=1$ 时经过坐标原点的流线方程。

3-3　已知速度场 $u_x=xy^2$，$u_y=-\frac{1}{3}y^3$，$u_z=xy$。试求：①点(1，2，3)处的加速度；②是几元流动；③是均匀流还是非均匀流。

3-4　已知平面流动的速度场为 $u_x=\frac{-\Gamma y}{2\pi\ (x^2+y^2)}$，$u_y=\frac{\Gamma x}{2\pi\ (x^2+y^2)}$，其中 Γ 为常数，求流线方程，并绘出几条流线。

3-5　不可压缩流体在分支管道中流动，总管 $d=20\text{mm}$，一支管 $d_1=10\text{mm}$，$v_1=0.3\text{m/s}$，另一支管 $d_2=15\text{mm}$，$v_2=0.6\text{m/s}$，试计算总管的平均流速和流量。

3-6　水从水箱流经由直径分别为 $d_1=10\text{cm}$，$d_2=5\text{cm}$，$d_3=2.5\text{cm}$ 的串联管道流入大气中。当出口流速为 $v_3=10\text{m/s}$ 时，求：①管道通过的体积流量和质量流量；②d_1 及 d_2 管段的流速。

3-7　试判定下列各流场中的速度是否满足不可压缩流体的连续性条件？

(1) $u_x=kx$，$u_y=-ky$，$u_z=0$

(2) $u_x=y+z$，$u_y=z+x$，$u_z=x+y$

(3) $u_x=k\ (x^2+xy-y^2)$，$u_y=k\ (x^2+y^2)$，$u_z=0$

(4) $u_r=2r\sin\theta\cos\theta$，$u_\theta=-2r\sin^2\theta$，$u_z=0$

3-8　设一平面不可压缩流体流动的速度场在 y 方向的速度分量为 $u_y=y^2-2x+2y$，试求速度在 x 方向的分量 u_x。

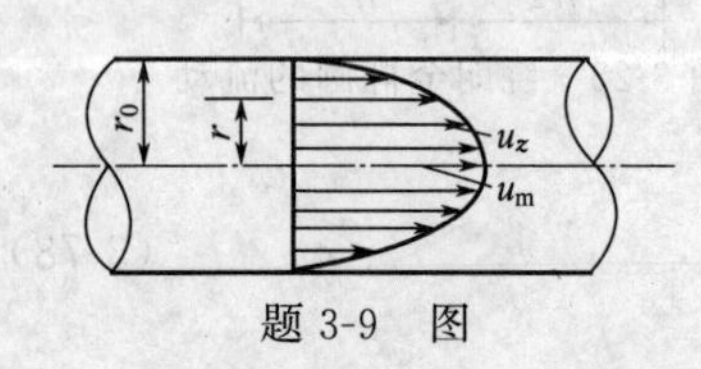

题 3-9　图

3-9　如图所示，圆管中断面上流速分布 $u_x=0$，$u_y=0$，$u_z=u_m\ (1-\frac{r^2}{r_0^2})$，求旋转角速度和角变形率，并问该流动是否为有势流动？

3-10　已知有旋流动的速度场为 $u_x=2y+3z$，$u_y=2z+3x$，$u_z=2x+3y$，试求旋转角速度和角变形率。

3-11　已知流动的速度场为 $u_x=y+2z$，$u_y=z+2x$，$u_z=x+2y$，试求涡量场及涡线方程。

3-12　已知平面流场速度分布为 $u_x=-6y$，$u_y=8x$，求绕圆 $x^2+y^2=1$ 的速度环量。

3-13　不可压缩流体平面流动的速度场分别为：

(1) $u_x=y$，$u_y=-x$

(2) $u_x=x-y$，$u_y=x+y$

(3) $u_x=x^2-y^2+x$，$u_y=-\ (2xy+y)$

试判断是否满足流函数 ψ 和速度势函数 φ 的存在条件？若存在，求出 ψ、φ。

3-14　设一无旋流动的速度势函数 $\varphi=xyz$，求点（1，2，1）处的速度、加速度和流线方程。

3-15 不可压缩流体平面势流的速度势函数 $\varphi=x^3-3xy^2$，试求流速、流函数以及通过 A（0，0）、B（1，1）两点连线的单宽流量。

3-16 在不可压缩流场中流函数为①$\psi=a(x^2-y^2)$，其中 a 为常数；②$\psi=xy+2x-3y+10$，试判断流动是否为有势流，如果是，求速度势函数。

3-17 试证明两个流场：$\varphi=x^2+x-y^2$，$\psi=2xy+y$ 是等同的。

3-18 强度均为 $60\text{m}^2/\text{s}$ 的源和汇，分别位于 x 轴上（$-a$，0）和（a，0）点，计算通过（0，b）点的流线的流函数值，并求该点的流速。已知 $a=3\text{m}$，$b=4\text{m}$。

3-19 在 Oxy 流动平面上的两点（a，0）和（$-a$，0）处放置强度相等的平面点源，证明在圆周 $x^2+y^2=a^2$ 上的任意一点的速度都平行 y 轴，并证明此速度大小与 y 成反比。求 y 轴上速度达到最大值的点，并证明 y 轴是一条流线。

第4章　流体动力学

流体的各种运动形式都是由作用在其上的各种动力学条件所引起。这些动力学条件包括作用在其上的不同力（如黏性力、压力、重力）以及边界条件等，在这些动力学条件下流体运动遵循质量守恒、动能定理和动量守恒规律，并按照自身的运动规律进行流动。流体在运动过程中黏性影响极大，流动极为复杂。因此本章由简单到复杂，从无黏性的理想流体到有黏性的实际流体分别讲解其动力学特性以及应用。

4.1　理想流体的运动微分方程

前面我们称不具有黏性的流体为理想流体，这就极大地简化了流动和对流动的分析与计算。当然它只能用在黏性较小，且忽略它不影响计算精度的时候。因为实际上理想流体是不存在的。

由于理想流体没有黏性，其黏性系数为零，即 $\mu=0$，从而各流层间的切应力为零，$\tau=0$。因此，即使有相对运动，作用在理想流体上的力不再包含切应力。理想流体中，流体质点的相互作用仅仅体现为动压强（压应力），且动压强的大小与作用线的方位无关，只与该点的水深有关，并且指向作用面的内法线方向。

在运动的理想流体中任取一个以 M（x，y，z）点为中心的微小六面体流体微团，M 点处的压强为 p（x，y，z），各边长 dx、dy、dz 分别平行于坐标轴 x，y，z，见图 4-1。

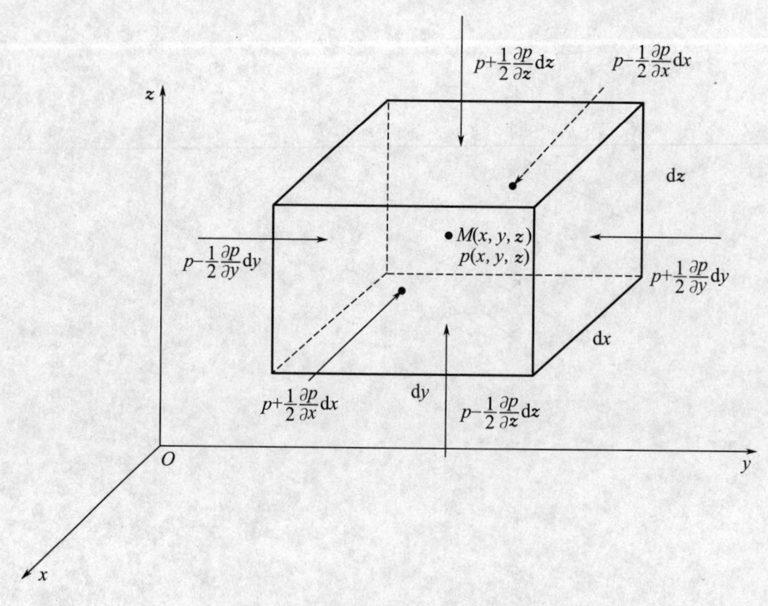

图 4-1　流体微团的受力分析

六面体各面中心点的压强可根据泰勒级数展开式，将中心点 M 分别向 x、y、z 坐标轴的正负方向平移 $dx/2$、$-dx/2$、$dy/2$、$-dy/2$、$dz/2$，$-dz/2$。略去二阶以上的高阶微量，可得流体微团各面中心点的压强，见图 4-1。由于流体微团的尺寸极小，任意面中心点的压强可以认为均匀分布在该受压面上，由此可求出各面上压力的大小。如在 x 方向的前后两个面上压力的大小分别为：$\left(p+\frac{1}{2}\frac{\partial p}{\partial x}dx\right)dydz$，$\left(p-\frac{1}{2}\frac{\partial p}{\partial x}dx\right)dydz$。同理可求其他各面上受到的压力大小。

作用在流体微团上的力除表面力压力外还有质量力（重力）。设重力的单位质量力沿 x、y、z 坐标轴的分力分别为 X、Y、Z，因而重力的总质量力 $\rho dxdydz$ 在 x、y、z 坐标轴上的分量分别为 $X\rho dxdydz$、$Y\rho dxdydz$、$Z\rho dxdydz$。

设 M（x，y，z）点的速度分量为 u_x、u_y、u_z，根据牛顿第二定律，作用在该流体微团上的各力分别在 x、y、z 坐标轴的投影的代数和等于该流体微团的质量乘以相应方向的加速度分量。以 x 方向为例：

$$\left(p-\frac{1}{2}\frac{\partial p}{\partial x}dx\right)dydz-\left(p+\frac{1}{2}\frac{\partial p}{\partial x}dx\right)dydz+X\rho dxdydz=\rho dxdydz\frac{du_x}{dt}$$

等式两端同除以 $\rho dxdydz$，整理得

同理可得 y、z 方向的方程：

$$X-\frac{1}{\rho}\frac{\partial p}{\partial x}=\frac{du_x}{dt}$$

$$Y-\frac{1}{\rho}\frac{\partial p}{\partial y}=\frac{du_y}{dt}$$

$$Z-\frac{1}{\rho}\frac{\partial p}{\partial z}=\frac{du_z}{dt} \tag{4-1}$$

由于流体的速度与流体质点的空间坐标和时间有关，即 u_x（t，x，y，z），u_y（t，x，y，z），u_z（t，x，y，z）。则流体微团的加速度需按全导数展开。将式(3-7)代入式(4-1)，有：

$$\left.\begin{aligned}X-\frac{1}{\rho}\frac{\partial p}{\partial x}&=\frac{\partial u_x}{\partial t}+u_x\frac{\partial u_x}{\partial x}+u_y\frac{\partial u_x}{\partial y}+u_z\frac{\partial u_x}{\partial z}\\Y-\frac{1}{\rho}\frac{\partial p}{\partial y}&=\frac{\partial u_y}{\partial t}+u_x\frac{\partial u_y}{\partial x}+u_y\frac{\partial u_y}{\partial y}+u_z\frac{\partial u_y}{\partial z}\\Z-\frac{1}{\rho}\frac{\partial p}{\partial z}&=\frac{\partial u_z}{\partial t}+u_x\frac{\partial u_z}{\partial x}+u_y\frac{\partial u_z}{\partial y}+u_z\frac{\partial u_z}{\partial z}\end{aligned}\right\} \tag{4-2}$$

方程（4-1）和方程（4-2）均称为理想流体的运动微分方程，又称为欧拉运动微分方程。该方程对于恒定流与非恒定流，不可压缩流体或可压缩流体均适用。当流体处于平衡态时，各方向的加速度为零，$\frac{du_x}{dt}=\frac{du_y}{dt}=\frac{du_z}{dt}=0$，则得欧拉平衡微分方程［式(2-5)］。

在理想流体的运动微分方程中，尽管忽略了黏性，简化了流动，方程中仍然有 p、u_x、u_y和u_z四个未知量。虽然理论上可以考虑连续性微分方程式（3-24）联立求解方程组，然该方程组为三元非线性偏微分方程组，且流动的边界条件一般比较复杂，数学上求解仍然很困难。因此也只能在某些特定情况下求出理论解。

若在理想流体中建立柱坐标，其运动微分方程变为：

$$\left.\begin{aligned}f_r-\frac{1}{\rho}\frac{\partial p}{\partial r}&=\frac{\partial u_r}{\partial t}+u_r\frac{\partial u_r}{\partial r}+u_\theta\frac{\partial u_r}{r\partial\theta}+u_z\frac{\partial u_r}{\partial z}-\frac{u_\theta^2}{r}\\f_\theta-\frac{1}{\rho}\frac{\partial p}{\partial\theta}&=\frac{\partial u_\theta}{\partial t}+u_r\frac{\partial u_\theta}{\partial r}+u_\theta\frac{\partial u_\theta}{r\partial\theta}+u_z\frac{\partial u_\theta}{\partial z}+\frac{u_ru_\theta}{r}\\f_z-\frac{1}{\rho}\frac{\partial p}{\partial z}&=\frac{\partial u_z}{\partial t}+u_r\frac{\partial u_z}{\partial r}+u_\theta\frac{\partial u_z}{r\partial\theta}+u_z\frac{\partial u_z}{\partial z}\end{aligned}\right\}\tag{4-3}$$

式中，f_r、f_θ、f_z 分别为柱坐标轴 r、θ、z 方向的单位质量力。

4.2 理想流体元流的能量方程

理想流体运动微分方程式(4-3) 只有积分出来才有意义。1738 年瑞士科学家 Bernouli 进行了一系列假定，最后得出了理想流体一元流动的能量方程。

4.2.1 理想流体的 Bernouli 积分

为简化流动，Bernouli 假定以下内容

① 假定理想流体为恒定流动，有

$$\frac{\partial u_x}{\partial t}=\frac{\partial u_y}{\partial t}=\frac{\partial u_z}{\partial t}=0，\frac{\partial p}{\partial t}=0\tag{4-4}$$

对于恒定流而言，压强与速度函数都只是空间坐标的函数，而与时间无关。因此，压强函数 p（x，y，z）的全微分可以写为：

$$\mathrm{d}p=\frac{\partial p}{\partial x}\mathrm{d}x+\frac{\partial p}{\partial y}\mathrm{d}y+\frac{\partial p}{\partial z}\mathrm{d}z\tag{4-5}$$

② 假定理想流体为不可压缩均质流体，其密度 $\rho=$常数。则在后面的微积分中，密度可以在微积分符号前后任意位置变动。

③ 假定作用在恒定理想流体上的质量力有势，故存在力势函数 W（x，y，z），且力势函数的全微分为：

$$\mathrm{d}W=X\mathrm{d}x+Y\mathrm{d}y+Z\mathrm{d}z\tag{4-6}$$

这里：$$X=\frac{\partial W}{\partial x}\quad Y=\frac{\partial W}{\partial y}\quad Z=\frac{\partial W}{\partial z}$$

④ 沿同一条流线积分。

在恒定流条件下，流线与迹线重合。设在流线上任取一点，$\mathrm{d}t$ 时间后运动位移 $\mathrm{d}s$（$\mathrm{d}x$，$\mathrm{d}y$，$\mathrm{d}z$），则有

$$\frac{\mathrm{d}x}{\mathrm{d}t}=u_x，\frac{\mathrm{d}y}{\mathrm{d}t}=u_y，\frac{\mathrm{d}z}{\mathrm{d}t}=u_z\tag{4-7}$$

式(4-1) 方程组中，将 x、y、z 轴方程各项分别乘以 $\mathrm{d}x$、$\mathrm{d}y$、$\mathrm{d}z$ 后相加，得：

$$X\mathrm{d}x+Y\mathrm{d}y+Z\mathrm{d}z-\frac{1}{\rho}\left(\frac{\partial p}{\partial x}\mathrm{d}x+\frac{\partial p}{\partial y}\mathrm{d}y+\frac{\partial p}{\partial z}\mathrm{d}z\right)=\frac{\mathrm{d}u_x}{\mathrm{d}t}\mathrm{d}x+\frac{\mathrm{d}u_y}{\mathrm{d}t}\mathrm{d}y+\frac{\mathrm{d}u_z}{\mathrm{d}t}\mathrm{d}z\tag{4-8}$$

将式(4-4)、式(4-5)、式(4-6)、式(4-7) 代入式(4-8)，得：

$$\begin{aligned}\mathrm{d}W-\mathrm{d}\left(\frac{p}{\rho}\right)&=u_x\mathrm{d}u_x+u_y\mathrm{d}u_y+u_z\mathrm{d}u_z\\&=\frac{1}{2}d\left(u_x^2+u_y^2+u_z^2\right)=\mathrm{d}\left(\frac{u^2}{2}\right)\end{aligned}\tag{4-9}$$

移项整理式(4-9)，变为

$$d\left(W-\frac{p}{\rho}-\frac{u^2}{2}\right)=0$$

积分得：

$$W-\frac{p}{\rho}-\frac{u^2}{2}=C \tag{4-10}$$

式(4-10) 即为理想流体运动微分方程的 Bernouli 积分。方程表明：对于不可压缩的理想流体，在有势质量力作用下作恒定流动时，同一条流线上 $W-\frac{p}{\rho}-\frac{u^2}{2}$ 值保持不变。该常数值称为 Bernouli 积分常数。对于不同的流线，Bernouli 积分常数不同。

葛罗米柯采用另一分析方法，对 Bernouli 积分式（4-10）的应用范围作了扩展。他取不可压缩理想流体的恒定有势流动，将方程式(4-2) 变形，同时应用流体微团运动中的角转速公式，然后将 x、y、z 轴方程各项分别乘以 dx、dy、dz 后相加，整理变为：

$$d\left(W-\frac{p}{\rho}-\frac{u^2}{2}\right)=2\begin{vmatrix} dx & dy & dz \\ \omega_x & \omega_y & \omega_z \\ u_x & u_y & u_z \end{vmatrix} \tag{4-11}$$

式(4-11) 只有在右端的行列式为零时方能积分，即只要行列式为零就可以得出 Bernouli 积分式(4-10)。而满足行列式为零的条件有下面几种情况：

① $\omega_x=\omega_y=\omega_z=0$，即式(4-10) 适合于有势流动的全体质点；

② $u_x=u_y=u_z=0$，对于静止流体的全体质点同样适合；

③ $\frac{dx}{u_x}=\frac{dy}{u_y}=\frac{dz}{u_z}$，式(4-10) 适合于同一条流线上的各点；

④ $\frac{dx}{\omega_x}=\frac{dy}{\omega_y}=\frac{dz}{\omega_z}$，式(4-10) 适合于同一条涡线上的各点；

⑤ $\frac{u_x}{\omega_x}=\frac{u_y}{\omega_y}=\frac{u_z}{\omega_z}$，式(4-10) 适合于螺旋流动的各点。

由此式(4-10) 得到了较大的推广。

4.2.2 理想流体元流的 Bernouli 方程

当理想流体只有重力作用下时，z 轴铅垂向上。则重力的单位质量力为：$X=0$、$Y=0$、$Z=-g$。力势函数的全微分为：

$$dW=Xdx+Ydy+Zdz=-g\,dz$$

积分得：

$$W=-gz+C_0 \tag{4-12}$$

将式(4-12) 代入式(4-10)，得：

$$gz+\frac{p}{\rho}+\frac{u^2}{2}=\text{常数} \tag{4-13}$$

各项同时除以 g，则有：

$$z+\frac{p}{\rho g}+\frac{u^2}{2g}=\text{常数} \tag{4-14}$$

对于元流上任意两点 1、2，式(4-14) 变为

$$z_1+\frac{p_1}{\rho g}+\frac{u_1^2}{2g}=z_2+\frac{p_2}{\rho g}+\frac{u_2^2}{2g} \tag{4-15}$$

方程式(4-14)、式(4-15) 称为恒定理想流体元流的 Bernouli 方程，又称理想流体元流

的能量方程。由于元流的极限为一条流线，则理想流体元流的能量方程也即理想流体沿流线的能量方程。方程反映了重力场中理想流体元流做恒定流动时，其位置标高 z、动水压强 p 和流速 u 之间的转换关系，从而反映出了流体的位能、压能、动能的相互转化关系。

4.2.3 理想液体元流能量方程的几何与物理意义

理想流体元流能量方程式(4-15) 中各项的几何与物理意义如下：

① z——元流上某点相对于选定基准面的位置高度。单位为 m。

表示元流上单位重量流体相对于某基准面（即 $z=0$ 的水平面）具有的位置势能，简称位能，也称位置水头。

② $\dfrac{p}{\rho g}$——该点在压强 p 作用下，流体沿测压管上升的高度。单位为 m。

表示元流上单位重量流体具有的压能，称为压强水头。当 p 取相对压强时，$\dfrac{p}{\rho g}$是相对于当地大气压强的压能；当 p 取绝对压强时，$\dfrac{p}{\rho g}$是相对于绝对真空的压能。

③ $\dfrac{u^2}{2g}$——以该点的流速 u 作为初速度，沿铅垂向上射流所达到的理论高度，称为流速水头。单位为 m。

表示元流上单位重量流体具有的动能。

④ $z+\dfrac{p}{\rho g}=H_p$——测压管液面相对于基准面的高度，称为测压管水头。

表示元流上单位重量流体相对于基准面具有的总势能，即位置势能与压强势能之和。

⑤ $z+\dfrac{p}{\rho g}+\dfrac{u^2}{2g}=H$——测速管液面相对于基准面的高度，称为总水头。

表示元流上单位重量流体具有的总机械能，为位能、压能、动能之和。

方程式(4-15) 的物理意义为：理想流体作恒定流动时，同一元流（或同一流线）上任一断面的总水头相等，元流上单位重量流体具有的总机械能守恒，即总水头和总机械能沿程不变。

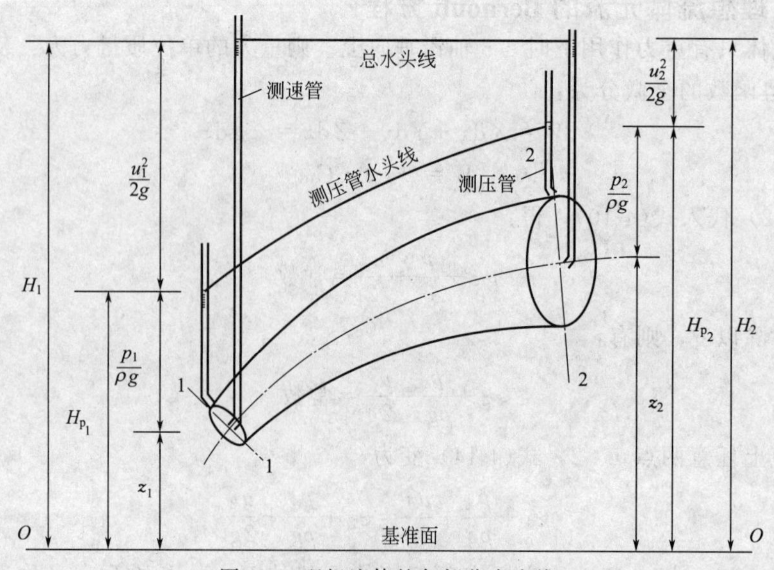

图 4-2 理想流体的各部分水头线

各部分水头可用图形表示出来，见图 4-2。将各断面测压管的液面连接得测压管水头线，各断面测速管的液面连接得总水头线。不难发现，总水头线为一根水平线，测压管水头线则可以沿程升高或降低。

4.2.4 毕托管

毕托管是一种测定点流速的一种简单和古老的流速仪。它由一根测速管 a、一根测压管 b 以双层套管的形式组成，可与差压计或测压计连接。测速管一端头正对来流，流体在其速度作用下沿测速管 a 上升一定高度。套管四周均匀开设一系列小孔，流体进入后汇入测压管 b，见图 4-3。

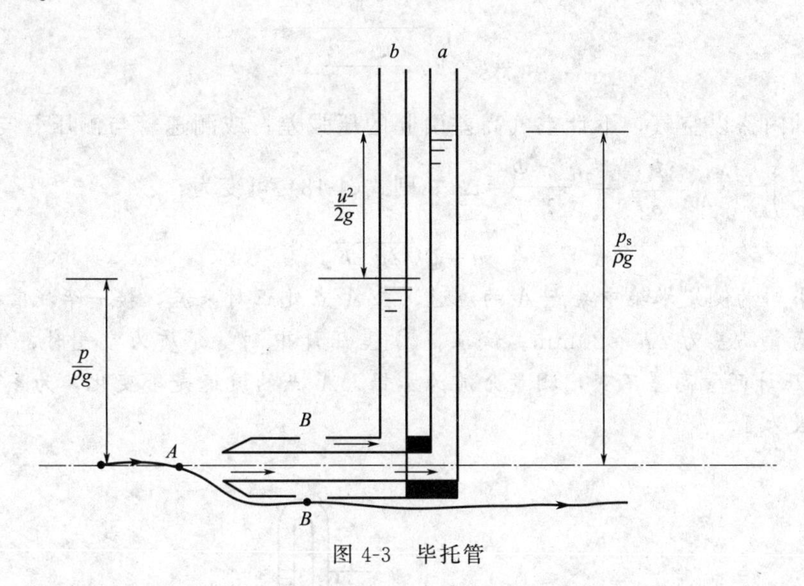

图 4-3 毕托管

以图 4-3 为例，当测定某点 A 的流速时，将毕托管探头正对来流 A 点，流体经探头到达测速管 a，在 A 点的速度和压强作用下上升一定高度，动能与压能转换为势能，从而流速变为零。流速为零的点称为滞止点或驻点。该点处的压强称滞止压强，以“p_s”表示。

继续流来的流体将绕过 A 点，经测孔 B 点流过。B 点测孔与测压管相通，在 B 点的压强作用下流体沿测压管也上升一定的高度，它等于 B 点的压强水头。

AB 在一条流线上，可列 A、B 两点的能量方程：

$$z_A+\frac{p_A}{\rho g}+\frac{u_A^2}{2g}=z_B+\frac{p_B}{\rho g}+\frac{u_B^2}{2g} \tag{4-16}$$

因 A、B 两点很近 $z_A=z_B$，$u_A=0$，$p_A=p_s$，$u_B=u$，$p_A=p_s$。有：

$$z_A+\frac{p_s}{\rho g}+0=z_B+\frac{p}{\rho g}+\frac{u^2}{2g}$$

解得：

$$\begin{aligned} u &= \sqrt{2g\left[\left(z_A+\frac{p_s}{\rho g}\right)-\left(z_B+\frac{p}{\rho g}\right)\right]} \\ &= \sqrt{\frac{2g\ (p_s-p)}{\gamma}} \\ &= \sqrt{\frac{2\ (p_s-p)}{\rho}} \end{aligned} \tag{4-17}$$

考虑实际流体具有黏性，以及放入毕托管对流场产生影响，同时毕托管存在构造、加工工艺、材料等因素影响，测定的实际流速值需乘以校正系数 ζ

$$u=\zeta\sqrt{\frac{2g\ (p_s-p)}{\gamma}}=\zeta\sqrt{\frac{2\ (p_s-p)}{\rho}} \tag{4-18}$$

式中，ζ 为毕托管校正系数，一般在 ζ 在 1～1.04 之间变化。

若压差计内盛有与待测介质不相混杂的液体（如水与水银），可按差压计原理计算测压管水头差：$\left(z_B+\frac{p_B}{\rho g}\right)-\left(z_A+\frac{p_A}{\rho g}\right)=\frac{p_s-p}{\gamma}=\frac{\gamma_{Hg}-\gamma}{\gamma}\Delta h$，则：

$$u=\zeta\sqrt{2g\ \frac{\gamma_{Hg}-\gamma}{\gamma}\Delta h} \tag{4-19}$$

若压差计内盛以空气，不计空气高差引起的压强差；或测速管与测压管与大气相通。有：$\left(z_B+\frac{p_B}{\rho g}\right)-\left(z_A+\frac{p_A}{\rho g}\right)=\frac{p_s-p}{\gamma}=\Delta h$；则式(4-18) 可变为：

$$u=\zeta\sqrt{2g\Delta h} \tag{4-20}$$

【例 4-1】 为测定水渠中某点 A 的流速，在 A 点处正对来流，接一毕托管，见图 4-4。测得差压计两管高差为 $\Delta h=20\text{mm}$。试求：① 差压计中测量介质为空气时，求 A 点的流速；② 若差压计两管高差不变，测量介质为水银，A 点的流速是否变化，为多少？设毕托管的校正系数为 1。

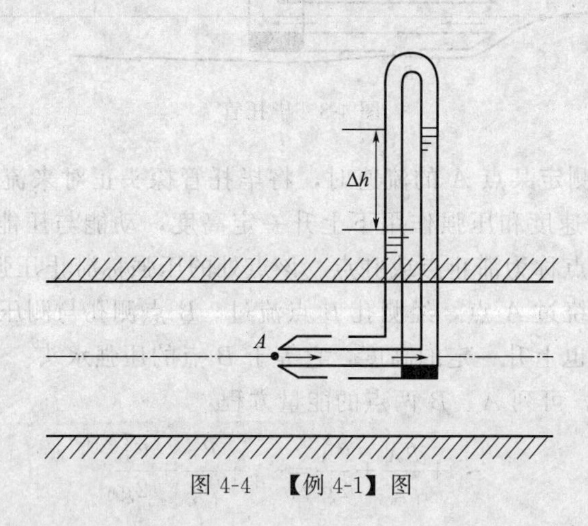

图 4-4 【例 4-1】图

【解】 ①由于差压计中测量介质为空气时，可使用毕托管的流速计算公式［式（4-20）］：

$$\left(z_B+\frac{p_B}{\rho g}\right)-\left(z_A+\frac{p_A}{\rho g}\right)=\Delta h=0.02\text{m}$$

$$u_A=\zeta\sqrt{2g\Delta h}=0.626\text{m/s}$$

②因差压计测量介质为水银，可采毕托管的流速计算公式［式(4-19)］：

$$\left(z_B+\frac{p_B}{\rho g}\right)-\left(z_A+\frac{p_A}{\rho g}\right)=\frac{\gamma_{Hg}-\gamma}{\gamma}\Delta h=12.6\Delta h=0.252\text{m}$$

则

$$u_A=\zeta\sqrt{2g\times 12.6\Delta h}=2.222\text{m/s}$$

4.3 实际流体的运动微分方程——（Navier-stokes）纳维斯托克斯方程

生活中的流体大多具有黏性，通常称易于流动，具有黏性、压缩性、表面张力等特性的流体为实际流体。本小结的任务就是研究实际流体的特点、运动特性和建立运动微分方程。

4.3.1 实际流体的特点与受力分析

由于实际流体具有黏性，在运动过程中，作用在流体上的表面力除受到压应力（动压强）作用外，还将受到黏性切应力的作用。同时，对于某点的压强来说，不但与该点的位置有关，还与压强的作用线方位有关，即在该点沿不同方向的压强是不相同的，$p_{xx} \neq p_{yy} \neq p_{zz}$，这一点与静止流体和理想流体是不相同的。也正是如此，使得实际流体的受力特点变得复杂。

值得庆幸的是，对于不可压缩流体，实验发现，某点沿三个互相垂直方向上的动压强之和为常数。因此，在很多时候，便可以取这个平均值作为该点的压强。

$$p=\frac{p_{xx}+p_{yy}+p_{zz}}{3}=\text{常数} \tag{4-21}$$

这一点可以用流体微团运动产生的线变形解释。由于黏性的存在，微团某一方向的边被拉长了，另一方向的边被压缩了，采用广义的牛顿内摩擦定律就可以得到验证。

现在我们来全面分析作用在实际流体质点的各种力。取流体质点为六面体微团，取其互相垂直的三个面，放大如图 4-5。则在任一平面上都要受到两个切应力和一个法向应力作用，在三个互相垂直的平面上要受到九个主应力的作用：p_{xx}，τ_{xy}，τ_{xz}，τ_{yx}，p_{yy}，τ_{yz}，τ_{zx}，τ_{zy}，p_{zz}。其中，从左到右第一下标表示作用面法线方向，第二下标表示应力作用线方向。可以写成如下形式：

$$\begin{bmatrix} p_{xx} & \tau_{xy} & \tau_{xz} \\ \tau_{yx} & p_{yy} & \tau_{yz} \\ \tau_{zx} & \tau_{zy} & p_{zz} \end{bmatrix} \tag{4-22}$$

由材料力学中切应力互等定律有：$\tau_{xy}=\tau_{yx}$，$\tau_{xz}=\tau_{zx}$，$\tau_{yz}=\tau_{zy}$。同时应用广义牛顿内摩擦定律有：

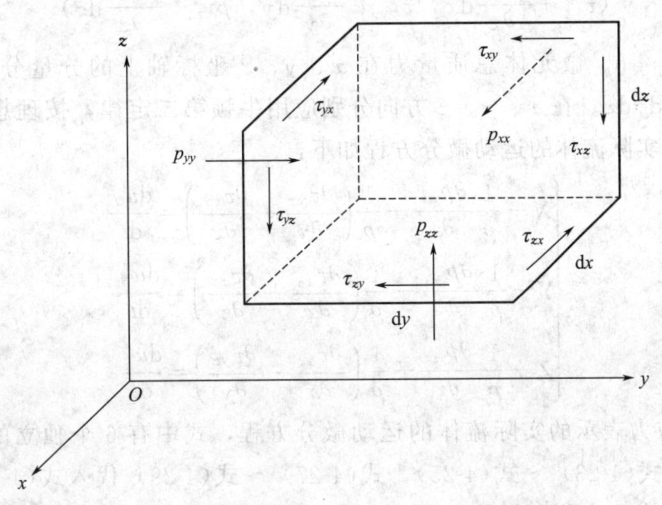

图 4-5 实际流体质点的受力图

$$\tau_{xy}=\tau_{yx}=\mu\left(\frac{\partial u_x}{\partial y}+\frac{\partial u_y}{\partial x}\right) \tag{4-23}$$

$$\tau_{xz}=\tau_{zx}=\mu\left(\frac{\partial u_x}{\partial z}+\frac{\partial u_z}{\partial x}\right) \tag{4-24}$$

$$\tau_{yz}=\tau_{zy}=\mu\left(\frac{\partial u_y}{\partial z}+\frac{\partial u_z}{\partial y}\right) \tag{4-25}$$

各个方向的压应力等于该点的平均压强和由于微团线变形引起的附加应力之和，$p_{xx}=p+p'_x$，$p_{yy}=p+p'_y$，$p_{zz}=p+p'_z$。同样，附加应力由广义的牛顿内摩擦定律求得：

$$p'_x=-2\mu\frac{\partial u_x}{\partial x},\ p'_y=-2\mu\frac{\partial u_y}{\partial y},\ p'_z=-2\mu\frac{\partial u_z}{\partial z} \tag{4-26}$$

式中，“－”表示附加应力与线变率呈反方向变化。因此，有：

$$p_{xx}=p+p'_x=p_t-2\mu\frac{\partial u_x}{\partial x} \tag{4-27}$$

$$p_{yy}=p+p'_y=p_t-2\mu\frac{\partial u_y}{\partial y} \tag{4-28}$$

$$p_{zz}=p+p'_z=p_t-2\mu\frac{\partial u_z}{\partial z} \tag{4-29}$$

这里，平均压强等于理想流体在该点的压强 $p=p_t$。从而，任一流体质点将受到六个独立的应力作用。

4.3.2 实际流体运动微分方程

下面我们分析实际流体的运动微分方程。任取六面体微团，各边边长分别为 $\mathrm{d}x$、$\mathrm{d}y$、$\mathrm{d}z$。设后、左、下侧面上的应力分别为（p_{xx}，τ_{xy}，τ_{xz}），（τ_{yx}，p_{yy}，τ_{yz}），（τ_{zx}，τ_{zy}，p_{zz}），按泰勒展开式可得前、右、上侧面上的应力分别为：

$$\left(p_{xx}+\frac{\partial p_{xx}}{\partial x}\mathrm{d}x,\ \tau_{xy}+\frac{\partial \tau_{xy}}{\partial y}\mathrm{d}y,\ \tau_{xz}+\frac{\partial \tau_{xz}}{\partial z}\mathrm{d}z\right)$$

$$\left(\tau_{yx}+\frac{\partial \tau_{yx}}{\partial x}\mathrm{d}x,\ p_{yy}+\frac{\partial p_{yy}}{\partial y}\mathrm{d}y,\ \tau_{yz}+\frac{\partial \tau_{yz}}{\partial z}\mathrm{d}z\right)$$

$$\left(\tau_{zx}+\frac{\partial \tau_{zx}}{\partial x}\mathrm{d}x,\ \tau_{zy}+\frac{\partial \tau_{zy}}{\partial y}\mathrm{d}y,\ p_{zz}+\frac{\partial p_{zz}}{\partial z}\mathrm{d}z\right)$$

各表面力见图 4-6。微元体总质量力在 x、y、z 坐标轴上的分量分别为 $X\rho\mathrm{d}x\mathrm{d}y\mathrm{d}z$、$Y\rho\mathrm{d}x\mathrm{d}y\mathrm{d}z$、$Z\rho\mathrm{d}x\mathrm{d}y\mathrm{d}z$。在 x、y、z 方向分别应用牛顿第二定律，按理想流体同样方法建立方程，整理后得实际流体的运动微分方程如下：

$$\begin{cases}X-\dfrac{1}{\rho}\dfrac{\partial p_{xx}}{\partial x}+\dfrac{1}{\rho}\left(\dfrac{\partial \tau_{yx}}{\partial y}+\dfrac{\partial \tau_{zx}}{\partial z}\right)=\dfrac{\mathrm{d}u_x}{\mathrm{d}t}\\ Y-\dfrac{1}{\rho}\dfrac{\partial p_{yy}}{\partial y}+\dfrac{1}{\rho}\left(\dfrac{\partial \tau_{xy}}{\partial x}+\dfrac{\partial \tau_{zy}}{\partial z}\right)=\dfrac{\mathrm{d}u_y}{\mathrm{d}t}\\ Z-\dfrac{1}{\rho}\dfrac{\partial p_{zz}}{\partial z}+\dfrac{1}{\rho}\left(\dfrac{\partial \tau_{xz}}{\partial x}+\dfrac{\partial \tau_{yz}}{\partial y}\right)=\dfrac{\mathrm{d}u_z}{\mathrm{d}t}\end{cases} \tag{4-30}$$

式(4-30) 为应力表示的实际流体的运动微分方程，式中有 6 个独立的未知的应力和 3 个未知的速度。将式(4-23) ～式(4-25)，式(4-27) ～式(4-29) 代入式(4-30)，整理得以应变表示的实际流体的运动微分方程：

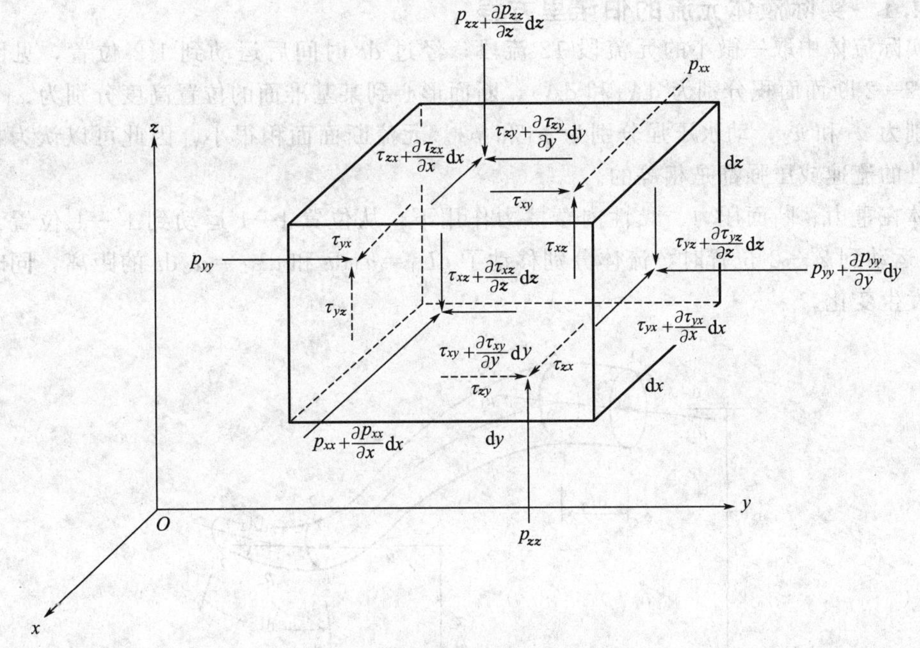

图 4-6 实际流体微团受力分析

$$\begin{cases} X-\dfrac{1}{\rho}\dfrac{\partial p}{\partial x}+\dfrac{\mu}{\rho}\nabla^2 u_x=\dfrac{du_x}{dt} \\ Y-\dfrac{1}{\rho}\dfrac{\partial p}{\partial y}+\dfrac{\mu}{\rho}\nabla^2 u_y=\dfrac{du_y}{dt} \\ Z-\dfrac{1}{\rho}\dfrac{\partial p}{\partial z}+\dfrac{\mu}{\rho}\nabla^2 u_z=\dfrac{du_z}{dt} \end{cases} \tag{4-31}$$

其中，$\nabla^2=\frac{\partial^2}{\partial x^2}+\frac{\partial^2}{\partial y^2}+\frac{\partial^2}{\partial z^2}$称 Laplace 算子，如$\nabla^2 u_x=\frac{\partial^2 u_x}{\partial x^2}+\frac{\partial^2 u_x}{\partial y^2}+\frac{\partial^2 u_x}{\partial z^2}$。

式(4-30)、式(4-31) 均为实际流体运动微分方程。方程组 (4-31) 较方程组 (4-30) 未知数减少，仅有 1 个未知应力和 3 个未知的速度。式(4-31) 又称为 Naviev-Stokes 方程。当实际流体忽略黏性，即令 $\mu=0$，可得理想流体的运动微分方程；当实际流体加速度为零时，得平衡微分方程。

4.4 实际流体的能量方程

尽管方程组(4-31) 未知数大大减少，与连续性方程联用，理论上说可以求解流场。然而，由于方程组本身为二阶非线性偏微分方程组以及流动的复杂性，目前只能采用简化或数值计算的方法求解。最常用的一种简化是实际流体在一元流动上的能量方程。

我们不可能再用理想流体相同的方法来简化实际流体的流动，而物理学上的动能定理是很好的一种分析方法，从作用在流体上的各种力对流体做功与动能变化的相互关系建立实际流体的能量方程。为分析方便，我们先从元流着手建立方程，然后扩大到整个总流上去。注意这里的总流是一个只沿流动方向的一元流动，也是一种最简化的流动形式。

4.4.1 实际液体元流的伯诺里方程

在实际流体中取一微小的元流段 12 流段，经过 dt 时间后运动到 $1'2'$位置，见图 4-7。1—1 和 2—2 断面面积分别为 dA_1和 dA_2，断面形心到某基准面的位置高度分别为 z_1和 z_2，流速分别为 u_1和 u_2，动水压强分别为 p_1和 p_2。元流断面面积很小，因此可以认为在断面上各点处的流速或压强都是相等的。

流体在重力、断面压力、黏性内摩擦力作用下，从位置 1—1 运动到 $1'$—$1'$位置，从位置 2—2 运动到 $2'$—$2'$位置时，流体分别移动了 $dL_1=u_1dt$ 和 $dL_2=u_2dt$ 的距离，同时流体的动能发生变化。

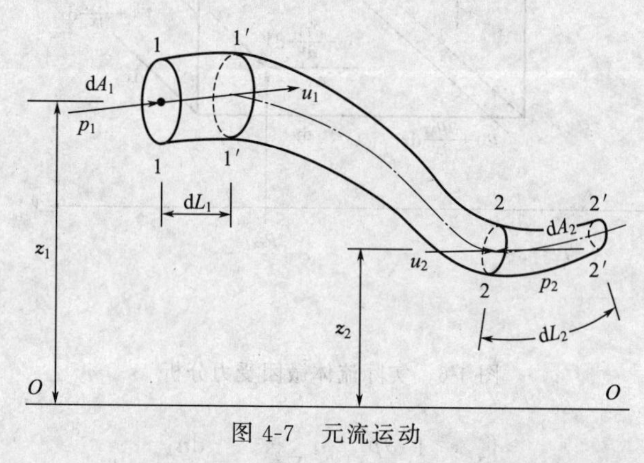

图 4-7 元流运动

根据动能定理，流体运动时动能增量等于作用在流体上各个力做功的代数和。

(1) 重力做功 dW_g 对于恒定流动，$1'2$ 流段的位置和形状都不随时间而变化，因此，该段重力不做功。元流段从 12 位置运动到 $1'2'$位置，重力所做的功即等于 1 $1'$段流体运动到 2 $2'$位置时重力 dMg 所做的功。对于不可压缩流体，ρ 为常数，质量 $dM=\rho dQdt$，则有：

$$dW_g=dMg\ (z_1-z_2)\ =\rho g\,dQdt\ (z_1-z_2) \tag{4-32}$$

(2) 压力做功 dW_p 元流的过流断面 1—1 和过流断面 2—2 上分别受有断面压力 p_1dA_1和 p_2dA_2，在此压力下断面 1—1 的流体运动位移 $dL_1=u_1dt$，断面 2—2 的流体运动位移 $dL_2=u_2dt$。则两压力做功的和为：

$$dW_p=p_1dA_1dL_1-p_2dA_2dL_2=p_1dA_1u_1dt-p_2dA_2u_2dt=dQdt\ (p_1-p_2) \tag{4-33}$$

(3) 内摩擦阻力做功 dW_τ 元流具有黏性，在运动过程中内摩擦阻力做负功 dW_τ。设 h'_w 表示元流上单位重量流体在断面 1—1 到断面 2—2 间的机械能损失，也称为元流的水头损失。则元流总重量流体的内摩擦阻力做功为：

$$dW_\tau=-dMg\cdot dt\cdot h'_w=-\rho g\,dQdth'_w \tag{4-34}$$

(4) 动能增量 dE 由于恒定流中，元流 $1'2$ 流段的流体其形状、位置、质量、动能等都未有发生变化。因此，元流 12 流段在 dt 时间前后动能增量等于 $22'$流段的动能与 $11'$流段的动能之差值，即为：

$$\begin{aligned}dE&=E_{1'2'}-E_{12}=E_{22'}-E_{11'}\\&=dM_2\frac{u_2^2}{2}-dM_1\frac{u_1^2}{2}\\&=dM\left(\frac{u_2^2}{2}-\frac{u_1^2}{2}\right)\end{aligned}$$

这里，$dM_1 = dM_2 = dM = \rho dQ dt$，则有：

$$dE = \rho dQ dt\left(\frac{u_2^2}{2} - \frac{u_1^2}{2}\right) = \rho g dQ dt\left(\frac{u_2^2}{2g} - \frac{u_1^2}{2g}\right) \tag{4-35}$$

(5) 根据物理学中的动能定理，作用在流体上的外力功之和等于流体在该时段内动能的增量，即：

$$dE = dW_g + dW_p + dW_\tau$$

即 $\rho g dQ dt\left(\frac{u_2^2}{2g} - \frac{u_1^2}{2g}\right) = \rho g dQ dt\ (z_1 - z_2) + (p_1 - p_2)\ dQ dt - \rho g dQ dt dh'_w$

等式各项除以 $\rho g dQ dt$，整理得：

$$z_1 + \frac{p_1}{\rho g} + \frac{u_1^2}{2g} = z_2 + \frac{p_2}{\rho g} + \frac{u_2^2}{2g} + h'_w \tag{4-36}$$

式(4-36) 即为不可压缩实际流体恒定元流的能量方程，或称为恒定元流伯努利方程。

方程中各项的物理意义与理想流体相同，只是增加了一项机械能损失，也称水头损失 h'_w。它是由于流体的黏滞性作用下，运动过程中，流体质点之间的内摩擦阻力作功而消耗的机械能，这部分能量被转化为热能耗散掉，因而流体的机械能沿程减小。

4.4.2 总水头线、测压管水头线与水力坡度

若在元流的各个过水断面上设置测压管，和测速管，选任一水平面 O—O 作为基准面，元流中心线上各点到 O—O 线的垂向距离为该点的位置水头。各断面处的测压管液面距 O—O 基准面的高度为该断面的测压管水头，测速管的液面距 O—O 基准面的高度为该断面的总水头。连接各断面的测压管液面的连线，称为元流的测压管水头线。连接各断面的测速管液面的连线，称为元流的总水头线，见图 4-8。

图 4-8 反映了元流上位能、压能、动能及总机械能沿程变化的情况。由于实际流体流动过程中必然产生机械能损失，因此总水头线始终沿程向下。同时各断面的流速、位置分别随断面大小、位置高低而不同，断面减小流速增大，断面增大流速减小。因此，测压管水头线沿程可升可降，取决于动能与势能之间相互转化的情况。总水头减去流速水头得到测压管水

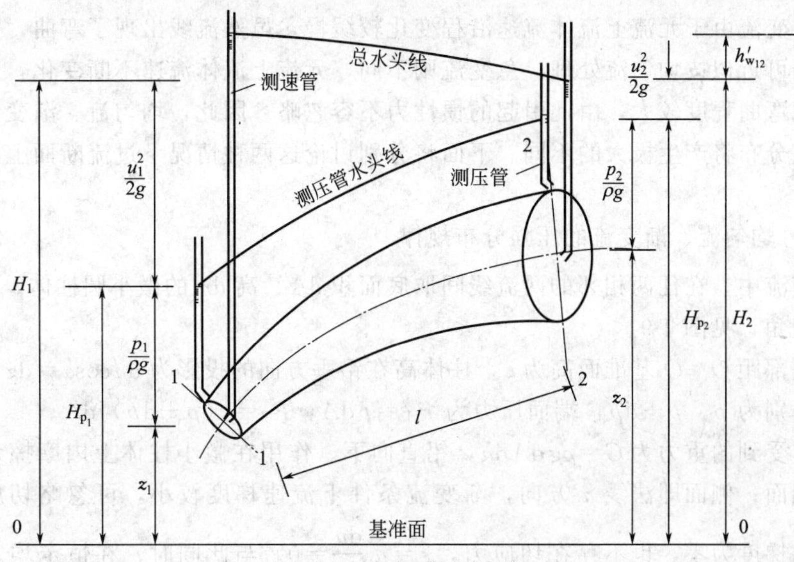

图 4-8 测压管水头线

头 $H_p = H - \frac{u^2}{2g}$。若元流断面沿程不变，则测压管水头线 H_p与总水头线 H 相平行。

对于理想液体的总水头线，由于不产生水头损失，总水头线为一条水平线。测压管水头线的变化仍然取决于元流各断面的变化，测压管水头线可升可降。

在元流总水头线上，取单位长度上的总水头下降值称水力坡度，即是实际流体流动的总水头线沿程下降的坡度。它表示单位重量流体沿流程单位长度上的机械能损失，用 J 表示，即：

$$J = -\frac{dH}{dL} = \frac{dh'_w}{dL} \tag{4-37}$$

式中，dL 为元流上沿流程的微元长度；dH 为相应长度上的单位重量流体的总水头增量；dh'_w为相应长度上的单位质量流体的总水头损失。

由于总水头沿流程总是减小，dH 为负值，故引入负号使 J 为正值，即定义当总水头线沿程下降时，其坡度为正值。

同样，可取测压管水头线坡度 J_p反映测压管水头线沿程变化的快慢，它是单位重量流体沿流程单位长度势能的减少量，即

$$J_p = -\frac{dH_p}{dL} = -\frac{d\left(z + \frac{p}{\rho g}\right)}{dL} \tag{4-38}$$

式中，$dH_p = d\left(z + \frac{p}{\rho g}\right)$为元流沿流程方向 dL 长度上单位重量流体的势能增量。当测压管水头线下降时定义 J_p为正，上升时为负。

元流上的能量方程只有应用到总流才具有实际意义。将无数元流求和可得实际流体总流的能量方程，具体的是对方程（4-36）积分，而方程积分的关键在于各过流断面上的压强分布规律。

4.4.3 恒定总流过流断面上的压强分布

前面我们从流线是否平行将流体的流动分为均匀流与非均匀流，根据流线变化是否剧烈又将非均匀流分为急变流和渐变流。对于均匀流，各元流上流体流速沿程不产生变化，无加速度产生。渐变流由于元流上流体流速沿程变化较缓慢，虽然流线出现了弯曲，但弯曲程度较小，一般仍可近似按均匀流处理。急变流则不同，元流上流体流速不断变化，呈现出加速度，流线变化弯曲程度较大，由此引起的惯性力不容忽略。因此，均匀流、渐变流与急变流断面上的压强分布将产生极大的不同。下面将分别讨论这两种情况下过流断面上的压强分布规律。

4.4.3.1 均匀流、渐变流的压强分布规律

恒定渐变流中，在任两相邻的两流线间取底面积 dA、高 dn 的微小圆柱体，柱体法线 $\vec{n}$ 与铅垂面成 α 角，见图 4-9。

设柱体底部距 O—O 基准面高为 z，柱体高在铅垂方向的投影为 $dn\cos\alpha = dz$。设下、上部端面压强分别为 p、$p + dp$，端面压力为 $P_1 = p\,dA$，$P_2 =$（$p + dp$）dA。

微小柱体受到的重力为 $G = \rho g\,dA\,dn$，铅直向下。作用在微小柱体上内摩擦切应力 τ 分布在上下两端面；侧面即法线 n 方向，渐变流条件下流速梯度较小，可忽略切应力，均匀流条件下流速梯度为零，也不存在切应力，$\tau = \mu\frac{du}{dy} = 0$。与此同时，在恒定均匀流和渐变

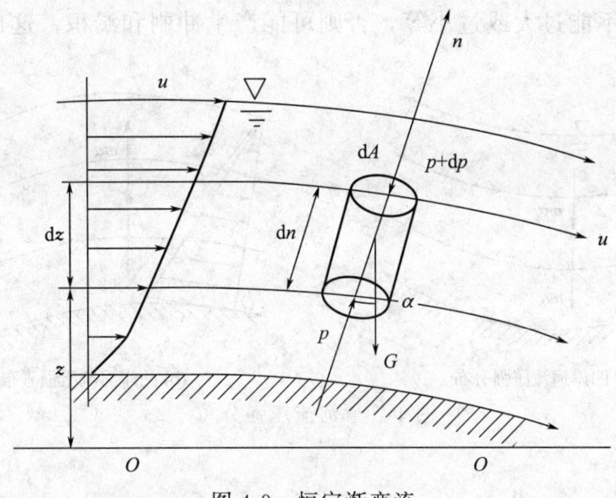

图 4-9 恒定渐变流

流中，法线 n 方向的时变加速度与位变加速度均为零，即法线方向无加速度。因此，可沿法线 n 正方向建立力的平衡方程，有：

$$F_n=-G\cos\alpha+P_1-P_2=0$$

$$-\rho g\,\mathrm{d}A\,\mathrm{d}n\cos\alpha+p\,\mathrm{d}A-(p+\mathrm{d}p)\,\mathrm{d}A=0$$

整理：

$$\rho g\,\mathrm{d}z+\mathrm{d}p=0$$

对于不可压缩流体，积分：

$$\mathrm{d}\left(z+\frac{p}{\rho g}\right)=0$$

$$z+\frac{p}{\rho g}=C，或\ z+\frac{p}{\gamma}=C \tag{4-39}$$

$$z_1+\frac{p_1}{\rho g}=z_2+\frac{p_2}{\rho g} \tag{4-40}$$

由式(4-39)、式(4-40) 可得，在恒定和不可压缩流体中，均匀流或渐变流过流断面上，对于同一过流断面来说，不同点的测压管水头不变：$z+\frac{p}{\rho g}=$常数。也即是同一断面上的压强分布服从静水压强分布规律。注意，对于不同的过流断面的测压管水头是不相等的，虽然说每个断面的测压管水头为常数，但不同过流断面的常数值不相同。

4.4.3.2 急变流的压强分布规律

急变流时，流线弯曲程度大，流体流动过程中加速度不可忽略。断面上压强分布将受到惯性力影响，当重力与惯性力方向一致时压强增大；当重力与惯性力方向相反时，压强减小，见图 4-10、图 4-11。

图 4-10(a) 为弯曲河流出现向下弯曲的情况，此时压强较水平河段时增大。图 4-10(b) 为弯曲河流出现向上弯曲的情况，此时压强较水平河段时减少。图 4-11 为管流中常见的顺直段与转弯段，它代表了均匀流段与急变流段。我们在均匀流段的 1—1 断面、急变流段的 2—2 断面的上下两点分别接上测压管，不难发现，1—1 断面的两测压管水面齐平，而 2—2 断面的两测压管水面出现外侧水面较内侧高出 h 的水面高度。这就进一步说明了均匀流上同一断面的测压管水头相等，而非均匀流同一断面的测压管水头不相等，当其惯性力与重力出现叠加时压强增大，否则减少，也证实了弯曲河段的凹岸水深往往较凸岸更深。在取水工程中，凹岸就成了取水口的较优位置之一。当然在选择取水口时还有更多别的因素需要考

虑，如取水口处流速不能过大或过小等，否则可能产生冲刷和淤积，这也是非常不利的。

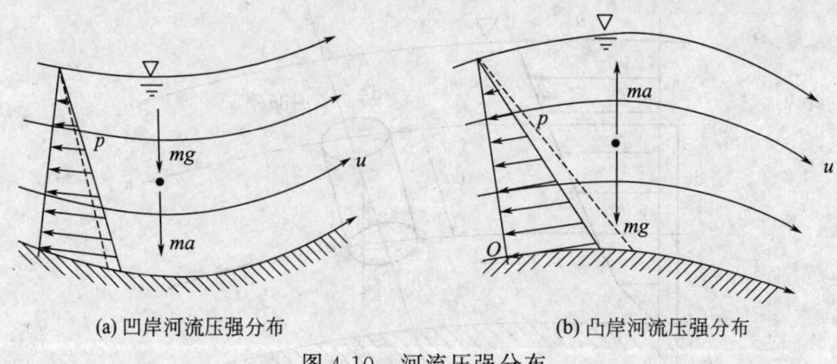

图 4-10　河流压强分布

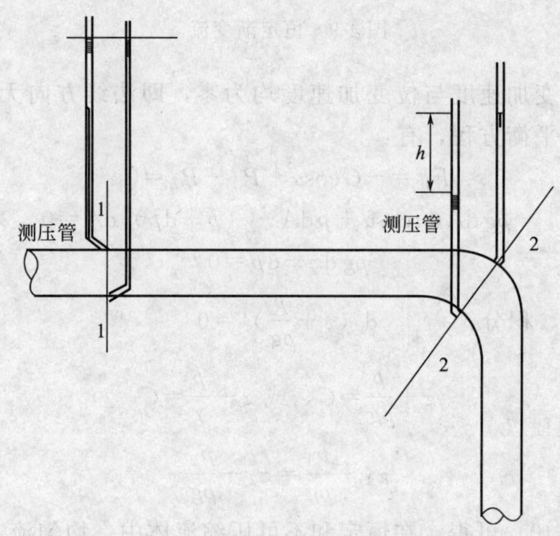

图 4-11　均匀流与急变流的测压管水头

由此可见，急变流过流断面上的压强分布不服从静水压强分布规律，其测压管水头不为常数，元流能量方程沿总流断面则无法积分出来。元流能量方程要在总流上应用推广，则必须是将过流断面选在渐变流或均匀流断面上，因为前面我们已经分析出了渐变流或均匀流断面上的测压管水头为常数，元流能量方程可直接沿总流断面积分出一常数。

4.4.4　实际流体总流的能量方程

4.4.4.1　实际流体总流的能量方程

将实际流体元流的能量方程式(4-36) 各项乘以 $\rho g\,\mathrm{d}Q$，得单位时间内通过元流过流断面的总重量流体的机械能，沿总流过流断面积分，得总流总重量流体的能量方程：

$$\int_{A_1}\left(z_1+\frac{p_1}{\rho g}+\frac{u_2^2}{2g}\right)\rho g\,\mathrm{d}Q=\int_{A_2}\left(z_2+\frac{p_2}{\rho g}+\frac{u_2^2}{2g}\right)\rho g\,\mathrm{d}Q+\int_Q h'_w\rho g\,\mathrm{d}Q \tag{4-41}$$

式(4-41) 可分为三种类型的积分，即测压管水头沿总流过流断面积分；流速水头沿总流过流断面积分；水头损失沿总流过流断面积分。分别确定如下。

(1) $\int_A\left(z+\frac{p}{\rho g}\right)\rho g\,\mathrm{d}Q$

此项物理意义为：某断面上，单位时间内总流总重量流体具有的全部势能。对于均质不可压缩流体，密度为常数。取渐变流或均匀流断面，则该总流过流断面上各点的测压管水头$\left(z+\frac{p}{\rho g}\right)$也为常数。因此，此项积分可直接积出。

$$\int_A\left(z+\frac{p}{\rho g}\right)\rho g\,\mathrm{d}Q=\rho g\left(z+\frac{p}{\rho g}\right)\int_A \mathrm{d}Q$$

$$=\left(z+\frac{p}{\rho g}\right)\rho g Q \tag{4-42}$$

(2) $\int_A \frac{u^2}{2g}\rho g\,\mathrm{d}Q$

它是某断面上，单位时间内总流总重量流体具有的总动能。由于过流断面上各点速度不同，不同的断面形式分布规律不同。可采用断面平均流速 v 代替流速分布函数 u，采用修正系数 α 加以修正，则有：

$$\int_A \frac{u^3}{2g}\rho g\,\mathrm{d}Q=\rho g\ \frac{\alpha v^3}{2g}A$$

$$=\frac{\alpha v^2}{2g}\rho g Q \tag{4-43}$$

式中，α 称为动能修正系数，反映采用点流速分布计算的实际动能与用断面平均流速计算的动能比值，即：

$$\alpha=\frac{\int_A u^3\,\mathrm{d}A}{v^3 A} \tag{4-44}$$

动能修正系数 α 值随总流过流断面上流速 u 分布不同而不同。通常，流速分布较均匀时，$\alpha=1.05\sim1.10$，紊流运动中，一般取 $\alpha=1.0$。当流速分布不均匀时 α 值较大，如层流运动中，$\alpha=2.0$。在后面紊流理论中将详细讨论。

(3) $\int_Q h'_{\mathrm{w}}\rho g\,\mathrm{d}Q$

它是单位时间内总流总重量流体从 1—1 断面运动到 2—2 断面的机械能损失。引入 h_{w} 表示单位重量流体在这两断面之间的平均机械能损失，也称为总流上平均水头损失，则：

$$\int_Q h'_{\mathrm{w}}\rho g\,\mathrm{d}Q=h_{\mathrm{w}}\rho g Q \tag{4-45}$$

将式(4-42)、式(4-43)、式(4-45) 积分结果代入式(4-41)，得

$$\left(z_1+\frac{p_1}{\rho g}\right)\rho g Q_1+\frac{\alpha_1 v_1^2}{2g}\rho g Q_1=\left(z_2+\frac{p_2}{\rho g}\right)\rho g Q_2+\frac{\alpha_2 v_2^2}{2g}\rho g Q_2+h_{\mathrm{w}}\rho g Q$$

对于一维总流的连续性方程：$Q_1=Q_2=Q$，上式整理为

$$z_1+\frac{p_1}{\rho g}+\frac{\alpha_1 v_1^2}{2g}=z_2+\frac{p_2}{\rho g}+\frac{\alpha_2 v_2^2}{2g}+h_{\mathrm{w}} \tag{4-46}$$

式(4-46) 即为实际流体总流的能量方程，又称为总流的伯努利方程。与元流的能量方程相比，形式相同。主要差异在于：总流的能量方程中是用断面平均流速计算流速水头，并考虑了相应的修正系数，而在元流能量方程中是用点流速计算流速水头。因此，式(4-46) 中各项的物理意义及几何意义与元流的能量方程中各对应项的物理意义及几何意义相同。式中，总流的水头损失 h_{w}项由于其形成机理复杂，影响因素较多，将在下一章中专门研究。

4.4.4.2　总流能量方程适用条件

在总流能量方程的推导过程中引入了许多简化条件，因而，方程在应用时必须满足这些条件。它们是：

① 总流为均质不可压缩流体的恒定流。

② 质量力中只有重力。

③ 所选取的计算断面（过流断面）必须取在均匀流或者渐变流段上，但两过流断面之间可以是急变流。

④ 总流的流量沿程不变，即没有流量的分出或汇入。

⑤ 在两计算断面之间没有外部能量输入或者输出。

具体在使用能量方程时，必须注意以下几点。

① 原则上基准面可以任意选取，但要尽量使计算断面的位置水头计算方便并为已知量。同时，一个方程中只能有一个基准面，即两个计算断面上的计算点的 z 值必须以同一基准面来度量。

② 计算断面必须选取在渐变流或均匀流断面上，并且包含较多的已知量和需求解的未知量。

③ 计算断面上的计算点原则上也可以任意选取，因为均匀流或渐变流同一断面上的任一点的测压管水头相等，而平均流速与计算点的位置选取无关。但为了方便，一般管流的计算点选在管轴中心点，明渠流的计算点则选在自由液面上或渠底处。

④ 方程中动水压强 p_1 与 p_2 可同时取绝对压强或同时取相对压强。决不可以一个用相对压强，一个用绝对压强，即同一个方程中必须采用相同的压强度量标准。在以后计算中，如果不涉及真空压强，则一般采用相对压强。

⑤ 方程中的水头损失应包括 1—1 断面到 2—2 断面间产生的所有水头损失，包括所有的沿程水头损失和所有的局部水头损失。沿程水头损失的达西公式为：$h_f=\lambda\dfrac{l}{d}\dfrac{v^2}{2g}$；局部水头损失计算公式为：$h_j=\zeta\dfrac{v^2}{2g}$。$\lambda$，$\zeta$ 分别为沿程阻力系数和局部阻力系数。这两方程的含义和系数的计算将在第 5 章详细叙述。

4.4.4.3　有分流或汇流的能量方程

式(4-46) 只适用于在两计算断面之间没有流量的汇入或分出的流动。而实际工程的流动广泛存在着有分流与汇流的情况。如市政工程中的给水管道，从主管道上接入一支管，河流中支流汇入干流，分别见图 4-12(a)、图 4-12(b)。

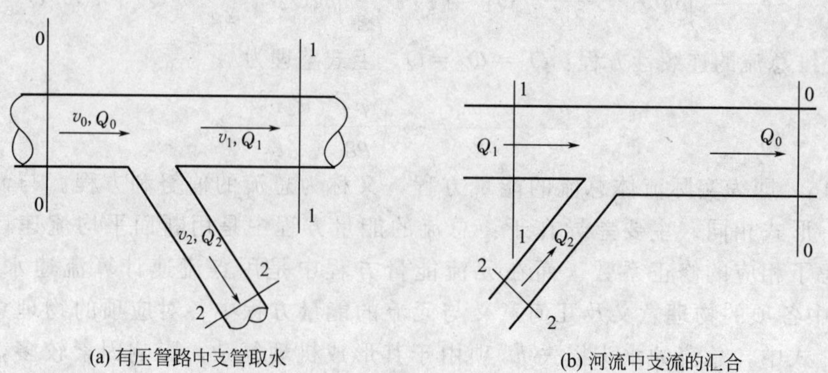

图 4-12　分流与汇流

根据有分流与汇流的总流连续性方程，合流量 Q_0 为两支流量 Q_1 和 Q_2 之和，即 $Q_0=Q_1+Q_2$。因此，对每一支流量 Q_1 和 Q_2 分别建立能量方程，得有分流或汇流的能量方程。对于图 4-11(a) 分流的能量方程为：

$$Q_1\ (Q_0)\ \sim Q_1:\ z_0+\frac{p_0}{\rho g}+\frac{\alpha_0 v_0^2}{2g}=z_1+\frac{p_1}{\rho g}+\frac{\alpha_1 v_1^2}{2g}+h_{w01} \tag{4-47}$$

$$Q_2\ (Q_0)\ \sim Q_2:\ z_0+\frac{p_0}{\rho g}+\frac{\alpha_0 v_0^2}{2g}=z_2+\frac{p_2}{\rho g}+\frac{\alpha_2 v_2^2}{2g}+h_{w02} \tag{4-48}$$

这一点可以从总流总重量流体能量方程推出。0—0 断面上单位时间总重量流体具有的总能量应等于从 1—1 断面和 2—2 断面输出的总重量流体具有的总能量之和，再加上两支流 Q_1、Q_2 产生的能量损失。设 h_{w01} 为流量 Q_1 从 0—0 断面流到 1—1 断面，单位重量流体的水头损失；h_{w02} 为流量 Q_2 从 0—0 断面流到 2—2 断面，单位重量流体的水头损失。可得：

$$\rho g Q_0\left(z_0+\frac{p_0}{\rho g}+\frac{\alpha_0 v_0^2}{2g}\right)=\rho g Q_1\left(z_1+\frac{p_1}{\rho g}+\frac{\alpha_1 v_1^2}{2g}+h_{w01}\right)+\rho g Q_2\left(z_2+\frac{p_2}{\rho g}+\frac{\alpha_2 v_2^2}{2g}+h_{w02}\right)$$

将总流连续性方程 $Q_0=Q_1+Q_2$，代入上式整理得：

$$Q_1\left[\left(z_0+\frac{p_0}{\rho g}+\frac{\alpha_0 v_0^2}{2g}\right)-\left(z_1+\frac{p_1}{\rho g}+\frac{\alpha_1 v_1^2}{2g}\right)-h_{w01}\right]+$$
$$Q_2\left[\left(z_0+\frac{p_0}{\rho g}+\frac{\alpha_0 v_0^2}{2g}\right)-\left(z_2+\frac{p_2}{\rho g}+\frac{\alpha_2 v_2^2}{2g}\right)-h_{w02}\right]=0$$

上式中，等式左端两项分别表示了流量为 Q_1、Q_2 的水流输入总机械能与输出总机械能、水头损失之差，应分别为零，故可得到式(4-47)、式(4-48)。

汇流的情况与分流能量方程类似，同学们可以自己写出图 4-21(b) 中有汇流的能量方程。

4.4.4.4 有外部能量输入或输出的能量方程

当计算断面 1—1 至断面 2—2 之间有机械能输入或输出，如，其间接有水泵或水轮机，这时在能量方程左边等式中必须加上输入或减去输出的能量。

$$z_1+\frac{p_1}{\rho g}+\frac{\alpha_1 v_1^2}{2g}\pm H_m=z_2+\frac{p_2}{\rho g}+\frac{\alpha_2 v_2^2}{2g}+h_{w12} \tag{4-49}$$

水厂泵站是典型的给水体输入能量的实例，水流在真空压力作用下吸入水泵，并随叶片转动，从而水流获得能量，进而输送到管网系统。因此，能量方程中为“+”，水体获得能量，此能量即水泵的扬程 H_m，它是单位重量水体从水泵中获得的机械能。

水电站中水轮机与水泵相反，它利用水体的位置势能冲击水轮机叶片，从而水体失去能量，随着水轮机叶片旋转切割磁场而输出电能。水轮机是水流向外界输出能量的典型例子，能量方程中为“−”，水体失去能量。

4.5 实际流体能量方程的工程应用

4.5.1 文丘里（Venturi）流量计

文丘里（Venturi）流量计是一种测量有压管流中液体流量的仪器，它由收缩段、喉管与扩散段三部分组成，见图 4-13。在收缩段进口与喉管处分别安装一根测压管或连接一压差计。若测得测压管水头差或压差计的液面高差，便可求得通过管道的流量和流量系数。

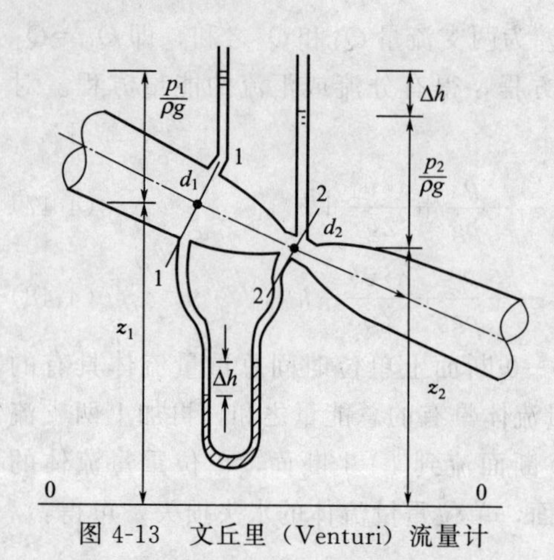

图 4-13　文丘里（Venturi）流量计

设任选一基准面 0—0，选取渐缩段的进口断面 1—1 与喉管断面 2—2 断面为计算断面，两断面管轴中心点为计算点。忽略两断面间的水头损失 h_w，取 $\alpha_1=\alpha_2=1$，建立 1—1 到 2—2 断面的伯努利方程，有：

$$z_1+\frac{p_1}{\rho g}+\frac{v_1^2}{2g}=z_2+\frac{p_2}{\rho g}+\frac{v_2^2}{2g} \tag{4-50}$$

建立 1—1、2—2 断面的连续性方程：

$$v_1A_1=v_2A_2 \tag{4-51}$$

由式(4-51) 变形得：

$$v_2=\frac{A_1}{A_2}v_1=\left(\frac{d_1}{d_2}\right)^2 v_1 \tag{4-52}$$

式(4-52) 代入式(4-50)，解得：

$$v_1=\frac{1}{\sqrt{\left(\frac{d_1}{d_2}\right)^4-1}}\sqrt{2g\left[\left(z_1+\frac{p_1}{\rho g}\right)-\left(z_2+\frac{p_2}{\rho g}\right)\right]} \tag{4-53}$$

由连续性方程得流量：

$$Q_{理论}=v_1A_1=\frac{\frac{1}{4}\pi d_1^2 d_2^2}{\sqrt{{d_1}^4-{d_2}^4}}\sqrt{2g\left[\left(z_1+\frac{p_1}{\rho g}\right)-\left(z_2+\frac{p_2}{\rho g}\right)\right]}$$

$$=K\sqrt{\left(z_1+\frac{p_1}{\rho g}\right)-\left(z_2+\frac{p_2}{\rho g}\right)} \tag{4-54}$$

式中，$K=\frac{\frac{1}{4}\pi d_1^2 d_2^2}{\sqrt{{d_1}^4-{d_2}^4}}\sqrt{2g}$，称为文丘里管常数，其值取决于文丘里管的结构尺寸。式(4-54) 式计算出的流量为不考虑水头损失的理论流量，而实际流体的流量比理论流量小。实际流量与理论流量之比称为流量系数 μ，即：$\mu=\frac{Q_{实际}}{Q_{理论}}$。则实际流量为：

$$Q=\mu K\sqrt{\left(z_1+\frac{p_1}{\rho g}\right)-\left(z_2+\frac{p_2}{\rho g}\right)} \tag{4-55}$$

若测得测压管水头差 Δh，有：

$$\left(z_1+\frac{p_1}{\rho g}\right)-\left(z_2+\frac{p_2}{\rho g}\right)=\Delta h$$

则：

$$Q=\mu K\sqrt{\Delta h} \tag{4-56}$$

若测得压差计的液面高差 $\Delta h'$，有：

$$\left(z_1+\frac{p_1}{\rho g}\right)-\left(z_2+\frac{p_2}{\rho g}\right)=\frac{\rho'-\rho}{\rho}\Delta h'$$

$$Q=\mu K\sqrt{\frac{\rho'-\rho}{\rho}\Delta h'} \tag{4-57}$$

对于水银差压计有：$\frac{\rho_{Hg}-\rho_{H_2O}}{\rho_{H_2O}}\Delta h'=12.6\Delta h'$

【例 4-2】 为测定某水厂管网水管的流量，接入一文丘里管段，见图 4-14。已知：文丘里管进口直径 $d_1=100\text{mm}$，喉管直径 $d_2=50\text{mm}$，流量系数 $\mu=0.97$，分别用水银差计及测压管测定流量。①测压管液面差：$\Delta h=0.75\text{m}$；②若压差计液面高差：$\Delta h'=5\text{cm}$。试分别求管道中的流量 Q。

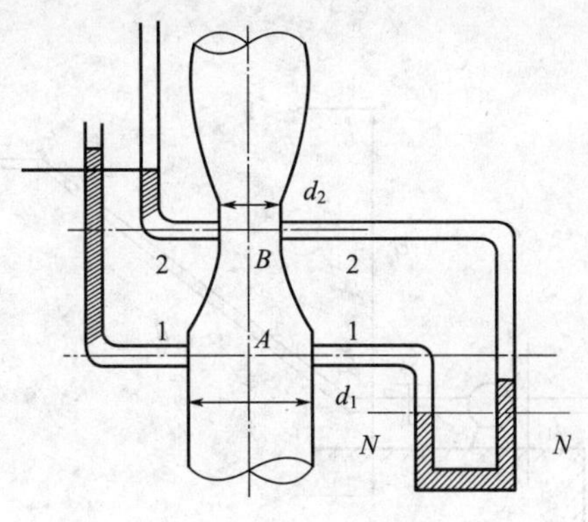

图 4-14 【例 4-2】图

解： 由前面知，文丘里管测定流量的原理为能量方程，因此可采用能量方程分析，也可以直接采用式(4-56)、式(4-57)。其中，文丘里管常数为：

$$K=\frac{\pi d_1^2 d_2^2\sqrt{2g}}{4\sqrt{d_1^4-d_2^4}}=\frac{\pi\times 0.1^2\times 0.05^2\sqrt{2g}}{4\sqrt{0.1^4-0.05^4}}=0.00897\ (\text{m/s})$$

① 采用测压管时：$\left(z_1+\frac{p_1}{\rho g}\right)-\left(z_2+\frac{p_2}{\rho g}\right)=\Delta h=0.75\ (\text{m})$

$$Q=\mu K\sqrt{\Delta h}=0.97\times 0.00897\sqrt{0.75}=0.00754\ (\text{m}^3/\text{s})$$

② 采用差压计时：$\left(z_1+\frac{p_1}{\rho g}\right)-\left(z_2+\frac{p_2}{\rho g}\right)=\frac{\rho_{Hg}-\rho_{H_2O}}{\rho_{H_2O}}\Delta h'=\sqrt{12.6\Delta h'}$

$$Q=\mu K\sqrt{12.6\Delta h'}=0.97\times 0.00897\times\sqrt{12.6\times 0.05}=0.00691\ (\text{m}^3/\text{s})$$

4.5.2 水泵扬程与安装高度计算

水泵是给排水中常见的一种给水和排水设备，水厂中必不可少。水泵站和污水泵站设计的核心为水泵扬程的计算。水泵由吸水管、压水管、水泵、电机组成。水泵叶轮在电机带动下高速旋转，带走空气，产生真空，吸入水体，水体跟随叶轮高速旋转获得能量，通过压力管输入高地。其计算原理为有能量输入的能量方程的应用。

$$z_1+\frac{p_1}{\gamma}+\frac{\alpha_1 v_1^2}{2g}+H_m=z_2+\frac{p_2}{\gamma}+\frac{\alpha_2 v_2^2}{2g}+h_{w1-2}$$

H_m 为单位重量水体从水泵中获得的能量，也称扬程。$\gamma QH_m=Ne$ 为有效功率，表示单位时间水流从水泵中获得的总能量。设 N 为轴功率，即单位时间内原动机给予水泵的功率 N。有效功率与轴功率之比称为效率 η，即 $\frac{Ne}{N}=\eta$（%）。

水轮机和水泵的原理类似，只是水体通过水轮机后失去能量。

【例 4-3】 图 4-15 为水泵给水系统，输水流量 $Q=100\text{L/s}$，水塔液面与水池液面高差 $H=20\text{m}$，吸水管长度 $l_1=200\text{m}$，管径 $d_1=250\text{mm}$，压力管长度 $l_2=600\text{m}$，管径 $d_2=$

200mm。水泵真空度为7.5m，吸水管与压力管沿程阻力系数分别为$\lambda_1=0.025$，$\lambda_2=0.02$。管道进口、转弯、阀门等各局部阻力系数分别为：$\xi_1=2.5$，$\xi_2=0.5$，$\xi_3=1.1$，$\xi_4=0.2$，$\xi_5=0.2$，$\xi_6=1$。试求：①水泵扬程与安装高度；②绘出总水头线和测压管水头线。

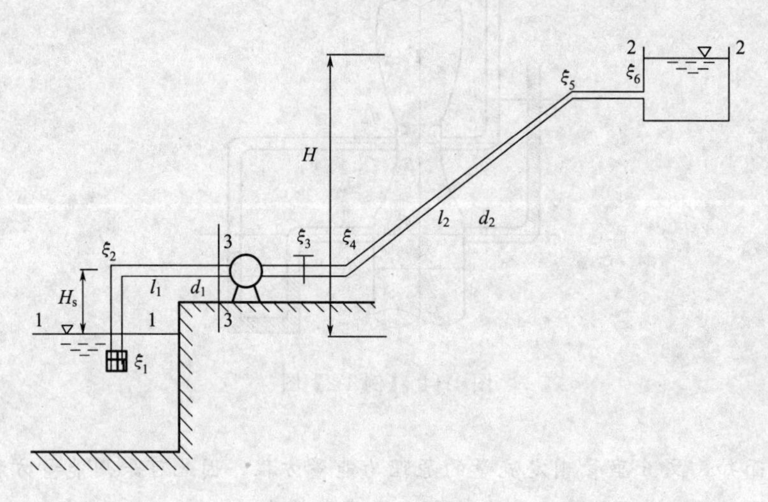

图4-15 【例4-3】图（1）

解：① 由总流的连续性方程可求出压力管与吸水管的直径：

$$\frac{3.14d_1^2}{4}v_1=\frac{3.14d_2^2}{4}v_2=Q=0.1$$

$$0.25^2v_1=0.2^2v_2=0.1274$$

$$v_1=2.04\text{m/s}$$

$$v_2=3.18\text{m/s}$$

② 设水泵扬程为H_m，以1—1断面为基准面，列1—2断面能量方程：

$$0+0+0+H_m=H+0+0+\lambda_1\frac{l_1}{d_1}\frac{v_1^2}{2g}+\lambda_2\frac{l_2}{d_2}\frac{v_2^2}{2g}+(\xi_1+\xi_2)\frac{v_1^2}{2g}+(\xi_3+\xi_4+\xi_5+\xi_6)\frac{v_2^2}{2g}$$

$$H_m=20+0.025\frac{200}{0.25}\frac{v_1^2}{2g}+0.02\frac{600}{0.2}\frac{v_2^2}{2g}+(2.5+0.5)\frac{v_1^2}{2g}+(1.1+0.2+0.2+1)\frac{v_2^2}{2g}$$

$$H_m=20+23\frac{v_1^2}{2g}+62.5\frac{v_2^2}{2g}$$

解得水泵扬程： $H_m=57.2\text{m}$

③ 设安装高度为H_s，列1—3断面能量方程：

$$0+0+0=H_s-h_v+\lambda_1\frac{l_1}{d_1}\frac{v_1^2}{2g}+(\xi_1+\xi_2)\frac{v_1^2}{2g}+\frac{v_1^2}{2g}$$

$$H_s=7.5-(0.025\frac{200}{0.25}+2.5+0.5+1)\frac{v_1^2}{2g}$$

$$H_s=2.4\text{m}$$

④ 以泵轴线方向为零线，上方为正，下方为负，总水头线与测压管水头线见图4-16。

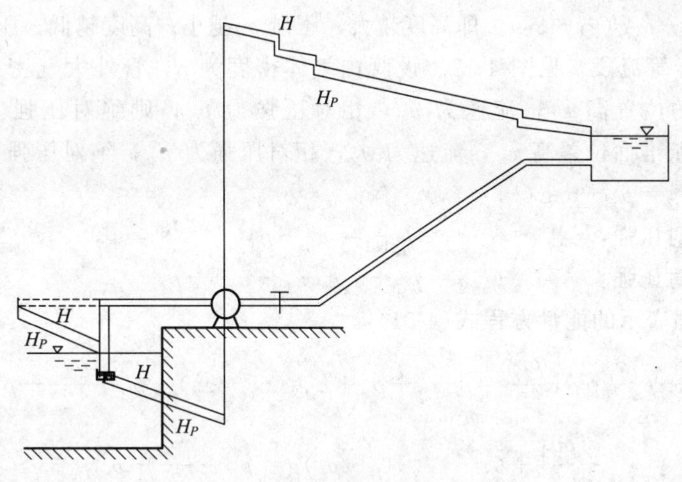

图 4-16 【例 4-3】图（2）

4.6 不可压缩气体的能量方程

4.6.1 绝对压强表示的能量方程

对于气体的流动，如输气管，在常温常压下流速远小于声速时，也可认为是不可压缩的流体，因此前面实际流体总流的能量方程仍然适用。不过由于气体的密度较小，故一般不用液柱高度表示压强的大小，而用国际制单位 N/m^2、kN/m^2 或大气的倍数表示。因而可直接移用绝对压强表示的能量方程，不过方程需转换为压强的量纲。

式(4-46) 中采用绝对压强，各项分别乘以 ρg：

$$\rho g\left(z_1+\frac{p_{\text{abs1}}}{\rho g}+\frac{\alpha_1 v_1^2}{2g}\right)=\rho g\left(z_2+\frac{p_{\text{abs2}}}{\rho g}+\frac{\alpha_2 v_2^2}{2g}+h_w\right) \tag{4-58}$$

令 $\alpha_1=\alpha_2=1$，得：

$$\rho g z_1+p_{\text{abs1}}+\frac{\rho v_1^2}{2}=\rho g z_2+p_{\text{abs2}}+\frac{\rho v_2^2}{2}+p_{w1-2} \tag{4-59}$$

式(4-59) 为绝对压强表示的气体的能量方程。$p_{w1-2}=\rho g h_w$ 为 1—2 断面间的压强损失，单位为 N/m^2 或 kN/m^2。同时，方程中各项均为压强的单位。

4.6.2 相对压强表示的能量方程

对于气体，当高度相差不大时，不计高差引起的当地大气压强 p_a 的变化，但高差较大时，则必须考虑当地大气压强 p_a 的变化。前面我们知道了 1 个工程大气压强 p_a 为 $98kN/m^2$，是指海拔 200m 处的正常大气压强，是一绝对压强值。当气体的位置高于或低于海拔 200m 时，大气的压强也将随之发生变化。设不考虑大气环流，认为大气处于静止状态，则当地大气压强需满足静力学基

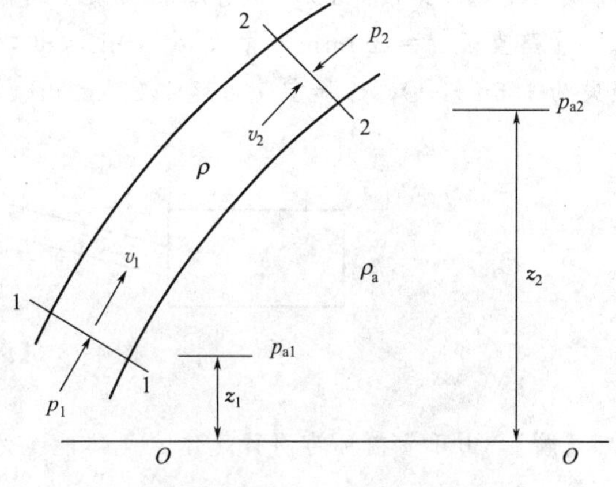

图 4-17 恒定管流段

本方程：$p_{a2}=p_{a1}+\rho_a g(z_1-z_2)$。即高度越大，压强 p_a越小；高度越低，压强 p_a越大。

若任取一恒定管流段，见图 4-17。设管内气体密度为 ρ，管外大气密度为 ρ_a。1—1 断面相对于基准面的位置高 z_1，流速为 v_1，相对压强为 p_1，则绝对压强 $p_{abs1}=p_{a1}+p_1$；2—2 断面相对于基准面位置高 z_2，流速为 v_2，相对压强为 p_2，绝对压强 $p_{abs2}=p_{a2}+p_2$。设 $p_{a1}=p_a$，则 $p_{a2}=p_a+\rho_a g(z_1-z_2)$。有：

1—1 断面绝对压强：
$$p_{abs1}=p_a+p_1 \tag{4-60}$$

2—2 断面绝对压强：
$$p_{abs2}=p_a+\rho_a g(z_1-z_2)+p_2 \tag{4-61}$$

代入绝对压强表示的能量方程式(4-51)：

$$\rho g z_1+p_a+p_1+\frac{\rho v_1^2}{2}=\rho g z_2+p_a+\rho_a g(z_1-z_2)+p_2+\frac{\rho v_2^2}{2}+p_{w1-2}$$

整理得：
$$p_1+\frac{\rho v_1^2}{2}+(z_1-z_2)(\rho-\rho_a)g=p_2+\frac{\rho v_2^2}{2}+p_{w1-2} \tag{4-62}$$

或
$$p_1+\frac{\rho v_1^2}{2}+(z_2-z_1)(\rho_a-\rho)g=p_2+\frac{\rho v_2^2}{2}+p_{w1-2} \tag{4-63}$$

式(4-62)、式(4-63) 为相对压强表示的能量方程。方程各项物理意义与液体相同，只是由于各项的单位发生变化，因而名称上有所不同。

p_1、p_2表示断面 1、2 的相对压强，称静压；$\frac{\rho v_1^2}{2}$、$\frac{\rho v_2^2}{2}$称动压；$(\rho_a-\rho)g$ 表示单位体积气体承受的有效浮力；$(z_2-z_1)(\rho_a-\rho)g$ 表示顺浮力方向向上运动 (z_2-z_1) 高度后具有的位能，称位压；$p+(z_2-z_1)(\rho_a-\rho)g$ 称为总势压；$p+\frac{\rho v^2}{2}$称为全压；$p+(z_2-z_1)(\rho_a-\rho)g+\frac{\rho v^2}{2}$称为总压；$p_{w1-2}$ 表示气体在 1—1、2—2 断面间损失的压强，称压强损失。

若：① 气体的密度与空气的密度相差不大，$\rho_a\approx\rho$；

② 1—1、2—2 断面位置高差不大，即 $z_1\approx z_2$，有：

$$(z_2-z_1)(\rho_a-\rho)g=0 \tag{4-64}$$

则气体能量方程变为：
$$p_1+\frac{\rho v_1^2}{2}=p_2+\frac{\rho v_2^2}{2}+p_{w1-2} \tag{4-65}$$

【例 4-4】 如图 4-18 所示静压箱向某空间输送空气，已知静压箱中压强为 2 个工程大气压，管路直径 $d=100$mm，管长 $l=10$m，出口距静压箱中心高差 $z=50$m，单位长管路总损失为 1.5mH_2O，已知空气密度 1.25kg/m^3，试求喷出空气的流量。

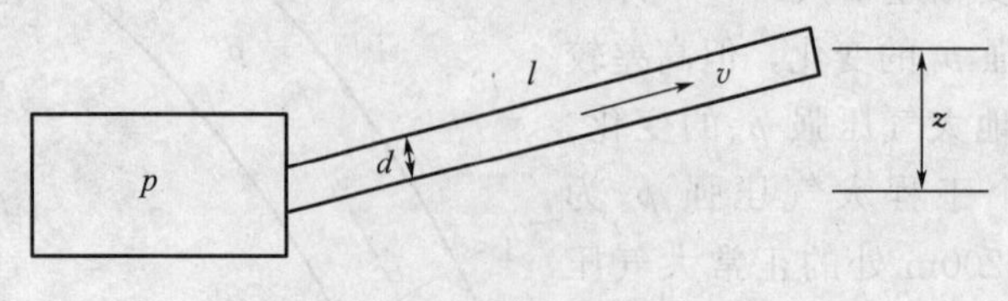

图 4-18 【例 4-4】图

【解】 由于管内外为同种气体，气体能量方程采用相对压强表示的能量方程式(4-65)。

$$v_1=0，p_2=0$$

$p_1=2\times98=196\text{kN/m}^2$，则：

$$p_1+\frac{\rho v_1^2}{2}=p_2+\frac{\rho v_2^2}{2}+p_{w1-2}$$

$$196+0=0+\frac{1.25v_2^2}{2}+1.5\times1\times9.8$$

$$v_2=17.03\text{m/s}$$

$$Q=\frac{\pi d^2}{4}v_2=0.134\text{m}^3/\text{s}$$

4.7 恒定总流的动量方程

总流连续性方程描述了流体运动过程中流进与流出的流量关系，能量方程得到了流体的位置高度、流速、压强、水头损失沿流程变化的能量转换规律，但这两方程不能解决水流对固壁的冲击力问题。要解决这一问题，必须应用物理学中的动量定理。动量定理在工程流体力学中的应用得到动量方程。本节将专门讨论恒定总流的动量方程，即研究流体一元流动下作用力与动量变化之间的相互关系。动量方程和连续性方程、能量方程一样，是流体力学中最基本且最重要的三大方程之一。动量定理指出，物体在运动过程中，动量对时间的变化率 $\frac{\mathrm{d}K}{\mathrm{d}t}$ 等于作用在物体上外力的矢量合 $\sum F$，即

$$\frac{\mathrm{d}\boldsymbol{K}}{\mathrm{d}t}=\sum\boldsymbol{F}\quad 或\quad \frac{\mathrm{d}(\sum m\boldsymbol{u})}{\mathrm{d}t}=\sum\boldsymbol{F} \tag{4-66}$$

4.7.1 恒定元流的动量方程

在恒定不可压缩元流中，任意截取 1—2 流段，经 $\mathrm{d}t$ 时间后运动至 $1'-2'$ 位置，在合外力 F 作用下，发生动量变化 $\mathrm{d}K$，如图 4-19 所示。

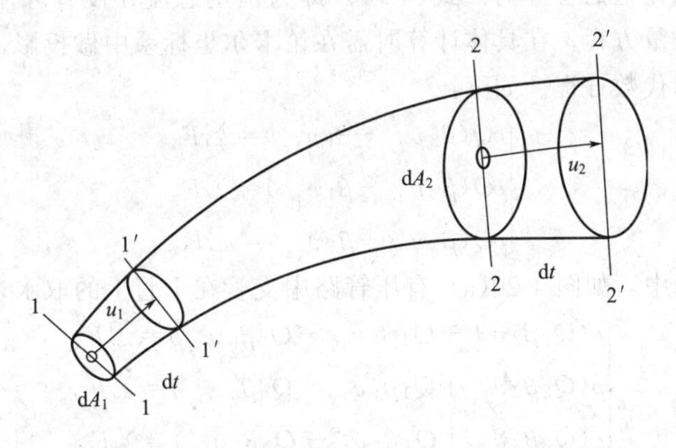

图 4-19 元流动量方程

设元流断面 1—1 的面积为 $\mathrm{d}A_1$，流速为 u_1，流量为 $\mathrm{d}Q_1$；断面 2—2 的面积为 $\mathrm{d}A_2$，流速为 u_2，流量为 $\mathrm{d}Q_2$。由于元流为恒定流动，$1'$—2 段元流的形状、位置、质量和动量均不随时间而变化，故元流 1—2 段在经过时段 $\mathrm{d}t$ 后的动量增量等于 2—$2'$段元流的动量减去 1—$1'$段元流的动量。同时由连续性方程知该两流段的质量 $\mathrm{d}M_1=\mathrm{d}M_2=\mathrm{d}M=\rho\mathrm{d}Q\mathrm{d}t$，即

$$\mathrm{d}K=K_{末}-K_{初}=K_{1'-2'}-K_{1-2}=K_{2-2'}-K_{1-1'}=\mathrm{d}M\boldsymbol{u}_2-\mathrm{d}M\boldsymbol{u}_1=\rho\mathrm{d}Q\mathrm{d}t(\boldsymbol{u}_2-\boldsymbol{u}_1)$$

则动量对时间的变化率为：

$$\frac{\mathrm{d}\boldsymbol{K}}{\mathrm{d}t}=\rho\mathrm{d}Q(\boldsymbol{u}_2-\boldsymbol{u}_1) \tag{4-67}$$

应用动量定理，上式代入式(4-66)，可得恒定元流的动量方程为

$$\rho\mathrm{d}Q(\boldsymbol{u}_2-\boldsymbol{u}_1)=\boldsymbol{F} \tag{4-68}$$

式中，F 是作用在元流 1—2 流段上外力的合力。

4.7.2 恒定总流的动量方程

总流为无数元流之和，因此对元流动量增量沿总流断面积分，可以得到总流 1—2 段经过时段 dt 后的动量增量，即：

$$\sum\mathrm{d}\boldsymbol{K}=\int_{A2}\rho\boldsymbol{u}_2\mathrm{d}Q\mathrm{d}t-\int_{A1}\rho\boldsymbol{u}_1\mathrm{d}Q\mathrm{d}t=\rho\mathrm{d}t\left(\int_{A1}\boldsymbol{u}_2u_2\mathrm{d}A_2-\int_{A1}\boldsymbol{u}_1u_1\mathrm{d}A_1\right)$$

由于总流过流断面上的流速分布受多种因素影响，一般为未知函数，故采用能量方程相同的方法，以断面平均流速代替断面上流速分布函数 u，并加以适当修正，从而上式积分为：

$$\sum\mathrm{d}\boldsymbol{K}=\rho\mathrm{d}t(\beta_2\boldsymbol{v}_2\cdot v_2\mathrm{A}_2-\beta_1\boldsymbol{v}_1\cdot v_1\mathrm{A}_1) \tag{4-69}$$

$$\beta=\frac{\int_A\boldsymbol{u}u\,\mathrm{d}A}{\boldsymbol{v}v} \tag{4-70}$$

β 称为动量修正系数，是按实际点流速 u 计算的动量与按断面平均流速计算的动量的比值。与动能修正系数一样，若流速分布较均匀，β 越趋于 1，不均匀时则大于 1。一般情况 $\beta=1.02\sim1.05$。层流运动中 $\beta=1.33$，紊流运动中一般取 $\beta=1$。由式(4-69) 可得动量对时间的变化率和动量方程：

$$\frac{\sum\mathrm{d}\boldsymbol{K}}{dt}=\rho(\beta_2\boldsymbol{v}_2\cdot v_2A_2-\beta_1\boldsymbol{v}_1\cdot v_1A_1)=\rho Q(\beta_2\boldsymbol{v}_2-\beta_1\boldsymbol{v}_1)=\sum\boldsymbol{F}$$

即：

$$\rho Q(\beta_2\boldsymbol{v}_2-\beta_1\boldsymbol{v}_1)=\sum\boldsymbol{F} \tag{4-71}$$

式中，$\sum\boldsymbol{F}$ 为总流上的合外力。式(4-71) 即为恒定总流在没有分流或汇流情况下的动量方程。它是一个矢量方程，在具体计算时需在笛卡尔坐标系中做投影，变为标量形式。即写成三个坐标方向的代数方程。如下：

$$\begin{cases}\rho Q(\beta_2v_{2x}-\beta_1v_{1x})=\sum F_x\\\rho Q(\beta_2v_{2y}-\beta_1v_{1y})=\sum F_y\\\rho Q(\beta_2v_{2z}-\beta_1v_{1z})=\sum F_z\end{cases} \tag{4-72}$$

在有分流的流动中，如图 4-20(a) 有压管路中支管在干管上的取水，动量方程变为：

$$\begin{cases}\rho(Q_2\beta_2v_{2x}+Q_1\beta_1v_{1x}-Q_0\beta_0v_{0x})=\sum F_x\\\rho(Q_2\beta_2v_{2y}+Q_1\beta_1v_{1y}-Q_0\beta_0v_{0y})=\sum F_y\\\rho(Q_2\beta_2v_{2z}+Q_1\beta_1v_{1z}-Q_0\beta_0v_{0z})=\sum F_z\end{cases} \tag{4-73}$$

在有汇流的流动中，如图 4-20(b) 河流中支流的汇合，动量方程变为：

$$\begin{cases}\rho(Q_0\beta_0v_{0x}-Q_2\beta_2v_{2x}-Q_1\beta_1v_{1x})=\sum F_x\\\rho(Q_0\beta_0v_{0y}-Q_2\beta_2v_{2y}-Q_1\beta_1v_{1y})=\sum F_y\\\rho(Q_0\beta_0v_{0z}-Q_2\beta_2v_{2z}-Q_1\beta_1v_{1z})=\sum F_z\end{cases} \tag{4-74}$$

式(4-72)～式(4-74) 均为不可压缩流体恒定流动的动量方程，它适用于理想流体和实际流体。其中，合力$\sum F$ 是作用在研究流段上的全部外力之和，包括质量力、重力、表面力、作用

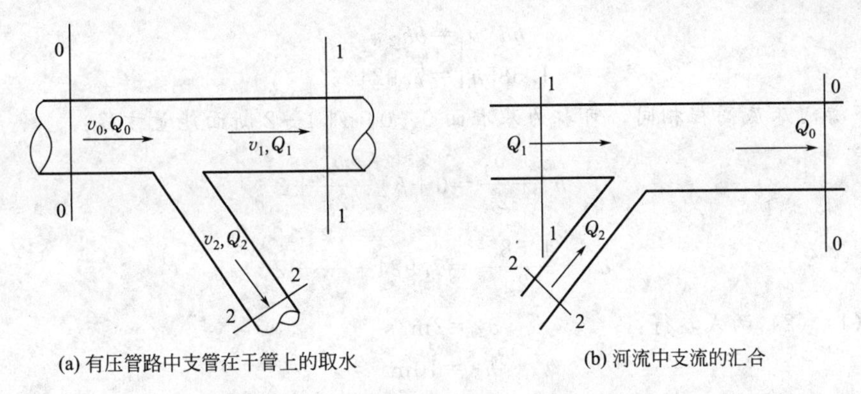

图 4-20 有压管路支管取水与河流支流汇合

在计算断面（过流断面）上的压力、固体边界对流体的作用力。注意在动量方程中流体内部产生的摩擦力不予考虑，因为它不属于外力。除此以外，应用动量方程时需注意以下各点。

① 流体为不可压缩恒定流动。

② 过流断面 1—1 和 2—2 应选在均匀流或者渐变流断面上。根据前面能量方程得到的结论，均匀流或者渐变流断面上动压强服从于静压强的分布规律。因此计算断面的压力便可按静力学方法求得。

③ 注意不能够漏掉任何一个力。在涉及重力、端面压力、外力时一个不能缺少，同时还必须注意力在投影轴上的方向性。

④ 计算动量方程时只能采用标量式(4-72) 或式(4-73) 或式(4-74)。因此就必须建立坐标，明确坐标轴的正方向。无论力的分解还是速度的分解，都受到坐标轴的影响，或为正值，或为负值。

⑤ 注意始末端的速度，动量方程中是末端速度减去始端的速度，也就是说计算的是动量的增量。由于实际的流体多为紊流，流速分布趋于平均，动量修正系数一般取 $\beta=1.0$。

【例 4-5】 如图 4-21 所示溢流坝，上游流速 $v_1=1.585\text{m/s}$，下游水深 $h_2=7.924\text{m}$，上下游 1—2 断面间水头损失为 $2\text{mH}_2\text{O}$，不计摩擦力。试求上游水深 h_1 和水流作用于单位宽度坝上的冲击力 F。

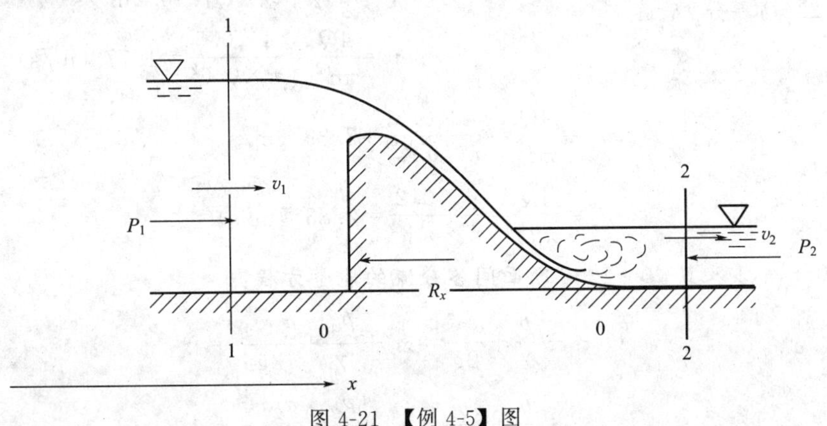

图 4-21 【例 4-5】图

【解】 根据题目条件，溢流坝上游水深 h_1 和下游流速 v_2 均未知，需通过连续性方程和能量方程求出。设上下游河流宽均为 b，1—2 断面连续性方程如下：

$$bh_1v_1=bh_2v_2$$

$$1.585h_1=7.924v_2 \quad (1)$$

因上下游河床底高程相同，可取为基准面 0—0，列 1—2 断面能量方程：

$$0+h_1+\frac{v_1^2}{2g}=0+h_2+\frac{v_2^2}{2g}+2$$

$$h_1+\frac{1.585^2}{2g}=7.924+\frac{v_2^2}{2g}+2 \quad (2)$$

联解 (1) (2) 两式，得：

$$v_2=2\text{m/s}$$

$$h_1=10\text{m}$$

则上下游河道通过的单宽流量为： $q=h_1v_1=15.85\text{m}^3/\text{s}$

以 1—2 断面间的水体为控制体，受力分析见图 4-21。上下游单宽断面压力分别为：

$$p_1=0.5\gamma h_1^2=490\text{kN}$$

$$p_2=0.5\gamma h_2^2=307.7476\text{kN}$$

设溢流坝对水体的反作用力为 R'_x，并设水平向右为 x 轴的正方向，则 x 方向动量方程为：

$$\sum F_x=p_1-p_2-R'_x=\rho Q(v_2-v_1)$$

$$490-307.7476-R'_x=1\times15.85\times(2-1.585)$$

$$R'_x=175.747\text{kN}$$

故水流对坝体的冲击力 $R_x=-175.747\text{kN}$，方向向右。

【例 4-6】 如图 4-22 所示水平分岔管道，干管直径 $d=600\text{mm}$，支管直径 $d_1=400\text{mm}$，$d_2=300\text{mm}$；干管流量 $Q=0.5\text{m}^3/\text{s}$，支管 1 流量 $Q_1=0.3\text{m}^3/\text{s}$；分岔前干管断面中心点压强为 $p=70\text{kPa}$。不计水头损失，求水流对分岔管的作用力。

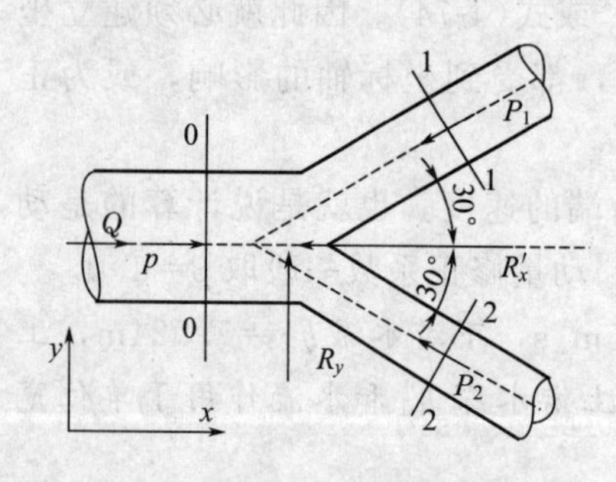

图 4-22 水平分岔管道

【解】 本题为一有分流的有压管路，需采用有分流的连续性方程和能量方程。因干管流量 Q 和支管 1 流量 Q_1 已知，Q_2 可由有分流的连续性方程求得。从而可求得各管路的流速：

$$Q_2=Q-Q_1=0.2\text{m}^3/\text{s}$$

$$v=\frac{4Q}{\pi d^2}=\frac{4\times0.5}{\pi\times0.6^2}=1.77\ (\text{m/s})$$

$$v_1=\frac{4Q}{\pi d_1^2}=\frac{4\times0.3}{\pi\times0.4^2}=2.39\ (\text{m/s})$$

$$v_2=\frac{4Q}{\pi d_2^2}=\frac{4\times0.2}{\pi\times0.3^2}=2.83\ (\text{m/s})$$

列 0—0→1—1 及 0—0→2—2 断面间各分流的能量方程：

$$z_0+\frac{p}{\gamma}+\frac{\alpha v^2}{2g}=z_1+\frac{p_1}{\gamma}+\frac{\alpha_1 v_1^2}{2g}$$

$$z_0+\frac{p}{\gamma}+\frac{\alpha v^2}{2g}=z_2+\frac{p_2}{\gamma}+\frac{\alpha_2 v_2^2}{2g}$$

取 $\alpha=\alpha_1=\alpha_2=1$，以水平分岔管的管轴线所在的水平面为基准面和 XOY 面，则 $z_0=z_1=z_2=0$。

$$0+\frac{70}{9.8}+\frac{1.77^2}{2\times9.8}=0+\frac{p_1}{9.8}+\frac{2.39^2}{2\times9.8}$$

$$0+\frac{70}{9.8}+\frac{1.77^2}{2\times9.8}=0+\frac{p_2}{9.8}+\frac{2.83^2}{2\times9.8}$$

解两方程分别得：$p_1=68.71\text{kN/m}^2$；

$$p_2=67.56\text{kN/m}^2$$

以0—1—2间的水体为控制体，受力分析见图4-22。

$$P=\frac{\pi d^2}{4}p=\frac{\pi\times0.6^2}{4}\times70=19.8\ (\text{kN})$$

$$p_1=\frac{\pi d_1^2}{4}p_1=\frac{\pi\times0.4^2}{4}\times68.71=8.6\ (\text{kN})$$

$$p_2=\frac{\pi d_2^2}{4}p_2=\frac{\pi\times0.3^2}{4}\times67.56=4.8\ (\text{kN})$$

取$\beta=\beta_1=\beta_2=1$，列x方向的动量方程：

$$\rho(Q_1v_1\cos30°+Q_2v_2\cos30°-Qv)=P-p_1\cos30°-p_2\cos30°-R'_x$$

$$1\times(0.3\times2.39\cos30°+0.2\times2.83\cos30°-0.5\times1.77)=19.8-8.6\cos30°-4.8\cos30°-R'_x$$

解得：$R'_x=7.97\text{kN}\ (\leftarrow)$

列y方向的动量方程：

$$\rho(Q_1v_1\sin30°-Q_2v_2\sin30°)=-p_1\sin30°+p_2\sin30°+R'_y$$

$$1\times(0.3\times2.39\sin30°-0.2\times2.83\sin30°)=-8.6\sin30°+4.8\sin30°+R'_y$$

解得：$R'_y=1.976\text{kN}\ (\uparrow)$

故水流对分岔管的总作用力为$R=\sqrt{R'^2_x+R'^2_y}=8.21\text{kN}$，方向为：$\nearrow$。

$$\tan\alpha=\frac{R'_y}{R'_x}=0.248$$

$$\alpha=14°$$

习　题

4-1　为测定管道内A点流速，用装有水银压差计的毕托管测定。已知：$\Delta h=0.02\text{m}$，毕托管校正系数为$\zeta=1$，求u_A。

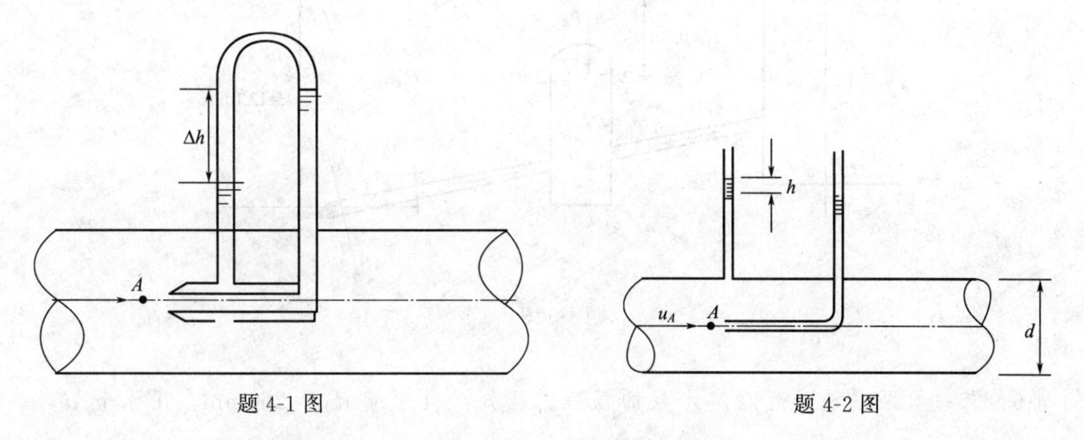

题4-1图　　题4-2图

4-2　一输水管路直径 $d=200\text{mm}$，测压管液面高差为 $h=756\text{mm}$，测得 A 点的流速为断面平均流速的1.19倍。求输水管通过的流量 Q?

4-3　图示水箱及其输水系统，管路直管段直径 $d=0.1\text{m}$，出口流入大气，各断面的高度如图所示。收缩管嘴出口断面直径 $d_B=0.05\text{m}$，不计水头损失，求直管中 A 点的相对压强 p_A。

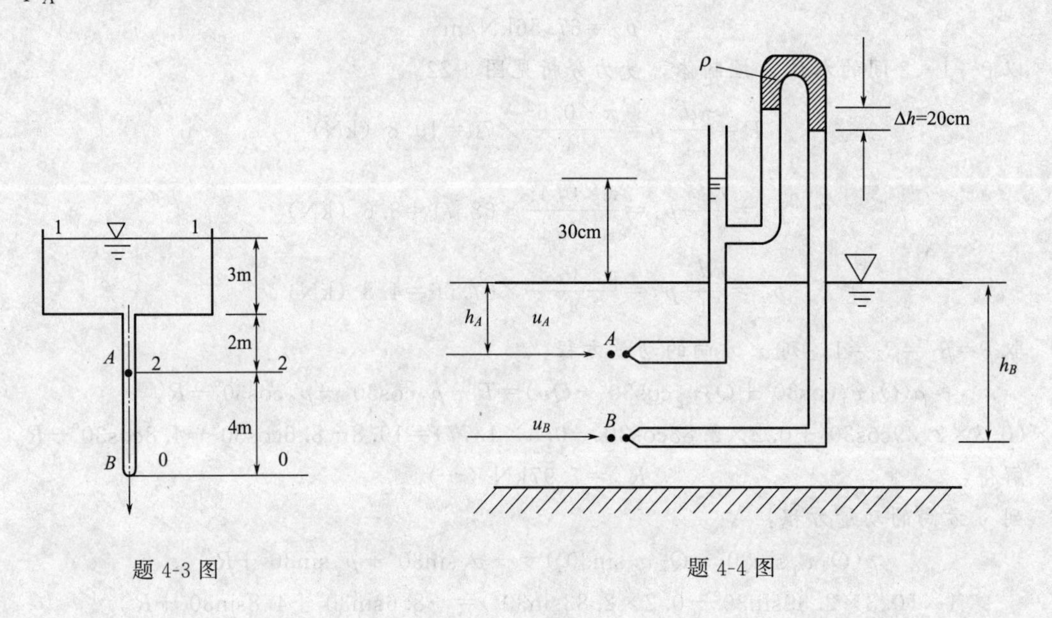

题 4-3 图　　题 4-4 图

4-4　如图所示宽矩形明渠，在同一过水断面上有 A、B 两点，分别用图示两个毕托管测流速，压差计中为油，其密度 $\rho=800\text{kg/m}^3$，试计算 A、B 两点的流速 u_A 和 u_B 的大小。

4-5　如图所示输水系统，水池经一密封水箱向用户供水，已知 $l_1=15\text{m}$，$l_2=30\text{m}$，两管直径相同，$d=0.05\text{m}$，液面高差如图所示。设管道进口局部水头损失 $h_{j进}=0.5\dfrac{v^2}{2g}$，阀门局部水头损失 $h_{j闸}=3.2\dfrac{v^2}{2g}$，管道出口局部水头损失 $h_{j出}=\dfrac{v^2}{2g}$，沿程水头损失 $h_f=0.02\dfrac{l}{d}\dfrac{v^2}{2g}$。当水池和密闭容器水面恒定时，求管中流量及密闭水箱液面压强 p_B。

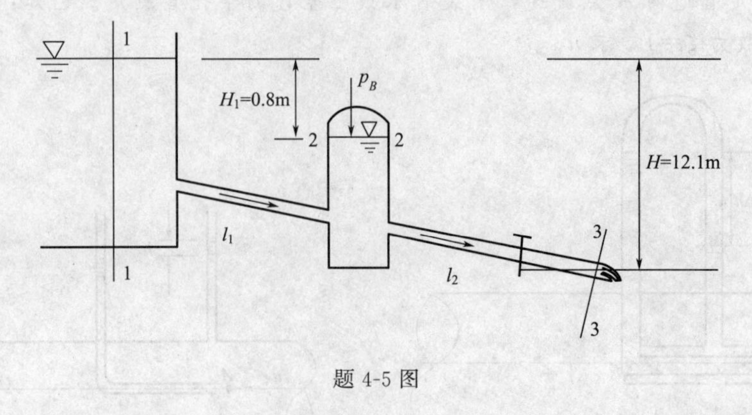

题 4-5 图

4-6　有一水泵系统，为测定水泵的扬程。已知：吸水管 $d_1=200\text{mm}$，压水管 $d_2=$

150mm，流量 $Q=0.06\mathrm{m^3/s}$，水泵进口真空表读数为 $4\mathrm{mH_2O}$，出口压力表读 2at（工程），两表测压孔高差 $h=0.5\mathrm{m}$.。求：①水泵扬程 H_m。②若水泵轴功率 $N=25$ 马力，求 η?

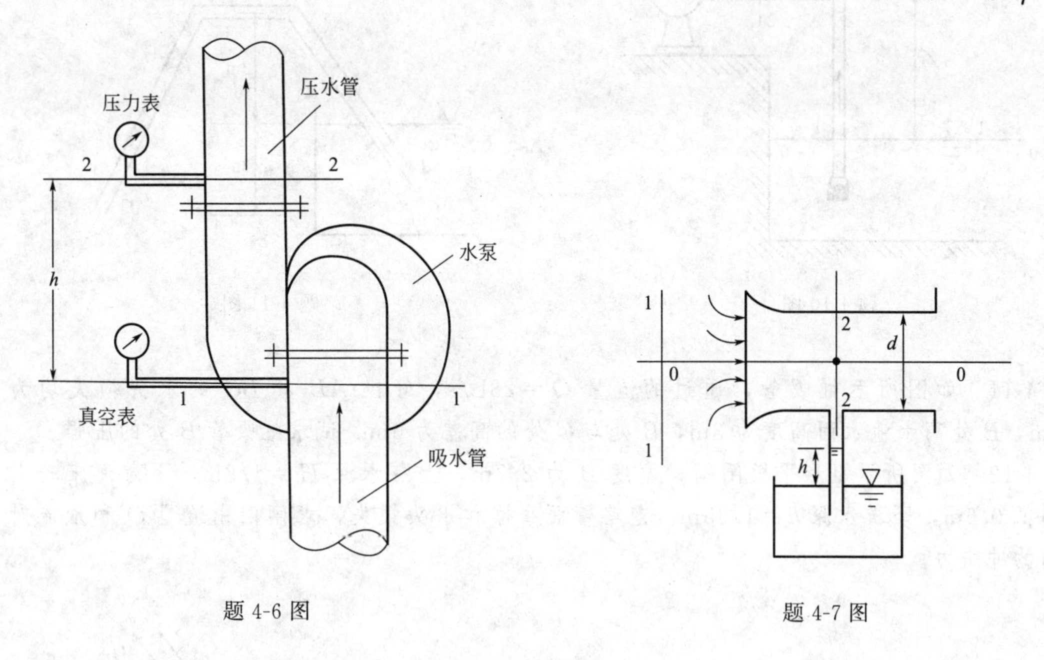

题 4-6 图　　题 4-7 图

4-7　离心式通风机用集流器从大气中吸入空气，在圆柱形风管断面 2—2 接一测压管从水槽中吸水。已知：风管直径 $d=200\mathrm{mm}$，测压管中水体上升高 $h=0.15\mathrm{m}$，不计水头损失，求集流器吸取的空气流量 Q（空气的密度 ρ 为 $1.29\mathrm{kg/m^3}$）。

4-8　如图所示一文丘里流量计，已知管道直径 $d_1=300\mathrm{mm}$，喉段直径 $d_2=150\mathrm{mm}$，水银压差计读数为 $h=360\mathrm{mm}$，若不计 1、2 两断面间的水头损失，试求管道中的流量。

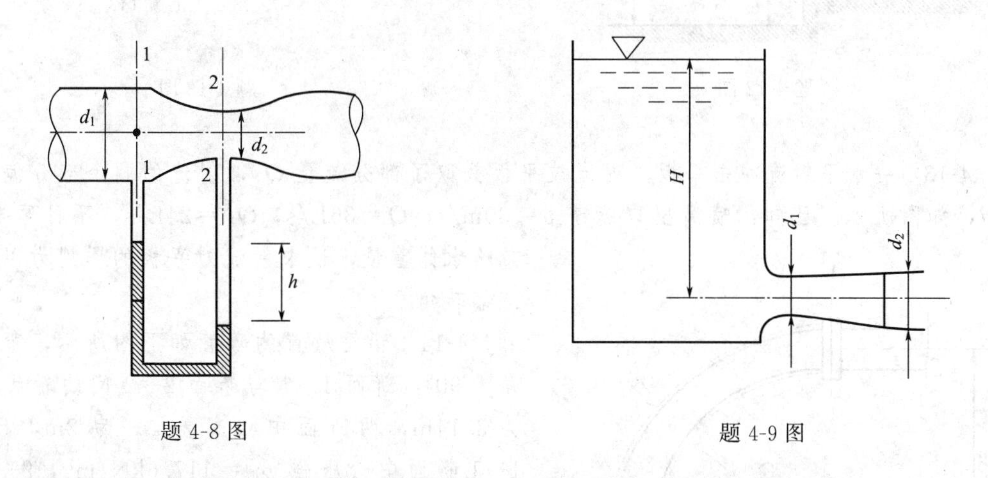

题 4-8 图　　题 4-9 图

4-9　水箱中的水从一扩散短管射流至大气中。已知：直径 $d_1=100\mathrm{mm}$，d_1 断面的绝对压强 $p_{\mathrm{abs1}}=5\mathrm{mH_2O}$，出口直径 $d_2=150\mathrm{mm}$。不计水头损失，求水头 H。

4-10　如图所示离心式水泵的吸水管部分，抽水量 $Q=5.56\mathrm{L/s}$，安装高度 $Z_\mathrm{s}=5.5\mathrm{m}$，吸水管管径 $d=100\mathrm{mm}$，若吸水管总的水头损失 h_w 为 $0.25\mathrm{mH_2O}$，试求水泵进口处的真空度 h_v。

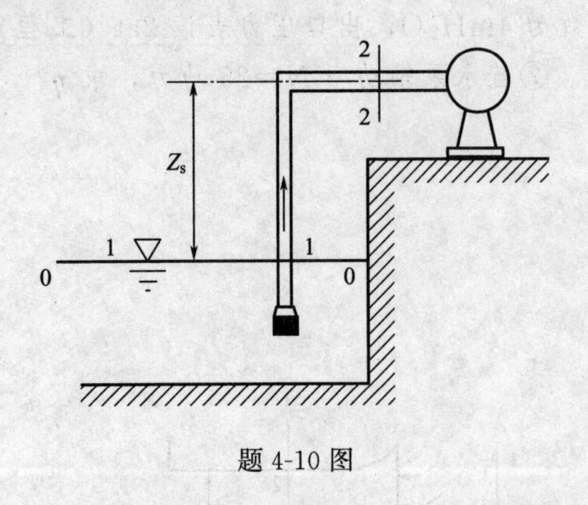

题 4-10 图

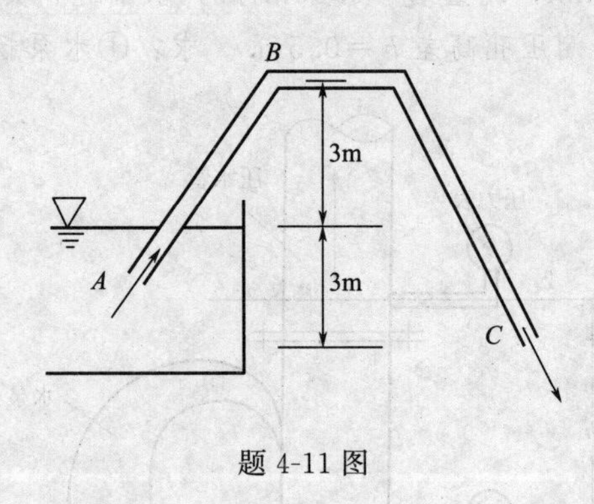

题 4-11 图

4-11　如图所示虹吸管，通过的流量 $Q=28\text{L/s}$，管段 AB 和 BC 的水头损失均为 0.5m，B 处离水池水面高度为 3m，B 处与 C 处的高差为 6m。试求虹吸管 B 处的压强。

4-12　如图所示矩形平板闸门，宽度 B 为 2.7m，上游水深 $H=1.8\text{m}$，下游河床较上游降低 0.5m，下游水深 $h=1.35\text{m}$。忽略壁面摩擦和水头损失，求闸门出流量 Q 和水流对闸门的冲击力。

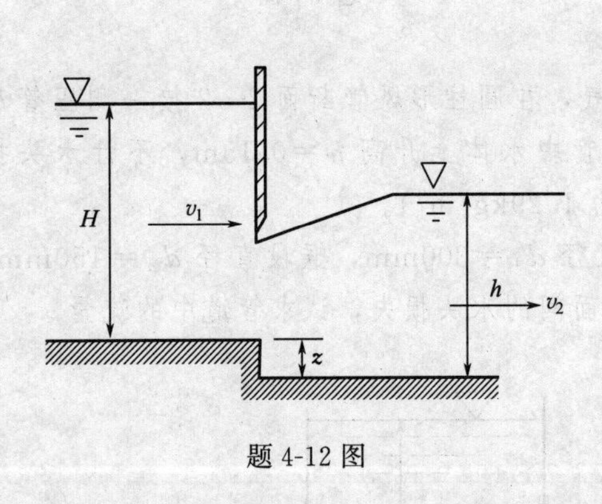

题 4-12 图

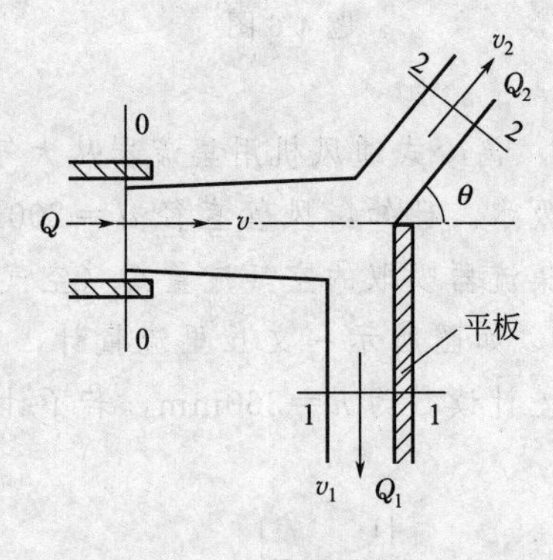

题 4-13 图

4-13　一水平射流冲击平板，射流被平板截取了部分流量 Q_1，射流的剩余部分偏转角度 θ，如图所示。已知：喷嘴出口流速 $v=30\text{m/s}$，$Q=36\text{L/s}$，$Q_2=24\text{L/s}$，不计摩擦力，忽略水体重量，试求射流对平板的作用力以及射流偏转角 θ。

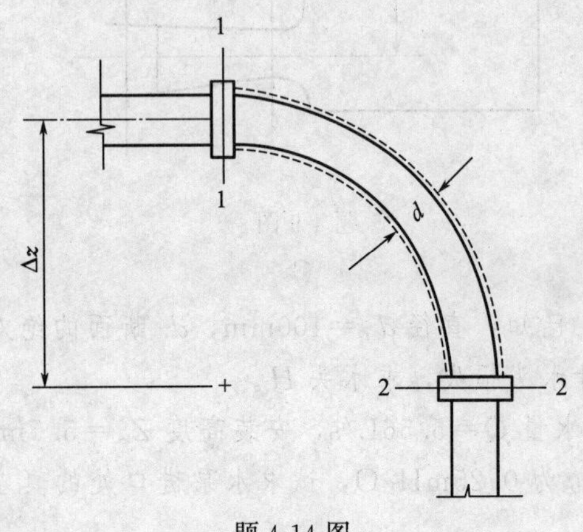

题 4-14 图

4-14　铅垂放置的弯管如下图所示，弯头转角为 90°，断面 1—1 与断面 2—2 间的轴线长度为 3.14m，两断面中心高差 Δz 为 2m，已知：1—1 断面中心压强 $p_1=117.6\text{kN/m}^2$，2—2 断面中心处动水压强为 136.2kN/m^2，两断面之间水头损失为 $0.1\text{mH}_2\text{O}$，管径 d 为 0.2m。试求水流对弯头的作用力。

4-15　如图所示水平放置的等截面弯管，已知：直径 $d=200\text{mm}$，弯角为 45°。2—2 断面管

中平均流速 $v_2=4\mathrm{m/s}$，1—1 断面形心处的相对压强 P_1 为 1 个工程大气压。若不计管流的水头损失，求水流对弯管的作用力。

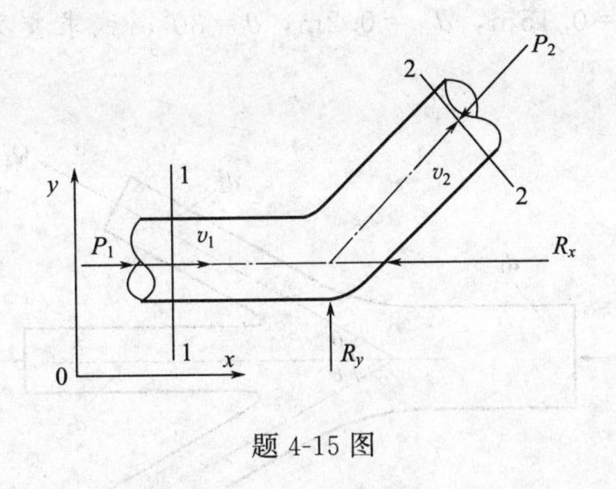

题 4-15 图

4-16 溢流坝上游渐变流断面 1—1 水深 $h_1=1.5\mathrm{m}$，下游渐变流断面 2—2 水面与上游断面的水面落差 $z=0.9\mathrm{m}$，忽略溢流坝体的摩擦和水流在断面 1—1 和 2—2 之间的水头损失，求水流对单宽溢流坝的水平推力。

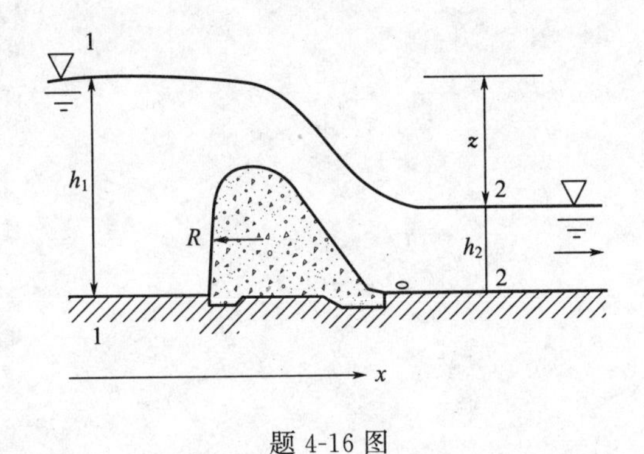

题 4-16 图

4-17 输水干管在某混凝土建筑物中分叉，接直径相同的两支管，如图所示。已知，干管直径 $D=3\mathrm{m}$，干管流量 $Q=35\mathrm{m^3/s}$；支管直径 $d=2\mathrm{m}$，支管流量均为 $Q/2$。支管转角 α 为 $60°$，干管断面 1—1 处的压强水头 $p_1=294\mathrm{kN/m^2}$，不计水头损失，求水流对支座的作用力。

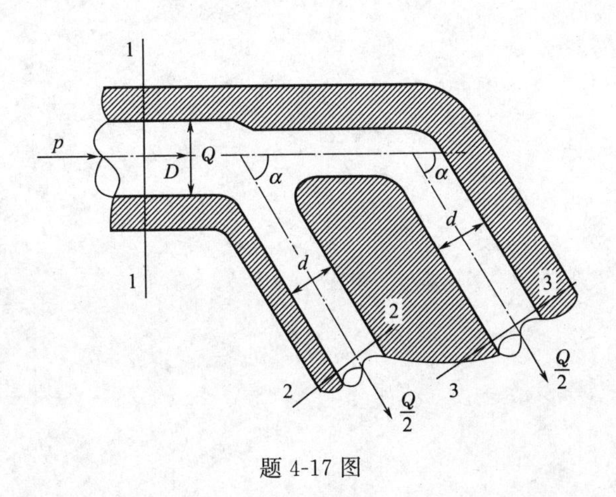

题 4-17 图

4-18　四通叉管如图所示，其轴线均位于同一水平面，两端输入流量 $Q_1=0.2\text{m}^3/\text{s}$，$Q_3=0.1\text{m}^3/\text{s}$，相应断面动水压强 $p_1=20\text{kPa}$，$p_3=15\text{kPa}$，两侧叉管直接喷入大气，已知各管直径 $d_1=0.3\text{m}$，$d_2=0.15\text{m}$，$d_3=0.2\text{m}$，$\theta=30°$，试求交叉处水流对管壁的作用力（忽略摩擦力不计）。

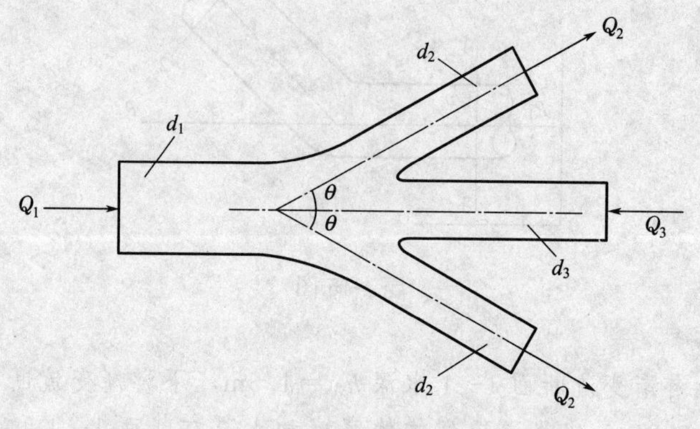

题 4-18 图

第 5 章 相似原理与量纲分析

相似理论广泛应用于模型实验，量纲分析则广泛应用于科学研究之中。任何一个理论公式或科学结论都是建立在反复的实验研究基础上，或是模型试验、原型实验研究，再应用量纲分析从而总结而出。凡是与水接触的水工程构筑物，大中型以上的工程必须进行模型研究，通过模型试验指导工程设计，优化设计方案，方能保障设计工程的安全运行。

由于水流运动本身的复杂性，和复杂多变的地质、地形、气象条件，很难用规范来表示相关条件，设计时必须采用模型实验来模拟演示设计工程下的水流特征，并以此修正设计方案，达到设计方案合理、水力条件较优的目的。以三峡工程为例，在设计过程中为达到各种水流条件优良，对各部分设计内容如大坝、船闸等进行了众多的模型实验研究。模型实验中，按实际河道的设计流量和设计条件下展现出修建水工程构筑物后模型水流流态，通过测试和观察设计方案条件下的水流状态，判断其流态的优劣，据此反复修改设计方案，反复试验，从而保证了三峡工程的设计方案安全可靠，为工程的顺利实施打下了坚实的理论和实验基础。

5.1 流动相似

对于大中型的水利工程或其他的水工程构筑物，在工程设计之后，必须在模型上演示水体的流动状况，进行方案的修改与完善。因此，这就要求原型水流与模型水流两流动必须满足流动状态相似或称流动相似。所谓两流动相似即是在两个流动的几何条件、动力条件、边界条件与初始条件相似的前提条件下，对应点上所有表征流动状态的同名物理量之间（如速度、加速度、压强、各种力）相互平行，并各自保持固定的比例关系，则这两个流动达到了完全相似。也即是说两流动相似，必须是几何相似、运动相似、动力相似、初始条件和边界条件均相似方达到了完全相似。

5.1.1 几何相似

两流动的几何相似是指原型和模型两水流的边界几何形状相似，所有边界对应长度保持同一比例关系，对应角度相等，即

$$\lambda_l=\frac{l_p}{l_m}=\frac{B_p}{B_m}=\frac{h_p}{h_m} \tag{5-1}$$

$$\theta_p=\theta_m \tag{5-2}$$

λ_l 称为长度比尺。l、B、h 分别为流动边界的长、宽、高。设过流断面面积为 A，水体的体积 V，则对应面积比尺 λ_A 与体积比尺 λ_V 分别为：

$$\lambda_A=\frac{A_p}{A_m}=\lambda_l^2 \tag{5-3}$$

$$\lambda_V=\frac{v_p}{v_m}=\lambda_l^3 \tag{5-4}$$

长度比尺 λ_l 视实验场地与实验要求不同而取不同的值，在水工模型实验中，通常长度比尺 λ_l 在 10～100 范围内取值。一般情况下，在水工模型中，所有边长度取一个比例尺，这种模型称正态模型。正态模型水流的形态与原型的形态完全相似。有时，由于长度与宽度或水深相差很大，模型场地受到限制，有时也将长度与水深或宽度采用两种比例尺，这种模型称变态模型。由于变态模型在分析水流条件时难于分析，一般很少采用。

5.1.2 运动相似

两流动运动相似是指原型和模型两个流动中对应点上表征运动状态的同名物理量保持相同的比例关系。即原型和模型两流动中对应点处流体质点的速度和加速度方向分别相同，大小分别保持同一个比例关系，即：

$$\lambda_v=\lambda_u=\frac{v_p}{v_m}=\frac{u_p}{u_m}=\frac{\lambda_l}{\lambda_t} \tag{5-5}$$

$$\lambda_a=\frac{a_p}{a_m}=\frac{\lambda_l}{\lambda_t^2} \tag{5-6}$$

对于时间同样有：

$$\lambda_t=\frac{t_p}{t_m} \tag{5-7}$$

式中，λ_v 或 λ_u 为流速比尺；λ_a 为加速度比尺；λ_t 为时间比尺。

5.1.3 动力相似

两流动动力相似是指作用在原型和模型两水流中对应点上的各同名力方向分别相互平行，大小保持同一个比例关系。所谓同名力是指具有同一物理性质的力。如分别作用在两流动上的重力 G、黏性力 F_μ、压力 P、弹性力 F_E、表面张力 F_σ、惯性力 I 等。在两个流动动力相似时，这些力保持同一比例 λ_F 关系，即：

$$\lambda_F=\frac{G_p}{G_m}=\frac{F_{\mu p}}{F_{\mu m}}=\frac{p_p}{p_m}=\frac{F_{Ep}}{F_{Em}}=\frac{F_{\sigma p}}{F_{\sigma m}}=\frac{I_p}{I_m} \tag{5-8}$$

在动力相似中还存在有流体密度的比尺关系和动力黏性系数的比例关系如下：

$$\lambda_\rho=\frac{\rho_p}{\rho_m} \tag{5-9}$$

$$\lambda_\mu=\frac{\mu_p}{\mu_m} \tag{5-10}$$

5.1.4 边界条件相似与初始条件相似

边界条件和初始条件相似是两流动相似的重要保证。所谓边界条件相似是指原型和模型两流动的边界性质、各种特征相似，如边界上几何特征、运动条件和动力条件都要满足前面的几个相似条件。

初始条件的相似是针对非恒定流动而言，在非恒定流中原型和模型两个流动中还应满足初始时刻的条件相似。如泥沙运动中，不同时刻的淤积量是不同的，洪水季节的涨水过程和落水过程的初始时刻不同，差异很大。当然在恒定流中，各物理量不随时间变化，因而，初始条件则失去意义。

综上所述，两个流动相似，几何相似是前提，动力相似和初始条件和边界条件相似是保证。有了这三个条件的相似，在模型上演示的模型水流必然与原型水流相似，即运动相似是结果。根据运动相似满足的比尺关系就可以由模型的水流条件来分析原型水流的流动状况了。

5.2 动力相似准则

根据上一小结的分析，动力条件相似是原模型两水流相似的重要保证条件，在动力条件中主要是作用在流体上的各种力的相似性，如重力 G、黏性力 F_μ、压力 P、弹性力 F_E、表面张力 F_σ、惯性力 I 等。这些力必须保持一定的比尺关系。

5.2.1 牛顿相似准则

如作用在原模型两个流动上的所有力保持同一个比尺关系，这时满足的动力相似准则称牛顿相似准则。必然这各个力与惯性力也保持同一个比尺关系，即

$$\lambda_F=\frac{G_p}{G_m}=\frac{F_{\mu p}}{F_{\mu m}}=\frac{p_p}{p_m}=\frac{F_{Ep}}{F_{Em}}=\frac{F_{\sigma p}}{F_{\sigma m}}=\frac{I_p}{I_m}$$

$$\lambda_F=\frac{F_p}{F_m}=\frac{I_p}{I_m}=\frac{m_p a_p}{m_m a_m}=\frac{\rho_p v_p a_p}{\rho_m v_m a_m}=\lambda_\rho\lambda_l^3\lambda_a=\lambda_\rho\lambda_l^2\lambda_v^2=\frac{\rho_p l_p^2 v_p^2}{\rho_m l_m^2 v_m^2} \tag{5-11}$$

也可写为

$$\frac{F_p}{\rho_p l_p^2 v_p^2}=\frac{F_m}{\rho_m l_m^2 v_m^2} \tag{5-12}$$

式中，$\frac{F}{\rho l^2 v^2}$为一无量纲数，称牛顿数，以 Ne 表示，即

$$Ne=\frac{F}{\rho l^2 v^2} \tag{5-13}$$

则式(5-12) 变为：

$$(Ne)_p=(Ne)_m \tag{5-14}$$

由此得到，在所有同名力保持同一比尺关系时，两个流动的动力相似条件是两个流动的牛顿数相等，也称为牛顿相似准则。式(5-12) 亦可写成如下的形式：

$$\frac{\lambda_F}{\lambda_\rho\lambda_l^2\lambda_v^2}=1 \tag{5-15}$$

式(5-15) 称两流动相似的相似判据。即是对于动力相似的流动，其相似判据为1，或相似流动的牛顿数相等。

然而，要使两流动完全满足牛顿相似准则，实际上很难做到这一点。通常在某一具体流动中，总有占主导地位的力。在模型实验中，只要让起主导作用的力满足动力相似条件即可。

5.2.2 重力相似准则

在明渠流动中，流体运动的动力为重力，这时重力起主导作用。重力可写为 $G=mg=\rho l^3 g$。在动力相似中只要将原模型中重力与惯性力保持同一比尺关系即可，这时的动力相似准则称重力相似准则，即：

$$\lambda_F=\frac{G_p}{G_m}=\frac{I_p}{I_m}=\frac{\rho_p l_p^2 v_p^2}{\rho_m l_m^2 v_m^2}=\frac{\rho_p l_p^3 g_p}{\rho_m l_m^3 g_m} \tag{5-16}$$

上式化简，并将原型物理量与模型物理量分别置于一侧，得：

$$\frac{v_p^2}{g_p l_p}=\frac{v_m^2}{g_m l_m} \tag{5-17}$$

也可以写为：
$$\frac{v_p}{\sqrt{g_p l_p}}=\frac{v_m}{\sqrt{g_m l_m}} \tag{5-18}$$

式中，$v/\sqrt{gl}$为一无量纲数，称佛汝德（Froude）数，以 Fr 表示。即
$$Fr=\frac{v}{\sqrt{gl}} \tag{5-19}$$

佛汝德数表征了惯性力与重力的对比关系。式(5-18）用佛汝德数表示为：
$$(Fr)_p=(Fr)_m \tag{5-20}$$

上式表明，流体运动时重力起主导作用，要使两个流动动力相似，则必须满足两个流动的佛汝德数相等，它既可称为重力相似准则也可称为佛汝德相似准则。实际工程中，除明渠流动外，堰坝溢流、闸孔出流等都需按重力相似准则设计模型。将式(5-17）写成比尺关系，得相似判据：
$$\frac{\lambda_v^2}{\lambda_g \lambda_l}=1 \tag{5-21}$$

5.2.3 黏滞力相似准则

在污水处理池等水体的流速较小、黏性力较大的流动中，往往黏滞力起主导作用。按牛顿内摩擦定律黏性力可写为：$T=A\mu\dfrac{\mathrm{d}u}{\mathrm{d}y}=l\mu v$。这时在模型实验中只需考虑黏性力与惯性力保持同一比尺关系即可，因此有：
$$\lambda_F=\frac{F_{\mu p}}{F_{\mu m}}=\frac{\mu_p l_p v_p}{\mu_m l_m v_m}=\frac{\rho_p l_p^2 v_p^2}{\rho_m l_m^2 v_m^2} \tag{5-22}$$

整理，得：
$$\frac{v_p l_p}{\nu_p}=\frac{v_m l_m}{\nu_m} \tag{5-23}$$

式中，$\dfrac{vl}{\nu}$为一无量纲数，称雷诺（Reynolds）数，以 Re 表示。即
$$Re=\frac{vl}{\nu}$$

式(5-23）可写为：
$$(Re)_p=(Re)_m \tag{5-24}$$

上式表明：若作用在流体上的力以黏滞力为主导作用时，两流动动力相似的条件是原模型各自的雷诺数相等，也称黏滞力相似准则或雷诺相似准则。实际工程中，石油管道输送的有压流动中、潜体绕流问题等都是属于此中动力相似准则。将式(5-23）写成比例关系，得相似判据为：
$$\frac{\lambda_v \lambda_l}{\lambda_\nu}=1 \tag{5-25}$$

5.2.4 压力相似准则

在水体的有压管路输送中，水箱或水池的孔口、管嘴出流中，往往压力起主导作用。这时只需考虑原模型的压力与惯性力保持同一比例关系即可。按照压力的定义 $P=pl^2$，因此有：
$$\lambda_F=\frac{p_p}{p_m}=\frac{p_p l_p^2}{p_m l_m^2}=\frac{\rho_p l_p^2 v_p^2}{\rho_m l_m^2 v_m^2} \tag{5-26}$$

按前面方法整理，得：

$$\frac{p_p}{\rho_p v_p^2}=\frac{p_m}{\rho_m v_m^2} \tag{5-27}$$

式中，$\frac{p}{\rho v^2}$为一无量纲数，称欧拉（Euler）数，以 Eu 表示，即：

$$Eu=\frac{p}{\rho v^2} \tag{5-28}$$

欧拉数反映了压力与惯性力的对比关系。由于在不可压缩流体的有压管流动中，起主导作用的是压强差 Δp，而不是压强的绝对值。故欧拉数也可用压差表示：

$$Eu=\frac{\Delta p}{\rho v^2} \tag{5-29}$$

为此，式(5-27) 变为：

$$(Eu)_p=(Eu)_m \tag{5-30}$$

以上表明：当作用在流体上的力主要为压力时，两流动的动力相似必须满足原模型两流动的欧拉数相等，此称为压力相似准则或称欧拉相似准则。同样将方程式(5-27) 写成比例关系，其相似判据为：

$$\frac{\lambda_p}{\lambda_\rho \lambda_v^2}=1 \tag{5-31}$$

值得提出的是，欧拉准则不是一个独立的准则，当雷诺准则和佛汝德准则得到满足时欧拉准则自动满足。

5.2.5 弹性力相似准则

在一些特殊的流动中，作用在流体上的力可能以弹性力起主导作用。其弹性力可以用弹性系数 K 与面积 A 的乘积表示，即：$E=KA$。这时在流动动力相似准则中必须要求弹性力与惯性力保持同一比尺关系，即：

$$\lambda_F=\frac{E_p}{E_m}=\frac{K_p l_p^2}{K_m l_m^2}=\frac{\rho_p l_p^2 v_p^2}{\rho_m l_m^2 v_m^2} \tag{5-32}$$

整理，得：

$$\frac{\rho_p v_p^2}{K_p}=\frac{\rho_m v_m^2}{K_m} \tag{5-33}$$

其中，$\frac{\rho v^2}{K}$为一无量纲数，称为柯西（Cauchy）数，以 C_a 表示。它表征了惯性力与弹性力的对比关系。式(5-33) 用柯西数表示为：

$$(C_a)_p=(C_a)_m \tag{5-34}$$

以上表明，当两流动弹性力起主导作用时，原模型动力相似必须保证两流动的柯西数相等。写成比尺关系，得相似判据：

$$\frac{\lambda_\rho \lambda_v^2}{\lambda_K}=1 \tag{5-35}$$

对于气体，流速较大，接近或超过音速 c 时，必须考虑其可压缩性。同时，气体的弹性系数与音速之间存在如下的关系：

$$K=\rho c^2 \tag{5-36}$$

将弹性系数带入柯西数中，从而得到马赫（Mach）数，以 M_a 表示：

$$C_a=\frac{\rho v^2}{K}=\frac{\rho v^2}{\rho c^2}=\left(\frac{v}{c}\right)^2=M_a^2 \tag{5-37}$$

即：
$$M_a=\frac{v}{c} \tag{5-38}$$

$M_a=\dfrac{v}{c}$为一无量纲数，称为马赫数，它表征了惯性力与弹性力的对比关系。为此，式(5-34) 变为：

$$(M_a^2)_p=(M_a^2)_m$$

也即：
$$(M_a)_p=(M_a)_m \tag{5-39}$$

或写为：
$$\frac{v_p}{c_p}=\frac{v_m}{c_m} \tag{5-40}$$

式(5-40) 用比尺关系表示，得相似判据：

$$\frac{\lambda_v}{\lambda_c}=1 \tag{5-41}$$

因此，对于气体来说，当两流动弹性力起主导作用时，原模型动力相似必须保证两流动的马赫数相等。马赫数同样反映的是惯性力与弹性力的对比关系。

5.2.6 表面张力相似准则

在地下渗流运动中，往往表面张力起主导作用，这时必须保证表面张力与惯性力保持同一比尺关系。由于表面张力为表面张力系数与长度的乘积，$S=\sigma l$。因此有：

$$\lambda_F=\frac{S_p}{S_m}=\frac{\sigma_p l_p}{\sigma_m l_m^2}=\frac{\rho_p l_p^2 v_p^2}{\rho_m l_m^2 v_m^2} \tag{5-42}$$

整理得：
$$\frac{\rho_p l_p v_p^2}{\sigma_p}=\frac{\rho_m l_m v_m^2}{\sigma_m} \tag{5-43}$$

这里，$\dfrac{\rho l v^2}{\sigma}$为一无量纲数，称为韦伯（Weber）数，即：

$$W_e=\frac{\rho l v^2}{\sigma} \tag{5-44}$$

式(5-43) 可以写为：
$$(W_e)_p=(W_e)_m \tag{5-45}$$

将式(5-43) 用比尺关系表示，得相似判据：

$$\frac{\lambda_\rho \lambda_l \lambda_v^2}{\lambda_\sigma}=1 \tag{5-46}$$

在前面第 3 章中我们学习了实际流体的运动微分方程即 N-S 方程，可以将该方程作无量纲化处理，于是得到如下方程：

$$F(u,p,t,\mu,f)=\phi(Fr,Re,Eu,S_t)=0 \tag{5-47}$$

式中，$S_t=\dfrac{vt}{l}$为斯特鲁哈数（Strohal），它是表示流体运动过程中时变加速度和位变加速度的比值，也称非恒定性准数，对于恒定流时有：

$$S_t=\frac{vt}{l}=0 \tag{5-48}$$

因此，式(5-47) 变为：
$$\phi(Fr,Re,Eu)=0 \tag{5-49}$$

或写为：
$$Eu=f(Fr,Re) \tag{5-50}$$

由此可知，欧拉准则为导出准则，雷诺准则与佛汝德数准则为独立准则。故在工程实际中雷诺准则与佛汝德数准则可以单独应用，只要满足了雷诺准则和佛汝德数准则，欧拉准则自动满足。

5.3 模型实验与工程应用

模型实验中，动力相似准则是原模型水流相似的重要保证。由于作用在水流上的所有力不可能同时满足保持同一比尺关系，牛顿准则实际上是无法应用的。与此同时，同时满足雷诺准则和佛汝德准则的可能性也极小。更多的时候是单独采用雷诺准则或佛汝德准则。通常称满足雷诺准则的模型称雷诺模型，称满足佛汝德准则的模型称佛汝德模型。下面我们作详细叙述。

5.3.1 佛汝德模型

在佛汝德模型中，由于原型和模型的佛汝德数相等，相似判据式(5-21)中，考虑原、模型所处的地理位置相差不大，因此重力加速度的相似比尺为1，即$\lambda_g=1$。即：

$$\frac{\lambda_v^2}{\lambda_g\lambda_l}=\frac{\lambda_v^2}{\lambda_l}=1$$

则流速比尺λ_v为：

$$\lambda_v=\sqrt{\lambda_l} \tag{5-51}$$

其他各量的比尺如下：

流量比尺λ_Q $$\lambda_Q=\lambda_v\lambda_l^2=\lambda_l^{5/2} \tag{5-52}$$

时间比尺λ_t $$\lambda_t=\lambda_l/\lambda_v=\sqrt{\lambda_l} \tag{5-53}$$

加速度比尺λ_a $$\lambda_a=\lambda_v/\lambda_t=1 \tag{5-54}$$

力的比尺λ_F $$\lambda_F=\lambda_\rho\lambda_l^3\lambda_a=\lambda_\rho\lambda_l^3 \tag{5-55}$$

压强比尺λ_p $$\lambda_p=\lambda_F/(\lambda_l^2)=\lambda_\rho\lambda_l \tag{5-56}$$

由上可知，在佛汝德模型中，根据以上比尺关系，只要长度比尺和原模型流体介质密度比尺确定后，就可以通过模型实测参数的值推求原型中任何一个物理量的值。在水工模型中，佛汝德模型是使用最广的一种模型。

5.3.2 雷诺模型

在雷诺模型中，除紊流阻力平方区以外的流区，必须要求原型与模型的雷诺数相等。按雷诺准则的相似判据：

$$\frac{\lambda_v\lambda_l}{\lambda_\nu}=1$$

则流速比尺λ_v为： $$\lambda_v=\lambda_\nu/\lambda_l \tag{5-57}$$

这就是说速度的比尺λ_v取决于运动黏性系数比尺λ_ν与长度比尺λ_l之比。仅仅当模型与原型中的流体介质相同，温度也相同时，运动黏性系数比尺$\lambda_\nu=1$，则流速比尺等于长度比尺的倒数，即

$$\lambda_v=1/\lambda_l \tag{5-58}$$

与佛如德模型一样，雷诺模型中其他物理量的比尺亦可按同样方法导出：

流量比尺λ_Q $$\lambda_Q=\lambda_v\lambda_l^2=\lambda_\nu\lambda_l \tag{5-59}$$

时间比尺λ_t $$\lambda_t=\lambda_l/\lambda_v=\lambda_\nu^{-1}\lambda_l^2 \tag{5-60}$$

加速度比尺λ_a $$\lambda_a=\lambda_v/\lambda_t=\lambda_\nu^2\lambda_l^{-3} \tag{5-61}$$

力的比尺 λ_F
$$\lambda_F=\lambda_\rho\lambda_l^3\lambda_a=\lambda_\rho\lambda_v^2 \tag{5-62}$$
压强比尺 λ_p
$$\lambda_p=\lambda_F/(\lambda_l^2)=\lambda_\rho\lambda_v^2\lambda_l^{-2} \tag{5-63}$$

从上面佛汝德模型与雷诺模型可知，若要同时满足黏滞力与重力同时相似，速度比尺必然满足：

$$\lambda_v=\lambda_\nu/\lambda_l=\sqrt{\lambda_l} \tag{5-64}$$

即：
$$\lambda_\nu=\lambda_l^{3/2} \tag{5-65}$$

由此可见，式(5-64) 成立的条件一是 $\lambda_\nu=1$，$\lambda_l=1$，即模型水流即原型流水流；条件二是动力黏性系数需满足 $\lambda_\nu=\lambda_l^{3/2}$，也就是说模型流动中需寻求一种特殊的流体介质来模拟原型水流状况。显然这两者要么失去意义，要么难以实现。因此，佛汝德模型与雷诺模型必须独立采用，方能进行原模型的相似分析。

5.3.3 模型设计

模型实验的关键为模型律的选取，也即动力相似准则的确定。一旦根据起主导作用的力确定出模型律后，随即就可以进行模型设计了。模型设计中需确定出表征运动状况的物理量的各种比尺，以便后面对模型实验的成果进行分析，总结原型水流的流态和流动规律性。模型设计的步骤具体如下。

① 据实验场地、经费、模型的制作条件和仪器、设备的量测条件确定出几何比尺 λ_l。一般情况下，按几何比尺 $\lambda_l=10\sim100$ 选定。在局部断面模型中几何比尺 λ_l 也可小于 10，或者受条件限制，和精度许可的情况下也略略高出 100，但不能超过 200。否则模型误差过大而失去意义。

② 由几何比尺和原型设计方案，计算原型的几何尺寸，从而得出模型的几何边界尺寸。

③ 分析原型流动上的起主导作用的力，确定动力相似准则，选择模型律，如佛汝德模型或雷诺模型等。

④ 按所选定的模型律推算各物理量的比尺，例如速度比尺、流量比尺、时间比尺等。这些比尺主要用于模型实验中测得的各物理量的实验数据，推算原型水流中的各物理量的对应值。

在模型设计之后，便是制作模型和效验模型与原形的相似性。之后在模型上演示设计方案下的水流条件，进而分析这些设计方案下的原型水流的水流特点，评价设计方案下的合理性与安全性，从而优化设计方案，反复修改模型，辅助修改设计，达到设计出安全可靠且经济的原型水流的设计方案。

【例 5-1】 有一管长 5m、直径为 20cm 的输油管，其流量为 0.1m³/s。现用水温为 20℃的水来作模型实验，管径和管长与原型一样，已知油的运动黏性系数 $\nu_p=0.13\text{cm}^2/\text{s}$。问模型实验中需采用多大的流量?

【解】 在输油管中，黏滞力起主导作用，需采用雷诺模型。10℃水的运动黏性系数查表得；$\nu=1.002\times10^{-6}\text{m}^2/\text{s}$

由于原模型中管径和管长相同，即几何比尺 $\lambda_l=1$。

$$(Re)_p=(Re)_m$$

或
$$\frac{v_p d_p}{\nu_p}=\frac{v_m d_m}{\nu_m}$$

$$\frac{v_p}{\nu_p}=\frac{v_m}{\nu_m}$$

因 $Q=Av$，$A_p=A_m$，上式可写成

$$\frac{Q_p}{\nu_p}=\frac{Q_m}{\nu_m}$$

$$Q_m=Q_p\frac{\nu_m}{\nu_p}=0.1\times\frac{1.002\times10^{-6}}{1.3\times10^{-5}}=0.0077\ (\mathrm{m^3/s})$$

【例 5-2】 水工模型实验中，为模拟溢流坝的下泄水流条件和对下游河床的冲刷情况，选用几何比尺 $\lambda_l=25$ 制作模型。在模拟原型流量为 $2000\mathrm{m^3/s}$ 的水流条件时，测得模型中溢流坝上游行进流速为 10m/s，水流对下游河床的冲击力为 50kN。试求：①模型流量为多少？②原型上游行进流速为多少？实际水流对下游河床的冲击力为多少？

【解】 在溢流坝的下泄水流中，重力起主导作用。模型与原型相似，必须满足佛汝德准则。

① 根据几何比尺，可得流量比尺：

$$\lambda_Q=\lambda_l^{5/2}=25^{5/2}=3125$$

模型流量为：

$$Q_m=Q_p/\lambda_Q=2000/3125=0.64\ (\mathrm{m^3/s})$$

② 速度比尺为：

$$\lambda_l=\sqrt{25}=5$$

原型上游行进流速为：

$$v_p=v_m\lambda_v=10\times5=50\ (\mathrm{m/s})$$

力比尺为：

$$\lambda_F=\lambda_\rho\lambda_l^3=15625$$

原型水流对下游河床的冲击力为：

$$F_p=F_m\cdot\lambda_F=50\times15625=7.81\times10^5\ (\mathrm{kN})$$

5.4 量纲分析

前面通过模型实验一方面检验了实际工程设计的合理性，更重要的是优化了设计方案，预先知道了设计工程可能形成的水流条件，从而保障了工程的安全实施，当然模型实验还具有科学研究的功能。由于实际水流条件的复杂性和多变形，很多规律性还需从模型实验中总结和提炼，以形成理论公式。这就需要对模型实验过程中反映某现象的各种物理量之间的关系，采用量纲和谐原理，按一定的量纲分析方法建立相应的理论公式。

5.4.1 量纲与单位

5.4.1.1 量纲

量纲是用来表征各种物理量性质和类别的标志，以便于区分不同的物理量，量纲也称因次。例如长度、时间、质量是三种性质完全不同的物理量，各自采用不同的量纲符号表示，按现行统一规定，分别在它们的表示符号 L、T、M 前加“dim”，即 dimL、dimT、dimM。其他的物理量的量纲类似表示。

量纲分为基本量纲和导出量纲。基本量纲是彼此独立的量纲，它不能从其他量纲推导出。流力学中的基本量纲有长度 L、时间 T、质量 M，工程中有时也将长度 L、时间 T、力 F 作为基本量纲。由基本量纲导出的量纲称为导出量纲。因此，流体力学中其他物理量的量

纲均可用基本量纲长度 L、时间 T、质量 M 推导出来。

设有任何一物理量 A，则其量纲可以写作

$$\dim A = \mathrm{L}^a \mathrm{T}^b \mathrm{M}^c \tag{5-66}$$

若物理量为几何量纲，$b=c=0$；若物理量为运动量纲，$c=0$；若物理量为动力量纲，$a\neq0$，$b\neq0$，$c\neq0$。若物理量的量纲中 $a=b=c=0$ 时，该物理量为纯数，也称无量纲数。有：

$$\dim A = \mathrm{L}^0 \mathrm{T}^0 \mathrm{M}^0 = 1 \tag{5-67}$$

常用的物理量的量纲为：

速度：$\dim v=\mathrm{LT}^{-1}$；加速度：$\dim a=\mathrm{LT}^{-2}$；密度：$\dim\rho=\mathrm{ML}^{-3}$；力：$\dim \mathrm{F}=\mathrm{MLT}^{-2}$；压强：$\dim p=\mathrm{ML}^{-1}\mathrm{T}^{-2}$。

5.4.1.2　单位

同一物理量为比较其大小，给出度量该物理量大小的标准，此标准量称之为单位。同一物理量可以有不同的单位。例如长度的国际制单位有 m、cm、mm 等，时间的国际制单位有 s、min、h、d 等，质量的单位有 kg、g、mg 等。对于某一物理量由于选择单位的不同，其值的大小不同。如：长度 $L=1\mathrm{m}=100\mathrm{cm}=1000\mathrm{mm}$。因此在度量物理量大小时需在同一单位下比较，即度量物理量大小的标准量应当相同。

日常生活中还常常遇到一些没有单位的物理量，如河道底坡、水力坡度、雷诺数、佛汝德数、欧拉数等。这些没有单位的物理量称无量纲数。但是这些无量纲数的量纲并不等于零，而是 1，即：$\dim J=1$，$\dim Re=1$。无量纲量数也称纯数。

5.4.2　量纲的和谐原理

根据前面的量纲与单位的分析可知，不同的物理量是不可以相加减的，只有相同的物理量在单位相同的情况下才能相加减。对于不同的物理量可以相乘或相除，但这些物理量相乘相除以后便组成了一个新的物理量。

因此我们得到：凡是一个正确反映客观规律的物理方程，其各项的量纲必然是一致的，这称为量纲的和谐原理，或称为量纲的一致性，或齐次性。

在我们学过的物理方程中，如连续性方程：$v_1A_1=v_2A_2$。式中每一项的量纲皆为 $\dim(v\mathrm{A})=\mathrm{LT}^{-1}\cdot\mathrm{L}^2=\mathrm{L}^3\mathrm{T}^{-1}$，即每一项均为流量的量纲。因此它们的量纲是和谐的。

对于能量方程：$z_1+\dfrac{p_1}{\gamma}+\dfrac{\alpha_1v_1^2}{2g}=z_2+\dfrac{p_2}{\gamma}+\dfrac{\alpha_2v_2^2}{2g}+h_w$，其中每项的量纲分别是：$\dim(z)=L,\dim\left(\dfrac{p}{\gamma}\right)=L,\dim\left(\dfrac{\alpha v^2}{2g}\right)=L,\dim(h_w)=L$。各项的量纲也是相同的，皆为长度的量纲 L，因此我们将方程中各项分别称为位置水头、压强水头、流速水头和水头损失。因此方程中量纲也是和谐的。

类似的，对于动量方程 $\rho Q(\beta_2\boldsymbol{v}_2-\beta_1\boldsymbol{v}_1)=\sum\boldsymbol{F}$，也可以分析出各项的量纲为力的量纲。即：$\dim(\rho Q\beta v)=\dim F=\mathrm{MLT}^{-2}$。同样，方程也符合量纲和谐原理的。

根据这一点，在我们分析某一物理方程时，便可以用量纲的和谐原理即各项的量纲是否一致来检验该方程的正确性。因此，凡是正确反映客观规律的物理方程，都可转化成由无量纲项组成的无量纲方程。因为方程中各项的量纲相同，只要用其中一项遍除各项，就可以得到一个由无量纲项组成的无量纲方程，而原方程的性质仍保持不变。

量纲和谐原理更为重要的应用是总结模型实验中的规律性，将流体的运动规律总结成理

论公式。在量纲的和谐原理中规定了一个物理过程或现象与一个或多个物理量之间的相关关系，因而可用它来建立表征物理过程（现象）的物理方程。在建立物理方程时使用的方法即为量纲分析法。

5.4.3 量纲分析法

常用量纲分析法有两种：一种为瑞利法：另一种为π定理，它们都是以量纲的和谐原理为理论依据，以实验成果为前提条件，下面分别加以叙述。

5.4.3.1 瑞利法

瑞利法是在实验总结出影响某一物理现象的因素基础上，直接用量纲性质来建立物理方程，它主要用于影响因素等于或少于三个时的物理现象，如多于三个影响因素时则存在待定系数，具体如下。

设有一物理现象y，经过大量观察、实验、分析，发现影响该物理现象y的主要因素有x_1、x_2、…、x_n，即$y=f(x_1,x_2,...,x_n)$。按量纲的特点，不同的物理量可以相乘除从而组成一个新的物理量。因此瑞利法采用了直接用各种影响因素下的物理量的指数乘积形式来组成新的物理量：

$$y=kx_1^{\alpha_1}x_2^{\alpha_2}...x_n^{\alpha_n} \tag{5-68}$$

式中，k为无量纲数；α_1、α_2、…、α_n为待定指数。按量纲的和谐原理建立量纲方程：

$$\dim y=\dim(kx_1^{\alpha_1}x_2^{\alpha_2}...x_n^{\alpha_n})$$

将方程中各物理量用基本量纲长度L、时间T、质量M的指数形式表示，量纲方程变为：

$$\mathrm{L}^a\mathrm{T}^b\mathrm{M}^c=(\mathrm{L}^{a_1}\mathrm{T}^{b_1}\mathrm{M}^{c_1})^{\alpha_1}(\mathrm{L}^{a_2}\mathrm{T}^{b_2}\mathrm{M}^{c_2})^{\alpha_2}...(\mathrm{L}^{a_n}\mathrm{T}^{b_n}\mathrm{M}^{c_n})^{\alpha_n} \tag{5-69}$$

由量纲和谐原理，各项量纲一致，则左右长度L、时间T、质量M量纲的指数相同，则可列出指数方程如下：

$$\left.\begin{aligned}\mathrm{L}：\quad a&=a_1\alpha_1+a_2\alpha_2+\cdots+a_n\alpha_n\\ \mathrm{T}：\quad b&=b_1\alpha_1+b_2\alpha_2+\cdots+b_n\alpha_n\\ \mathrm{M}：\quad c&=c_1\alpha_1+c_2\alpha_2+\cdots+c_n\alpha_n\end{aligned}\right\} \tag{5-70}$$

求解指数方程，可得待定指数α_1、α_2、…、α_n。上式由于只有三个方程，因此只能求解三个待定指数。当待定指数个数$n>3$时，则有（$n-3$）个指数需用其他指数值的函数来表示。

由此可知，瑞利法简单易求，但适用范围限制，影响因素多于三个则存在待定系数不能求解的问题。这时只能借助于π定理了。

【例 5-3】 雷诺为揭示流体流动的两种流动型态层流和紊流以及其判别标准，在恒定有压管流中研究了层流到紊流转变时的临界流速。实验表明，从紊流到层流过渡时的下临界流速v_k与管径d、液体密度ρ、动力黏性系数μ有关，试用量纲分析法求出它们的函数关系。

【解】 由于影响下临界流速v_k的因素只有三个，它们分别是管径d、液体密度ρ、动力黏性系数μ，故可按瑞利法分析。将临界流速直接写成指数形式：

$$v_k=kd^{\alpha_1}\rho^{\alpha_2}\mu^{\alpha_3}$$

其中，k为无量纲数。

建立指数方程如下：

$$\mathrm{LT}^{-1}=(\mathrm{L})^{\alpha_1}(\mathrm{ML}^{-3})^{\alpha_2}(\mathrm{ML}^{-1}\mathrm{T}^{-1})^{\alpha_3}$$

根据量纲的一致性原理，方程左右相同的物理量的量纲指数应当相等。有

L: $1=\alpha_1-3\alpha_2-\alpha_3$

T: $-1=-\alpha_3$

M: $0=\alpha_2+\alpha_3$

解得 $\alpha_3=1$，$\alpha_2=-1$，$\alpha_1=-1$。将各指数代入原式，得

$$v_k=k\frac{\mu}{\rho d}=k\frac{\nu}{d}$$

有：

$$k=\frac{v_k d}{\nu}$$

式中，无量纲数 k 称为临界雷诺数，以 Re_k 表示，即：$Re_k=\dfrac{v_k d}{\nu}$

根据雷诺实验，该值在恒定有压管流动中为2000，可以用来判别层流和紊流。

5.4.3.2　π定理

π定理和瑞利法一样，是首先通过实验总结出影响某一物理现象的影响因素，依靠量纲的和谐原理来建立物理方程的一种基本方法。π定理主要应用于某一物理现象的影响因素多于三个时的复杂物理过程，这时π定理显示了巨大的优越性。

设某一个物理过程中的物理量分别为 y，x_1，x_2，...，x_n，共有 n 个，为方便起见写成如下函数形式：

$$F(y,x_1,x_2,\ldots,x_n)=0 \tag{5-71}$$

设 n 个物理量中有 m 个物理量在量纲上互相独立，则其余（$n-m$）个物理量是非独立的。这些非独立的物理量可用（$n-m$）个无量纲数 π 表示出来，因此式(5-71)的函数关系可以用无量纲数 π 描述，即：

$$F(\pi_1,\pi_2,\ldots\pi_i\ldots,\pi_{n-3})=0 \tag{5-72}$$

其中，π 是无量纲数，是独立的物理量以外的任何一个非独立的物理量与 m 个独立的物理量组成的无量纲数。这里，独立的物理量的个数 m 一般取3，可分别取一个几何量（如管径 d、水头 H 等）、一个运动量（如速度 v、加速度 a 等）、一个动力量（如密度 ρ、动力黏性系数 μ 等）。

设 x_1，x_2，x_3 为独立的物理量，任何一个非独立的物理量 x_i 对应的无量纲数 π_i 为：

$$\pi_i=x_1^{\alpha_i}x_2^{\beta_i}x_3^{\gamma_i}x_i \tag{5-73}$$

式(5-73)为一个无量纲方程，方程中只有三个未知数，可以按与前面瑞利法相同的方法列量纲方程，在量纲方程的基础上，根据量纲和谐原理，量纲方程中左右相同的物理量的量纲指数相等，列指数方程。

$$\dim\pi_i=\dim(x_1^{\alpha_i}x_2^{\beta_i}x_3^{\gamma_i}x_i)=1$$

$$1=(L^{a_1}T^{b_1}M^{c_1})^{\alpha_i}(L^{a_2}T^{b_2}M^{c_2})^{\beta_i}(L^{a_3}T^{b_3}M^{c_3})^{\gamma_i}$$

$$\left.\begin{array}{ll}\text{L:} & 0=a_1\alpha_i+a_2\beta_i+a_3\gamma_i\\ \text{T:} & 0=b_1\alpha_i+b_2\beta_i+b_3\gamma_i\\ \text{M:} & 0=c_1\alpha_i+c_2\beta_i+c_3\gamma_i\end{array}\right\}$$

由以上指数方程组可求出 α_i、β_i、γ_i，然后可得到无量纲数 π_i，将各无量纲数 π_i 代入式(5-72)，经整理可得到所需要的物理方程式。

以上这种方法是1915年由布金汉首先提出，所以又称为布金汉 π 定理。这种方法中无量纲方程的个数为（$n-m$）个，每个无量纲方程又可列3个指数方程，因此求解过程烦琐。在长期的实践中我们总结出了一套简单的方法，即是选取三个最基本的独立量 l、ρ、v，则其他任何一个物理量的无量纲 π 数可借助于前面学过的无量纲数对应得到。如

运动量有　ν：$\pi=\dfrac{\nu}{lv}=\dfrac{1}{Re}$

g：$\pi=\dfrac{gl}{v^2}=\dfrac{1}{Fr^2}$；　　c：$\pi=\dfrac{c}{v}=\dfrac{1}{M_a}$

动力量有　μ：　　$\pi=\dfrac{\mu}{\rho lv}=\dfrac{1}{Re}$

F：$\pi=\dfrac{F}{\rho l^2v^2}=Ne$；　　σ：$\pi=\dfrac{\sigma}{\rho lv^2}=\dfrac{1}{W_e}$

p：$\pi=\dfrac{p}{\rho v^2}=Eu$；　　K：$\pi=\dfrac{K}{\rho v^2}=\dfrac{1}{C_a}$

几何量直接有　d：$\pi=\dfrac{d}{l}$；　　A：$\pi=\dfrac{A}{l^2}$；　　V：$\pi=\dfrac{V}{l^3}$

归纳以上的分析，基本步骤如下：

① 确定影响某一物理过程的物理量，并写成 $F(y,x_1,x_2,\ldots,x_n)=0$。

② 从 n 个物理量中选取 m 个在量纲上互相独立的物理量，也称为基本物理量。对于不可压缩流体的运动，m 一般为3。

③ 三个基本物理量依次与其余物理量组合成一个无量纲的 π 数，组成（$n-3$）个 π 方程：

$$\pi_1=x_1^{\alpha_1}x_2^{\beta_1}x_3^{\gamma_1}x_4$$

$$\pi_2=x_1^{\alpha_2}x_2^{\beta_2}x_3^{\gamma_2}x_5$$

$$\cdots\cdots$$

$$\pi_{n-3}=x_1^{\alpha_{n-3}}x_2^{\beta_{n-3}}x_3^{\gamma_{n-3}}x_n$$

式中，α_i，β_i，γ_i 为各 π 项的待定指数。

④ 对每个 π 方程列量纲方程，利用量纲和谐原理建立指数方程，并求出各 π 方程中的指数 α_i，β_i，γ_i。

⑤ 写出描述此物理过程的无量纲关系式 $F(\pi_1,\pi_2,\ldots\pi_y,\ldots,\pi_{n-3})=0$，并将此方程改写为

$$\pi_y=f(\pi_1,\pi_2,\ldots,\pi_{n-3}) \tag{5-74}$$

对方程继续变形直到得到函数关系式：

$$y=\varphi(\pi_1,\pi_2,\ldots,\pi_{n-3}) \tag{5-75}$$

式(5-75)即为所求的物理方程式。

【例5-4】 根据观察，实验与理论分析，认为圆管流动中管壁切应力 τ_0 与液体的密度 ρ、动力黏性系数 μ、断面平均流速 v、管径 d 及管壁粗糙凸出高度 Δ 有关。试用 π 定理求解 τ_0 的表达式。

【解】 根据题目，影响管壁切应力的因素已超过3个，已无法用瑞利法直接求解。按照前面 π 定理的基本方法，拟定函数关系式如下：

$$F(\tau_0,\rho,\mu,v,d,\Delta)=0 \tag{5-76}$$

整个物理过程的物理量 $n=6$ 个，从这些物理量中选取 d（几何量）、v（运动量）、ρ（动力量）为基本物理量，$m=3$。函数式(5-76) 可写为无量纲 π 方程：

$$F(\pi_1,\pi_2,\pi_3)=0 \tag{5-77}$$

根据 π 定理方法，可求出 $n-m=6-3=3$ 个无量纲 π 数：

$$\begin{cases}\pi_1=d^{\alpha_1}v^{\beta_1}\rho^{\gamma_1}\tau_0 & (5\text{-}78)\\ \pi_2=d^{\alpha_2}v^{\beta_2}\rho^{\gamma_2}\mu & (5\text{-}79)\\ \pi_3=d^{\alpha_3}v^{\beta_3}\rho^{\gamma_3}\Delta & (5\text{-}80)\end{cases}$$

对各 π 数分别建立无量纲方程和指数方程。详细如下

式(5-78)量纲方程为：

$$\dim\pi_1=L^{\alpha_1}(LT^{-1})^{\beta_1}(ML^{-3})^{\gamma_1}(ML^{-1}T^{-2})$$

则　L：　$0=\alpha_1+\beta_1-3\gamma_1-1$

　　T：　$0=-\beta_1-2$

　　M：　$0=\gamma_1+1$

联立以上三式求解得 $\alpha_1=0$，$\beta_1=-2$，$\gamma_1=-1$。则可得到

$$\pi_1=\tau_0\rho^{-1}v^{-2}$$

同理求得式(5-79)、式(5-80) 的无量纲 π 数：

$$\pi_2=\mu d^{-1}v^{-1}\rho^{-1}=(Re)^{-1}$$

$$\pi_3=\Delta/d$$

将各 π 数代入式(5-77)，得无量纲数方程：

$$F\left(\frac{\tau_0}{\rho v^2},\frac{1}{Re},\frac{\Delta}{d}\right)=0$$

或写成

$$\frac{\tau_0}{\rho v^2}=f\left(Re,\frac{\Delta}{d}\right)$$

令 $f\left(Re,\frac{\Delta}{d}\right)=\frac{\lambda}{8}$，有：$\tau_0=\frac{\lambda}{8}\rho v^2$

习　题

5-1　为研究输水管道上直径 60cm 阀门的局部阻力特性，采用具有几何相似特征的直径为 30cm 的阀门，采用空气做模型实验。已知输水管道的流量为 $0.283m^3/s$，水温 20℃，空气的运动黏性系数 $\nu=1.6\times10^{-6}m^2/s$，试求模型的气流量。

5-2　为研究汽车的空气动力特性，在风洞中进行模型实验。已知汽车高 $h_p=1.5m$，行车速度 $v_p=108km/h$，风洞风速 $v_m=45m/s$，测得模型车的阻力 $P_m=14kN$，试求模型车的高度 h_m 及汽车受到的阻力。

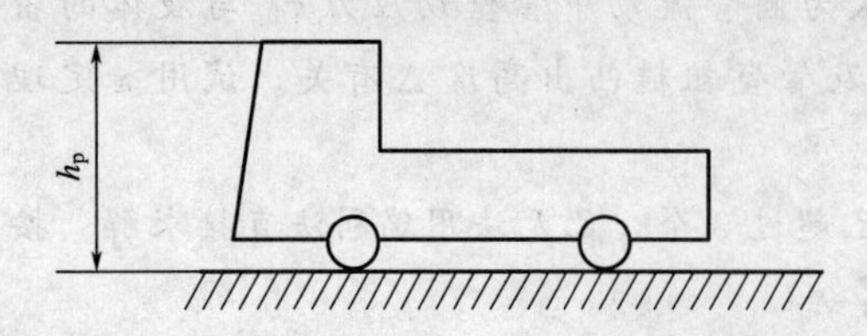

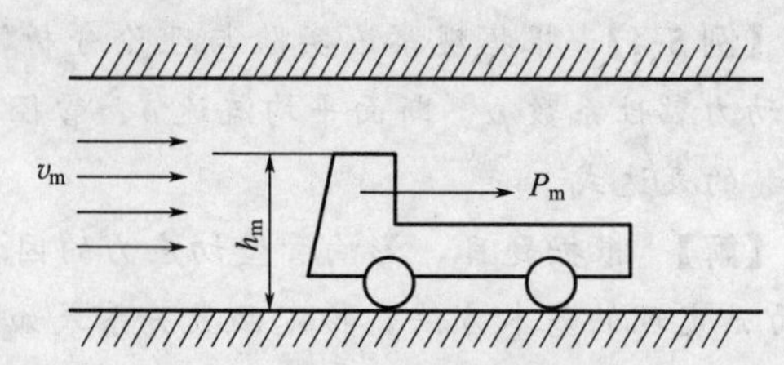

题 5-2 图

5-3 如图所示溢流坝的下泄流量为 $1000m^3/s$，采用几何比尺 $\lambda_l=60$ 制作模型和进行模型实验。①试求模型中的下泄流量；②设模型中坝上水头 H_m 为 0.08m 时，测得模型下游收缩断面流速 $v_m=1m/s$，试求原型水流的坝上水头和收缩断面流速。

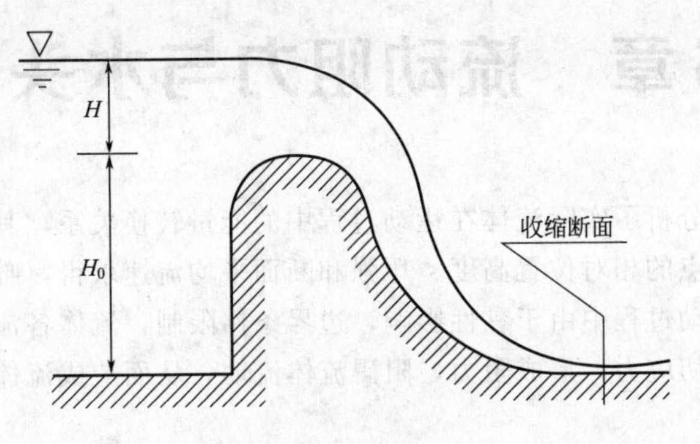

题 5-3 图

5-4 为研究风对高层建筑物的影响，在风洞中进行模型实验，当风速为 9m/s 时，测得迎风面压强为 $42N/m^2$，背风面压强为 $-20N/m^2$。设原模型的温度不变，实际风速为 12m/s 时，试求迎风面和背风面的压强。

5-5 已知闸孔出流上游水深 $H_p=12.5m$，模型上游水深 $H_m=0.5m$。模型实验测得闸下出口断面平均流速 $v_m=3.1m/s$，流量 $Q_m=56L/s$，水流作用于闸门的冲击力 $F_m=124N$。试求：模型几何比尺；原型相应断面的流速 v_p 和流量 Q_p；原型闸门所受的冲击力 F_p。

5-6 已知废水处理池宽度为 25m，长 100m，水深 2m，池中水温为20℃，水力停留时间为 15d（水力停留时间定义为池的容积与流量之比），作缓慢的恒定均匀流。采用同种介质将原型废水处理池缩小 20 倍进行模型实验，求模型尺寸及模型中的水力停留时间。

5-7 一输油管直径为 15cm，管中通过的流量为 $0.18m^3/s$，现采用模型管径、长度与原型完全相同的管道和水温10℃的水来完成模型实验，已知原型油的运动黏性系数 $\nu_p=0.13cm^2/s$。试求模型水的流量为多少？

5-8 一桥墩长 $l_p=24m$，墩宽 $b_p=4.3m$，两桥墩间距 $B_p=90m$，水深 $h_p=8.2m$，河中水流平均流速 $v_p=2.3m/s$，当几何比尺 $\lambda_l=50$，试确定模型水流的平均流速 v_m 和流量 Q_m。

5-9 如图所示的孔口出流，通过实验得知，孔口出流时，孔口断面流速 v 与下列因素有关：孔口作用水头 H，孔口直径 d，重力加速度 g，液体密度 ρ，动力黏性系数 μ 及表面张力系数 σ。试用 π 定理推求孔口流量公式。

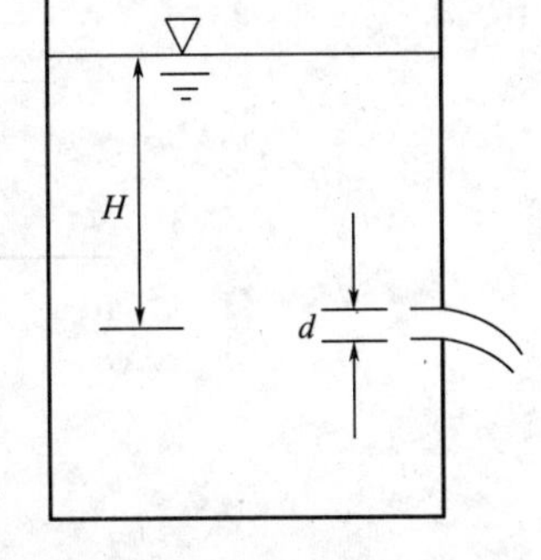

题 5-9 图

5-10 实验观察与理论分析指出，水平等直径恒定有压管流的压强损失 Δp 与管长 l、直径 d、管壁粗糙度 Δ、运动黏性系数 ν、密度 ρ、流速 v 等因素有关。试用 π 定理求出计算压强损失的公式及沿程水头损失 h_f 的公式。

5-11 水泵单位时间抽送密度为 ρ 的液体体积为 Q，单位重量液体由水泵内获得的总能量为 H（单位：米液柱高）。试用瑞利法证明水泵输出功率为 $P=k\rho gQH$。

第 6 章　流动阻力与水头损失

第 4 章能量方程分析了实际流体在运动过程中的能量转换关系，其中，位能、压能、动能可以从断面内计算点的相对位置高度、压强和断面平均流速求得，唯有水头损失项未进行具体研究。流体在运动过程中由于黏性影响，边界条件限制，流体各流层之间以及流体与边界之间存在着内摩擦切应力，形成阻力，阻碍流体流动，从而造成流体的机械能损失，产生水头损失。

影响水头损失的因素有流体的性质，流动的边界条件，流动型态，流速的大小。从而水头损失有两种形式，沿程水头损失和局部水头损失。本章将专门讨论这两种损失的计算和相关的参数与知识。

6.1　流动阻力与水头损失的两种类型

6.1.1　流动阻力的两种形式

分析两种水头损失产生的原因，它们与水流阻力有关。第一种阻力是由于流体黏性影响，在流体流动的边界条件如几何形状、面积、方向沿程不变时，均匀分布在流程上，与流程长度呈正比的阻力称沿程阻力。沿程阻力与流体性质和流动型态、流速有关。第二种阻力是由于流体的流动边界条件突变，如过流断面形状、面积变化或流动方向改变，由此产生的阻力称局部阻力。如在有压管路中突然扩大管段、突然缩小管段、阀门、三通、渐扩管、渐缩管、管道进出口、弯头等处均会产生局部阻力。形成局部阻力的边界见图 6-1。

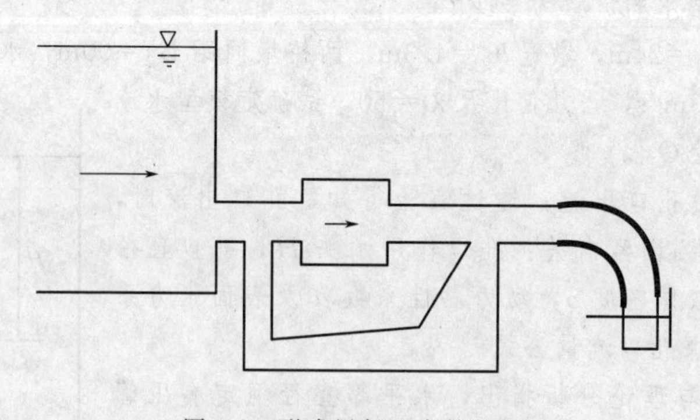

图 6-1　形成局部阻力的边界

6.1.2　沿程水头损失与局部水头损失

克服沿程阻力产生的流体机械能损失称沿程水头损失，如在流动边界沿程不变的均匀流段上，由于过流断面上流速分布不均匀，流体内部质点之间发生相对运动，从而产生内摩擦阻力，即为沿程阻力。在流动过程中，摩擦阻力做功转化为热能而消散。因此，能量方程中用h_f表示单位重量流体由于沿程阻力做功所引起的机械能损失，即沿程水头损失。由于沿程阻力均匀分布于流程，并与流程长度成正比，故在均匀流段上总水头线的坡度（水力坡度）J沿程不变，总水头线为一条逐渐降低的直线，测压管水头线平行于总水头线，见图6-2。均匀流两过流断面（1—1断面到2—2断面）之间无边界突变，其间的水头损失只有沿程水头损失，两断面平均流速相等，则沿程水头损失等于该两断面的测压管水头差。

$$h_{f1-2}=h_w=\left(z_1+\frac{p_1}{\rho g}\right)-\left(z_2+\frac{p_2}{\rho g}\right) \tag{6-1}$$

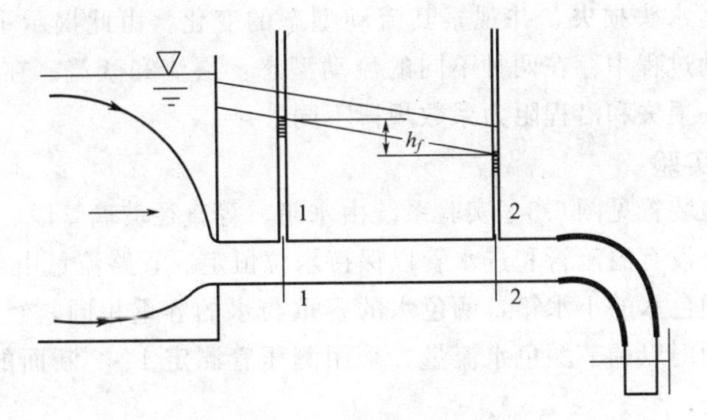

图6-2 均匀流段上的沿程水头损失

沿程水头损失可以用达西公式计算：

$$h_f=\lambda\frac{l}{d}\frac{v^2}{2g} \tag{6-2}$$

λ称为沿程阻力系数，它与流体的流动形态、流体的性质、流速有关。本章绝大部分内容都围绕沿程阻力系数的计算与分析，为此在后面的内容中我们将引入了许多经验公式和半经验公式。

若流动边界急剧变化，在突变处将产生局部阻力，克服这种局部阻力产生的流体机械能损失称为局部水头损失，以h_j表示。由于流动边界的突变形式较多，很难用同一公式表示。在非均匀流段上，无论是渐变流或急变流段上，当流动边界产生了断面形状改变、面积大小变化，往往会出现主流与固壁边界脱离，也称边界层分离现象。在主流与边界之间形成漩涡负压区，漩涡负压区内不断有涡体产生，又不断被主流带走，涡体不断与主流产生动量和质量的交换，相互碰撞加剧，从而产生了较大的局部阻力和局部水头损失。

当流体发生流动方向改变时，在流动的纵横两方向上均产生流动，即除纵向流动外，在垂直于流动方向的过流断面上也将出现流动，称二次流。纵横方向的流动叠加，使得整个流动形成螺旋流。螺旋流极难消除，因此也产生了局部水头损失。

局部水头损失可以用下面的公式计算：

$$h_j=\zeta\frac{v^2}{2g} \tag{6-3}$$

ζ为局部阻力系数，只能通过实验测定，只有个别的情况如突然扩大，才可以用理论分析得出。

实际流体在流动过程中，既产生沿程水头损失，又可能由于边界变化产生局部水头损

失。因此，能量方程中总水头损失包括所有的沿程水头损失和所有的局部水头损失。即

$$h_w=\sum h_f+\sum h_j \tag{6-4}$$

6.2 实际流体流动的两种型态——层流与紊流

19 世纪初，人们在生产活动的实践中已认识到流体运动产生的水头损失与速度有关。1883 年英国物理学家雷诺（Osborne Reynolds）自制了实验装置，以测试在均匀流段上的水头损失与速度的关系。他选用不同管径的管段，采用了不同密度的流体，在不同流速下测试相应条件下的沿程水头损失，并观察其流动型态的变化。由此揭示了沿程水头损失的本质，即是流体在流动过程中存在两种不同的流动型态：层流和紊流。在这两种不同型态下，流体产生的沿程水头损失和沿程阻力系数规律不同。

6.2.1 雷诺实验

雷诺设计的实验装置见图 6-3。实验系统由水箱、等直径玻璃管段、颜色水箱、调节阀、测压管组成。水箱上设有溢流管和进水管以保持水位恒定。管路流量由末端调节阀控制，水箱顶设有一个盛有颜色水的小水箱，颜色水的容重与水的容重相同，经细管流入玻璃管中，细管上端装一个小阀门以调节颜色水流量。采用测压管测定 1、2 断面的测压管水头，两者之差即沿程水头损失。

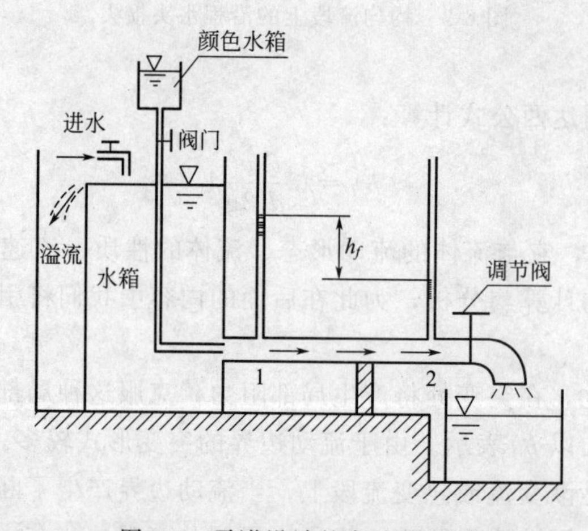

图 6-3 雷诺设计的实验装置图

实验时缓慢打开调节阀，使玻璃管内水的流速很小，再打开颜色水箱下的阀门，红颜色水通过细管进入玻璃管内，此时可见一条红色细直线流束，它与周围的无色水体互不混掺，见图 6-4(a)。这种有条不紊、互不混掺、成层成线的流动状态称为层流。逐渐加大调节阀开度，流速逐渐增大，当到一定程度时，红颜色水产生微小波动，见图 6-4(b)，此时为一种过渡状态。继续加大调节阀开度，流速增大到某一数值时，红颜色水已无法看出，因为，红颜色水体质点已混掺到管道的整个断面，与主流水体混合，见图 6-4(c)，这种流体质点互相混掺的流动称为紊流。

图 6-4(b) 为层流与紊流之间的过渡状态，也称临界状态，此时的流速为临界流速。当这种流动状态由层流向紊流过渡时，其流速也称为上临界流速，以 v_k' 表示。

继续反向操作，逐步减少调节阀开度，水流流速由大到小，玻璃管中水流从紊流状态逐

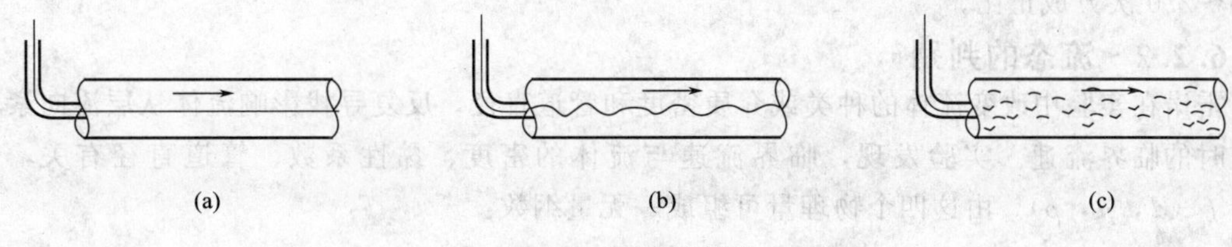

图 6-4 流动型态图

渐变化。当水流到达某一流速时，又可看见呈波状的红颜色水。若继续减少流速，流速足够小后可见一条红色细直线流束。此时，流体已由紊流状态转化为层流状态。这种从紊流到层流的临界状态的流速称下临界流速，以 v_k 表示。大量实验得到，下临界流速小于上临界流速，即 $v_k < v_k'$。

实验过程中，雷诺还同步测试了沿程水头损失与流速的关系。因 1—2 流段为均匀流段，两断面上的测压管液面差即为两断面间的沿程水头损失。即该流段上的总水头损失等于沿程水头损失，并等于其上的测压管水头之差。

采用定时测取流体体积或重量的方法，可计算出单位时间通过管道的流量和流速，为此可绘出一条沿程水头损失与流速的关系曲线，见图 6-5。

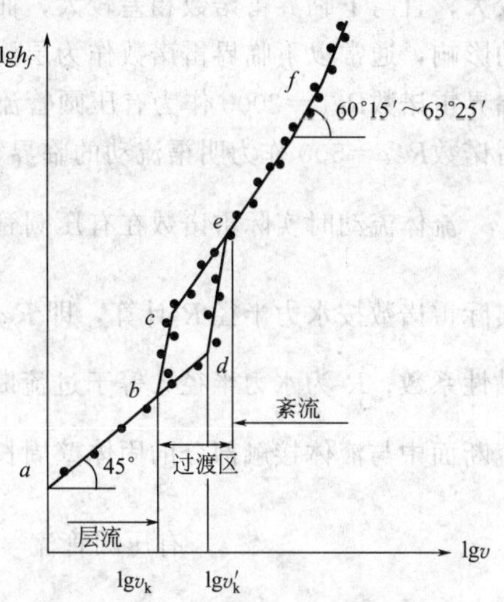

图 6-5 沿程水头损失与流速的关系曲线

图 6-5 反映了雷诺的整个实验成果，图中纵横坐标均为对数坐标。当实验由层流向紊流转变时，实验点从 a、b、d 点向 e、f 点运动。d 点为上临界流速对应的点，水头损失在此有一突变。当实验由紊流向层流转变时，实验点由 f、e、c 点向 b、a 点运动。b 点为下临界流速对应的点，水头损失在此也有一突变。归纳整个曲线特点，可将流动分为三个流动区域，规律如下。

① ab 段的实验点，流体流速小于下临界流速 $v < v_k$，流动处于层流状态。实验曲线 ab 与横坐标轴成 45°的直线，斜率 $m = 1$。沿程水头损失 h_f 与流速的一次方成正比。

② ef 段的实验点，流体流速大于上临界流速 $v > v_k'$，流动处于紊流状态。实验曲线 ef 与横轴（$\lg v$ 轴）成 60°15′～63°25′的直线，斜率 $m = 1.75 \sim 2.0$。沿程水头损失 h_f 与流速的 1.75～2.0 次方成比例。

③ be 段的实验点，流速 $v_k < v < v_k'$，为层流到紊流的临界状态，称过渡区。处于这一阶段的流体极不稳定，易受外界的干扰，实验过程中任何微小扰动都会使其受到影响而不稳定。

因此，雷诺实验成果可归纳为一对数方程：

$$\lg h_f = \lg k + m \lg v \tag{6-5}$$

即

$$h_f = k v^m \tag{6-6}$$

式中，m 为图 6-5 中各段直线的斜率，层流：$m_1 = 1.0$，$h_f = k_1 v$，即沿程水头损失与流速的一次方成正比。紊流：$m = 1.75 \sim 2.0$，$h_f = k_2 v^{1.75 \sim 2.0}$，即沿程水头损失与流速的

1.75～2.0次方成正比。

6.2.2 流态的判别

雷诺在实验中改变流体的种类或介质密度和管道直径，反复寻找影响流体从层流向紊流转变时的临界流速。实验发现，临界流速与流体的密度、黏性系数、管道直径有关，即 $v_k=f(d,\mu,\rho)$。由这四个物理量可组成一无量纲数：

$$Re_k=\frac{\rho v_k d}{\mu}=\frac{v_k d}{\nu} \tag{6-7}$$

Re_k 称为临界雷诺数。上临界流速 v'_k 对应上临界雷诺 Re'_k 数，下临界流速 v_k 对应下临界雷诺数Re_k。由于下临界流速小于上临界流速 $v_k<v'_k$，故下临界雷诺数小于上临界雷诺 $Re_k=\frac{v_k d}{\nu}<Re'_k=\frac{v'_k d}{\nu}$。

实验中发现上临界流速不稳定，下临界流速相对稳定。同样，上临界雷诺数受外界影响较大，且与下临界雷诺数相差较大，而下临界雷诺数相对稳定。因此，为消除流体不稳定性的影响，通常以下临界雷诺数作为层流与紊流的判别标准。对于有压圆管流动，取最小的下临界雷诺数$Re_k=2000$ 作为有压圆管流的临界雷诺数。对于无压明渠流动，取最小的下临界雷诺数$Re_k=500$ 作为明渠流动的临界雷诺数。

流体流动时实际雷诺数在有压圆管流中按管路直径 d 计算，即 $Re=\frac{vd}{\nu}$。无压明渠流中实际雷诺数按水力半径 R 计算，即 $Re=\frac{vR}{\nu}$。其中，v 为流体的实际流速；ν 为流体的运动黏性系数；R 为水力半径，等于过流断面的面积 A 除以断面的湿周 χ，所谓湿周 χ 是指过流断面中与液体接触部分的固体壁周长，即 $R=\frac{A}{\chi}$。因此，有：

有压圆管流 $Re=\frac{vd}{\nu}<2000$ 为层流运动

$Re=\frac{vd}{\nu}>2000$ 为紊流运动

无压明渠流 $Re=\frac{vR}{\nu}<500$ 为层流运动

$Re=\frac{vd}{\nu}>500$ 为紊流运动

雷诺数反映了流体流动的惯性与流体黏性的对比结果。若惯性起主导作用，流体处于紊流状态；反之，黏性起主导作用时，流体处于层流状态。流体处于紊流状态时流体质点的运动轨迹极不规则，既有沿主流方向的运动，又有沿垂直于主流的其他方向的运动，流体质点速度大小和方向随时间不断发生变化。

雷诺实验揭示了流体在运动中存在着层流与紊流两种不同的流动型态，初步探讨了流速与沿程水头损失 h_f 之间的关系。层流与紊流的区别不仅是流体质点的运动轨迹不同，而且其水流内部结构也完全不同，从而导致水头损失的变化规律不同。以后在计算沿程水头损失时，必须首先判别流态。

【例 6-1】 有压管流中水温为20℃，通过的流量为 $0.05m^2/s$，管道直径为20cm，试判别水流的型态。若管道为20cm×20cm的方管时，流态是否发生变化？

【解】 查表1-2，20℃水温的运动黏性系数为：$\nu=1.003\times10^{-6}\mathrm{m^2/s}$。

有压管流为圆断面时管内水体的流速为：$v=\dfrac{4Q}{\pi d^2}=\dfrac{4\times0.05}{3.14\times0.2^2}=1.59$（m/s）

则雷诺数为：

$$Re=\frac{vd}{\nu}=\frac{1.59\times0.2}{1.003\times10^{-6}}=317049>2000 \quad \text{为紊流}$$

当有压管流的断面为方形断面时，其水力半径为：

$$R=\frac{A}{\chi}=\frac{0.2\times0.2}{2\times(0.2+0.2)}=0.05 \text{（m）}$$

管内流速为：

$$v=\frac{Q}{A}=\frac{0.05}{0.04}=1.25 \text{（m/s）}$$

$$Re=\frac{vR}{\nu}=\frac{1.25\times0.05}{1.003\times10^{-6}}=62313>500$$

流态仍然为紊流。

6.3 均匀流的沿程水头损失

在能量方程和动量方程中，我们强调了计算断面必须选在均匀流或渐变流断面上，主要是为了计算过流断面上的点压强。两方程并不关心两断面之间是否为均匀流。而在本章水头损失的计算中，两断面之间是否为均匀流却关系着沿程水头损失的计算方法。由于均匀流的特点，在同一条流线上各点的流速相等，各过流断面上的流速分布、断面平均流速、断面形状、面积等水力要素都沿程保持不变，因此其上只有沿程水头损失。两过流断面之间的总水头损失等于沿程损失，并等于该两断面的测压管水头差。

$$h_w=h_{f1-2}=\left(z_1+\frac{p_1}{\rho g}\right)-\left(z_2+\frac{p_2}{\rho g}\right)$$

若两断面之间为非均匀流渐变流或急变流，则其间必然产生局部水头损失。关于局部水头损失的计算将在本章6.7节中介绍。

6.3.1 均匀流基本方程

在均匀流上任取断面面积为A，长为l，与水平面成θ角度的1～2流段，如图6-6所示。设断面1—1、2—2中心点分别距基准面0—0的高度为z_1和z_2，两断面中心点的压强分别为p_1和p_2，内摩擦切应力为τ。则作用在1～2流段上的端面压力$P_1=p_1A$，$P_2=p_2A$，重力$G=mg=\rho glA$，内摩擦切力$T=\tau\chi l$。这里，χ为过流断面的湿周。沿流动方向为x的正方向，建立力平衡方程为：

$$p_1A-p_2A+\rho glA\sin\theta-\tau\chi l=0 \tag{6-8}$$

这里，$\sin\theta=\dfrac{z_1-z_2}{l}$，代入上式后，等式两边同除以$\rho gA$，整理得

$$\left(z_1+\frac{p_1}{\rho g}\right)-\left(z_2+\frac{p_2}{\rho g}\right)=\frac{\tau l\chi}{\rho gA}=\frac{\tau l}{\rho gR} \tag{6-9}$$

式中，R为水力半径，$R=\dfrac{A}{\chi}$。将式(6-1)代入式(6-9)，得：

$$h_f=\frac{\tau l}{\rho gR} \tag{6-10}$$

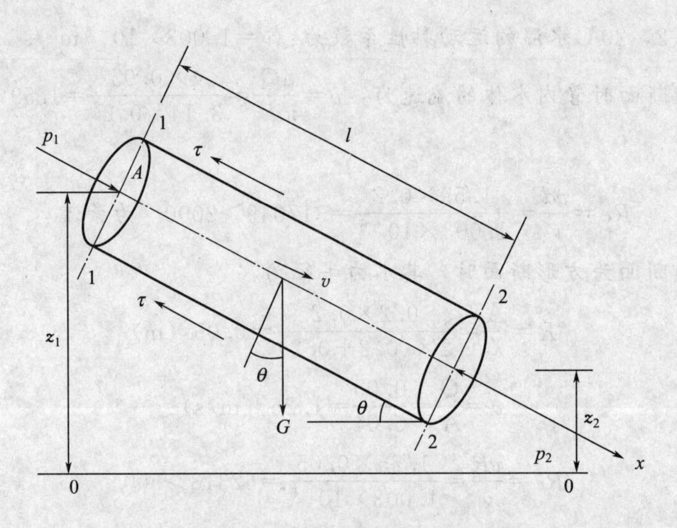

图 6-6　均匀流段的受力分析

用沿程水头损失除以长度得单位长度上的水力坡度，即$\frac{h_f}{l}=J$，因此有：

$$\tau=\rho gRJ \tag{6-11}$$

式(6-11) 称为均匀流的基本方程，是均匀流的普遍表达式。方程反映了沿程水头损失与沿程阻力τ之间的关系，方程适合于有压管流或无压明渠流动的均匀流动。若为有压圆管流动，设其半径为r，直径为d，则湿周$\chi=2\pi r=\pi d$，水力半径$R=\frac{A}{\chi}=\frac{\pi r^2}{2\pi r}=\frac{r}{2}=\frac{d}{4}$，则：

$$\tau=\frac{\rho grJ}{2}=\frac{\rho gdJ}{4} \tag{6-12}$$

式(6-12) 为圆管流动的均匀流基本方程。方程反映出，在有压圆管流中，切应力与半径成正比。

当$r=0$　　　　$\tau=0$

当$r=r_0$　　　　$\tau=\tau_0=\frac{\rho gr_0J}{2}$　　(6-13)

式中，r_0为圆管半径，τ_0为壁面切应力。说明圆心处切应力为零，边壁处切应力最大。切应力的分布见图 6-7。

公式(6-12) 和图 6-7 说明，有压圆管流中的切应力成线性分布，比较式(6-12) 和式(6-13)，可得：

$$\frac{\tau}{\tau_0}=\frac{r}{r_0} \tag{6-14}$$

6.3.2　均匀流沿程水头损失的计算公式

在均匀流段，其沿程水头损失从式(6-1)、式(6-10) 均可计算出来，然而式(6-1) 需实测两断面的测压管水头之差，式(6-10) 需求得壁面切应力。大量的实验研究发现，壁面切应力τ_0与流速v、水力半径R、流体密度ρ、流体的动力黏性系数μ以及流动边界固壁的粗糙突出高度Δ（绝对粗糙度）因素有关。通过量纲分析可得经验公式如下：

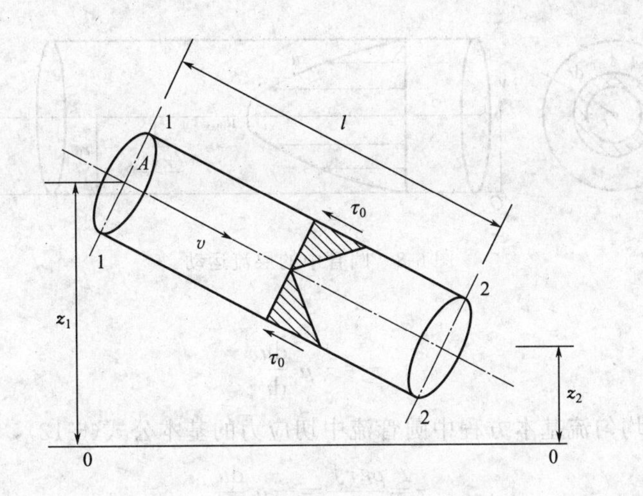

图 6-7 有压圆管流中的切应力分布

$$\tau_0=\frac{\lambda}{8}\rho v^2 \tag{6-15}$$

与式(6-13) 比较，$\tau_0=\frac{\rho g r_0 J}{2}=\frac{\lambda}{8}\rho v^2$，整理可得：

$$h_f=\lambda\frac{l}{4R}\frac{v^2}{2g} \tag{6-16}$$

上式称为达西公式，它是计算均匀流沿程水头损失的一般公式，它适用于均匀流的任何流动型态的流体，即层流与紊流均可适用。

对于有压圆管流动，由于水力半径 $R=\frac{d}{4}$，代入式(6-16)，则可得到有压圆管流动的沿程水头损失的计算公式：

$$h_f=\lambda\frac{l}{d}\frac{v^2}{2g} \tag{6-17}$$

式中，λ 称为沿程阻力系数，它综合反映与壁面切应力 τ_0 有关的因素对沿程水头损失 h_f 的影响。因而，沿程水头损失的计算就转化为沿程阻力系数 λ 的计算。下面分别对层流及紊流两种不同的流动型态下沿程阻力系数 λ 的影响因素和计算方法进行探讨。

6.4 圆管层流运动

6.4.1 圆管层流运动的流速分布

圆管中的层流运动也称哈根伯肃叶流动，可以认为是由无数极薄的圆筒管一层套一层的滑动，流动中黏性切应力起主导作用。因此相邻流层之间的内摩擦切应力可由牛顿内摩擦定律求出：

$$\tau=\mu\frac{\mathrm{d}u}{\mathrm{d}y}$$

图 6-8 中，y 坐标正方向为管壁起沿 r 反方向指向圆心，$y=r_0-r$，则 $\mathrm{d}y=-\mathrm{d}r$。则牛顿内摩擦定律变为：

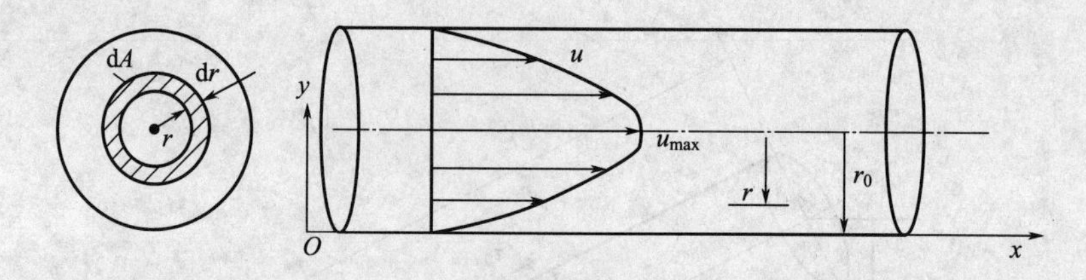

图 6-8　圆管中的层流运动

$$\tau=-\mu\frac{du}{dr} \tag{6-18}$$

同时采用上节均匀流基本方程中圆管流中切应力的基本公式(6-12)，可得

$$\tau=\frac{\rho grJ}{2}=-\mu\frac{du}{dr}$$

有：

$$du=-\frac{\rho g}{2}\frac{J}{\mu}r\,dr \tag{6-19}$$

上式积分，得

$$u=-\frac{\rho gJ}{4\mu}r^2+C \tag{6-20}$$

C 为积分常数，由边界条件确定，当 $r=r_0$ 时，$u=0$，得：

$$C=\frac{\rho gJ}{4\mu}r_0^2 \tag{6-21}$$

则：

$$u=\frac{\rho gJ}{4\mu}(r_0^2-r^2) \tag{6-22}$$

式(6-22) 为圆管层流运动中沿过流断面上的流速分布公式，它是以管轴线为中心的旋转抛物体。表明：圆管层流运动中断面上流速分布服从旋转抛物体分布规律。

当 $r=r_0$ 时，
$$u=u_{min}=0$$

当 $r=0$ 时，
$$u=u_{max}=\frac{\rho gJ}{4\mu}r_0^2 \tag{6-23}$$

即管壁上流体质点的速度最小，其值为零；断面轴心上流体质点的流速最大。

设在过流断面上取宽为 dr 的环形断面，则微元面积 $dA=2\pi r\,dr$，由断面平均流速的定义式，有 $v=\frac{Q}{A}=\frac{\int_A u\,dA}{A}=\frac{\int_0^{r_0}u2\pi r\,dr}{\pi r_0^2}$。代入圆管层流运动的流速分布公式(6-22)，有：

$$v=\frac{1}{\pi r_0^2}\int_0^{r_0}\frac{\rho gJ}{4\mu}(r_0^2-r^2)\,2\pi r\,dr=\frac{\rho gJ}{8\mu}r_0^2 \tag{6-24}$$

将平均流速式(6-24) 与最大流速式(6-23) 比较，得

$$v=\frac{1}{2}u_{max} \tag{6-25}$$

即圆管层流运动中断面平均流速为该断面最大流速的一半。类似地可求出圆管层流运动的动能修正系数 α 和动量修正系数 β，分别如下。

由动能修正系数定义式有：

$$\alpha=\frac{\int_A u^3\mathrm{d}A}{v^3A}=\frac{\int_0^{r_0}\left[\frac{\gamma J(r_0^2-r^2)}{4\mu}\right]^3\times 2\pi r\mathrm{d}r}{\left(\frac{\gamma J r_0^2}{8\mu}\right)^3\times\pi r_0^2}=2 \tag{6-26}$$

由动量修正系数定义式有：

$$\beta=\frac{\int_A u^2\mathrm{d}A}{v^2A}=\frac{\int_0^{r_0}\left[\frac{\gamma J(r_0^2-r^2)}{4\mu}\right]^2\times 2\pi r\mathrm{d}r}{\left(\frac{\gamma J r_0^2}{8\mu}\right)^2\times\pi r_0^2}=1.33 \tag{6-27}$$

由此可见，圆管层流运动中，由于其流速分布成旋转抛物体分布，极不均匀，因而动能修正系数和动量修正系数均不等于1，即 $\alpha\neq1$，$\beta\neq1$。

6.4.2 圆管层流运动的沿程水头损失

由圆管层流运动断面平均流速的分布公式(6-24) 可求得水力坡度，即：

$$J=\frac{h_f}{l}=\frac{8\mu v}{\rho g r_0^2}=\frac{32\mu v}{\rho g d^2}$$

则
$$h_f=\frac{32\mu l}{\rho g d^2}v \tag{6-28}$$

式(6-28) 说明了圆管层流运动的沿程水头损失 h_f 与断面平均流速 v 成正比，与雷诺实验成果一致。将式(6-28) 与均匀流沿程水头损失的基本计算公式——达西公式比较：

$$h_f=\frac{32\mu l}{\rho g d^2}v=\frac{2\times32\mu}{v\rho d}\times\frac{l}{d}\times\frac{v^2}{2g}=\frac{64}{\frac{vd}{\nu}}\times\frac{l}{d}\times\frac{v^2}{2g}=\frac{64}{Re}\times\frac{l}{d}\times\frac{v^2}{2g}=\lambda\,\frac{l}{d}\times\frac{v^2}{2g}$$

由此得：
$$\lambda=\frac{64}{Re} \tag{6-29}$$

即圆管层流运动中沿程阻力系数只与雷诺数有关，且等于雷诺数分之64。

【例 6-2】 一有压圆管流动，当通过流量为 $40\mathrm{cm^3/s}$ 的水体时，测得 25m 长管段的水头损失为 2cm，已知相应温度下水的运动黏性系数为 $0.013\mathrm{cm^2/s}$。试求该圆管内径 d 和沿程阻力系数。

【解】 由于题目中管径未知，流速未知，无法计算雷诺数和判别流态，需假设圆管内水体作层流运动。则有 $\lambda=\frac{64}{\frac{vd}{\nu}}$，应用达西公式，沿程水头损失为：

$$h_f=\lambda\,\frac{l}{d}\frac{v^2}{2g}=\frac{64}{\frac{vd}{\nu}}\times\frac{l}{d}\times\frac{v^2}{2g}=\frac{\nu64}{d}\times\frac{l}{d}\times\frac{\frac{4Q}{\pi d^2}}{2g}=0.02$$

$$d=23\mathrm{mm}$$

由于是假设水体做层流运动，需计算雷诺数校核流态。

$$v=\frac{4Q}{\pi d^2}=0.096\mathrm{m/s}$$

$$Re=\frac{vd}{\nu}=\frac{0.096\times0.023}{0.013\times10^{-4}}=1698<2\,000$$

该流动为层流运动，其沿程阻力系数为：

$$\lambda=64/Re=0.0377$$

6.5 紊流运动

紊流运动是流体黏性与外界扰动共同作用的结果。实际流体在运动过程中，各流层间总是存在流速梯度，在黏性作用下产生内摩擦切应力。对于快层来说，慢层给予的内摩擦切应力的方向与流动方向相反，即慢层流体总是阻止快层流体的运动。相反，对于慢层流体，快层给予的内摩擦切应力则是与流动方向一致，快层将拉动慢层向前运动。由此构成了一对力矩，见图 6-9(a)。一旦有外界扰动产生，流体便产生弯曲，形成波峰与波谷。波峰与波谷的形成，打破了流体的初始平衡状态，在波峰与波谷处分别出现了压强差。波峰上部流体受到了压缩，流体速度增大，压强减少；波峰下部流速减少，压强增大，于是出现由下向上指向波峰的压强差。波谷处情况相反，出现由上向下指向波谷的压差。于是波峰、波谷的压差形成一对力矩，此力矩与内摩擦切应力产生的力矩旋转方向一致，见图 6-9(b)。在两对力矩共同作用下，使得波峰更凸，波谷更凹。当合力矩达到一定程度后，波峰与波谷重叠，从而形成涡体，见图 6-9(c)。涡体形成后不断旋转，涡体的大小、旋转方向和旋转角速度受外界扰动的强弱而不同，并不断随时间变化。当涡体的旋转方向与主流一致时，主流的流速增加，相反时主流的速度减少，见图 6-9(d)。涡体形成后主流也随之受到影响，并形成横向升力。在升力作用下，涡体有脱离原来流层的趋势。涡体是否能脱离原来流层，将受到流体的黏性力和惯性力的共同影响，随黏性力与惯性力何者占据上风而发生变化。当流体运动的惯性力足够大时，完全能够克服黏性力的影响时，涡体脱离原来的流层而产生了混掺，于是紊流形成。

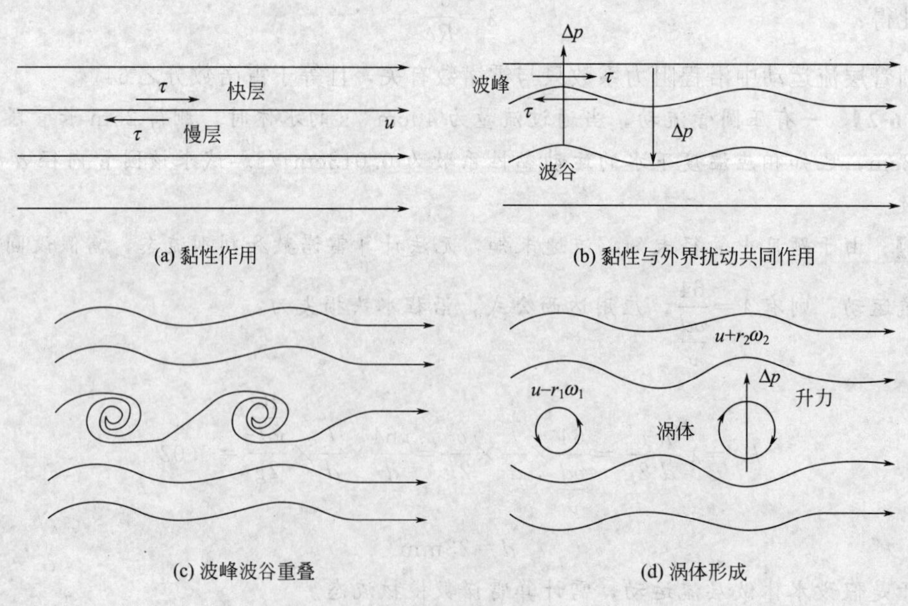

(a) 黏性作用　(b) 黏性与外界扰动共同作用

(c) 波峰波谷重叠　(d) 涡体形成

图 6-9　紊流的形成过程

6.5.1　紊流运动的时均性与脉动性

紊流运动的最大特征就是具有时均性和脉动性，流体在运动过程中产生很多大小、旋转方向不同的涡体，使得主流的运动要素如速度 u、加速度 a、压强 p 等不断随时间发生变化。

取恒定圆管紊流场，采用三维激光流速仪跟踪某点 A 在 x、y、z 方向速度 u_x、u_y、u_z 的变化，将 A 点 u_x 速度随时间的变化绘于图 6-10。发现 A 点流速 u_x 总是围绕一平均值上下波动，即每时每刻流体的速度不断变化，这种波动现象称紊流的脉动性，各时刻的速度称为瞬时速度 u_x。瞬时速度围绕的这个平均值称为时均速度，一般以 $\overline{u}_x$ 表示。瞬时速度与时均速度之差称为脉动速度，一般以 $u_{x'}$ 表示。对 A 点 u_y、u_z 方向速度的跟踪结果与此类似。

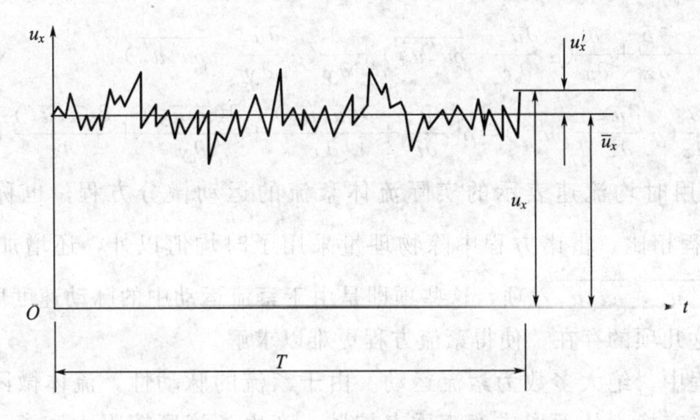

图 6-10 A 点 u_x 速度随时间的变化曲线

因此，严格意义上说，紊流为非恒定流。但在工程实际问题中，我们很难去追踪每时每刻的瞬时速度，而关心某段时间内的时均流速是否随时间变化，流体的时均流速不随时间变化的流动，我们认为它就是恒定流动。所谓时均流速是在某一段时间 T 内的时间平均流速，定义式如下：

$$\overline{u_x} = \frac{1}{T}\int_0^T u_x(t)\,\mathrm{d}t \tag{6-30}$$

式中，T 是足够长的时段。在足够长的时间过程中，运动要素的时均值是不变的。同样可以定义其他运动要素的时均值，如时均压强为：

$$\overline{p} = \frac{1}{T}\int_0^T p(t)\,\mathrm{d}t \tag{6-31}$$

根据时均流速和脉动流速的定义，瞬时流速可写为：

$$\left.\begin{aligned} u_x &= \overline{u}_x + u_x' \\ u_y &= \overline{u}_y + u_y' \\ u_z &= \overline{u}_z + u_z' \end{aligned}\right\} \tag{6-32}$$

同理，瞬时压强 $p = \overline{p} + p'$，p' 称为脉动压强。

若对脉动流速取时均，则有：

$$\overline{u'_x} = \frac{1}{T}\int_0^T u'_x(t)\,\mathrm{d}t = 0 \tag{6-33}$$

同样方法可得：$\overline{u_y'} = \overline{u_z'} = 0$、$\overline{\overline{u}_x u_x'} = \overline{\overline{u}_x u_y'} = \overline{\overline{u}_y u_x'} = \overline{\overline{u}_y u_y'} = 0$

将瞬时速度式(6-32) 和瞬时压强代入第 4 章实际流体的 Naviev-Stokes 方程式(4-31) 可得紊流的运动微分方程：

$$\begin{cases}\rho\overline{X}-\dfrac{\partial\overline{p}}{\partial x}+\dfrac{\partial}{\partial x}(\mu\dfrac{\partial\overline{u}_x}{\partial x}-\overline{\rho u'^2_x})+\dfrac{\partial}{\partial y}(\mu\dfrac{\partial\overline{u}_x}{\partial y}-\overline{\rho u'_x u'_y})\\ +\dfrac{\partial}{\partial z}(\mu\dfrac{\partial\overline{u}_x}{\partial z}-\overline{\rho u'_x u'_z})=\rho[\dfrac{\partial\overline{u}_x}{\partial t}+\dfrac{\partial(\overline{u}_x\overline{u}_x)}{\partial x}+\dfrac{\partial(\overline{u}_x\overline{u}_y)}{\partial y}+\dfrac{\partial(\overline{u}_x\overline{u}_z)}{\partial z}]\\ \rho\overline{Y}-\dfrac{\partial\overline{p}}{\partial y}+\dfrac{\partial}{\partial x}(\mu\dfrac{\partial\overline{u}_y}{\partial x}-\overline{\rho u'_y u'_x})+\dfrac{\partial}{\partial y}(\mu\dfrac{\partial\overline{u}_y}{\partial y}-\overline{\rho u'^2_y})\\ +\dfrac{\partial}{\partial z}(\mu\dfrac{\partial\overline{u}_y}{\partial z}-\overline{\rho u'_y u'_z})=\rho[\dfrac{\partial\overline{u}_y}{\partial t}+\dfrac{\partial(\overline{u}_y\overline{u}_x)}{\partial x}+\dfrac{\partial(\overline{u}_y\overline{u}_y)}{\partial y}+\dfrac{\partial(\overline{u}_y\overline{u}_z)}{\partial z}]\\ \rho\overline{Z}-\dfrac{\partial\overline{p}}{\partial z}+\dfrac{\partial}{\partial x}(\mu\dfrac{\partial\overline{u}_z}{\partial x}-\overline{\rho u'_z u'_x})+\dfrac{\partial}{\partial y}(\mu\dfrac{\partial\overline{u}_z}{\partial y}-\overline{\rho u'_z u'_y})\\ +\dfrac{\partial}{\partial z}(\mu\dfrac{\partial\overline{u}_z}{\partial z}-\overline{\rho u'^2_z})=\rho[\dfrac{\partial\overline{u}_z}{\partial t}+\dfrac{\partial(\overline{u}_z\overline{u}_x)}{\partial x}+\dfrac{\partial(\overline{u}_z\overline{u}_y)}{\partial y}+\dfrac{\partial(\overline{u}_z\overline{u}_z)}{\partial z}]\end{cases} \tag{6-34}$$

式(6-34) 为用时均流速表示的实际流体紊流的运动微分方程，也称雷诺方程。与 Naviev-Stokes 方程相比，雷诺方程中除物理量采用了时均值以外，还增加了$\overline{\rho u'^2_x}$，$\overline{\rho u'^2_y}$，$\overline{\rho u'^2_z}$，$\overline{\rho u'_x u'_y}$，$\overline{\rho u'_x u'_z}$，$\overline{\rho u'_y u'_z}$六项，这些项即是由于紊流运动中的脉动速度所引起的紊流附加应力。也正是这几项的存在，使得紊流方程更难以求解。

而在实际工程中，绝大多数为紊流运动。由于紊流的脉动性，流体微团间不断进行质量、动量、能量的交换，从而形成紊流质点扩散、产生紊流摩擦阻力和紊流的热、能的传导。例如，污染物在大气或水中的紊流扩散，工业中的热交换，飞行器、船舶等的绕流阻力等，这些问题已成为人们亟待解决的现实问题。

6.5.2 紊流应力

由上可见，紊流运动中的阻力不仅与液体黏性有关，还与紊动强弱有关，即紊流应力包括黏性应力和紊流附加应力：

$$\tau=\tau_1+\tau_2 \tag{6-35}$$

紊流黏性应力是由于流体的黏性和流体质点之间的相对运动所引起，也称黏性切应力，可由牛顿内摩擦定律求得：

$$\tau_1=\mu\frac{\mathrm{d}\overline{u}_x}{\mathrm{d}y} \tag{6-36}$$

紊流附加应力 τ_2 是由于流体质点向各方向的随机脉动所产生，也称为脉动附加应力或雷诺应力，紊流附加应力与流体密度及脉动流速有关，其形成机理复杂。以二维均匀紊流为例（图 6-11），在 xy 平面内的紊流附加应力为：

$$\tau_2=-\rho\overline{u'_x u'_y} \tag{6-37}$$

式(6-37) 可由紊流脉动的动量方程得到。我们在恒定二维均匀紊流中任取流体微团 A 点，其时均速度为$\begin{cases}\overline{u}_x=\overline{u}_x\ (y)\\ \overline{u}_y=\overline{u}_z=0\end{cases}$，脉动流速有 u'_x、u'_y。则 A 点瞬时速度为 $u_{Ax}=\overline{u}_x(y)+u'_x$。

Δt 时间内，y 层 A 点流体的 x 方向瞬时速度为（$\overline{u}_x+u'_x$），y 方向的脉动速度为 u'_y，它将引起 y 方向 Δm_y 的质量脉动出原来的流层：$\Delta m_y=\rho u'_y\Delta\omega_a\Delta t$。其具有的动量为：$\Delta K=\Delta m_y(\overline{u}_x+u'_x)$。同样在 x 方向的脉动速度为 u'_x，也将引起 Δm_x 的质量脉动入该流层：$\Delta m_x=\rho u'_x\Delta\omega_b\Delta t$。这里，$\Delta\omega_b$、$\Delta\omega_a$ 分别为微团 A 脉动速度 u'_x、u'_y对应的过流断面面积。根据质量守恒定律：$\Delta m_x+\Delta m_y=0$，有：

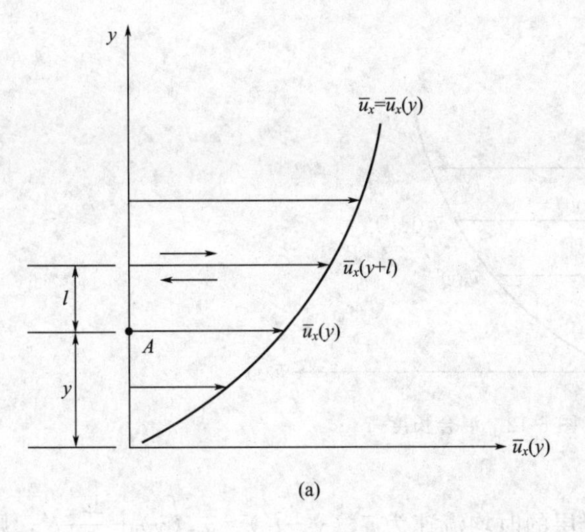

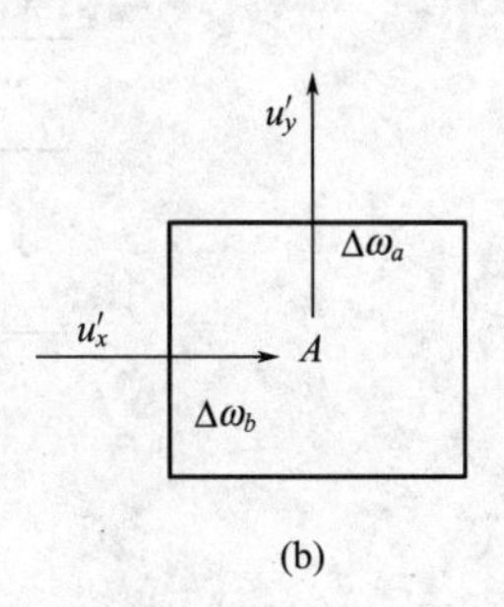

图 6-11 恒定二维均匀紊流

$$\rho u'_x \Delta\omega_b \Delta t + \rho u'_y \Delta\omega_a \Delta t = 0$$

$$\frac{u'_y}{u'_x} = -\frac{\Delta\omega_b}{\Delta\omega_a} = -C_0 < 0 \tag{6-38}$$

式(6-38) 说明，u'_x、u'_y呈线形关系，并反方向脉动，即 $u'_y = -C_0 u'_x$。

对沿 y 方向脉动出去的质量 Δm_y 的时均动量变化率为：

$$\frac{\Delta\overline{K}}{\Delta t} = \rho\,\overline{u'_y(\overline{u}_x + u'_x)}\Delta\omega_a = \rho\,\overline{u'_y u'_x}\Delta\omega_a \tag{6-39}$$

根据动量定理：
$$\frac{\Delta\overline{K}}{\Delta t} = \rho\,\overline{u'_y u'_x}\Delta\omega_a = \overline{T}$$

这里 T 为附加应力引起的切力，它除以对应面积即为紊流附加应力：

$$\frac{\overline{T}}{\Delta\omega_a} = \overline{\tau}_2 = \rho\,\overline{u'_x u'_y} \tag{6-40}$$

为使紊流附加应力值为正，人为地在应力前增加“－”号，但紊流附加应力的方向仍然应该与运动方向相反。即：$\tau_2 = -\rho\,\overline{u'_x u'_y}$。

6.5.3 混合长度理论

由于紊流运动的随机性极强，一般很难测出各时刻的脉动流速 u'_x、u'_y。尽管如此，国内外大量学者从不同角度对紊流进行了大量的研究，著名的学者有普朗特（Prandtl）、卡门、尼古拉兹、窦国仁等，但至今仍然没有得出完整的科学结论。目前广泛使用德国科学家普朗特根据部分理论、部分经验提出的混合长度理论。普朗特在混合长度理论中采用时均流速梯度、混合长度与流体密度来计算紊流附加应力。普朗特混合长度的理论依据是三个假定，虽然缺乏严密的科学性，但却是唯一被实验证实的半经验理论。在普朗特的理论中，他借助分子的自由程概念，认为流体微团脉动引起的雷诺应力与分子运动引起的黏性切应力十分相似，也存在一个与分子自由程相当的距离 l，这里称 l 为混合长度。普朗特假定如下（图 6-12）：

① 微团从 y 流层运动到 $y+l'$层的过程中，保持其原有的动量，只有到达 $y+l'$层后与周围流体混合，方取得新流层的动量，即产生了动量交换。

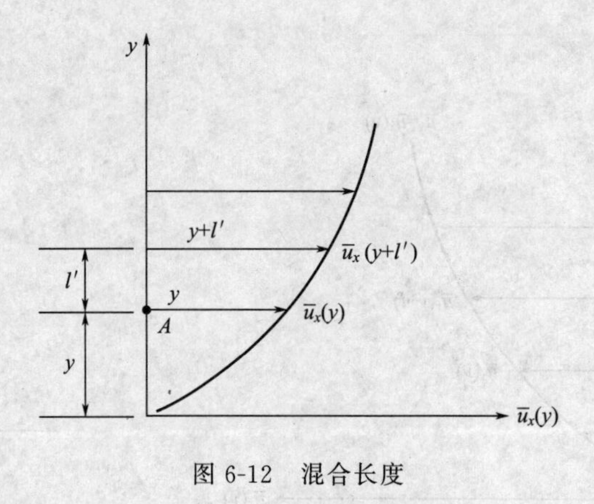

图 6-12　混合长度

设 y 层时均流速为 $\overline{u}_x(y)$，$y+l'$层的时均流速为 $\overline{u}_x(y+l')=\overline{u}_x(y)+\dfrac{\mathrm{d}\overline{u}_x}{\mathrm{d}y}l'$，则两流层的时均流速差为

$$\Delta\overline{u}_x=\overline{u}_x(y+l')-\overline{u}_x(y)=\frac{\mathrm{d}\overline{u}_x}{\mathrm{d}y}l' \tag{6-41}$$

② 假定脉动流速与时均流速差成正比，$u'_x\propto\Delta\overline{u}_x$，即 $u'_x=\pm C_1 l'\dfrac{\mathrm{d}\overline{u}_x}{\mathrm{d}y}$，则 $u'_y=-C_0u'_x=\mp C_0C_1l'=\dfrac{\mathrm{d}\overline{u}_x}{\mathrm{d}y}$，故

$$\tau_2=-\rho\overline{u'_xu'_y}=-\rho\left(\pm C_1l'\frac{\mathrm{d}\overline{u}_x}{\mathrm{d}y}\right)\left(\mp C_0C_1l'\frac{\mathrm{d}\overline{u}_x}{\mathrm{d}y}\right)=\rho l^2\left(\frac{\mathrm{d}\,\overline{u}_x}{\mathrm{d}y}\right)^2 \tag{6-42}$$

式中，$l=C_0C_1^2l'^2$ 也称为混合长度。通常为了书写方便，常常略去时均符号“—”，写为：$\tau_2=\rho l^2\left(\dfrac{\mathrm{d}u}{\mathrm{d}y}\right)^2$。

③ 假定混合长度 l 与质点到管壁的径向距离 y 成正比，即 $l=ky$。

式中，k 为卡门系数，实验得出 $k=0.36\sim0.435$，一般取 $k=0.4$。在管壁处，由于流体受固壁限制，混合长度 $l=0$。与此同时，混合长度 l 还可结合具体问题由实验结果确定，也可利用现有的经验公式，如萨特克维奇公式

$$l=ky\sqrt{1-\frac{y}{r_0}} \tag{6-43}$$

因此，紊流应力可综合为如下公式

$$\tau=\tau_1+\tau_2=\mu\frac{\mathrm{d}u_x}{\mathrm{d}y}+\rho l^2\left(\frac{\mathrm{d}u_x}{\mathrm{d}y}\right)^2 \tag{6-44}$$

由此可见，紊流运动中既有黏性应力又有紊流附加应力，何者起主导作用，与流体质点所处的位置有关。下面我们将在圆管紊流中继续探讨这些问题。

6.6　圆管中沿程阻力系数的变化规律及影响因素

6.6.1　圆管紊流的组成

在圆管紊流运动中，由于流体黏性与固壁的限制作用，紧靠固壁一薄层流体质点速度受

到影响，其脉动流速很小，附加切应力也很小，流速梯度却很大，黏性切应力起主导作用，可认为流体处于层流运动状态，这一薄层称为黏性底层。黏性底层之外继续有一薄层流体受到较小的影响，这种影响使得这一层流体处于不稳定状态，也称为过渡层。过渡层可能为层流，也可能为紊流。过渡层之外的流体受黏性影响越来越弱，紊流运动占据绝对优势，黏性应力可忽略不计，流体处于紊流状态，故称为紊流流核或紊流核心区。在紊流流核内紊流应力只计入紊流附加应力。圆管紊流的结构见图 6-13。

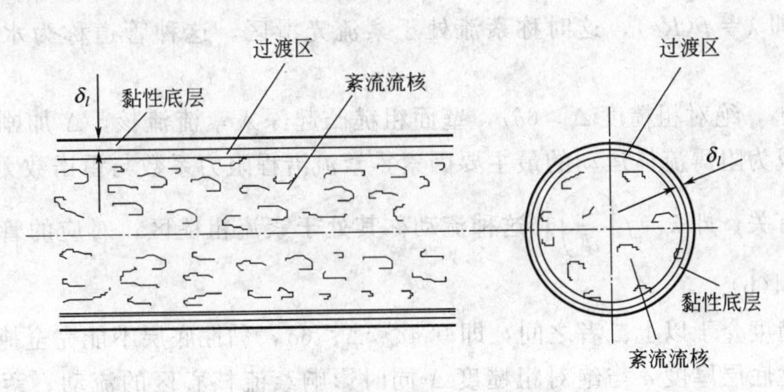

图 6-13 圆管紊流的结构

黏性底层很薄，通常在毫米量级的范围内，然而黏性底层的厚度却影响着紊流核心区的速度分布、沿程阻力系数和沿程水头损失的大小。

根据尼古拉兹（Nikuradse）实验资料，可得黏性底层的最大厚度 δ_l 的经验公式：

$$\delta_l = 11.6\frac{\nu}{v^*} \tag{6-45}$$

式中，v^* 称为阻力流速或剪切流速。它反映壁面剪切应力与流体密度的比值关系，具有速度量纲。因此，定义为：

$$v^* = \sqrt{\frac{\tau_0}{\rho}} \tag{6-46}$$

由于壁面剪切应力 $\tau_0 = \frac{\lambda\rho v^2}{8}$，代入上式，得：

$$v^* = \sqrt{\frac{\tau_0}{\rho}} = v\sqrt{\frac{\lambda}{8}} \tag{6-47}$$

将式(6-47) 代入式(6-45) 可得

$$\delta_l = 11.6\frac{\nu}{v\sqrt{\frac{\lambda}{8}}} = \frac{32.8d}{\frac{vd}{\nu}\sqrt{\lambda}}$$

即：

$$\delta_l = \frac{32.8d}{Re\sqrt{\lambda}} \tag{6-48}$$

式中，Re 为管内流体的雷诺数；d 为圆管直径；λ 为沿程阻力系数。

式(6-48) 不难看出，黏性底层的最大厚度与雷诺数成反比，即雷诺数愈大，紊动愈强烈，黏性底层的最大厚度就愈小。

6.6.2 水力光滑管与水力粗糙管

实际的圆管紊流总是要受到黏性底层厚度和管道边壁粗糙程度的影响。无论采用何种管材制作的管道，其壁面不可能绝对光滑，总会有一定粗糙和不平整，其粗糙凸起高度也不可能均匀。称壁面粗糙凸起的平均高度为绝对粗糙度，以“Δ”表示。绝对粗糙度与管道直径（或水力半径 R）的比值 Δ/d 称为相对粗糙度。

将黏性底层厚度 δ_l 与绝对粗糙度 Δ 比较，大量实验发现：当 δ_l 值较大，$\Delta<0.4\delta_l$ 时，壁面粗糙凸起完全被黏性底层所淹没，紊流流核与粗糙凸起完全被黏性底层隔开。紊流阻力不受壁面粗糙影响，水流像在绝对光滑的管道上流动一样。沿程阻力系数 λ 仅与雷诺数有关，即 $\lambda=f(Re)$，这时称紊流处于紊流光滑区，这种管道称为水力光滑管，见图 6-14(a)。

当 δ_l 值很小，绝对粗糙度 $\Delta>6\delta_l$，壁面粗糙凸起深入紊流流核，Δ 加剧紊流流核的紊动，粗糙凸起成为阻碍流体运动的最主要因素，紊流沿程阻力系数与雷诺数无关，只与壁面的相对粗糙度有关，即 $\lambda=f\left(\dfrac{\Delta}{d}\right)$。这种流动称其处于紊流粗糙区，对应的管道称为水力粗糙管，见图 6-14(b)。

当绝对粗糙度介于以上二者之间，即 $0.4\delta<\Delta<6\delta$，黏性底层不能完全掩盖边壁粗糙凸起的影响，黏性底层厚度 δ 与绝对粗糙度 Δ 同时影响紊流核心区的流动。紊流沿程阻力系数不仅与雷诺数有关，还与壁面的相对粗糙度有关，即沿程阻力系数 $\lambda=f\left(Re,\dfrac{\Delta}{d}\right)$，这种流动称其处于紊流的过渡区，见图 6-14(c)。

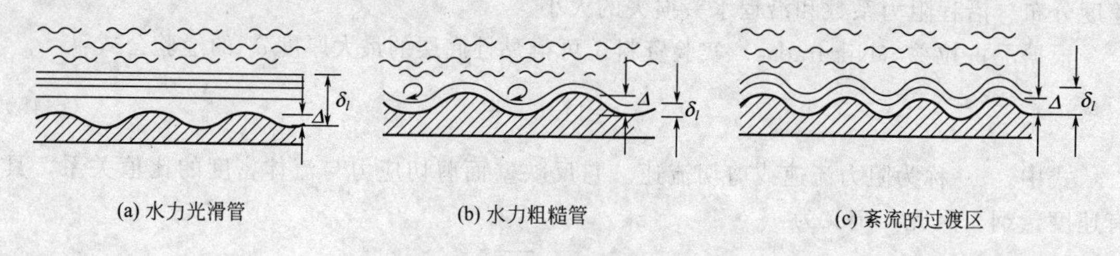

(a) 水力光滑管　　(b) 水力粗糙管　　(c) 紊流的过渡区

图 6-14　水力光滑管与水力粗糙管

综上所述，紊流运动中，根据黏性底层厚度和壁面绝对粗糙度的不同，又可以将紊流分为以下三个不同的区域。分别是：

紊流光滑区　　$\Delta<0.4\delta_l$，或 $Re^*<5$

紊流过渡区　　$0.4\delta_l<\Delta<6\delta_l$，或 $5<Re^*<70$

紊流粗糙区　　$\Delta>6\delta_l$，或 $Re^*>70$

其中，$Re^*=\dfrac{\Delta v_*}{\nu}$ 称为紊流的粗糙雷诺数。以上也是判别紊流流动区域的基本方法。但当流动条件发生改变时，流动的分区也将发生变化。即：在某一雷诺数下时，流动可能是水力光滑（或水力粗糙），但当雷诺数发生变化，流动可能变为水力粗糙（或水力光滑）。

6.6.3　圆管紊流的流速分布

圆管紊流中黏性底层为层流运动，流速分布服从抛物体规律。但由于黏性底层厚度 δ_l 很小，可近似为线性分布。在紊流流核中，由于紊动附加应力起主导作用，黏性切应力可忽略不计，式(6-44) 变为：

$$\tau=\rho l^2\left(\frac{\mathrm{d}u}{\mathrm{d}y}\right)^2$$

采用萨特克维奇的混合长度经验公式(6-43)，得：

$$\tau=\rho k^2 y^2\left(1-\frac{y}{r_0}\right)\left(\frac{\mathrm{d}u}{\mathrm{d}y}\right)^2 \tag{6-49}$$

此应力计算的结果应当与有压管流上均匀流基本方程计算的应力结果一致，即：

$$\tau=\tau_0\frac{r}{r_0}=\tau_0\left(1-\frac{y}{r_0}\right)=\rho k^2 y^2\left(1-\frac{y}{r_0}\right)\left(\frac{\mathrm{d}u}{\mathrm{d}y}\right)^2$$

整理得

$$\frac{\mathrm{d}u}{\mathrm{d}y}=\frac{1}{ky}\sqrt{\frac{\tau_0}{\rho}} \tag{6-50}$$

因$\sqrt{\frac{\tau_0}{\rho}}=v^*$，可得：

$$\frac{\mathrm{d}u}{\mathrm{d}y}=\frac{v^*}{ky} \tag{6-51}$$

积分得

$$\frac{u}{v^*}=\frac{1}{k}\ln y+C_0 \tag{6-52}$$

也可以积分为：

$$\frac{u}{v^*}=\frac{1}{k}\ln\left(\frac{v^* y}{\nu}\right)+C_1 \tag{6-52(a)}$$

C_0、C_1为积分常数，由实验资料确定。令$C_0=C_2-\frac{1}{k}\ln\Delta$，式(6-52) 变为：

$$\frac{u}{v^*}=\frac{1}{k}\ln\frac{y}{\Delta}+C_2 \tag{6-52(b)}$$

尼古拉兹（Nikuradse）通过大量的实验发现，当流动处于紊流光滑区时，紊流流核的速度服从式[6-52(a)] 的规律，当流动处于紊流粗糙区时，紊流流核的速度服从式[6-52(b)] 的规律。同时得出了实验常数$k=0.4$、$C_1=8.5$、$C_2=5.5$。将自然对数转换为以10为底的对数，将常数代入式[6-52(a)]、式[6-52(b)] 两式，整理得：

① 紊流光滑区的流速分布

$$u=v^*\left[5.75\lg\left(\frac{v^* y}{\nu}\right)+5.5\right] \tag{6-53}$$

② 紊流粗糙区的流速分布

$$u=v^*\left(5.75\lg\frac{y}{\Delta}+8.5\right) \tag{6-54}$$

由此可见，无论紊流的光滑区还是紊流的粗糙区，紊流流核中流速分布满足对数分布规律，见图 6-15(a)。与圆管层流时的旋转抛物体规律图 6-15(b) 相比，对数分布的速度更趋于均匀化。因而，在紊流运动中的动能修正系数与动量修正系数的值都接近于1.0。断面平均流速约为最大流速的0.8倍。

③ 紊流流速分布的指数公式。在尼古拉兹（Nikuradse）实验的基础上，普朗特和卡门提出了紊流流速分布的指数公式

$$\frac{u}{u_{\max}}=\left(\frac{y}{r_0}\right)^n \tag{6-55}$$

式中，n为指数，随雷诺数发生变化，当$Re<10^5$时，n约等于1/7，得紊流流速分布的七分之一次方定律

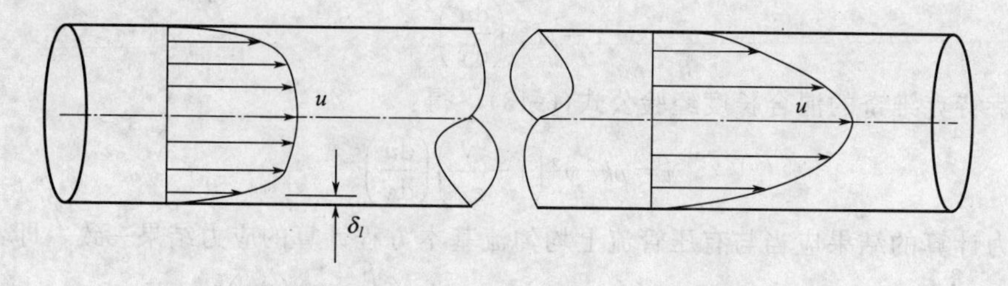

(a) 圆管紊流的速度分布　　(b) 圆管层流的速度分布

图 6-15　圆管流动的速度分布

$$\frac{u}{u_{\max}}=\left(\frac{y}{r_0}\right)^{1/7} \tag{6-56}$$

当 $Re>10^5$ 时，n 采用 1/8、1/9 或 1/10 可获得更为准确的结果。

6.6.4　圆管中沿程阻力系数变化规律

6.6.4.1　尼古拉兹实验

尼古拉兹（Nikuradse）为研究有压管流中的沿程阻力系数的变化规律，采用了人工加糙的方法，经过筛分将具有同粒径 Δ 的砂粒均匀地粘贴在的圆管内壁，从而制成了尼古拉兹人工粗糙管。尼古拉兹在人工粗糙管中试验恒定均匀流动，测定不同流态下 λ 与 Re 和 Δ 的关系。实验装置见图 6-16。根据测定的沿程水头损失，采用达西公式计算沿程阻力系数，得：

$$\lambda=\frac{2gdh_f}{lv^2} \tag{6-57}$$

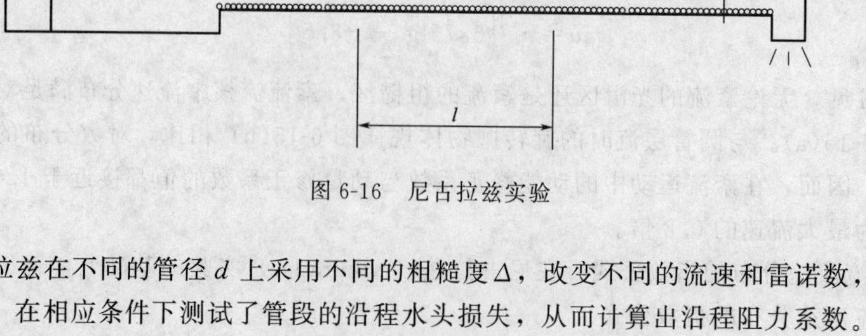

图 6-16　尼古拉兹实验

尼古拉兹在不同的管径 d 上采用不同的粗糙度 Δ，改变不同的流速和雷诺数，进行了一系列试验。在相应条件下测试了管段的沿程水头损失，从而计算出沿程阻力系数。他将试验成果绘于以 $\lg Re$ 为横坐标，以 $\lg(100\lambda)$ 为纵坐标的图中，得出了沿程阻力系数 λ、雷诺数 Re 和相对粗糙度 Δ/d 的关系曲线，见图 6-17，此曲线称尼古拉兹实验曲线。尼古拉兹根据沿程阻力系数 λ 的变化规律，将流动分为五个不同的区域，即Ⅰ区、Ⅱ区、Ⅲ区、Ⅳ区、Ⅴ区，每个区域的规律如下。

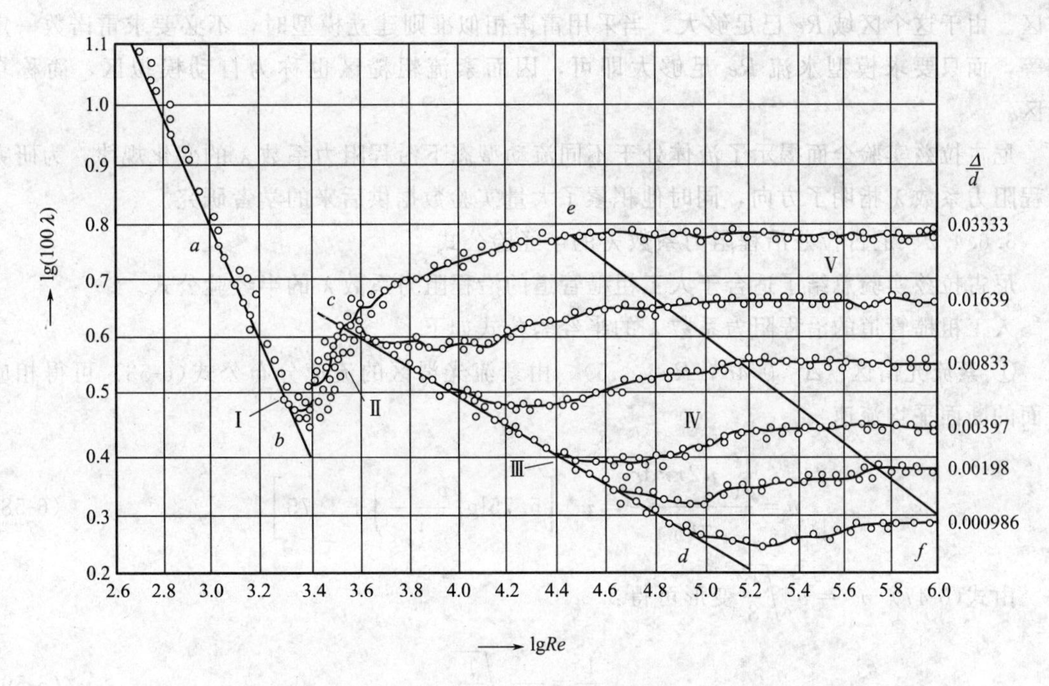

图 6-17 尼古拉兹实验曲线

第Ⅰ区：$Re<2000$，为层流区。所有不同相对粗糙度$\frac{\Delta}{d}$的试验点均聚集在 ab 直线上，沿程阻力系数 λ 只与 Re 有关，与粗糙度无关，并且满足$\lambda=f_1(Re)=\frac{64}{Re}$的规律。沿程水头损失只与流速的一次方成比例，此结论与前面的理论分析一致。

第Ⅱ区：$2000<Re<4000$，所有不同相对粗糙度$\frac{\Delta}{d}$的试验点均聚集在 bc 线上，流动为层流到紊流的过渡区。在该区上 λ 值也只与 Re 数有关，而与 Δ/d 无关，即：$\lambda=f_2(Re)$。

第Ⅲ区：$Re>4000$，不同相对粗糙度$\frac{\Delta}{d}$的试验点聚集在 cd 线上。λ 仍只与 Re 有关，而与$\frac{\Delta}{d}$无关，即 $\lambda=f_3(Re)$。此时流动已处于紊流状态，实际上属于紊流光滑区。

第Ⅳ区：$Re>4000$，不同相对粗糙度$\frac{\Delta}{d}$的试验点聚集在 cd 线与 ef 线之间的区域。此区域内，沿程阻力系数 λ 不仅与雷诺数 Re 有关，而且与相对粗糙度 Δ/d 有关，即：$\lambda=f_4\left(Re,\frac{\Delta}{d}\right)$，为紊流的过渡区。

第Ⅴ区：$Re\gg4000$，Re 已足够大，不同相对粗糙度$\frac{\Delta}{d}$的试验点聚集在 ef 线右侧的区域。此区域内，沿程阻力系数 λ 已与雷诺数无关，它只与相对粗糙度$\frac{\Delta}{d}$有关，即：$\lambda=f_5\left(\frac{\Delta}{d}\right)$，因而其沿程水头损失与流速的平方成正比。这个区域为紊流粗糙区，也称为阻力平方区。由于这个区域 Re 已足够大，当采用雷诺相似准则建立模型时，不必要求雷诺数一定相等，而只要求模型水流 Re 足够大即可，因而紊流粗糙区也称为自动模拟区，简称自模区。

尼古拉兹实验全面揭示了流体处于不同流动型态下沿程阻力系数 λ 的变化规律，为研究沿程阻力系数 λ 指明了方向，同时他积累了大量实验数据供后来的学者研究。

6.6.4.2　尼古拉兹沿程阻力系数 λ 的半经验公式

尼古拉兹实验总结了适合于人工粗糙管道的沿程阻力系数 λ 的半经验公式。

人工粗糙管道的沿程阻力系数 λ 的半经验公式如下。

① 紊流光滑区（$\Delta<0.4\delta$，$Re^*<5$）。由紊流光滑区的流速分布公式(6-53) 可得相应断面的断面平均流速：

$$v=\frac{\int_0^{r_0} u2\pi r\mathrm{d}r}{\pi r_0^2}=v^*\left[5.75\lg\left(\frac{v^* r_0}{\nu}\right)+1.75\right] \tag{6-58}$$

由式(6-47) $v^*=v\sqrt{\frac{\lambda}{8}}$ 变形可得：

$$\frac{1}{\sqrt{\lambda}}=\frac{v}{v^*}\sqrt{\frac{1}{8}} \tag{6-59}$$

将式(6-58) 代入式(6-59)，与尼古拉兹试验资料比较，修正后得

$$\frac{1}{\sqrt{\lambda}}=2\lg\left(Re\sqrt{\lambda}\right)-0.8 \tag{6-60}$$

式(6-60) 为尼古拉兹紊流光滑区沿程阻力系数 λ 的半经验公式。

② 紊流粗糙区（$\Delta>6\delta_l$，$Re^*>70$）

同样的方法，将紊流粗糙区的流速分布公式(6-54) 代入断面平均流速的定义式，整理后得到紊流粗糙区的断面平均流速分布公式：

$$v=v^*\left[5.75\lg\left(\frac{r_0}{\Delta}\right)+4.75\right] \tag{6-61}$$

将式(6-61) 代入式(6-59)，实验修正，整理后得

$$\frac{1}{\sqrt{\lambda}}=2\lg\left(\frac{r_0}{\Delta}\right)+1.74 \tag{6-62}$$

式(6-62) 称为尼古拉兹紊流粗糙区沿程阻力系数 λ 的半经验公式。

6.6.4.3　工业管道的沿程阻力系数 λ 的经验公式

(1) 当量粗糙高度　尼古拉兹总结了沿程阻力系数的变化规律，得到了紊流光滑区、紊流粗糙区沿程阻力系数 λ 的半经验公式。但由于是在人工粗糙管中完成，它和工业管道的粗糙情况并不相同，因而不能直接用于工业管道。实际上，工业管道的粗糙高度、粗糙形状及其分布都是随机性的，为此引入了当量粗糙度的概念。所谓当量粗糙度是指与工业管道沿程阻力系数 λ 值相等的同直径人工粗糙管的粗糙高度，以 Δ 表示。工业管道的粗糙高度换为当量粗糙度后，尼古拉兹紊流光滑区、紊流粗糙区的沿程阻力系数 λ 的半经验公式就可以直接使用到工业管道相应的紊流光滑区、紊流粗糙区中。表 6-1 列出了部分常用工业管道的当量粗糙度 Δ 值。

表 6-1 部分常用工业管道的当量粗糙度

边界条件	当量粗糙度 Δ/mm	边界条件	当量粗糙度 Δ/mm
新氯乙烯管、玻璃管、黄铜管	0～0.002	磨光的水泥管	0.33
光滑混凝土管、新焊接钢管	0.015～0.06	旧铸铁管	1～1.5
新铸铁管、离心混凝土管	0.15～0.5	混凝土衬砌渠道	0.8～9.0
一般状况的钢管	0.19	土渠	4～11
清洁的镀锌铁管	0.25	卵石河床(d=70～80mm)	30～60
轻度锈蚀钢管	0.25		

(2) 柯列勃洛克公式　由于工业管道的粗糙并不像人工管道粗糙均匀分布和大小相同，在紊流的过渡区，尼古拉兹得出的沿程阻力系数实验成果和工业管道相差较大。因此，尼古拉兹未总结紊流过渡区沿程阻力系数 λ 的经验公式。1938 年，柯列勃洛克根据大量工业管道的试验资料，综合尼古拉兹光滑管公式和粗糙管公式，提出了工业管道紊流过渡区 ($0.4\delta<\Delta<6\delta$，$5<Re^*<70$) λ 值的计算公式：

$$\frac{1}{\sqrt{\lambda}}=-2\lg\left(\frac{\Delta}{3.7d}+\frac{2.51}{Re\sqrt{\lambda}}\right) \tag{6-63}$$

式(6-63) 称为柯列勃洛克公式。Δ 为工业管道的当量粗糙度，可由表 6-1 查得。然而，在柯列勃洛克公式的应用中发现，此公式不仅适用于工业管道的紊流过渡区，而且还可用于紊流的光滑区和粗糙区。

(3) Moody 图（暖通专业）　1944 年，莫迪 Moody 根据柯列勃洛克公式(6-63) 绘制了工业管道沿程阻力系数 λ 的变化曲线，即 Moody 图，见图 6-18。图中也反映出雷诺数 Re、相对粗糙度 Δ/d 与沿程阻力系数 λ 的相互关系。目前，Moody 图在暖通专业得到广泛应用。在莫迪图中，根据求得的当量粗糙度 Δ 及对应的相对粗糙度 Δ/d，由雷诺数 Re 可查图得到沿程阻力系数 λ 值。

(4) 沿程阻力系数 λ 的经验公式　除尼古拉兹半经验公式、柯列勃洛克公式、Moody 图以外，很多科学家在这一领域也作了大量的研究，得出了他们实验条件下计算沿程阻力系数 λ 的经验公式，主要有以下一些经验公式。

① 布拉休斯公式。1913 年布拉休斯在总结光滑管试验资料的基础上，提出适合紊流光滑区的指数公式：

$$\lambda=\frac{0.316}{Re^{0.25}} \tag{6-64}$$

此经验公式的适用条件为：$Re<10^5$。由于公式简单，布拉休斯公式在紊流光滑区得到了广泛的应用。

② 舍维列夫公式(给水排水专业)。在给水排水工程专业，广泛使用 1953 年舍维列夫 (Ф. А. Шевелев) 推导的经验公式。他根据新、旧钢管，铸铁管的实测资料，得出了紊流过渡区及紊流粗糙区沿程阻力系数 λ 的经验公式。但由于新钢管和新铸铁管在使用过程中常常发生锈蚀，管壁粗糙度逐渐增大，其沿程阻力系数也将增大。因此，工程中一般按旧管计算，这里只引入旧钢管、旧铸铁管在紊流过渡区及紊流粗糙区的经验公式。

当管道流速 $v<1.2$m/s 时，舍维列夫认为相当于紊流过渡区：

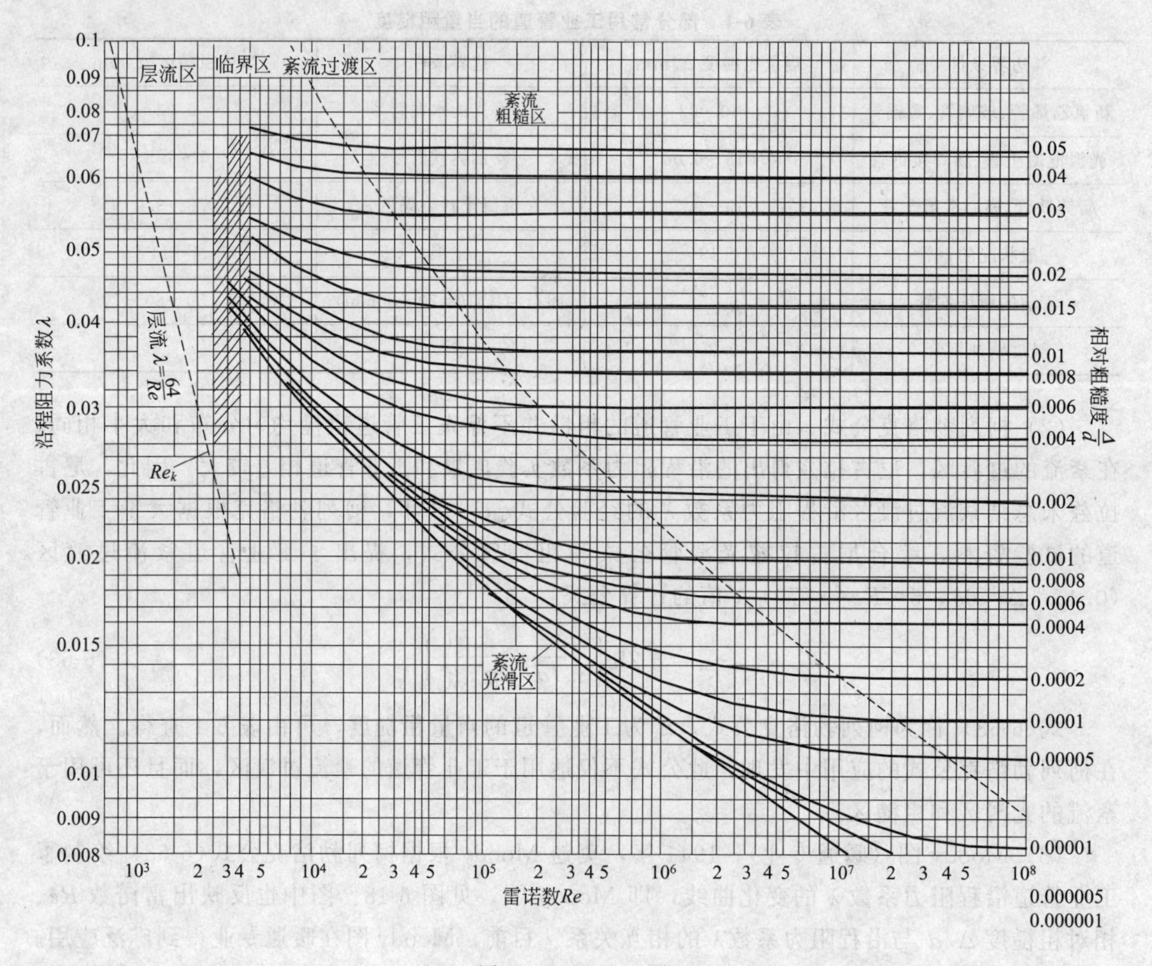

图 6-18 Moody 图

$$\lambda=\frac{0.0179}{d^{0.3}}\left(1+\frac{0.867}{v}\right)^{0.3} \tag{6-65}$$

当管道流速 $v>1.2\text{m/s}$ 时，他认为是紊流粗糙区：

$$\lambda=\frac{0.0210}{d^{0.3}} \tag{6-66}$$

舍维列夫以上的经验公式是在水温为 10℃得到的，因此，式(6-65)、式(6-66) 的适用条件是水温为 10℃。式中，管径 d 以 m 计，流速以 m/s 计。

③ 谢才公式(水环境、水利专业)。1775 年，法国工程师谢才 (Chezy) 根据大量的渠道试验实测数据，总结出了适合于水环境、水利专业的流速计算公式，后称谢才公式。形式如下：

$$v=C\sqrt{RJ} \tag{6-67}$$

式中，v 是断面平均流速，m/s；R 为水力半径，m；J 为水力坡度；C 为谢才系数，它综合反映渠道各种因素对断面平均流速与水力坡度的影响，可由曼宁公式计算。

将式(6-67) 与达西公式 $h_f=\lambda\frac{l}{4R}\frac{v^2}{2g}$ 比较，可得沿程阻力系数 λ 与谢才系数 C 的关系为：

$$\lambda=\frac{8g}{C^2} \tag{6-68}$$

或

$$C=\sqrt{8g/\lambda} \tag{6-69}$$

④ 曼宁公式。1895 年爱尔兰工程师曼宁与谢才几乎是同时提出了渠道中流速的计算公式，为纪念他们两人，将两流速公式比较，计算谢才系数的经验公式称曼宁公式：

$$C=\frac{1}{n}R^{1/6} \tag{6-70}$$

式中，n 综合反映壁面对水流阻滞作用的影响，称粗糙系数，其值见表 6-2。

曼宁公式的适用范围为：$n<0.020$，$R<0.5\text{m}$。在该范围内对管道或较小渠道的水力计算结果与实验资料吻合较好。

⑤ 巴甫洛夫斯基公式（水利专业）。1925 年，巴甫洛夫斯基在渠道实测资料的基础上提出了计算谢才系数的经验公式：

$$C=\frac{1}{n}R^{y} \tag{6-71}$$

式中，y 为与粗糙系数 n 及水力半径 R 有关的指数，其值由下式计算

$$y=2.5\sqrt{n}-0.13-0.75\sqrt{R}\left(\sqrt{n}-0.10\right) \tag{6-72}$$

y 还可近似按下面公式计算：

当 $R<1\text{m}$ 时　　$y=1.5\sqrt{n}$

当 $R>1\text{m}$ 时　　$y=1.3\sqrt{n}$

巴甫洛夫斯基公式的适用范围为：

$$0.1\text{m}\leqslant R\leqslant 3.0\text{m},0.011\leqslant n\leqslant 0.04$$

显然，巴甫洛夫斯基公式比曼宁公式的适用范围要宽。

表 6-2　粗糙系数 n 值

序号	边界种类及状况	n	$1/n$
1	仔细刨光的木板，新制的清洁的生铁和铸铁管，铺设平整，接缝光滑	0.011	90
2	未刨光的但连接很好的木板，正常情况下的给水管，极清洁的排水管，很光滑的混凝土面	0.012	83.3
3	正常情况下的排水管，略有污秽的给水管，很好的砖砌	0.013	76.9
4	污秽的给水和排水管，一般混凝土表面，一般砖砌	0.014	71.4
5	陈旧的砖砌面，相当粗糙的混凝土面，光滑、仔细开挖的岩石面	0.017	58.8
6	坚实黏土的土渠。有不连接淤泥层的黄土，或砂砾石中的土渠，维修良好的大土渠	0.0225	44.4
7	一般的大土渠。情况良好的小土渠。情况极其良好的天然河流（河床清洁顺直，水流通畅，没有浅滩深槽）	0.025	40.0
8	情况较坏的土渠（如部分地区有杂草或砾石，部分的岸坡倒塌等）。情况良好的天然河流	0.030	33.3
9	情况极坏的土渠（剖面不规则，有杂草、块石，水流不畅等）。情况比较良好的天然河流，但有不多的块石和野草	0.035	28.6
10	情况特别不好的土渠（深槽或浅滩，杂草众多，渠底有大块石等）。情况不甚良好的天然河流（野草、块石较多，河床不甚规则且有弯曲，有不少的倒塌和深潭等）	0.040	25.0

谢才公式适用于有压或无压的均匀流，包括层流和紊流的各个区域，但上述计算谢才系数 C 的两个经验公式均只适用于紊流粗糙区，因此谢才公式也仅适用于紊流粗糙区即阻力平方区。

【例 6-3】 一输水钢管长 $l=100$m，直径 $d=500$mm，输送流量 $Q=0.6\text{m}^3/\text{s}$，水温 $t=10$℃，试计算沿程阻力系数和沿程水头损失。

【解】 由于题目已知流量和管径，可先求出断面平均流速：

$$v=\frac{Q}{\frac{1}{4}\pi d^2}=\frac{0.6}{\frac{1}{4}\times\pi\times0.5^2}=3.06\text{m/s}>1.2\text{m/s}$$

查表 1-2，10℃水的运动黏性系数 $\nu=0.01310\text{cm}^2/\text{s}$，则雷诺数为

$$Re=\frac{vd}{\nu}=\frac{3.06\times0.5}{0.013\times10^{-4}}=1176923>2000$$

故管中水流为紊流。

因题目为钢管，水温 $t=10$℃，可用舍维列夫经验公式计算 λ

$v>1.2\text{m/s}$：
$$\lambda=\frac{0.0210}{d^{0.3}}=0.168$$

$$h_f=\lambda\frac{l}{d}\frac{v^2}{2g}=0.168\times\frac{100}{0.5}\times\frac{3.06^2}{2\times9.8}=16.05\text{mH}_2\text{O}$$

【例 6-4】 恒定有压均匀流中，管径 $d=200$mm，当量粗糙度 $\Delta=0.2$mm，$Q=25$L/s，运动黏性系数 $\nu=0.0000015\text{m}^2/\text{s}$，求沿程阻力系数。

【解】 根据题目已知条件，首先计算流速和判别流态。

$$v=\frac{Q}{\frac{1}{4}\pi d^2}=0.8\text{m/s}$$

$$Re=\frac{vd}{\nu}=106667>2000\ \text{为紊流。}$$

假设为紊流过渡区，由柯列勃洛克（C. F. Colebrook）公式：

$$\frac{1}{\sqrt{\lambda}}=-2\lg\left(\frac{\Delta}{3.7d}+\frac{2.51}{Re\sqrt{\lambda}}\right)$$

试算得：
$$\lambda=0.022$$

验证黏性底层厚度：
$$\delta_L=\frac{32.8d}{Re\sqrt{\lambda}}=0.41\text{mm}$$

则：
$$0.4<\frac{\Delta}{\delta_L}=0.48<6$$

与上述假设一致，$\lambda=0.022$ 计算正确。

本题也可查莫迪图（图 6-18），由 $Re=106667$，$\frac{\Delta}{d}=0.001$，查得 $\lambda=0.022$。

以上看出，只要条件满足，可根据不同的经验公式计算 λ，其值不一定完全相等，但应基本一致。

6.7 局部水头损失

在环境、市政工程和其他工业中，管道，阀门、弯头、三通随处可见，它们是构成管路

系统的基本成分，缺一不可。除此以外，还经常遇到管道断面突然扩大或逐渐扩大，突然缩小或逐渐缩小等流动边界的变化。这些边界变化带来的水力现象给流动带来了较大的局部阻力，和使水流产生较大的能量损失。

前面我们知道了局部阻力是由于流动边界突变所产生，为满足工程需要流动边界的突变形式各种各样，或是断面形状改变，或面积大小变化和流动方向改变，甚至还可能是它们的某几个因素的综合变化。从内部机理上，可能存在仅仅由于边界面积大小、几何形状变化引起的边界层分离现象产生的局部阻力，或是流动方向改变时形成的螺旋流动造成局部阻力，或者两者都存在造成的局部阻力。因此，很难用统一的公式表示。

大量的实验发现，流速越大，局部水头损失越大。局部水头损失与流速水头成正比，因此，局部水头损失一般用流速水头乘以某一系数表示，即：

$$h_f=\zeta\frac{v^2}{2g} \tag{6-73}$$

式中，ζ 为局部阻力系数，只能通过实验测定，表 6-3 列出了常见局部阻碍的实验系数供计算时选用。在各种局部水头损失的计算中只有少数局部阻力系数可以用理论分析得出，如突然扩大。

严格地说，局部水头损失也分为层流的局部水头损失和紊流的局部水头损失。然而，在具体的流动中，由于边界突变的扰动，流动很快进入紊流状态，故局部水头损失一般指紊流的局部水头损失。因此，表中给出的局部阻力系数均是指紊流的局部阻力系数值，并且两个局部阻碍之间互不影响。

下面就圆形断面突然扩大的局部水头损失和局部阻力系数进行分析。

6.7.1 突然扩大的局部水头损失

如图 6-19 所示突然扩大管段，水流从 1—1 断面突然扩大到 2—2 断面，由于边界的突变，产生了边界层分离现象。在流体脱离壁面的区域出现了大量的漩涡，并形成真空。涡体不断被主流带走，又不断产生，从而消耗掉大量的机械能，即将产生一较大的局部水头损失。由于发生局部水头损失的流段较短，忽略期间的沿程水头损失，可由能量方程和动量方程推导局部水头损失。

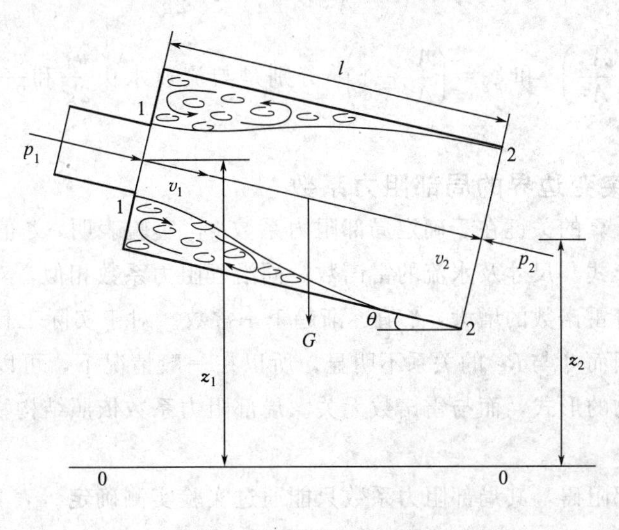

图 6-19 突然扩大管段

取渐变流1—1、2—2过流断面为计算断面，设断面平均流速分别为 v_1 和 v_2，各断面轴心压强分别为 p_1 和 p_2，列出从1—1断面到2—2断面的伯努利方程：

$$z_1+\frac{p_1}{\rho g}+\frac{\alpha_1 v_1^2}{2g}=z_2+\frac{p_2}{\rho g}+\frac{\alpha_2 v_2^2}{2g}+h_j$$

则局部水头损失 h_j 为：

$$h_j=\left(z_1+\frac{p_1}{\rho g}\right)-\left(z_2+\frac{p_2}{\rho g}\right)+\frac{\alpha_1 v_1^2}{2g}-\frac{\alpha_2 v_2^2}{2g} \tag{6-74}$$

以1—1、2—2断面间的水体为控制体，不考虑摩擦，控制体主要受到两断面压力、重力的作用，设1—1、2—2断面间的长度为 l，轴线与水平面的夹角为 θ，沿流动方向列1—1、2—2断面的动量方程为：

$$p_1 A_1+p_1(A_2-A_1)-p_2 A_2+\rho g A_2 l\sin\theta=\rho Q(\beta_2 v_2-\beta_1 v_1) \tag{6-75}$$

其中，$\sin\theta=\dfrac{z_1-z_2}{l}$，代入式(6-75)，得：

$$\left(z_1+\frac{p_1}{\rho g}\right)-\left(z_2+\frac{p_2}{\rho g}\right)=\frac{v_2}{g}(\beta_2 v_2-\beta_1 v_1) \tag{6-76}$$

紊流动能、动量修正系数 $\alpha_1=\alpha_2=1$，$\beta_1=\beta_2=1$，将式(6-76)代入式(6-74)中得：

$$h_j=\frac{(v_1-v_2)^2}{2g} \tag{6-77}$$

式(6-77)即为断面突然扩大的局部水头损失的理论公式。式(6-77)可分别提出 $\dfrac{v_1^2}{2g}$ 和 $\dfrac{v_2^2}{2g}$，同时应用连续性方程 $v_1A_1=v_2A_2$，得

$$h_j=\left(\frac{A_2}{A_1}-1\right)^2\frac{v_2^2}{2g}=\zeta_2\frac{v_2^2}{2g} \tag{6-77(a)}$$

或

$$h_j=\left(1-\frac{A_1}{A_2}\right)^2\frac{v_1^2}{2g}=\zeta_1\frac{v_1^2}{2g} \tag{6-77(b)}$$

式中，$\zeta_1=\left(1-\dfrac{A_1}{A_2}\right)^2$ 和 $\zeta_2=\left(\dfrac{A_2}{A_1}-1\right)^2$ 分别是与流速水头 $\dfrac{v_1^2}{2g}$ 和 $\dfrac{v_2^2}{2g}$ 相匹配的局部阻力系数。

6.7.2 其他突变边界的局部阻力系数

局部水头损失计算的关键在于确定局部阻力系数 ζ，实验表明，ζ 值取决于造成局部阻力的结构物的几何形式、尺寸及水流的雷诺数。同沿程阻力系数相似，对于某一固定的局部阻力的结构物，随着雷诺数的增大，ζ 值逐渐趋于一常数。对于实际工程中遇到的水流，其雷诺数都比较大，因而 ζ 与 Re 的关系不明显，所以在一般情况下，可以认为 ζ 仅仅取决于造成局部阻力结构物的形式，而与雷诺数无关。局部阻力系数依照结构物的形式可从专门的水力手册中查取。

若对于新型局部阻碍，其局部阻力系数只能通过实验实测确定。表6-3给出了一些常见局部阻碍的局部阻力系数 ζ 值以供参考。

表 6-3 常见局部阻碍的局部阻力系数ζ值

名　称	示意图		ζ 值
进　口	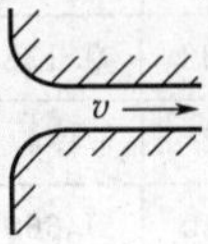	完全修圆	0.05～0.10
		稍微修圆	0.20～0.25
	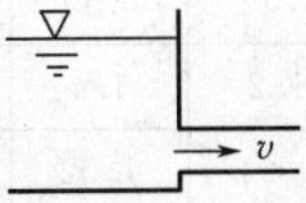	直角进口	0.5
	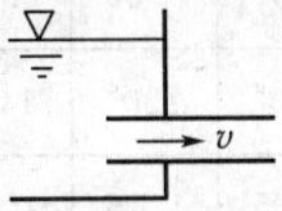	内插进口	1.0
出　口	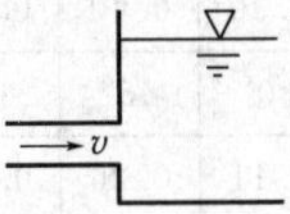	流入水库（池）	1.0
断面突然扩大	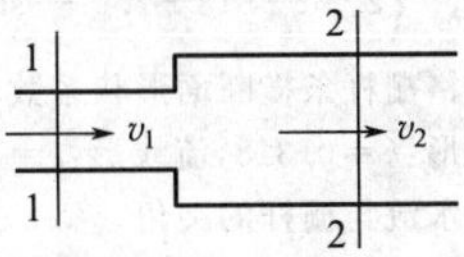		$\zeta_2=\left(\frac{A_2}{A_1}-1\right)^2\ (h_j=\zeta\frac{v_2^2}{2g})$ $\zeta_1=\left(1-\frac{A_1}{A_2}\right)^2\ (h_j=\zeta\frac{v_1^2}{2g})$
断面突然缩小	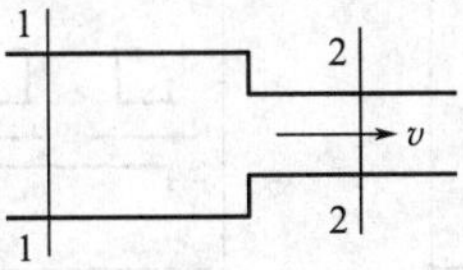		$\zeta=0.5\left(1-\frac{A_2}{A_1}\right)$

渐扩管

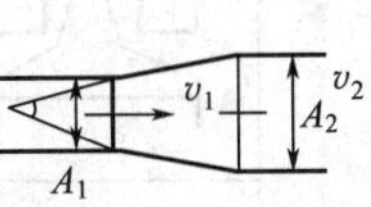

α	8°	10°	12°	15°	20°	25°
k	0.14	0.16	0.22	0.30	0.42	0.62

$$\zeta=k\left(\frac{A_2}{A_1}-1\right),h_j=\zeta\frac{v_2^2}{2g}$$

渐缩管

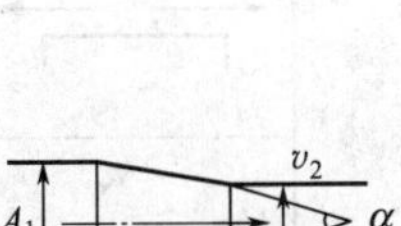

α	10°	20°	40°	60°	80°	100°	140°
k_1	0.4	0.25	0.2	0.2	0.3	0.4	0.6
A_2/A_1	0.1	0.3	0.5	0.7	0.9		
k_2	0.4	0.36	0.3	0.2	0.1		

$$\zeta=k_1\left(\frac{1}{k_2}-1\right)^2,h_j=\zeta\frac{v_2^2}{2g}$$

续表

缓弯管 90°（ζ值）

名称	示意图						
缓弯管 90°		圆管	d/R	0.2	0.4	0.6	0.8	1.0
			ζ	0.132	0.138	0.158	0.206	0.294
			d/R	1.2	1.4	1.6	1.8	2.0
			ζ	0.440	0.660	0.976	1.406	1.975
		矩形管	b/R	0.2	0.4	0.6	0.8	1.0
			ζ	0.12	0.14	0.18	0.25	0.40
			b/R	1.2	1.4	1.6	2.0	
			ζ	0.64	1.02	1.55	3.23	

弯管（任意角度）

α	20°	30°	40°	50°	60°	70°	80°
ζ	0.47	0.57	0.66	0.75	0.82	0.88	0.94
α	90°	100°	120°	140°	160°	180°	
ζ	1.00	1.05	1.16	1.25	1.33	1.41	

折　管

圆管	α	30°	40°	50°	60°	70°	80°	90°
	ζ	0.20	0.30	0.40	0.55	0.70	0.90	1.10
方管	α	15°	30°	45°	60°	90°		
	ζ	0.025	0.11	0.26	0.49	1.20		

格栅

$$\zeta=k\left(\frac{b}{b+s}\right)^{1.6}\left(2.3\frac{l}{s}+8+2.9\frac{s}{l}\sin\alpha\right)$$

式中　k——格栅杆条横断面形状系数，其中矩形：$k=0.504$，圆弧形：$k=0.318$，流线形：$k=0.182$；

α——水流与栅杆的夹角。

名称	示意图	开度	ζ值
截止阀		全开	4.3～6.1
蝶阀		全开	0.1～0.3
闸门		全开	0.12
无阀滤水网			2～3

名称	示意图	ζ值
等径三通		0.1
		1.5
		1.5
		3.0

【例 6-5】 如图 6-20 所示输水管路，水池中的水经弯管流入大气，已知管道直径 $d=200\text{mm}$，水平段 AB 和倾斜段 BC 的长度均为 $l=150\text{m}$，高差 $h_1=2\text{m}$，$h_2=18\text{m}$，BC 段内设有阀门，沿程阻力系数为 0.025，进口及转弯局部阻力系数分别为 $\xi_{进}=0.5$，$\xi_{弯}=0.48$。试求：为使 AB 段末端 B 处的真空值不超过 7m 水柱，阀门的阻力系数应为多少？此时管路流量是多少？

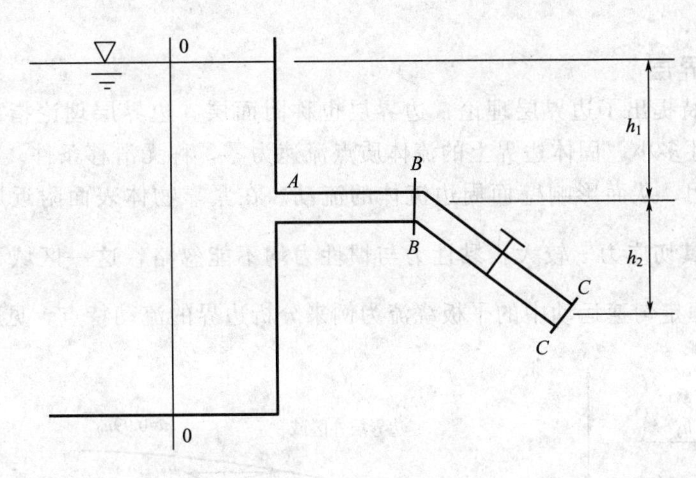

图 6-20 【例 6-5】图

【解】 以 $A\sim B$ 管段的轴线为基准面，列出 0—0 到 B—B 断面的能量方程：

$$h_1+0+0=0-7+\frac{v^2}{2g}+0.025\frac{l}{d}\frac{v^2}{2g}+(0.5+0.48)\frac{v^2}{2g}$$

即：

$$2+0+0=0-7+\frac{v^2}{2g}+0.025\frac{150}{0.2}\frac{v^2}{2g}+(0.5+0.48)\frac{v^2}{2g}$$

解得出口速度为： $v=2.92\text{m/s}$

则虹吸管通过的流量为： $Q=v\times\frac{\pi}{4}\times0.2^2=0.092\text{m}^3/\text{s}$

以过 C—C 断面轴心的水平面为基准面，列出 0—0、C—C 断面的能量方程：

$$h_1+h_2+0+0=0+0+\frac{v^2}{2g}+0.025\frac{2l}{d}\frac{v^2}{2g}+(0.5+0.48+\xi)\frac{v^2}{2g}$$

即：

$$2+18+0+0=0+0+\frac{v^2}{2g}+0.025\frac{300}{0.2}\frac{v^2}{2g}+(0.5+0.48+\xi)\frac{v^2}{2g}$$

阀门的阻力系数为： $\zeta=6.6$

6.8 边界层理论与绕流运动

实际流体的流动根据其与固体边界的相对位置，通常可分为内流和外流。流体在管道内的流动、河流中的水体流动等称为内流。飞机、火车、汽车等飞行体，潜艇、轮船等水下物体的运动可按外流处理。但不管内流或外流，实际流体与固体边界的相对运动在边界处产生的阻力一般是不可忽略的。在边界简单时，实际流体运动按 N-S 方程求解是可行的；一旦边界条件复杂 N-S 方程只能简化求解。

在不涉及边界绕流问题时，当黏性很小时，按理想流体运动微分方程求解是常用的方法之一。但在边界绕流运动阻力的计算中是否可行？达朗伯尔提出疑问：若忽略黏性，则圆柱体绕流时阻力为零，将不产生漩涡。然而这完全与实际矛盾，在绕流物体下游端出现了漩涡，漩涡的大小强弱与物体的形状、流动的快慢有着密切的关系。即绕流过程中既产生了摩擦阻力，也产生了形状阻力。其中，边界层的分离现象对物体的形状阻力产生重要的影响。

6.8.1 边界层

1904 年普朗特提出了边界层理论，边界层也称附面层。边界层理论指出：流体在绕流过程中，不管黏性多小，固体边界上的流体质点流速为零，称无滑移条件。在黏性的作用下流体质点相互作用，从而影响壁面周边流体的流动。在紧靠物体表面附近形成一流速梯度 $\frac{du}{dy}$ 很大的薄层，其切应力 τ 较大，黏性力与惯性力均不能忽略，这一区域称边界层或附面层。下面以二维恒定匀速运动中的平板绕流为例来分析边界的流动特点，见图 6-21。

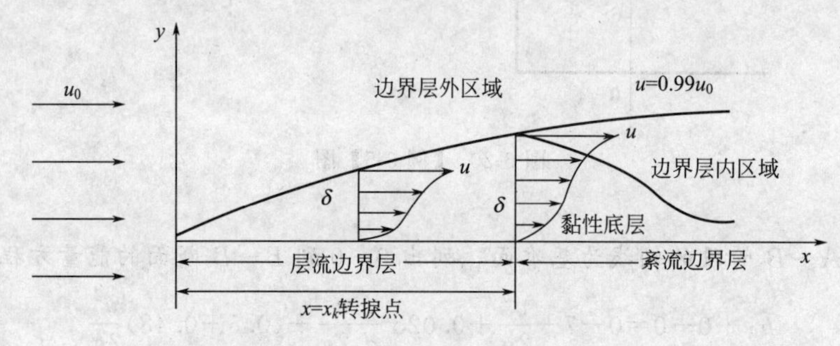

图 6-21 边界层结构图

设流场中匀速运动的速度 u_0，平板厚度不管有多薄，都将形成边界层。在流体刚刚经过平板，只有一点的接触时，流体将受到影响，绕流运动开始，随着绕流流程的增加，影响的范围扩大。虽然理论上说这种影响将扩大到无穷远处，对流体运动产生影响，但通常近似认为，当受到影响的流体速度等于 0.99 倍来流的速度即 $u=0.99u_0$ 时为边界层的外边界，该处距固壁的垂直厚度即为边界层的厚度，绕流运动对该厚度以远的流体运动产生的影响可忽略不计。大量的实验发现，边界层的厚度随绕流流程的增加而增加。

普朗特的边界层理论具有重大的意义。有了边界层的概念，流体流动的区域可分为两个区域：边界层内的流区和边界层外的流区。边界层内的流区不管黏性有多小必须考虑黏性的影响，流体运动只能按实际流体的运动微分方程求解；边界层外的流区由于忽略了绕流的影响，可按势流理论分析这一区域的运动。

在平板绕流中，边界层内法向流速由 $0\rightarrow0.99u_0$，产生较大的流速梯度 $\frac{du}{dy}$，在边界厚度 δ 范围内的流动也会受到流速、黏性、绕流距离、边界层厚度的影响。总体有下面的规律。

① 边界层厚度 δ 沿程增加，则边界层内的流速梯度沿程减小，并与流动特性尺寸有关。

② 边界层将流动分成边界层内外两个区域：边界层内区域的流场按实际流体 N-S 方程求解；边界层外区域的流场按理想势流即无旋流动求解。沿物体表面法线方向压强不变，

$\frac{\partial p}{\partial y}=0$，即所谓“压力穿过边界层不变”。

③ 边界层内区域存在两种流态，即流体可作层流运动或紊流运动，因此边界层分为层流边界层和紊流边界层。

边界层内的流态依然用雷诺数进行判别，实验测得其临界雷诺数为：

$$Re_{xk}=\frac{u_0 x_k}{\nu}=(3.5\sim5.0)\times10^5 \tag{6-78}$$

x_k 为绕流的临界距离，$x=x_k$ 的点称为转捩点，u_0 为来流速度。一般取临界雷诺数 $Re_{xk}=5\times10^5$。实际绕流的雷诺数按绕流距离计算：$Re_x=\frac{u_0 x}{\nu}$。当 $x<x_k$ 为层流边界层；$x>x_k$ 为紊流边界层。若按绕流的全边界长度计算雷诺数 $Re_L=\frac{u_0 L}{\nu}<5\times10^5$，则全部为层流边界层；$Re_L=\frac{u_0 x_0}{\nu}>5\times10^5$，则全部为紊流边界层，$x_0$ 为非常小的微量。

图 6-22、图 6-23 分别为圆管流与明渠流中的绕流运动形成的边界层。图中可以看到，在绕流开始后形成边界层，经一段时间后流动区域全部处于边界层的影响范围。在起始段内，由于存在边界层内区域和边界层外区域，流速分布沿程不断变化，因而，起始段内为非均匀流动。

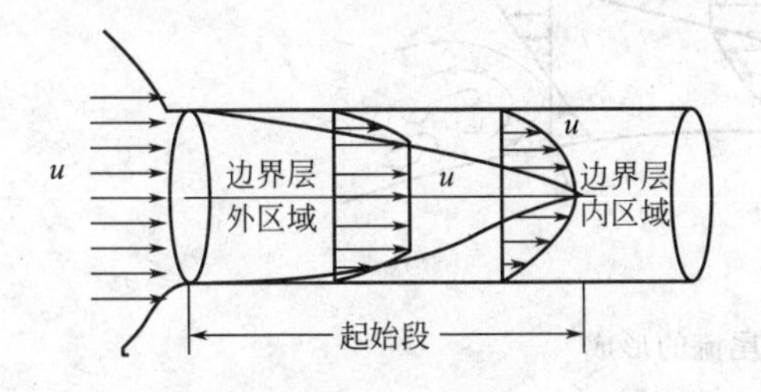

图 6-22　圆管流动中的边界层

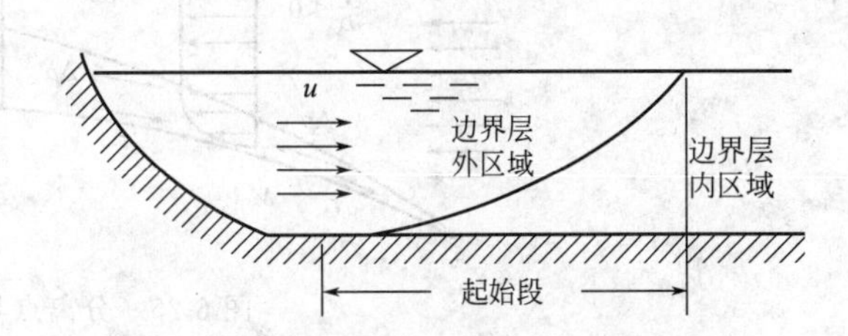

图 6-23　明渠流动中的边界层

圆管流当为层流运动时，起始段长度为 $0.028Red$，紊流时为 $50d$；明渠流中，层流运动时起始段长度为 $0.058Red$，紊流时为 $25\sim50d$。

6.8.2　边界层的分离现象

实际流体在边界层内的流动受物体形状影响，不断改变着流速、压强的大小和方向。在与内摩擦力共同作用下，边界层内的流体也会脱离边界层，从而形成边界层的分离现象。下面以圆柱体的绕流为例来分析此现象。

在圆柱体的绕流运动中，受圆柱体形状影响，流线逐渐疏松，流速减小，D 点流速为零，称为驻点或滞止点，此时压强达到最大。之后流体开始绕流圆柱体，流线变得逐渐密集，流速增大，压强减小，顶点 M 点流速达到最大，压强最小。在 DM 流段形成顺压梯度，压差 Δp 指向流动方向，成为流体继续运动并克服摩擦的动力。

M 点以后流线重新变得疏松，流速较小，压强增大，形成逆压梯度，压差 Δp 指向流动的反方向，并与摩擦阻力的方向一致，成为流动的阻力，见图 6-24、图 6-25。

然而在整个绕流运动中，摩擦力 τ 不断消耗着流体的能量，MF 段流体的压差 Δp 也成为流动的阻力，消耗流体的能量。在摩擦阻力和压差阻力的共同作用下，流体运动只能依靠

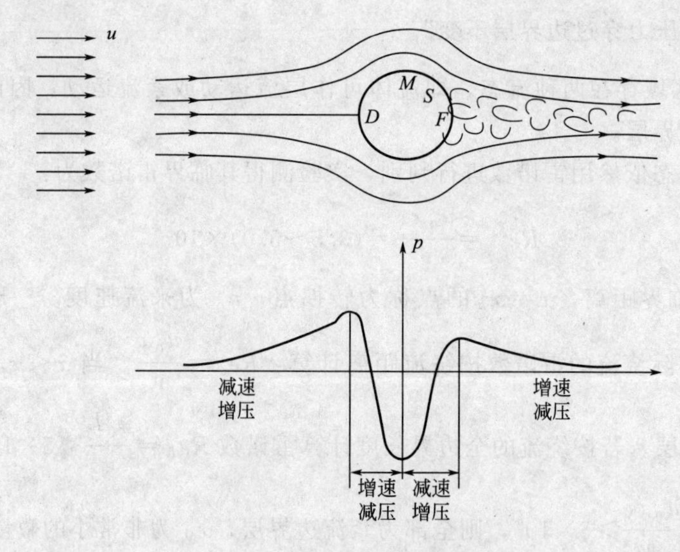

图 6-24　圆柱体绕流与压强变化

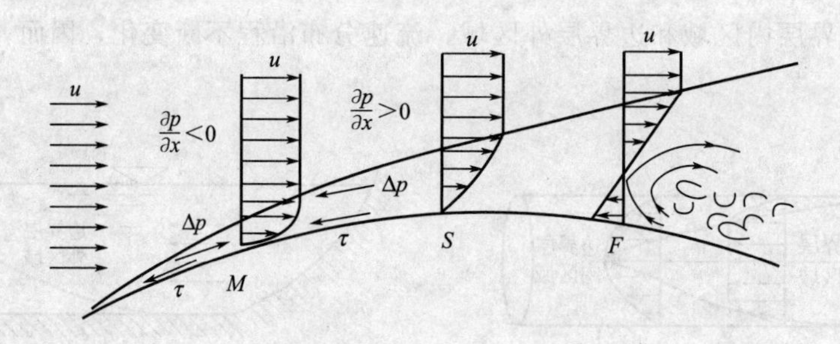

图 6-25　分离点与尾流的形成

本身的动能继续运动，直至在 S 点处流体能量消耗完毕流体甚至不能到达 F 点。在两个阻力的作用下流体在 S 点及以后点反向流动，边界层内的流体出现脱离边界层。S 点称为分离点。分离点以后流体反向流动，形成漩涡，涡体不断与主流进行着质量和能量的交换，从而形成真空负压，这一区域也称漩涡负压区或尾流。

归纳起来，边界层分离现象就是流体在绕物体运动时，由于物体形状阻滞作用，形成压差阻力，摩擦阻力与压差阻力共同作用，出现分离点，之后反向流动，并形成旋涡负压区，使边界层脱离壁面的现象。在分离点处，壁面流速梯度为零，即 $\left(\frac{\partial u}{\partial y}\right)_{/y=0}=0$。分离点在绕流物体上的位置直接决定了绕流阻力的大小。若分离点趋前，尾流增大，阻力增大；若分离点延后，尾流减小，阻力减小。

实际应用中，如飞机、汽车、闸墩等绕流物体均设计成流线形以尽量减少尾流的大小，从而减小阻力。

6.8.3　绕流阻力与升力

在绕流运动中，称摩擦阻力与压差阻力沿流动方向的分力之和为绕流阻力，以 D 表示，可按下式计算：

$$D=C_d A\frac{\rho u_0^2}{2}=C_f A_f\frac{\rho u_0^2}{2}+C_p A_p\frac{\rho u_0^2}{2} \tag{6-79}$$

式中，C_d 为绕流阻力系数，主要受绕流物体的形状、表面粗糙度、来流的紊流强度、雷诺数 Re 影响，由实验测定；A 为绕流物体在垂直于流速方向上的投影面积，即迎流面的投影面积；u_0 为未受影响的来流速度；ρ 为流体的密度。

摩擦阻力沿流动方向的分力：$D_f=\int_s \tau_0\sin\theta \mathrm{d}A=C_f A_f\frac{\rho u_0^2}{2}$

压差阻力沿流动方向的分力：$D_p=-\int_s p\cos\theta \mathrm{d}A=C_p A_p\frac{\rho u_0^2}{2}$

式中，C_f 为摩擦阻力系数；C_p 为形状阻力系数；A_f 为摩擦阻力的作用面积；A_p 为迎流面的面积，见图 6-26。

摩擦阻力与压差阻力沿垂直于流动方向的分力之和称为升力，以 L 表示。

$$L=C_L A_L\frac{\rho u_0^2}{2} \tag{6-80}$$

式中，C_L 为升力系数，由实验测定；A_L 为绕流物体在平行于流速方向上的最大投影面面积。

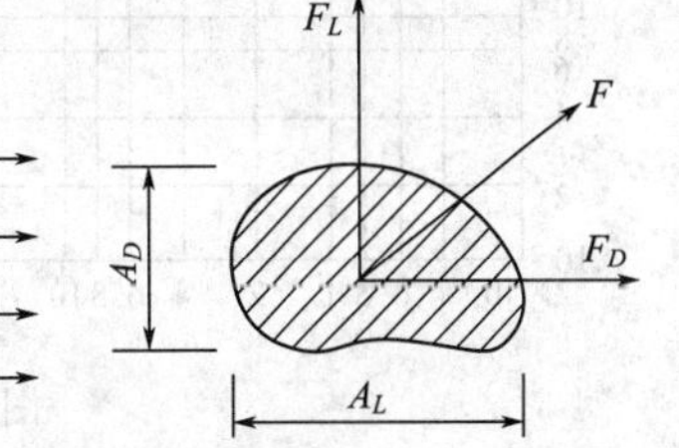

图 6-26 绕流阻力与升力

对于绕流阻力系数主要由实验确定，图 6-27 和图 6-28分别为圆柱体等长条物体和球等物体的绕流阻力系数的关系曲线。对于这类物体计算绕流阻力时，可参考图中的绕流阻力系数。

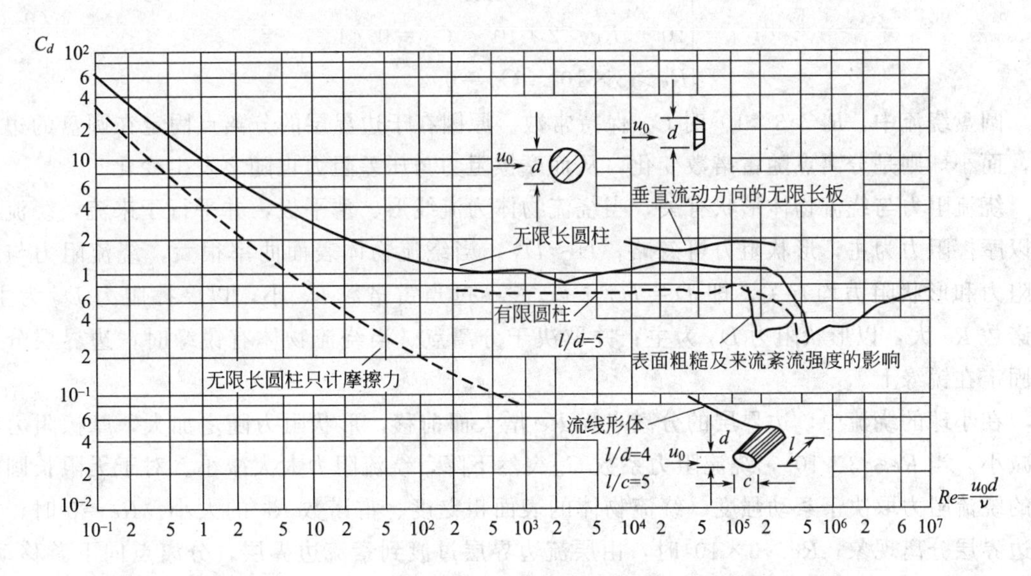

图 6-27 圆柱体等长条物体绕流阻力系数实验曲线

从以上实验曲线可以得到，在小球的绕流中，当流动的雷诺数 Re 很小时，可忽略惯性力，绕流阻力可由 Stokes 公式计算。即：

$$Re<1,\qquad D=3\pi\mu d u_0=C_d A\frac{\rho u_0^2}{2}, C_d=\frac{24}{Re} \tag{6-81}$$

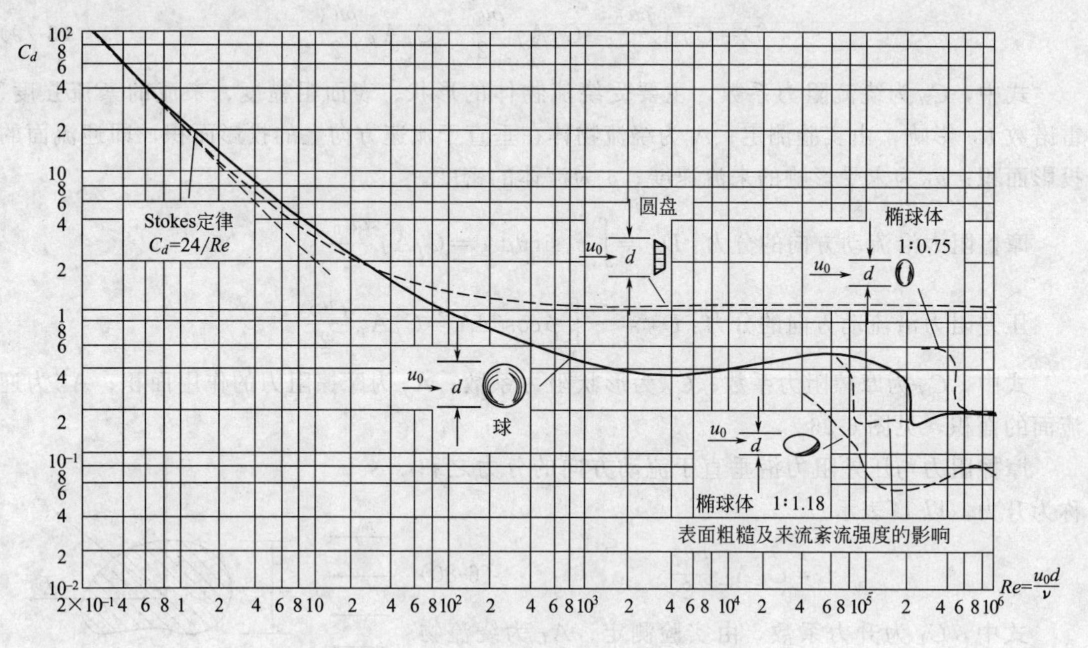

图 6-28 球等物体绕流阻力系数实验曲线

$Re>1$：惯性不可忽略，C_d 与 Re 有关。

$$\begin{cases} 1.0<Re<10^3 & \dfrac{12}{Re}=C_d \\ 10^3<Re<2\times10^5 & C_d=0.44 \\ Re>3\times10^5 & C_d=0.2 \end{cases} \tag{6-82}$$

圆盘绕流中，$Re>3\times10^3$ 时 C_d 保持常数。原因在于边界层的分离点固定在圆盘的边线上，而小球则是分离点随雷诺数变化，从而摩擦阻力与压差阻力也随之发生变化。

绕流阻力与绕流物体形状有关，当绕流物体为流线形、薄平板，并平行于来流，绕流阻力以摩擦阻力为主，形状阻力可忽略，$D\approx D_f$。当绕流物体表面曲率很大，绕流阻力与摩擦阻力和形状阻力均有关，即 $D=D_f+D_p$。不过当雷诺数 Re 小，以摩擦阻力 D_f 为主；雷诺数 Re 大，以形状阻力 D_p 为主；并取决于分离点。当绕流物体有锐缘时，边界层分离点固定在锐缘上。

在小球的绕流中，边界层的分离点随 Re 增大而前移，形状阻力随之加大，摩擦阻力有所减小。当 $Re\approx3\times10^5$，绕流阻力系数 C_d 突然下降，绕流阻力大大减小。对于无限长圆柱体的绕流阻力取决于紊动强度、绕流物体的表面粗糙度、雷诺数 Re 的大小。$Re=5$ 时，出现边界层分离现象；$Re>3\times10^5$ 时，由层流边界层过渡到紊流边界层，分离点向下游移动，绕流阻力减小，出现阻力危机。

6.8.4 小球的悬浮

小圆球形物体如污水中的杂质、空气中的尘埃常常悬浮在水中和空气中，为去除这些杂质，可降低水体和空气的流动速度，小球通过绕流运动沉积后去除。

设小球在速度为 u 的匀速运动的流体中悬浮，小球密度 ρ_s 大于流体密度 ρ，小球在流体中下沉时产生扰流运动，并产生绕流阻力。当重力、浮力和绕流阻力达平衡时，小球匀速下沉，这个速度 u 称为悬浮速度。

$$F_B+D-G=0 \tag{6-83}$$

式中，F_B 为小球的浮力，$F_B=\frac{\pi d^3}{6}\rho_s g$，其方向向上；$G$ 为重力，$G=\frac{\pi d^3}{6}\rho g$，方向向下；$D$ 为绕流阻力，$D=C_D\frac{\rho u^2}{2}A_D$，方向向上。

则式(6-83) 变为：

$$\frac{\pi d^3}{6}\rho_s g+C_D\frac{\rho u^2}{2}A_D-\frac{\pi d^3}{6}\rho g=0 \tag{6-84}$$

当雷诺数 $Re=\frac{ud}{\nu}<1$ 时，小球的绕流阻力系数为 $C_d=\frac{24}{Re}$，由式(6-84) 可求出悬浮速度：

$$u=\frac{d^2}{18\mu}(\rho_s-\rho)g \tag{6-85}$$

当 $Re>1$ 的情况下，悬浮速度为：

$$u=\sqrt{\frac{4}{3C_d}\left(\frac{\rho_s}{\rho}-1\right)gd} \tag{6-86}$$

其中，绕流阻力系数 C_d 可由图 6-27 和图 6-28 中曲线查得。

【例 6-6】 某给水厂为去除水中泥沙，设计有沉淀池，测得河水泥沙颗粒直径为 200mm，密度 $\rho_s=1.7\times10^3\text{kg/m}^3$，水温为 15℃。为使泥沙沉淀，试分别求：①当雷诺数 $Re<1$ 时泥沙的悬浮速度；②当 $Re>1$，绕流阻力系数为 $C_d=0.2$ 时泥沙的悬浮速度。

【解】 根据水温 15℃，查表得运动黏性系数 $\mu=1.139\times10^3\text{Pa}\cdot\text{s}$。

① 当雷诺数 $Re<1$，由式(6-85) 计算悬浮速度：

$$u=\frac{d^2}{18\mu}(\rho_s-\rho)g=\frac{0.2^2}{18\times1.139\times10^3}(1.7-1)\times10^3\times9.8$$

$$u=0.0134\text{m/s}$$

② 当 $Re>1$、绕流阻力系数为 $C_d=0.2$ 时，由式(6-86) 计算悬浮速度：

$$u=\sqrt{\frac{4}{3C_d}\left(\frac{\rho_s}{\rho}-1\right)gd}$$

$$u=\sqrt{\frac{4}{3\times0.2}\times\left(\frac{1.7}{1}-1\right)\times9.8\times0.2}=3.04\text{ m/s}$$

习　题

6-1　水管管径 $d=100\text{mm}$，流速 $v=0.5\text{m/s}$，水的运动黏度 $\nu_水=10^{-6}\text{m}^2/\text{s}$，问管内水的流态？如果管中是油，流速不变，运动黏度 $\nu_油=31\times10^{-6}\text{m}^2/\text{s}$，求管内油的流态？

6-2　油在管中以 $v=1\text{m/s}$ 的速度向下流动，油的密度 $\rho=920\text{kg/m}^3$，管长 $l=3\text{m}$，管径 $d=25\text{mm}$，水银压差计测得 $h=9\text{cm}$。试求：①油在管中的流态；②油的运动黏度 ν；③若保持相同的平均速度反方向运动时，压差计的读数有何变化？（水银密度 $\rho_{Hg}=13600\text{kg/m}^3$）。

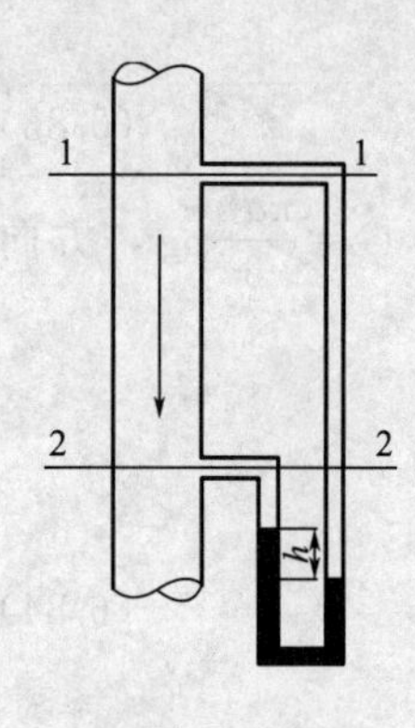

题 6-2 图

6-3 有一水管，管长 $l=500\text{m}$，管径 $d=300\text{m}$，粗糙高度 $\Delta=0.2\text{mm}$，若通过流量 $Q=600\text{L/s}$，水温 20℃，试求：

① 判别流态；

② 计算沿程水头损失；

③ 求断面流速分布。

6-4 设圆管直径 $d=200\text{mm}$，管长 $l=1000\text{m}$，输送石油的流量 $Q=0.04\text{m}^3/\text{s}$，运动黏度 $\nu=1.6\text{cm}^2/\text{s}$，试求沿程损失 h_f。

6-5 水在一实用管道内流动，已知管径 $d=300\text{mm}$，相对粗糙度 $\Delta/d=0.002$，水的运动黏度 $\nu=10^{-6}\text{m}^2/\text{s}$，密度 $\rho=999.23\text{kg/m}^3$，流速 $v=3\text{m/s}$。试求：管长 $l=300\text{m}$ 时的沿程损失 h_f 和管壁切应力、阻力流速 v^*，以及离管壁距离 $y=50\text{mm}$ 处的切应力和流速。

6-6 润滑油在圆管中做层流运动，已知管径 $d=1\text{cm}$，管长 $l=5\text{m}$，流量 $Q=80\text{cm}^3/\text{s}$，沿程损失 $h_f=30\text{m}$（油柱），试求油的运动黏度 ν。

6-7 水管直径为 50mm，1、2 两断面相距 15m，高差 3m，通过流量 $Q=6\text{L/s}$，水银压差计读值为 250mm，试求管道的沿程阻力系数。

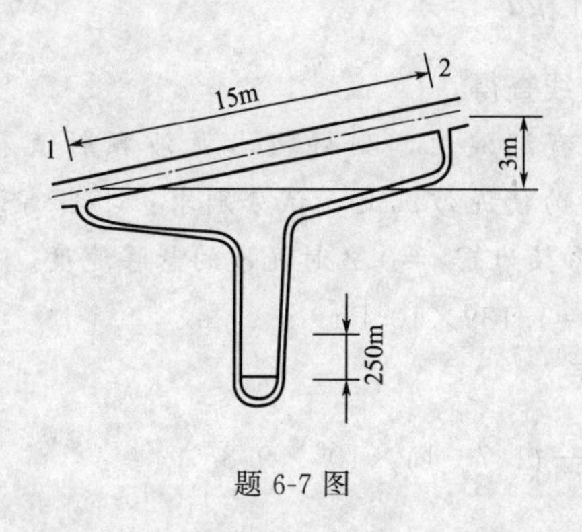

题 6-7 图

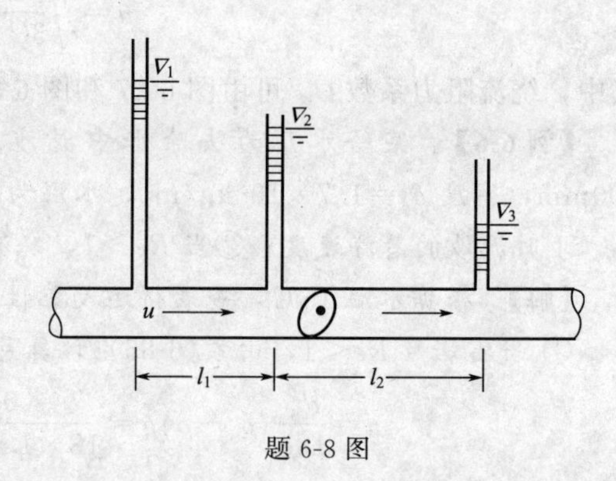

题 6-8 图

6-8 测定一蝶阀的局部阻力系数装置如图所示，在蝶阀的上、下游装设三个测压管，其间距 $l_1=1\text{m}$，$l_2=2\text{m}$。若圆管直径 $d=50\text{mm}$，实测 $\nabla_1=150\text{cm}$，$\nabla_2=125\text{cm}$，$\nabla_3=40\text{cm}$，流速 $v=3\text{m/s}$，试求蝶阀的局部阻力系数 ζ 值。

6-9 在长度 $l=10000\text{m}$、直径 $d=300\text{mm}$ 的管路中输送重度为 9.31kN/m^3 的油，其重量流量 $Q=2371.6\text{kN/h}$，运动黏性系数 $\nu=25\text{cm}^2/\text{s}$，判断其流态并求其沿程阻力损失。

6-10 油管直径为 75mm，已知油的密度为 901kg/m^3，运动黏度为 $0.9\text{cm}^2/\text{s}$，在管轴位置安放连接水银压差计的皮托管，水银面高差 $h_p=20\text{mm}$，试求油的流量。

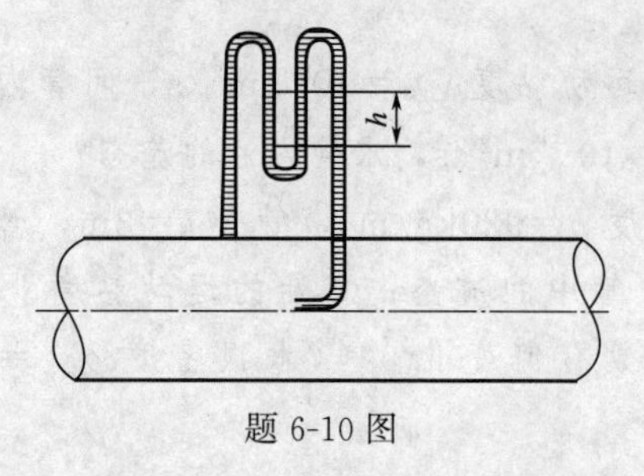

题 6-10 图

6-11 自水池中引出一根具有三段不同直径的水管如图所示。已知 $d=50\text{mm}$，$D=200\text{mm}$，$L=100\text{m}$，$H=12\text{m}$，局部阻力系数 $\zeta_{进}=0.5$，$\zeta_{阀}=5.0$，沿程阻力系数 $\lambda=0.03$，求管中通过的流量并绘出总水头线与测压管水头线。

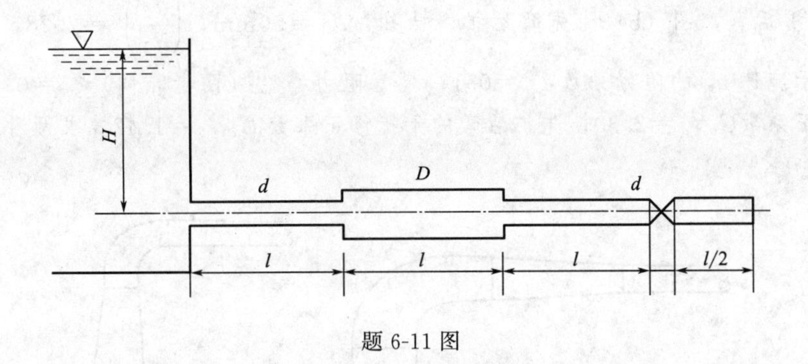

题 6-11 图

6-12 水管直径 $d=50$mm，长度 $l=10$m，在流量 $Q=0.01\text{m}^3/\text{s}$ 时为阻力平方区流动。若测得沿程损失 $h_f=7.5\text{mH}_2\text{O}$，试求该管壁的当量粗糙度 Δ 值。

6-13 一条新钢管（当量粗糙度 $\Delta=0.10$mm）输水管道，管径 $d=150$mm，管长 $l=1200$m，测得沿程损失 $h_f=37\text{mH}_2\text{O}$，水温为 20℃（运动黏度 $v=1.003\times10^{-6}\text{m}^2/\text{s}$），试求管中流量 Q。

6-14 镀锌铁皮风道，直径 $d=500$mm，流量 $Q=1.2\text{m}^3/\text{s}$，空气温度 $t=20$℃，试判别流动处于什么阻力区，并求 λ 值。

6-15 一水管直径 $d=100$mm，输水时在 100m 长的管路上沿程损失为 $2\text{mH}_2\text{O}$，水温为 20℃，试判别流动属于哪个区域（水管当量粗糙度 $\Delta=0.35$mm）。

6-16 一光洁铜管，直径 $d=75$mm，壁面当量粗糙度 $\Delta=0.05$mm，求当通过流量 $Q=0.005\text{m}^3/\text{s}$ 时，每 100m 管长中的沿程损失 h_f 和此时的壁面切应力 τ_0、阻力速度 v^* 及黏性底层厚度 δ_0 值。已知水的运动黏度 $\nu=1.007\times10^{-6}\text{m}^2/\text{s}$。

6-17 如管道的长度不变，通过的流量不变，如使沿程水头损失减少一半，直径需增大百分之几？试分别讨论下列三种情况：

① 管内流动为层流 $\lambda=\dfrac{64}{Re}$。

② 管内流动为光滑区 $\lambda=\dfrac{0.3164}{Re^{0.25}}$。

③ 管内流动为粗糙区 $\lambda=0.11\left(\dfrac{\Delta}{d}\right)^{0.25}$。

6-18 有一管路，流动的雷诺数 $Re=10^6$，通水多年后，由于管路锈蚀，发现在水头损失相同的条件下，流量减少了一半。试估算旧管的管壁相对粗糙度 $\dfrac{\Delta}{d}$。假设新管时流动处于光滑区，锈蚀以后流动处于粗糙区。

6-19 如图所示，水在压强作用下从密封的下水箱沿竖直管道流入上水箱中，已知 $h=50$cm，$H=3$m，管道直径 $D=25$mm，$\lambda=0.02$，各局部阻力系数分别为 $\zeta_1=0.5$，$\zeta_2=5.0$，$\zeta_3=1.0$，管中流速 $v=1$m/s，求下水箱的液面压强（设恒定流动）。

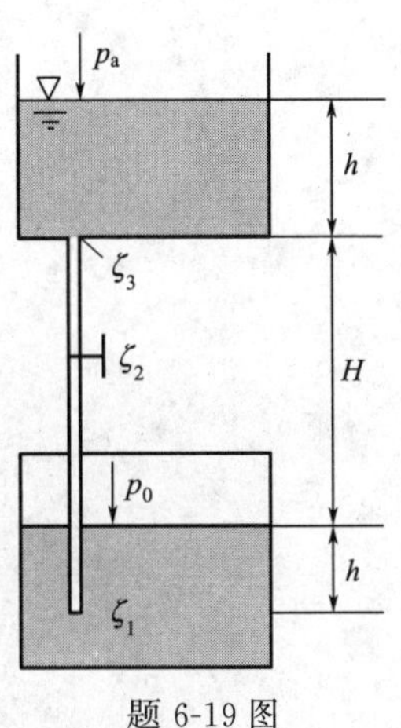

题 6-19 图

6-20 在断面既要由 d_1 扩大到 d_2，方向又转 90° 的流动中，

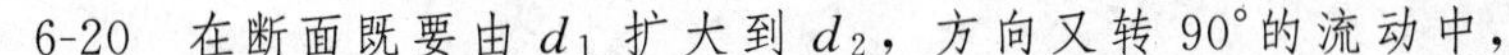

图（a）为先扩后弯，图（b）为先弯后扩。已知：$d_1=50\text{mm}$，$\left(\frac{d_2}{d_1}\right)^2=2.28$，$v_1=4\text{m/s}$。渐扩管对应于流速 v_1 的阻力系数 $\zeta_d=0.1$；弯管阻力系数（两者相同）$\zeta_b=0.25$；先弯后扩的干扰修正系数 $C_{b\cdot d}=2.30$；先扩后弯的干扰修正系数 $C_{d\cdot b}=1.42$。求两种情况的总局部水头损失。

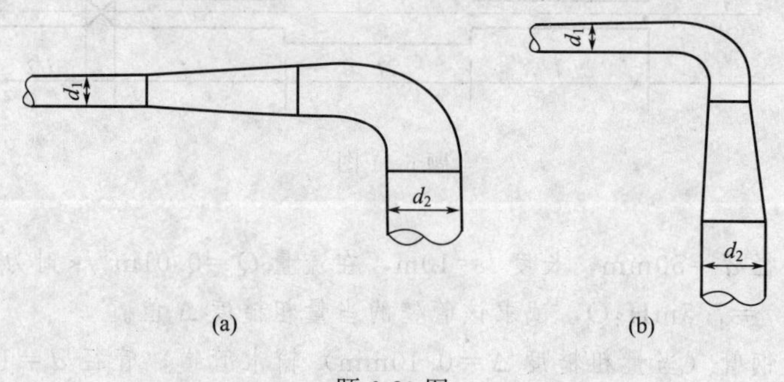

题 6-20 图

6-21　如图所示，某管直径为 200mm，流量为 60L/s，该管原有一个 90°的折角，今欲减少其水头损失，拟换为两个 45°的折角，或换为一个 90°的缓弯（转弯半径 R 为 1m）。问后两者与原折角相比，各减少多少局部水头损失？哪个减少得最多？

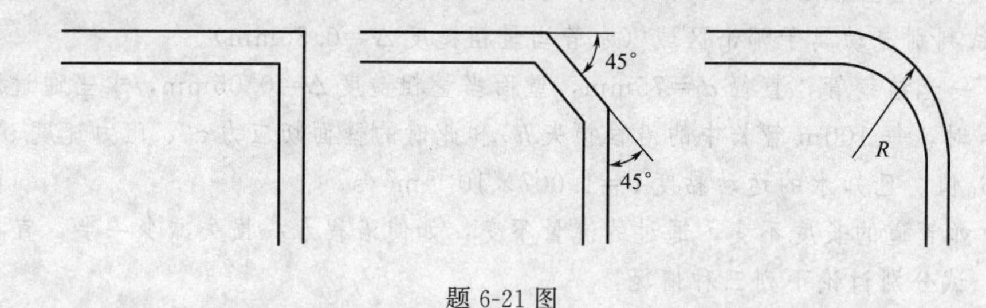

题 6-21 图

下篇

流体力学在工程中的应用

第7章 孔口、管嘴出流与有压管路

孔口管嘴出流广泛用于水池或水箱取水、闸孔泄水或量测设备、游泳池放水管或输水管等工程中。市政工程中的给水排水管道系统、燃气管道、供热通风和其他的输水、输气、输油管路等则属于有压管路。实际应用中还涉及路基下的有压涵管，水坝中泄水管，门窗自然通风流量的计算，供热管路中节流孔板计算等。它们的水力计算原理仍为能量方程的应用。

7.1 恒定孔口出流

在水池水箱或其他容器中，往往人们直接在容器上开孔，流体经孔口流出的水力现象称孔口出流，见图7-1。这种出流主要是依靠容器内外的压差作用使容器内的流体流出。

图7-1中，孔口中心线 O—O 以上的液面高度称为作用水头 H，孔口直径为 d。孔口出流时，容器内的流体流线逐渐向孔口收缩，在距孔口大致 $d/2$ 的位置处流线收缩完毕，此处称收缩断面 C—C。之后流体进入射流阶段。容器内上游流体的行进流速根据实际情况计入或忽略，而孔口的流速、流量则是我们接下来研究的主要问题。

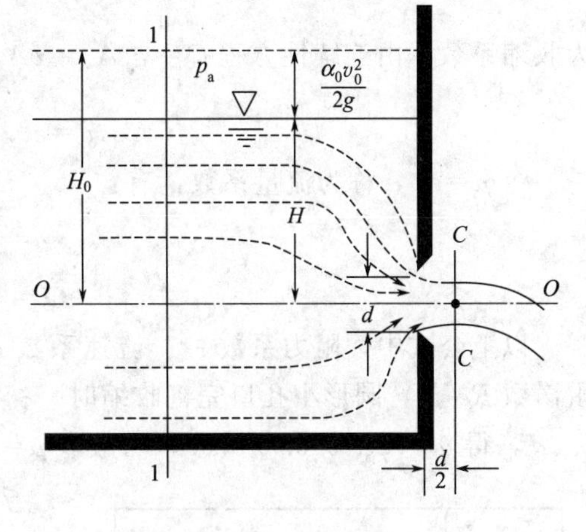

图7-1 孔口出流

根据孔径 d 和作用水头 H 的相对大小不同，孔口出流可分为大孔口出流和小孔口出流。其具体区分标准和特点如下。

小孔口出流：$d \leqslant \frac{H}{10}$，孔口上各点作用水头 $H=\text{const}$ 常数

大孔口出流：$d > \frac{H}{10}$，孔口上各点作用水头 $H \neq \text{const}$ 常数

流体经孔口出流后可流入大气或液面以下。液体流入大气称自由出流，流入液面之下称淹没出流。气体流入同种介质为淹没出流，流入非同种介质为非淹没出流。

当作用水头不变时称常水头（或恒定）出流，即 $H=\text{const}$。作用水头变化时为变水头出流（非恒定），$H \neq \text{const}$。当孔口具有锐缘，流体与孔壁只有线的接触，壁厚不影响出流时称为薄壁孔口出流。否则，孔壁较厚，且影响孔口出流条件时称厚壁孔口出流。设壁厚为 δ，壁厚 $\delta < 3d$ 管径时为孔口出流；$\delta=(3\sim4)d$ 时称管嘴出流；$\delta > 4d$ 时为短管出流。

7.1.1　薄壁小孔口的自由出流的水力计算

图 7-1 中，根据能量方程计算断面的选取原则，过流断面 1—1 与收缩断面 C—C 符合渐变流条件，取为计算断面，其上的流速、压强分别用 v_1、v_c 和 p_1、p_c 表示。取轴线 O—O为基准面，出流过程只计入流线收缩产生的局部阻力系数 ξ_0，建立相对压强表示的能量方程（$p_0=0$）如下：

$$H+\frac{p_1}{\gamma}+\frac{\alpha_1 v_1^2}{2g}=0+0+\frac{\alpha_c v_c^2}{2g}+\xi_0\frac{v_c^2}{2g} \tag{7-1}$$

令 $H_0=H+\frac{p_1}{\gamma}+\frac{\alpha_1 v_1^2}{2g}$，为上游包括液面压强和行进流速在内的总作用水头。

则：

$$H_0=(\alpha_c+\xi_0)\frac{v_c^2}{2g} \tag{7-2}$$

令 $\alpha_c=1$，$\frac{1}{\sqrt{1+\xi_0}}=\varphi$，称为流速系数，可得：

$$v_c=\frac{1}{\sqrt{1+\xi_0}}\sqrt{2gH_0}=\varphi\sqrt{2gH_0} \tag{7-3}$$

v_c 为收缩断面流速，则出流的流量为 $Q=v_cA_c$。设孔口流速为 v，面积为 A，$\frac{A_c}{A}=\varepsilon$ 为收缩系数，由连续性方程 $Q=v_cA_c=vA$，有 $v_c=\frac{v}{\varepsilon}$。则孔口流速 v 为：

$$v=\varepsilon v_c=\varepsilon\varphi\sqrt{2gH_0} \tag{7-4}$$

令 $\mu=\varepsilon\varphi$，称为流量系数，有：

$$v=\mu\sqrt{2gH_0} \tag{7-5}$$

$$Q=\mu A\sqrt{2gH_0} \tag{7-6}$$

以上公式中，阻力系数 ξ_0、流速系数 φ 和收缩系数 ε 由实验测定。大量实验测得：大雷诺数 Re 下，圆形小孔口完善收缩时，$\xi_0=0.06$，$\varphi=0.97\sim0.98$，$\varepsilon=0.64\sim0.62$，$d_c\approx0.8d$，得 $\mu=\varepsilon\varphi=0.62\sim0.60$，一般取 $\mu=0.62$。

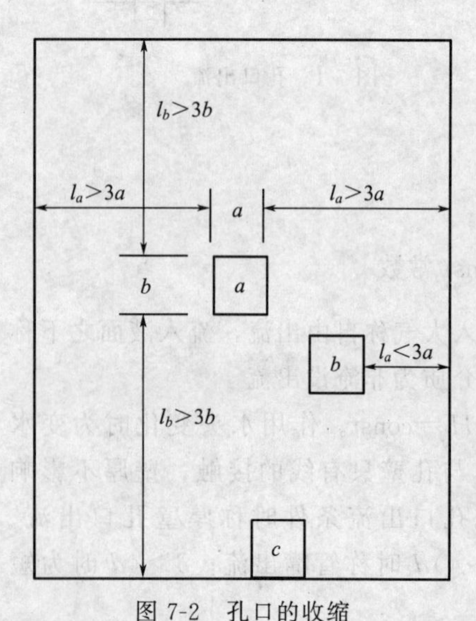

图 7-2　孔口的收缩

7.1.2　薄壁小孔口出流的收缩与流量系数 μ

前面知道流量系数决定于收缩系数和流速系数（$\mu=\varepsilon\varphi$），而流速系数决定于收缩产生的局部阻力系数 $\left(\varphi=\frac{1}{\sqrt{1+\xi_0}}\right)$。故影响流量系数 μ 的因素为收缩系数 ε 和收缩局部阻力系数 ξ_0。孔口出流因其 Re 较大，很快进入阻力平方区，阻力与 Re 无关，则流量系数主要取决于孔口的边界条件。

孔口的边界条件包括：孔口形状，孔口边缘条件，孔口在壁上的位置。大量实验发现，当孔口形状确定，孔口边缘条件确定后，孔口在壁上的相对位置直接影响流线收缩，最终影响出流的流量系数 μ。

孔口在壁上的相对位置不同，流线收缩情况不同。若孔口某边与容器的边壁重合，则流线不能在该边产生收缩，此时称不全部收缩孔口，即孔口出流的流线不能在全部周界上发生收缩，如图 7-2 中 c 孔口。图 7-2 中 a、b 孔口各边都不与容器边壁重合，水流流线在全部周界上均发生不同程度的收缩，称全部收缩孔口。其中 a 孔口任意边距容器边壁的距离大于同方向孔口尺寸的 3 倍，即 $l_a>3a$ 和 $l_b>3b$，此时孔口出流的流线在每方向都充分收缩，称完善收缩孔口。b 孔口则不同，$l_a\leqslant 3a$ 或 $l_b\leqslant 3b$，在此边上收缩不完善，称不完善收缩孔口。

不同收缩孔口出流的流量系数不同，不全部收缩孔口的流量系数 μ 大于全部收缩孔口的流量系数，不完善收缩孔口的流量系数大于完善收缩孔口的流量系数。

7.1.3 孔口淹没出流

在液体的淹没出流中，液体经孔口流入了液面以下，流线收缩过程与自由出流一样，在距孔口大致 $d/2$ 时收缩完毕，之后逐渐扩大到整个过流断面，见图 7-3。

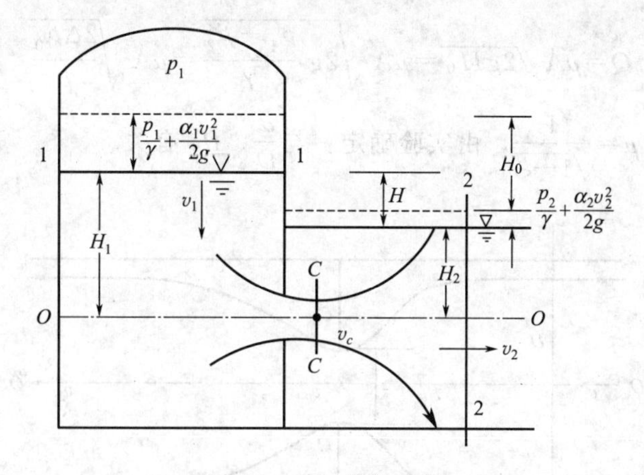

图 7-3 孔口淹没出流

设上下游液面相对于孔口中心 $O—O$ 基准面的位置水头分别为 H_1、H_2，压强和断面平均流速分别为 p_1，p_2，v_1，v_2。列渐变流断面 1—1 与 2—2 的能量方程为：

$$H_1+\frac{p_1}{\gamma}+\frac{\alpha_1 v_1^2}{2g}=H_2+\frac{p_2}{\gamma}+\frac{\alpha_2 v_2^2}{2g}+\xi_0\frac{v_c^2}{2g}+\xi_{se}\frac{v_c^2}{2g} \tag{7-7}$$

式中，$\xi_0\dfrac{v_c^2}{2g}$ 为收缩的局部水头损失，$\xi_{se}\dfrac{v_c^2}{2g}$ 为突然扩大的局部水头损失，因 $A_2\gg A_c$，其局部阻力系数 $\xi_{se}=\left(1-\dfrac{A_c}{A_2}\right)^2\approx 1$。令：$H_0=\left(H_1+\dfrac{p_1}{\gamma}+\dfrac{\alpha_1 v_1^2}{2g}\right)-\left(H_2+\dfrac{p_2}{\gamma}+\dfrac{\alpha_2 v_2^2}{2g}\right)$，称上下游总作用水头之差。代入式(7-7)，得：

$$H_0=(1+\xi_0)\frac{v_c^2}{2g} \tag{7-8}$$

$$v_c=\frac{1}{\sqrt{1+\xi_0}}\sqrt{2gH_0}=\varphi\sqrt{2gH_0} \tag{7-9}$$

$$Q=v_c A_c=\varepsilon A\varphi\sqrt{2gH_0}=\mu A\sqrt{2gH_0} \tag{7-10}$$

以上可知，淹没出流中，当孔口出流条件与自由出流相同时，其收缩的局部阻力系数、流速系数、收缩系数和流量系数与自由出流时完全相同，即 $\varphi=\dfrac{1}{\sqrt{1+\xi_0}}=0.97\sim0.98$，$\mu=$

$\varepsilon\varphi=0.62\sim0.64$，一般取 $\mu=0.62$。但需注意淹没出流与自由出流的 H_0 不同，自由出流中 H_0 为上游总作用水头，淹没出流中 H_0 为上下游总作用水头之差。

气体出流时通常用压强差表示上下游断面总作用水头差：

$$Q=\mu A\sqrt{2gH_0}=\mu A\sqrt{\frac{2\Delta p_0}{\rho}} \tag{7-11}$$

$$\Delta p_0=(p_1-p_2)+\frac{\rho(\alpha_1 v_1^2-\alpha_2 v_2^2)}{2} \tag{7-12}$$

7.1.4 淹没出流的应用

孔板流量计为孔口淹没出流的实际应用，见图 7-4。其中 $H_1=H_2\quad v_1=v_2$，则：

$$H_0=\left(H_1+\frac{p_1}{\gamma}+\frac{\alpha_1 v_1^2}{2g}\right)-\left(H_2+\frac{p_2}{\gamma}+\frac{\alpha_2 v_2^2}{2g}\right)=\frac{p_1}{\gamma}-\frac{p_2}{\gamma}$$

故：

$$Q=\mu A\sqrt{2gH_0}=\mu A\sqrt{2g\,\frac{p_1-p_2}{\gamma}}=\mu A\sqrt{\frac{2\Delta p_0}{\rho}} \tag{7-13}$$

其中，流量系数 $\mu=\dfrac{1}{\sqrt{1+\xi}}$，由实验确定：与 $\dfrac{d}{D}$、Re 有关。

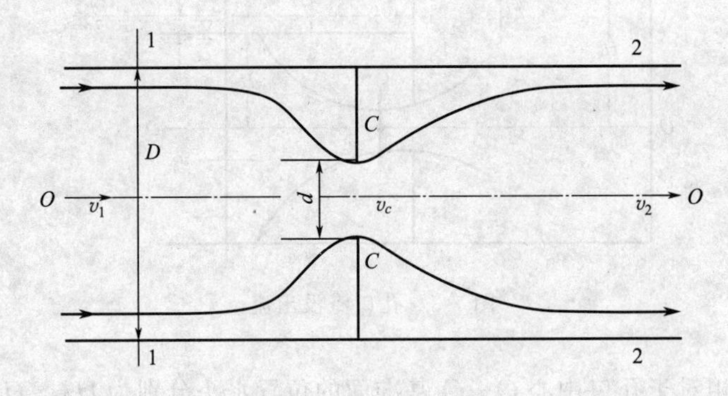

图 7-4　孔板流量计

7.1.5 大孔口出流

对于大孔口出流，由于孔口直径 $d>0.1H$，孔口上各点作用水头不能近似为常数，即 $H\neq\text{const}$，因此不能直接按小孔口的方法进行分析计算，只能将大孔口过流断面划分为若干微小高度的小孔口计算流量，然后叠加为大孔口的流量，见图 7-5。

下面以矩形大孔口为例分析。设矩形大孔口的高为 a，宽为 b，上下顶部作用水头分别为 H_1、H_2，孔口中心作用水头仍为 H_0。将其划分为若干高为 $\mathrm{d}h$ 的小孔口，任意位置处作用水头为 h，则微小孔口的流量可直接采用小孔口的流量公式计算，故大孔口流量为：

$$Q=\int \mathrm{d}Q=\int_{H_1}^{H_2}\mu b\sqrt{2gh}\,\mathrm{d}h=\frac{2}{3}\mu b\sqrt{2g}\,(H_2^{\frac{3}{2}}-H_1^{\frac{3}{2}}) \tag{7-14}$$

其中：$H_1=H_0-\dfrac{a}{2}$，$H_2=H_0+\dfrac{a}{2}$，代入式(7-14)，整理得：

$$Q=\mu A\sqrt{2gH_0} \tag{7-15}$$

以上可知，大孔口流量公式仍可简化为与小孔口相同的公式，但必须注意，大孔口的流

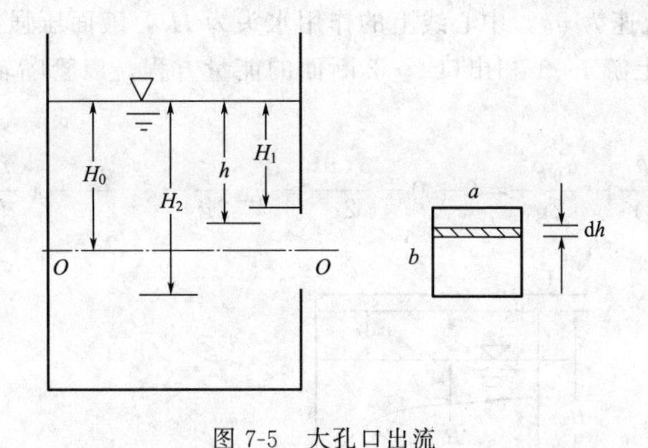

图 7-5 大孔口出流

量系数已不能采用小孔口的流量系数。对于大孔口出流来说，基本上可认为是不全部收缩或不完善收缩的，因此其流量系数较小孔口为大，具体必须通过实验确定。

$$\mu_{大孔口}>\mu_{小孔口} \tag{7-16}$$

【例 7-1】 已知一密闭水箱，见图 7-6，孔口中心线上水深 $H=3\text{m}$，液面相对压强 $p_0=0.2$ 个工程大气压，侧壁有一完善收缩的圆形小孔口，直径 $d=100\text{mm}$。求孔口出流的流速和流量。

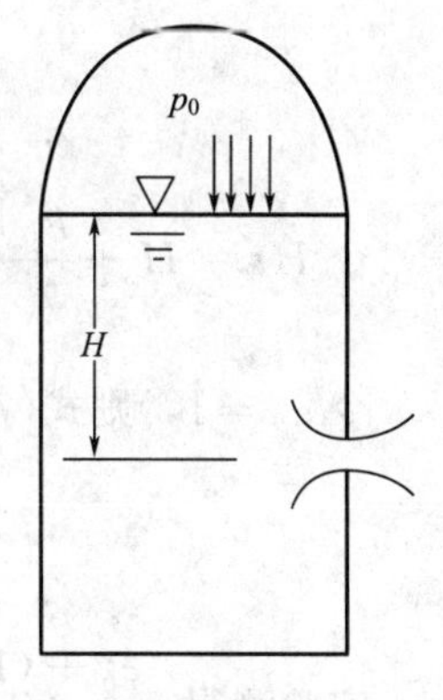

图 7-6 【例 7-1】图

【解】 分析：对于完善收缩的圆形小孔口出流可直接采用前面能量方程推出的流速和流量公式

$$H_0=H+\frac{p_0}{\gamma}=3+2=5\text{m}$$

$$v=\mu\sqrt{2gH_0}=0.62\sqrt{2g\times5}=6.14\text{m/s}$$

$$Q=vA=6.14\times\frac{0.1^2\pi}{4}=0.048\text{m}^3/\text{s}$$

7.2 恒定管嘴出流

为提高容器或水箱的出流量，常常在孔口断面上接一段 $l=(3\sim4)d$ 的短管，在一定的作用水头下，水流在出口断面充满整个管嘴断面，此水力现象称管嘴出流。

通常情况下短管设置为外置圆柱形管嘴，称圆柱形外管嘴；若为内置圆柱形管嘴，称圆柱形内管嘴。工程中为满足某些特殊要求，可设计为圆锥形收缩管嘴或圆锥形扩张管嘴。如消防中为圆锥形收缩管嘴，当收缩角度 $\theta=30°24'$时，流速系数 $\varphi=0.963$，此时流量系数 $\mu=0.943$。水电站中的水轮机下游出口往往设计为圆锥形扩张管嘴，当扩张角 $\theta=5°\sim7°$ 时，流量系数 $\mu=\varphi=0.42\sim0.50$。有时为减少流动阻力，设计为流线形管嘴，此种管嘴流量系数最大，当收缩系数为 1 时，流量系数为 0.98，如水坝泄水管。下面主要分析圆柱形外管嘴的出流情况。

7.2.1 圆柱形外管嘴的自由出流

在圆柱形外管嘴的自由出流中，水箱内的流线收缩与孔口出流的收缩一致，只是收缩断面位于管嘴内，之后逐渐扩大，并在出口充满整个管道断面。从而在收缩断面形成真空，真空的负压现象提高了有效作用水头，进而提高了管嘴的出流能力，其原理仍为能量方程。

图 7-7 中，上游流速为 v_0，中心线上的作用水头为 H，液面压强为 p_0，短管出口自由出流的流速为 v。列上游 1—1 和出口 2—2 断面的能量方程，以管嘴轴线 $O—O$ 为基准面，列能量方程如下：

$$H+\frac{p_0}{\gamma}+\frac{\alpha_0 v_0^2}{2g}=0+0+\frac{\alpha_2 v^2}{2g}+\xi_0\frac{v_c^2}{2g}+\xi_2\frac{v^2}{2g}+\lambda\frac{l}{d}\frac{v^2}{2g} \tag{7-17}$$

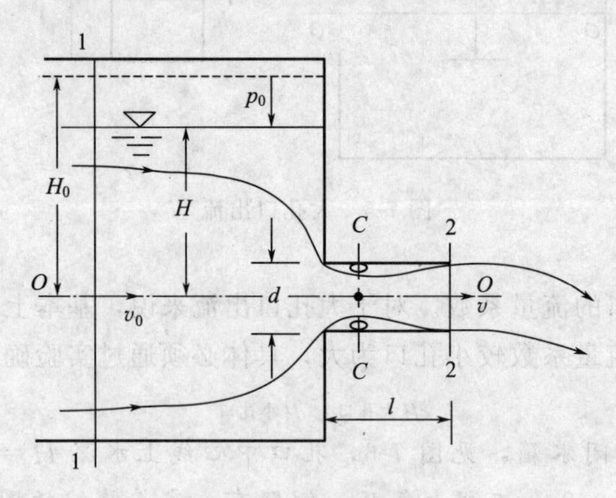

图 7-7　管嘴出流

令 $H_0=H+\frac{p_0}{\gamma}+\frac{\alpha_0 v_0^2}{2g}$ 为总作用水头，$\xi_2=\left(\frac{A}{A_C}-1\right)^2=\left(\frac{1}{\varepsilon}-1\right)^2$；$v_c=\frac{v}{\varepsilon}$

令 $\alpha_2=1$，则式(7-17) 整理为：$H_0=\frac{\alpha_2 v^2}{2g}+\xi_0\frac{1}{2g}\left(\frac{v}{\varepsilon}\right)^2+\left(\frac{1}{\varepsilon}-1\right)^2\frac{v^2}{2g}+\lambda\frac{l}{d}\frac{v^2}{2g}$

$$=\left[1+\frac{\xi_0}{\varepsilon^2}+\frac{(1-\varepsilon)^2}{\varepsilon^2}+\lambda\frac{l}{d}\right]\frac{v^2}{2g} \tag{7-18}$$

实验测得：$\frac{\xi_0+(1-\varepsilon)^2}{\varepsilon^2}+\lambda\frac{l}{d}=\xi_n=0.5$

$$H_0=(1+\xi_n)\frac{v^2}{2g} \tag{7-19}$$

$$v=\varphi\sqrt{2gH_0} \tag{7-20}$$

则流速系数 $\varphi=\frac{1}{\sqrt{1+\xi_n}}=\frac{1}{\sqrt{1+0.5}}=0.82$

得：

$$Q=Av=A\varphi\sqrt{2gH_0}=\mu A\sqrt{2gH_0} \tag{7-21}$$

$$\mu=\varphi=0.82 \tag{7-22}$$

由此可见，管嘴自由出流的流量系数较孔口出流的流量系数 μ 提高 32%

7.2.2　圆柱形外管嘴的真空值

由上可知，圆柱形外管嘴：一方面因短管的存在，增加了阻力，同时因收缩断面处真空的作用，又增强了出流能力。列 $C—C$ 与 2—2 断面的能量方程，可计算出收缩断面处的真空大小。

仍以 $O—O$ 为基准面，设收缩断面真空为 p_V，采用相对压强表示的能量方程为：

$$0+\frac{-p_V}{\gamma}+\frac{\alpha_c v_c^2}{2g}=0+0+\frac{\alpha_2 v^2}{2g}+\xi_2\frac{v^2}{2g} \tag{7-23}$$

$$\frac{p_V}{\gamma}=\frac{\alpha_c v_c^2}{2g}-\frac{\alpha_2 v^2}{2g}-\xi_2\frac{v^2}{2g}=\frac{v^2}{2g}\left[\frac{1}{\varepsilon^2}-1-\left(\frac{1}{\varepsilon}-1\right)^2\right]$$

$$=\left(\frac{2}{\varepsilon}-2\right)\frac{v^2}{2g} \tag{7-24}$$

将式(7-20) 代入式(7-24)，同时，令 $\alpha_c=1$，$\alpha_2=1$，代入收缩系数 $\varepsilon=0.64$ 和流速系数 $\varphi=0.82$ 的值，得：

$$h_v=\frac{p_V}{\gamma}=\left(\frac{2}{\varepsilon}-2\right)\varphi^2 H_0=0.75H_0 \tag{7-25}$$

即收缩断面的真空值可将作用水头提高 75%。但在管嘴出流中，允许真空度必须控制在 $[h_v]\leqslant 7\mathrm{mH_2O}$，否则可能产生汽化现象，并将空气吸管嘴，从而破坏真空区。故：

$$0.75H_0\leqslant[h_v]=7\mathrm{mH_2O} \tag{7-26}$$

$$H_0\leqslant 9\mathrm{m} \tag{7-27}$$

故管嘴出流必须满足以下两个工作条件：

① 作用水头 $H_0\leqslant 9\mathrm{mH_2O}$。

② 管嘴长度 $l=(3\sim4)\ d$。

对于圆柱形外管嘴的淹没出流与圆柱形外管嘴自由出流一致，相同条件下流量系数相同，流速、流量公式相同，即：$v=\varphi\sqrt{2gH_0}$，$Q=\mu A\sqrt{2gH_0}$。不同之处在于，这时的真空度为 $h_v=0.75H_0-H_2-\dfrac{\alpha_2 v_2^2}{2g}$。

【例 7-2】 一水箱接一铅直向上的管嘴喷头，见图 7-8。水箱水面距管嘴出口高 $H=5\mathrm{m}$。设水流经管嘴后水头损失为出流速度的 20%，求管嘴出流的流速和水体可到达的高度 Z。

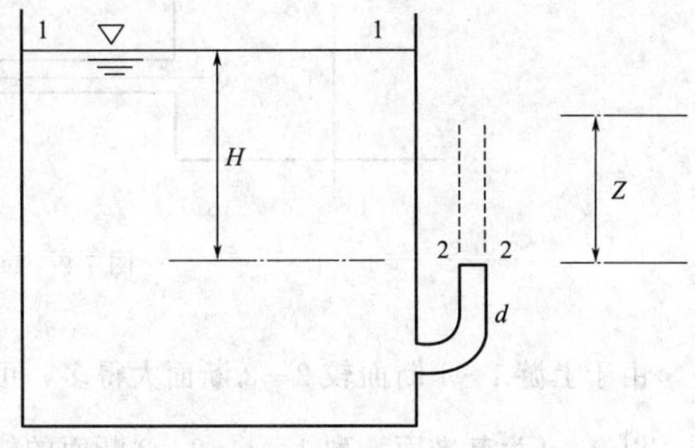

图 7-8 【例 7-2】图

【解】 设管嘴出口流速为 v，以出口 2—2 断面为基准面，列 1—1 与 2—2 断面能量方程：

$$5+0+0=0+0+\frac{v^2}{2g}+0.2\times\frac{v^2}{2g}$$

$$v=9.04\mathrm{m/s}$$

则射流能够达到的高度为：$Z=\dfrac{v^2}{2g}=4.17\mathrm{m}$

7.3 短管的水力计算

有压管流在日常生活中应用非常广泛，除前面提到市政工程中的给水管道系统、燃气管道、供热通风，和其他的输水、输气、输油管路等的工程应用外，还有生物工程中血液在血管中的流动等。凡是流体边界处处受管壁的限制，管壁又处处受到流体的压力作用的管路流动均称有压管流。

市政工程给水管道的水力计算中，通常忽略局部水头损失和末端流速水头不计，只考虑沿程水头损失的管道系统称长管，如城市给水管网。相反，局部水头损失、末端流速水头和沿程水头损失均需考虑的管路系统称短管，如水泵的吸水管、铁路涵管、虹吸管等。长管又分为简单长管、串联长管、并联长管、枝状管网和环状管网。关于长管的水力计算我们将在下面的几个小节中分别叙述。

在短管的水力计算中，由于局部水头损失、末端流速水头和沿程水头损失均考虑其影响，因此其水力计算方法直接按能量方程计算，可参见第 4 章例 4.3。

7.4 长管的水力计算

7.4.1 简单长管的水力计算

长管中所谓简单管路即管径沿程不变的管路系统，恒定流中，管路系统流量不变，见图 7-9。

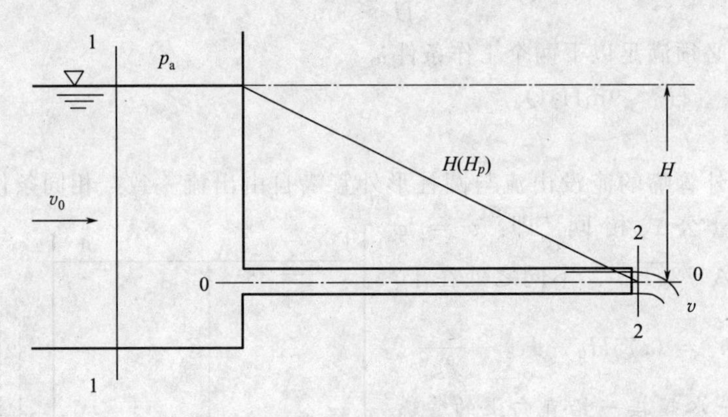

图 7-9 简单长管

由于上游 1—1 断面较 2—2 断面大得多，可忽略上游行进流速水头 $\frac{v_0^2}{2g}$。设液面为大气压，以 0—0 为基准面，列 1—1、2—2 断面的能量方程，按长管定义忽略末端流速水头和局部水水头损失，可得：

$$H+0+0=0+0+0+h_w$$

$$H=h_f \tag{7-28}$$

从式(7-28) 可以看出，在长管的水力计算中，作用水头全部用于克服沿程水头损失。代入达西公式，并将流速用流量表示，有：

即
$$H=h_f=\lambda\frac{l}{d}\frac{v^2}{2g}=\lambda\frac{1}{2g}\left(\frac{4Q}{\pi d^2}\right)^2=\frac{8\lambda}{\pi^2 gd^5}lQ^2=A_\lambda lQ^2 \tag{7-29}$$

这里，$A_\lambda=\frac{8\lambda}{\pi^2 gd^5}$ 称比阻，单位为 s^2/m^6。沿程阻力系数 λ 采用第 6 章经验公式或半经验公式计算。在给水管网中，沿程阻力系数常选用舍维列夫公式和曼宁公式计算。

若采用舍维列夫公式计算比阻 A_λ，沿程阻力系数 λ 随流速大于或小于 1.2m/s 而不同：

$v\geqslant 1.2\text{m/s}$　$\lambda=\frac{0.021}{d^{0.3}}$，相当于流动处于阻力平方区，则比阻为：

$$A_\lambda=0.001736/d^{5.3} \tag{7-30}$$

$v<1.2\text{m/s}$　$\lambda=\frac{0.0179}{d^{0.3}}\left(1+\frac{0.867}{v}\right)^{0.3}$，可认为流动处于过渡区，则比阻为：

$$A'_{\lambda}=0.852\left(1+\frac{0.867}{v}\right)^{0.3}\times\frac{0.001736}{d^{5.3}}=kA_{\lambda} \tag{7-31}$$

令：$k=0.852\left(1+\frac{0.867}{v}\right)^{0.3}$，称修正系数，它只与流速有关，可查表7-2。则：

$$h_f=A'_{\lambda}lQ^2=kA_{\lambda}lQ^2 \tag{7-32}$$

式中，A_{λ} 为 $v>1.2\text{m/s}$ 时的比阻，可查表7-1；A'_{λ} 为 $v<1.2\text{m/s}$ 时的比阻，它通过 $v>1.2\text{m/s}$ 时的比阻乘以修正系数求得。

若采用谢才公式：$Q=AC\sqrt{RJ}=K\sqrt{J}$，这里 $K=AC\sqrt{R}$，称为流量模数，单位为 m^3/s。水力坡度 $J=\frac{h_f}{l}$。则：

$$h_f=\frac{1}{K^2}lQ^2=\frac{1}{A^2C^2R}lQ^2=A_{\lambda}lQ^2 \tag{7-33}$$

有压管流中圆管的水力半径 $R=\frac{d}{4}$，代入曼宁公式 $C=\frac{1}{n}R^{1/6}$，有：

$$K=AC\sqrt{R}=\frac{A}{n}R^{\frac{2}{3}}=0.3117\frac{d^{\frac{8}{3}}}{n} \tag{7-34}$$

$$A_{\lambda}=\frac{1}{K^2}=\frac{10.29n^2}{d^{5.33}} \tag{7-35}$$

式(7-35)计算的比阻 A_{λ} 可由表7-1查得。

为计算方便，令 $S=A_{\lambda}l$，称为摩阻，则

$$h_f=SQ^2 \tag{7-36}$$

$$Q=\frac{1}{\sqrt{S}}\sqrt{h_f} \tag{7-37}$$

表7-1 曼宁公式与舍维列夫公式的计算的比阻 A_{λ} 值

管道直径/mm	舍维列夫公式计算的比阻 A_{λ} 值（$v>1.2\text{m/s}$）	由曼宁公式 $\left(c=\frac{1}{n}R^{1/6}\right)$ 计算的比阻 A_{λ} 值		
		$n=0.012$	$n=0.013$	$n=0.014$
75	1709	1480	1740	2010
100	365.3	319	375	434
150	41.85	36.7	43.0	49.9
200	9.029	7.92	9.30	10.8
250	2.752	2.41	2.83	3.28
300	1.025	0.911	1.07	1.24
350	0.4529	0.401	0.471	0.545
400	0.2232	0.196	0.230	0.267
450	0.1195	0.105	0.123	0.143
500	0.06839	0.0598	0.0702	0.0815
600	0.02602	0.0226	0.0265	0.0307
700	0.01150	0.00993	0.0117	0.0135
800	0.005665	0.00487	0.00573	0.00663
900	0.003034	0.00260	0.00305	0.00354
1000	0.001736	0.00148	0.00174	0.00201

钢管、铸铁管的修正系数见表 7-2。

表 7-2　钢管、铸铁管的修正系数 k

v/(m/s)	k	v/(m/s)	k	v/(m/s)	k
0.20	1.41	0.50	1.15	0.80	1.06
0.25	1.33	0.55	1.13	0.85	1.05
0.30	1.28	0.60	1.115	0.90	1.04
0.35	1.24	0.65	1.10	1.00	1.03
0.40	1.20	0.70	1.085	1.10	1.015
0.45	1.175	0.75	1.07	≥1.20	1.00

注意：在长管的水力计算中，因忽略了局部水头损失和末端的流速水头 $\frac{v^2}{2g}$，为保证水压要求，在给水管网的水力计算中，通常在管路末端根据建筑物楼层数规定了末端的自由水压 H_z。其取值参见表 7-3 或设计规范。

表 7-3　建筑物水管末端的自由水压

建筑物楼层/层	1	2	3	4	5	6	7	8	9	10
自由水压 H_z/m	10	12	16	20	24	28	32	36	40	44

由表 7-3 可知，1 层楼必须保证 10m 的自由水压，1～2 层楼之间增加了 2m 自由水压，以后每层楼必须增加 4m 的自由水压。

在气体的简单管路的计算中，常常既考虑沿程水头损失，同时计入局部水头损失，末端淹没出流或非淹没出流均考虑为局部阻力系数为 1 的局部水头损失，因此，有：

$$H=h_f+h_j=SQ^2=\frac{\left(\lambda\frac{l}{d}+\sum\xi\right)}{2gA^2}Q^2 \tag{7-38}$$

$$S=\frac{\left(\lambda\frac{l}{d}+\sum\xi\right)}{2gA^2} \tag{7-39}$$

【例 7-3】 已知：水塔向工厂供水的铸铁管路系统总长 $l=2500$m，管径 $d=400$mm，水塔地面标高$\nabla_1=59$m，工厂地面标高$\nabla_2=48$m，工厂自由水压 $H_z=22$m，水塔水面距地面高 $H_1=20$m，求通过管路的流量 Q。

【解】 分析：本题只有一种管径，属于简单输水管路系统，也未提及局部水头损失，为简单长管，其作用水头全部用于克服沿程水头损失，可由沿程水头损失 h_f 推求流量 Q。

由题目知作用水头为：

$$H=(\nabla_1+H_1)-(\nabla_2+H_z)=(59+20)-(48+22)=9(\text{m})$$

由长管的水力计算特点：　　$H=h_f=A_\lambda lQ^2=9$（m）

假设 $v>1.2$m/s，流动处于阻力平方区，查表 7-1，$A_\lambda=0.2232$，有：

$$H=A_\lambda lQ^2=0.2232\times2500Q^2=9\ (\text{m})$$

$$Q=0.127\text{m}^3/\text{s}$$

验算：$v=\frac{4Q}{\pi d^2}=\frac{4\times0.127}{\pi\times0.4^2}=1.01\text{m/s}<1.2\text{m/s}$

因 $v<1.2\mathrm{m/s}$，流动不属于阻力平方区，实际为过渡区，需校证。

查表 7-2 得修正系数 $k=1.03$。

$$A'_{\lambda}=kA_{\lambda}=1.03\times0.2232=0.2299$$

$$H=A'_{\lambda}lQ^2=0.2299\times2500Q^2=9$$

$$Q=0.125\mathrm{m^3/s}$$

理论上还可由 $Q\to v\to k\to A'_{\lambda}\to Q$ 继续校正，在此我们仅修正于此。

7.4.2 串联管路的水力计算

在有压管路中，由于用户数量的不同，要求的流量不同，有时需多种管径的管段顺次首尾连接，此种管路系统称串联管路，见图 7-10。

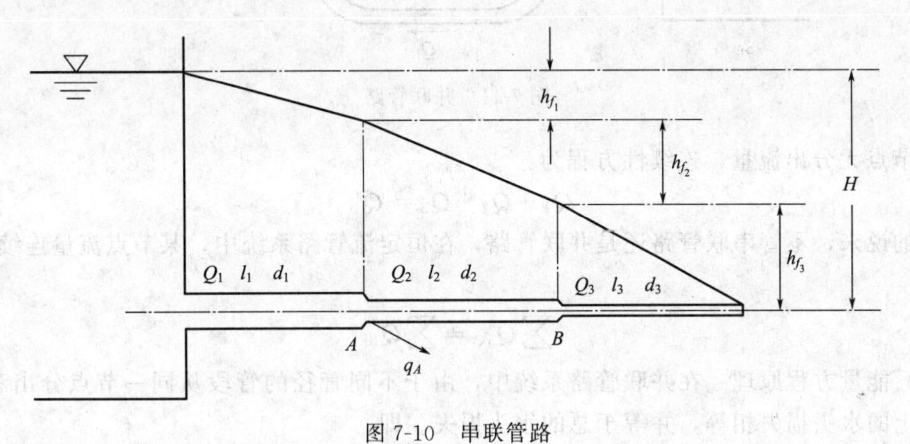

图 7-10 串联管路

对于两条或以上管段的连接点称节点。节点处可能有分出流量，以"q_i"表示，各管段的通过流量以"Q_i"表示。对于串联管路的水力计算特点如下。

(1) 连续性方程原则 图 7-10 中 B 节点处无节点分出流量 $q_B=0$，则 B 节点的连续性方程为：

$$Q_2=Q_3 \tag{7-40}$$

即对于无节点分出流量的串联管路，各条管段内通过的流量相等。

图 7-10 中 A 节点有节点分出流量，$q_A\neq0$，则 A 节点的连续性方程为：

$$Q_1=Q_2+q_A \tag{7-41}$$

即对于有节点分出流量的串联管路，$\sum Q_{入}$（流入某节点的所有流量）$=\sum Q_{出}$（所有流出该节点的流量）。

(2) 能量方程原则 在串联长管中，由于局部水头损失和末端流速水头不计，对于整个管路系统的总作用水头等于各管段水头损失之和，即：

$$H=\sum h_w=\sum h_f=\sum A_il_iQ_i^2=\sum S_iQ_i^2 \tag{7-42}$$

7.4.3 并联管路的水力计算

为确保用水、用气的可靠性，通常采用并联管路系统，即不同管径的管段由同一节点分出，又汇于同一节点，这种管路系统称并联管路，见图 7-11。

并联管路的水力计算特点如下：

(1) 连续性方程原则 图 7-11 对 A 节点有分出流量 q，连续性方程为：

$$Q_0=Q_1+Q_2+Q_3+q \tag{7-43}$$

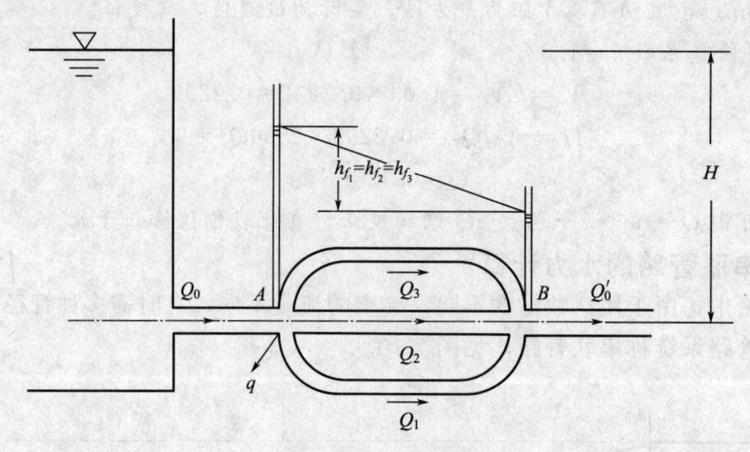

图 7-11　并联管路

B 节点无分出流量，连续性方程为：

$$Q_1+Q_2+Q_3=Q_0' \tag{7-44}$$

总的说来，不管串联管路还是并联管路，在恒定流管路系统中，某节点流量连续性方程总有：

$$\sum Q_{入}=\sum Q_{出} \tag{7-45}$$

(2) 能量方程原理　在并联管路系统中，由于不同管径的管段从同一节点分出和汇入，各管段上的水头损失相等，并等于总的水头损失。即：

$$即：h_{f_1}=h_{f_2}=h_{f_3}=h_f \tag{7-46}$$

$$或\ A_1l_1Q_1^2=A_2l_2Q_2^2=A_3l_3Q_3^2=A_il_iQ_i^2=h_f \tag{7-47}$$

$$S_1Q_1^2=S_2Q_2^2=S_3Q_3^2=S_iQ_i^2=h_f \tag{7-48}$$

则

$$Q_i=\sqrt{\frac{h_f}{S_i}} \tag{7-49}$$

$$有\ Q_1:Q_2:Q_3=\frac{1}{\sqrt{S_1}}:\frac{1}{\sqrt{S_2}}:\frac{1}{\sqrt{S_3}} \tag{7-50}$$

若无分出流量 $q_1=q_2=0$，有：

$$\begin{aligned}Q_{AB}&=\sum_{i=1}^{n}Q_i=\sum_{i=1}^{n}\sqrt{\frac{h_f}{S_i}}=\sqrt{h_f}\sum_{i=1}^{n}\frac{1}{\sqrt{S_i}}=\sqrt{h_f}\,\frac{1}{\sqrt{S_p}}\\&=\sqrt{S_i}\,Q_i\sqrt{\frac{1}{S_p}}=Q_i\sqrt{\frac{S_i}{S_p}}\end{aligned} \tag{7-51}$$

$$其中：\frac{1}{\sqrt{S_p}}=\sum_{i=1}^{n}\frac{1}{\sqrt{S_i}}=\frac{1}{\sqrt{S_1}}+\frac{1}{\sqrt{S_2}}+\cdots+\frac{1}{\sqrt{S_i}} \tag{7-52}$$

7.4.4　沿程均匀泄流管路系统

给水工程中的配水管、滤池冲洗管、暖通工程中的侧孔送风管、灌溉工程中滴灌技术、人工降雨等均为沿程均匀泄流。沿程均匀泄流管路系统见图 7-12。

在沿程均匀泄流中，称单位长度上沿程泄出的流量为途泄流量，或称比流量，用“q”表示。即：$q=\dfrac{Q_t}{l}$。整个管段泄出的流量之和称总途泄流量 Q_t。

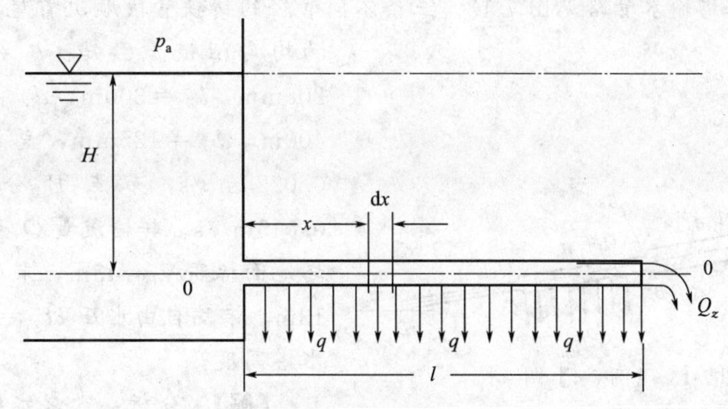

图 7-12 沿程均匀泄流管路系统

$$Q_t = ql \tag{7-53}$$

管段上固定不变且由管道末端流出的流量称为转输流量，以“Q_z”表示。在沿程均匀泄流中，各位置处流量不同，设任意位置 x 处取 $\mathrm{d}x$ 流段，该处流量为：

$$Q_x = Q_z + ql - qx = Q_z + Q_t - \frac{Q_t}{l}x \tag{7-54}$$

则 $\mathrm{d}x$ 流段上的水头损失为：

$$\mathrm{d}h_f = A_\lambda \mathrm{d}x Q_x^2 = A_\lambda \left(Q_z + Q_t - \frac{Q_t}{l}x\right)^2 \mathrm{d}x$$

总水头损失为：

$$h_f = \int_0^l \mathrm{d}h_f = \int_0^l A_\lambda \left(Q_z + Q_t - \frac{Q_t}{l}x\right)^2 \mathrm{d}x$$

$$= Al\left(Q_z^2 + Q_z Q_t + \frac{1}{3}Q_t^2\right) \tag{7-55}$$

若转输流量 $Q_z = 0$，则： $$h_f = \frac{1}{3}A_\lambda l Q_t^2 \tag{7-56}$$

在实际工程中，管道内流动多处于阻力平方区，沿程阻力系数与 Re 无关，管材选定后比阻 A_λ 一般认为是常数。为计算方便，常常将流量简化为：

$$Q_c = \sqrt{Q_z^2 + Q_z Q_t + \frac{1}{3}Q_t^2}$$

$$= Q_z + \alpha Q_t \tag{7-57}$$

其中，$\alpha = \sqrt{\left(\frac{Q_z}{Q_t}\right)^2 + \frac{Q_z}{Q_t} + \frac{1}{3}} - \frac{Q_z}{Q_t}$。

α 的取值与 $\frac{Q_z}{Q_t}$ 的比值有关，总的变化范围在 0.5～0.577 之间。大型管网一般取 $\alpha = 0.5$，一般情况下取 $\alpha = 0.55$。有：

$$Q_c = Q_z + 0.55 Q_t \tag{7-58}$$

$$h_f = A_\lambda l Q_c^2 \tag{7-59}$$

这里，Q_c 称计算流量，它是一个近似值，只在简化计算沿程均匀泄流的沿程损失时使用，而计算其他管段的流量时必须采用真实的流量计算。

【例 7-4】 水塔输水管路见图 7-13。三条不同管径的铸铁管段顺次首尾相连，中间管段为均匀泄流。已知：$l_1=1000\text{m}$，$d_1=200\text{mm}$，$l_2=300\text{m}$，$d_2=150\text{mm}$，$l_3=400\text{m}$，$d_3=125\text{mm}$，总途泄流量 $Q_t=0.0225\text{m}^3/\text{s}$，节点 B 分出流量 $q_B=0.015\text{m}^3/\text{s}$，转输流量 $Q_z=0.03\text{m}^3/\text{s}$；水塔地面标高 $\nabla_t=43\text{m}$，末端地面标高 $\nabla_z=13\text{m}$，末端自由水压 $H_z=20\text{m}$。求：所需水塔高度？

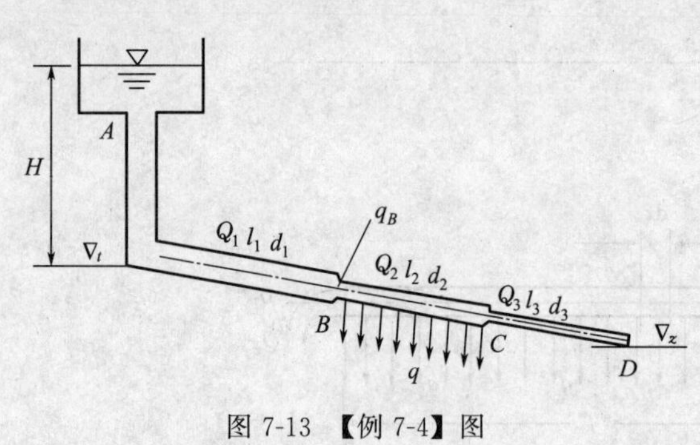

图 7-13 【例 7-4】图

【解】 分析：欲求水塔作用水头，必须先求各管段通过的流量 Q，可通过各节点的流量连续性方程求管段的通过流量，总作用水头为各管段的沿程水头损失之和，只是 BC 管段为沿程均匀泄流，需采用计算流量计算该段的水头损失。

① 求各管段通过流量 Q 及流速 v

$$Q_3=Q_z=0.03\text{m}^3/\text{s},\ v_3=\frac{4Q_3}{\pi d_3^2}=2.45\text{m/s}>1.2\text{m/s}$$

$$Q_c=Q_z+\alpha Q_t=0.03+0.55\times 0.0225=0.042\text{m}^3/\text{s},\ v_{2c}=\frac{4Q_{2c}}{\pi d_2^2}=2.38\text{m/s}>1.2\text{m/s}$$

$$Q_1=Q_z+q+Q_t=0.0675\text{m}^3/\text{s},\ v_1=\frac{4Q_1}{\pi d_1^2}=2.15\text{m/s}>1.2\text{m/s}$$

以上 v_1、v_2、v_3 均大于 1.2m/s，比阻 A_{λ_1}、A_{λ_2}、A_{λ_3} 不需修正。

② 查表 7-1 由铸铁管管径 d 求比阻 A_λ

$$A_{\lambda_1}=9.029 \qquad A_{\lambda_2}=41.85 \qquad A_{\lambda_3}=110.8$$

③ 水塔距地面高度：

$$\begin{aligned}H&=\nabla_z+H_z+\sum h_f-\nabla_t\\&=\nabla_z+H_z-\nabla_t+A_{\lambda_1}l_1Q_1^2+A_{\lambda_2}l_2Q_{2c}^2+A_{\lambda_3}l_3Q_3^2\\&=13+20-43+9.029\times1000\times0.0675^2+41.85\times300\times0.042^2+110.8\times400\times0.03^2\\&=93.2\ (\text{m})\end{aligned}$$

【例 7-5】 铸铁管路系统见图 7-14，已知：干管流量 $Q=100\text{L/s}$，$l_1=1000\text{m}$，$d_1=250\text{mm}$；$l_2=500\text{m}$，$d_2=300\text{mm}$；$l_3=500\text{m}$，$d_3=200\text{mm}$。求：①各管段流量 Q_1、Q_2、Q_3；②A、B 两点间的水头损失 h_{fAB}。

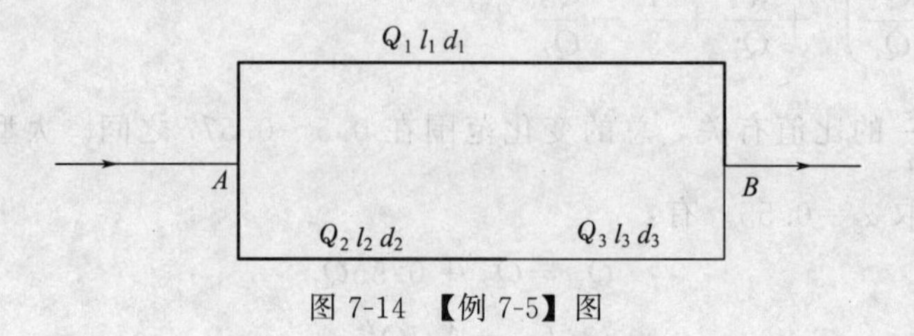

图 7-14 【例 7-5】图

【解】 分析：本题中管路为并联管路系统，在并联的一支路上再串联一条管段，即 l_1 与 l_2、l_3 并联，l_2 串联 l_3。因 Q_1、Q_2、Q_3 为未知数，v_1、v_2、v_3 也不知是否大于 1.2m/s，

因此在计算过程中需先假定各管流动处于阻力平方区，即

① 假定 v_1、v_2、$v_3>1.2\text{m/s}$

查表：$A_{\lambda_1}=2.752\text{s}^2/\text{m}^6$　$A_{\lambda_2}=1.025\text{s}^2/\text{m}^6$　$A_{\lambda_3}=9.029\text{s}^2/\text{m}^6$

② 根据管路串联和并联的特点建立方程组如下：

$$\begin{cases}Q_2=Q_3\\ Q=Q_1+Q_2=Q_1+Q_3\\ h_{f_2}+h_{f_3}=h_{f_1}\end{cases}$$

即
$$\begin{cases}Q_2=Q_3\\ 0.1=Q_1+Q_2\\ 1.025\times 500Q_2^2+9.029\times 500Q_3^2=2.752\times 1000Q_1^2\end{cases}$$

联解得：
$$\begin{cases}Q_1=57.5\text{L/s}\\ Q_2=Q_3=42.5\text{L/s}\end{cases}$$

③ 验算：$v_1=\dfrac{4Q_1}{\pi d_1^2}=1.17\text{m/s}\approx 1.2\text{m/s}$，比阻不修正

$v_2=\dfrac{4Q_2}{\pi d_2^2}=0.6\text{m/s}<1.2\text{m/s}$，比阻需修正，查表 7-2 得 $k_2=1.115$

$A'_{\lambda_2}=kA_{\lambda_2}=1.115\times 1.025=1.143\text{s}^2/\text{m}^6$

$$v_3=\frac{4Q_3}{2d_3^2}=1.35\text{m/s}\quad >1.2\text{m/s}\quad \text{比阻不修正}$$

④ 将 A_{λ_1}、A'_{λ_2}、A_{λ_3} 代入以上方程组，重新计算流量，得：

$$\begin{cases}Q_1=57.6\text{L/s}\\ Q_2=Q_3=42.4\text{L/s}\end{cases}\text{各管段流量略有变化}$$

⑤ 求 A、B 两点间的沿程水头损失 $h_{f_{AB}}$：

$$h_{f_{AB}}=h_{f_1}=A_{\lambda_1}l_1Q_1^2=A'_{\lambda_2}l_2Q_2^2+A_{\lambda_3}l_3Q_3^2=9.13\ (\text{m})$$

7.5 枝状管网的水力计算

市政给水管网或输气管网，常常是多条管段（d_1、d_2、…、d_i）串联组成干管，连接于干管上又有多条支管，这种管路系称枝状管网，见图 7-15。

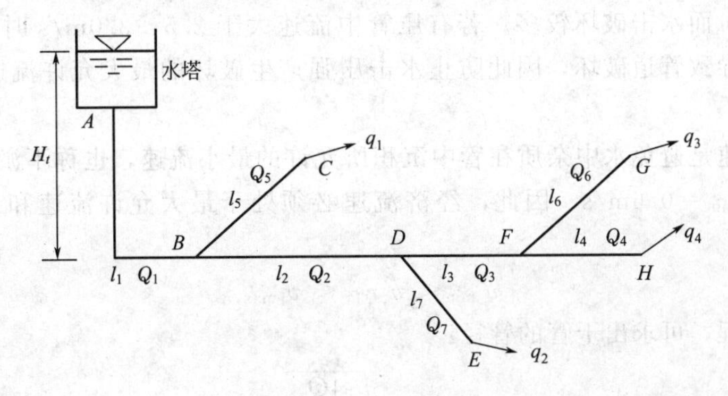

图 7-15　枝状管网

枝状管网中，干管是最不利点与水塔之间的管段。连接于干管上的各条管段为支管。最不利点也称控制点，是距水塔最远、地形较高、自由水压要求较大、流量大，综合最为不利的点。因此在管网的计算中，首先得通过计算、比较找出综合最不利的点，即控制点。

枝状管网的优点在于节省管材、造价低、计算简单，它的计算原理为串联管路的水力计算原则。缺点是只向一个方向供水，可靠性差，一旦某管段发生问题或检修，整个管路将被迫停水停气。因此枝状管网通常应用在城市的郊区或分期施工的初期工程、局部区域。

7.5.1 枝状管网水力计算内容

枝状管网的水力计算内容分为新建管网系统的设计和扩建管网系统的设计。在新建给水管网系统中，通常已知管路沿线地形标高 Δ、管长 l、用户流量 q_i、末端自由水压 H_z，各管段的通过流量采用连续性方程 $\sum Q_{入}=\sum Q_{出}$ 计算得出。新建管网系统设计的水力计算内容包括：①水塔高度 H_t；②干管管径 $d_{干}$；③支管管径 $d_{支}$。

扩建给水管网系统设计与新建给水管网系统设计的主要差异在于扩建给水系统的水塔是已有的，不需要设计水塔的高度，其他已知条件和新建给水管网系统一致，即已知管路沿线地形标高 Δ、管长 l、用户流量 q_i 和末端自由水压 H_z。同样需设计计算干管管径 $d_{干}$ 和支管管径 $d_{支}$。但扩建给水系统的干管管径 $d_{干}$ 和支管管径 $d_{支}$ 的计算方法和新建给水系统的支管管径的计算方法一样。因此，下面仅以新建给水系统管网的设计为例来加以分析。

新建给水系统的设计中，首先需设计干管的管径，其次为水塔高度的设计，最后确定支管管径。具体分述如下。

7.5.2 干管管径的计算

新建给水系统的干管管径按经济流速和流量计算。所谓经济流速即是综合考虑管网造价 c（包括铺筑管网建设费、泵站建设费、水塔建设费）和 t 年的运行管理费 M（泵站电费、维护管网费）最低时相应的流速，称经济流速。其中，管网造价 c 与管径 d 成正比，与流速成反比；运行管理费 M 与流速 v 成正比。

影响经济流速的因素较多，不同时期，不同城市和地区物价水平不同，经济流速不同，可查地区最新设计规范或手册。在设计规范或手册中管径不同，经济流速不同。如给水管网中：管径 $D=100\sim200\text{mm}$，$v_{经济}=0.6\sim1.0\text{m/s}$；管径 $D=200\sim400\text{mm}$，$v_{经济}=1.0\sim1.4\text{m/s}$。上海地区 $D=900\text{mm}$，$v_{经济}=2.0\text{m/s}$；北京 $D=900\text{mm}$，$v_{经济}=1.33\text{m/s}$。这些值均为过去值。具体设计中必须严格按当地的最新设计规范选用。

管网设计中除考虑经济流速外，必须考虑最大允许流速和最小允许流速的要求。为保证管路正常运行，不发生冲刷和不产生过大的水击压强的限制流速称最大允许流速。通常冲刷破坏的情况较少，而水击破坏较多。若有压管中流速大于 2.5～3.0m/s 时往往产生过大的水击压强，从而导致管道破坏，因此防止水击压强产生破坏的最大允许流速一般取 $v_{max}=2.5\sim3.0\text{m/s}$。

最小允许流速是避免水中杂质在管中沉积所允许的最小流速，也称不淤流速。水管中最小允许流速取 $v_{min}=0.6\text{m/s}$。因此，经济流速必须处于最大允许流速和最小允许流速之间，即

$$v_{min}<v_{经济}<v_{max} \tag{7-60}$$

由连续性方程，可求出干管的管径：

$$d_{干}=\sqrt{\frac{4Q}{\pi v_{经济}}} \tag{7-61}$$

7.5.3 水塔高度 H_t 的设计

干管管径确定以后，可计算出各干管的沿程水头损失，按干管建立水塔液面与控制点两断面的能量方程，从而求出水塔距地面的高度 H_t，有：

$$(H_t+Z_t)-(H_z+Z_0)=\sum_{i=1}^{n}h_f \tag{7-62}$$

$$H_t=\sum_{i=1}^{n}h_f+H_z+(Z_0-Z_t)$$

$$H_t=\sum_{i=1}^{n}A_{\lambda i}l_iQ_i^2+H_z+(Z_0-Z_t) \tag{7-63}$$

式中，Z_0 为控制点的地面标高；Z_t 为水塔地面标高；H_z 为控制点（管路末端）自由水压；H_t 为水塔距地面的高度。

7.5.4 支管管径的计算

在水塔高度和干管管径确定后，支管管径可按支管两端的平均水力坡度计算。对于任意支管 l_{ij}，其平均水力坡度为：

$$\overline{J}_{ij}=\frac{H_i \quad H_j}{\sum l_{ij}} \tag{7-64}$$

式中，H_i 为支管上游端点的水压标高，支管上游端点位于干管上，可通过干管由水塔液面水压标高减去水塔至该端点的水头损失得到：$H_i=(H_t+Z_t)-\sum h_{f_{t-i}}$；$H_j$ 为支管末端的水压标高 $H_j=Z_j+H_{z_j}$。

由支管的沿程水头损失：$h_{f_{ij}}=A_{\lambda_{ij}}l_{ij}Q_{ij}^2$，得

$$\overline{J}_{ij}=A_{\lambda_{ij}}Q_{ij}^2\text{；}$$

则：

$$A_{\lambda_{ij}}=\frac{\overline{J}_{ij}}{Q_i^2} \tag{7-65}$$

由式(7-65) 计算出的比阻 $A_{\lambda_{ij}}$ 查表 7-1 得支管的管径。

【例 7-6】 有一新建给水枝状管网由水塔与建筑 3、4、5 组成，见图 7-16。各建筑与水塔的地面标高、末端自由水压、管段长和用户流量见表 7-4 和表 7-5。试设计水塔距地面的高度和干管管径与支管管径。

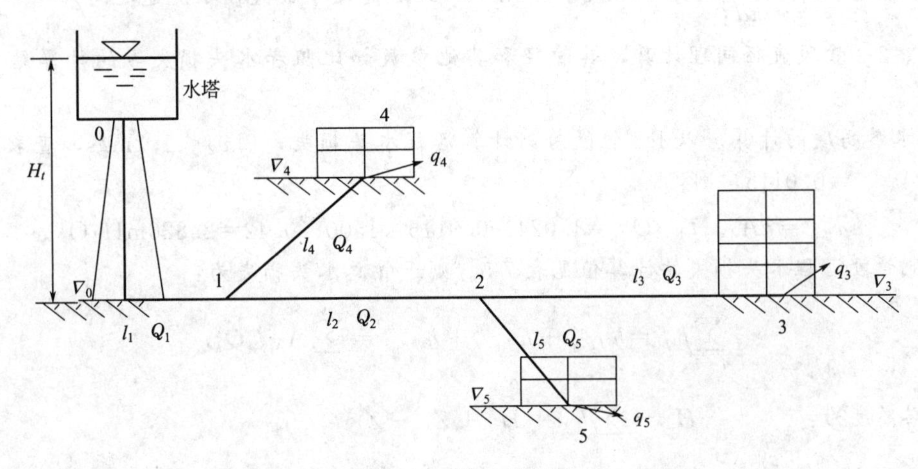

图 7-16 【例 7-6】图

表 7-4　各建筑与水塔的资料（1）

地面建筑	水塔	建筑 3	建筑 4	建筑 5
地面标高/m	60	55.5	47	56
自由水头/m	H	20	12	12
用户流量/(L/s)		225	100	175

表 7-5　各建筑与水塔的资料（2）

资料		计算值							
管线	管长/m		管段流量/(L/s)	流速/(m/s)	管径/mm	比阻/(s^2/m^6)	修正系数	节点水压/m	水头损失/m
0～1	2000	干管	500	1.59	800	0.005665			2.833
1～2	1500		400	1.04	700	0.0115	1.024		2.826
2～3	3500		225	1.15	500	0.06839	1.007		12.203
1～4	1500	支管	100	1.42	250	2.102		90.53	水力坡度
								59	0.0281
2～5	1150		175	1.39	350	0.559		87.7	
								68	0.0171

【解】 分析：从表 7-4、表 7-5 资料中分析建筑 3、4、5 距水塔的距离、地面标高、流量和自由水压，得出建筑 3 距水塔最远、地形较高、自由水压较大、流量大，综合最为不利，可作为控制点。则建筑 3 点与水塔之间的管线为干管，即 0-1、1-2、2-3 管段为干管。连接于干管的 1-4、2-5 管线为支管。

① 干管管径的计算　　　取经济流速 $v_{经济}=1.2\text{m/s}$

$$0.6\text{m/s}=v_{\min}<v_{经济}=1.2\text{m/s}<v_{\max}=2.5\text{m/s}$$

$$d_{干}=\sqrt{\frac{4Q_{干}}{\pi v_{经济}}}$$

以 0-1 管段为例：$d_1=\sqrt{\dfrac{4\times0.5}{\pi\times1.2}}=0.728\text{m}$，取标准管径 $d_1=800\text{mm}$。

反算流速：$v_1=\dfrac{4Q}{\pi d_1^2}=1.59\text{m/s}>1.2\text{m/s}$（此流速处于最大最小流速之间）

1-2、2-3 管段直径同理计算，其管径和其他参数如比阻和水头损失等的计算结果见表 7-5。

② 水塔高度的计算。以 1-2 管段为例计算沿程水头损失，因 $v_2<1.2\text{m/s}$，查表得 $k=1.024$，$A_{\lambda_{1-2}}=0.0115$，则：

$$h_{f_{1-2}}=kA_{\lambda_{1-2}}l_{1-2}Q_2^2=1.024\times0.0115\times1500\times0.4^2=2.826\text{mH}_2\text{O}$$

其他管段沿程水头损失的计算值见表 7-5。则干管总水头损失为：

$$\sum_{i=1}^{n}h_f=h_{f_{0-1}}+h_{f_{1-2}}+h_{f_{2-3}}=\sum_{i=1}^{n}A_{\lambda_i}l_iQ_i^2$$

水塔高度为：

$$H_t=\sum_{i=1}^{n}h_f+H_z+Z_0-Z_t$$

$$=2.833+2.826+12.203+20+55.5-60$$

$=33.36\text{m}$

③ 支管管径的计算。连接于干管上的1-4、2-5管段上为支管。下面以1-4管段为例分析支管的管径。

1-4支管上游端位于干管1节点，其水压标高为：

$$H_1=H_t+Z_t-h_{f_{0-1}}=33.36+60-2.833=90.53\ (\text{m})$$

1-4支管下游端4节点水压标高为：$H_4=H_z+Z_4=47+12=59\ (\text{m})$

平均水力坡度：
$$\overline{J}_{1-4}=\frac{H_1-H_4}{l_{1-4}}=\frac{90.53-59}{1500}=0.02102$$

$$A_{\lambda_{1-4}}=\frac{\overline{J}_{1-4}}{Q_{1-4}^2}=\frac{0.02102}{0.1^2}=2.102$$

由比阻$A_{\lambda_{1-4}}$查表得$d_{1-4}=250\text{mm}$

验算流速：$v_{1-4}=\dfrac{4Q_{1-4}}{\pi d_{1-4}^2}=2.04\text{m/s}>1.2\text{m/s}$不需修正。

同理可求出2-5管段的管径$d_{2\text{-}5}=350\text{mm}$，计算过程中的各参数值见表7-5。

7.6 环状管网的水力计算

为保证市政管网供水供气的可靠性，将多条管段相互连接成闭合形状的管路系统，称环状管网，见图7-17。环状管网的最大特点是当某处管道发生故障不会影响全线停水停气，用水用气可靠性高。但环状管网铺设的管线多，所用材料、开挖等工程费用增加，管网造价高。同时它的水力计算原理是以并联管路的水力计算原则为基础，因而计算复杂。

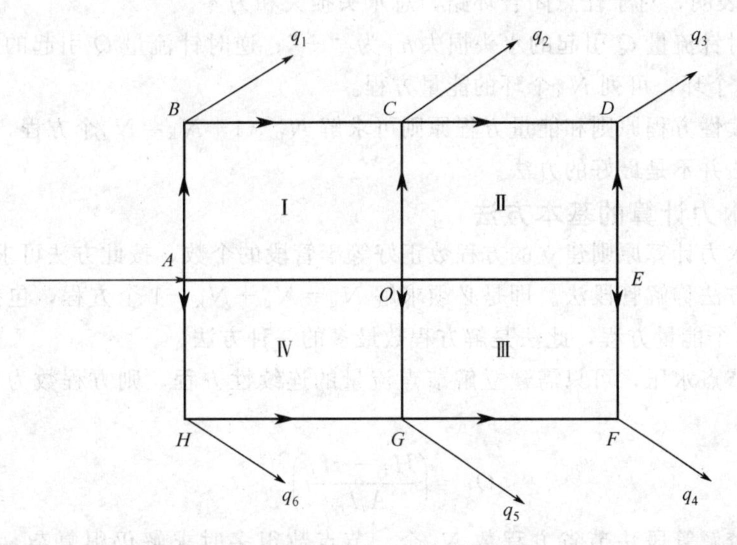

图7-17 环状管网

7.6.1 环状管网的水力计算内容

在环状管网的水力计算中，通常已知管路沿线地形标高Δ、管线长l、节点（用户端）流量q_i、末端自由水压H_z、水塔高度H_t。设计时需求：①各管段通过的流量Q_i；②各管段的管径d_i；③各管段的水头损失h_{fi}。

环状管网计算中，管径 d 仍由经济流速确定，水头损失 h_f 由流量确定，因此主要问题是求解各管段的通过流量 Q_i。

设环状管网中节点数为 N_p、管段数为 N_g、环数为 N_k，三者之间存在如下关系式：

$$N_g = N_p + N_k - 1 \tag{7-66}$$

式中，N_g为管段数；N_p为节点数；N_k为环数。

7.6.2 环状管网的水力计算原则

(1) 连续性方程原则　环状管网中任意节点仍然满足流入与流出节点的流量相等的原则，即：

$$Q_{出} = Q_{入} \tag{7-67}$$

$$或\ Q_{出} - Q_{入} = 0$$

即任意节点流入与流出节点流量之和为零：

$$\sum_{i=1}^{n} Q_i = 0 \tag{7-68}$$

从而规定：流入节点流量为“+”；流出节点流量为“−”。若环状管网有 N_p个节点，则可列出 $N_p - 1$ 个节点流量的连续性方程。

(2) 能量方程原则　对于任意闭合环路，均可看成是在某一分流点和汇流点的并联管路，并遵循并联管路系统的能量方程原则，任意并联管线的水头损失相等，即：

$$h_{f_1} = h_{f_2} \tag{7-69}$$

同样写成：　$h_{f_1} - h_{f_2} = 0$

或

$$\sum_{i=1}^{n} h_{f_i} = \sum_{i=1}^{n} A_{\lambda_i} l_i Q_i^2 = \sum_{i=1}^{n} S_i Q_i^2 = 0 \tag{7-70}$$

式(7-68) 表明，对于任意闭合环路，总水头损失和为零。

规定：顺时针流量 Q 引起的水头损失 h_f 为“+”；逆时针流量 Q 引起的水头损失 h_f 为“−”。若有 N_k个环，可列 N_k个环的能量方程。

故利用连续性方程原则和能量方程原则可求解 $N_p - 1 + N_k = N_g$个方程，但当管网节点数较多时，此法并不是最好的方法。

7.6.3 水力计算的基本方法

根据以上水力计算原则建立的方程数正好等于管段的个数，按此方法可求出各管段通过的流量，这种方法称解管段法。即是必须求解 $N_g = N_p + N_k - 1$ 个方程，包括 $N_p - 1$ 个连续性方程和 N_k个能量方程，此法是解方程数最多的一种方法。

若已知各节点水压，可只需建立解节点流量的连续性方程，则方程数为 $N_p - 1$ 个，此法称解节点法。

$$Q_i = \left(\frac{H_i - H_j}{A_i l_i}\right)^{1/2} \tag{7-71}$$

解节点法较解管段法节省方程数 N_k个，节点数很多时求解仍很复杂。若继续减少方程，只能依靠求解各环的能量方程，其方程数仅有 N_k个。此法以每环的校正流量为未知数，逐步渐进的方法，迭代求取管段的通过流量。下面我们介绍一种常见的逐步渐进法——哈代克罗斯解环法。

7.6.4 哈代克罗斯解环法步骤

① 根据用户用水情况拟订各管段水流方向，初步分配各管段的通过流量。管网供水方

向指向大用户集中的节点，每一节点必须满足连续性原则 $\sum_{i=1}^{n} Q_i = 0$，从而得第一次分配流量。

② 用当地经济流速和初步分配的流量计算各管段的管径 $d_{干} = \sqrt{\frac{4Q}{\pi v_{经济}}}$，选取标准管径。其中，经济流速必须满足最大最小允许流速的要求。

③ 由计算的各管段管径与设计管材的粗糙度求比阻 A_λ 或阻抗 S，从而计算各管段水头损失：$h_{f_i} = A_{\lambda_i} l_i Q_i^2$。

④ 求每一环的水头损失代数和，即闭合差：

$$\Delta h_f = \sum_{i=1}^{n} h_{f_i} = \sum_{i=1}^{n} A_{\lambda_i} l_i Q_i^2 \tag{7-72}$$

$\Delta h_f > 0$，说明顺时针方向流量分配太多；$\Delta h_f < 0$，说明逆时针方向流量分配太多。

⑤ 求各环的校正流量。由于闭合差的存在，说明在初步分配流量时各环存在流量误差 ∇Q_i，称校正流量。因此若计入此校正流量，则各环的水头损失之和应该为零。即：

$$\sum_{i=1}^{n} h_{f_i} = \sum_{i=1}^{n} A_{\lambda_i} l_i (Q_i + \nabla Q)^2 = 0$$

略去高阶微量：

$$\sum_{i=1}^{n} (A_{\lambda_i} l_i Q_i^2 + 2A_{\lambda_i} l_i Q_i \nabla Q) = 0$$

$$\nabla Q = -\frac{\sum A_{\lambda_i} l_i Q_i^2}{2\sum A_{\lambda_i} l_i Q_i} = -\frac{\sum h_{f_i}}{2\sum \frac{h_{f_i}}{Q_i}} = -\frac{\nabla h_f^1}{2\sum \frac{h_{f_i}}{Q_i}} \tag{7-73}$$

⑥ 计入校正流量 ∇Q，二次分配流量，重复以上步骤，反复校正，直至闭合差小于允许值。手算时允许闭合差可取 0.5m，但计算机计算可取更小的允许值。

在环状管网的计算中，规定管段流量和校正流量的方向与水头损失 h_{f_i} 方向一致，即顺时针为正，逆时针为负。

【例 7-7】 如图 7-18 所示环状管网，各节点流量和管段长度见表 7-6。试确定各管段的直径及所通过的流量（闭合差小于 0.5m）。

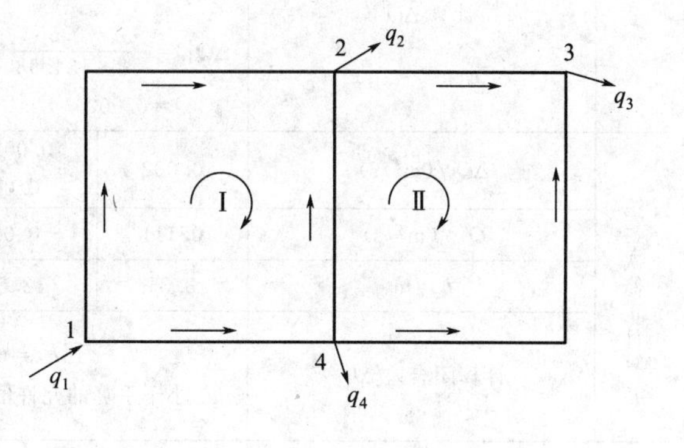

图 7-18 环状管网

表 7-6 各节点流量和管段长度

节点	1	2	3	4	1
用户流量/(L/s)	200	60	100	40	200

管段号	L_{12}	L_{24}	L_{41}	L_{23}	L_{34}	L_{24}
管长/m	600	400	200	200	600	400

【解】 ① 根据已知用户流量情况，初步拟定各管段的通过流量和流量方向，每一节点必须满足节点流量的连续性方程 $\sum Q_i = 0$，流量的初步分配值见表 7-7。

② 根据初步分配的流量，经济流速取 1.2m/s，确定管径，并取标准管径，见表 7-7。

③ 由各管段直径查比阻，并计算各管段水头损失。$h_{f_i}=A_{\lambda_i}l_iQ_i^2$，见表 7-7。

表 7-7　流量的初步分配值

次数	计算项目	Ⅰ环			Ⅱ环		
	环号	Ⅰ环			Ⅱ环		
	管段号	L_{12}	L_{24}	L_{41}	L_{23}	L_{34}	L_{24}
	管长/m	600	400	200	200	600	400
初步流量分配计算	$Q/(m^3/s)$	0.105	−0.025	−0.095	0.070	−0.03	0.025
	d/mm	350	200	300	300	200	200
	$A_\lambda/(s^2/m^6)$	0.4529	9.029	1.025	1.025	9.029	9.029
	h_f/m	3.00	−2.26	−1.85	1.00	−4.88	2.26
	h_f/Q	28.53	90.29	19.48	14.35	162.52	90.29
	计算 ΔQ	$\sum h_f=-1.11$ $\sum\frac{h_f}{Q}=138.3$ $\Delta Q_Ⅰ=\frac{-\sum h_f}{2\sum h_f/Q}=-\frac{-1.11}{2\times138.3}=0.004$			$\sum h_f=-1.61$ $\sum\frac{h_f}{Q}=267.16$ $\Delta Q_Ⅱ=\frac{-\sum h_f}{2\sum h_f/Q}=-\frac{-1.61}{2\times267.16}=0.003$		
第一次修正计算	$\Delta Q/(m^3/s)$	0.004	0.004 −0.003	0.004	0.003	0.003	0.003 −0.004
	$Q'/(m^3/s)$	0.109	−0.024	−0.091	0.073	−0.027	0.024
	h_f/m	3.23	−2.08	−1.7	1.09	−3.95	2.08
	h_f/Q	29.62	86.68	18.68	14.93	146.27	86.68
	计算 $\Delta Q'$	$\sum h_f=-0.55$ $\sum\frac{h_f}{Q}=134.98$ $\Delta Q'_Ⅰ=-\frac{-0.55}{2\times134.98}=0.002$			$\sum h_f=-0.78$ $\sum\frac{h_f}{Q}=247.88$ $\Delta Q'_Ⅱ=-\frac{-0.78}{2\times247.88}=0.002$		
第二次修正计算	$\Delta Q/(m^3/s)$	0.002	0.002 −0.002	0.002	0.002	0.002	0.002 −0.002
	$Q''/(m^3/s)$	0.111	−0.024	−0.089	0.075	−0.025	0.024
	h_f/m	3.35	−2.08	−1.62	1.15	−3.39	2.08
	计算闭合差 Δh	$\sum h_f=0.35$ 小于手算的允许值,可结束计算			$\sum h_f=-0.16$ 小于手算的允许值,可结束计算		
最终各管流量/(m^3/s)		0.111	−0.024	−0.089	0.075	−0.025	0.024

④ 计算各环的闭合差。

环Ⅰ：$\Delta h=\sum h_{f_i}=\sum A_{\lambda_i}l_iQ_i^2=-1.11$

环Ⅱ：$\Delta h=\sum h_{f_i}=\sum A_{\lambda_i}l_iQ_i^2=-1.61$

⑤ 计算校正流量 ΔQ。

环Ⅰ：$\Delta Q_Ⅰ=\frac{-\sum h_f}{2\sum h_f/Q}=-\frac{-1.11}{2\times138.3}=0.004$

环Ⅱ：$\Delta Q_Ⅱ=\frac{-\sum h_f}{2\sum h_f/Q}=-\frac{-1.61}{2\times267.16}=0.0003$

⑥ 调整分配流量，重新计算各环的闭合差和校正流量。

环Ⅰ：闭合差 $\Delta h=\sum h_{f_i}=\sum A_{\lambda_i} l_i Q_i^2=-0.55$

校正流量：$\Delta Q'_{\mathrm{I}}=0.002$

环Ⅱ：闭合差 $\Delta h=\sum h_{f_i}=\sum A_{\lambda_i} l_i Q_i^2=0.78$

校正流量：$\Delta Q'_{\mathrm{II}}=0.002$

⑦ 重复③、④、⑤步骤计算，直至满足闭合差精度要求。见表 7-7 第二次修正计算，Ⅰ，Ⅱ环闭合差均小于 0.5m，达到了设计要求。本例两次分配流量计算，各环均满足闭合差要求，故第二次校正后的流量即为各管段的通过流量。

7.7 有压管路中的水击

有压管路中，由于某种原因，如迅速关闭或开启阀门或水泵停机，使得管内流速突然变化，从而引起压强急剧升高和降低的交替变化现象称为水击现象。日常生活中当我们快速关闭和开启水管的时候，还会出现管道振动并发出呜呜的声音，经过一定时间后慢慢消失。当水击压强较大时，常常使得管道发生破坏。

水击产生的原因有内因和外因两方面。内因是水的可压缩性、管壁的弹性引起；外因方面为管道内的流速突然变化造成，如迅速关闭或开启阀门或水泵突然停机都可能引起水击。水击现象的危害极大，水击产生的压强可增大几十或几百倍，且正压负压交替产生，形成振动现象而使管道破坏。因此，在有压管路中必须极力避免和提前预防水击现象。

7.7.1 水击波的发展过程

下面以突然完全关闭阀门产生的水击现象为例来分析水击波的发展过程，见图 7-19。所谓水击波是由水击产生的弹性波，它来回传播一次需要的时间称一个相长。设水击波波速为 c，管道长度为 L，则一个相长为 $\frac{2L}{c}$。

由于阀门突然关闭，关门时间非常短暂，管道内流速为零，动能转化为压能，压强急剧升高 Δp，并在阀门处产生一增压波，同时该处的水体受到压缩，管壁膨胀，增压波带着这些信息往上游传播。经过 $\frac{L}{c}$ 的时间后水击波传至上游端管道进口，此时全管段内压强均处于水击压强 Δp 下，从而上游端管道进口（或水池端）出现指向水池的反向压差。此为第一阶段。

当时间超过 $\frac{L}{c}$ 后，在水池端的反向压差作用下，水体反向流动。水击压强恢复正常，管壁恢复正常，但管内为反向运动。又产生一降压波，降压波带着这些信息向下游传播。直至时间为 $\frac{2L}{c}$，整个管道降压和全部反向运动。此为第二阶段。相当于水击波来回传播一次。

时间超过 $\frac{2L}{c}$ 后，阀门端无水体，呈现负压状态。即阀门端产生了一降压波，此时管壁收缩，关内流速为零。又产生一继续降压的降压波，降压波带着这些信息向上游传播。直至时间为 $\frac{3L}{c}$，整个管道压强为负压 $-\Delta p$，且流速全部为零。此为第三阶段。

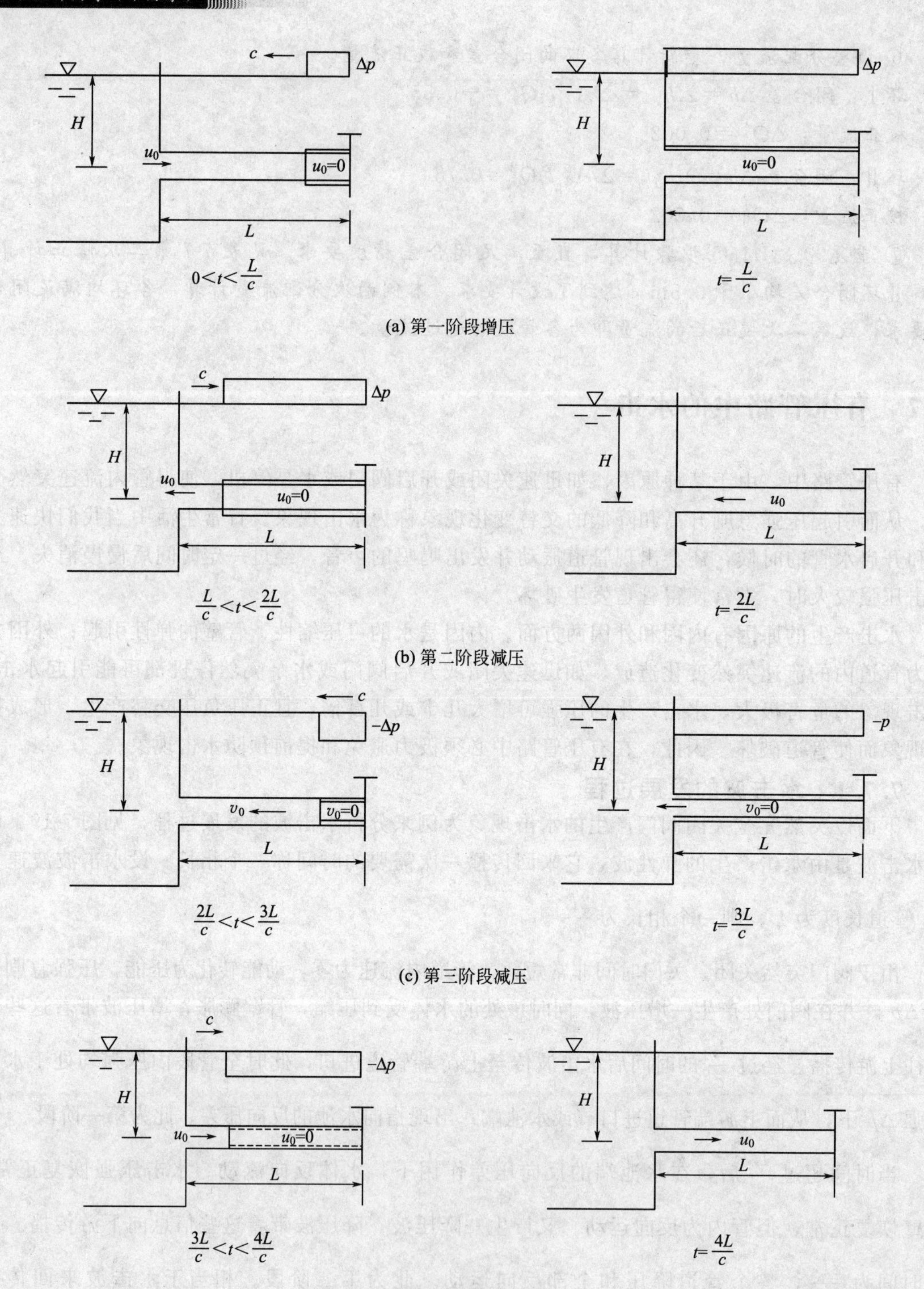

图 7-19　水击波的发展过程

当时间超过 $\frac{3L}{c}$ 后，水池端出现顺向压差，使水体向下游运动。与此同时，水池端产生一增压波，带着增压顺向流动的信息向下游传播，当时间等于 $\frac{4L}{c}$ 后，整个管道顺向流动，压强恢复正常，完成一个水击周期。之后重复第一阶段及以后的运动。

以上过程可综合如下。

第一阶段：顺向流动，增压波向上游传播；有压管中流速 $v_0 \rightarrow 0$。

第二阶段：反向流动，减压波向下游传播；有压管中流速 $0 \rightarrow -v_0$。

第三阶段：反向流动，减压波向上游传播；有压管中流速 $-v_0 \rightarrow 0$。

第四阶段：顺向流动，增压波向下游传播；有压管中流速 $0 \rightarrow v_0$。

由于水击现象中水体在来回运动过程中不断消耗能量，水击压强逐渐衰减，因此经过一定时间后水击现象慢慢消失。

7.7.2 水击压强的计算

(1) 水击波速 通过上面分析水击现象中水体运动的过程，不难发现，在巨大的水击压强下水体具有一定的可压缩性，管壁体现出一定的弹性。同时水体不断改变运动方向，在有压管路中，流动可视为一维非恒定流动。在一维非恒定流动中其连续性方程为：

$$\frac{\partial(\rho u A)}{\partial s}+\frac{\partial(\rho A)}{\partial t}=0 \tag{7-74}$$

式(7-74) 反映了在一维非恒定流中，流入控制体与流出控制体的质量差应等于在 dt 时间内由于流体密度变化引起的流体质量的增量。式(7-74) 为水击波速 c 计算的基本依据，关于水击波速 c 的推导过程在此不做详细的介绍。本书仅给出水击波速的计算公式，具体如下：

$$c=\frac{c_0}{\sqrt{1+\dfrac{K}{E}\dfrac{D}{\delta}}}=\frac{\sqrt{\dfrac{K}{\rho}}}{\sqrt{1+\dfrac{K}{E}\dfrac{D}{\delta}}} \tag{7-75}$$

式中，D 为管道直径；δ 为管壁厚度；ρ 为液体密度；K 为液体的体积弹性模量，当水温为10℃，一个标准大气压时，$K=2.1\times10^5\mathrm{N/cm^2}$；$E$ 为管壁的弹性模量，钢管 $E=2.06\times10^7\mathrm{N/cm^2}$；$c_0$ 为液体中声波的传播速度，当水温为10℃，压强为1～25个大气压时，$c_0=1435\mathrm{m/s}$。

(2) 直接水击压强 当阀门关门时间 T_c 小于一个相长，增压波使得阀门处压强达到最大，此时的水击压强称为直接水击压强。

设有压管路中发生直接水击，水击波到达之处管道压强由 p 变为 $p+\Delta p$，其中水击压强为 Δp；管道过流断面变化前后分别为 A、$A+\Delta A$，管道内流动由初始速度 v_0 降为 v；液体密度由 ρ 变为 $\rho+\Delta\rho$；水击波速为 c，见图7-20。

列1、2断面的动量方程，有：

$$pA-(p+\Delta p)(A+\Delta A)=c(A+\Delta A)(\rho+\Delta\rho)(v-v_0)$$

略去二阶微量，同时考虑到管道的面积变化 ΔA 和密度变化 $\Delta\rho$ 相比水击压强 Δp 要小，略去不计，则有：

$$\Delta p=c\rho(v_0-v) \tag{7-76}$$

式(7-76) 是直接水击的压强计算公式，该式反映出直接水击压强的大小与水击波、流体密度、初始流速和阀门的关闭程度有关。如完全关闭，$v=0$，则有：

$$\Delta p=c\rho v_0 \tag{7-77}$$

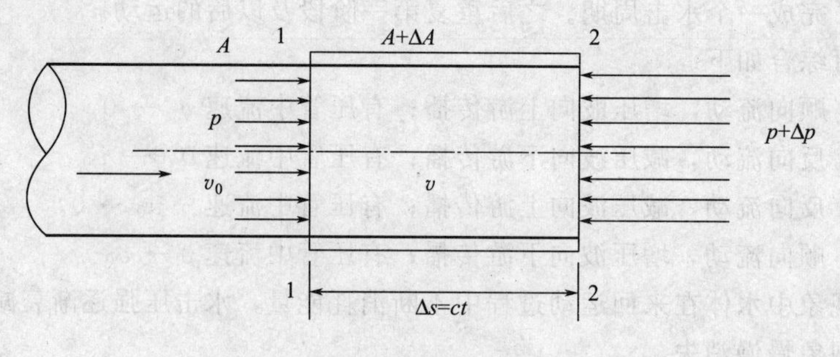

图 7-20　水击压强

上式说明，水击波速、流体密度、管内流速越大，直接水击压强越大。

(3) 间接水击　当阀门关门时间大于一个相长，返回的减压波将与增压波叠加使得水击压强减少，此种水击称为间接水击。由于水击过程是一个非恒定过程，减压波与增压波叠加极其复杂，因此常常采用经验公式计算间接水击压强，公式如下：

$$\Delta p = \rho c v_0 \frac{T}{T_c} \tag{7-78}$$

式中，T 为水击波来回传播一次的相长，$T=\dfrac{2L}{c}$；T_c 为阀门的关闭时间。

7.7.3　水击的防止措施

水击的预防措施有多种，如可以延长阀门的关门或开门时间，减少管路的长度让减压波尽快返回，降低管道内的流速和设置调压井或水击消除器。在水泵站中常常设置逆止阀门，防止水体反向流动和产生正负压交替发生而产生的停泵水击。

【例 7-8】 已知市政给水主干管的钢管直径为 2m，壁厚为 2cm，当管内流速为 3m/s，完全关闭，关门时间 2s，问在 3000m 长的有压管路中是否发生直接水击，其水击压强为多少？

【解】 根据题目，取 $c_0=1435\text{m/s}$；采用水温 10℃，在一个标准大气压下，$K=2.1\times10^5\text{N/cm}^2$，钢管弹性模量 $E=2.06\times10^7\text{N/cm}^2$，则水击波速为：

$$c=\frac{c_0}{\sqrt{1+\dfrac{K}{E}\dfrac{D}{\delta}}}=\frac{1435}{\sqrt{1+\dfrac{2.1\times10^5}{2.06\times10^7}\times\dfrac{200}{2}}}=1009.8(\text{m/s})$$

水击波相长为：$\dfrac{L}{c}=\dfrac{3000}{1009.8}=2.97(\text{s})$

因关门时间 $T_c=2\text{s}<2.97\text{s}$，为直接水击，其直接水击压强为：

$$\Delta p=c\rho v_0=1009.8\times1\times3=3029.4(\text{kN/m}^2)$$

此水击压强相当于 309.1mH_2O 的水体产生的压强。

由此可见，直接水击压强是极其巨大的，它是有压管路中的阀门等管件破坏的主要原因。

习　题

7-1　图中穿孔板上各孔眼的大小形状相同，问每个孔口的出流量是否相同？

7-2　已知水箱中孔口中心线上的作用水头为 H，水体经小孔口水平射出。如图所示，从收缩断面处测量，其水平射程为 x，水体降落高 y。试求水体出流时的流速系数。

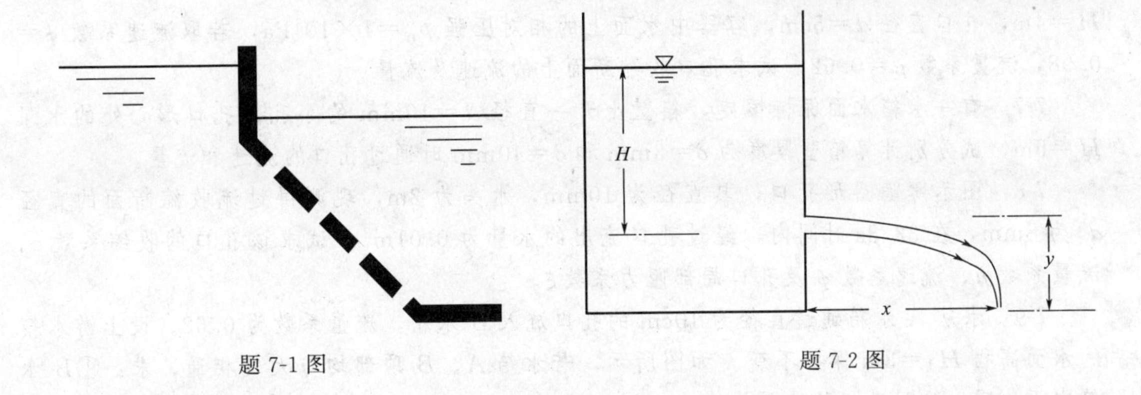

题 7-1 图　　题 7-2 图

7-3　图示密闭容器内盛水深 $H=1.5\text{m}$ 的水体，已知液面相对压强 $p_0=70\text{kN/m}^2$，底部接一直径 $d=50\text{mm}$、$l=0.3\text{m}$ 的短管，求底部排水孔的出流量。

7-4　已知两水箱间以一隔板相连，隔板上开一圆形完善收缩的小孔口输送水体。如图所示，左水箱孔口中心线的作用水头 $H_1=4.8\text{m}$，孔口管径 $d_1=0.1\text{m}$。右测水箱在与孔口相同高度的位置接一直径相同的管嘴排放水体。当两侧水面稳定后，求其出流量和右测水箱液面的高度 H_2。

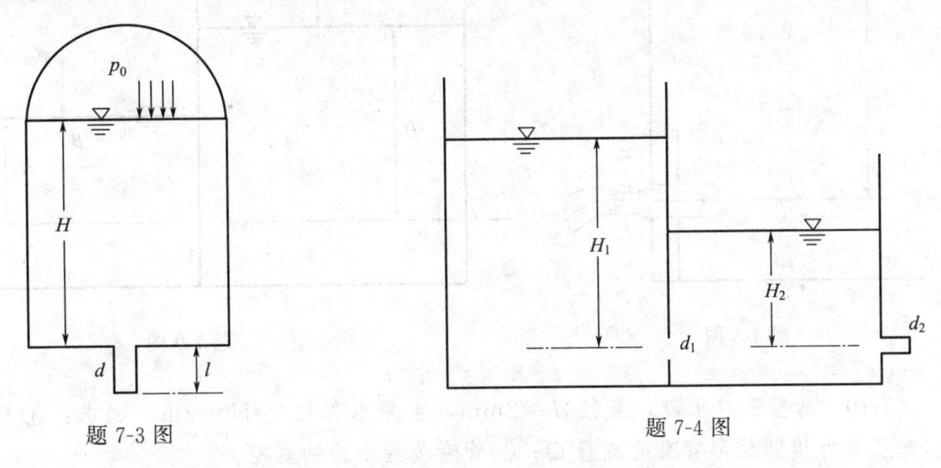

题 7-3 图　　题 7-4 图

7-5　图示容器侧壁距底 $H_0=0.8\text{m}$ 处有一小孔，下层为厚 $H=1.5\text{m}$ 的水，上层为相对密度为 0.8 的油，液面为大气。测得油层厚度为 $h=5\text{m}$ 时的孔口流量为 6L/s，求当油层厚度为 2m 时的流量。

7-6　水经容器侧壁上的薄壁小孔口自由出流。如图所示，已知小孔中心到水面的高度

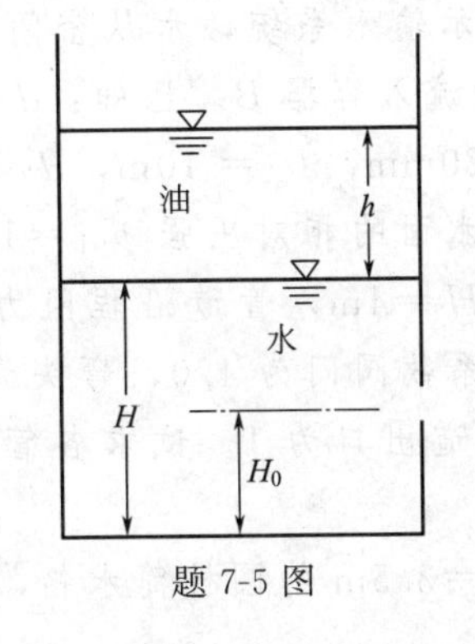

题 7-5 图

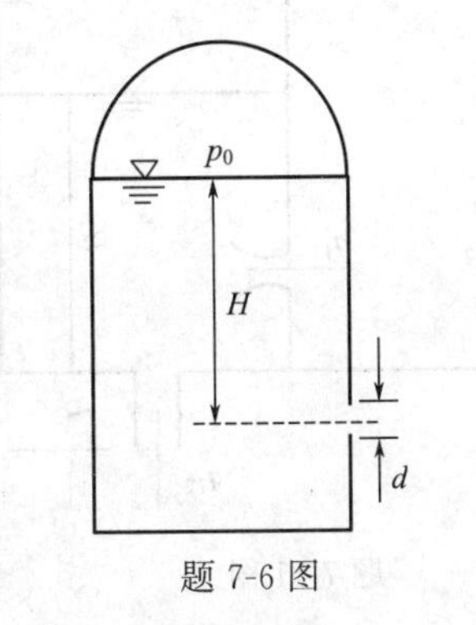

题 7-6 图

$H=4$m，孔口直径 $d=5$cm，容器中水面上的相对压强 $p_0=1\times10^5$Pa，若取流速系数 $\phi=0.98$，流量系数 $\mu=0.62$，试求孔口收缩断面上的流速及流量。

7-7　有一水箱水面保持恒定，箱壁上开一直径 $d=10$mm 的小孔，孔口形心处的水深 $H=5$m，试分别计算箱壁厚度为 $\delta=3$mm 和 $\delta=40$mm 时通过孔口的流速和流量。

7-8　图示薄壁圆形孔口，其直径为 10mm，水头为 2m，现测得过流收缩断面的直径 d_c 为 8mm，在 32.8s 时间内，经过孔口流出的水量为 0.01m³。试求该孔口的收缩系数 ε、流量系数 μ、流速系数 ϕ 及孔口局部阻力系数 ξ。

7-9　水从 A 水箱通过直径为 10cm 的孔口流入 B 水箱，流量系数为 0.62。设上游水箱的水面高程 $H_1=3$m 保持不变。如图所示，若水箱 A、B 顶部均与大气相通，求：①B 水箱中无水时，通过孔口的流量为多少？②B 水箱水面高程 $H_2=2$m 时，通过孔口的流量为多少？③若 A 箱水面压力改为 $p_{0A}=2000$Pa，$H_1=3$m，B 水箱水面压力 $p_{0B}=0$，$H_2=2$m，求通过孔口的流量。

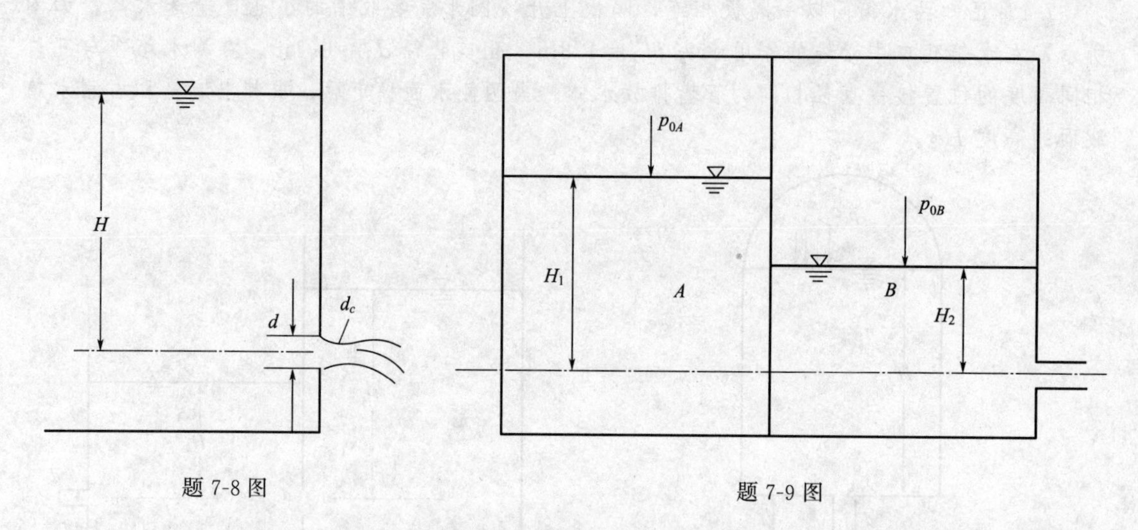

题 7-8 图　　　　题 7-9 图

7-10　薄壁孔口出流，直径 $d=2$mm，水箱水位恒定 $H=2$m，试求：①孔口流量 Q；②此孔口外接圆柱形管嘴的流量 Q；③管嘴收缩断面的真空。

7-11　如图所示的水箱用隔板分成左右两个水箱，隔板上开一直径 $d_1=40$mm 的薄壁小孔口，水箱底接一直径 $d_2=30$mm 的外管嘴，管嘴长 $l=0.1$m，$H_1=3$m。试求在恒定出流时水深 H_2 和水箱出流流量 q_{V1}、q_{V2}。

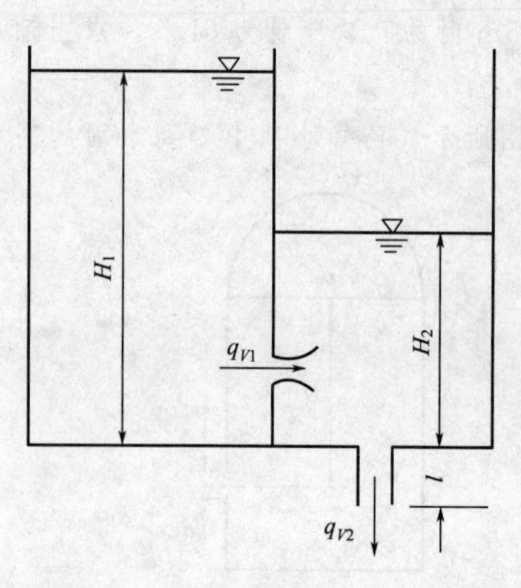

题 7-11 图

7-12　如图所示输水系统，水从密闭容器 A 沿直径 1、2、3 管段流入容器 B。已知：$d_1=25$mm，$l_1=10$m，$d_2=20$mm，$l_2=10$m，$d_3=20$mm，$l_3=15$m，两容器水面的相对压强 $p_{01}=1$at，$p_{02}=0.1$at，水面高差 $H=4$m，管道沿程阻力系数 $\lambda=0.025$，局部阻力系数阀门为 4.0，弯头为 0.3，管道进口为 0.5，管道出口为 1。试求各管段输送的流量。

7-13　直径 $D=3.5$m 的圆柱筒水箱，充水高度

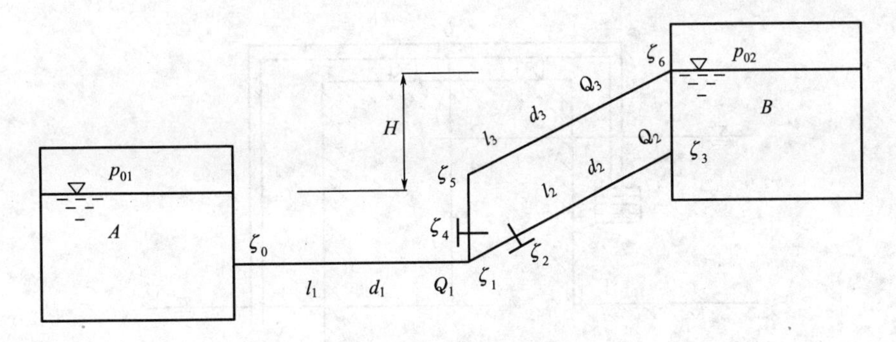

题 7-12 图

$H_1=4.2\text{m}$，问打开水箱底壁上直径$d=50\text{mm}$的圆孔后，经过多长时间水箱内水位降至$H_2=2.8\text{m}$？全部放空所需时间为多少？

7-14 如图所示一跨河倒虹吸圆管，管径$d=0.9\text{m}$，长$l=50\text{m}$，两个30°折角、进口和出口的局部水头损失系数分别为$\zeta_1=0.2$，$\zeta_2=0.5$，$\zeta_3=1.0$，沿程水头损失系数$\lambda=0.024$，上下游水位差$H=3\text{m}$。若上下游流速水头忽略不计，求通过倒虹吸管的流量Q。

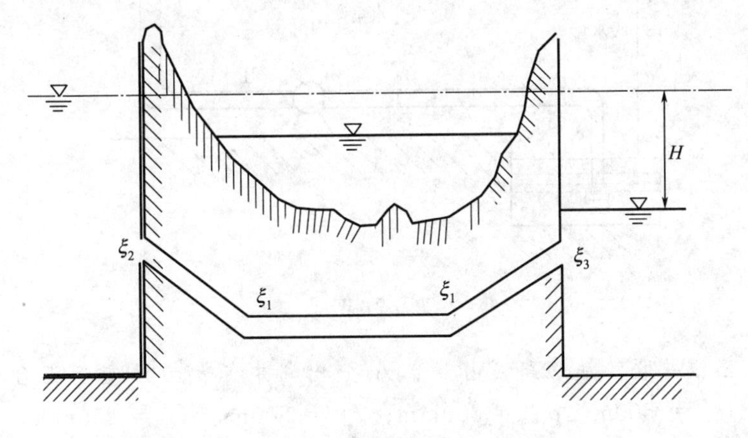

题 7-14 图

7-15 如图所示虹吸管连接两水池，已知上下游水位差$z=2\text{m}$，管长$l_1=2\text{m}$，$l_2=5\text{m}$，$l_3=3\text{m}$，管径$d=200\text{mm}$，上游水面至管顶的高度$h=1\text{m}$，沿程阻力系数$\lambda=0.026$，进口莲蓬头的局部阻力系数为5，每个弯头的局部阻力系数是0.2，试求虹吸管中的流量Q、压强最低点的位置及最大真空度。

7-16 有一水泵将水抽至水塔，如图所示。已知动力机的功率为100kW，抽水机流量$Q=100\text{L/s}$，吸水管长$l_1=30\text{m}$，压水管长$l_2=500\text{m}$，管径$d=300\text{mm}$，管的沿程水头损失系数$\lambda=0.03$，水泵允许真空值为6m水柱高，动力机及水泵的总效率为0.75，局部水头损失系数$\xi_{进口}=6.0$，$\xi_{弯头}=0.4$，求：①水泵的提水高度z；②水泵的最大安装高度H_s。

7-17 如图所示离心泵实际抽水量$Q=8.1\text{L/s}$，吸水管长度$l=7.5\text{m}$，直径$d=100\text{mm}$，沿程阻力系数$\lambda=0.045$，局部阻力系数：带底阀的滤水管$\zeta_1=7.0$，弯管$\zeta_2=0.25$。如允许真空度$[h_v]=5.7\text{m}$，试确定其允许安装高度H_s。

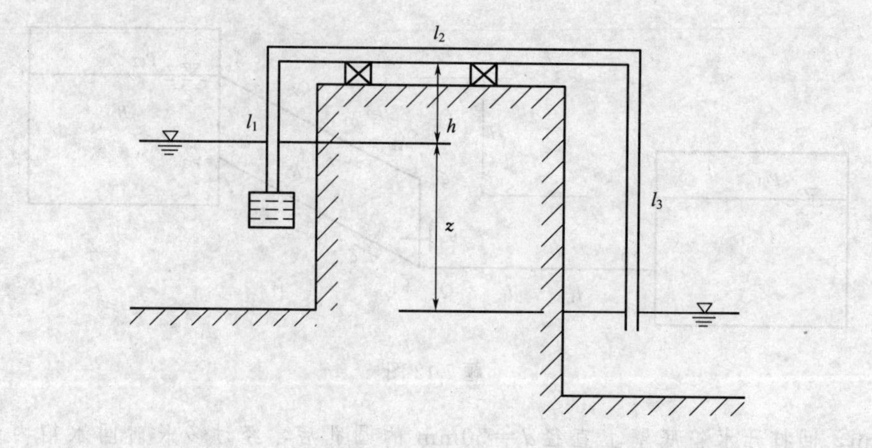

题 7-15 图

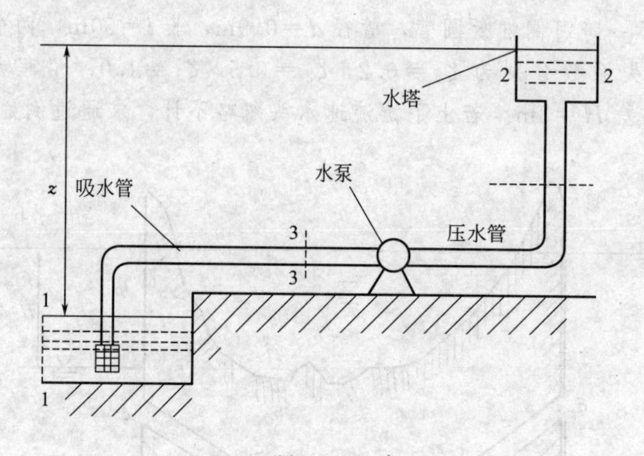

题 7-16 图

7-18　图示三根并联铸铁管路，由节点 A 分出，并在节点 B 重新汇合。已知总流量 $Q=0.28\text{m}^3/\text{s}$，$l_1=500\text{m}$，$d_1=300\text{mm}$；$l_2=800\text{m}$，$d_2=250\text{mm}$；$l_3=1000\text{m}$，$d_3=200\text{mm}$。

求并联管路中每一管段的流量及水头损失。

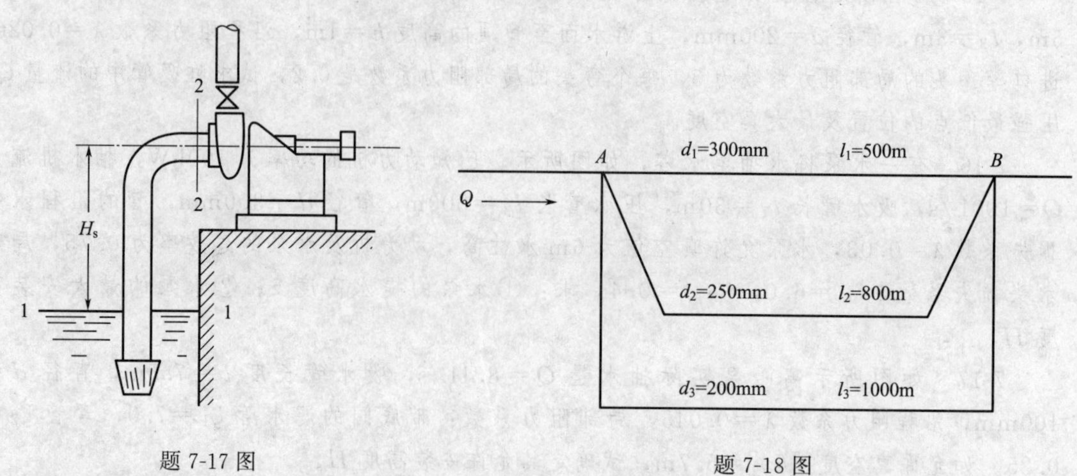

题 7-17 图　　题 7-18 图

7-19 某工厂有三个车间，各车间用水量分别为 $q_1=0.045\text{m}^3/\text{s}$，$q_2=0.035\text{m}^3/\text{s}$，$q_3=0.03\text{m}^3/\text{s}$。各车间水平铺设的铸铁管管长及所用管径分别为 $l_1=500\text{m}$、$d_1=400\text{mm}$，$l_2=400\text{m}$、$d_2=300\text{mm}$，$l_3=300\text{m}$、$d_3=200\text{mm}$，如下图所示。最远的车间所需自由水头 H_z 要求在10m以上。因地势平坦，管道埋深较浅，地面高差可不考虑，试求水塔水面距地面的高度 H。

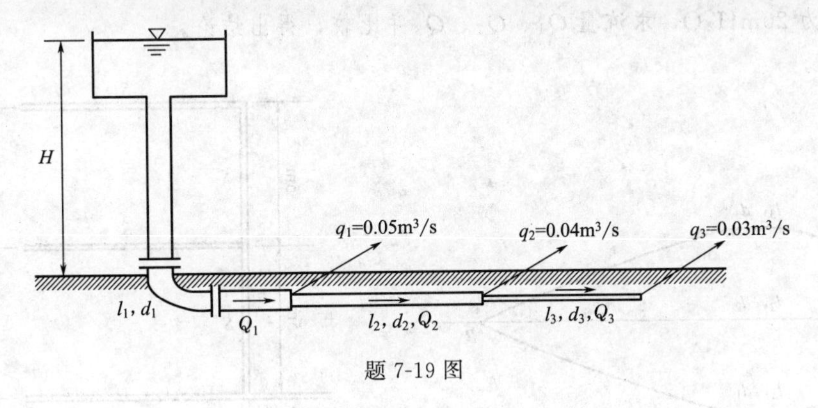

题 7-19 图

7-20 水从一水箱经过两段水管流入另一水箱：$d_1=15\text{cm}$，$l_1=30\text{m}$，$\lambda_1=0.03$，$H_1=5\text{m}$，$d_2=25\text{cm}$，$l_2=50\text{m}$，$\lambda_2=0.025$，$H_2=3\text{m}$。水箱尺寸很大，箱内水面保持恒定，沿程损失与局部损失均考虑，试求其流量。

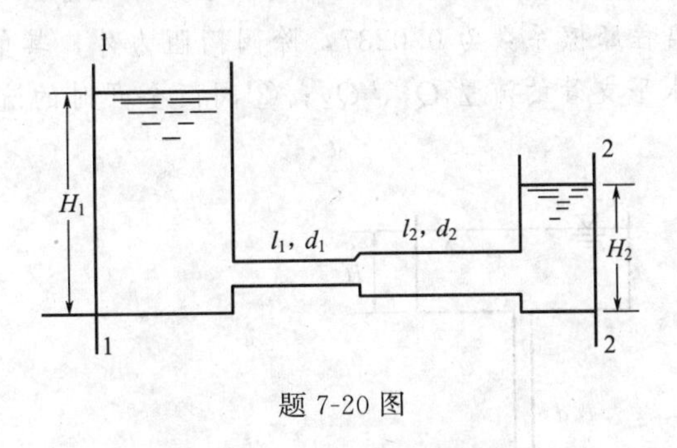

题 7-20 图

7-21 两水池的水位差 $H=6\text{m}$，用一组管道接，管道的第一段 BC 长 $L_1=3000\text{m}$，直径 $d_1=600\text{mm}$，C 点后分为两根长 $L_2=L_3=3000\text{m}$，直径 $d_2=d_3=300\text{mm}$ 的并联管，各在 D 点及 E 点进入下水池。设管道的沿程阻力系数 $\lambda=0.04$，求总流量 Q。

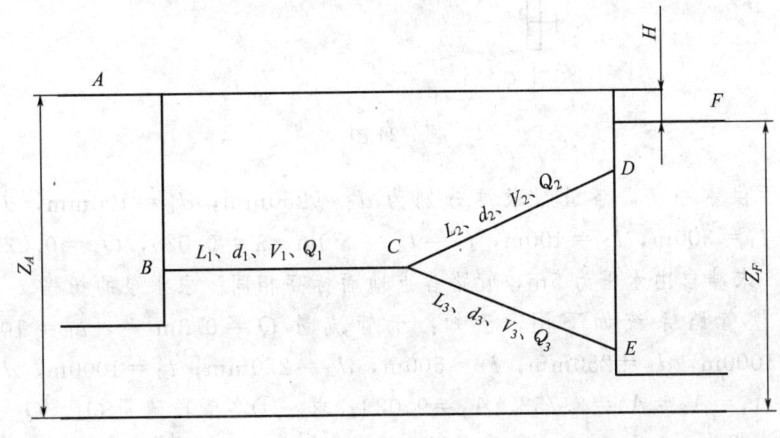

题 7-21 图

7-22　图示旧铸铁管组成的并联管路，已知通过的总流量 $Q=100\text{L/s}$，管径 $d_1=100\text{mm}$，$d_2=150\text{mm}$，$d_3=200\text{mm}$，管长 $l_1=600\text{mm}$，$l_2=500\text{mm}$，$l_3=700\text{mm}$。根据比阻法及流量模数法求各管中的流量分配及 A、B 间的水头损失。

7-23　三层供水管路如图所示。各管段的阻抗 S 皆为 $10^6\text{s}^2/\text{m}^5$，层高均为 5m。设 a 点的作用水头为 $20\text{mH}_2\text{O}$，求流量 Q_1、Q_2、Q_3 并比较，得出结论。

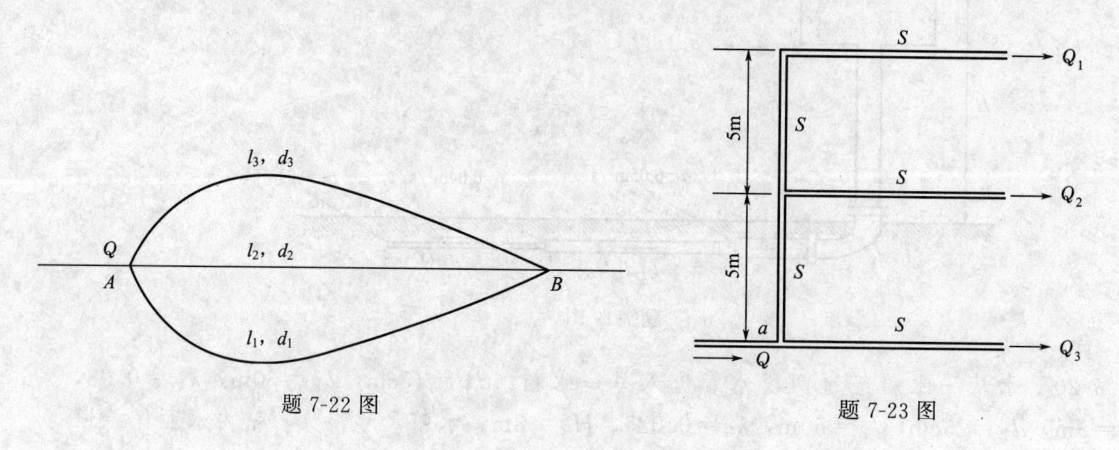

题 7-22 图　　　　题 7-23 图

7-24　水箱中的水有立管及水平支管流入大气，已知水箱水深 $H=1\text{m}$，各管段长 $l=5\text{m}$，直径 $d=25\text{mm}$，沿程摩擦系数为 0.0237，除阀门阻力外，其他局部阻力不计，试求：①阀门关闭时，立管和水平支管的流量 Q_1、Q_2；②阀门全开时的流量；③使 $Q_1=Q_2$，阀门的阻力系数为多少？

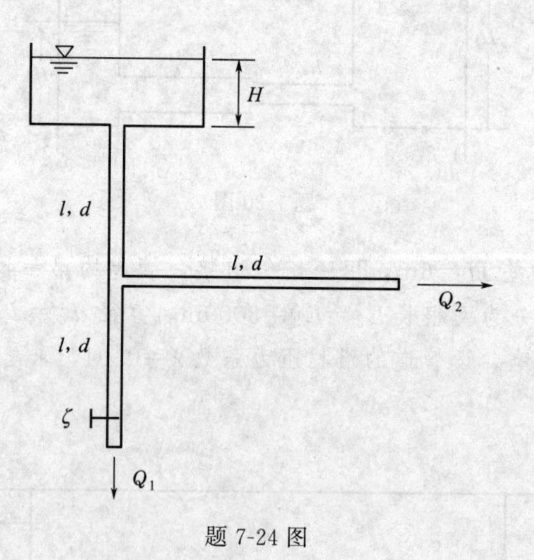

题 7-24 图

7-25　图示供水系统，各管段长度分别为 $d_1=250\text{mm}$，$d_2=100\text{mm}$，$d_3=200\text{mm}$，$d_4=150\text{mm}$，$l_1=300\text{m}$，$l_2=400\text{m}$，$l_3=l_4=250\text{m}$，$\lambda=0.025$，$Q_z=0.025\text{m}^3/\text{s}$，$q=0.00012\text{m}^3/\text{s}$，末端自由水压为 5m，管路各点地面标高相同。求水泵的扬程。

7-26　铸铁管路系统如下图，已知：干管流量 $Q=0.3\text{m}^3/\text{s}$，$l_1=1000\text{m}$，$d_1=250\text{mm}$；$l_2=1000\text{m}$，$d_2=250\text{mm}$；$l_3=500\text{m}$，$d_3=250\text{mm}$；$l_4=1000\text{m}$，$d_4=200\text{mm}$。同时已知比阻 $A_1=A_2=A_3=2.752$、$A_4=9.029$。求：①各管段流量 Q_1、Q_2、Q_3；②A、B 两点间的水头损失 h_{fAB}；③A、C 两点间的水头损失 h_{fAC}。

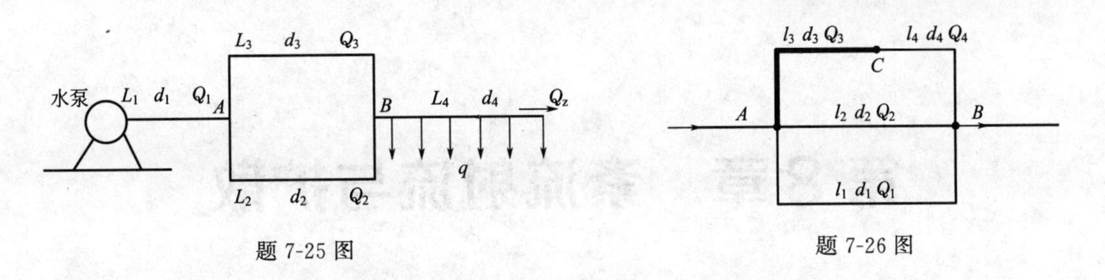

题 7-25 图　　题 7-26 图

7-27 一枝状输送管网，各节点流量和管线长、地面标高如图所示。点 4 和点 5 要求的自由水头均为 $H_z=12m$；3 点自由水压为 20m。试设计各管段的管径和水塔高度。

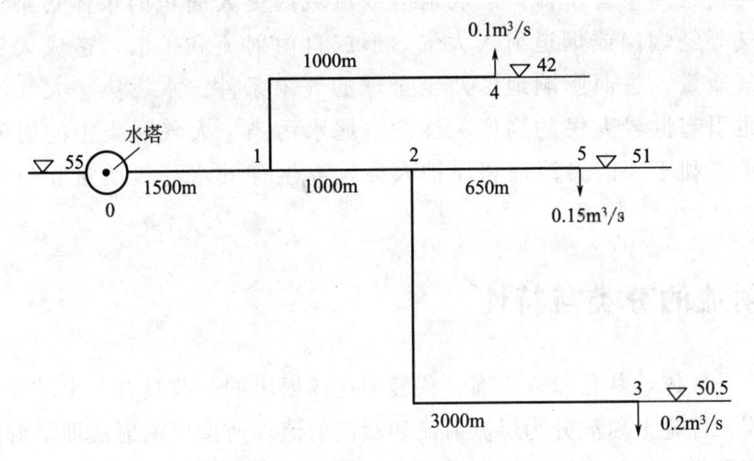

题 7-27 图

第8章　紊流射流与扩散

在环境工程、给排水工程中，含有污染物质的废水经排污口排入江河、湖泊、水库、海洋等水体的过程中，首先经历射流过程，然后稀释、扩散到整个河流断面，从而扩大污染面，之后再输运到下游水体，造成地区或流域内更大面积的水体污染。同样，工业废气、汽车尾气等经烟囱或烟道射入大气，形成自由射流和扩散，造成大气污染，从而影响当地的空气质量，进而影响地区乃至全球的气象条件。水污染、大气污染已在全球范围内蔓延，也引起世界人民的高度关注。掌握水污染、大气污染中的射流与扩散特点与输运规律，更有利于人们去治理和保护人类赖以生存的水环境质量和空气质量与良好气象条件。

8.1　紊流射流的分类与特性

无论水体还是气体，从孔口或管嘴、狭缝中连续射出的一股具有一定尺寸和速度的流体运动统称为射流。理论上射流分为层流射流和紊流射流，所谓层流射流即是射流流体作层流运动，紊流射流是射流流体作紊流运动。然而，流体射出后随即受到外界扰动，很快成为紊流。因此，实际流体的射流多为紊流。

射流流体多种多样，周围的介质可能与之相同，也可能不同。若射流流体与周围介质相同称淹没射流，与周围介质不相同称非淹没射流。射流出流后进入无限空间，不受任何固壁限制时称自由射流，有时我们也称它为无限空间射流。同样的道理，当射流进入有限空间，受固壁限制时称非自由射流，或称有限空间射流。若射流部分边界贴附在固壁上称贴壁射流。若射流沿下游水体自由表面射出时称表面射流。在自由射流中，由于无固体边壁限制，因此紊流射流并不存在黏性底层。

从射流出口断面形状看，它可以是圆形断面、矩形断面或狭缝。对于圆形断面出口的射流，射出后的断面依然为圆形，所以称圆断面射流。圆断面射流为轴对称的流动。对于矩形断面出口的射流，射出后的断面仍然为矩形，我们称之为矩形断面射流，它是一个三维流动。从狭缝中射流出的流体为一平面流动，即二维流动，也称平面射流。

射流出流后将继续运动，若射流出口流速大、动量大，并成为继续运动的动力时称动量射流，如消防、清洗等使用的水枪。若射流出口流速较小，动量小，浮力成为继续运动的动力时称浮力射流，如气体射流。当动量、浮力同时成为继续运动的动力时称浮力羽流，如热水、污水射流。

射流问题中需要确定射流轴线的轨迹及扩展范围，确定射流扩展断面的流速分布、流量沿程变化状况。对变密度、非等温、含有污染物质的射流，必须确定密度分布，温度、浓度的分布。

8.1.1 紊流射流的形成

在紊流射流中，雷诺数定义为：$Re=\frac{2b_0u_0}{\nu}$，b_0、u_0分别为出口半宽度和出口流速。一般认为$Re>30$为紊流射流。下面以无限空间中圆断面出口，不可压缩等密度的淹没射流在静止流体中的运动为例。射流经孔口、管嘴、缝隙等脱离固体边界后，进入介质相同的无限空间的静止流体之中（如空气或水体），在射流与周围静止流体之间形成一个速度不连续的间断面。由于这个断面的不稳定性，从而使射流波动，形成涡体，射流产生了紊流脉动，不断卷吸周围的静止流体进入射流，两者混掺后一起向前运动，射流断面不断扩大，射流流速降低，流量增大。从时均意义上，可将射流外边界视为线性扩展界面，见图 8-1。

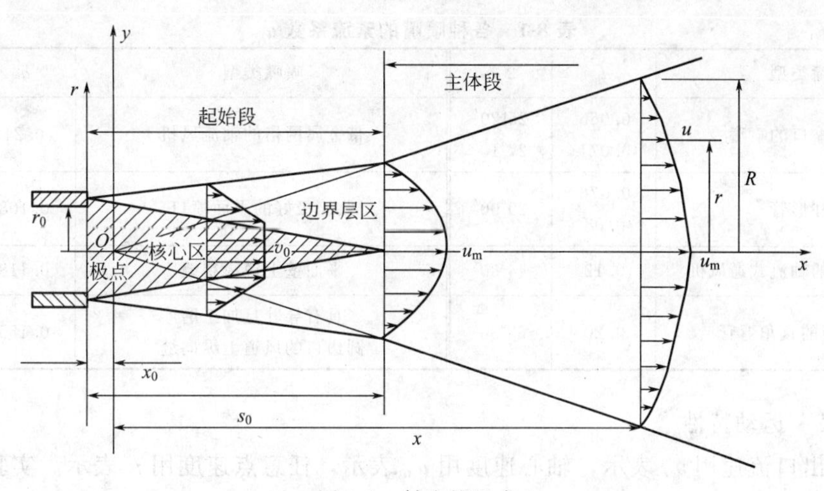

图 8-1 射流的组成

射流形成后，各断面都不同程度地受到外界流体卷入产生的混掺影响，混掺作用逐渐扩大，经一定距离后到达射流轴心，从而整个断面成为紊流射流，射流各断面流速分布不断发生变化。位于射流中心部分的区域，由于距边界相对较远而未受外界流体卷入的混掺影响，仍维持出口流速，这部分区域称为核心区。射流出口至核心区末端称为起始段，起始段以后的区域称主体段，主体段内的流体全部受到外界的干扰，其速度低于出口速度。核心区仅仅存在于起始段内，核心区以外的射流区域称边界层区。边界层区部分位于起始段内，部分位于主体段内，这部分流体质点的速度全部小于射流出口的速度，且随射程增加而减少，随扩散半径增大而减少。

8.1.2 紊流淹没射流的特性

8.1.2.1 几何特性

在淹没射流中，经大量实验发现：射流边界层厚度基本呈直线扩展，主体段与起始段扩散角略有不同，主体段外边界延长线与射流轴线交于一点O，称极点，或称射流源，可设为坐标原点。外边界线与轴线的夹角称为极角α，即扩散角。沿轴线建立x坐标轴，射流各断面距极点O的距离称极点距，可用x表示。设射流出口距极点O的距离为x_0，射流出口断面半径为r_0，核心区末端距射流出口距离为s_0，为起始段长度。射流任意断面的外边界半径为R，其距出口断面距离为s，断面上任意点距轴的半径为r。

实验发现，扩散角与射流的紊动强度和出口的形状有关，扩散角的正切可用反映射流出口的紊动强度系数和射流出口的形状系数的乘积表示，其几何关系为：

$$\tan\alpha = \frac{R}{x} = a\varphi \tag{8-1}$$

式中，a 为反映射流出口紊动强度的系数，称紊流系数。a 与射流出口（也称喷嘴）结构和流体本身的紊动强度和均匀程度有关。若在射流出口设有导风板或滤网等，相应紊动强度增大；射流出口速度分布愈不均匀，紊动强度越大，紊流系数 a 增大。表 8-1 列出了不同喷嘴的紊流系数。φ 为射流出口的形状系数，对于圆断面，$\varphi=3.4$；平面射流 $\varphi=2.44$。

式(8-1) 反映了射流几何外边界的直线变化特征，即当喷嘴形状一定，出口流速分布一定后射流将以一定角度向前扩展。由式(8-1) 可求出射流的扩散半径，有：

$$R = a\varphi x \tag{8-2}$$

表 8-1　各种喷嘴的紊流系数 a

喷嘴类型	a	2α	喷嘴类型	a	2α
带有收缩口的喷嘴	0.066 0.071	25°20′ 27°10′	带金属网格的轴流风机	0.24	78°40′
圆柱形管	0.076 0.08	29°00′	收缩极好的平面喷口	0.108	29°30′
带有导风板的轴流式通风机	0.12	44°30′	平面壁上锐缘狭缝	0.118	32°10′
带导流板的直角弯管	0.20	68°30′	具有导叶且加工磨圆边口的风道上纵向缝	0.155	41°20′

8.1.2.2　运动特性

设射流出口流速用 v_0 表示，轴心速度用 u_m 表示，任意点速度用 u 表示。实验发现，射流各断面上横向速度分布具有相似性。

T·Trüpel 等进行了气体射流实验，精确测试了不同断面的流速分布，并发现了轴向速度分布具有自模性。实验采用圆形喷嘴（出口直径为 90mm）的空气淹没射流，射流初始速度为 87m/s，测定断面的 x 坐标分别为 0.6m、0.8m、1.0m、1.2m、1.6m，各断面上不同半径的轴向速度分布见图 8-2。

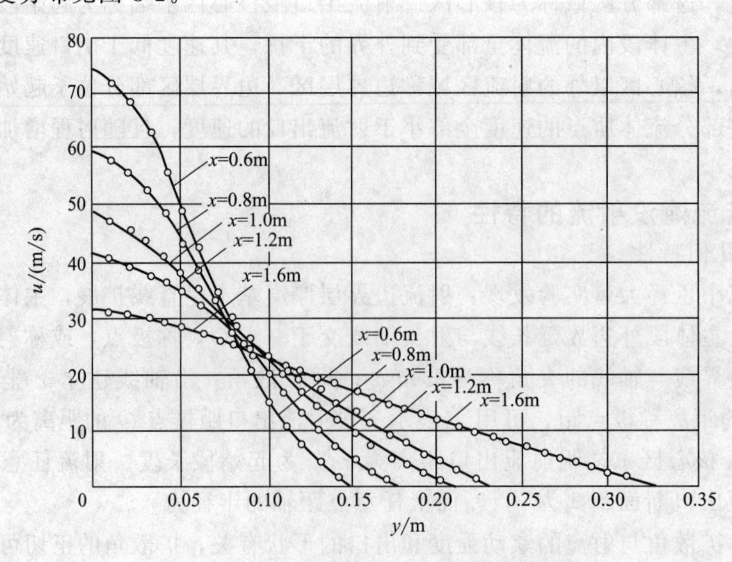

图 8-2　射流不同断面处速度剖面的实测结果

图 8-2 反映了射流主体段上不同断面的时均速度沿径向 y、喷距 x 的分布变化。由于圆断面的射流速度成轴对称分布，图中仅画出一半。图中表明：射流各断面上的时均流速分布不同，随着喷距 x 的增加，断面上轴心速度 u_m 和任意点速度 u 减少，速度梯度越小。取无因次 y 坐标 y/y_c、无因次的时均速度 u/u_m，可以得到无量纲速度分布，见图 8-3。

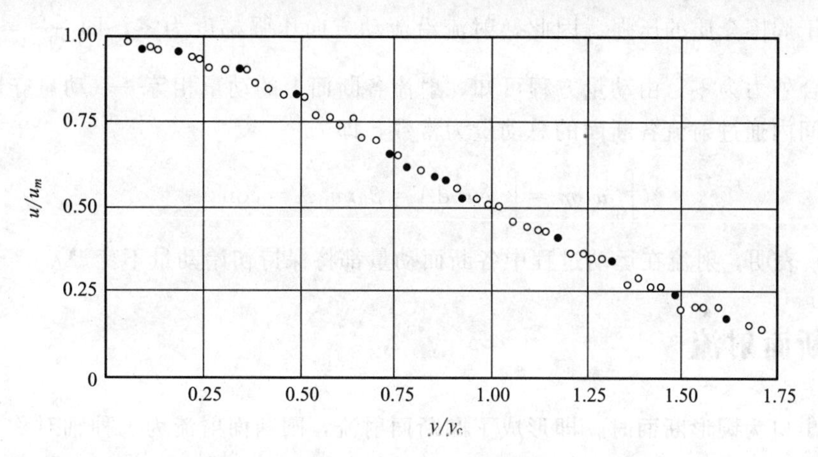

图 8-3 射流中无因次速度剖面的实验结果

图中 u 为任意位置 y 处的时均速度，y_c 为时均速度 $u=0.5u_m$ 处的 y 坐标。从图 8-3 发现，不同断面的实验点都落到同一条曲线上，即射流主体段上各断面的时均流速分布相似，称紊流淹没射流的这种特性为自模性。紊流淹没射流的自模性是紊流射流固有的特性，与射流的断面形状无关。由此总结出射流的速度分布规律：

$$\frac{u}{u_m}=f\left(\frac{y}{b}\right) \tag{8-3}$$

式中，y 为射流断面上某点离轴心线的距离，m；b 为该射流断面的半宽度，m，对于圆断面，b 为各断面边界点的半径 R；u 为该射流断面上对应坐标 y 处的时均速度，m/s；u_m 为该射流断面轴心线上的速度，m/s。

在气体的淹没射流中，通常用半经验公式表示：

$$\frac{u}{u_m}=f(\eta)=(1-\eta^{1.5})^2 \tag{8-4}$$

式中，η 为无量纲径向宽度，$\eta=\frac{y}{b}$，圆断面射流中为无量纲径向半径，$\eta=\frac{r}{R}$。

许多学者对不同介质的紊流淹没射流的速度分布进行了研究，著名学者阿尔伯逊（Albertson）在对液体的紊流淹没射流的大量实测资料中，总结出了主体段速度分布的高斯分布公式：

$$\frac{u}{u_m}=f\left(\frac{y}{x}\right)=\exp\left(-\frac{y^2}{b^2}\right) \tag{8-5}$$

式中，b 为射流断面特征半厚度，由于射流外边界不规则，b 可视计算方便选取。由于当 $r=b$ 时，$\frac{u}{u_m}=\frac{1}{e}$，故通常取速度 $u=\frac{u_m}{e}$ 的边界点距 x 轴的距离为 b_e，代入公式 (8-5)，即：

$$\frac{u}{u_m}=f\left(\frac{y}{x}\right)=\exp\left(-\frac{y^2}{b_e^2}\right) \tag{8-6}$$

8.1.2.3　动力特性

实验表明，在自由紊流射流中，射流内部的动压强与周围流体的静压强相差不大，可以近似认为等于周围介质的压强。因此，射流沿流动方向压强梯度为零，即 $\frac{\partial p}{\partial x}=0$，则作用在射流上的合外力为零。由动量方程可知，射流各断面上的动量相等——动量守恒。也即是说，单位时间内通过射流各断面的总动量为常数，即

$$\int_m u\,\mathrm{d}m=\int_A \rho u^2\,\mathrm{d}A=\beta_0\rho v_0^2 A=\mathrm{const} \tag{8-7}$$

式(8-7) 表明，射流在运动过程中各断面动量都将保持初始动量不变。

8.2　圆断面射流

当射流出口为圆形断面时，即形成了圆断面射流，圆断面射流为一种轴对称的射流。在实际工程中往往需要解决主体段的流速分布、流量的沿流程变化，以及示踪物质的浓度分布等问题。下面我们按照阿尔伯逊（Albertson）的经验公式来分析以上问题。

8.2.1　主体段轴心速度沿程变化

射流在运动过程中，主体段纵横断面速度沿流程都将不断发生变化。同时，各断面横向速度分布又具有相似性。其轴心速度沿程的变化规律可由射流动量守恒的动力特征求出。对于圆断面射流，式(8-7) 变为：

$$\int_0^{\infty}\rho u^2 2\pi r\,\mathrm{d}r=\beta_0\rho\pi r_0^2 v_0^2=\mathrm{const} \tag{8-8}$$

将式(8-6) 中的 y 坐标以半径 r 代替，代入式(8-8)，有：

$$\begin{aligned}\int_0^{\infty}\rho u^2 2\pi r\,\mathrm{d}r&=\int_0^{\infty}\rho u_m^2\ \exp^2\left(-\frac{r^2}{b_e^2}\right)2\pi r\,\mathrm{d}r\\&=\rho\pi\frac{b_e^2}{2}u_m^2\int_0^{\infty}\exp^2\left(-\frac{2r^2}{b_e^2}\right)\mathrm{d}\left(\frac{2r^2}{b_e^2}\right)\\&=\frac{\rho}{2}\pi u_m^2 b_e^2\end{aligned}$$

因此，有：

$$\frac{\rho}{2}\pi u_m^2 b_e^2=\beta_0\rho\pi r_0^2 v_0^2 \tag{8-9}$$

断面轴心流速满足：

$$\frac{u_m}{v_0}=\sqrt{2\beta_0}\ \frac{r_0}{b_e} \tag{8-10}$$

根据阿尔伯逊（Albertson）实验资料，$b_e=\varepsilon x$，且 $\varepsilon=0.114$。代入式(8-10)，得：

$$\frac{u_m}{v_0}=\frac{\sqrt{2\beta_0}}{\varepsilon}\frac{r_0}{x}=12.4\frac{r_0}{x} \tag{8-11}$$

式中，u_m 为射流某断面的轴心流速；v_0 为射流出口平均流速；β_0 为射流出口的动量修正

系数，对于紊流射流，可近似为均匀分布，$\beta_0=1$；r_0 为射流出口半径。

式(8-11) 说明，射流主体段轴心速度与射程成反比。

当 $u_m=v_0$ 时，$x=12.4r_0$。出口到极点的距离 $x_0=0.6d_0=1.2r_0$。则射流起始段长度 s_0 为：

$$s_0=x+x_0=12.4r_0+1.2r_0=13.6r_0 \tag{8-12}$$

8.2.2 主体段流量沿程变化

圆断面射流中，主体段内任意断面流量可由连续性方程求得：

$$\begin{aligned}Q&=\int_0^\infty u2\pi r\mathrm{d}r=\int_0^\infty u_m\exp\left(-\frac{r^2}{b_e^2}\right)2\pi r\mathrm{d}r\\&=\pi u_m b_e^2\int_0^\infty\exp\left(-\frac{r^2}{b_e^2}\right)\mathrm{d}\left(\frac{r^2}{b_e^2}\right)\\&=\pi u_m b_e^2\end{aligned} \tag{8-13}$$

设射流出口的流量为 Q_0，则无量纲流量有：

$$\frac{Q}{Q_0}=\frac{\pi u_m b_e^2}{\pi v_0 r_0{}^2}=\frac{u_m}{v_0}\ \frac{b_e^2}{r_0{}^2} \tag{8-14}$$

将 $b_e=0.114x$，$\beta_0=1$ 和式(8-10) 代入上式，有：

$$\frac{Q}{Q_0}=\sqrt{2\beta_0}\ \frac{b_e}{r_0}=\frac{0.16x}{r_0} \tag{8-15}$$

式(8-15) 反映出，淹没射流主体段断面无量纲流量沿程增加。令 $\frac{Q}{Q_0}=S$，也称任意断面污染物的稀释度，即流体样品总体积与流体中污染物体积之比。

8.2.3 示踪物质浓度沿程变化

市政工程中，排放出的污水射流往往含有不同浓度的污染物质，射入水体后，射流断面不断扩展，污染面积逐渐扩大。由于周围水体含有的污染物质浓度与污水射流中的污染物质浓度不同，存在一浓度差异，这种含有污染物质的射流称浓差射流。在浓差射流中，射流各断面的浓度分布和其速度分布变化一样，各断面的浓度分布也具有相似性，并与速度分布存在以下关系：

$$\frac{c}{c_m}=\left(\frac{u}{u_m}\right)^{1/2} \tag{8-16}$$

实验表明，浓度分布亦可采用高斯分布公式：

$$\frac{c}{c_m}=\exp\left[-\frac{r^2}{(\lambda b_e)^2}\right] \tag{8-17}$$

同时，在浓差射流中，示踪物质遵循质量守恒原则，即射流任意断面上示踪物质的通量应等于射流出口断面的相应值。有：

$$\int_0^\infty cu2\pi r\mathrm{d}r=c_0v_0\pi r_0^2 \tag{8-18}$$

式中，c_0 为射流出口的浓度；c_m 为轴心浓度；λ 为实验系数。

将式(8-17)、式(8-6) 代入式(8-18)，得：

$$\int_0^{\infty} c_m \exp\left[-\frac{r^2}{(\lambda b_e)^2}\right] u_m \exp\left(-\frac{r^2}{b_e^2}\right) 2\pi r \mathrm{d}r = c_0 v_0 \pi r_0^2 \tag{8-19}$$

对式(8-19) 积分，得：

$$\frac{c_m}{c_0} = \frac{v_0}{u_m} \frac{r_0^2}{b_e^2} \frac{1+\lambda^2}{\lambda^2} \tag{8-20}$$

根据实验资料，$\lambda = 1.12$，与式(8-11) 一同代入上式，有：

$$\frac{c_m}{c_0} = 11.4 \frac{r_0}{x} \tag{8-21}$$

上式表明，轴线处浓度与极点距 x 成反比。由于射流出口均匀分布时 x_0 较小，因此，计算时常常忽略出口距极点的距离 x_0。

【例 8-1】 已知某排污口直径为 0.3m，污水浓度为 $c_0 = 1200\text{mg/L}$，射流出口平均流速为 3m/s，求距射流出口下游 8.18m 处的最大流速、最大浓度和稀释度。

【解】 由题目知：$d_0 = 0.3\text{m}$，$s = 8.18\text{m}$　$v_0 = 3\text{m/s}$。

出口到极点的距离：　$x_0 = 0.6 d_0 = 0.18\text{m}$

射流起始段长度：　$s_0 = 6.8 d_0 = 2.04\text{ m}$

故下游 $s = 7.82\text{m} > s_0 = 2.04\text{m}$，已处于射流的主体段。该处射流的极点距：

$$x = s - x_0 = 8.18 - 0.18 = 8\text{m}$$

该处最大流速为：$u_m = 12.4 \dfrac{r_0}{x} v_0 = 12.4 \times 3 \times \dfrac{0.15}{8} = 0.7\text{m/s}$

最大浓度为：　$c_m = 11.4 \dfrac{r_0}{x} c_0 = 11.4 \times 1200 \times \dfrac{0.15}{8} = 256.5\text{mg/L}$

稀释度为：　$S = \dfrac{Q}{Q_0} = \dfrac{0.16x}{r_0} = \dfrac{0.16 \times 8}{0.15} = 8.53$

8.3 平面射流

当流体从狭长的水平孔口或缝隙射入无限空间的静止流体的流体流动称平面射流。平面射流的特点在于射流与周围介质的混掺只在上、下（或前、后）两个面上进行。狭缝半宽度 b_0 对应于圆断面的出口半径 r_0，可用前面同样的方法推求平面射流的轴心速度的沿程变化和流量的沿程变化，以及浓差射流的轴心浓度的沿程变化规律。

8.3.1 主体段轴心速度沿程变化

平面射流中，主体段速度仍然满足式(8-6)，即

$$\frac{u}{u_m} = f\left(\frac{y}{x}\right) = \exp\left(-\frac{y^2}{b_e^2}\right)$$

取单位宽度，由射流各断面的动量守恒原理，有：

$$\int_{-\infty}^{\infty} \rho u^2 \mathrm{d}y = 2\beta_0 \rho b_0 v_0^2 \tag{8-22}$$

将式(8-6) 代入式(8-22)，有：

$$\int_{-\infty}^{\infty} \rho u^2 \mathrm{d}y = 2\int_0^{\infty} \rho u_m^2 \exp^2\left(-\frac{y^2}{b_e^2}\right) \mathrm{d}y = 2\beta_0 \rho b_0 v_0^2 \tag{8-23}$$

对式(8-23)化简，取 $\beta_0=1$，积分得：

$$\frac{u_m^2}{v_0^2}=\frac{2\sqrt{2}b_0}{\sqrt{\pi}b_e} \tag{8-24}$$

在平面射流中，射流边界仍按直线规律扩展，即 $b_e=\varepsilon x$，阿尔伯逊（Albertson）等的实验得出，$\varepsilon=0.154$。将 $b_e=0.154x$ 代入式(8-24)，得射流主体段内断面轴心流速沿程变化为：

$$\frac{u_m}{v_0}=2.28\sqrt{\frac{2b_0}{x}} \tag{8-25}$$

上式说明，平面射流中轴心速度与极点距的平方根成反比。当 $u_m=v_0$ 时，$x=2.28^2\times 2b_0\approx 10.4b_0$，此距离即为射流起始段长度 $s_0=10.4b_0$。

8.3.2 主体段流量沿程变化

平面射流主体段内任意断面单宽流量为：

$$q=\int_{-\infty}^{\infty}u\mathrm{d}y=2\int_0^{\infty}u_m\exp\left(-\frac{y^2}{b_e^2}\right)\mathrm{d}y=\sqrt{\pi}u_m b_e \tag{8-26}$$

因射流出口的流量 $q_0=2b_0v_0$，则无量纲流量为：

$$\frac{q}{q_0}=\frac{\sqrt{\pi}b_e}{2b_0}\frac{u_m}{v_0} \tag{8-27}$$

将式(8-25)和 $b_e=0.154x$ 代入式(8-27)，有：

$$\frac{q}{q_0}=0.62\left(\frac{x}{2b_0}\right)^{1/2} \tag{8-28}$$

由式(8-28)可知，平面淹没射流主体段内断面单宽流量与极点距 x 的平方根成正比。令 $\frac{q}{q_0}=S$，则为任意断面含有污染物浓度的平均稀释度。

8.3.3 示踪物质浓度沿程变化

与圆断面浓差射流一样，在污染物的浓差射流中，射流各断面的浓度分布满足式(8-29)，此时以径向坐标 y 代替圆断面的半径 r。其浓度分布与速度分布的关系满足式(8-30)，即：

$$\frac{c}{c_m}=\exp\left[-\frac{y^2}{(\lambda b_e)^2}\right] \tag{8-29}$$

$$\frac{c}{c_m}=\left(\frac{u}{u_m}\right)^{1/2} \tag{8-30}$$

根据示踪物质的质量守恒原理，以单宽计，有：

$$\int_{-\infty}^{\infty}cu\mathrm{d}y=c_0v_0 2b_0$$

$$2c_m u_m\int_0^{\infty}\exp\left[-\frac{y^2}{(\lambda b_e)^2}\right]\exp\left(-\frac{y^2}{b_e^2}\right)\mathrm{d}y=2c_0v_0b_0 \tag{8-31}$$

对式(8-31)积分，代入实验资料，$\lambda=1.41$，$b_e=0.154x$，整理得：

$$\frac{c_m}{c_0}=1.97\left(\frac{2b_0}{x}\right)^{1/2} \tag{8-32}$$

式(8-32) 即为平面射流的轴心浓度沿程的变化规律。方程表明，各断面无量纲轴心浓度与极点距 x 的平方根成反比。

【例 8-2】 有一狭长的矩形平面污水的淹没射流，出口孔口高 $2b_0=0.2\text{m}$，射流出口污水浓度为 $c_0=1200\text{mg/L}$，出口平均流速为 3m/s。求距射流出口下游 8.18m 处的最大流速、最大浓度和稀释度。

【解】 由题目知：$b_0=0.1\text{m}$，$s=8.18\text{m}$，$v_0=3\text{m/s}$。

射流起始段长度：$s_0=10.4b_0=1.04\text{m}$

故下游 $s=8.18\text{m}>s_0=1.04\text{m}$，已处于射流的主体段。该处射流的极点距：$x\approx s=8.18\text{m}$

该处的最大流速为：$u_m=2.28v_0\sqrt{\frac{2b_0}{x}}=2.28\times3\times\sqrt{\frac{0.2}{8.18}}=1.07(\text{m/s})$

最大浓度为：

$$c_m=1.97c_0\left(\frac{2b_0}{x}\right)^{1/2}=1.97\times1200\times\left(\frac{0.2}{8.18}\right)^{1/2}=369.65\text{mg/L}$$

稀释度为：$S=\frac{q}{q_0}=0.62\left(\frac{x}{2b_0}\right)^{1/2}=3.96$

8.4 扩散的基本方程

水体中含有的其他物质（如污染物）或本身的属性（如热量、能量、动量等）统称扩散质。通常认为扩散质在跟随流体的运动过程中对流体本身的运动没有明显影响，仅作为示踪物质而存在，且数量上保持不变，但其占据的体积随流体运动而不同，由此引起扩散物质的浓度发生变化，这正是扩散问题研究的中心内容。

扩散质在水体中从某处转移至另一处的输运过程称扩散运动。这种扩散运动当由分子运动引起物质输送时称分子扩散；当由水体紊动（脉动）引起物质输送时称紊流扩散；水体在时均流速作用下的迁移运动引起的物质输送称移流扩散；当流动为剪切流时，其时均流速分布不均匀，由此产生的物质输送现象称离散。分子扩散速度缓慢，较其他形式的扩散弱得多，常常忽略不计，但分子扩散遵循的原理是其他扩散的基础。

1855 年，费克（Fick. A）将盐分子在溶液中的扩散现象类比于热传导，提出了分子扩散定律。即单位时间内通过单位面积的物质与该物质浓度在该面积法线方向的梯度成正比。即：

$$q=-D_m\frac{\partial c}{\partial n} \tag{8-33}$$

式中，q 为扩散质在单位时间内沿单位面积法线方向的通量，量纲为 kg/TL^2；c 为扩散质的质量浓度，量纲为 kg/L^3；n 为法线方向；D_m 为扩散质在水中沿法线 n 方向的分子扩散系数，具有 L^2/T 的量纲。

负号表明扩散质的扩散方向与其浓度梯度方向相反，即是从浓度高处向浓度低处扩散。式(8-31) 也称为费克第一定律。

设在静止流体中取一六面体微团，各边长分别为 $\mathrm{d}x$、$\mathrm{d}y$、$\mathrm{d}z$，设中心点 $M(x，y，z)$ 在各方向的通量分别为（q_x，q_y，q_z），则六面体各面中心点的通量如图 8-4 所示。根据质量守恒原理，$\mathrm{d}t$ 时间六面体在各坐标轴的扩散通量的增量分别为：

x 轴方向：$\left(q-\dfrac{1}{2}\dfrac{\partial q}{\partial x}\mathrm{d}x\right)\mathrm{d}y\mathrm{d}z\mathrm{d}t-\left(q+\dfrac{1}{2}\dfrac{\partial q}{\partial x}\mathrm{d}x\right)\mathrm{d}y\mathrm{d}z\mathrm{d}t=-\dfrac{\partial q}{\partial x}\mathrm{d}x\mathrm{d}y\mathrm{d}z\mathrm{d}t$

y 轴方向：$\left(q-\dfrac{1}{2}\dfrac{\partial q}{\partial y}\mathrm{d}y\right)\mathrm{d}x\mathrm{d}z\mathrm{d}t-\left(q+\dfrac{1}{2}\dfrac{\partial q}{\partial y}\mathrm{d}y\right)\mathrm{d}x\mathrm{d}z\mathrm{d}t=-\dfrac{\partial q}{\partial y}\mathrm{d}x\mathrm{d}y\mathrm{d}z\mathrm{d}t$

z 轴方向：$\left(q-\dfrac{1}{2}\dfrac{\partial q}{\partial z}\mathrm{d}z\right)\mathrm{d}x\mathrm{d}y\mathrm{d}t-\left(q+\dfrac{1}{2}\dfrac{\partial q}{\partial z}\mathrm{d}z\right)\mathrm{d}x\mathrm{d}y\mathrm{d}t=-\dfrac{\partial q}{\partial z}\mathrm{d}x\mathrm{d}y\mathrm{d}z\mathrm{d}t$

各方向扩散通量的增量和为：$-\left(\dfrac{\partial q}{\partial x}+\dfrac{\partial q}{\partial y}+\dfrac{\partial q}{\partial z}\right)\mathrm{d}x\mathrm{d}y\mathrm{d}z\mathrm{d}t$

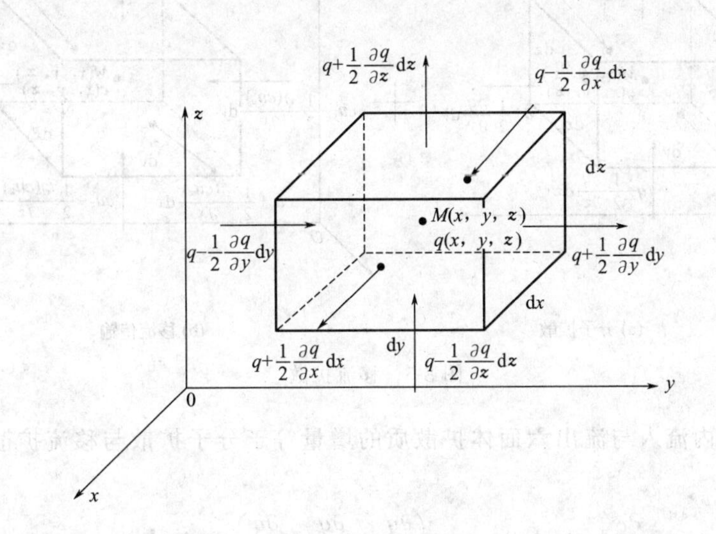

图 8-4 分子扩散

由质量守恒原理，$\mathrm{d}t$ 时间内流入与流出六面体扩散质的通量等于在该时间内浓度变化引起的扩散质质量变化的增量，即：

$$\frac{\partial c}{\partial t}\mathrm{d}x\mathrm{d}y\mathrm{d}z\mathrm{d}t=-\left(\frac{\partial q}{\partial x}+\frac{\partial q}{\partial y}+\frac{\partial q}{\partial z}\right)\mathrm{d}x\mathrm{d}y\mathrm{d}z\mathrm{d}t \tag{8-34}$$

将式(8-32) 简化，并代入式(8-34)，得：

$$\frac{\partial c}{\partial t}=D_x\frac{\partial^2 c}{\partial x^2}+D_y\frac{\partial^2 c}{\partial y^2}+D_z\frac{\partial^2 c}{\partial z^2} \tag{8-35}$$

D_x、D_y、D_z 分别为污染物质在 x、y、z 不同方向的分子扩散系数。当扩散质在流体中的扩散为各向同性时，$D_x=D_y=D_z=D_m$，则有：

$$\frac{\partial c}{\partial t}=D_m\left(\frac{\partial^2 c}{\partial x^2}+\frac{\partial^2 c}{\partial y^2}+\frac{\partial^2 c}{\partial z^2}\right) \tag{8-36}$$

式(8-35)、式(8-36) 也称分子扩散方程或费克第二定律。分子扩散方程反映了污染物质在扩散过程中其浓度随时间变化与随空间变化引起的物质增量守恒。这里浓度 c 为时间与空间的函数 $c(x，y，z，t)$。

8.5 紊流扩散

8.5.1 移流扩散方程

分子扩散方程式(8-36) 描述了扩散质在静止流体中的分子扩散时空变化规律，但当扩散质被水流输运，扩散质除产生分子扩散外还会随水体运动产生迁移传输，这种迁移传输过程称移流扩散（图 8-5）或对流扩散。故水体在运动过程中，扩散质浓度变化由移流扩散和分子扩散共同引起，移流扩散方程同样可由连续性方程求出。

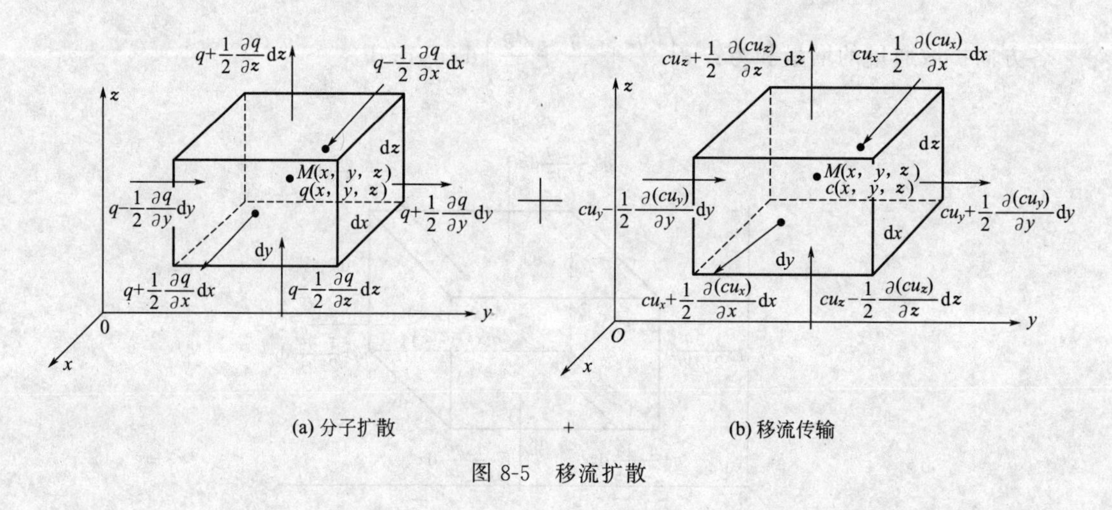

图 8-5 移流扩散

由于 $\mathrm{d}t$ 时间内流入与流出六面体扩散质的增量等于分子扩散与移流扩散两部分之和，从而有：

$$\frac{\partial c}{\partial t}\mathrm{d}x\,\mathrm{d}y\,\mathrm{d}z\,\mathrm{d}t=-\left(\frac{\partial q}{\partial x}+\frac{\partial q}{\partial y}+\frac{\partial q}{\partial z}\right)\mathrm{d}x\,\mathrm{d}y\,\mathrm{d}z\,\mathrm{d}t$$

$$-\left[\frac{\partial(cu_x)}{\partial x}+\frac{\partial(cu_y)}{\partial y}+\frac{\partial(cu_z)}{\partial z}\right]\mathrm{d}x\,\mathrm{d}y\,\mathrm{d}z\,\mathrm{d}t$$

整理得：

$$\frac{\partial c}{\partial t}+\frac{\partial(cu_x)}{\partial x}+\frac{\partial(cu_y)}{\partial y}+\frac{\partial(cu_z)}{\partial z}=D_x\frac{\partial^2 c}{\partial x^2}+D_y\frac{\partial^2 c}{\partial y^2}+D_z\frac{\partial^2 c}{\partial z^2}\qquad(8\text{-}37)$$

若水体在运动过程中，内部或外部不断有增加的扩散质源项产生，则 $\mathrm{d}t$ 时间内流入与流出六面体扩散质的增量应计入此源项，即：

$$\frac{\partial c}{\partial t}+\frac{\partial(cu_x)}{\partial x}+\frac{\partial(cu_y)}{\partial y}+\frac{\partial(cu_z)}{\partial z}=D_x\frac{\partial^2 c}{\partial x^2}+D_y\frac{\partial^2 c}{\partial y^2}+D_z\frac{\partial^2 c}{\partial z^2}+S_c\qquad(8\text{-}38)$$

在扩散过程中各向同性时有：

$$\frac{\partial c}{\partial t}+\frac{\partial(cu_x)}{\partial x}+\frac{\partial(cu_y)}{\partial y}+\frac{\partial(cu_z)}{\partial z}=D_m\left(\frac{\partial^2 c}{\partial x^2}+\frac{\partial^2 c}{\partial y^2}+\frac{\partial^2 c}{\partial z^2}\right)+S_c\qquad(8\text{-}39)$$

式(8-37)～式(8-39) 即为水体处于流动状态时的移流扩散方程，它表达的是水体处于瞬时运动或层流运动时，移流（或对流）作用与分子扩散共同作用下扩散质浓度的时空变化规律。左边第一项为扩散质浓度的当地变化，即浓度随时间的变化率；第二至第四项是其随水体迁移运动的移流变化，即对流扩散项；右边第一项为分子扩散项；第二项 S_c 为产生或衰减的源汇项。

8.5.2 紊流扩散方程

在紊流运动中，不但速度、压强有脉动，浓度也存在脉动现象，将瞬时流速 $u_x=\overline{u}_x+u'_x$，$u_y=\overline{u}_y+u'_y$，$u_z=\overline{u}_z+u'_z$，瞬时浓度 $c=\overline{c}+c'$ 代入移流扩散方程式(8-38)，对时间取平均，运用时均法则简化，得紊流运动的扩散方程：

$$\frac{\partial \overline{c}}{\partial t}+\frac{\partial(\overline{c}\,\overline{u}_x)}{\partial x}+\frac{\partial(\overline{c}\,\overline{u}_y)}{\partial y}+\frac{\partial(\overline{c}\,\overline{u}_z)}{\partial z}=\frac{\partial\overline{(c'u'_x)}}{\partial x}+\frac{\partial\overline{(c'u'_y)}}{\partial y}+\frac{\partial\overline{(c'u'_z)}}{\partial z}+D_m\left(\frac{\partial^2\overline{c}}{\partial x^2}+\frac{\partial^2\overline{c}}{\partial y^2}+\frac{\partial^2\overline{c}}{\partial z^2}\right)+S_c \tag{8-40}$$

式(8-40) 与移流扩散方程式(8-39) 相比，紊流扩散中，每个方向增加了脉动扩散梯度，$\frac{\partial\overline{(c'u'_x)}}{\partial x}$、$\frac{\partial\overline{(c'u'_y)}}{\partial y}$、$\frac{\partial\overline{(c'u'_z)}}{\partial z}$。其中，$\overline{c}$ 为时间平均浓度；c' 为脉动浓度；$\overline{c'u'_x}$、$\overline{(c'u'_y)}$、$\overline{(c'u'_z)}$ 分别为 x、y、z 方向上单位时间内通过单位面积传输的紊流扩散量。常常将紊流扩散与分子扩散类比，有：

$$\overline{c'u'_x}=-E_x\frac{\partial\overline{c}}{\partial x}$$

$$\overline{c'u'_y}=-E_y\frac{\partial\overline{c}}{\partial y}$$

$$\overline{c'u'_z}=-E_z\frac{\partial\overline{c}}{\partial z} \tag{8-41}$$

E_x、E_y、E_z 分别为 x、y、z 方向的紊流扩散系数。一般情况下，不同方向的紊流扩散系数不同。将式(8-41) 代入方程式(8-40) 得：

$$\frac{\partial \overline{c}}{\partial t}+\frac{\partial(\overline{c}\,\overline{u}_x)}{\partial x}+\frac{\partial(\overline{c}\,\overline{u}_y)}{\partial y}+\frac{\partial(\overline{c}\,\overline{u}_z)}{\partial z}=E_x\frac{\partial^2\overline{c}}{\partial x^2}+E_y\frac{\partial^2\overline{c}}{\partial y^2}+E_z\frac{\partial^2\overline{c}}{\partial z^2}+D_m\left(\frac{\partial^2\overline{c}}{\partial x^2}+\frac{\partial^2\overline{c}}{\partial y^2}+\frac{\partial^2\overline{c}}{\partial z^2}\right)+S_c \tag{8-42}$$

除壁面区域紊动受到限制外，紊流脉动尺度远大于分子运动尺度，分子运动项一般可忽略不计。同时为书写方便去掉时均符号，方程式(8-42) 简化为：

$$\frac{\partial c}{\partial t}+\frac{\partial(cu_x)}{\partial x}+\frac{\partial(cu_y)}{\partial y}+\frac{\partial(cu_z)}{\partial z}=E_x\frac{\partial^2 c}{\partial x^2}+E_y\frac{\partial^2 c}{\partial y^2}+E_z\frac{\partial^2 c}{\partial z^2}+S_c \tag{8-43}$$

式(8-43) 即为三维的紊流扩散方程。同样可写出二维流动、一维流动无源的紊流扩散方程，不计源项 $S_c=0$，有：

$$\frac{\partial c}{\partial t}+\frac{\partial(cu_x)}{\partial x}+\frac{\partial(cu_y)}{\partial y}=E_x\frac{\partial^2 c}{\partial x^2}+E_y\frac{\partial^2 c}{\partial y^2} \tag{8-44}$$

$$\frac{\partial c}{\partial t}+\frac{\partial(cu_x)}{\partial x}=E_x\frac{\partial^2 c}{\partial x^2} \tag{8-45}$$

8.6 剪切流的离散

扩散质在水体中的紊流输运过程多为三维流动，为简化计算常常将三维简化为二维，将二维简化为一维。但实际流动中由于多种因素的影响，往往过流断面上具有流速梯度，如明渠流动、有压管流等。这种在垂直于流动方向上具有流速梯度的流动称为剪切流动，扩散质在剪切流动中的扩散过程称为剪切流的离散，因此，对剪切流的离散研究具有重要的意义。

以一维流动为例，计入断面流速分布不均匀引起的离散，流场中任意一点的瞬时流速可表示为三个部分：断面平均流速 v_x 、时均流速与断面平均流速之差 $\hat{u}_x$ 、脉动流速 u'_x 。任意一点的瞬时浓度可表示为断面平均浓度 c_m 、时均浓度与断面平均浓度之差 $\hat{c}$ 、脉动浓度 c' 三个部分。即：

$$\begin{cases}u_x=v_x+\hat{u}_x+u'_x=\overline{u}_x+u'_x\\ c=c_m+\hat{c}+c'=\overline{c}+c'\end{cases}\tag{8-46}$$

式中，c_m 、v_x 分别为断面平均浓度和断面平均流速；$\hat{c}$ 为时均浓度与断面平均浓度之差，$\hat{c}=\overline{c}-c_m$ ；$\hat{u}_x$ 为 x 方向时均流速与断面平均流速之差，$\hat{u}_x=\overline{u}_x-v_x$ 。

单位时间内，通过单位过流面积扩散质通量的时均值为：

$$\begin{aligned}\overline{cu_x}&=\overline{(v_x+\hat{u}_x+u'_x)}\,\overline{(c_m+\hat{c}+c')}\\&=(v_x+\hat{u}_x)(c_m+\hat{c})+\overline{u'_xc'}\end{aligned}\tag{8-47}$$

扩散质断面平均通量为：$\dfrac{1}{A}\left(\displaystyle\int_A\overline{cu_x}\mathrm{d}A\right)=\dfrac{1}{A}\displaystyle\int_A[(v_x+\hat{u}_x)(c_m+\hat{c})+\overline{u'_xc'}]\mathrm{d}A$ (8-48)

为表示方便，设以符号＜…＞表示断面平均值，如 $<\hat{u}_x\hat{c}>=\dfrac{1}{A}\displaystyle\int_A\hat{u}_x\hat{c}\mathrm{d}A$ ；$<v_xc_m>=\dfrac{1}{A}\displaystyle\int_A v_xc_m\mathrm{d}A=v_xc_m$ 。化简整理式(8-48)，有：

$$\frac{1}{A}\left(\int_A\overline{cu_x}\mathrm{d}A\right)=v_xc_m+<\hat{u}_x\hat{c}>+<\overline{u'_xc'}>\tag{8-49}$$

忽略分子扩散，单位时间内流入与流出过流断面的扩散质通量见图 8-6。则流入与流出的扩散质通量差为 $-\dfrac{\partial}{\partial x}\left(\displaystyle\int_A\overline{cu_x}\mathrm{d}A\right)\mathrm{d}x\mathrm{d}t$ 。根据质量守恒原理，此扩散质通量差等于 $\mathrm{d}t$ 时间内因浓度变化引起的扩散质增量 $\dfrac{\partial}{\partial t}(c_mA\mathrm{d}x)\mathrm{d}t$ ，即：

$$-\frac{\partial}{\partial x}\left(\int_A\overline{cu_x}\mathrm{d}A\right)\mathrm{d}x\mathrm{d}t=\frac{\partial}{\partial t}(c_mA\mathrm{d}x)\mathrm{d}t\tag{8-50}$$

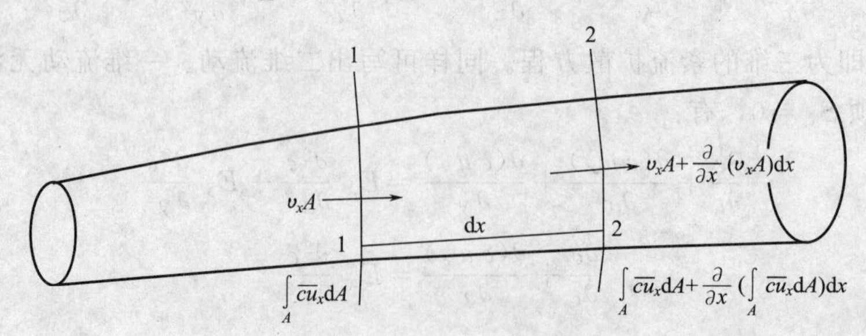

图 8-6 剪切流的离散

整理得：

$$-\frac{\partial}{\partial x}\left(\int_A\overline{cu_x}\mathrm{d}A\right)=\frac{\partial}{\partial t}(c_mA)\tag{8-51}$$

将式(8-49) 代入方程式(8-51)，得一维流动纵向移流的离散方程：

$$\frac{\partial c_m}{\partial t}+v_x\frac{\partial c_m}{\partial x}=-\frac{1}{A}\frac{\partial}{\partial x}[A(<\hat{u}_x\hat{c}>+<\overline{u'_x c'}>)] \tag{8-52}$$

上式右边圆括号内第一项是由于过流断面上流速、浓度分布不均引起的离散，第二项是由于脉动流速、脉动浓度引起的扩散；A 为过流断面面积。类似于费克分子扩散的形式，离散项可写成如下形式：

$$<\hat{u}_x\hat{c}>=-D_L\frac{\partial c_m}{\partial x} \tag{8-53(a)}$$

$$<\overline{u'_x c'}>=-D_x\frac{\partial c_m}{\partial x} \tag{8-53(b)}$$

式中，D_L 为剪切流纵向离散系数，简称离散系数；D_x 为断面平均紊动扩散系数。令 $E_x=D_L+D_x$，称为综合扩散系数或混合系数。将式［8-53(a)］、式[8-53(b)］代入方程(8-52)，方程变为：

$$\frac{\partial c_m}{\partial t}+v_x\frac{\partial c_m}{\partial x}=\frac{1}{A}\frac{\partial}{\partial x}\left[A(D_x+D_L)\frac{\partial c_m}{\partial x}\right]=E_x\frac{\partial^2 c_m}{\partial x^2} \tag{8-54}$$

考虑污染源或漏的存在后，有：

$$\frac{\partial c_m}{\partial t}+v_x\frac{\partial c_m}{\partial x}=E_x\frac{\partial^2 c_m}{\partial x^2}+S_c \tag{8-55}$$

式(8-55) 即为一维剪切流的离散方程，S_c 为污染源或汇。类似地，对于平面二维流动，速度沿水深（或宽度）存在变化，故常用沿水深 h（或宽度 b）的平均流速。即：

$$v_x=\frac{1}{h}\int_0^h\overline{u}_x\mathrm{d}z\qquad v_y=\frac{1}{h}\int_0^h\overline{u}_y\mathrm{d}z \tag{8-56}$$

式中，h 为水深。则各点瞬时流速与瞬时浓度为：

$$u_x=v_x+u'_x+\hat{u}_x,\ u_y=v_y+u'_y+\hat{u}_y,\ c=c_m+c'+\hat{c}。$$

则平面二维流动的离散方程为：

$$\frac{\partial c_m}{\partial t}+v_x\frac{\partial c_m}{\partial x}+v_y\frac{\partial c_m}{\partial y}=E_x\frac{\partial^2 c_m}{\partial x^2}+E_y\frac{\partial^2 c_m}{\partial y^2}+S_c \tag{8-57}$$

上式和一维流动离散方程式(8-55) 的形式相同，求解的关键在于离散系数 D 和综合扩散系数 E。它们与断面流速分布有关，需根据具体情况进行理论和实验研究。

在圆管紊流中的离散，泰勒研究得到离散系数、紊流扩散系数和综合扩散系数如下：

$$D_L=10.06r_0v^*,D_x=0.052r_0v^*,E_x=10.1r_0v^* \tag{8-58}$$

式中，r_0 为圆管半径；v^* 为阻力流速。

二维明渠流中，根据艾尔德（Elder）研究成果，离散系数、紊流扩散系数和综合扩散系数如下：

$$D_L=5.86hv^*,D_x=0.068h_0v^*,E_x=5.93hv^* \tag{8-59}$$

式中，h 为水深；v^* 为阻力流速。

在实际工程中，不管是圆管流动还是明渠流动，应根据实际情况选取和实验研究确定离散系数、紊流扩散系数和综合扩散系数。

习　题

8-1　什么是自由射流和非自由射流？什么是淹没射流和非淹没射流？

8-2　平面射流与圆断面射流的扩散有什么区别？

8-3　紊流淹没射流有哪些特点？为什么动量守恒？

8-4　什么是扩散？扩散有哪些类型？

8-5　费克第一定律、第二定律的含义是什么？

8-6　圆断面射流以 $Q=0.55\text{m}^3/\text{s}$ 的速度，从 $d=0.3\text{m}$ 的管嘴流出，试求 2.1m 处的射流半径 R、轴心速度 v_m、断面平均流速 v_1。

8-7　设某排污圆管将生活污水排入湖泊，且污水与湖水密度相同，放流管的直径 $D_0=0.2\text{m}$，出流的流速 $u_0=4.5\text{m/s}$，污水浓度 $c_0=1000\text{mg/L}$，出口平面位于湖面下 25m，若出流方向铅垂向上，试求污水到达湖面处的最大流速、最大浓度 c_m 和断面平均稀释度 S。

8-8　喷出清洁空气的平面射流，射入含尘浓度为 1.12mg/L 的静止空气中。要求距喷射口 2m 处造成厚度为 $2b=1.2\text{m}$ 的射流区。试设计喷口尺寸 b_0，并求工作区轴心处灰尘浓度。

8-9　在无限长管某断面上以平面源方式瞬时投放 1kg/m^2 的示踪物，计算投放后 3min 和 15min 时沿管道的浓度分布。已知扩散系数为 $1.5\times10^{-2}\text{cm}^2/\text{s}$。

8-10　在流速为 0.2m/s 的均匀流中，测出相隔 50m 的上下游两点 A、B 处的物质浓度分别为 350mg/L 和 300mg/L，设水流方向的扩散系数为 $3\times10^3\text{cm}^2/\text{s}$，求两点中间位置的物质迁移率。

8-11　在断面面积为 25m^2 的均匀长槽中，盛满静止流体，在坐标 $x=0$ 的断面、时刻 $t=0$ 时，瞬时释放质量 $m=1000\text{kg}$ 的污染物质，其分子扩散系数 $D=10^{-9}\text{m}^2/\text{s}$。试求 $x=0$，$t=4\text{d}$、30d 的浓度以及 $x=1\text{m}$ 处，$t=1\text{a}$ 时的浓度。

8-12　清除沉降室中灰尘的吹吸系统如图所示。已知室长 $L=6\text{m}$，室宽 $B=5\text{m}$，吹风口高度 $h_1=0.15\text{m}$，宽度等于室宽。由于贴附底板，射流可近似地视为以底板为中轴线的半个平面射流。试求吸风口高度 h_2（宽度等于室宽）和要求吸风口速度 $v_2=4\text{m/s}$ 时的吹风口风量 Q_0 以及吸风口风量 Q。设风口断面上风速均匀分布，$\beta_0=1$。

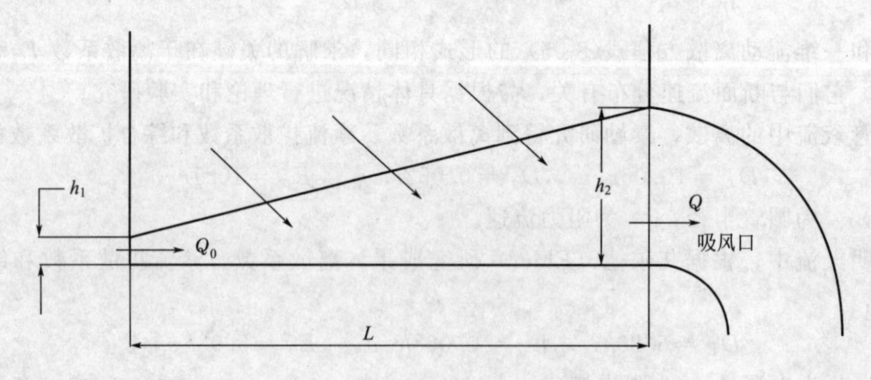

题 8-12 图

8-13　根据实测某河段的资料，过流断面面积 $A=12.258\text{m}^2$，断面平均流速 $v=0.779\text{m/s}$，纵向离散系数 $E_\text{L}=48.96\text{m}^2/\text{s}$。有一汽车通过该河段上游处的桥梁时，因不慎将示踪剂罐落入河中，罐内 90.8kg 的示踪剂均匀释放于河流全断面。试估算离桥下游距离为 6436m 和 9654m 处断面上的最大示踪剂浓度。

8-14　某河中心有一污水排污口，如图所示。已知污水流量 $Q_0=0.50\text{m}^3/\text{s}$，出口处恒

定的污染物质浓度 $c_0=600\text{mg/L}$，河宽 $B=70\text{m}$，水深 $h=3\text{m}$，水力坡度 $J=0.0001$，流量 $Q=175\text{m}^3/\text{s}$，横向紊动扩散系数 $E_y=0.6hv^*$。根据 $\dfrac{c(x,\ b)}{c(x,\ 0)}=0.05$ 时的 y 值，即为污染带的半宽度 b，试求污染带宽度（$2b$）的表达式。另外，当污水扩展到全河宽 $2b=B$ 时，试求该断面离排污口的距离 L 和中心最大浓度 $c_{\max}$（不计河岸反射，水力半径 $R\approx h$。）。

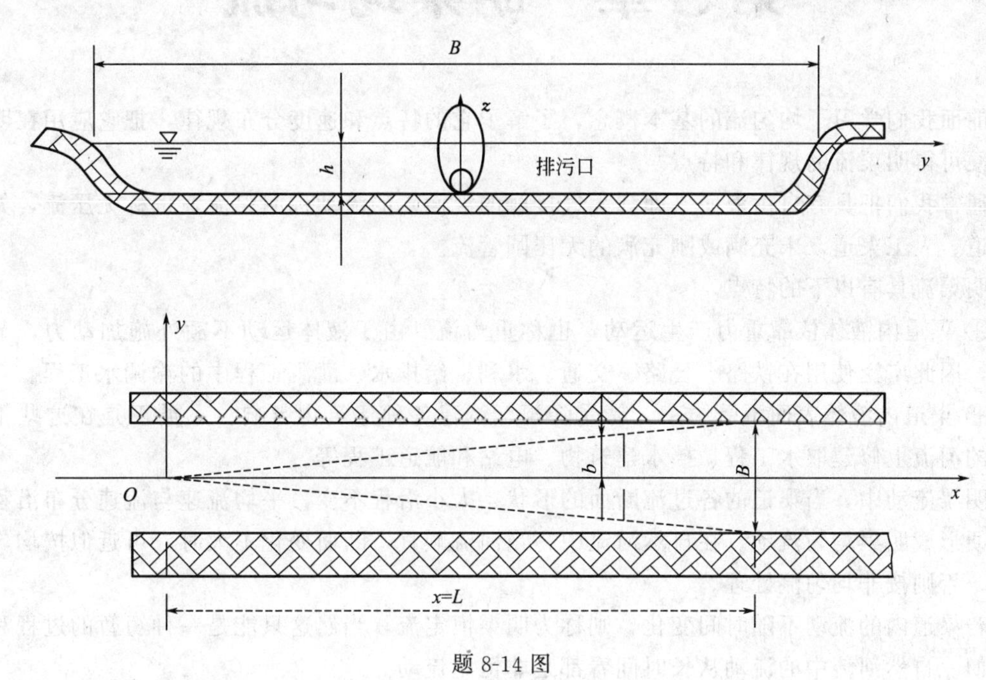

题 8-14 图

第9章　明渠均匀流

前面我们学习了均匀流的基本概念，了解了它的特点和速度分布规律，把它应用在明渠流中便可得明渠流的规律和特点。

通常我们把具有自由液面（即和大气接触的液面）的流动称明渠流，也称无压流，如天然河道、人工渠道，未充满或刚充满的无压圆管流。

明渠流具有以下的特点。

① 渠道内液体依靠重力产生运动，也称重力流。由于液体运动不额外施加动力，节省能量，因此广泛使用在铁路、公路、交通、水利、给排水、灌溉工程中的输调水工程。

② 渠道内液体表面不受约束，易受降雨、修建各种建筑物影响。人类正是在这些不受约束的河流上修建取水工程、挡水建筑物、电站和航道工程等。

明渠流动中，当渠道的各过流断面的形状、大小沿程不变，平均流速与流速分布沿程不变时便形成明渠均匀流动。在自然河流中，当河流顺直，断面变化不大时，可近似按均匀流处理，否则按非均匀流处理。

若渠道内的流动不随时间变化，则称为明渠恒定流，当然这只能是一种短暂的过程和一种近似。自然河流中的流动从长时间看都是非恒定流动。

为了便于分析明渠流动，按渠道断面形状、尺寸是否沿程变化分为棱柱体渠道和非棱柱体渠道。所谓棱柱体渠道是指渠道断面形状、尺寸沿程不变的长直渠道，即 $A=f(h)$。非棱柱体渠道是指渠道断面形状、尺寸沿程变化的渠道，即 $A=f(s,h)$。

渠道断面形状可以是规则断面渠道或不规则断面渠道。规则断面渠道如矩形断面、梯形断面、三角形断面、圆断面等形式的渠道，见图 9-1。在规则的渠道断面上，各水力要素（A，X，R，C）均为水深的连续函数。非规则断面渠道可以分为多个断面组合而成，各断面上各水力要素（A，X，R，C）分别计算，如复式断面，见图 9-2。

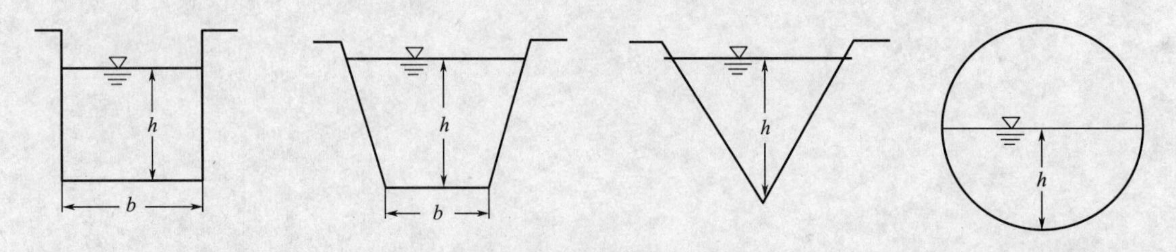

图 9-1　规则断面渠道

天然河槽一般为非棱柱体渠道，即渠道的过流断面面积或形状沿程不断变化。但当其形状沿程不变，断面面积沿程变化不大时，可近似按棱柱体渠道计算。人工渠道一般既可做成规则断面的棱柱体渠道，也可做成复式断面即非规则断面的棱柱体渠道。当不同形状或断面面积的两条棱柱体渠道连接时为非棱柱体渠道，其上面的流动一定是非均匀流。

渠道的底部总是存在一定的坡度，这个坡度称渠道的底坡。在渠道纵剖面图上，即是渠底线与水平线夹角 θ 的正弦，或用上下游两断面河底的高差除以长度得到。即：

$$i=\sin\theta=\frac{Z_1-Z_2}{l}=\frac{\Delta Z}{l} \tag{9-1}$$

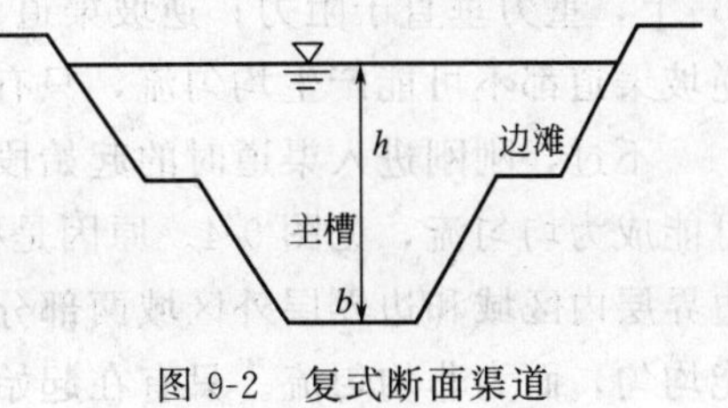

图 9-2 复式断面渠道

渠底高程可能沿程降低，或沿程不变，或沿程升高。当渠底高程沿程降低时称顺坡渠道，$i>0$；当渠底高程沿程不变时称平坡渠道，$i=0$；渠底高程沿程升高时称逆坡渠道，$i<0$，见图 9-3。

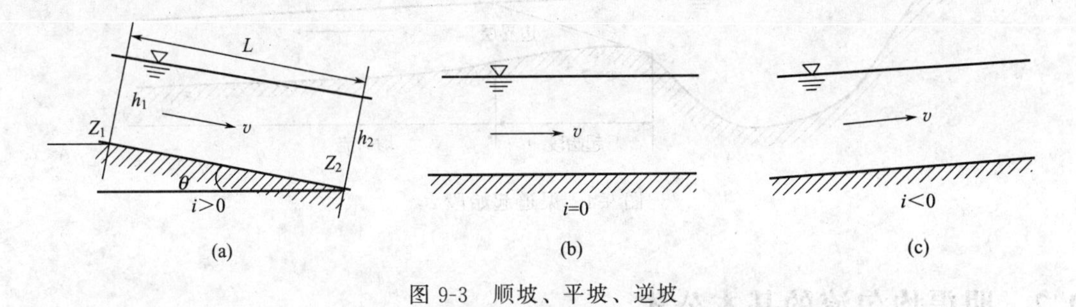

图 9-3 顺坡、平坡、逆坡

9.1 恒定明渠均匀流的特征

9.1.1 明渠均匀流的特性

由于明渠均匀流中渠道各过流断面的形状、大小沿程不变，则各断面水深相等，平均流速与流速分布沿程不变，因此任意两断面的总水头之差等于其测压管水头之差，并等于在这两断面间的沿程水头损失。则水力坡度等于测压管坡度，并等于水面坡度和底坡。

即：
$$H_1-H_2=\left(Z_1+\frac{p_1}{\gamma}+\frac{\alpha v_1^2}{2g}\right)-\left(Z_2+\frac{p_2}{\gamma}+\frac{\alpha v_2^2}{2g}\right)=h_f \tag{9-2}$$

$$H_1-H_2=\left(Z_1+\frac{p_1}{\gamma}\right)-\left(Z_2+\frac{p_2}{\gamma}\right)=Z_1-Z_2=h_f \tag{9-3}$$

$$\frac{h_f}{l}=\frac{\left(Z_1+\frac{p_1}{\gamma}\right)-\left(Z_2+\frac{p_2}{\gamma}\right)}{l}=\frac{Z_1-Z_2}{l} \tag{9-4}$$

$$J=J_p=i \tag{9-5}$$

9.1.2 明渠均匀流的产生条件

由此我们可以得出明渠均匀流的发生条件如下：

首先，为更容易观测到明渠均匀流的流态，渠道内的流量需不随时间发生变化，即流体为恒定的流动。

其次，渠道的过流断面形状和面积大小沿程不变，即为长直的棱柱体渠道。

第三，渠道粗糙系数 n 沿程不变，即流动时摩擦阻力不变。则摩擦阻力与重力沿流动方向的分力平衡，位变加速度为零，它是均匀流的前提条件。

然而，要使摩擦阻力与重力的分力平衡，只能在顺坡渠道上才有可能。平坡渠道（$i=$

0）上，重力垂直于阻力；逆坡渠道（$i<0$）上，重力分力与阻力方向一致。因此，平坡和逆坡渠道都不可能产生均匀流，只有在顺坡渠道（$i>0$）上的流动才有可能产生均匀流。

不过，刚刚进入渠道时的起始段流动不是均匀流，只有在距渠道进口一定距离以后才有可能成为均匀流，见图 9-4。原因是根据边界层绕流理论，在渠道进口的起始段内流动存在边界层内区域和边界层外区域两部分流动，边界层内区域流速分布沿程变化，因此流动不可能均匀，而为非均匀流。只有在起始段以后，流动全部为边界层区域才可能为均匀流。

综上所述，明渠均匀流只能发生在恒定的，n、i 沿程不变的长直顺坡棱柱体渠道起始段以后的区域。

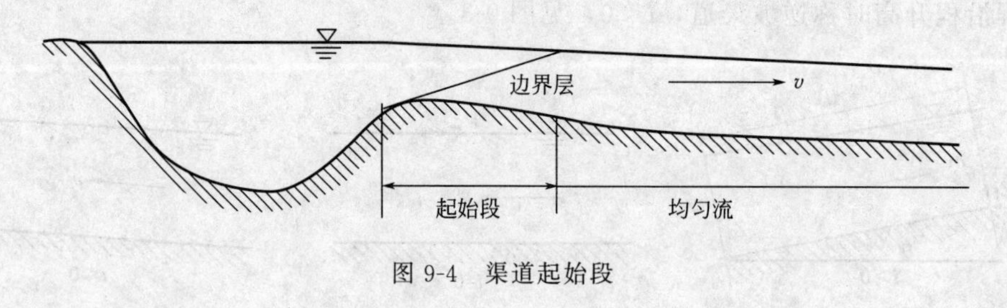

图 9-4　渠道起始段

9.2　明渠均匀流的基本公式

9.2.1　谢才公式

为研究明渠的过流能力，谢才在顺坡渠道上选取均匀流 1—2 流段，对其进行受力平衡分析。受力分析见图 9-5。由于 1—2 流段为均匀流，在断面 1—1 和断面 2—2 上的水深、断面平均流速和断面压力也相等。则作用在流体上沿流动方向的力只有重力的分力和切力，它们大小相等、方向相反。设渠道过流面积为 A，湿周 X，壁面切应力为 τ_0，由前面知 $\tau_0=\frac{\rho\lambda v^2}{8}$。则重力 $G=\gamma Al$，切力 $T=\tau_0 Xl$

$$G\sin\theta=T \tag{9-6}$$

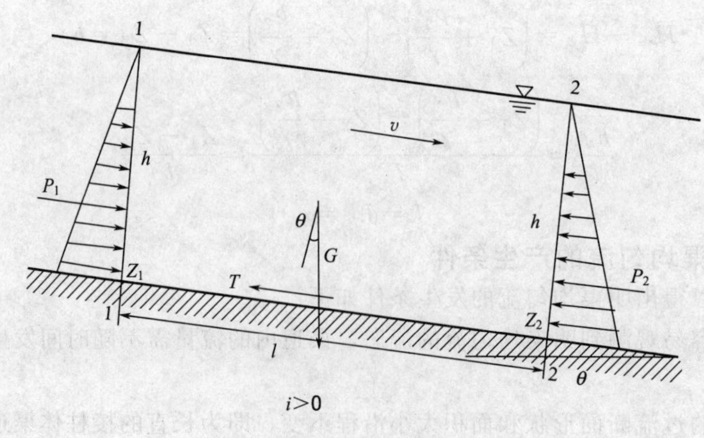

图 9-5　受力分析

即：
$$\gamma Ali=\tau_0 Xl=\frac{\rho\lambda v^2}{8}Xl \tag{9-7}$$

$$v=\sqrt{\frac{8i\gamma A}{\rho\lambda X}}=\sqrt{\frac{8g}{\lambda}}\sqrt{Ri}=C\sqrt{Ri} \tag{9-8}$$

式中，$C=\sqrt{\frac{8g}{\lambda}}$ 为谢才系数，由于沿程阻力系数在紊流中由经验公式确定，故谢才系数也由经验公式确定。由此得出明渠均匀流的断面平均流速的计算公式——谢才公式：

$$v=C\sqrt{RJ}=C\sqrt{Ri} \tag{9-9}$$

9.2.2 曼宁公式

1889 年，爱尔兰工程师曼宁与谢才几乎同时提出明渠均匀流流速计算公式：

$$v=\frac{1}{n}R^{\frac{2}{3}}J^{\frac{1}{2}} \tag{9-10}$$

为纪念曼宁与谢才这两位科学家，将曼宁的流速公式(9-10) 与谢才公式(9-9) 比较，得出计算谢才系数的经验公式，并称之为曼宁公式：

$$C=\frac{1}{n}R^{\frac{1}{6}} \tag{9-11}$$

式中，C 为谢才系数；n 为粗糙系数。

曼宁公式(9-11) 为经验公式，左右量纲不一致，但大量实验测定，其计算结果比较符合实际工程，因而得到广泛应用。由于实际流动绝大多数为紊流的粗糙区，故一般认为曼宁公式适用于紊流粗糙区。

9.2.3 巴甫洛夫公式

巴甫洛夫基是前苏联科学家，1925 年也提出了谢才系数 C 的计算公式：

$$C=\frac{1}{n}R^{y} \tag{9-12}$$

式中：$y=2.5\sqrt{n}-0.13-0.75\sqrt{R}(\sqrt{n}-0.1)$

适用范围：$0.1\text{m}\leqslant R\leqslant 3\text{m}$；　$0.011<n<0.04$

$R<1\text{m}$　　$y=1.5\sqrt{n}$

$R>1\text{m}$　　$y=1.3\sqrt{n}$

巴甫洛夫基公式主要用于水利工程。

9.2.4 粗糙系数 n 与流量 Q 的关系

根据谢才公式和曼宁公式计算的断面平均流速，再乘以过流断面的面积可得该断面通过的流量，即渠道的过流能力。

$$Q=Av=AC\sqrt{RJ}=AC\sqrt{Ri} \tag{9-13}$$

$$\text{令 } K=AC\sqrt{R}\text{，则 } Q=K\sqrt{i}$$

式中，K 为流量模数，指单位底坡 $i=1$ 时，渠道的通过流量。

明渠均匀流中，当过流断面形状、尺寸、粗糙系数 n 一定时，面积、水力半径、谢才系数、流量模数、流量仅是水深的函数，即 $A=f_1(h_0)$，$R=f_2(h_0)$，$C=f_3(h_0)$，$K=f_4(h_0)$，$Q=f(h_0)$。此时的水深 h_0 称正常水深，即相应于明渠均匀流时的水深称正常水深。

粗糙系数 n 综合反映渠道壁面对水流阻力作用的大小，受渠道表面的材料、水位高低、管理的好坏因素的影响。在对 n 的选取中，偏大偏小均对工程产生较大影响。若 n 值选取偏小，计算的理论流速 $v=\frac{1}{n}R^{\frac{2}{3}}i^{\frac{1}{2}}$ 偏大，流量 Q 偏大。实际渠道无法达到如此大的过流能力，即产生河水漫滩，超出基本河槽。因计算的流速偏大，在枯水季节又会产生渠道泥沙淤积的不利现象。相反若 n 值选取偏大，则渠道可能产生冲刷现象和增加工程造价和投资。

对于大型的水利工程，n 值必须通过实测确定，小型工程可查相应的手册。因 n 值较小，$\frac{1}{n}$ 较大，n 值的确定直接决定工程的造价和渠道的安全运行，需谨慎选取，可参考表 6-2。

9.3 水力最优断面及允许流速

9.3.1 水力最优断面

前面知道，流体流动时需减少阻力，以节省能量。因此，在修建人工渠道时，往往需要设计一个既能保证通过一定的流量，又能使流动阻力最小的断面形式，称水力最优断面。

水力最优断面即是渠道的底坡 i、粗糙系数 n、过流断面面积 A 一定，渠道过流能力 Q 最大的断面形式；或渠道的底坡 i、粗糙系数 n、过流断面面积 A 一定，流量一定，湿周最小的断面形式。即：

渠道过流能力最大：
$$Q_{\max}=AC\sqrt{Ri}=\frac{1}{n}A^{\frac{5}{3}}X^{-\frac{2}{3}}i^{\frac{1}{2}}=f(n,A,X,i)$$

或湿周最小：
$$X_{\min}=f(b,h,m) \tag{9-14}$$

理论上，圆形断面水力最优，且受力条件最好，当过流断面面积较小时，便于预制。因此广泛用于排水管中的污水管、雨水管。

对于大型渠道，过流断面面积较大，不便预制和运输，且现场施工难度较大。工程中常常选取内接于圆的正六边形的一半，即渠道一般设计成外边角 $\theta=60^{\circ}$ 的梯形断面，外边角的余切称边坡系数：$m=\text{ctan}\theta=\text{ctan}60^{\circ}=0.577$。

实际工程中，除考虑渠道的水力最优外，必须考虑渠道的稳定性要求。当渠道采用不同的衬砌材料时，其边坡系数 m 不同，只有在具有一定硬度的岩石上，边坡系数才能达到 $m=0.577$。一般情况下 m 小于 0.577。m 值的具体选取需根据渠道土壤和衬砌材料查水力计算手册选取，表 9-1 可作为参考。

表 9-1 梯形断面边坡系数

土壤种类	边坡系数 m	土壤种类	边坡系数 m
细沙土	3.0～3.5	砾石、沙砾石	1.5
砂壤土或松散土壤	2.0～2.5	重壤土、密实黄土、普通黏土	1.0～1.5
密实砂壤土或轻黏土壤	1.5～2.0	密实重黏土	1.0
各种不同硬度的岩石	0.5～1.0		

9.3.2 梯形断面的水力最优条件

在梯形断面渠道中，见图 9-6。边坡系数 $m=\text{ctan}\theta$，有

水面宽度：
$$B=b+2mh \tag{9-15}$$

过流断面：
$$A=\frac{1}{2}(b+B)h=(b+mh)h \tag{9-16}$$

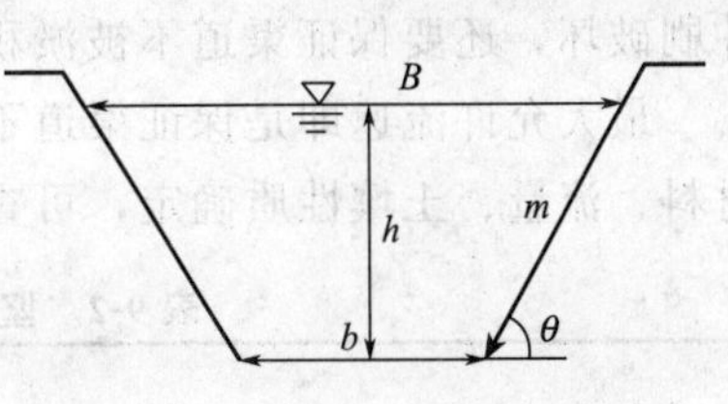

图 9-6 梯形断面水力最优条件

湿周：$X=b+2\sqrt{h^2+(mh)^2}=b+2h\sqrt{1+m^2}$ (9-17)

水力半径 R：$R=\dfrac{A}{X}=\dfrac{(b+mh)h}{b+2h\sqrt{1+m^2}}$ (9-18)

设渠道的 A、n、i、Q 一定，由式(9-16) 得：

$$b=\frac{A}{h}-mh \tag{9-19}$$

将式(9-19) 代入式(9-17)，得：

$$X=b+2h\sqrt{1+m^2}=\frac{A}{h}-mh+2h\sqrt{1+m^2}$$

当湿周 X 最小时，应用极值原理，将湿周 X 对 h 分别求一阶、二阶导数。令一阶导数为零，有：

$$\frac{dX}{dh}=-\frac{A}{h^2}-m+2\sqrt{1+m^2}=0 \tag{9-20}$$

$\dfrac{d^2X}{dh^2}=\dfrac{2A}{h^3}>0$，故存在极小值。

由式(9-20)，可得： $\dfrac{A}{h^2}=2\sqrt{m^2+1}-m$

将式(9-16) 代入，得： $\dfrac{(b+mh)}{h}=2\sqrt{1+m^2}-m$

整理得： $$\beta=\frac{b}{h}=2(\sqrt{1+m^2}-m) \tag{9-21}$$

式(9-21) 即为梯形断面的水力最优条件，$\beta=\dfrac{b}{h}$ 称宽深比，为边坡系数的函数。当渠道的边坡系数确定后，梯形断面的水力最优条件宽深比 β 即可确定。

将梯形断面的水力最优条件宽深比 β 代入式(9-18)，化简整理后，还可以得到梯形断面在水力最优断面时，其水力半径等于水深的一半，即：$R=\dfrac{A}{X}=\dfrac{h}{2}$。

9.3.3 矩形断面水力最优条件

对于矩形断面渠道，边坡系数 $m=\text{ctan}90°=0$，为梯形断面的特殊形式，因而有：

$$\beta=2(\sqrt{1+m^2}-m)=2 \tag{9-22}$$

$$\frac{b}{h}=\beta=2$$

即矩形断面渠道的水力最优条件为：$b=2h$，即宽为水深的两倍。

实际渠道断面形式除按水力最优条件考虑外，还需考虑施工技术要求、航运要求、开挖造价以及养护等，综合考虑比较加以选择。

小型渠道：工程造价取决于土方量，水力最优条件是经济合理的。

大型渠道：按水力最优条件设计的渠道断面往往是窄而深的渠道。开挖深度大，土方单价高，施工养护困难，实际上并不经济。

9.3.4 允许流速

为保证工程的安全，渠道的正常运转，水体流速必须在一定范围内。既要保证渠道不被冲刷破坏，还要保证渠道不被淤积破坏，即要满足最大允许流速和最小允许流速的要求。

最大允许流速即是保证渠道不受冲刷破坏的限制流速，也称不冲流速，主要由渠道衬砌材料、流量、土壤性质确定，可查相应的水力计算手册确定或按表 9-2、表 9-3 确定。

表 9-2　坚硬岩石和人工护面渠道的最大允许流速　　单位：m/s

岩石或护面的种类	渠道流量		
	$<1m^3/s$	$1\sim10m^3/s$	$>10m^3/s$
软质水成岩(泥灰岩、页岩、软砾岩)	2.5	3.0	3.5
中等硬质水成岩(致密砾岩、多孔石灰岩、层状石灰岩、白云石灰岩、灰质砂岩)	3.5	4.25	5.0
硬质水成岩(白云石灰岩、硬质水石灰岩)	5.0	6.0	7.0
结晶岩、火成岩	8.0	9.0	10.0
单层块石铺砌	2.5	3.5	4.0
双层块石铺砌	3.5	4.5	5.0
混凝土护面(水流中不含砂和砾石)	6.0	8.0	10.0

表 9-3　均匀土质渠道的最大允许流速　　单位：m/s

土质		粒径/mm	最大允许不冲流速
黏性土质	轻壤土		0.6～0.8
	中壤土		0.65～0.85
	重壤土		0.75～1.0
	黏土		0.75～0.95
无黏性土质	极细砂	0.05～0.1	0.35～0.45
	细砂和中砂	0.25～0.5	0.45～0.60
	粗砂	0.5～2.0	0.60～0.75
	细砾石	2.0～5.0	0.75～0.90
	中砾石	5.0～10.0	0.90～1.10
	粗砾石	10.0～20.0	1.10～1.30

金属排水管的最大允许流速可取：$v_{max}=10m/s$。

非金属排水管的最大允许流速可取：$v_{max}=5m/s$。

最小允许流速是保证渠道不被悬浮物淤积的限制流速，也称不淤流速，主要取决于泥沙的性质。

污水管在设计充满度下的最小允许流速一般可选取：

$$d<500mm, v_{min}=0.7m/s$$

$$d>500mm, v_{min}=0.8m/s$$

雨水管及合流管的最小允许流速可取：$v_{min}=0.75m/s$

渠道的最小允许流速可取：$v_{min}=0.4m/s$。也可采用经验公式：$v_{min}=\alpha h_0^{0.04}$

式中，h_0为正常水深；α 为淤积系数，粗粒砂 $\alpha=0.6\sim0.71$，中粒砂 $\alpha=0.54\sim0.57$，细粒砂 $\alpha=0.3\sim0.41$。

实际渠道中的流速需满足小于最大允许流速，大于最小允许流速，即：

$$v_{max} > v > v_{min}$$

如果渠道不满足这一条件，必须设法改变渠道底坡，或设置跌水，使渠道分段流动，如图 9-7 所示。当然也可改变渠道过流断面面积以达到设计流速的要求。

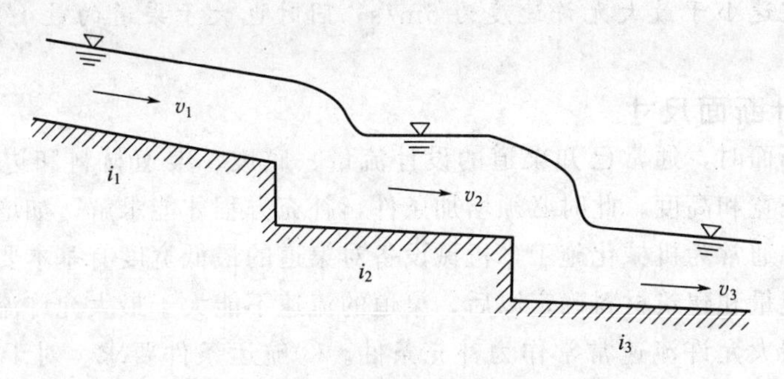

图 9-7 渠道底坡设计

9.4 明渠均匀流的水力计算

明渠均匀流的水力计算分为输水能力的验算，渠道底坡的设计，渠道断面形式的设计，粗糙系数的确定这几种形式。下面以例题的形式分述如下。

9.4.1 输水能力的计算

渠道输水能力的计算中，通常已知渠道的断面形式和尺寸、底坡与渠道材料、边坡系数与粗糙系数，只需用谢才公式直接求渠道的通过流量。即已知 b、h、m、i、n，求 Q。具体解法如下：

$$\left.\begin{matrix} b \\ h \\ m \end{matrix}\right\rangle \rightarrow \left\langle\begin{matrix} A \\ X \\ R \end{matrix}\right\rangle \rightarrow C=\frac{1}{n}R^{\frac{1}{6}} \rightarrow Q=AC\sqrt{Ri}$$

$$Q=\frac{A^{\frac{5}{3}}}{n}X^{-\frac{2}{3}}i^{\frac{1}{2}}$$

【例 9-1】 一梯形断面棱柱体渠道，渠道采用普通黏土材料。渠底宽 $b=2\text{m}$，边坡系数取 $m=1.5$，粗糙系数 $n=0.03$，底坡 $i=0.0002$，水深为 $h=2\text{m}$，渠道的最大允许速度为 5m/s，试验算渠道的输水能力，并判断其流速是否符合最大允许流速的要求。

【解】 对于规则的梯形断面棱柱体顺坡渠道，其上的流动为均匀流。则：

过流断面面积 $A=(b+mh_0)h_0=(2+1.5\times2)\times2=10(\text{m}^2)$

湿周 $X=b+2h_0\sqrt{1+m^2}=2+2\times2\sqrt{1+1.5^2}=9.21(\text{m})$

水力半径 $R=\dfrac{A}{X}=\dfrac{10}{9.21}=1.086(\text{m})$

按曼宁公式计算谢才系数：

$$C=\frac{1}{n}R^{\frac{1}{6}}=\frac{1}{0.03}\times(1.086)^{\frac{1}{6}}=33.79(\text{m}^{0.5}/\text{s})$$

渠道输水能力为

$$Q=A\cdot C\sqrt{Ri}=10\times33.79\sqrt{1.086\times0.0002}=4.98(\text{m}^3/\text{s})$$

渠中流速为

$$v=\frac{Q}{A}=\frac{4.98}{10}=0.498(\text{m/s})$$

故渠道实际流速小于最大允许速度为 5m/s，同时也大于渠道的最小允许流速 $v_{\min}=0.4\text{m/s}$ 的要求。

9.4.2 设计断面尺寸

在设计渠道断面时，通常已知渠道的设计流量、底坡、渠道材料和边坡系数与粗糙系数，需求渠道的底宽和高度。此时必须增加条件，补充方程才能求解，如增加：①施工条件要求。现代工程中通常为机械化施工，机械设备对渠道的最低宽度有基本要求。②允许流速要求。当渠道的流量和建筑材料确定以后，渠道的流速不能大于最大允许流速和小于最小允许流速，特别是最大允许流速常常作为补充条件。③航运条件要求。对于有通航要求的渠道，必须满足船舶的吃水深度要求。④水力最优断面条件。在渠道断面不大时，水力最优条件是经济和必须考虑的条件。

根据以上的补充条件，从而将两个未知数变为一个未知数，或已知 b 求 h，或已知 h 求 b。

9.4.2.1 已知 h 求 b

由于渠道底宽未知，故只能将它作为一参数，从而求出带有此参数的渠道面积、湿周、水力半径、谢才系数和流量模数，具体如下：

$$\left.\begin{matrix}A\\X\\R\\C\end{matrix}\right]\rightarrow K=AC\sqrt{R}=\frac{A}{n}R^{\frac{2}{3}}=f(b)$$

做曲线：$b\sim K=f(b)$，见图 9-8(a)。

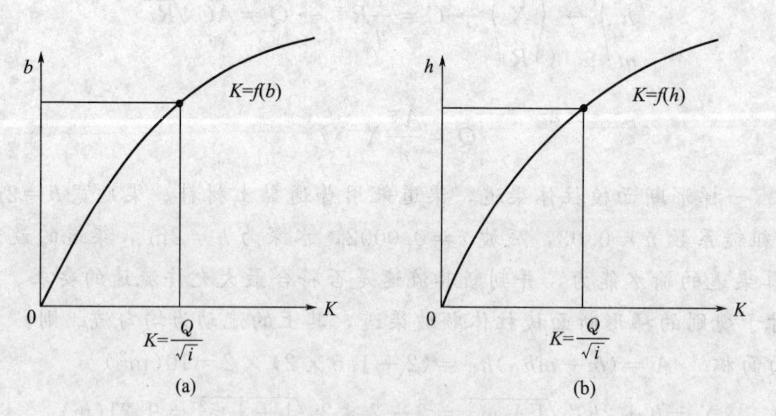

图 9-8 渠道断面的计算

由于已知流量和渠道底坡，可求出流量模数：

$$\left.\begin{matrix}Q\\i\end{matrix}\right]\rightarrow K=\frac{Q}{\sqrt{i}}$$

从图中横坐标找出 $\frac{Q}{\sqrt{i}}=K=f(b)$ 的点，曲线上对应的点的纵坐标 b 即为所求值。

当然，也可以不用作图法，直接由 $\frac{Q}{\sqrt{i}}=\frac{A}{n}R^{\frac{2}{3}}$ 试算求出 b 值，其基本原理相同。

9.4.2.2 已知 b 求 h

方法同上，其中：$$K=\frac{A}{n}R^{\frac{2}{3}}=f(h)$$

作曲线：$h\sim K=f(h)$，见图 9-8(b)。

$$\frac{Q}{\sqrt{i}}=f(h)$$

由图或试算可求出 h 值。

9.4.2.3 水力最优条件

根据已知的边坡系数 m，首先求出宽深比 $\beta=\frac{b}{h}$，如梯形断面宽深比 $\beta=2(\sqrt{1+m^2}-m)$，则 $b=\beta h$。从而将宽度转换为水深的函数，水力计算方法同 9.4.2.2。

9.4.2.4 已知最大允许流速

当渠道底宽和水深均为未知，并且要求必须满足最大允许流速的限制，则需补充最大流速的方程。从建立方程组如下：

$$\begin{cases}\frac{Q}{v_{\max}}=A=h(b+mh)\\ v_{\max}=C\sqrt{Ri}=\frac{1}{n}R^{\frac{2}{3}}i^{\frac{1}{2}}\end{cases}$$

联解两方程组，可求出 b、h。

【例 9-2】 一梯形断面普通黏土渠道，选取边坡系数 $m=1.25$，粗糙系数 $n=0.02$，底坡 $i=0.0001$。当渠道内水体做均匀流时的过流能力为 $50\mathrm{m^3/s}$。试按水力最优条件设计渠道断面形式。

【解】 按梯形断面的水力最优条件：$\beta=\frac{b}{h}=2(\sqrt{1+m^2}-m)$

有：
$$\beta=\frac{b}{h}=2(\sqrt{1+1.25^2}-1)=1.2$$
$$b=1.2h$$

过流断面面积 $A=(b+mh)h=(1.2h+1.25h)h=2.45h^2$

湿周 $X=b+2h\sqrt{1+m^2}=1.2h+2h\sqrt{1+1.25^2}=4.4h$

水力半径 $$R=\frac{A}{X}=\frac{2.45h^2}{4.4h}=0.557h$$

谢才系数 $$C=\frac{1}{n}R^{\frac{1}{6}}=\frac{1}{0.02}\times(0.557h)^{\frac{1}{6}}$$

渠道输水能力 $$Q=AC\sqrt{Ri}=\frac{A^{\frac{5}{3}}}{n}X^{-\frac{2}{3}}i^{\frac{1}{2}}=\frac{(2.45h^2)^{\frac{5}{3}}\times(4.4h)^{-\frac{2}{3}}\times0.0001^{\frac{1}{2}}}{0.02}=50$$

$$1.658h^{\frac{8}{3}}=100$$

得 $h=4.65\mathrm{m}$ $b=1.2h=5.58\mathrm{m}$

9.4.3 渠道底坡的设计

在渠道底坡的设计过程中，一方面要考虑地形地质条件，同时考虑渠道的最大最小允许流速的要求，从而确定出一个经济合理的渠道底坡坡度。在地形坡度较大的地区，可考虑集中设计跌坎或加固渠道，地形坡度较小时则必须开挖。渠道底坡计算可按下面过程确定。

$$\left.\begin{matrix}A\\X\\R\\C\end{matrix}\right]\rightarrow K=AC\sqrt{R}=\frac{A}{n}R^{\frac{2}{3}}\rightarrow Q=K\sqrt{i}$$

$$i=\frac{Q^2}{K^2}$$

【例 9-3】 一矩形断面棱柱体渠道，渠底宽 3m，粗糙系数 $n=0.015$，当通过流量为 $100\mathrm{m^3/s}$，水深为 $h=2.5\mathrm{m}$ 时，试求渠道的底坡 i。

【解】 对于规则断面棱柱体顺坡渠道，其上的流动为均匀流，则：

过流断面面积 $A=bh_0=3\times2.5=7.5\mathrm{m^2}$

湿周 $X=b+2h_0=3+2\times2.5=8\mathrm{m}$

水力半径 $R=\dfrac{A}{X}=\dfrac{7.5}{8}=0.938\mathrm{m}$

谢才系数

$$C=\frac{1}{n}R^{\frac{1}{6}}=\frac{1}{0.015}\times(0.938)^{\frac{1}{6}}=65.96\mathrm{m^{0.5}/s}$$

流量模数 $K=A\cdot C\sqrt{R}=7.5\times65.96\sqrt{0.938}=479.12$

渠道输水能力为 $Q=A\cdot C\sqrt{Ri}=K\sqrt{i}$

则底坡为 $i=\dfrac{Q^2}{K^2}=\dfrac{100^2}{479.12^2}=0.0436$

在设计渠道底坡时，需注意：①为保证渠道正常排水，$i>0.003$。同时，若 $i<0.01$，则渠道不需人工加固。②尽量充分利用地面的自然坡度，以减少开挖，但必须保证渠道正常运转。

9.4.4 粗糙系数 n 的确定

在粗糙系数的设计中，渠道的断面形式尺寸，底坡、边坡系数和通过的流量已知，当渠道的材料确定后，可查表 6-2 选取粗糙系数。由于粗糙系数的具体取值直接影响到工程的造价和安全，对于大型的渠道，可通过模型实验加以确定。由已知的渠道 Q、b、h_0、m、i，采用谢才公式，按以下过程计算确定。

$$\left.\begin{matrix}b\\h\\m\end{matrix}\right\rangle\rightarrow\left\langle\begin{matrix}A\\X\\R\end{matrix}\right\rangle\rightarrow C=\frac{1}{n}R^{\frac{1}{6}}\rightarrow Q=\frac{A^{\frac{5}{3}}}{n}X^{-\frac{2}{3}}i^{\frac{1}{2}}\rightarrow n$$

$$n=\frac{A^{\frac{5}{3}}}{Q}X^{-\frac{2}{3}}i^{\frac{1}{2}}$$

【例 9-4】 采用与【例 9-3】相同的矩形断面渠道，渠底宽 3m，水深为 $h=2.5\mathrm{m}$，渠道的底坡 $i=0.0225$。在此条件下，渠道的过流能力为 $100\mathrm{m^3/s}$，试求粗糙系数 n。

【解】 由前面知：渠道过流断面面积 $A=bh_0=3\times2.5=7.5\mathrm{m^2}$

湿周 $X=b+2h_0=3+2\times2.5=8\mathrm{m}$

水力半径 $$R=\frac{A}{X}=\frac{7.5}{8}=0.938\text{m}$$

谢才系数 $$C=\frac{1}{n}R^{\frac{1}{6}}=\frac{1}{n}\times(0.938)^{\frac{1}{6}}$$

渠道输水能力 $$Q=AC\sqrt{Ri}=\frac{A^{\frac{5}{3}}}{n}X^{-\frac{2}{3}}i^{\frac{1}{2}}=\frac{7.5^{\frac{5}{3}}\times8^{-\frac{2}{3}}\times0.0225^{\frac{1}{2}}}{n}$$

则粗糙系数为 $$n=\frac{A^{\frac{5}{3}}}{Q}X^{-\frac{2}{3}}i^{\frac{1}{2}}=\frac{28.75\times0.25\times0.15}{100}=0.0108$$

9.5 无压圆管的水力计算

圆形断面渠道受力条件最好，水力条件最优，只要渠道的过流断面较小，就可以预制和施工，如城市市政排水工程中的污水管、雨水管常常采用此种断面形式。只是雨水管一般按满流设计，污水管必须考虑一定的设计充满度，即预留一部分空间防止污水中产生的有害气体增加管道的压力，以防止污水管道的爆炸现象。

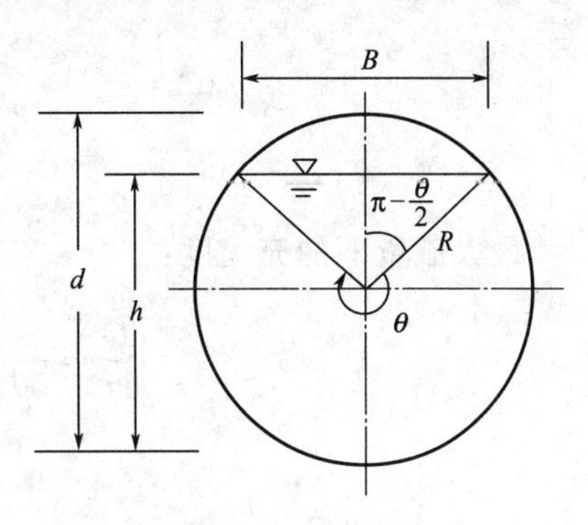

图 9-9 无压圆管

9.5.1 无压圆管的水力要素

无压圆管中，水深 h 与管径 d 之比称充满度，即 $\alpha=\frac{h}{d}$。液面端点半径所夹的钝角 θ 称充满角，如图 9-9 所示。由几何关系有：

$$\cos\left(\pi-\frac{\theta}{2}\right)=\frac{h-\frac{d}{2}}{\frac{d}{2}}=2\alpha-1 \tag{9-23}$$

由三角函数关系换算，充满度与充满角满足以下关系：

$$\alpha=\frac{h}{d}=\sin^2\frac{\theta}{4} \tag{9-24}$$

在某一充满度下，无压圆管过流断面的水力要素为

面积 $$A=S_{扇}+S_{\Delta}=\frac{\theta}{2\pi}\times\frac{\pi d^2}{4}+\left(\frac{d}{2}\right)^2\sin\left(\pi-\frac{\theta}{2}\right)\cos\left(\pi-\frac{\theta}{2}\right)$$

$$=\frac{d^2}{8}(\theta-\sin\theta) \tag{9-25}$$

湿周 $$X=\frac{d}{2}\theta\text{（扇形的周长）} \tag{9-26}$$

水力半径 $$R=\frac{A}{X}=\frac{d}{4}\left(\frac{\theta-\sin\theta}{\theta}\right) \tag{9-27}$$

水面宽度 $$B=d\sin\left(\pi-\frac{\theta}{2}\right)=d\sin\frac{\theta}{2} \tag{9-28}$$

流速 $$v=C\sqrt{Ri}=\frac{1}{n}R^{\frac{2}{3}}i^{\frac{1}{2}}$$

$$=\frac{1}{n}\left[\frac{d}{4}\left(1-\frac{\sin\theta}{\theta}\right)\right]^{\frac{2}{3}} i^{\frac{1}{2}}=f_1(i,n,d,\theta) \tag{9-29}$$

流量
$$Q=Av=\frac{i^{\frac{1}{2}}}{n}\left(\frac{d^8}{2^{13}}\right)^{\frac{1}{3}} \frac{(\theta-\sin\theta)^{\frac{5}{3}}}{\theta^{\frac{2}{3}}}=f_2(i,n,d,\theta) \tag{9-30}$$

9.5.2 无压圆管流的水力特征

当渠道底坡 i、粗糙系数 n、管径 d 一定后，管内通过的流速、流量大小只随充满角 θ 变化。为使流速和流量最大，则必须用数学上的极值原理，对式(9-29)、式(9-30) 求一阶导数，其一阶导数为零时，极值产生。

最大流速下的充满度：

$$\frac{dv}{d\theta}=\frac{d}{d\theta}\left\{\frac{1}{n}\left[\frac{d}{4}\left(1-\frac{\sin\theta}{\theta}\right)\right]^{\frac{2}{3}} i^{\frac{1}{2}}\right\}=0$$

$$\theta=257°30'$$

$$\alpha=\sin^2\frac{257°30'}{4}=0.81$$

$$h=0.81d \tag{9-31}$$

最大流量下的充满度：

$$\frac{dQ}{d\theta}=\frac{d}{d\theta}\left[\frac{i^{\frac{1}{2}}}{n}\left(\frac{d^8}{2^{13}}\right)^{\frac{1}{3}} \frac{(\theta-\sin\theta)^{\frac{5}{3}}}{\theta^{\frac{2}{3}}}\right]=0$$

$$\theta=308°$$

$$\alpha=\sin^2\frac{308°}{4}=0.95$$

$$h=0.95d \tag{9-32}$$

即无压圆管中，最大流速发生在充满度为 0.81 时，即水深为 0.81 倍管径；最大流量发生在充满度为 0.95 时，即水深为 0.95 倍管径。

9.5.3 无压圆的图解计算

在雨水管的设计中一般按满流（或满管流）设计，此时水流正好充满整个管道断面，但顶部仍只受大气压强作用。为与设计充满度的水力要素相区别，通常用脚标“d”表示。

$$Q_d=A_dC_d\sqrt{R_d i}$$

$$v_d=AC_d\sqrt{R_d i}$$

引入流量比例系数 K_Q

$$K_Q=\frac{Q}{Q_d}=\frac{AC\sqrt{R_i}}{A_dC_d\sqrt{R_i}}=\frac{f(h)}{f(d)}=f\left(\frac{h}{d}\right)=f_1(\alpha)$$

引入流速比例系数 K_v：

$$K_v=\frac{v}{v_d}=\frac{C\sqrt{R_i}}{C_d\sqrt{R_i}}=\frac{f(h)}{f(d)}=f\left(\frac{h}{d}\right)=f_2(\alpha)$$

绘制 $\alpha\sim K_Q$ 图和 $\alpha\sim K_v$ 图，见图 9-10。在图解计算中，可由设计充满度 α 查取流量比例系数 K_Q 和流速比例系数 K_v，再由满流时的流量和流速计算出设计充满度下的流量和流速，即：$Q=K_QQ_d$，$v=K_vv_d$。

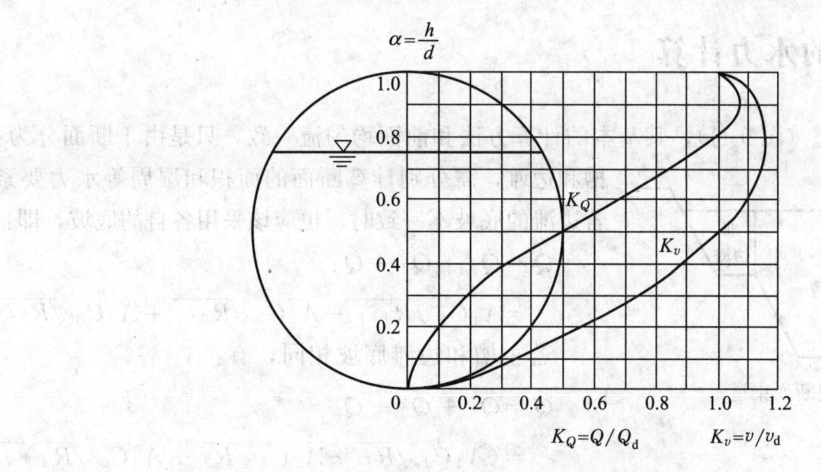

图 9-10 无压圆管流图解计算

图 9-10 表明：$\alpha=0.95$ $\quad \frac{Q}{Q_d}=K_Q=1.087$ 即 $Q_{\max}=1.087Q_d$

$$\alpha=0.81 \qquad \frac{v}{v_d}=K_v=1.16 \quad 即\ v_{\max}=1.16\,v_d$$

由此可得，充满度 $\alpha=0.95$ 时，最大流量已超过满流流量 8.7%；

充满度 $\alpha=0.81$ 时，最大流速已超过满流流速 16%。

关于无压圆管流最大设计充满度 α 可由管径 d 查室外排水设计规范确定，α 始终为已知值。无压圆管流的水力计算主要有以下三种类型。

① 已知：d，α，n，i 求 Q。

② 已知：Q，d，α，n 求 i。

③ 已知：Q，α，n，i 求 d。

【例 9-5】 有一无压排水管直径为 0.6m，粗糙系数 $n=0.01$，采用的最大设计充满度为 $\alpha=0.75$，当管内通过的流量为 $Q=0.4\text{m}^3/\text{s}$ 时，求该管道的底坡。

【解】 根据最大设计充满度可求充满角

$$\alpha=0.75=\sin^2\frac{\theta}{4}$$

$$\theta=240°$$

则面积为
$$A=\frac{d^2}{8}(\theta-\sin\theta)=0.2275\text{m}^2$$

湿周为
$$X=\frac{d}{2}\theta=1.257\text{m}$$

水力半径
$$R=\frac{A}{X}=0.181\text{m}$$

谢才系数
$$C=\frac{1}{n}R^{\frac{1}{6}}=\frac{1}{0.01}\times(0.181)^{\frac{1}{6}}=75.21\ \text{m}^{0.5}/\text{s}$$

$$Q=AC\sqrt{Ri}=0.2275\times75.21\times\sqrt{0.181\times i}=0.4\text{m}^3/\text{s}$$

$$i=0.003$$

9.6 复式断面的水力计算

对于复式断面渠道（图 9-11），其基本的计算方法和前面均匀流一致，只是由于断面分为主槽和边滩，需分别计算断面的面积和湿周等水力要素。若边滩的底坡不一致时，也应该采用各自的底坡，即：

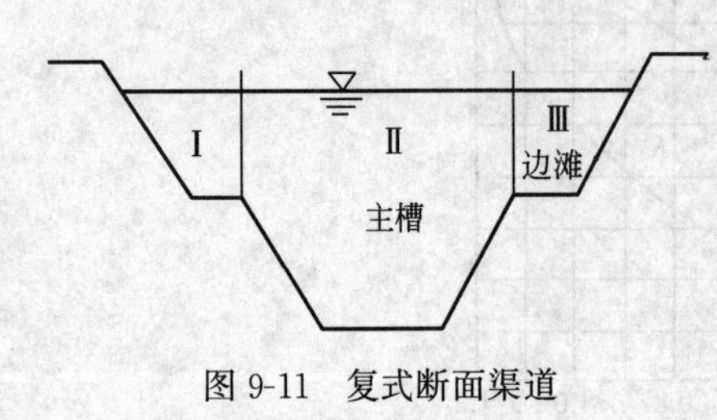

图 9-11 复式断面渠道

$$Q=Q_1+Q_2+Q_3$$
$$=A_1C_1\sqrt{R_1i_1}+A_2C_2\sqrt{R_2i_2}+A_3C_3\sqrt{R_3i_3}$$

若主槽和边滩底坡相同，有：

$$Q=Q_1+Q_2+Q_3$$
$$=(A_1C_1\sqrt{R_1}+A_2C_2\sqrt{R_2}+A_3C_3\sqrt{R_3})\sqrt{i}$$

值得注意的是，在复式断面渠道的水力计算中，湿周的计算一定是过流断面的固体边界的周长，非固体边界不能计入湿周边界。

习 题

9-1 有一矩形断面的混凝土明渠 $n=0.014$，养护情况一般，断面宽度 $b=4\text{m}$，底坡 $i=0.002$，当水深 $h=2\text{m}$ 时，问按曼宁公式所算出的断面平均流速为多少？

9-2 有一段顺直的梯形断面土渠，平日管理养护一般，渠道的底坡 $i=0.0004$，底宽 $b=4\text{m}$，断面的边坡系数 $m=2$，当水深 $h=2\text{m}$ 时，按曼宁公式计算该渠道能通过多少流量？

9-3 一梯形断面渠道，设计渠底宽 3m，水深 $h=0.8\text{m}$，边坡系数 $m=1.5$，粗糙系数 $n=0.03$，底坡 $i=0.0005$，求渠道的输水能力和流速。

9-4 已知矩形渠道粗糙系数 $n=0.014$，通过流量为 $Q=25.6\text{m}^3/\text{s}$，渠底宽 $b=5.1\text{m}$，水深 $h=3.08\text{m}$，求该渠道的底坡。

9-5 有一梯形渠道，在土层中开挖，边坡系数 $m=1.5$，底坡 $i=0.005$，粗糙系数 $n=0.025$，设计流量 $Q=1.5\text{m}^3/\text{s}$，按水力最优条件设计渠道断面尺寸。

9-6 设有一块石砌体矩形陡槽，陡槽中为均匀流。已知流量 $Q=2.0\text{m}^3/\text{s}$，底坡 $i=0.09$，粗糙系数 $n=0.020$，断面宽深比 $\beta_h=\dfrac{b}{h_0}=2.0$，试求陡槽的断面尺寸 h_0 及 b。

9-7 有一钢筋混凝土渠道，通过的流量 $Q=11.5\text{m}^3/\text{s}$，渠道底坡 $i=0.0005$，粗糙系数 $n=0.014$，宽深比 $\beta_0=1.6$，求均匀流的水深及渠底宽度 b。

9-8 有两条矩形断面渡槽，如图所示。其过水断面面积均为 5m^2，粗糙系数 $n_1=n_2=0.014$，渠道底坡 $i_1=i_2=0.004$，问这两条渡槽中水流为均匀流时，其通过流量是否相等？如不等，流量各为多少？

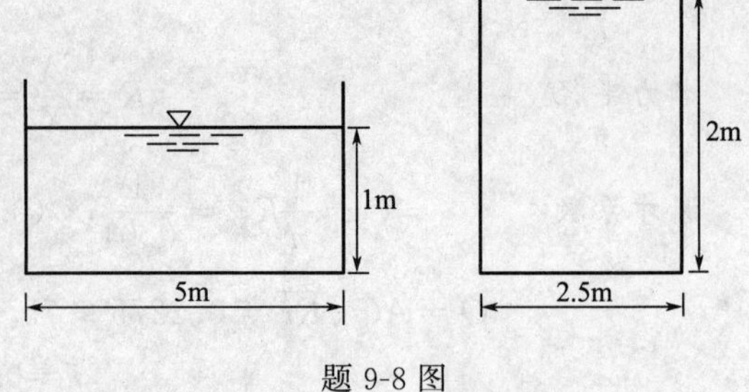

题 9-8 图

9-9 已知三角形渠道，边坡系数 $m=$

2.5，底坡 $i=0.002$，粗糙系数 $n=0.015$，设计流量 $Q=13.2\mathrm{m^3/s}$，求渠道的正常水深 h_0 和过水断面面积；如果取边坡系数 $m=1.0$，求渠道的正常水深和过水断面面积。

9-10 有一梯形断面渠道，已知底宽 $b=4\mathrm{m}$，边坡系数 $m=2.0$，粗糙系数 $n=0.025$，渠道底坡 $i=1/2000$，通过的流量 $Q=8\mathrm{m^3/s}$，试求渠道中的正常水深 h_0。

9-11 一梯形土渠，按均匀流设计。已知正常水深 $h_0=1.2\mathrm{m}$，底宽 $b=2.4\mathrm{m}$，边坡系数 $m=1.5$，粗糙系数 $n=0.025$，底坡 $i=0.0016$，试求渠道的流速和流量。

9-12 某干渠断面为梯形，底宽 $b=5\mathrm{m}$，边坡系数 $m=2$，底坡 $i=0.00025$，粗糙系数 $n=0.0225$，计算水深为 2.15m 时输送的平均流速及流量。如底坡不变，粗糙系数变为 $n=0.025$，流量有什么变化？如粗糙系数不变，底坡变为 $i=0.00033$，流量又有什么变化？

9-13 试证明，当梯形断面的边坡一定时，$b=2h\tan(\alpha/2)$ 时的梯形渠道是水力最优断面。

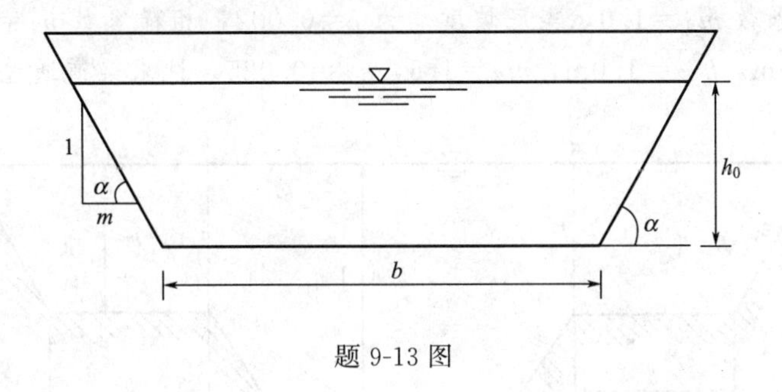

题 9-13 图

9-14 求边坡系数分别为 m_1 和 m_2 的不对称梯形断面的水力最优断面的条件。

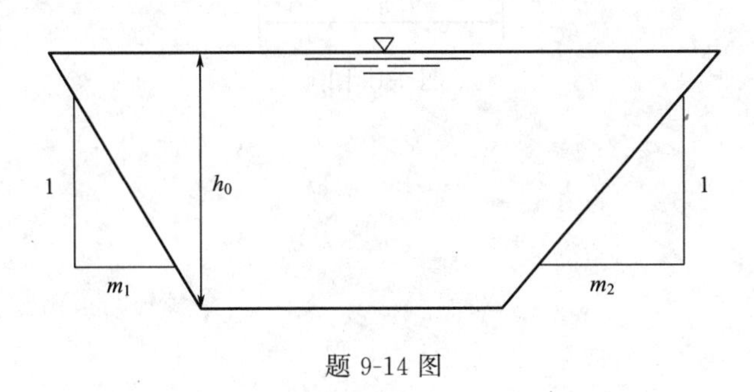

题 9-14 图

9-15 实测某小河试问一段河道，二测站控制的河道长度 $L=800\mathrm{m}$，当在二测站通过的流量 $Q=25\mathrm{m^3/s}$ 时，由水文站测的水位分别为 $Z_1=117.5\mathrm{m}$，$Z_2=117.3\mathrm{m}$；过水断面积分别为 $A_1=27.2\mathrm{m^2}$，$A_2=24.0\mathrm{m^2}$；湿周分别为 $\chi_1=11.7\mathrm{m}$，$\chi_2=10.6\mathrm{m}$，试求该河段的粗糙系数 n 值。

9-16 有两条梯形断面长渠道，已知流量 $Q_1=Q_2$，边坡系数 $m_1=m_2$，但下列参数不同：① 粗糙系数 $n_1>n_2$，其他条件均相同；② 底宽 $b_1>b_2$，其他条件均相同；③ 底坡 $i_1>i_2$，其他条件均相同。

试问两条渠道中的均匀流水深哪个大，哪个小，为什么？

9-17 今欲开挖一梯形断面土渠，已知流量 $Q=12\mathrm{m^3/s}$，边坡系数 $m=1.5$，粗糙系数 $n=0.02$，为防止冲刷取最大允许流速为 1m/s，求水力最优断面尺寸和底坡 i。

9-18 小河的断面形状及尺寸如图所示。流动近似为均匀流，坡度 $i=0.0004$，边滩糙

率 $n_1=0.04$，主槽糙率 $n_2=0.03$，求通过流量（边滩和主槽分别看成矩形断面）。

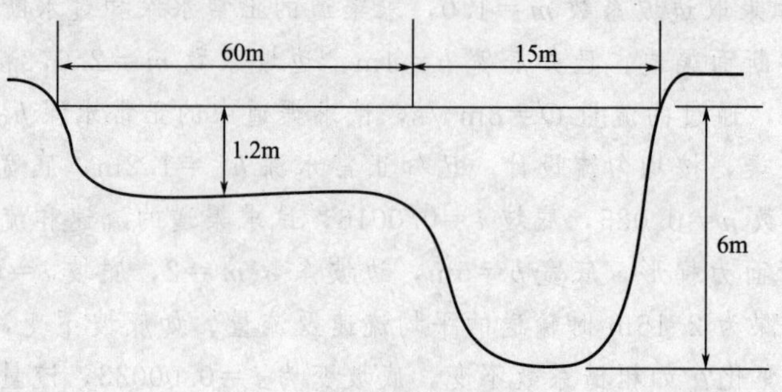

题 9-18 图

9-19　设一复式断面渠道中的均匀流动，如图所示。已知主槽底宽 $B=20$m，正常水 $h_{01}=2.6$m，边坡系数 $m_1=1.0$，渠底坡度均为 $i=0.002$，粗糙系数 $n_1=0.023$；左右两滩地对称，底宽 $b=6$m，$h_{02}=1.0$m，$m_2=1.5$，$n_2=0.025$，试求渠道通过的总流量 Q。

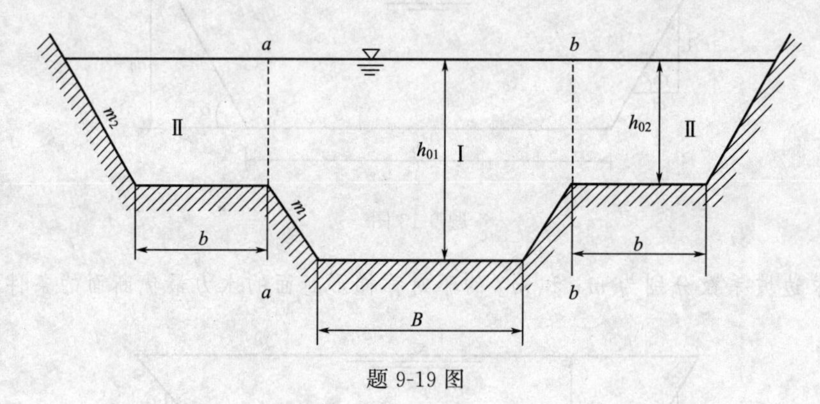

题 9-19 图

第10章　明渠非均匀流

实际工程中，明渠流动总会受到边坡、地形限制使渠道断面、底坡在局部断面发生变化。同时人类活动常常在渠道上修建各种坝体、闸、堰等水工建筑物，使渠道内水流的运动要素随空间位置发生变化，流线不再平行，流动处于非均匀流状态，此时的流动称明渠非均匀流。明渠非均匀流包括非均匀渐变流和非均匀急变流，明渠非均匀渐变流有壅水曲线、降水曲线；急变流有水跃与跌水。图 10-1 为水利工程中的溢流坝，坝体前后分别为壅水曲线和降水曲线、水跃。在给排水、环境、土木工程中的涵洞、闸门也会出现这几种水力现象。跌水则是当地面坡度较大而设计底坡较缓，集中布设跌坎形成坡度突变，水流突然集中下跌引起的水力现象，见图 10-12。

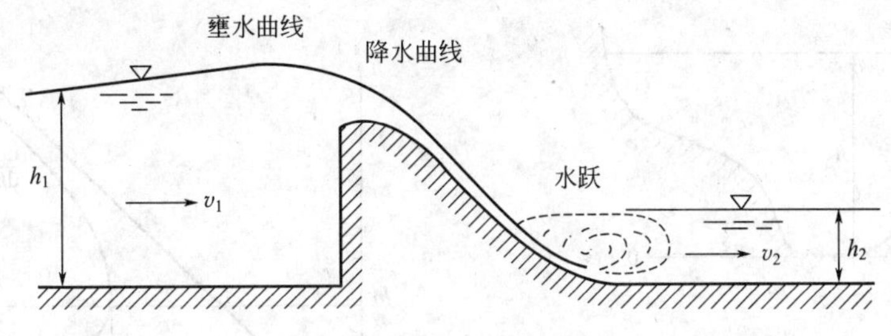

图 10-1　坝上水面曲线

由于明渠非均匀流中断面面积、水深、流速沿程不再相同，这就给人类活动带来很多不明确的影响因素。人类活动必须了解水深的沿程变化，流速流量的沿程变化，才能更好地利用和开发水利资源。因此本章研究非均匀流的主要问题将是水深沿程的变化，即水面曲线及相关的问题。如在河流中建坝取水、发电，由于坝体引起的壅水作用，必将引起移民搬迁问题，上游各地移民水位必须由水面曲线的精确计算确定，通过计算各地实际水深和淹没范围确定移民搬迁范围。当今举世瞩目的三峡工程、南水北调工程，百万移民搬迁工程不亚于其工程本身，因此水面曲线的分析具有极其重要的意义。

与明渠均匀流相比，明渠非均匀流具有渠道各断面水深沿程变化的特点。因此，其水面坡度不再等于渠底底坡。同样，水力坡度也不与水面坡度和渠底底坡相等。即：

$$J \neq J_P \neq i \tag{10-1}$$

式中，J 为水力坡度；J_P 为水面坡度：i 为底坡。

10.1　断面单位能量与临界水深

10.1.1　断面单位能量

在明渠流中，任取渐变流的过水断面如图 10-2 所示，分析该过流断面的机械能。与前面能量不同，对于每一个过流断面都以断面的最低点为基准面，我们称单位重量液体相对于这个断面最低点具有的总机械能为断面单位能量，以“e”表示，简称为断面比能。而在能量方程中，同一方程的两断面基准面是相同的。在断面单位能量中忽略了渠道断面所在地位置标高的影响，每一断面有一最低点，最低点各不相同。因此，不同断面基准面不同。图10-2 所示断面，在断面最低点建立 $0'$—$0'$ 基准面，得断面比能：

$$e=h+\frac{\alpha v^2}{2g}=h+\frac{\alpha Q^2}{2gA^2} \tag{10-2}$$

从式(10-2) 知，断面比能主要由渠道内水深和流速水头组成。当断面形状、尺寸以及流量一定，棱柱体渠道中断面比能仅仅是水深的函数，即 $e=f(h)$。以水深 h 为纵坐标，断面比能 e 为横坐标，则一定流量下断面比能随水深的变化规律可以用比能曲线 $e \sim h$ 表示出来，见图 10-3。

由式(10-2)，当 $h \to 0$ 时，$A \to 0$，$v \to \infty$，$\frac{\alpha v^2}{2g} \to \infty$，则 $e=\frac{\alpha v^2}{2g} \to \infty$，比能曲线以横坐标为渐近线；当 $h \to \infty$时，$A \to \infty$，$v \to 0$，$\frac{\alpha v^2}{2g} \to 0$，则 $e=h \to \infty$，比能曲线以 45°直线为渐近线。

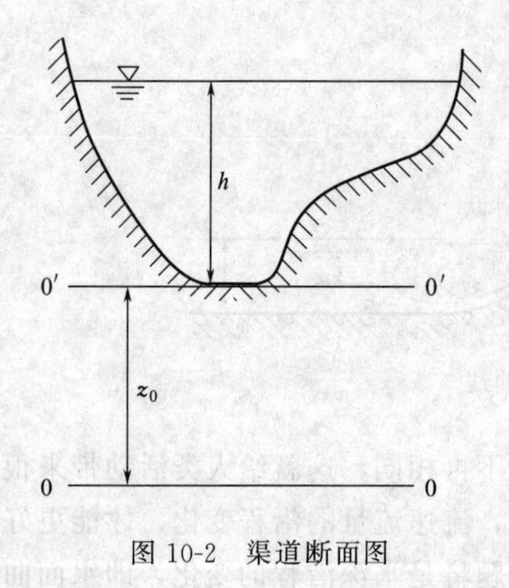

图 10-2　渠道断面图

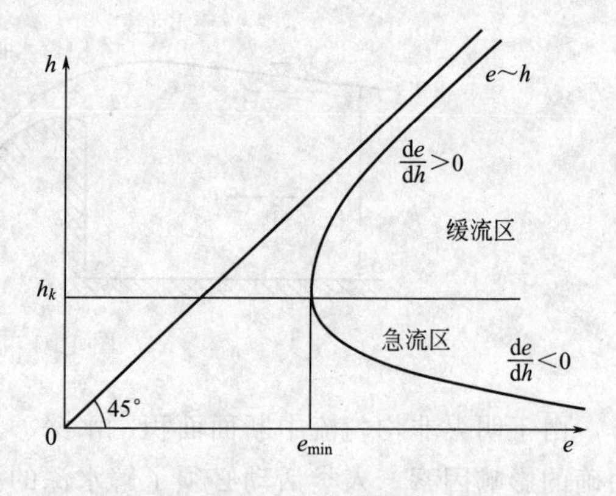

图 10-3　比能曲线

比能曲线分为上下两支，上支比能随水深增加而增加，$\frac{\mathrm{d}e}{\mathrm{d}h}>0$，比能主要体现为势能，水体流速较缓，为缓流区。下支比能随水深减少而增加，$\frac{\mathrm{d}e}{\mathrm{d}h}<0$，比能主要体现为动能，水体流速较急，为急流区。同时，比能曲线存在一最小的比能，它是急流与缓流的临界状态。这个最小比能时的水深称临界水深，在临界水深时的流动称为临界流，临界流时的流速称临界流速。

10.1.2　临界水深

在某一流量下，渠道过流断面内，相应于断面单位能量（比能）最小值时的水深，称为临界水深，以“h_k”表示。根据临界水深定义，按照数学上的极值原理，比能函数必然存在极小值，即：$\frac{\mathrm{d}e}{\mathrm{d}h}=0$。则：

$$\frac{\mathrm{d}e}{\mathrm{d}h}=\frac{\mathrm{d}}{\mathrm{d}h}\left(h+\frac{\alpha Q^2}{2gA^2}\right)=1-\frac{\alpha Q^2}{gA^3}\frac{\mathrm{d}A}{\mathrm{d}h}=0 \tag{10-3}$$

式中，$\mathrm{d}A$ 为当水深变化 $\mathrm{d}h$ 引起的过流断面的面积变化，设 B 表示相应于水深 h 处的平均水面宽度，则 $\frac{\mathrm{d}A}{\mathrm{d}h}=B$，见图 10-4。则式(10-3) 变为：

$$\frac{\mathrm{d}e}{\mathrm{d}h}=1-\frac{\alpha Q^2}{g}\times\frac{B}{A^3}=0 \tag{10-4}$$

在临界水深 h_k时，相应的过流断面面积和水面宽度均加以脚标“k”，即 A_k、B_k，因此由式(10-4) 可得临界水深的普遍计算式：

$$\frac{A_k^3}{B_k}=\frac{\alpha Q^2}{g} \tag{10-5}$$

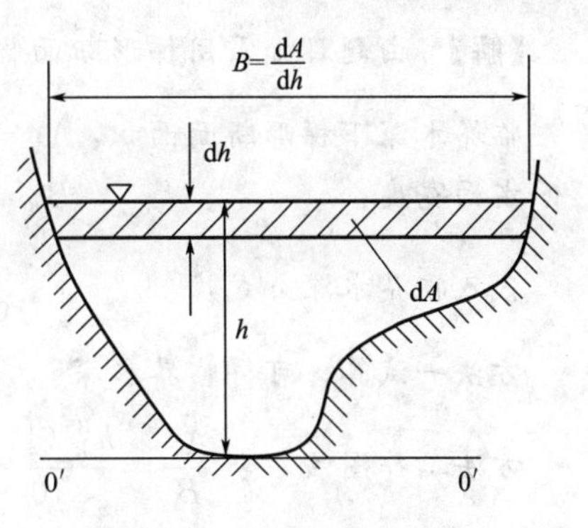

图 10-4 临界水深的计算

从式(10-5) 可以看出，临界水深与渠道底坡无关，只与流量有关。临界水深是以隐函数形式存在，渠道面积 A_k、水面宽度 B_k均为临界水深 h_k的函数。在某一个流量下，只存在一个临界水深。对于任意形状的渠道断面，临界水深 h_k可采用试算法或作图法求解得。

(1) 矩形断面临界水深的计算 对于矩形断面，其面积为：$A_k=B_k h_k$，代入式(10-5)，得：

$$h_k=\sqrt[3]{\frac{\alpha Q^2}{gB_k^2}}$$

$$h_k=\sqrt[3]{\frac{\alpha q^2}{g}} \tag{10-6}$$

这里，$\frac{Q}{B_k}=q$ 称为单宽流量，单位为 $m^3/(s\cdot m)$。对于矩形断面的单宽流量有：$q=v_k h_k\times 1$，则：$h_k=\sqrt[3]{\frac{\alpha q^2}{g}}=\sqrt[3]{\frac{\alpha\ (v_k h_k)^2}{g}}$，有：

$$\frac{\alpha v_k^2}{2g}=\frac{1}{2}h_k \tag{10-7}$$

即矩形断面的流速水头为临界水深的一半，从而断面比能为：

$$e_{\min}=\frac{\alpha v_k^2}{2g}+h_k=\frac{3}{2}h_k \tag{10-8}$$

(2) 梯形断面临界水深的计算 对于梯形断面，其面积 $A_k=h_k(b_k+mh_k)$，$B_k=b_k+2mh_k$，则有：

$$\frac{A_k^3}{B_k}=\frac{h_k^3\ (b_k+mh_k)^3}{b_k+2mh_k}=\frac{\alpha Q^2}{g} \tag{10-9}$$

式(10-9) 中临界水深为隐函数，需由试算法或作图法求得。在作图法中，以 $\frac{A^3}{B}$ 为横坐标，h 为纵坐标，绘出 $\frac{A^3}{B}=f(h)\sim h$ 的变化曲线。这里，$f(h)=\frac{h^3\ (b+mh)^3}{b+2mh}$。在曲线上查出 $\frac{A_k^3}{B_k}=\frac{\alpha Q^2}{g}$ 的点，对应的水深为临界水深。

【例 10-1】 设有一棱柱体梯形断面渠道，底宽 $b=10m$，边坡系数 $m=1$，流量 $Q=49m^3/s$，求临界水深。

【解】 由题目知需用梯形断面临界水深公式 $\frac{A_k^3}{B_k}=\frac{\alpha Q^2}{g}$ 求解临界水深 h_k。

临界水深下梯形断面面积：$A_k=h_k(b_k+mh_k)=h_k(10+h_k)$

水面宽度： $B_k=b_k+2mh_k=10+2h_k$

代入临界水深公式： $\frac{49^2}{9.8}=\frac{h_k^3(10+h_k)^3}{10+2h_k}$

方法一试算，可得临界水深： $h_k=1.29\text{m}$

方法二作图法，令 $\frac{A^3}{B}=\frac{h_k^3(10+h_k)^3}{10+2h_k}=f(h)$，绘制 $\frac{A^3}{B}\sim h$ 曲线。

取不同的水深 $h=1\text{m}$、1.28m、1.29m、1.30m，计算对应的 $f(h)=A^3/B$ 值，将计算结果列入表 10-1 中。

表 10-1 计算结果

h/m	1.30	1.29	1.28	1
$A^3/B/\text{m}^5$	251	245	239	111

根据表中计算结果，可绘得 A^3/B-h 关系曲线，如图 10-5 所示。

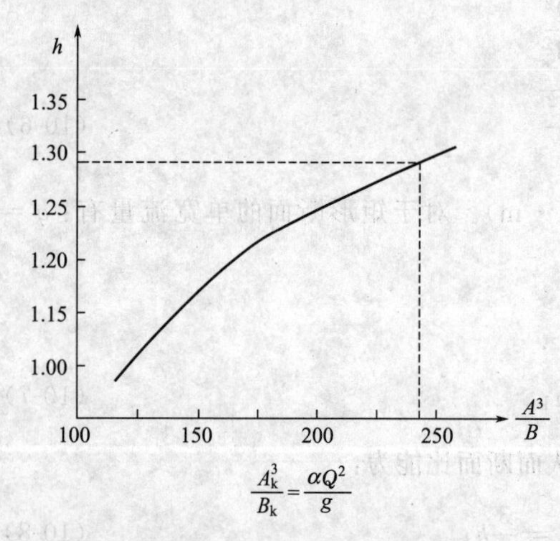

图 10-5 A^3/B-h 关系曲线

在图中插取横坐标 $\frac{A_k^3}{B_k}=\frac{\alpha Q^2}{g}=245\text{m}^5$，在曲线上交点的纵坐标即为临界水深，$h_k=1.29\text{m}$。

10.1.3 临界底坡

在棱柱体渠道中，某一流量下可以产生均匀流，也可以产生非均匀流。在均匀流时存在正常水深，其正常水深 h_0 大小取决于渠道底坡 i。非均匀流时存在一临界水深，其临界水深大小则决定于流量的大小。当断面形状、尺寸和渠壁粗糙度一定时，在某一流量 Q 下，渠道内水体作均匀流动的正常水深 h_0 正好等于临界水深时，所对应的渠道底坡称为临界底坡，以“i_k”表示。因此有：

$$\left.\begin{aligned}Q&=A_kC\sqrt{R_ki_k}\\\frac{\alpha Q^2}{g}&=\frac{A_k^3}{B_k}\end{aligned}\right\}\tag{10-10}$$

式(10-10) 分别为均匀流流量计算的基本方程和临界水深的计算公式，两式联立求解，可求得临界底坡，即

$$i_k=\frac{Q^2}{A_k^2C_k^2R_k}=\frac{g}{\alpha A_k^2C_k^2R_k}\times\frac{A_k^3}{B_k}$$

$$=\frac{g}{\alpha C_k^2}\times\frac{\chi_k}{B_k}\tag{10-11}$$

式中，χ_k、B_k、C_k 分别为临界水深下的湿周、水面宽度和谢才系数。由此式的量纲比较，我们还可以得到渠道底坡与水深成反比。

有了临界底坡的概念，将实际渠道底坡与之相比，某一流量下，当渠道底坡小于的临界底坡，即 $i < i_k$ 时，此时渠底坡度称为缓坡；当渠道底坡大于临界底坡，即 $i > i_k$ 时，渠底坡度称为急坡或陡坡；当渠道底坡等于临界底坡，即 $i = i_k$ 时，渠底坡度称为临界坡。

若在缓坡渠道上做均匀流动，由于水深与渠道底坡成反比，则正常水深大于临界水深，$h_0 > h_k$，渠中的均匀流为缓流。同理，陡坡渠道上，$h_0 < h_k$，渠中均匀流为急流；临界坡上，$h_0 = h_k$，渠中均匀流为临界流。

值得注意的是临界底坡只是为了分析明渠水流运动而引入的一个概念，是用来判别渠道底坡的陡、缓的一个判别标准，主要用于后面水面曲线的分析。实际的渠道底坡不能设计为等于临界底坡，一般远远大于临界底坡。与此同时，陡坡、缓坡、临界坡是在流量、粗糙系数、渠道面积一定时的陡缓状态，一旦这些条件发生变化，陡坡、缓坡、临界坡可以产生相互转换。

10.2 急流、缓流与临界流

明渠流动中地形条件对流动影响很大，往往由于底坡陡缓程度不同，或底部阻碍、断面变化等影响，流动会产生急缓或缓流的流动状态。若在急流、缓流中给以干扰波，受到影响的范围将显著不同。例如：山区河流中水流湍急，速度较大，当投以石子使其产生干扰水波，此干扰水波产生的影响不向上游传播而只向下游传播，此时的流动称之为急流。在地形较缓的平原地带，渠道或河流中底坡较缓，水体流速较小，流动平缓，投以石子产生的干扰水波将向上下游两个方向传播，此时的流动称为缓流。但当其向上游传播的速度为零，主要向下游传播时，流动称为临界流，见图 10-6。

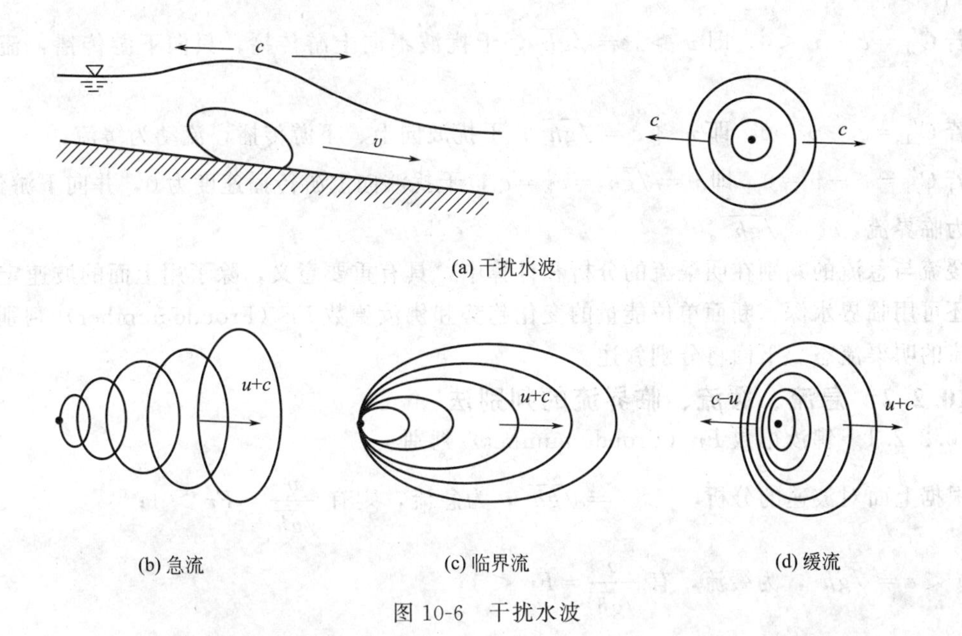

图 10-6　干扰水波

10.2.1 干扰波的波速

设静止流体中，产生一波速为 c 并向上游传播的干扰波，建立动坐标于干扰波上，则静

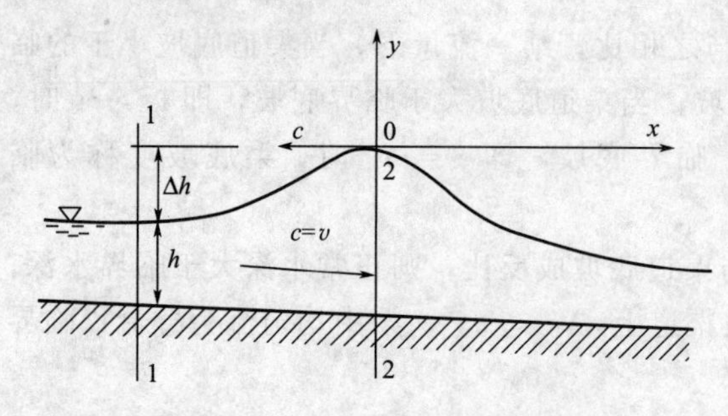

图 10-7 干扰水波波速

止流体相对于动坐标做速度为 c 向下游传播的恒定流动，见图 10-7。

选干扰波前后两断面 1—1、2—2，不计能量损失，列能量方程、连续性方程如下：

$$\begin{cases} h+\dfrac{c^2}{2g}=\text{const} \\ Ac=\text{const} \end{cases} \tag{10-12}$$

对方程组取微分：

$$\begin{cases} \mathrm{d}h+\dfrac{c}{g}\mathrm{d}c=0 \rightarrow \mathrm{d}c=-\dfrac{g}{c}\mathrm{d}h \\ c\,\mathrm{d}A+A\,\mathrm{d}c=0 \rightarrow \mathrm{d}c=-\dfrac{c}{A}\mathrm{d}A \end{cases} \tag{10-13}$$

联解得：

$$\frac{\mathrm{d}A}{\mathrm{d}h}=\frac{gA}{c^2} \tag{10-14}$$

对于棱柱体渠道 $\dfrac{\mathrm{d}A}{\mathrm{d}h}=B$，为渠道平均水面宽，则有：

$$c=\pm\sqrt{gA/B}=\pm\sqrt{gh} \tag{10-15}$$

式中，A 为渠道过流断面面积；h 为渠道水深；B 为渠道平均水面宽度；“±”表示干扰波分别向上下游传播。

以上是从渠道静止水体推导出的干扰波的波速，实际水体总是存在一定的流速。此时干扰波传播速度 C' 为：$C'=v\pm c$。即干扰波向上游传播速度为：$C'_{上}=c-v$；向下游传播速度为：$C'_{下}=v+c$。

若 $C'_{上}=c-v<0$，即 $v>c=\sqrt{gh}$，干扰波不向上游传播，只向下游传播，流动为急流；

若 $C'_{上}=c-v>0$，即 $v<c=\sqrt{gh}$，干扰波向上、下游传播，流动为缓流；

若 $C'_{上}=c-v=0$，即 $v=\sqrt{gh}=v_{\mathrm{k}}=c$，干扰波向上游传播速度为 0，并向下游传播，流动为临界流，$v_{\mathrm{k}}=\sqrt{gh}$。

缓流与急流的判别在明渠流的分析和计算中，具有重要意义，除了用上面的波速定义以外，还可用临界水深、断面单位能量的变化趋势和佛汝德数 Fr（Froude number）判别缓流与急流的明渠流态。下面将分别叙述。

10.2.2 急流、缓流、临界流的判别法

10.2.2.1 佛汝德数 Fr（Froude number）判别

根据上面对波速的分析，$v>c=\sqrt{gh}$，为急流，则有 $\dfrac{v}{\sqrt{gh}}=Fr>1$；

$v<c=\sqrt{gh}$，为缓流，有 $\dfrac{v}{\sqrt{gh}}=Fr<1$；

$v=\sqrt{gh}=v_{\mathrm{k}}=c$，为临界流，有 $\dfrac{v}{\sqrt{gh}}=Fr=1$。

以上说明，若佛汝德数 Fr 大于 1 时流动为急流，小于 1 时流动为缓流，等于 1 时流动

为临界流。这一点还可以从比能对水深的一阶导数得到。

10.2.2.2 临界水深 h_k 判别

在比能曲线中，有：

$$\frac{de}{dh}=1-\frac{\alpha Q^2}{gA^3}\frac{dA}{dh}=1-\frac{\alpha Q^2}{gA^2}\times\frac{B}{A}=1-\frac{\alpha v^2}{gh}$$
$$=1-Fr^2 \tag{10-16}$$

当 $Fr>1$，$\frac{de}{dh}=1-Fr^2<0$，为急流，为比能曲线下支，实际水深小于临界水深，即 $h<h_k$；

当 $Fr<1$，$\frac{de}{dh}=1-Fr^2>0$，为缓流，为比能曲线上支，实际水深大于临界水深，即 $h>h_k$；

当 $Fr=1$，$\frac{de}{dh}=1-Fr^2=0$，为临界流，实际水深等于临界水深，即 $h=h_k$，此时比能最小 $e=e_{min}$。

10.2.2.3 临界底坡 i_k 判别

前面知，若在缓坡渠道（$i<i_k$）上的均匀流动，正常水深大于临界水深，$h_0>h_k$，则渠中均匀流为缓流。

陡坡渠道上，有 $i>i_k$，$h_0<h_k$，渠中均匀流为急流。

临界坡渠道上，有 $i=i_k$，$h_0=h_k$，渠中均匀流为临界流。

综合以上对缓流、急流、临界流的判别方法，可归纳为表 10-2。

表 10-2 缓流、急流、临界流的判别方法

判别指标		缓流	临界流	急流
均匀流或非均匀流	断面单位能变化率 $\frac{de}{dh}$	$\frac{de}{dh}>0$	$\frac{de}{dh}=0$	$\frac{de}{dh}<0$
	水深 h（或 h_0）	$h>h_k$	$h=h_k$	$h<h_k$
	佛汝德数 Fr	$Fr<1$	$Fr=1$	$Fr>1$
均匀流	底坡	$i<i_k$	$i=i_k$	$i>i_k$

【例 10-2】 有一梯形断面渠道，渠底宽 $b=20\text{m}$，底坡 $i=0.0001$，梯形外边坡角 45°，粗糙系数 $n=0.01$，已知通过流量 $Q=119.5\text{m}^3/\text{s}$，试求：①判别均匀流时的流态；②求临界底坡 i_k。

【解】 由题目知，梯形渠道的边坡系数 $m=1.0$。在渠道流态判别的多种方法中，通常采用临界水深 h_k 判别。

① 求 h_k：对于梯形断面有：$\frac{\alpha Q^2}{g}=\frac{A_k^3}{B_k}$

$$B_k=b+2mh_k=20+2h_k$$

$$A_k=(b+mh_k)h_k=(20+h_k)h_k$$

$$\chi_k=b+2h_k\sqrt{1+m^2}=20+2\sqrt{2}h_k$$

$$\frac{\alpha Q^2}{g}=119.5=\frac{[(20+h_k)h_k]^3}{20+2h_k}$$

试算：$h_k=1.5\text{m}$，或做 $h\text{-}\dfrac{A_k^3}{B_k}$ 曲线，其结果与试算一致。

求 h_0（正常水深）：在均匀流动，由均匀流流量公式有：

$$Q=\frac{A}{n}R^{\frac{2}{3}}i^{\frac{1}{2}}=\frac{\sqrt{0.0001}}{0.01}(20+h_0)h_0\left[\frac{(20+h_0)h_0}{20+2\sqrt{2}h_0}\right]^{\frac{2}{3}}=119.5$$

试算：$h_0=2.92\text{m}$

由于临界水深小于正常水深 $h_0>h_k$，流动为为缓流。

② 由 $h_k=1.5\text{m}$，求出：$B_k=b+2mh_k=20+2h_k=23\text{m}$

$$A_k=(b+mh_k)h_k=(20+h_k)h_k=32.25\text{m}^2$$

$$X_k=b+2h_k\sqrt{1+m^2}=20+2\sqrt{2}h_k=24.24\text{m};$$

$$R_k=\frac{A_k}{X_k}=1.33\text{m}$$

$$C_k=\frac{1}{n}R_k^{\frac{1}{6}}=104.87$$

由谢才公式：$$i_k=\frac{Q^2}{A_k^2C_k^2R_k}=0.00094>0.0001$$

由于临界底坡大于实际底坡，在该渠道上的流动为缓流。

10.3 水跃与跌水

10.3.1 水跃

水跃是明渠水流从急流状态过渡到缓流状态时水面突然跃升的局部水力现象。如闸孔、溢流坝或其他水工构筑物下泄的水流往往为急流，而下游河渠中的水流，因底坡缓、流速较小，多为缓流，此时水面不能平顺连接，只能通过水跃——水面突然跃起来实现上下游的水面连接。在水面跃起过程中，不断有大气掺入，水体不断与外界进行强烈的能量交换，因此水跃具有消能的作用，工程中常常利用水跃作为泄水建筑物下游水体消能的主要方式。同时，在水跃的发生段内，由于流速不断沿流程发生急剧的变化，对河床仍然具有较强的冲刷破坏作用，往往在水跃段设置消力池，并将水跃限制在加固后的消力池内，见图 10-8。

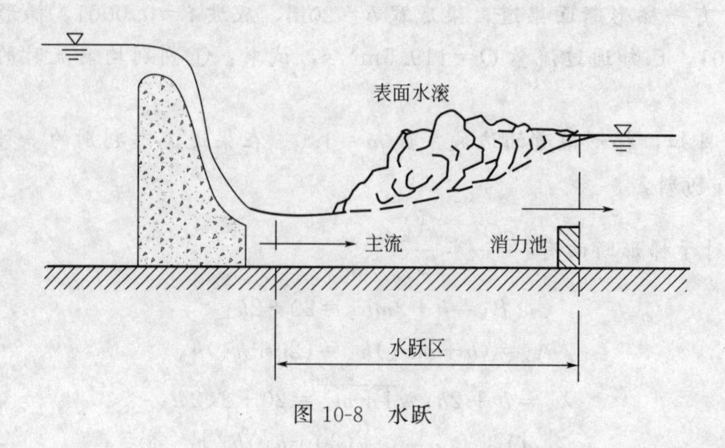

图 10-8 水跃

在水跃段，水体由两部分组成：上部急流冲入缓流激起的表面漩滚，表面漩滚之下急剧扩散的主流。表面漩滚不断卷吸周围大气混掺，并产生强烈的回旋运动。主流与漩滚之间也不断产生质量交换和动量交换。因此水跃段内水力要素不断发生变化，并引起较大的能量损失。

水跃漩滚的起始断面称为跃首或跃前断面，其水深称为跃前水深 h'；漩滚末端的断面称为跃尾或跃后断面，该断面的水深称为跃后水深 h''。跃后水深与跃前水深之差（$h''-h'$）称为跃高。跃前断面与跃后断面间的距离称为跃长，可以 l_y 表示。水跃跃高或跃后水深、跃长反映出上游水体能量的大小。当跃后水深等于下游水深时产生的水跃称临界水跃；跃后水深大于下游水深时产生的水跃称远驱式水跃；当跃后水深小于下游水深时产生的水跃称淹没式水跃，见图 10-9。

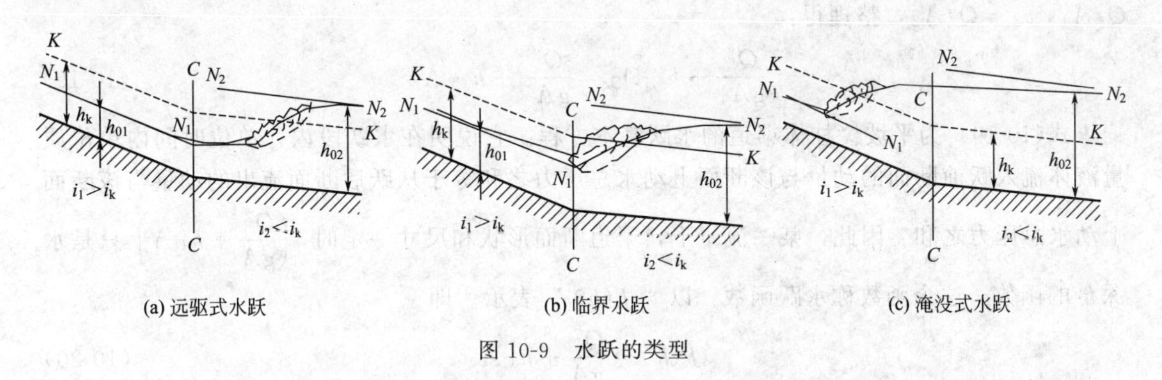

图 10-9 水跃的类型

水跃段内主流水体具有较大能量，对下游河床具有较大的冲刷作用，并威胁着主体建筑物的安全，必须对下游消力池内的河床进行保护处理。因此计算水跃的跃高、跃后水深和跃长具有重要的意义。

10.3.1.1 水跃的基本方程

水跃的跃后水深与跃前水深存在着必然的关联作用，是一对共轭水深。由于水跃段不断与大气产生能量交换，引起了大量的能量损失，因而不能应用能量方程求解，常常采用动量定理来分析共轭水深之间的相互关系。

设有一平坡棱柱体渠道，如图 10-10 所示，在恒定流量 Q 下，跃前断面 1—1 水深为 h'，断面平均流速为 v_1，跃后断面 2—2 水深为 h''，断面平均流速为 v_2，水跃长度为 l_y。

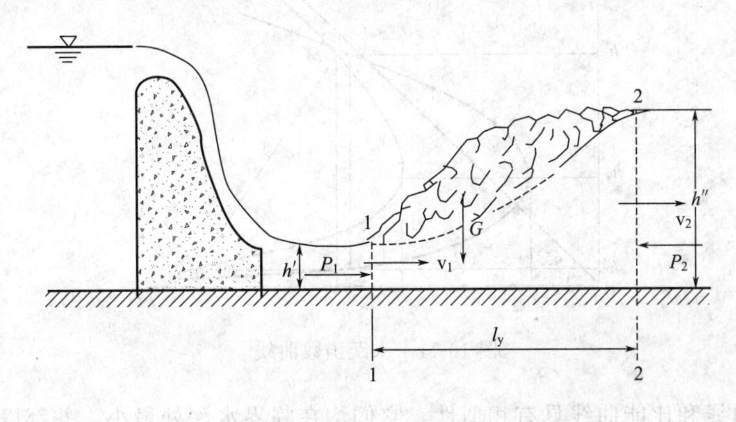

图 10-10 水跃分析

取跃前断面和跃后断面之间的水体为控制体，假定：

① 由于水跃段的长度不太长，忽略渠道壁面对水流的摩擦阻力。

② 假设跃前、跃后断面符合渐变流条件，因而动水压强分布可以按静水压强分布规律计算。

③ 在跃前、跃后断面上，动量修正系数 $\beta_1=\beta_2=1$。

为此，沿水流方向建立动量方程：

$$\rho Q(v_2-v_1)=P_1-P_2 \tag{10-17}$$

这里上下游动水压强之差可用跃前、跃后断面形心点的水深求出：

$$P_1-P_2=\rho g(h_{C1}A_1-h_{C2}A_2) \tag{10-18}$$

式中，h_{C1} 和 h_{C2} 分别为跃前、跃后断面 A_1 和 A_2 形心的水深。代入连续性方程：$v_1=Q/A_1$，$v_2=Q/A_2$，整理得：

$$\frac{Q^2}{gA_1}+h_{C1}A_1=\frac{Q^2}{gA_2}+h_{C2}A_2 \tag{10-19}$$

式(10-19) 为平坡棱柱体渠道的水跃基本方程。它说明在水跃段内，单位时间内单位质量液体流入跃前断面的动量与该断面上动水总压力之和等于从跃后断面流出的动量与该断面上动水总压力之和。因此，某一流量下，渠道断面形状和尺寸一定时，$\left(\dfrac{Q^2}{gA}+h_CA\right)$ 只是水深 h 的函数。这个函数称水跃函数，以“$J(h)$”表示。即

$$J(h)=\frac{Q^2}{gA}+h_CA \tag{10-20}$$

因此，式(10-19) 可写为：

$$J(h')=J(h'') \tag{10-21}$$

以上表明，平坡棱柱体渠道中发生水跃时，跃前水深、跃后水深的水跃函数值相等。因此，跃前水深、跃后水深为一对共轭水深。

根据水跃基本方程，当已知共轭水深中的跃前水深，可求出跃后水深；反之，也可根据跃后水深求得跃前水深。

由式(10-20) 可绘出水跃函数曲线，见图 10-11。

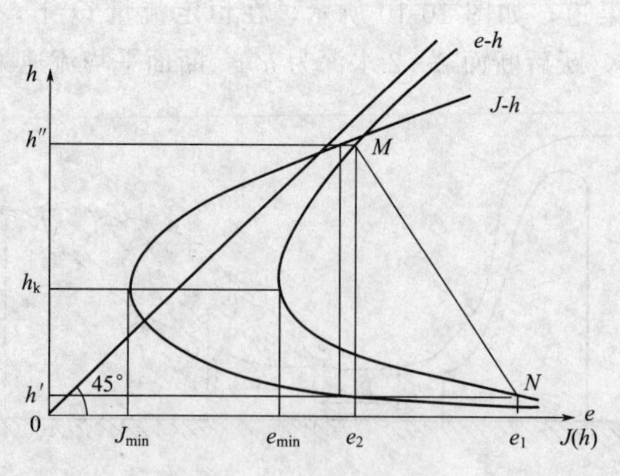

图 10-11　水跃函数曲线

水跃函数曲线和比能曲线具有相似性，它们均在临界水深处最小，并都以横坐标为渐近线，但水跃函数曲线并不以 45°为渐进线。在水跃函数曲线上，由跃前水深可查得跃后水深，或从跃后水深查得跃前水深。将比能曲线绘于水跃函数曲线图中，跃前水深与跃后水深对应

得一断面单位能量，从而可以计算得到跃前跃后断面的能量损失。

10.3.1.2 矩形断面棱柱体平坡渠道共轭水深的计算

对于矩形断面平坡渠道，设渠宽为 b，则面积为 $A=bh$，$h_C=h/2$，关系代入式(10-19)，得

$$\frac{Q^2}{gbh'}+\frac{1}{2}h'^2b=\frac{Q^2}{gbh''}+\frac{1}{2}h''^2b$$

在矩形断面渠道中，$\frac{Q^2}{gb^2}=h_k^3$。上式可简化为：

$$h'h''(h'+h'')=2h_k^3 \tag{10-22}$$

若已知跃前水深 h'，可计算得跃后水深 h''：

$$h''=\frac{h'}{2}\left(\sqrt{1+8\left(\frac{h_k}{h'}\right)^3}-1\right) \tag{10-23(a)}$$

已知跃后水深 h''，可计算得跃前水深 h'：

$$h'=\frac{h''}{2}\left(\sqrt{1+8\left(\frac{h_k}{h''}\right)^3}-1\right) \tag{10-23(b)}$$

矩形渠道中，$\left(\frac{h_k}{h'}\right)^3=\frac{q^2}{gh'^3}=\frac{v_1^2}{gh'}=Fr_1^2 \quad \left(\frac{h_k}{h''}\right)^3=\frac{q^2}{gh''^3}=\frac{v_2^2}{gh''}=Fr_2^2$

式(10-22)、式(10-23) 可写成为佛汝德数的表示形式：

$$h''=\frac{h'}{2}(\sqrt{1+8Fr_1^2}-1)$$

$$h'=\frac{h''}{2}(\sqrt{1+8Fr_2^2}-1) \tag{10-24}$$

式中，Fr_1 及 Fr_2 分别为跃前和跃后断面水流的佛汝德数。

10.3.1.3 水跃的能量损失与水跃长度

(1) 水跃的能量损失　在水跃段，主流区的水流纵向急剧扩散，表面漩滚的水体剧烈旋转和紊动，漩滚区和主流区之间频繁的动量交换，使得在水跃段产生了大量的能量损失，在水跃漩滚强烈时，可消除上游能量的70%左右。前面根据比能曲线和水跃函数曲线可近似计算出上游水体能量损失的大小，这里从能量方程的角度分析计算跃前和跃后断面的能量差，即水跃的能量损失。

以图10-10所示平底矩形渠道为例，以渠底为基准面，对跃前和跃后两断面求总机械能之差，则水跃段单位重量液体的能量损失 Δh_w 为：

$$\Delta h_w=H_1-H_2=\left(h'+\frac{\alpha_1 v_1^2}{2g}\right)-\left(h''+\frac{\alpha_2 v_2^2}{2g}\right) \tag{10-25}$$

由式(10-6)、式(10-22)、式(10-23)，取 $\alpha_1=\alpha_2=1$，

代入式(10-25)，化简后得

$$\Delta h_w=\frac{(h''-h')^3}{4h'h''}=e_1-e_2 \tag{10-26}$$

式中，$(h''-h')$ 为水跃高度。式(10-26) 即为矩形断面渠道中水跃的能量损失的计算公式。由于设 $\alpha_1=\alpha_2=1$，因此计算的能量损失比实际水跃中的能量损失稍大。由式(10-26)知，流量一定的情况下，水跃愈高，$(h''-h')$ 愈大，水跃中的能量损失 Δh_w 亦愈大。

(2) 水跃长度　水跃高度是确定水跃段能量损失大小的关键因素，而水跃长度则是设计水工构筑物中下游消力池长度和加固段长短的主要依据。然而由于水跃运动复杂，很难用理论公式计算，目前水跃长度主要采用经验公式估算。对于中大型的水利工程必须通过模型实验加以确定。对于平坡矩形断面棱柱形渠道，水跃段长度的经验公式很多，常用的有：

① 巴甫洛斯基公式

$$l_y=2.5(1.9h''-h') \tag{10-27}$$

② Elevototorski 公式

$$l_j=6.9(h''-h') \tag{10-28}$$

除水跃段内河渠底部必须加固外，水跃段之后水流流速仍然较大，对河床仍具一定的冲刷力，为防止下游河床发生冲刷破坏。水跃段后一定距离内也必须加以保护。跃后段长度可按下面的经验公式计算：

$$l'_y=(2.5\sim3.0)l_y \tag{10-29}$$

为此，河渠在泄水构筑物下游需加固长度 l 应包括水跃长度 l_y 及跃后段长度 l'_y，即：

$$l=l_y+l'_y \tag{10-30}$$

【例 10-3】 有一矩形断面渠道，渠宽 $b=5$m，通过渠道流量 $Q=35\text{m}^3/\text{s}$。当渠中发生水跃时，测得跃前水深 $h'=0.7$m，求：①跃后水深 h''；②当下游水深为 5m 时，问水跃发生的类型。

【解】 ① 由题目知：渠道单宽流量 $q=Q/b=35/5=7\text{m}^3/\text{s}$，跃前断面平均流速 $v_1=q/h'=7/0.7=10\text{m/s}$。

跃前断面的佛汝德数为：

$$Fr_1^2=\frac{v_1^2}{gh'}=\frac{10^2}{9.8\times0.7}=14.58$$

则跃后水深为：

$$h''=\frac{h'}{2}(\sqrt{1+8Fr_1^2}-1)=\frac{0.7}{2}(\sqrt{1+8\times14.58}-1)=3.44(\text{m})$$

② 当下游水深为 5m 时，$h''<h_{下游}$，将发生淹没水跃。

10.3.2 跌水

与水跃相反，当渠道中流动从缓流过渡到急流时出现的局部水力现象称跌水。如在缓坡渠道的末端设置具有一定高度的跌坎，水流在此跌落。由于跌坎处渠道断面突变，水流在突变处水深降至临界水深，之后转变为急流。然而跌坎前水体为缓流，从而水流由缓流过渡到急流，形成跌水的水面连接形式。在后面的水面曲线分析中跌坎断面即临界水深断面也即是控制水深，如图 10-12 所示。

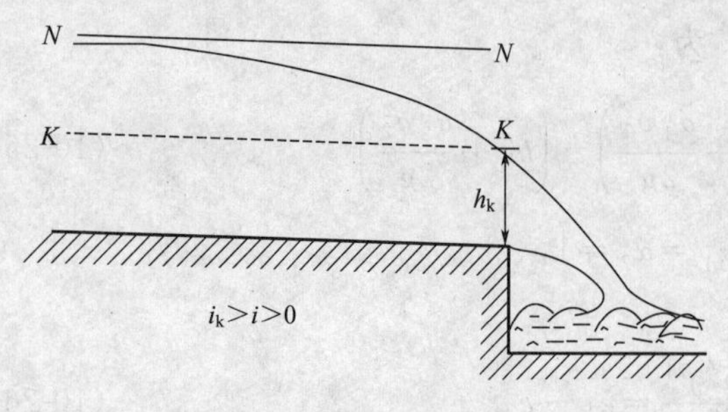

图 10-12　跌水

跌水在工程中也是一种较为普遍的现象，在局部地形条件不满足最大允许流速要求时，常常设置跌坎，分段输水。同样，在跌坎后断面也必须做加固处理。设置跌水后，既满足了设计底坡的要求，还可以减少下游开挖，降低工程造价。

10.4 恒定明渠非均匀渐变流微分方程

前面分析了明渠非均匀急变流的两种形式，即水跃与跌水，它们在工程实际中具有重要意义。与此同时，非均匀渐变流中的壅水曲线与降水曲线则是分析水深的沿程变化，是确定水面曲线的重要内容。无论是河流还是人工渠道，在绝大多数时间里，河渠内的水深总是沿程逐渐变化，或为壅水曲线，或为降水曲线，即水面曲线为非均匀渐变流。

为分析水面曲线的沿程变化规律，下面我们首先建立恒定明渠非均匀渐变流的微分方程，在此方程基础上就可以分析水面曲线的沿程变化。当然，由于渠道底坡不同，水面曲线的类型也将不同。

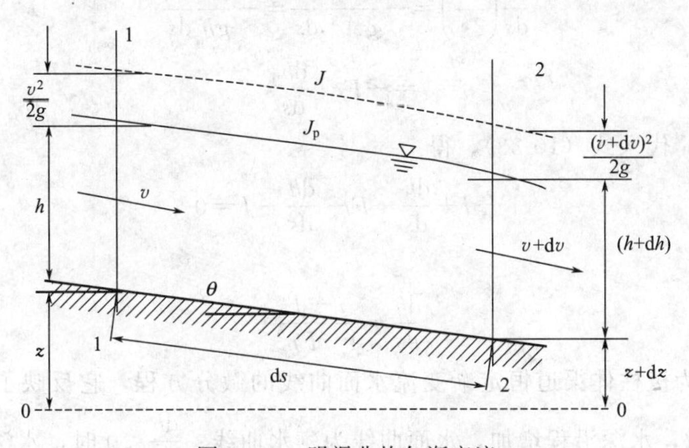

图 10-13 明渠非均匀渐变流

取如图 10-13 所示的明渠非均匀渐变流，设渠道为底坡 i，且为棱柱体渠道，在恒定流动下通过流量为 Q。在渠道渐变流段任取两过流断面 1—1 和 2—2，其间距为 ds。设 1—1 断面平均流速为 v，水深为 h，河底距 0—0 基准面位置水头为 z。则 2—2 断面处水深将产生 dh 的增量，断面平均流速产生 dv 增量，渠底高程产生 dz 增量。设两断面间的水头损失为 dh_w，取两断面的动能修正系数 $\alpha_1=\alpha_2=1$，则 1—2 两断面的能量方程为：

$$z+h+\frac{v^2}{2g}=(z+dz)+(h+dh)+\frac{(v+dv)^2}{2g}+dh_w \tag{10-31}$$

渐变流中总水头损失主要为沿程水头损失，局部水头损失 dh_j 可忽略不计，则 dh_w＝dh_f。略去二阶以上的微量，式（10-31）整理得：

$$dz+dh+d\left(\frac{v^2}{2g}\right)+dh_f=0 \tag{10-32}$$

各项除以流程长 ds，有：

$$\frac{dz}{ds}+\frac{dh}{ds}+\frac{d}{ds}\left(\frac{v^2}{2g}\right)+\frac{dh_f}{ds}=0 \tag{10-33}$$

式中，$\frac{dz}{ds}=-i$，$\frac{dh_f}{ds}=J$，J 为水力坡度。

$$\frac{\mathrm{d}}{\mathrm{d}s}\left(\frac{v^2}{2g}\right)=\frac{\mathrm{d}}{\mathrm{d}s}\left(\frac{Q^2}{2gA^2}\right)=-\frac{Q^2}{gA^3}\frac{\mathrm{d}A}{\mathrm{d}s} \tag{10-34}$$

$\frac{\mathrm{d}A}{\mathrm{d}s}$为渠道断面面积沿程变化，棱柱体渠道和非棱柱体渠道不同。对于一般的非棱柱体渠道，渠道的过流断面面积既随水深变化，又随流程变化，即 A（h，s）。同时，水深又随流程变化 h（s）。因此，有$\frac{\mathrm{d}A}{\mathrm{d}s}=\frac{\partial A}{\partial h}\frac{\partial h}{\partial s}+\frac{\partial A}{\partial s}$。式（10-34）变为：

$$\frac{\mathrm{d}}{\mathrm{d}s}\left(\frac{v^2}{2g}\right)=-\frac{Q^2}{gA^3}\left(\frac{\partial A}{\partial h}\frac{\partial h}{\partial s}+\frac{\partial A}{\partial s}\right)$$

对于棱柱体渠道，过流断面面积只随水深变化，即 A（h），$\frac{\partial A}{\partial s}=0$，$\frac{\partial A}{\partial h}=B$，$\frac{\mathrm{d}A}{\mathrm{d}s}=B\frac{\mathrm{d}h}{\mathrm{d}s}$，则：

$$\begin{aligned}\frac{\mathrm{d}}{\mathrm{d}s}\left(\frac{v^2}{2g}\right)&=-\frac{Q^2B}{gA^3}\frac{\mathrm{d}h}{\mathrm{d}s}=-\frac{v^2}{gh}\frac{\mathrm{d}h}{\mathrm{d}s}\\&=-Fr^2\frac{\mathrm{d}h}{\mathrm{d}s}\end{aligned} \tag{10-35}$$

将式（10-35）代入式（10-33），得

$$-i+\frac{\mathrm{d}h}{\mathrm{d}s}-Fr^2\frac{\mathrm{d}h}{\mathrm{d}s}+J=0$$

则：

$$\frac{\mathrm{d}h}{\mathrm{d}s}=\frac{i-J}{1-Fr^2} \tag{10-36}$$

式（10-36）为棱柱体渠道恒定渐变流水面曲线的微分方程，它反映了水深沿程变化的规律。若$\frac{\mathrm{d}h}{\mathrm{d}s}>0$时，水深沿程增加，水面曲线为壅水曲线；$\frac{\mathrm{d}h}{\mathrm{d}s}<0$时，水深沿程减小，水面曲线为降水曲线。

然而，水深是沿程增加或沿程减小随渠道的底坡、实际水深与正常水深、临界水深的相对位置而不同。为此，在已知流量、断面形状、尺寸和粗糙度的棱柱体渠道中，为分析水面曲线方便，将正常水深的等值线称作 N-N 线，临界水深的等值线称作 K-K 线，并将渠道空间分成三个区域，即 a、b、c 区。在 a 区，实际水深大于正常水深和临界水深，即：$h>$（h_0，h_k）；在 b 区，实际水深处于正常水深和临界水深之间，即 $h\in$（h_0，h_k）；在 c 区，实际水深小于正常水深和临界水深，即 $h<$（h_0，h_k）。当然不同底坡，正常水深和临界水深的相对位置也不同。在平坡渠道（$i=0$）和逆坡渠道（$i<0$）中，不可能发生均匀流，因此没有 N-N 线，只有 K-K 线，具体见图 10-14。

在明渠非均匀流中，水深 h 沿程不断发生变化，水深低于临界水深的流动为急流，水深高于临界水深的流动为缓流。因此，不同底坡、不同区域的水面曲线类型不同。

由图 10-14 可知，渠道水流空间中在 5 种坡底上可分为 12 种不同的区域，因此也就存在了 12 种不同的水面曲线。下节中将详细叙述。

10.5 棱柱体渠道中恒定明渠非均匀渐变流的水面曲线

棱柱体渠道中根据底坡不同，可将渠道分为顺坡渠道、平坡渠道和逆坡渠道。顺坡渠道

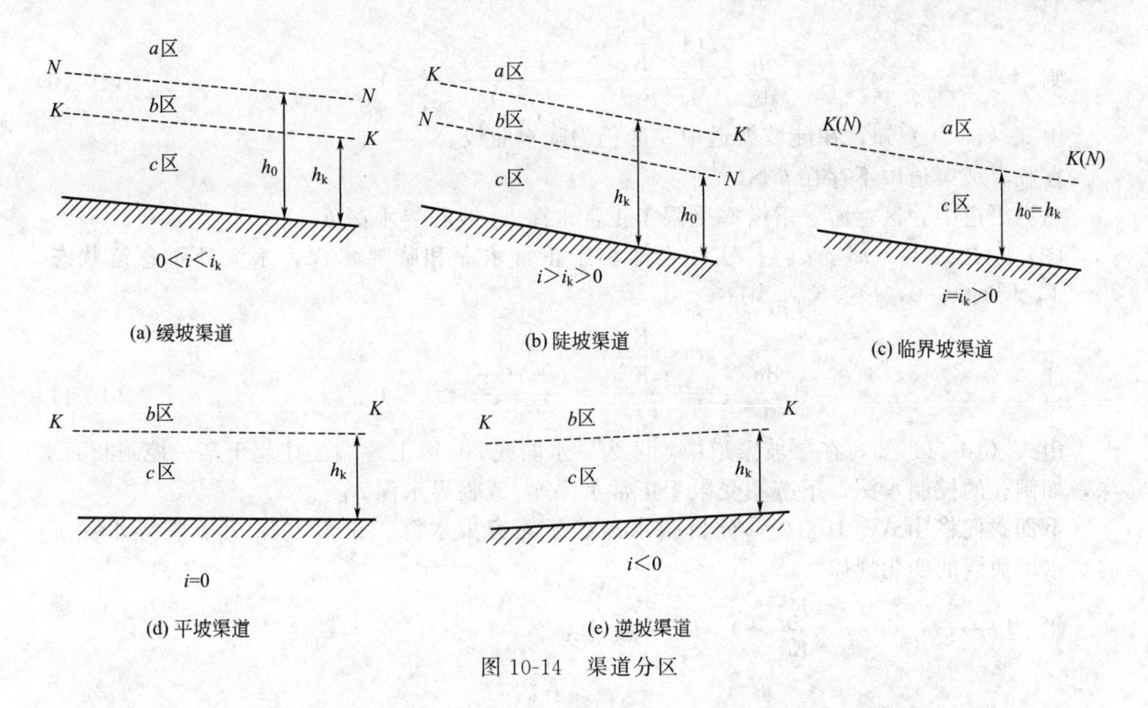

图 10-14 渠道分区

中可能产生均匀流，而平坡和逆坡渠道中则不能产生均匀流。因此，不同底坡上水面曲线形式不同。

10.5.1 顺坡（$i>0$）渠道

顺坡渠道中又分为缓坡、陡坡、临界坡。在各种底坡下的不同区域都可根据式（10-36）进行水面曲线分析。在渐变流中，水力坡度可近似按均匀流计算，有 $i=\frac{Q^2}{K^2}$。则式（10-36）变为：

$$\frac{dh}{ds}=\frac{i-\frac{Q^2}{K^2}}{1-Fr^2}=\frac{i\left(1-\frac{K_0^2}{K^2}\right)}{1-Fr^2} \tag{10-37}$$

（1）a 区 $h>(h_0, h_k)$。实际水深大于正常水深和临界水深，水流处于缓流状态，$Fr<1$，同时 $i>0$，$K>K_0$。则：

$$\frac{dh}{ds}=\frac{i\left(1-\frac{K_0^2}{K^2}\right)}{1-Fr^2}=\frac{(+)(+)}{(+)}=(+) \tag{10-38}$$

由式（10-38）知，在顺坡渠道中 a 区为壅水曲线。a 区上游端受限于正常水深 h_0 或临界水深 h_k，下游端水深升高趋于水平面，见图 10-15。

（2）b 区 $h\in(h_0, h_k)$，实际水深处于正常水深和临界水深之间。

若 $h_0>h>h_k$，为缓坡渠道 $0<i<i_k$，b 区水流处于缓流状态，$Fr<1$，$K<K_0$。

则：

$$\frac{dh}{ds}=\frac{i\left(1-\frac{K_0^2}{K^2}\right)}{1-Fr^2}=\frac{(+)(-)}{(+)}=(-) \tag{10-39}$$

由式（10-39）知，在缓坡渠道中 b 区为降水曲线。

若 $h_k>h>h_0$，为陡坡渠道，$i>i_k>0$，b 区水流处于急流状态，$Fr>1$，$K>K_0$。

则：
$$\frac{dh}{ds}=\frac{i(1-\frac{K_0^2}{K^2})}{1-Fr^2}=\frac{(+)(+)}{(-)}=(-) \tag{10-40}$$

由式（10-40）知，在陡坡渠道中 b 区仍为降水曲线。

在临界坡渠道中不存在 b 区。

顺坡渠道中 b 区上游、下游端受限于正常水深 h_0 或临界水深 h_k。

（3）c 区　$h<(h_0, h_k)$。实际水深小于正常水深和临界水深，水流处于急流状态，$Fr>1$，同时 $i>0$，$K<K_0$，则：

$$\frac{dh}{ds}=\frac{i(1-\frac{K_0^2}{K^2})}{1-Fr^2}=\frac{(+)(-)}{(-)}=(+) \tag{10-41}$$

由式（10-41）知，在顺坡渠道中 c 区为壅水曲线。c 区上游端往往起于某一控制断面水深，如闸孔的控制水深，下游端受限于正常水深 h_0 或临界水深 h_k。

下面我们将由式（10-37），分析当水深趋于无穷大水深、正常水深 h_0、临界水深 h_k 时，水面曲线的变化规律。

① 当 $h\to\infty$，$K\to\infty$，$\frac{K_0^2}{K^2}\to 0$，$Fr\to 0$，有：

$$\frac{dh}{ds}=\frac{i(1-\frac{K_0^2}{K^2})}{1-Fr^2}\to i \tag{10-42}$$

水深沿程变化趋于渠道底坡，即水面曲线趋于水平面。

② 当 $h\to h_0$，$K\to K_0$，$1-\frac{K_0^2}{K^2}\to 0$，有：

$$\frac{dh}{ds}=\frac{i(1-\frac{K_0^2}{K^2})}{1-Fr^2}\to 0 \tag{10-43}$$

水深趋于沿程不变，即水面曲线趋于 N-N 线。

③ 当 $h\to h_k$，$Fr\to 1$，$1-Fr^2\to 0$，有：

$$\frac{dh}{ds}=\frac{i(1-\frac{K_0^2}{K^2})}{1-Fr^2}\to\infty \tag{10-44}$$

由此可见，水面曲线与 K-K 线趋于垂直。

④ 当 $h\to h_0=h_k$，此种情况只在临界坡上产生，$i\to i_k$。由式（10-37），有：

$$\frac{dh}{ds}=\frac{i-\frac{Q^2}{K^2}}{1-Fr^2}\to\frac{i_k(1-\frac{Q^2}{i_k K^2})}{1-\frac{Q^2 B}{gA^3}} \tag{10-45}$$

下面对上式分母项作分析。由于渠道中的流动多为紊流，方程中增加动能修正系数 $\alpha=1$ 而其值不变。

$$1-\frac{Q^2 B}{gA^3}=1-\frac{\alpha Q^2 B}{gA^3}\frac{C^2 R}{C^2 R}=1-\frac{Q^2}{A^2C^2R}\frac{\alpha BC^2 R}{gA}$$
$$=1-\frac{Q^2}{K^2}\frac{\alpha BC^2}{gX}\to 1-\frac{Q^2}{i_k K^2} \tag{10-46}$$

将式（10-46）代入式（10-45），得：

$$\frac{\mathrm{d}h}{\mathrm{d}s}=\frac{i-\dfrac{Q^2}{K^2}}{1-Fr^2}\rightarrow\frac{i_{\mathrm{k}}\left(1-\dfrac{Q^2}{i_{\mathrm{k}}K^2}\right)}{1-\dfrac{Q^2}{i_{\mathrm{k}}K^2}}=i_{\mathrm{k}} \tag{10-47}$$

故，当水深趋于正常水深和临界水深时，水面曲线趋于水平面。

综合以上分析，可绘出顺坡渠道中，缓坡、陡坡、临界坡渠道内不同区域的水面曲线，对于缓坡、陡坡、临界坡渠道中的水面曲线可分别用下标 1、2、3 加以区分，见图 10-15。顺坡渠道中水面曲线的工程实例见图 10-16。

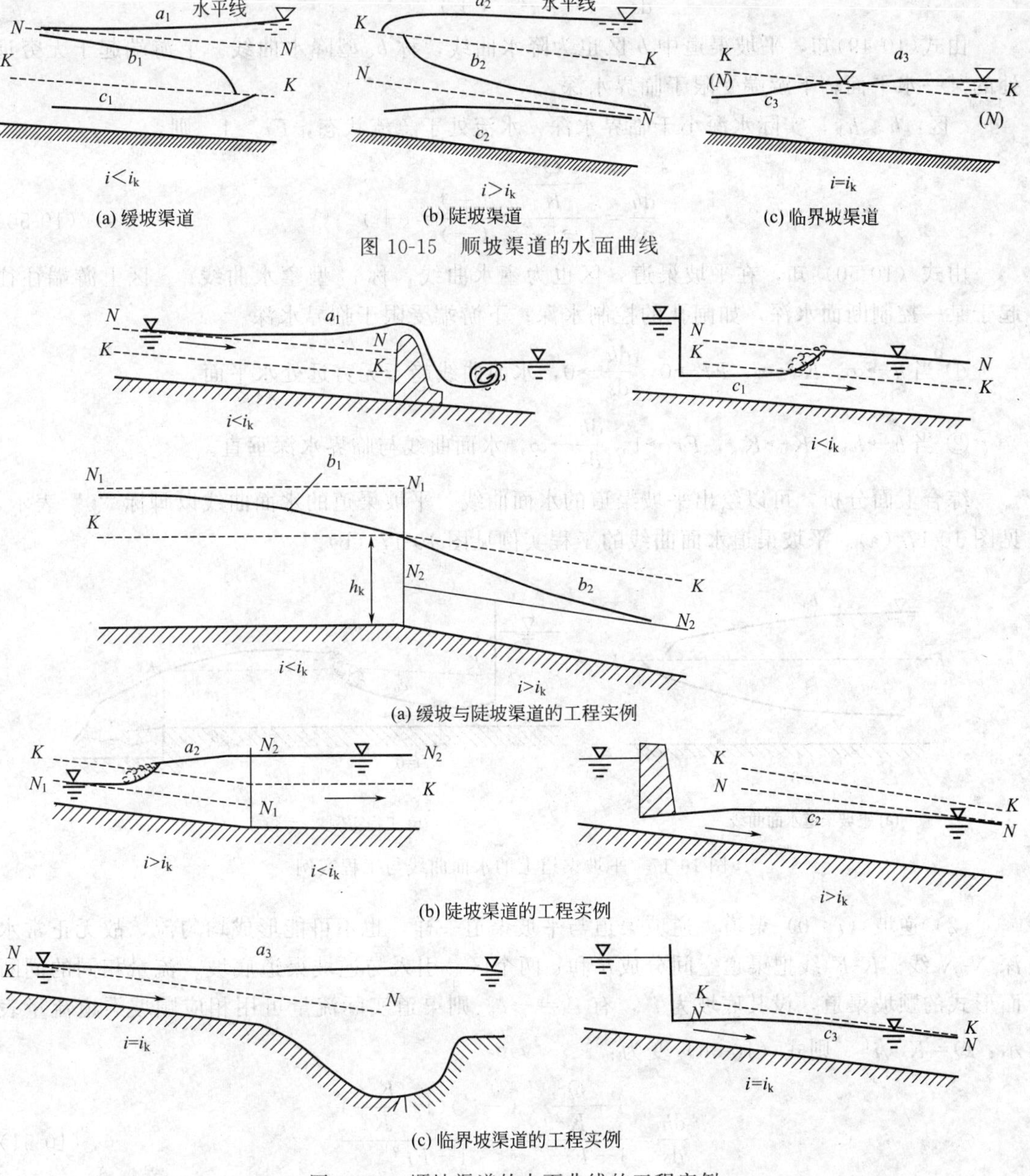

图 10-15 顺坡渠道的水面曲线

图 10-16 顺坡渠道的水面曲线的工程实例

10.5.2 平坡（$i=0$）与逆坡（$i<0$）渠道

（1）平坡（$i=0$）渠道　因平坡渠道中不可能发生均匀流，故无正常水深等值线 N-N 线，只有临界水深等值线 K-K 线，渠道流动空间上只有 b 区和 c 区。对于恒定渐变流的微分方程（10-36）变为：

$$\frac{\mathrm{d}h}{\mathrm{d}s}=\frac{i-J}{1-Fr^2}=\frac{-\dfrac{Q^2}{K^2}}{1-Fr^2} \tag{10-48}$$

b 区：$h>h_{\mathrm{k}}$，实际水深大于临界水深，水流处于缓流状态，$Fr<1$。则：

$$\frac{\mathrm{d}h}{\mathrm{d}s}=\frac{-\dfrac{Q^2}{K^2}}{1-Fr^2}=\frac{(-)}{(+)}=(-) \tag{10-49}$$

由式(10-49)知，平坡渠道中 b 区也为降水曲线，称 b_0 型降水曲线。上游端起于无穷远处的某一水平面，下游端受限于临界水深。

c 区：$h<h_{\mathrm{k}}$，实际水深小于临界水深，水流处于急流状态，$Fr>1$。则：

$$\frac{\mathrm{d}h}{\mathrm{d}s}=\frac{-\dfrac{Q^2}{K^2}}{1-Fr^2}=\frac{(-)}{(-)}=(+) \tag{10-50}$$

由式（10-50）知，在平坡渠道 c 区也为壅水曲线，称 c_0 型壅水曲线。c 区上游端往往起于某一控制断面水深，如闸孔的控制水深；下游端受限于临界水深。

① 当 $h\to\infty$，$K\to\infty$，$Fr\to0$，$\dfrac{\mathrm{d}h}{\mathrm{d}s}\to0$，水面曲线趋于无穷远处水平面。

② 当 $h\to h_{\mathrm{k}}$，$K\to K_{\mathrm{k}}$，$Fr\to1$，$\dfrac{\mathrm{d}h}{\mathrm{d}s}\to\infty$，水面曲线与临界水深垂直。

综合上面分析，可以绘出平坡渠道的水面曲线。平坡渠道的水面曲线以脚标“0”表示，见图 10-17（a）。平坡渠道水面曲线的工程实例见图 10-17（b）。

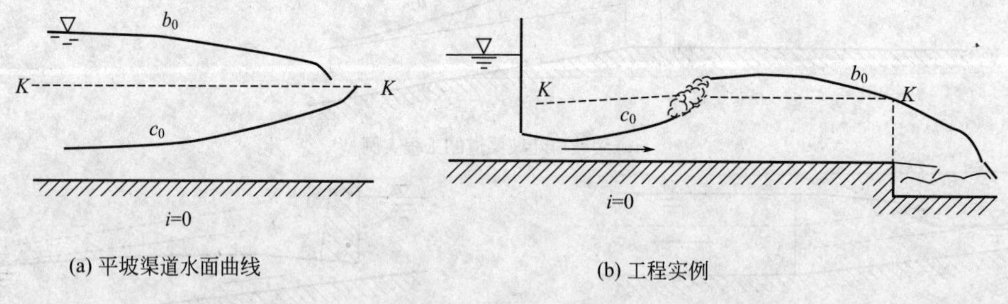

图 10-17　平坡渠道上的水面曲线与工程实例

（2）逆坡（$i<0$）渠道　逆坡渠道与平坡渠道一样，也不可能形成均匀流，故无正常水深 N-N 线。K-K 线把渠道空间分成 b 和 c 两个区。引入与逆坡渠道底坡、流量相同的同断面形式的顺坡渠道，设其底坡为 i'，有 $i'=-i$。则渠道实际流量可用相应顺坡渠道流量表示：$Q=K'\sqrt{i'}$。则式（10-36）变为：

$$\frac{\mathrm{d}h}{\mathrm{d}s}=\frac{i-\dfrac{Q^2}{K^2}}{1-Fr^2}=\frac{(-i')\left(1+\dfrac{K'^2}{K^2}\right)}{1-Fr^2} \tag{10-51}$$

b 区：$h>h_{\mathrm{k}}$，实际水深大于临界水深，水流处于缓流状态，$Fr<1$。则：

$$\frac{dh}{ds}=\frac{(-i')(1+\frac{K'^2}{K^2})}{1-Fr^2}=\frac{(-)(+)}{(+)}=(-) \tag{10-52}$$

由式（10-52）知，逆坡渠道中 b 区也为降水曲线，称 b' 型降水曲线。上游端起于无穷远处的某一水平面，下游端受限于临界水深。

c 区：$h<h_k$，实际水深小于临界水深，水流处于急流状态，$Fr>1$。则：

$$\frac{dh}{ds}=\frac{(-i')(1+\frac{K'^2}{K^2})}{1-Fr^2}=\frac{(-)(+)}{(-)}=(+) \tag{10-53}$$

由式（10-53）知，在逆坡渠道中 c 区也为壅水曲线。称 c' 型壅水曲线。c 区上游端往往起于某一控制断面水深，如闸孔的控制水深，下游端受限于临界水深。

① 当 $h\to\infty$，$K\to\infty$，$Fr\to 0$，$\frac{dh}{ds}\to -i'$，水面曲线趋于无穷远处水平面。

② 当 $h\to h_k$，$K\to K_k$，$Fr\to 1$，$\frac{dh}{ds}\to -\infty$，水面曲线与临界水深趋于垂直。

综合上面分析，可以绘出逆坡渠道的水面曲线，见图 10-18（a）。逆坡渠道的水面曲线以上标"$'$"表示，工程实例见图 10-18（b）。

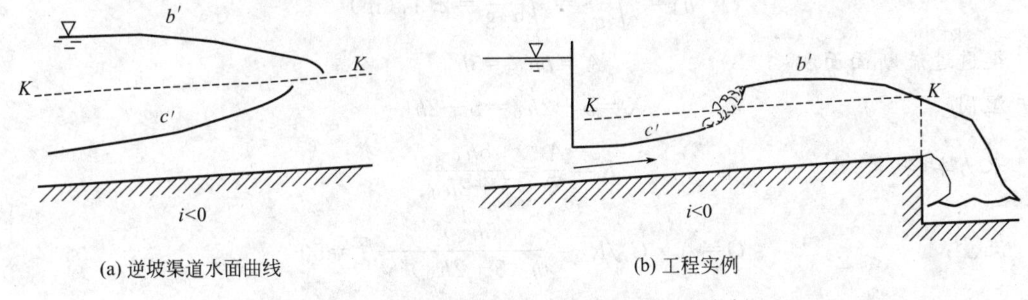

图 10-18 逆坡渠道上的水面曲线与工程实例

综上所述，在棱柱体渠道的非均匀渐变流中，水面曲线的形状存在十二种类型，而实际渠道中某一流段的水面曲线只是这十二条曲线中的一条。在不同位置不同类型的水面曲线之间或是光滑连接，或是通过水跃、跌水连接。各种底坡上具有以下共同特征：位于 a、c 区为壅水曲线，位于 b 区为降水曲线。当水深趋于无穷大时，水面曲线趋于水平面；当水深趋于正常水深时，水面曲线以 N-N 为渐近线；水深趋于临界水深时，水面曲线趋于垂直于 K-K 线。在临界底坡时，水深趋于正常水深和临界水深，水面曲线趋于水平面。

在分析水面曲线时，首先绘出 N-N 线、K-K 线，寻找已知水深的断面（称为控制断面），由控制断面水深判断水面曲线所在区域，由底坡确定水面曲线类型，从而可绘制出水面曲线。若水流从缓流过渡到急流，水深降到临界水深 h_k 后成为跌水；若水流从急流向缓流过渡，则形成水跃现象。

【例 10-4】 有一矩形断面长直棱柱形渠道，设计渠宽 5m，粗糙度 $n=0.02$，通过流量 $Q=50\text{m}^3/\text{s}$，上游渠底坡度为 $i_1=0.001$，下游渠底坡度为 $i_2=0.002$，如图 10-19 所示。试分析和绘制渠中水面线。

【解】 由题目分析，可根据底坡 i_1、i_2 计算正常水深 h_{01}、h_{02}，根据流量计算临界水

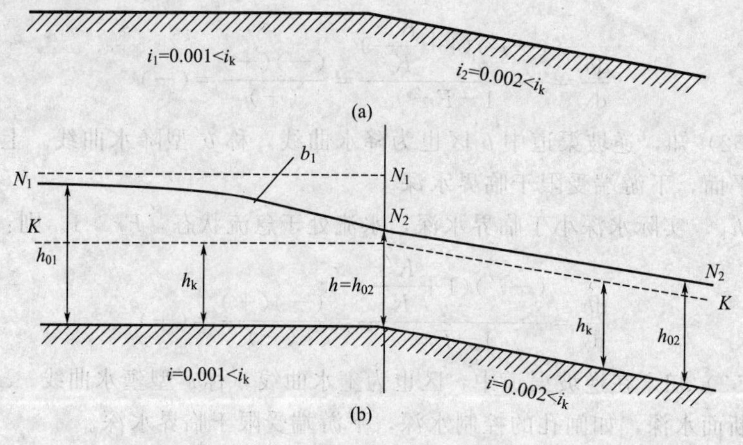

图 10-19 水面曲线分析

深 h_k，由此可判别急缓流流态，绘制 N-N 线和 K-K 线，然后绘制水面曲线。

渠内单宽流量 $$q=\frac{Q}{b}=\frac{50}{5}=10(\mathrm{m^3/s})$$

令 $\alpha=1.0$，临界水深为：

$$h_k=\sqrt[3]{\frac{q^2}{g}}=\sqrt[3]{\frac{10^2}{9.8}}=2.17(\mathrm{m})$$

渠道过流断面面积 $$A=bh_0=5h_0$$

湿周 $$X=b+2h_0=5+2h_0$$

水力半径 $$R=\frac{A}{X}=\frac{5h_0}{5+2h_0}$$

流量： $$Q=A\cdot C\sqrt{Ri}=\frac{(5h_0)^{5/3}}{n\ (5+2h_0)^{2/3}}\sqrt{i}=50$$

在渠道 $i_1=0.001$ 中： $$\frac{(5h_0)^{5/3}}{0.02\ (5+2h_0)^{2/3}}\sqrt{0.001}=50$$

试算得： $h_{01}=4.63\mathrm{m}>h_k$，为缓流。

在渠道 $i_2=0.002$ 中： $$\frac{(5h_0)^{5/3}}{0.02\ (5+2h_0)^{2/3}}\sqrt{0.002}=50$$

试算得： $h_{02}=3.48\mathrm{m}>h_k$，为缓流

有：$h_{01}>h_{02}>h_k$，故为降水曲线。且 i_1 和 i_2 均为缓坡，可绘出相应的 K-K 线和 N-N 线，如图 10-18（b）所示。

【例 10-5】 如图 10-20 所示底坡，试绘出渠道上的水面曲线。

【解】 ① 根据题目已知底坡大小 $i_1>i_2>i_k$，可判断正常水深 $h_{01}<h_{02}<h_k$，绘制 N_1-N_1 线、N_2-N_2 线和 K-K 线如图 10-20（c），由于渠道两端无构筑物，可认为无限延伸，渠道内水流趋于均匀流，则水面曲线为一条壅水曲线，上下游无穷远处趋于对应的正常水深。绘制水面曲线如图 10-20（c）。

② 根据题目底坡大小 $i_1<i_2<i_k$，可判断正常水深 $h_{01}>h_{02}>h_k$，绘制 N_1-N_1 线、N_2-N_2 线和 K-K 线如图 10-20（d），同样由于渠道两端无构筑物，无穷远处渠道内水流趋于均匀流，则水面曲线为一条降水曲线，上下游无穷远处趋于对应的正常水深。绘制水面曲

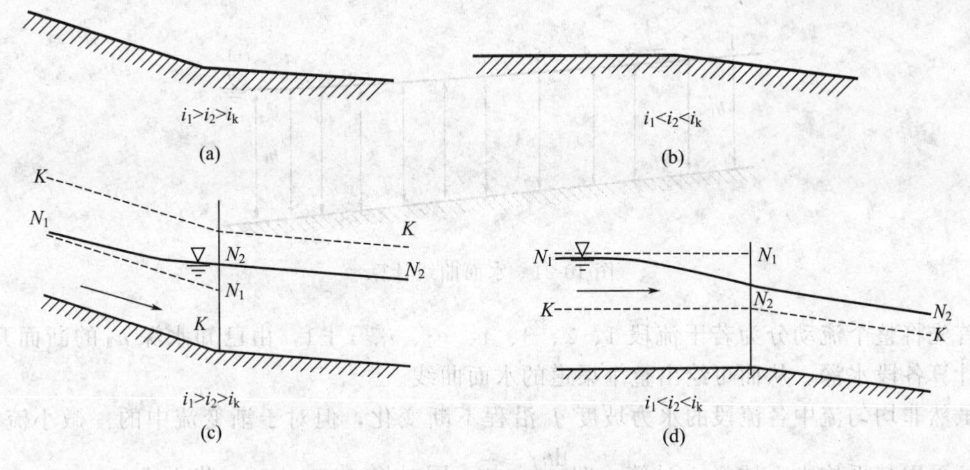

图 10-20 水面曲线绘制

线如图 10-20（d）。

10.6 天然河道水面曲线的计算

上一小节分析了棱柱体渠道中恒定渐变流水面曲线的形状、特点和变化规律。在实际工程中还必须将水面曲线不同位置处的水深计算求出，以便于水工程实施中确定移民搬迁的范围和投资规模。因此明渠渐变流水面曲线的定量计算对于河道或水库的淹没范围具有重要意义。

水面曲线的计算包括两个方面的内容：①已知流量、河道断面的形状尺寸、河段长度和某一断面水深，要求其他断面水深；②已知流量、河道断面的形状尺寸、上下游两断面水深，求河段长度。以上两类计算求解方法很多，目前较为普遍的方法有分段求和法、数值积分法。下面将分别叙述。

10.6.1 分段求和法

上节在恒定渐变流棱柱体渠道中，通过建立能量方程，推得渐变流微分方程式（10-32）如下：

$$\mathrm{d}z+\mathrm{d}h+\mathrm{d}\left(\frac{\alpha v^2}{2g}\right)+\mathrm{d}h_f=0$$

将方程中水深与流速水头合并成为比能：$e=h+\dfrac{\alpha v^2}{2g}$，各项再除以 $\mathrm{d}s$，方程变为：

$$\frac{\mathrm{d}z}{\mathrm{d}s}+\frac{\mathrm{d}e}{\mathrm{d}s}+\frac{\mathrm{d}h_f}{\mathrm{d}s}=0 \tag{10-54}$$

代入底坡和水力坡度，$\dfrac{\mathrm{d}z}{\mathrm{d}s}=-i$，$\dfrac{\mathrm{d}h_f}{\mathrm{d}s}=J$，整理后方程变为：

$$\frac{\mathrm{d}e}{\mathrm{d}s}=i-J \tag{10-55}$$

在分段求和法中，式（10-55）为水面曲线计算（图 10-21）的基本方程，将方程写为差分形式：

$$\Delta s=\frac{\Delta e}{i-J} \tag{10-56}$$

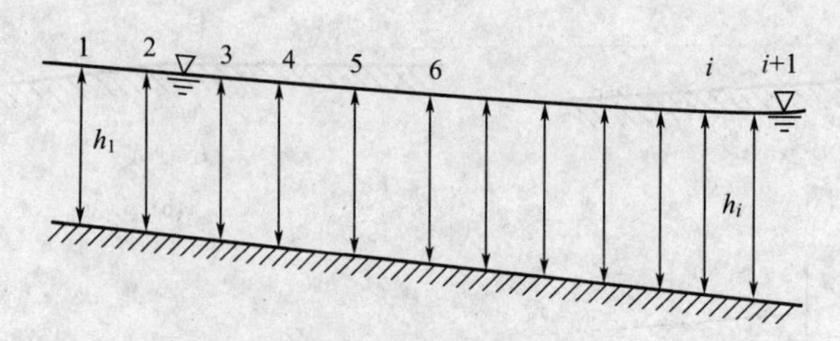

图 10-21　水面曲线计算

首先将整个流动分为若干流段 1、2、3、4、…、i、$i+1$，由已知水深 h_1 的断面开始，逐段计算各段水深，从而可绘出整个渠道的水面曲线。

虽然非均匀流中各流段的水力坡度 J 沿程不断变化，但对于渐变流中的一微小流段来说，可采用其平均水力坡度 $\overline{J}$ 计算，即 $\frac{dh_f}{ds}=\overline{J}$。同时将 $\Delta e=e_2-e_1$ 代入式（10-56），得

$$\Delta s=\frac{\Delta e}{i-\overline{J}}=\frac{e_2-e_1}{i-\overline{J}} \tag{10-57}$$

式（10-57）为棱柱体渠道水面曲线计算的基本公式。其中，$e=h+\frac{v^2}{2g}$，流速 v 采用谢才公式 $v=C\sqrt{RJ}$ 求得。若每一分段的两端断面水深已知，可计算出水面曲线的长度。

式（10-57）中，平均水力坡度 $\overline{J}$ 按下式计算：

$$\overline{J}=\frac{\overline{v}^2}{\overline{C}^2\overline{R}} \tag{10-58}$$

式（10-58）中，$\overline{v}$、$\overline{C}$ 和 $\overline{R}$ 分别为断面 1 和断面 2 的流速、谢才系数和水力半径的平均值，即

$$\begin{aligned}\overline{v}&=\frac{1}{2}(v_1+v_2)\\ \overline{C}&=\frac{1}{2}(C_1+C_2)\\ \overline{R}&=\frac{1}{2}(R_1+R_2)\end{aligned} \tag{10-59}$$

按式（10-57）分段计算各流段长度 Δs_i，再将各分段的长度叠加求和为水面曲线总长 $\sum\Delta s_i\approx s$。

10.6.2　数值积分法

在恒定渐变流基本方程式（10-36）中，将水力坡度、佛汝德数用流量表示，有：

$$\frac{dh}{ds}=\frac{i-J}{1-Fr^2}=\frac{i-\frac{Q^2}{K^2}}{1-\frac{\alpha Q^2B}{gA^3}} \tag{10-60}$$

式（10-60）分离变量，得：

$$ds=\frac{1-\frac{\alpha Q^2B}{gA^3}}{i-\frac{Q^2}{K^2}}dh \tag{10-61}$$

令：$f(h)=\dfrac{1-\dfrac{\alpha Q^2 B}{gA^3}}{i-\dfrac{Q^2}{K^2}}$，当渠道形状、面积、流量、底坡一定时，该函数只与水深有关。式（10-61）积分变为：

$$s=\int_{h_1}^{h_2} f(h)\mathrm{d}h \tag{10-62}$$

由于 $f(h)$ 的函数形式复杂，直接积分非常困难，可先绘出 $f(h)$ 的函数图形，$f(h)$-h 曲线见图 10-22，然后采用分段求和法计算两水深间的距离。在分段求和法中可采用梯形法或矩形法、辛普生法。下面以梯形法为例，将整个积分区间分成若干小区间，每区间以梯形面积近似各微小曲边梯形面积，分别计算出各微小区间的面积后叠加可得式（10-62）的近似解如下：

图 10-22 水面曲线的数值积分法

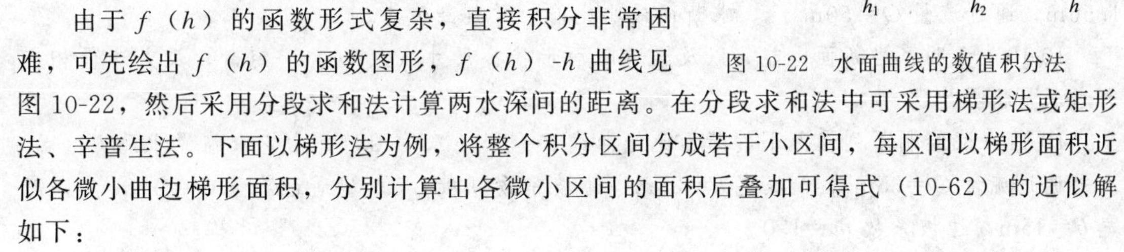

$$s=\int_{h_1}^{h_2} f(h)\mathrm{d}h=\sum_{i=1}^{n}\frac{f(h_i)+f(h_{i+1})}{2}(h_{i+1}-h_i) \tag{10-63}$$

习　题

10-1　梯形断面渠道，$b=8\text{m}$，$h_0=2\text{m}$，$n=0.0225$，$m=1.5$，$i=0.0002$。求流量 Q 和断面平均流速 v。

10-2　梯形断面平坡渠道，底宽 $b=10\text{m}$，边坡系数 $m=1.0$，流量 $Q=40\text{m}^3/\text{s}$，动能修正系数 $a=1.1$。试绘出断面比能曲线，并在曲线上查出临界水深。

10-3　已知梯形断面水渠，当渠道宽 $b=5\text{m}$，通过流量为 $Q=8\text{m}^3/\text{s}$，边坡系数 $m=1$，求临界水深 h_k。

10-4　梯形断面长渠道，已知流量 $Q=20\text{m}^3/\text{s}$，底宽 $b=10\text{m}$，边坡系数 $m=1.5$，底坡 $i=0.0004$，粗糙系数 $n=0.0225$，动能修正系数 $\alpha=1.1$。用几种方法判别流态。

10-5　有一矩形断面变坡棱柱体渠道，通过流量 $Q=30\text{m}^3/\text{s}$，底宽 $b_1=b_2=6.0\text{m}$，粗糙系数 $n_1=n_2=0.02$，底坡 $i_1=0.001$，$i_2=0.0065$，求：①各渠段的临界水深；②判断各渠段均匀流的流态；③变坡断面处的水深。

10-6　某闸下游有一长度为 $S_1=37\text{m}$ 的水平段，后接坡度 $i_2=0.03$ 的长渠，断面均为矩形，底宽为 $b=10\text{m}$，$n=0.025$，$Q=80\text{m}^3/\text{s}$，$h_\text{e}=0.68\text{m}$。用分段求和法计算水面曲线，并求

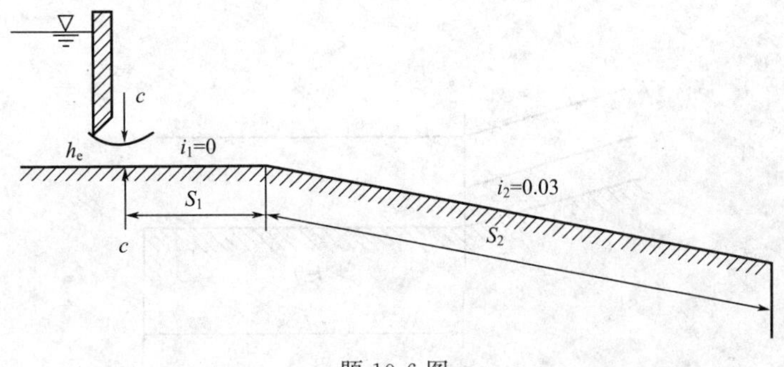

题 10-6 图

出 $S_1=37\text{m}$ 和 $S_2=100\text{m}$ 处的水深。

10-7　设恒定水流在水平底面棱柱体矩形断面渠道中发生水跃。已知渠道宽度 $b=12\text{m}$，流量 $Q=60\text{m}^3/\text{s}$，跃后水深 $h''=3.5\text{m}$，试求跃前水深 h' 及水跃区消耗的单位能量损失 Δh_w。

10-8　实测某河道 1—2 断面长度 $L=800\text{m}$，当在二测站通过的流量 $Q=25\text{m}^3/\text{s}$ 时，由水文站测的水位分别为 $Z_1=117.5\text{m}$，$Z_2=117.3\text{m}$；过水断面积分别为 $A_1=27.2\text{m}^2$，$A_2=24.0\text{m}^2$；湿周分别为 $\chi_1=11.7\text{m}$，$\chi_2=10.6\text{m}$，试求该河段的粗糙系数 n 值。

10-9　渠道某断面的过水面积 $A=35.84\text{m}^2$，最大水深 $h=2.76\text{m}$，断面平均水深 $h_m=1.56\text{m}$，通过流量 $Q=50\text{m}^3/\text{s}$，求断面最小比能 e 并判断流态。

10-10　证明：当断面比能 e 以及渠道断面形状、尺寸（b、m）一定时，最大流量相应的水深是临界水深。

10-11　试绘制下列情况下的断面比能曲线 $e=f(h)$ 的图，并由它求临界水深 h_k。①已知通过流量 $Q=35\text{m}^3/\text{s}$，底宽 $b=28\text{m}$，边坡系数 $m=1.5$；②通过流量 $Q=50\text{m}^3/\text{s}$，底宽 $b=15\text{m}$，边坡系数 $m=1.0$。

10-12　有一按水力最优断面条件设计的浆砌石的矩形断面长渠道，已知渠道底坡 $i=0.0009$，粗糙系数 $n=0.017$，通过的流量 $Q=8\text{m}^3/\text{s}$，动能修正系数 $\alpha=1.1$，试分别用水深法、波速法、佛汝德数法、断面比能法和底坡法判别渠中流动是缓流还是急流。

10-13　如图所示，在渠道中做一矩形断面的狭窄部位，且此处为陡坡，在进口底坡转折处产生临界水深 h_k，如果测得上游水深为 h_0，就可求得渠中通过的流量，此装置称为文丘里量水槽。今测得 $h_0=2\text{m}$，底宽 $b=0.3$，$B=1.2\text{m}$，试求渠中通过的流量。

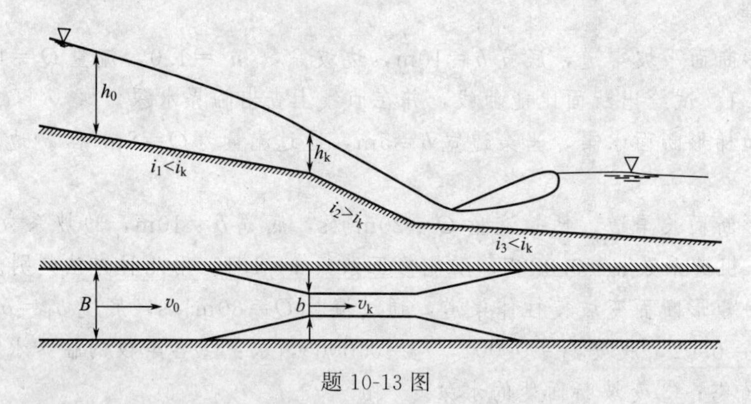

题 10-13 图

10-14　一输水渠为陡坡渠道，下接一段长度为 L 的平坡渠道，平坡末端为一跌坎。试分析随着渠道长度 L 的变化，该渠道中水面曲线形式的变化情况。

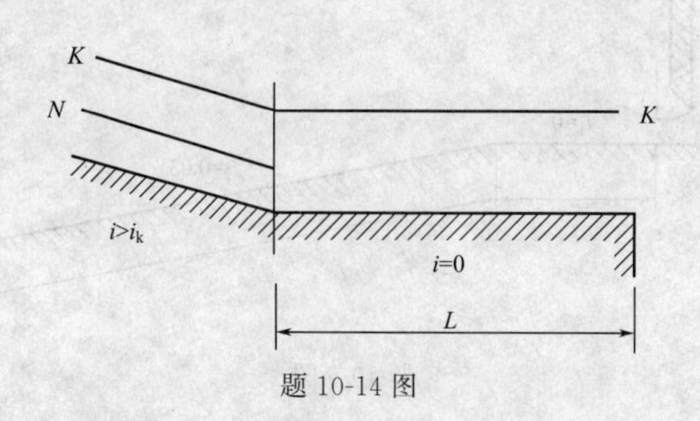

题 10-14 图

10-15 试定性绘制下图所示棱柱形矩形渠道中的水面曲线。

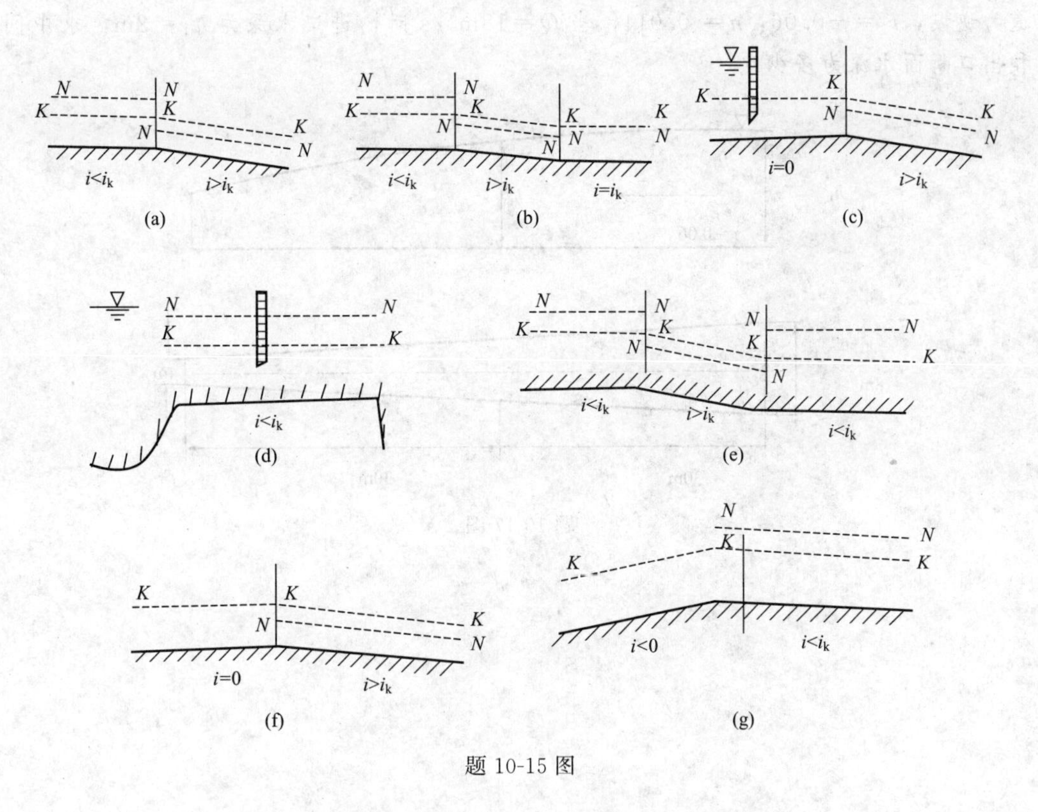

题 10-15 图

10-16 试定性分析下图中流量 Q 和粗糙系数 n 沿程不变的长棱柱形渠道中可能产生的水面曲线。

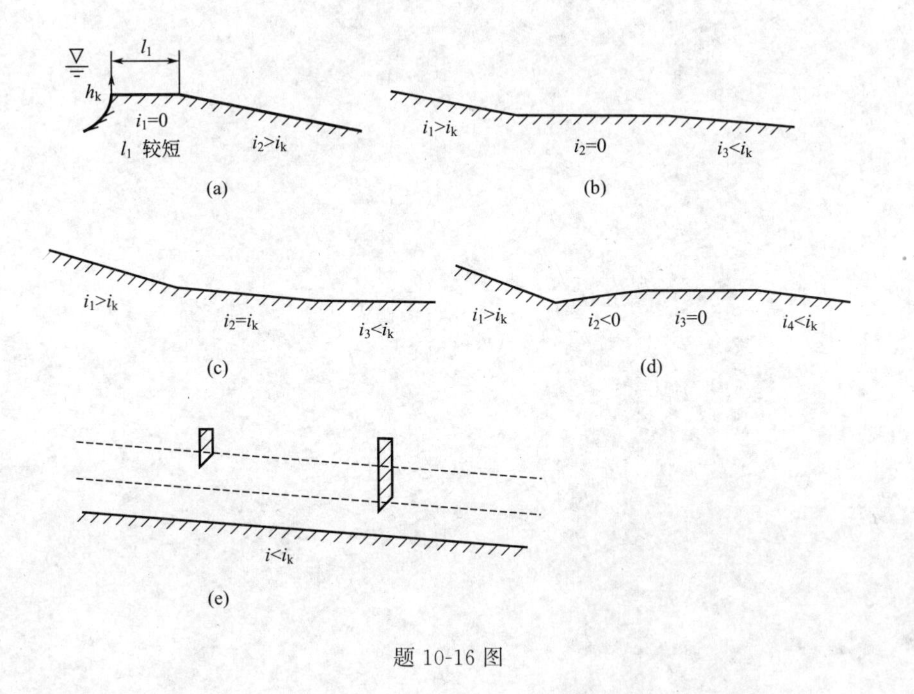

题 10-16 图

10-17　某一边墙成直线收缩的矩形渠道，渠长为60m，进口宽度为8m，出口宽度4m，渠道为逆坡，$i=-0.06$，$n=0.014$，当$Q=18\text{m}^3/\text{s}$时，进口水深为$h_1=2\text{m}$，求中间断面和出口断面水深为多少？

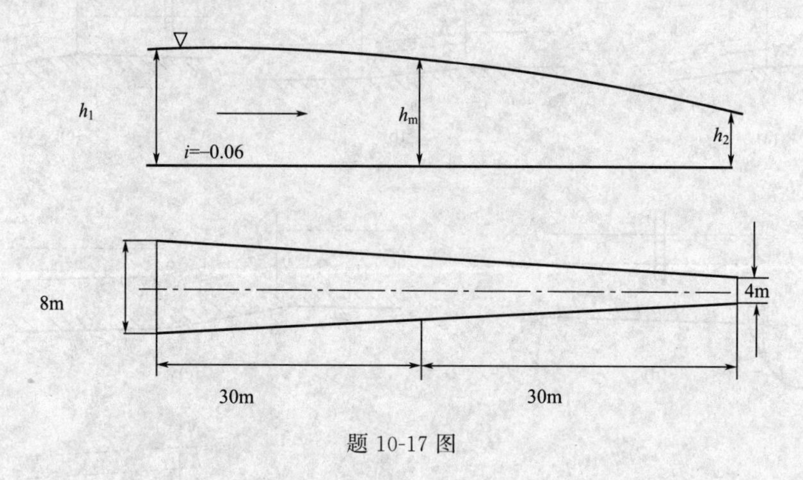

题10-17图

第 11 章　堰流与闸孔出流

在实际工程中，为控制水位和流量，常在河渠中修建一种既能挡水又能泄水的构筑物，根据该构筑物的功能不同可分为堰和闸孔。堰的主要功能为挡水和溢流；闸孔的主要功能则为控制流量和调节水位。本章研究堰流与闸孔出流的主要目的在于计算通过堰或闸孔的流量，从而在水资源的利用中达到控制流量的目的，下面分别叙述。

11.1　堰流的分类与流量公式

11.1.1　堰流的基本参数与分类

水利工程中，常常在河渠上设障，使水位壅高，水流经过构筑物顶部溢流而过的水力现象称为堰流。这些在河渠上设定的障碍物称为堰。与此同时，在取水和排水工程中也常常采用堰来量取流量。堰在实际工程中的应用有溢流坝，见图 11-1（a）；闸门开启至脱离水面时的闸口出流见图 11-1（c）；水流通过有侧墩或中墩的小桥孔出流，见图 11-1（b），包括涵洞进口水流等，这些水力现象均可按堰流进行水力计算。

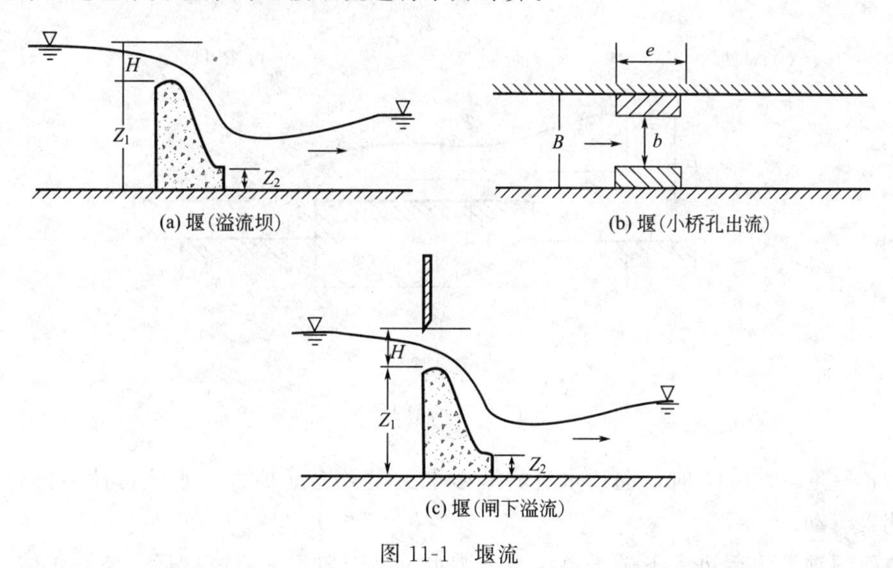

(a) 堰(溢流坝)　(b) 堰(小桥孔出流)

(c) 堰(闸下溢流)

图 11-1　堰流

堰的参数包括上游堰高 Z_1、下游堰高 Z_2、堰宽 b、堰厚 e 和堰上水头 H，见图 11-1（a）、（b）。上游堰高是指堰顶距上游河床的高度，下游堰高是指堰顶距下游河床的高度。堰宽可能与河床宽一致，也可能产生一定程度的收缩。图 11-1（b）是有侧收缩的堰，称侧收缩堰。堰厚是水流流过堰顶的长度，它影响堰流的整个运动。水流在运动中首先在距堰壁上游（3～5）H 处水流水位开始降落，这个断面也称堰前断面，该断面水位距堰顶的高度称堰上水头 H。堰流经堰顶断面急剧降落，流线发生垂向收缩，流速增大，根据堰顶的宽度和厚度不同，流线在此产生不同程度的收缩，并产生不同程度的水头损失。

根据堰顶的相对厚度 e/H，可以将堰分为以下三类。

①薄壁堰：当 $e<0.67H$ 时，堰壁厚不影响水流的特性，水流流经堰顶时，上游底部水流向上收缩，然后逐渐向下，经堰顶后形成水舌。水舌下缘与堰顶只有线的接触，见图 11-2（a）。

②实用堰：当 $0.67H<e<2.5H$ 时，堰壁相对较厚，堰顶为曲面，水流与堰顶呈面的接触。为了减小堰顶对水流的阻力，增大堰的过流能力，常常将实用堰的剖面做成与薄壁堰的水舌下缘形状相似的曲线形，见图 11-2（b）。

③宽顶堰：当 $2.5H<e<10H$ 时，堰顶厚度对水流产生较大的影响。水流流经堰顶时首先产生一水面降落，在堰顶的顶托作用下，水面略有回升，并形成收缩断面 2—2。之后继续降落，形成跌水。见图 11-2（c）。

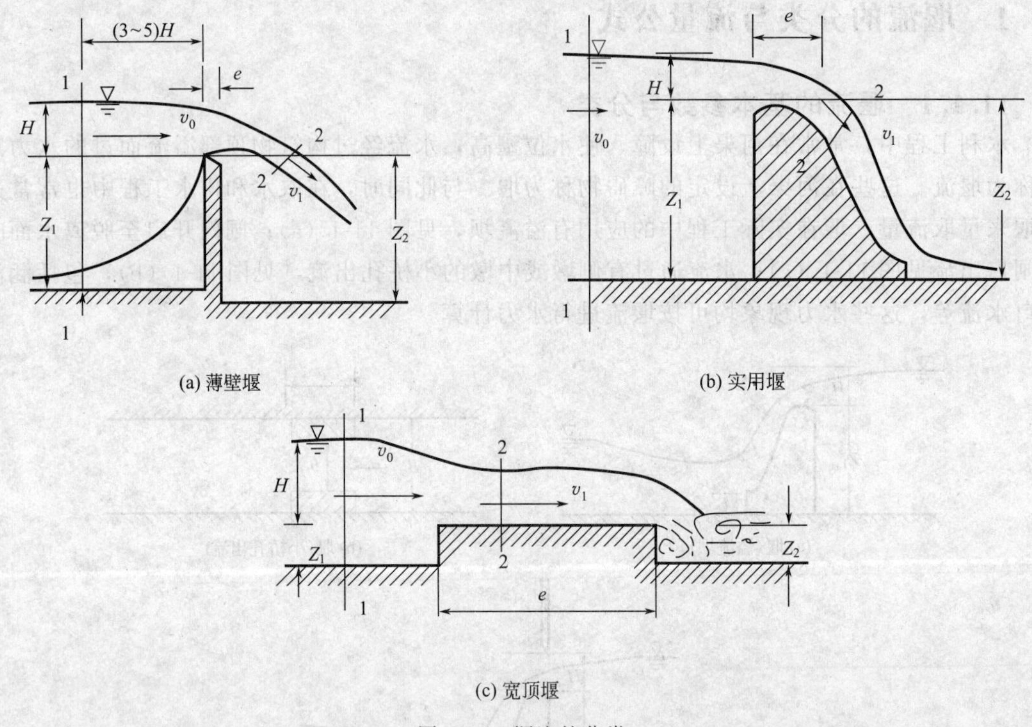

图 11-2　堰流的分类

当堰顶厚度 $e>10H$ 时，堰顶水流的沿程水头损失逐渐加大，水流特性不再属于堰流，而属于明渠流动。

水流经堰顶流出后进入下游渠道，当下游水位高于堰顶一定高度后，下游水体对堰流产生一定的障碍作用，堰的过流能力降低，此时堰出流为淹没出流。若下游水位低于堰顶高程，堰流将不受任何障碍作用，堰出流为自由出流。

堰流在流动过程中不但受下游堰高、堰厚的影响，还会受堰与渠道的相对宽度影响。若堰宽 b 小于上游渠道宽 B 时［图 11-1（b）］，堰顶水流还将产生横向侧收缩，这时的堰称侧收缩堰。在有侧收缩的堰流中，由于堰流的横向收缩，增大了水头损失，堰的过流能力有所降低。若堰宽 b 等于上游渠道宽 B 时，堰流无侧收缩，此时的堰为无侧收缩堰。

按堰流的过流断面形状分，堰又可以是矩形堰、三角形堰、梯形堰以及半圆形堰，这些堰在薄壁堰中广泛采用。

堰流广泛应用于流量的测量，然而堰流的过流能力受多种因素影响，如堰上水头、堰顶形状、上游渠道宽度、堰厚、下游堰高等，但各种不同类型堰的水力计算原理相同，流量公式相同，但流量系数不同。

11.1.2 堰流的流量公式

对于无侧收缩、自由出流、水舌下通风的矩形薄壁堰称完全堰（图 11-3）。下面以完全堰为例，推导无侧收缩、自由出流堰流的流量公式。

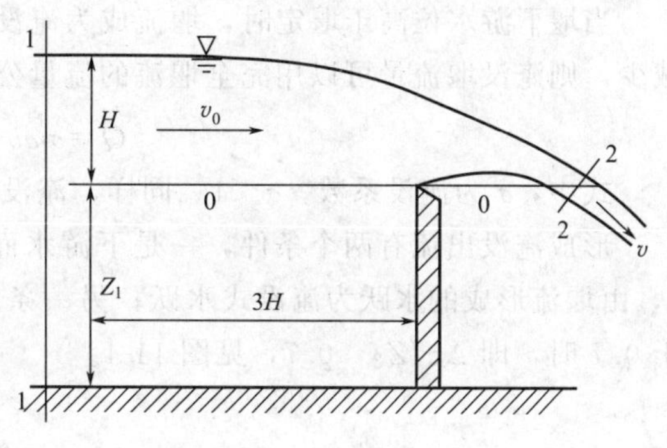

图 11-3 完全堰的流量计算

选取堰前 $3H$ 以远的过流断面为 1—1 计算断面，过堰顶的水平面为基准面 0—0，下游与堰顶同高的水舌收缩断面为 2—2 计算断面。由于水舌下面通风，则 2—2 断面的压强可近似为大气压强。设上游 1—1 断面的流速为 v_0，2—2 断面平均流速为 v。则 1—1 和 2—2 断面的能量方程如下：

$$H+\frac{\alpha_0 v_0^2}{2g}=(\alpha_c+\zeta)\frac{v^2}{2g} \tag{11-1}$$

式中，α_0 和 α_c 分别为 1—1 和 2—2 断面的动能修正系数；ζ 为堰流产生的局部阻力系数。令 $H_0=H+\dfrac{\alpha_0 v_0^2}{2g}$，称为堰前总水头，可得堰上流速为：

$$v=\varphi\sqrt{2gH_0} \tag{11-2}$$

式中，$\varphi=\dfrac{1}{\sqrt{\alpha_c+\zeta}}$为薄壁完全堰的流速系数。

设堰顶的过水宽度为 b，2—2 断面的水舌厚度为 kH_0，k 为反映堰顶水流竖向收缩程度的竖向收缩系数，则 2—2 断面面积为 $A=kH_0b$。通过完全堰的流量为：

$$Q=Av=\varphi kbH_0\sqrt{2gH_0} \tag{11-3}$$

令 $m=k\varphi$ 称堰流的流量系数，则式（11-3）变为：

$$Q=mb\sqrt{2g}H_0^{3/2} \tag{11-4 (a)}$$

式［11-4（a）］为矩形、无侧收缩、自由出流的完全堰流量计算的基本公式。公式反映了在完全堰中，通过堰的流量与堰前总水头 H_0 的 3/2 次方成正比，与堰的过水宽度成正比，并受流量系数影响。完全堰中流量系数 m 值与 k、φ 值有关。

若将上游行进流速 v_0 考虑在流量系数中，则总作用水头只计入堰上水头，则有：

$$Q=m_0b\sqrt{2g}H^{3/2} \tag{11-4 (b)}$$

式中，m_0 为考虑了上游行进流速 v_0 的流量系数。

类似地可以推导出其他形式的薄壁堰、实用堰、宽顶堰的流量公式，其形式完全相同，只是流量系数不同。本章在下面几小节中将分别讨论不同形式堰流的流量系数的经验公式或实验值。

11.1.3 有侧收缩堰流量公式

对于有侧收缩的薄壁堰，由于流体在横向产生了流线收缩，影响到了堰的过流能力，水头损失较同条件下无侧收缩堰增大，过流断面也相应减少，收缩后的过水宽度变为 εb，则堰的流量公式变为：

$$Q=\varepsilon mb\sqrt{2g}H_0^{3/2} \tag{11-5}$$

式中，ε 为侧收缩系数，$\varepsilon<1$。因此，有侧收缩的薄壁堰的出流量较完全堰小。

11.1.4 淹没堰流量公式

当堰下游水位高于堰定时，堰流成为淹没出流，堰的实际作用水头减少，堰的过流能力减少，则淹没堰流量可以用完全堰流的流量公式乘以一淹没系数表示。

$$Q=\sigma mb\sqrt{2g}H_0^{3/2} \tag{11-6}$$

式中，σ 为淹没系数，$\sigma<1$。同样，淹没式薄壁堰的出流量也小于完全堰。

形成淹没出流有两个条件，一是下游水面高于堰顶，即下游水面高于堰顶的水深 $h_2>0$，由堰流形成的水跃为淹没式水跃；另一条件是上、下游水位高差 Δz 与下游堰高之比小于 0.7 时，即 $\Delta z/Z_2<0.7$，见图 11-4。

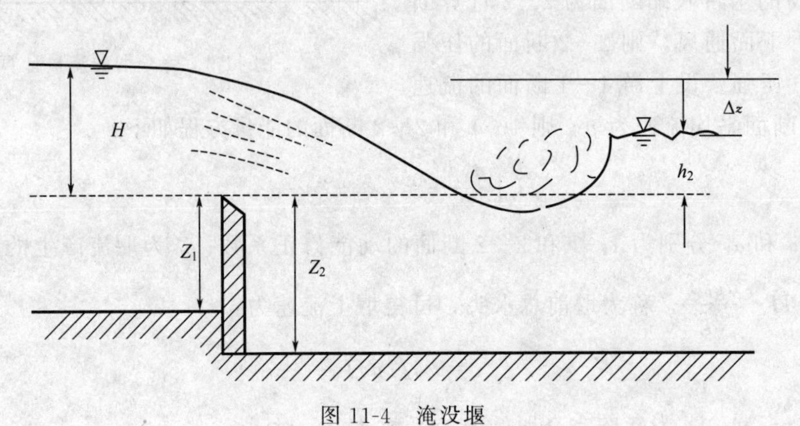

图 11-4 淹没堰

如若堰流既存在侧收缩，又存在淹没出流的情况，则流量变为：

$$Q=\varepsilon\sigma mb\sqrt{2g}H_0^{3/2} \tag{11-7}$$

上面堰流的各流量公式虽是薄壁堰的完全堰、有侧收缩堰、淹没堰推出的流量公式，对于实用堰、宽顶堰同样适用。随堰流的几何边界条件不同，堰流的流量和流量系数不同。

对于完全堰，自由出流时，需满足以下两点。

①堰前水头不能过小（一般 $H>3$cm）。否则在表面张力作用下，溢流水舌将紧贴堰壁下泄，贴附溢流的流量比相同水头下自由出流的流量大，但出流极不稳定。

②水舌下与大气相通。否则该区域空气被水舌带走，使水舌下面形成局部真空，水舌被吸而趋向于堰壁下泄，同样出现出流极不稳定的现象。

11.2 薄壁堰

薄壁堰广泛于实验室、科研院所或实际工程的流量量测。薄壁堰中流量与堰上水头有稳定的关系，常用的薄壁堰有矩形薄壁堰、三角形薄壁堰或梯形薄壁堰。不同形状的薄壁堰，其流量系数不同。

11.2.1 矩形薄壁堰

矩形薄壁堰常常用于模型实验中的流量量测。其流量系数受上游行进流速及其分布、水体经堰流时的纵向收缩和上游堰高的影响，因此，纵向收缩系数和局部阻力系数需实验测定。工程中流量系数常采用巴赞（Bazin）的经验公式计算：

$$m=\left(0.405+\frac{0.0027}{H}\right) \tag{11-8}$$

$$m_0=\left(0.405+\frac{0.0027}{H}\right)\left[1+0.55\left(\frac{H}{H+Z_1}\right)^2\right] \tag{11-9}$$

式中，H 和 Z_1 以米计，Z_1 为上游堰高。$\frac{0.0027}{H}$ 项反映表面张力的作用；方括号项反映行近流速水头的影响。公式适用范围为：$H=0.05\sim1.24$m，堰宽 $b=0.2\sim2.0$m，$Z_1=0.24\sim1.13$m。

对于有侧收缩矩形堰，令 $\varepsilon m_0=m_\varepsilon$，则有：

$$m_\varepsilon=\left(0.405+\frac{0.0027}{H}-0.03\,\frac{B-b}{B}\right)\left[1+0.55\left(\frac{H}{H+Z_1}\right)^2\left(\frac{b}{B}\right)^2\right] \tag{11-10}$$

在淹没出流时，其淹没系数可用下式计算：

$$\sigma=1.05\left(1+0.2\,\frac{h_2}{Z_2}\right)\sqrt[3]{\frac{\Delta z}{H}} \tag{11-11}$$

式中，Δz 为上下游水面之差；h_2 为下游水面高于堰顶的水深；Z_2 为下游堰高。在以上流量系数公式中，水深、堰高、堰宽均以米计。

11.2.2 三角形薄壁堰

当量测或排泄流量较小，或矩形薄壁堰堰上水头过小，测量时会带来较大误差，常采用三角形薄壁堰，如图 11-5 所示。在三角形薄壁堰中顶角一般为直角，形状为直角等腰三角形。通过三角形薄壁堰的流量可以看成是一系列宽度为 db 的微小矩形薄壁堰，在微小宽度处水深为 h，其流量为：

$$\mathrm{d}Q=m_0\,\mathrm{d}b\,\sqrt{2g}\,h^{3/2} \tag{11-12}$$

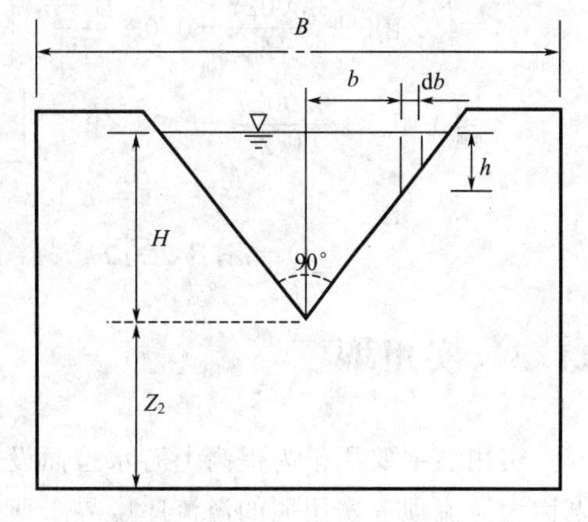

图 11-5 三角形薄壁堰

根据几何关系，$b=(H-h)\tan 45^\circ$，则 $\mathrm{d}b=-\tan 45^\circ\mathrm{d}h$，式（11-12）积分变为：

$$Q=-2\sqrt{2g}\tan 45^\circ m_0\int_H^0 h^{3/2}\,\mathrm{d}h=\frac{4}{5}\sqrt{2g}\tan 45^\circ m_0 H^{2.5} \tag{11-13}$$

当 $H=0.05\sim0.25$m 时，$m_0=0.396$，式（11-13）可用下列公式计算

$$Q=1.4H^{2.5} \qquad [11\text{-}14\ (a)]$$

或：

$$Q=1.343H^{2.47} \qquad [11\text{-}14\ (b)]$$

以上公式中，堰上作用水头 H 以 m 计，流量以 m^3/s 计。公式适合于 $Z_1\geqslant 2H$，$B\geqslant 3\sim4H$ 的范围，在流量 $Q<0.1m^3/s$ 时，式［11-14（a）］具有足够的精度。

11.2.3 梯形薄壁堰

梯形薄壁堰可以看成矩形薄壁堰和三角形薄壁堰的组合，见图 11-6。

根据西波利地的研究，当梯形角度 $\theta=14°$、$B\geqslant 3H$ 时，流量系数 $m_0=0.42$，流量公式变为：

$$Q=0.42b\sqrt{2g}H^{1.5} \tag{11-15}$$

式中，堰上水头 H、堰宽 b 均以 m 计，流量 Q 以 m^3/s 计。

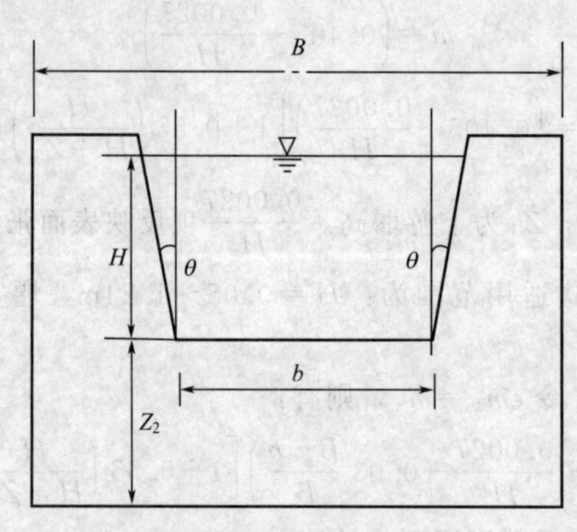

图 11-6　梯形薄壁堰

【例 11-1】　已知渠道宽 $B=1m$，其上设有矩形薄壁堰，堰宽 $b=0.5m$，上、下游堰高 $Z_1=Z_2=1m$，堰前水头 $H=1.2m$，求矩形薄壁堰自由出流时的流量。

【解】　题目知矩形薄壁堰有侧收缩，其流量系数为：

$$m_\varepsilon=\left(0.405+\frac{0.0027}{H}-0.03\frac{B-b}{B}\right)\left[1+0.55\left(\frac{H}{H+Z_1}\right)^2\left(\frac{b}{B}\right)^2\right]$$

$$=\left(0.405+\frac{0.0027}{1.2}-0.03\times 0.5\right)\left[1+0.55\left(\frac{1.2}{1.2+1}\right)^2 0.5^2\right]$$

$$=0.4083$$

$$Q=m_\varepsilon B\sqrt{2g}H^{3/2}=0.4083\sqrt{2g}\,1.2^{3/2}=2.376m^3/s$$

11.3　实用堰

实用堰主要用于为提高上游水位而设立的挡水、溢流构筑物，在水利工程中广为使用，也称为溢流坝。实用堰的溢流厚度界于薄壁堰和宽顶堰之间，$0.67H<e<2.5H$。根据堰剖面的形状不同，可以是曲线型实用堰和折线形实用堰，如图 11-7 所示。折线形实用堰常常用于当加工条件受限，不便加工成曲线的中、低溢流堰，堰剖面常成折线形。而随着生产的发展，对于中、高溢流堰多采用现场浇筑混凝土，堰面形式一般制作成符合水流运动规律的曲线形状，即曲线型实用堰。

曲线型实用堰的堰面形式较多，一般又可分为非真空堰和真空堰两类。若堰面曲线基本与薄壁堰的水舌下缘形状吻合，则水流作用在堰面上的压强可近似为大气压强，称为非真空堰［图 11-7（b）］。若堰面曲线较薄壁堰的水舌下缘形状略小，即堰面曲线低于薄壁堰的水舌下缘，溢流水舌局部地脱离堰面，同时脱离处的空气被水流带走，则在堰面上出现真空，这种堰称为真空堰。由于堰面上真空区的存在，增大了流量系数，提高了真空堰的过流能力。与此同时，由于真空区的存在，水流出现不稳定性，出现空蚀破坏，并产生振动，因此并不利于水工构筑物的安全，一般很少采用。然而，非真空堰和真空堰并非一成不变，它受堰上水头的高低变化而发生相互转换。即在某一条件下为非真空的实用堰，当堰上水头增加，流速增大，溢流水舌下缘将脱离堰面，从而形成真空堰。相反，对于真空堰当堰上水头变小，水流又将贴壁下泄成为非真空堰。因此，常常将实用堰剖面外形稍稍伸入薄壁堰溢流水舌下缘以内。

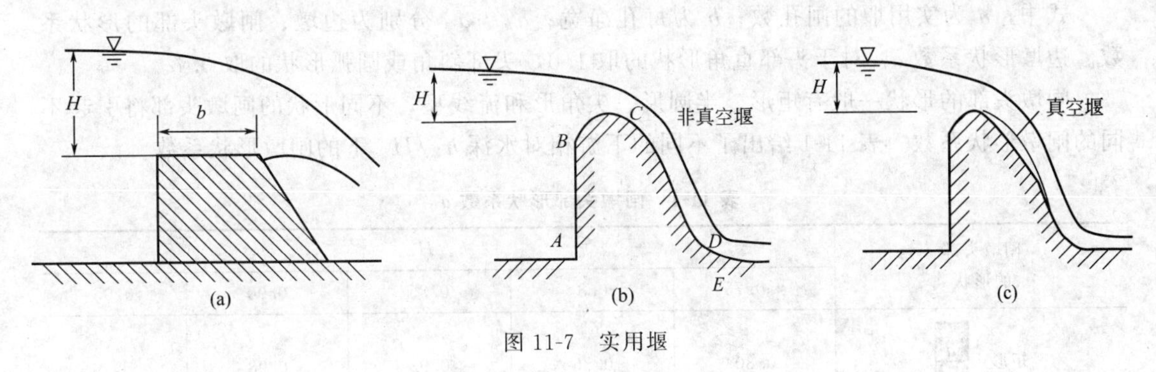

图 11-7　实用堰

目前常采用的曲线型实用堰的剖面形式是美国 WES 剖面，见图 11-7（b）。WES 剖面形式的实用堰由上游直线 AB 段、顶部三段复合圆弧组成的曲线 BC、直线段 CD 和与下游连接的反弧段 DE 组成，堰剖面各部分的坐标取决于堰的设计水头，但堰上的实际运行水头随流量变化又将发生变化。

11.3.1　流量系数 *m*

实用堰的流量计算公式仍按式（11-7）进行计算。其流量系数主要由堰剖面形式、上游作用水头、上下游堰高度确定。对于堰上游面垂直的 WES 堰，当$\dfrac{Z_1}{H_d}\geqslant 1.33$时称为高堰，计算时可不计堰上游的行进流速水头。同时，在设计水头 H_d 全水头工作时，流量系数 $m_d=0.502$；在低于设计水头 H_d 工作时，其流量系数将小于 0.502；高于设计水头 H_d 工作时，流量系数大于 0.502。当$\dfrac{Z_1}{H_d}\leqslant 1.33$时，称为低堰，由于堰高降低，堰上游的行近流速增大，其流速水头不可忽略。同时堰顶压力增加，流量系数降低，设计流量系数 m_d 可用下面的经验公式计算：

$$m_d=0.4988\left(\frac{Z_1}{H_d}\right)^{0.0241} \tag{11-16}$$

当$\dfrac{Z_1}{H_d}\leqslant\dfrac{1}{15}$时，称特低堰，堰的过流能力将受上游出现的临界水深控制，堰流的流量公式可采用式［11-4（b）］，其包括行近流速的流量系数如下：

$$m_0=0.707\left(1+\frac{Z_1}{H_d}\right)^{3/2} \tag{11-17}$$

我国广东省水科所设计的由两种复合圆组成的实用堰顶形式，通常称驼峰堰，这种驼峰型实用堰的流量系数在 $m=0.42\sim0.46$ 之间变化。

对于折线型实用堰，与曲线型实用堰一样，其流量系数也取决于堰面的形状与尺寸，即由堰的厚度和坡度确定，一般在 $m=0.33\sim0.46$ 内变化，具体可查相关的水力计算手册。

由上可知，对于实用堰而言，不同的堰面形式其流量系数不同。因此，具体的堰面形式下的流量系数可根据水力计算手册中对应剖面参数计算得到。

11.3.2　侧收缩系数 ε

对于有侧收缩的实用堰顶，其侧收缩系数 $\varepsilon<1.0$，可用下式计算：

$$\varepsilon=1-0.2[a_k+(n-1)a_0]\frac{H_0}{nb} \tag{11-18}$$

式中，n 为实用堰的闸孔数；b 为每孔净宽；a_k、a_0 分别为边墩、闸墩头部的形状系数。边墩形状系数 a_k 对于头部直角形状的取 1.0，头部斜角或圆弧形状的取 0.7。

闸墩头部的形状一般有矩形、半圆形、尖角形和流线型，不同形状的闸墩头部将引起不同的闸墩形状系数。表 11-1 给出了不同的下游相对水深 h_2/H_0 下的闸墩形状系数。

表 11-1　闸墩头部形状系数 a_0

闸墩头部的形状	h_2/H_0				
	≤0.75	0.8	0.85	0.90	0.95
矩形	0.80	0.86	0.92	0.98	1.0
半圆形	0.45	0.51	0.57	0.63	0.69
尖角形	0.45	0.51	0.57	0.63	0.69
流线型	0.25	0.32	0.39	0.46	0.53

11.3.3　淹没系数 σ

对于非真空型实用堰的淹没出流，淹没系数的大小取决于下游水面高于堰顶的水深与堰上水头之比 h_2/H，可由表 11-2 查得。

表 11-2　实用堰的淹没系数

h_2/H	σ	h_2/H	σ	h_2/H	σ	h_2/H	σ
0.05	0.997	0.52	0.93	0.74	0.831	0.92	0.570
0.10	0.995	0.54	0.925	0.76	0.814	0.93	0.540
0.15	0.990	0.56	0.919	0.78	0.796	0.94	0.506
0.20	0.985	0.58	0.913	0.80	0.776	0.95	0.470
0.25	0.980	0.60	0.906	0.82	0.750	0.96	0.421
0.30	0.972	0.62	0.897	0.84	0.724	0.97	0.357
0.36	0.964	0.64	0.888	0.86	0.695	0.98	0.274
0.40	0.957	0.66	0.879	0.88	0.663	0.99	0.170
0.46	0.945	0.70	0.856	0.90	0.621	0.995	0.10
0.50	0.935	0.72	0.844	0.91	0.596	1.00	0.00

【例 11-2】 某溢流坝是按 WES 剖面设计的曲线型实用堰。堰宽 $b=43\text{m}$，堰孔数 $n=1$（无闸墩），边墩头部为半圆形，堰高 Z_1 与 Z_2 均为 12m，下游水深 h_2 为 7m，设计水头 H_d 为 3.11m。试求堰顶水头 $H_0=4\text{m}$ 时通过溢流坝的流量。

【解】 $Z_1/H_d=3.86>1.33$，可以不计行进流速，即 $H_0\approx H_d$

流量系数按式（11-16）计算：

$$m_d=0.4988\left(\frac{Z_1}{H_d}\right)^{0.0241}=0.4988\left(\frac{12}{3.11}\right)^{0.0241}$$
$$=0.5153$$

因无闸墩，$n=1$；边墩头部为半圆形，查表 $a_k=0.7$，收缩系数为：

$$\varepsilon=1-0.2[a_k+(n-1)a_0]\frac{H_0}{nb}=1-0.2\times0.7\times\frac{3.11}{43}=0.99$$

因为 $h_2=7\text{m}<Z_2=12\text{m}$，为自由出流，$\sigma_s=1$。

$$Q=\varepsilon\sigma m_d b\sqrt{2g}H_0^{3/2}=0.99\times1\times0.515\times43\times\sqrt{19.6}\times4^{\frac{3}{2}}=776.9(\text{m}^3/\text{s})$$

11.4 宽顶堰

宽顶堰是一种很常见的过水构筑物，如无压涵管的流动、各种进水闸与泄水闸当阀门完全打开时的流动、通过小桥桥孔的流动等。这些流动不论有底坎或无底坎（平底）均属宽顶堰溢流，其堰顶溢流厚度在 $2.5H<e<10H$ 之间。当水流流经这些构筑物时，断面缩小，流速增大，水流流经堰顶时将产生一水面降落，之后在堰顶的顶托作用下，水面略有回升，但堰上水深仍然小于临界水深 h_k，基本与堰面平行，进而继续开始跌落，见图 11-8。

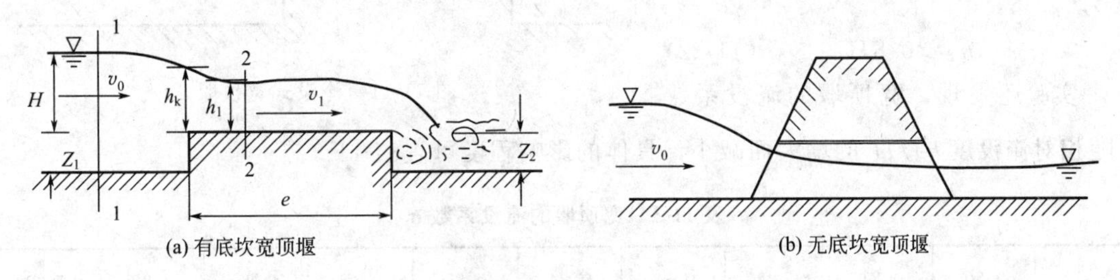

图 11-8 宽顶堰

11.4.1 流量系数 m

宽顶堰的流量系数 m 取决于堰的进口形式和堰的相对高度 Z_1/H，可按下列经验公式进行计算。

当堰坎进口为直角时，见图 11-8（a）：

$$m=0.32+0.01\frac{3-Z_1/H}{0.46+0.75Z_1/H} \tag{11-19}$$

式（11-19）适用于 $0\leqslant Z_1/H\leqslant3$。当 $Z_1/H\geqslant3$ 时，宽顶堰流量系数 $m=0.32$。

堰坎进口为圆角时，见图 11-9。

$$m=0.36+0.01\frac{3-Z_1/H}{1.2+1.5Z_1/H} \tag{11-20}$$

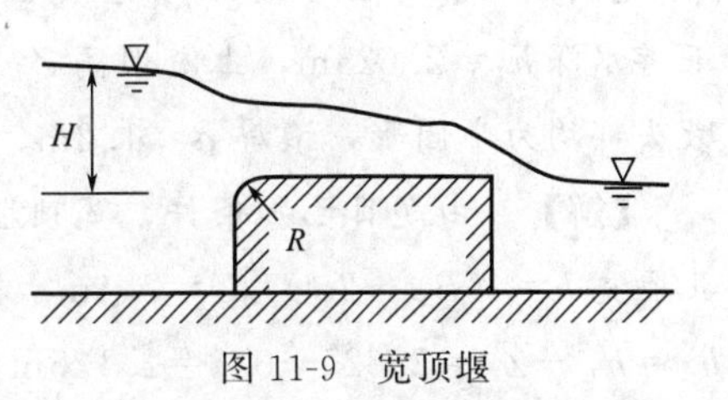

图 11-9 宽顶堰

式（11-20）适用于 $0\leqslant Z_1/H\leqslant3$。当 $Z_1/H\geqslant3$

时，宽顶堰流量系数 $m=0.36$。

以上两式中，当 $Z_1/H=3$ 时，m 为最小值；当 $Z_1=0$ 时，$m=0.385$，为最大值。因此，直角进口 m 的取值范围为 $m=0.32\sim0.385$；圆弧形进口 m 的取值范围为 $m=0.36\sim0.385$。

11.4.2 侧收缩系数 ε

对于有侧收缩的宽顶堰，如图 11-10 所示，可按以下经验公式计算侧收缩系数 ε。

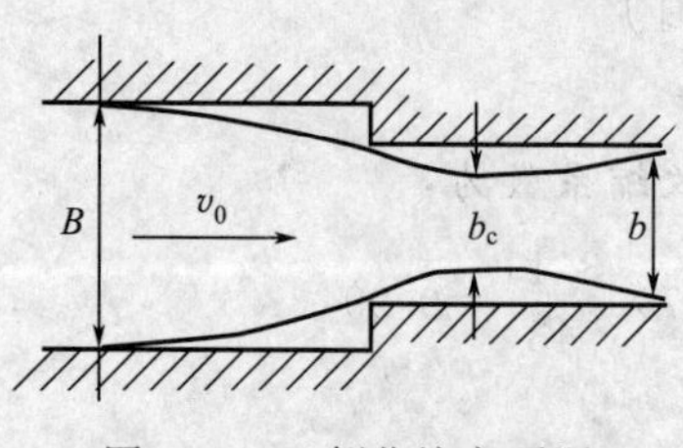

图 11-10 侧收缩宽顶堰

$$\varepsilon=1-\frac{a_0}{\left(0.2+\dfrac{Z_1}{H}\right)^{\frac{1}{3}}}\left(\frac{b}{B}\right)^{\frac{1}{4}}\left(1-\frac{b}{B}\right) \tag{11-21}$$

式中，a_0 为堰的边墩或闸墩的形状系数，矩形墩 $a_0=0.19$，圆形墩 $a_0=0.1$；b 为溢流孔净宽；B 为上游引渠宽；Z_1 为上游堰顶高。

上式适用于单孔的宽定堰，条件为：$\dfrac{b}{B}>0.2$，$\dfrac{Z_1}{H}<3$；当 $\dfrac{b}{B}<0.2$ 时，取 $\dfrac{b}{B}=0.2$。当 $\dfrac{Z_1}{H}>3$ 时，取 $\dfrac{Z_1}{H}=3$。

11.4.3 淹没系数 σ

由于水流通过堰顶时产生一淹没式水跃，下游水位已略高于堰顶高程，第一次水面跌落时出现的收缩断面水深已高于临界水深 h_k，下游整个为缓流状态，见图 11-11。由实验得知，宽顶堰的淹没条件为

$$h_2\geqslant 0.8H_0 \tag{11-22}$$

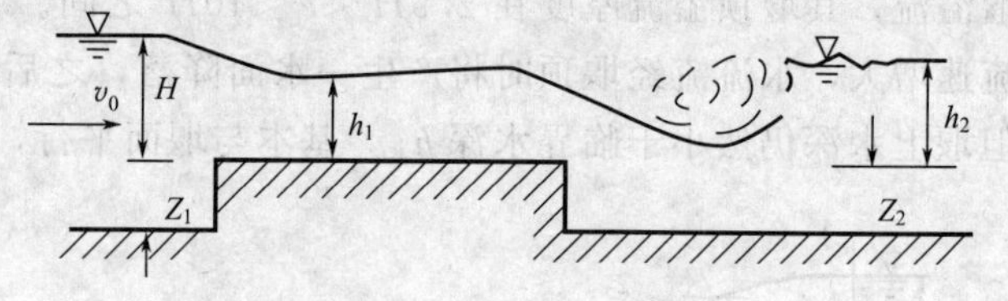

图 11-11 淹没式宽顶堰

实验还发现，宽顶堰的淹没系数 σ 随相对淹没度 h_2/H 的增大而减小，具体的影响程度可查表 11-3。

表 11-3 宽顶堰的淹没系数 σ

$\frac{h_2}{H}$	0.80	0.81	0.82	0.83	0.84	0.85	0.86	0.87	0.88	0.89
σ	1.00	0.995	0.99	0.98	0.97	0.96	0.95	0.93	0.90	0.87
$\frac{h_2}{H}$	0.90	0.91	0.92	0.93	0.94	0.95	0.96	0.97	0.98	
σ	0.84	0.82	0.78	0.74	0.70	0.64	0.59	0.50	0.40	

【例 11-3】 前缘圆弧形宽顶堰分三孔进水，见图 11-12。已知上游水深 $H_1=3.1\text{m}$，下游水深 $h_t=2.625\text{m}$，上游坝高 $Z_1=0.6\text{m}$，下游坝高 $Z_2=0.5\text{m}$，孔宽 $b=2\text{m}$，闸墩和边墩头部均为半圆形，墩厚 $d=1.2\text{m}$，引渠宽 $B_0=9.6\text{m}$。求过堰流量 Q。

【解】 由题目已知条件，宽顶堰堰前水头：$H=H_1-Z_1=3.1-0.6=2.5\text{m}$，其中一孔堰宽 $b=(B_0-2d)/3=2.4\text{m}$。因流量未知，行进流速暂忽略，则：$H_0=H=2.5\text{m}$，$h_2=h_t-Z_2=2.625-0.5=2.125\text{m}$。

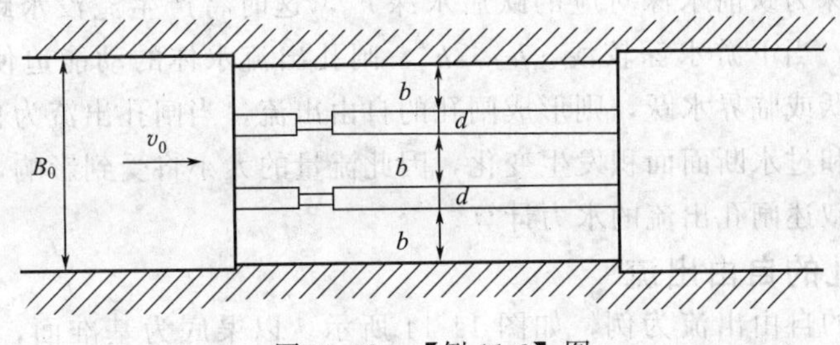

图 11-12 【例 11-3】图

则流量系数：

$$m=0.36+0.01\frac{3-\dfrac{Z_1}{H}}{1.2+1.5\dfrac{Z_1}{H}}=0.378$$

因边墩和闸墩头部为半圆形，侧收缩系数为：

$$\varepsilon=1-\frac{a_0}{\left(0.2+\dfrac{Z_1}{H}\right)^{\frac{1}{3}}}\left(\frac{b}{B}\right)^{\frac{1}{4}}\left(1-\frac{b}{B}\right)=1-\frac{0.1}{\left(0.2+\dfrac{0.6}{2.5}\right)^{\frac{1}{3}}}\left(\frac{2.4}{9.6}\right)^{\frac{1}{4}}\left(1-\frac{2.4}{9.6}\right)=0.93$$

因 $h_2 \geqslant 0.8H_0$，该宽顶堰为淹没出流，$\dfrac{h_2}{H}=\dfrac{2.125}{2.5}=0.85$。查表 11-3，淹没系数 $\sigma=0.96$。

故宽顶堰流量为：

$$Q=\varepsilon\sigma mB\sqrt{2g}H_0^{3/2}=0.96\times0.93\times0.378\times9.6\sqrt{19.6}\times2.5^{1.5}=56.68(\mathrm{m^3/s})$$

11.5 闸孔出流

实用堰与宽顶堰可以在一定程度上挡蓄水体，但它们不能控制通过构筑物的流量和水位。为达到这一目的，常常在实用堰与宽顶堰上设置闸门，控制闸门开度，从而有效地控制过水流量，见图 11-13。闸孔出流在给排水工程、环境工程、土木工程、水利工程的渠道引水、放水、排水中广泛采用。根据闸门的形状可以是平板闸门，也可以是弧形闸门。闸门后的出流可以是自由出流，也可能是淹没出流。闸孔出流的水力计算任务就是要计算通过闸门的流量，从而有效地控制水资源的合理分配。

一般情况下，当平底宽顶堰上闸门的相对开度 $e/H>0.65$，和实用堰上闸门的相对开度 $e/H>0.75$ 时，闸孔出流即成为堰流。同时，受闸门影响，水体将沿垂向产生收缩，在离闸门下游（2～3）e 开度处形成收缩断面，收缩断面水深 h_c 一般小于临界水深，下游水体为急流。其垂向收缩系数 ε' 等于收缩断面水深 h_c 与闸门开度 e 之比 $\varepsilon'=\dfrac{h_c}{e}$。当下游水深大于临界水深时，下游水体为缓流，从而产生水跃。若下游水深很大，并足以抵挡闸孔出流水体的动能，也即下游水深 h_2

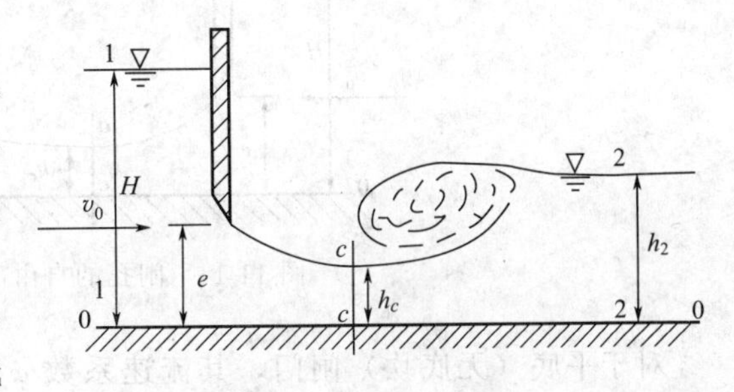

图 11-13 闸孔出流（临界水跃）

大于以收缩断面水深为跃前水深对应的跃后水深 h''，这时将产生淹没水跃，从而形成闸孔的淹没出流。相反，当下游水深较浅，$h_2 \leqslant h''$，闸孔出流水体的动能迫使下游水体远离闸门，形成远驱式水跃或临界水跃，则形成闸孔的自由出流。当闸孔出流为自由出流或淹没出流时，下游的水深和过水断面面积发生变化，因此流量的大小将受到影响，但流量系数保持不变。下面将分别叙述闸孔出流的水力计算。

11.5.1 闸孔的自由出流

以平底宽顶堰的自由出流为例，如图 11-14 所示。以渠底为基准面，以闸前断面 1—1 和收缩断面为计算断面，建立能量方程。设上游水深为 H，流速为 v_0；收缩断面水深为 h_c，流速为 v_c，忽略两断面间的沿程水头损失，只计入局部水头损失。有：

$$H+\frac{\alpha_0 v_0^2}{2g}=h_c+(\alpha_c+\xi)\frac{v_c^2}{2g}$$

令：$H+\dfrac{\alpha_0 v_0^2}{2g}=H_0$，$\alpha_c=1$。则：

$$H_0-h_c=(1+\xi)\frac{v_c^2}{2g}$$

有：

$$v_c=\frac{1}{\sqrt{1+\xi}}\sqrt{2g(H_0-h_c)}=\varphi\sqrt{2g(H_0-h_c)}$$

这里，$\varphi=\dfrac{1}{\sqrt{1+\xi}}$，称闸孔出流的流速系数。因此闸孔出流的流量为：

$$Q=A_c v_c$$

当闸孔宽度为 B 时，垂向收缩系数 ε' 为：$\varepsilon'=\dfrac{h_c}{e}$，则收缩断面处的面积为：

$$A_c=Bh_c=\varepsilon' Be=\varepsilon' A$$

故：

$$Q=\varepsilon' A\varphi\sqrt{2g(H_0-h_c)}=\mu Be\sqrt{2g(H_0-\varepsilon' e)} \tag{11-23}$$

式中，μ 为流量系数，$\mu=\varepsilon'\varphi$，主要取决于垂向收缩系数与流速系数。而流速系数取决于闸门形式和底坎的形式，垂向收缩系数取决于闸门形式、底坎形式和闸门相对开度 e/H。因此不同闸门开度下流量系数不同。

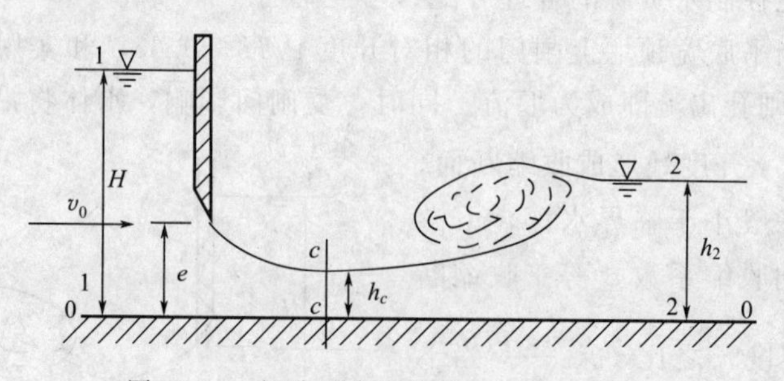

图 11-14 闸孔的自由出流（远驱式水跃）

对于平底（无底坎）闸门，其流速系数 $\varphi=0.95\sim1.0$；有底坎闸门，流速系数 $\varphi=0.85\sim0.95$。垂向收缩系数根据闸门开度不同，可按表 11-4 选取。

表 11-4 垂向收缩系数 ε'

$\frac{e}{H}$	0.10	0.15	0.20	0.25	0.30	0.35	0.40
ε'	0.615	0.618	0.620	0.622	0.625	0.628	0.630
$\frac{e}{H}$	0.45	0.50	0.55	0.60	0.65	0.70	0.75
ε'	0.638	0.645	0.650	0.660	0.675	0.690	0.705

也可以将式（11-23）写成：

$$Q=\mu Be\sqrt{2gH_0} \tag{11-24}$$

式中，流量系数变为 $\mu=\varepsilon'\varphi\sqrt{1-\varepsilon'\frac{e}{H_0}}$。此流量系数可以按南京水利科学研究所的经验公式计算：

$$\mu=0.60-0.176\frac{e}{H} \tag{11-25}$$

11.5.2 闸孔的淹没出流

对于闸孔的淹没出流，如图 11-15 所示，收缩断面已被下游水体淹没，虽然主流仍只有收缩断面的水深高度，但闸孔出流后的有效作用水头降低。在相同的闸孔边界条件和开度下，其收缩系数和流速系数不变，故流量系数不变。应用能量方程类似可以推得：

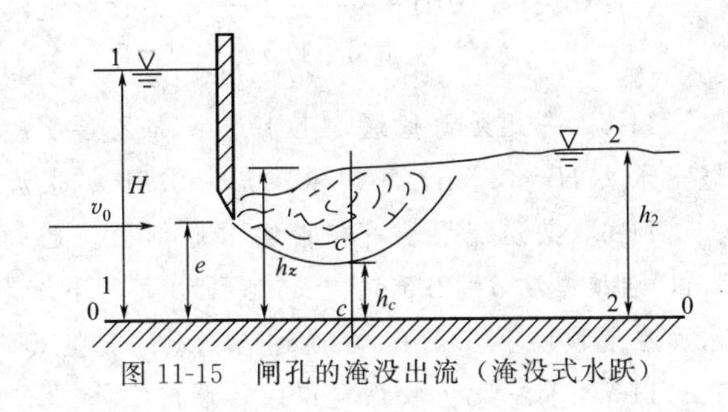

图 11-15 闸孔的淹没出流（淹没式水跃）

$$Q=\mu Be\sqrt{2g(H_0-h_z)} \tag{11-26}$$

同样，也可以将式（11-26）写成：

$$Q=\sigma\mu Be\sqrt{2gH_0} \tag{11-27}$$

式（11-27）中的流量系数与自由出流时相同，淹没出流时的流量只在自由出流流量的基础上乘上一淹没系数，同时可不计上游行近流速的影响。其淹没系数可按南京水利科学研究所的实验曲线查取，如图 11-16 所示。曲线中，淹没系数与潜流比 $(h_2-h''_c)/(H-h''_c)$ 成反比。h''_c 为收缩断面水深的共轭水深。

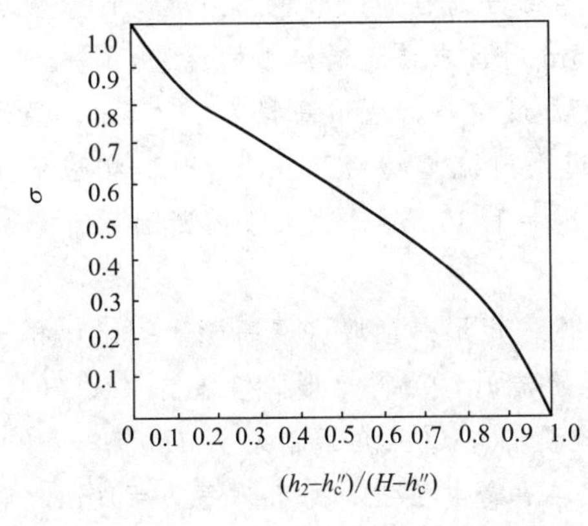

图 11-16 闸孔淹没出流的淹没系数

【例 11-4】 有一平底闸门，共 6 孔，每孔宽度 $b=2$m，闸上设锐缘平面闸门。已知闸上水头 $H=3.5$m，闸门开启度 $e=1.2$m，为自由出流，不计行进流速，求通过水闸的流量 Q。

【解】 由题目：$\frac{e}{H}=\frac{1.2}{3.5}=0.34<0.65$，为闸孔出流，查表 11-4 得 $\varepsilon'=0.6274$，$H_0=H=3.5$m，$B=6\times2=12$m，对于平底（无底坎）闸门，取 $\varphi=0.95$。

通过水闸的流量为：

$$Q=\varphi\varepsilon' eB\sqrt{2g(H_0-\varepsilon' e)}=0.95\times0.6274\times1.2\times12\sqrt{2\times9.8(3.5-0.6274\times1.2)}$$
$$=62.9(\mathrm{m^3/s})$$

习　题

11-1　何谓堰流，堰流的类型有哪些？它们有哪些特点？如何判别？

11-2　简述堰流计算的基本公式及适用条件，影响流量系数的主要因素有哪些？

11-3　自由出流矩形薄壁堰，上游堰高 $Z_1=3\mathrm{m}$，堰宽和上游渠宽相等均为 2m，堰上水头 $H=0.5\mathrm{m}$，求流量 Q（流量系数 $m_0=0.403+0.053\dfrac{H}{Z_1}+\dfrac{0.0007}{H}$）。

11-4　有一无侧收缩宽堰自由出流，堰前缘修圆，水头 $H=1\mathrm{m}$，上、下游堰高均为 0.5m，堰宽 $B=2.5\mathrm{m}$，边墩为圆弧形，求过堰流量 Q。

$$\left(m=0.36+0.01\frac{3-\dfrac{Z_1}{H}}{1.2+1.5\dfrac{Z_1}{H}}，不计行近流速\right)$$

11-5　一矩形薄壁堰，上下游堰高 $Z_2=Z_1=0.8\mathrm{m}$，堰宽 $B=1\mathrm{m}$，上游渠宽 $B_0=2\mathrm{m}$，堰上水头 $H=0.5\mathrm{m}$，下游水深 $h_t=0.8\mathrm{m}$。求流量 Q。

11-6　某溢流坝采用梯形实用堰剖面。已知堰宽及河宽均为 30m，上、下游堰高均为 4m，堰顶厚度 $\delta=2.5\mathrm{m}$。上游堰面铅直，下游堰面坡度为 1∶1。堰上水头 $H=2\mathrm{m}$，下游水面在堰顶以下 0.5m。求通过溢流坝的流量 Q。

11-7　有一无侧收缩宽顶堰，堰前缘修圆，水头 $H=1\mathrm{m}$，上、下游堰高均为 0.5m，堰宽 $B=2.5\mathrm{m}$，边墩为圆弧形，求过堰流量 Q。

11-8　某溢流坝是按 WES 剖面设计的曲线型实用堰。堰宽 $b=43\mathrm{m}$，堰孔数 $n=1$（无闸墩），边墩头部为半圆形，堰高 Z_1 与 Z_2 均为 12m，下游水深 h_t 为 7m，设计水头 H_d 为 3.11m。试求堰顶水头 $H=4\mathrm{m}$ 时通过溢流坝的流量。

11-9　某水库为实用堰式溢流坝，共 7 孔，每孔宽 10m。坝顶高程为 43.36m，坝顶设平面闸门控制流量，闸门上游面底缘切线与水平线的夹角 $\theta=0°$。水库水位为 50m，闸门开启度 $e=2.5\mathrm{m}$，下游水位低于坝顶，不计行进流速，求通过溢流坝的流量 Q。

11-10　某溢流坝，共 4 孔，每孔宽度 $b=8$ m，各部分高程如图所示。上游设计水位为 210.0m，下游水位为 168.0m。当闸门开启高度 $e=5\mathrm{m}$ 时，求通过溢流坝的流量。

11-11　某水库溢洪道进口为曲线型实用堰，溢流长度中等，堰顶高程为 112.5m，溢洪道宽度 $B=18\mathrm{m}$，下游渠底高程为 107.5m。当溢洪道下泄流量 $Q=250\mathrm{m^3/s}$ 时，相应的上游水位为 117.72m，下游水位为 112.2m，行进速度 $v_0=1.36\mathrm{m/s}$。试求收缩断面水深，并判别下游发生何种形式的水跃。

11-12　在宽度 $B=1\mathrm{m}$ 的矩形明渠中，前后各装设一矩形薄壁堰（堰高 $Z_1=1\mathrm{m}$）和三角形薄壁堰（堰高 $Z_2=0.5\mathrm{m}$），如图所示。水流为恒定流时，测得矩形薄壁堰前水头 $H_1=0.13\mathrm{m}$，下游水深 $h_2=0.4\mathrm{m}$。试求：①通过明渠的流量 q_v；②三角堰前水头 H_2。

11-13　某水库的溢洪道断面为 WES 实用剖面。溢洪道共五孔，每孔净宽 $b=10\mathrm{m}$。堰顶高程为 343m。上游水位为 358.7m，下游水位为 303.1m。流量系数 $m=0.45$，侧收缩系

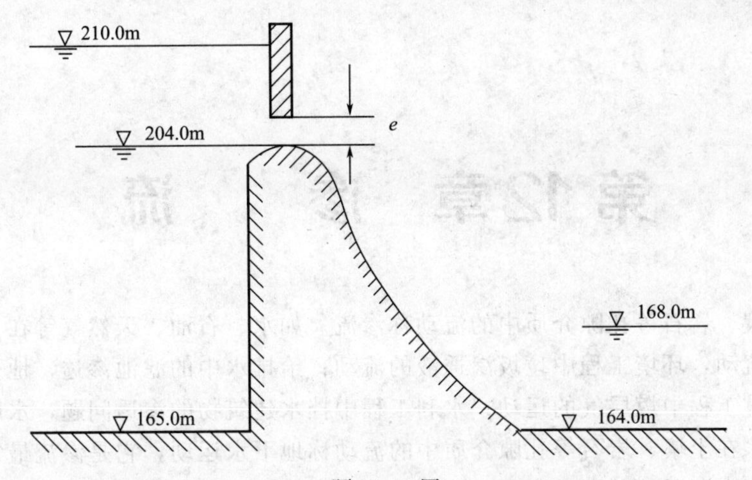

题 11-10 图

数 ε＝0.95。忽略行近流速 v_0，求通过溢洪道的流量。

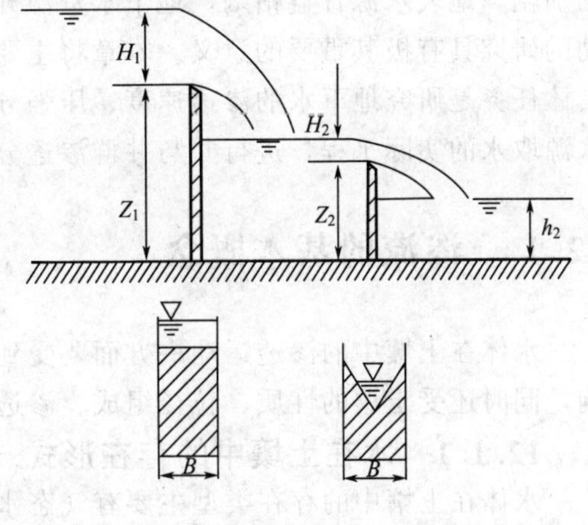

题 11-12 图

11-14 拟在某拦河坝上游设置一灌溉进水闸，如图所示。已知，进闸流量 Q 为 $41\text{m}^3/\text{s}$，引水角 $\theta=45°$，闸下游渠道中水深 $h_t=2.5\text{m}$，闸前水头 $H=2\text{m}$，闸孔数 $n=3$，边墩进口处为圆弧形，闸墩头部为半圆形，闸墩厚 $d=1\text{m}$，边墩厚 $\Delta=0.8\text{m}$，闸底坎进口为圆弧形，坎长 $\delta=6\text{m}$，上游坎高 $P_1=7\text{m}$，下游坎高 $P_2=0.7\text{m}$，拦河坝前河中流速 $v_0=1.6\text{m/s}$。求所需的堰孔的净宽。

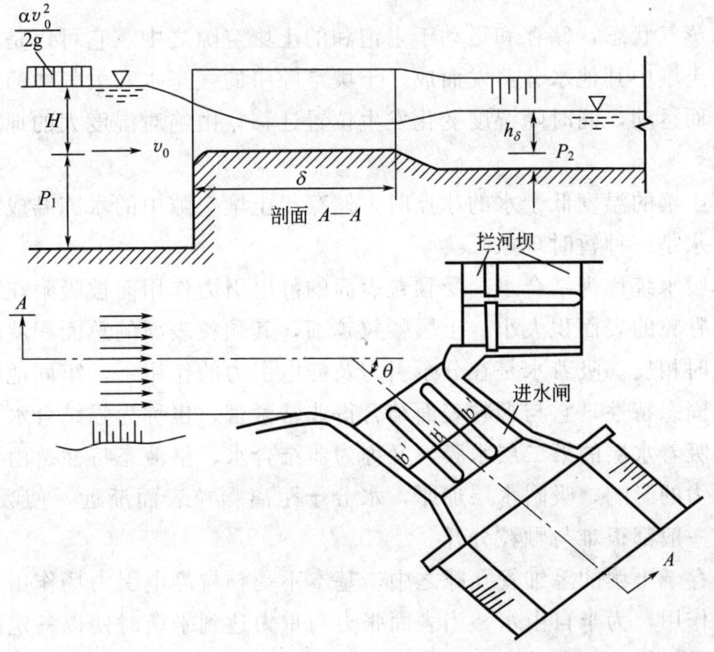

题 11-14 图

第12章 渗 流

流体在土壤、岩石等孔隙介质中的流动称渗流。如水、石油、天然气等在土壤、岩石等孔隙介质中的流动，环境工程中垃圾渗透液的流动；给排水中的滤池渗透，地下水源取水的井与井群；采矿工程中煤层气的运动；水利工程中挡水建筑物的渗透问题，水库、河、渠的渗透问题等。水在土壤、岩石等孔隙介质中的流动称地下水运动，它是渗流最常见的一种形式。地下水体为水资源的基本成分，土壤孔隙中的水体不断为人类所利用。随着地表水污染的加剧，地表水源日益枯竭，地下水资源开发利用成为饮用水源的重要补充，从而使渗流运动的研究具有极其重要的意义。本章将主要研究水体在土壤中的渗透运动，即地下水运动。具体任务是研究地下水的渗透速度、压强分布和渗透流量、渗透运动水面曲线等，结合地下水源取水的实际工程，进行井与井群渗透分析与流量计算。

12.1 渗流的基本概念

水体在土壤中的渗透运动一方面要受到水体在土壤中的存在形式及其物理力学性质的影响，同时还受土壤的性质、粒径组成、渗透特性、孔隙大小等因素的影响。

12.1.1 水在土壤中的存在形式

水体在土壤中的存在类型主要有气态水、固态水、结合水（吸着水、薄膜水）、毛细水和重力水。

气态水呈水蒸气状态，储存和运动于未饱和的土壤空隙之中。它可以是地表大气中的水汽移入，也可是土壤中其他水分蒸发而成。土壤空隙中的气态水和大气中的水汽一样，一方面随空气的流动而运动，同时随湿度变化发生位置迁移，由绝对湿度大的地方迁移至绝对湿度小的地方。

固态水是当土壤的温度低于水的冰点时，储存于土壤空隙中的水冻结成冰而形成。大多数情况下，固态水是一种暂时现象。

吸着水与薄膜水统称为结合水，受颗粒表面的静电引力作用而被吸附在颗粒表面，含量主要取决于土壤颗粒的表面积大小。土壤颗粒越细，其颗粒表面的总面积就越大，结合水含量越多；颗粒粗时相反。吸着水是在分子引力及静电引力的作用下，牢固地吸附在颗粒表面的一层水膜，呈固态特性，它与颗粒表面结合得非常紧密，也称为强结合水。薄膜水是紧紧包围在颗粒表面吸着水层的第二层水膜，又称为弱结合水，呈液态特性。由于很多水分子也受到颗粒静电引力的影响，吸附水层加厚，水分子距离颗粒表面渐远，使吸引力大大减弱。吸着水与薄膜水一般都很难与颗粒分开。

毛细管水储存于土壤的毛细管孔隙之中，基本不受颗粒静电引力场作用，这种水同时受表面张力和重力作用，为半自由水。当表面张力与重力达到平衡时便以一定高度停留在毛细管孔隙中。由于毛细管水的上升，在潜水面以上形成一层毛细管水带，毛细管水面会随着潜水面的升降和蒸发作用而发生变化。毛细管水只能垂直运动，不能参加渗流运动，可以传递静水压力。

重力水是当薄膜水的厚度增大，颗粒表面静电场的引力逐渐减弱，引力不能支持水的重量时，液态水在重力作用下沿非毛细管的孔隙自由向下流动，使土壤全部空隙被水充满达饱和之后，在重力作用下自由运动的水体。重力水只受重力影响，可以传递静水压强，有冲刷、侵蚀作用，并能溶解岩石。由于气态水、固态水、结合水、毛细管水在土壤中含量较小，因此，本章主要研究重力水的运动。

12.1.2 土壤渗透的相关特性

影响水体渗流运动规律的土壤性质称土壤的渗透特性。土壤的透水性是其重要的渗透特性，它与土壤的性质（如黏土、沙土）、粒径、形状、级配、排列情况，以及孔隙的大小、多少、形状、分布等因素密切相关，反映这些量的物理参数可以用不均匀系数和孔隙率表示，这些系数最终将影响到土壤的渗透系数和渗透流量。

(1) 不均匀系数　对于不同性质的土壤，其渗透性质不同，如沙土明显较黏土具有更大的透水性。同一种土壤，当其粒径、形状、级配、排列情况不同时其透水性也不同。在确定土壤的渗透性质时，常常采用筛分方法，分别求占质量60%、10%的土壤颗粒通过筛孔的直径，以 d_{60}、d_{10} 表示，这两种粒径比称为不均匀系数。即：

$$\eta=\frac{d_{60}}{d_{10}} \tag{12-1}$$

式中，η 为不均匀系数；d_{60} 为60%质量的土壤颗粒通过的筛孔直径；d_{10} 为10%质量的土壤颗粒通过的筛孔直径。一般而言，$\eta>1$，η 越大，颗粒越不均匀。当 $\eta=1$ 为均匀颗粒。一般来说，不均匀的土壤其透水性能较均匀的土壤差。

(2) 孔隙率　由于土壤的大小、形状、排列方式等的不同，土壤在堆积时通常呈不均匀分布。土壤颗粒与颗粒之间总是存在孔隙，孔隙的大小可以用孔隙率表示，即一定体积的土壤中，孔隙的体积与包括孔隙和土壤颗粒骨架的总体积之比，即：

$$n=\frac{w}{W} \tag{12-2}$$

式中，n 为孔隙率，它总是小于1；w 为孔隙的体积；W 为包括孔隙和土壤颗粒骨架的总体。

孔隙率越大，土壤的透水性能越好，土壤容纳水体的能力越强。但土壤孔隙大小、形状和分布受多种因素的影响。为此，可将土壤分为均质土壤与非均质土壤。均质土壤是指其渗透性质不随空间位置而变化的土壤，否则为非均质土壤。均质土壤又可分为各向同性土壤和各向异性土壤。各向同性土壤是指渗透性质沿各方向相同的土壤，各向异性土壤则是指渗透性质沿各方向不同的土壤。例如，均质砂土就是均质各向同性土壤，而黄土和各个方向上有不同裂缝的岩石为各向异性土壤。本章仅研究均质各向同性土壤中的恒定渗流。

12.2 渗流模型与达西渗流定律

12.2.1 渗流模型

重力水在土壤孔隙中的运动路径迂回曲折，通道形状、大小各不相同，因而按实际情况分析渗流运动既复杂又困难。与此同时，人们在实际工程中关心的渗流问题主要为渗流运动反映出的宏观现象表现出的平均效果，因此，为研究方便，常常采用简化的渗流模型来代替实际工程中复杂的渗流运动。所谓渗流模型即是假定渗流流体作为一种连续介质，连续地充满包括土壤孔隙和颗粒骨架在内的全部空间；并认为通过渗流模型中某一断面的流量与真实对应断面的渗流流量相同；模型上任意断面的渗透压力等于对应断面真实的渗透压力；模型上任两断面间的渗透阻力与真实对应断面间的渗透阻力相同。

根据渗流模型的定义，则通过某一微小面积 ΔA 的渗透流速为：

$$u=\frac{\Delta Q}{\Delta A} \tag{12-3}$$

式中，u 为微小面积 ΔA 的平均渗透流速；ΔA 为渗流模型中的微小过水断面面积，这个面积包括孔隙和颗粒骨架的面积总和；ΔQ 为通过该微小面积 ΔA 的流量。由此可见，由于实际渗流的过水面积为 $\Delta A'=n\Delta A$，小于 ΔA。因此，实际的渗透流速 u' 必然大于渗流模型的平均流速，即有：

$$u'=\frac{\Delta Q}{n\Delta A} \tag{12-4}$$

因孔隙率 $n<1$，有 $u<u'$，即渗流模型中的渗流流速小于实际的渗流流速。

引入渗流模型后，渗流运动就可以按前面连续介质的基本理论进行分析计算，也可以将渗流分为恒定渗流与非恒定渗流、有压渗流与无压渗流、均匀渗流与非均匀渗流，非均匀渗流又可以分为渐变渗流和急变渗流，它们的分类方式与前面相同。

12.2.2 达西渗流定律

12.2.2.1 达西渗流定律

1852—1855 年，法国工程师达西（Henri Darcy）利用均质砂土进行了大量渗流实验研究，总结了均匀渗流的基本规律，后称达西渗透定律。得出了渗流水头损失与渗流速度之间的基本关系，实验装置如图 12-1 所示。

达西实验装置中，直立圆筒上端开口，滤水网 c 上装有高 l 的均匀砂土，在 1—1、2—2 断面上分别设置测压管。上部由供水管 a 供水，溢流管 b 保持水位恒定。渗透流量由容器 d 测定。由于渗流流速很小，可以忽略渗流流速水头。则 1—1 和 2—2 断面的渗流水头损失为两断面的测压管水头差 $h_w=h_1-h_2$，其水力坡度 J 为

$$J=h_w/l=(h_1-h_2)/l \tag{12-5}$$

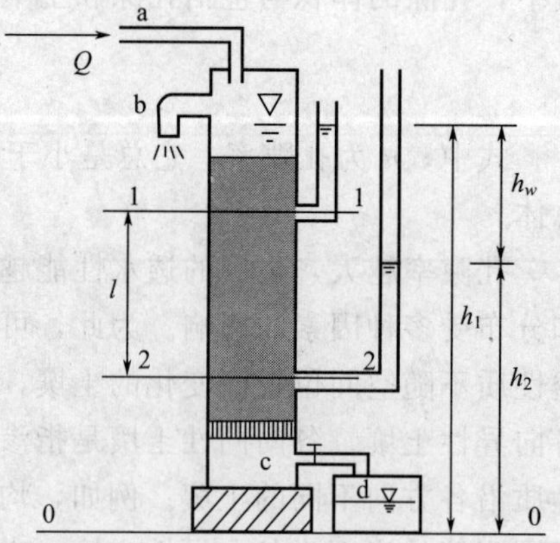

达西对不同尺寸的圆筒和不同类型的土壤进行了大量实验，研究发现，土壤的渗流流量 Q 与渗透过水断面面积 A 和水力坡度 J 成正比，并与土壤的渗透性质有关，可以表示为：

$$Q=kAJ \tag{12-6}$$

图 12-1 达西实验装置

则渗透流速为：

$$v=\frac{Q}{A}=kJ \tag{12-7}$$

式中，k 为反映土壤渗透性质的系数，称为渗透系数，其单位为速度的单位，即单位时间渗流透过土壤的深度；v 为渗流流速。式（12-7）称达西渗流定律。

若水力坡度 J 以微分形式表示：$J=-\frac{dH}{ds}$，dH 为微小长度 ds 上的微小总水头损失。则渗透流速又可表示为：

$$v=-k\frac{dH}{ds} \tag{12-8}$$

式（12-7）、式（12-8）均为达西渗流定律，它描述了当渗流流速很小时，渗流能量损失与渗流流速之间的基本关系。实验得到的结论建立在均匀渗流基础上，渗流流速为断面平均流速。它表明，渗流流速与水力坡度的一次方成正比，因此达西渗流定律也称为渗流的线性定律。基于此关系，均匀渗流场中任意点的渗流流速可以利用达西公式推广

$$u=-k\frac{dH}{ds} \tag{12-9}$$

式中，u 为渗流场中某点的渗流流速。

12.2.2.2 达西定律的适用范围

达西定律是在均质砂土中渗流流速很小时得到的，因此它只能在符合线性渗流规律的范围使用。由于渗流的沿程水头损失与流速的一次方成正比，可以认为此种渗流处于层流运动，也称为层流渗流。当渗流流速较大，如在粗颗粒土壤或堆石排水体中的渗流，渗流流速与水头损失就不再遵循这一规律了，此时的渗流称为非线性渗流。

曾有学者提出以颗粒直径来作为线性渗流和非线性渗流的判别标准，他们认为平均粒径在0.01～3.0的范围内的土壤适用达西渗透定律。但大多数研究者认为采用雷诺数判别线性渗流和非线性渗流更合适。研究表明，判别线性渗流和非线性渗流的临界雷诺数并不是一常数，它随颗粒直径、孔隙率等因素变化。巴甫洛夫基给出的渗流临界雷诺数为：$Re_k=7\sim9$。当土壤实际渗流雷诺数 $Re<Re_k=7\sim9$ 时为线形渗流，否则为非线形渗流。渗流的雷诺数可用下式计算：

$$Re=\frac{1}{0.75n+0.23}\frac{vd}{\nu} \tag{12-10}$$

式中，n 为孔隙率；v 为渗流断面平均流速，cm/s；d 为土壤的有效粒径，通常采用 d_{10}，即筛分时占10%质量的颗粒所通过的筛孔直径，cm；ν 为水的运动黏滞系数，cm^2/s。

也可以采用不计及孔隙率的雷诺数，$Re=\frac{vd}{\nu}$，此雷诺数的参数与式（12-10）的含义相同，$Re\leqslant1\sim10$ 为线性渗流。为安全起见，也可取临界雷诺数 $Re_k=1$。$Re>1$ 为非线性渗流。

工程中遇到的大多数渗流问题属线性渗流，只有在少数的砾石、碎石等大孔隙介质中的渗流才不符合线性渗流定律。同时对于极细颗粒的土壤，能否运用渗流达西定律进行计算也尚待研究。

针对线性渗流和非线性渗流，1901年福希海梅（Forchheimer）提出渗流水力坡度计算的一般式：

$$J=au+bu^2 \tag{12-11}$$

式中，a 和 b 为实验常数，由实验测定。$b=0$ 时为线性渗流，符合达西渗流定律；$a=0$ 时为渗流阻力平方区，其水力坡度与流速的平方成正比；若 a 和 b 都不等于零，则为一般的非线性渗流。本章仅限于讨论符合达西渗流定律的线性渗流。

12.2.2.3　渗透系数

渗透系数是反映孔隙介质渗透特性的综合指标。渗透系数的大小主要取决于土壤颗粒的形状、大小、不均匀系数、孔隙率及水温等，要精确测定渗透系数的值较为困难，一般可以采用经验公式法、实验室测定法、现场观测法等多种方法测算土壤的渗透系数，具体如下。

(1) 经验公式法　在初步估算时，参考有关规范和已有工程的资料选定渗透系数，这种方法所受局限性大，也称经验值，因此只能在粗略估算中采用。表 12-1 列出了常见土壤中渗透系数的参考值。

表 12-1　土壤中渗透系数的参考值

土　名	渗透系数 k	
	m/d	cm/s
黏土	<0.005	$<6\times10^{-6}$
亚黏土	0.005～0.1	$6\times10^{-6}\sim1\times10^{-4}$
轻亚黏土	0.1～0.5	$1\times10^{-4}\sim6\times10^{-4}$
黄土	0.25～0.5	$3\times10^{-4}\sim6\times10^{-4}$
粉砂	0.5～1.0	$6\times10^{-4}\sim1\times10^{-3}$
细砂	1.0～5.0	$1\times10^{-3}\sim6\times10^{-3}$
中　砂	5.0～20.0	$6\times10^{-3}\sim2\times10^{-2}$
均质中砂	35～50	$4\times10^{-2}\sim6\times10^{-2}$
均质粗砂	60～70	$7\times10^{-2}\sim8\times10^{-2}$
圆　砾	50～100	$6\times10^{-2}\sim8\times10^{-2}$
卵　石	100～500	$1\times10^{-1}\sim6\times10^{-1}$
无填充物卵石	500～1000	$6\times10^{-1}\sim1\times10^{-1}$
稍有裂隙岩石	20～60	$2\times10^{-2}\sim7\times10^{-2}$
裂隙多的岩石	>60	$>7\times10^{-2}$

(2) 实验室测定法　实验室中采用类似的达西渗流实验装置，将未受扰动的土样放入过流断面为 A 的圆筒装置内，在恒定渗透压力下测定渗透流量 Q 和给定两断面间的水头损失 h_w，则渗流系数为：

$$k=\frac{Ql}{Ah_w} \tag{12-12}$$

实验室法测定简单，但需保证选取的土样为未受扰动土壤，并有足够数量保证它的代表性。

(3) 现场观测法　由于天然土壤并非完全均质，所取土样也不能保证完全不受扰动，因此现场观测法更为真实可靠。现场观测法采用现场钻井或利用原有井做抽水或灌水试验，根据井的流量公式计算平均渗流系数 k，这种方法可以取得大面积的平均渗透系数，但野外实验耗资巨大，一般由水文地质工作者完成。

【例 12-1】　为测定一均质砂土含水层的渗透系数，在现场打井作抽水试验，当 1h 抽水 7200L 的水量时，测得两井的水位差恒定在 1.5m，设含水层渗透过流断面为 10m×2m，两井距离为 100m。若颗粒的有效直径 $d_{10}=2$mm，渗流水的运动黏性系数为 $\nu=0.0131\text{cm}^2/\text{s}$，问该渗流是否为线性渗流并求渗透系数。

【解】 有题目知，渗透流量为 $Q=7200/3600=2\text{L/s}$，

过流断面面积为 $A=10\times2=20\text{m}^2$，渗透流速 $v=\dfrac{Q}{A}=\dfrac{2\times10^{-3}}{20}=10^{-4}$ (m/s)

则该渗流的雷诺数为 $Re=\dfrac{vd_{10}}{\nu}=\dfrac{10^{-4}\times2\times10^{-3}}{0.0131\times10^{-4}}=0.15<1$，故为线性渗流，可按达西渗流定律计算。

因渗透水力坡度为 $J=\dfrac{1.5}{100}=0.015$

按达西渗流定律有：$k=\dfrac{Q}{JA}=\dfrac{2\times10^{-3}}{0.015\times20}=0.0067$ (m/s)

【例 12-2】 如图 12-2 所示水厂滤池，已知滤料采用均质石英砂土，滤料厚 $L=5\text{m}$，上下水位差 $h=2\text{m}$，设滤料颗粒均匀，其渗透系数为 $k=0.005\text{m/s}$，出流断面直径为 2.5m，求滤池的出流量。

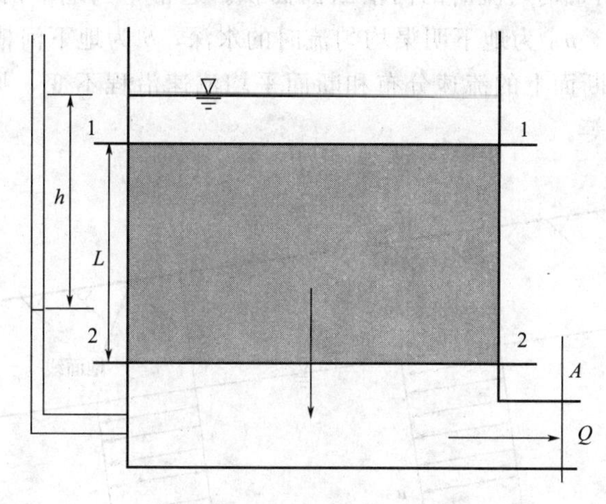

图 12-2 水厂滤池

【解】 根据题目已知条件，可求得渗透水力坡度为

$$J=\frac{2}{5}=0.4$$

由于为均匀渗流，按达西渗流定律有：

$$Q=kJA=0.005\times0.4\times\frac{\pi\times2.5^2}{4}=0.0098\text{m}^3/\text{s}=9.8\text{L/s}$$

12.3 地下水的均匀渗流与非均匀渐变渗流

地面以下，第一个不透水层上的均质土壤中的渗流通常认为与大气相通，这种具有自由液面的地下水运动称地下明渠渗流或无压渗流，这个不透水层地基即为地下明渠渗流的河槽，地下明渠渗流的液面与大气相接，称为浸润面。可按照第 9 章明渠流动类似的方法，根据流线形式将地下明渠渗流分为均匀渗流和非均匀渗流，非均匀渗流又可分为非均匀渐变渗流和急变渗流。根据渗流河槽底坡形式分为顺坡、逆坡、平坡。按渠道断面形式分为棱柱体渠道和非棱柱体渠道，对于非均匀渗流的水面曲线也称为浸润曲线。

12.3.1　恒定均匀流

在均匀渗流中，水深与断面平均流速均沿程不变，浸润面（地下水面线）平行于地下河槽的渠底即不透水层。同样，均匀渗流的测压管坡度等于其水力坡度和底坡。

由于地下水的渗流流速很小，服从达西线性渗流定律条件。在均质土壤中，均匀渗流区域中任一点的渗流流速都相等并等于断面平均渗流流速。根据达西渗流定律，渗流场中任意点的渗流流速为

$$u=kJ=ki \quad 且 \quad u=v \tag{12-13}$$

其水力坡度为：

$$J=i=-\frac{\mathrm{d}H}{\mathrm{d}s} \tag{12-14}$$

渗流流量为：

$$Q=vA_0=kiA_0 \tag{12-15}$$

式中，A_0 为地下明渠均匀流时的河槽断面面积。通常，当地下河槽很宽阔时，可视为矩形断面。则 $A_0=bh_0$，h_0 为地下明渠均匀流时的水深，b 为地下河槽宽。

对于均匀渗流过流断面上的流速分布和断面平均流速沿程不变，见图 12-3。由此可知，渗流区各点渗流流速相等。

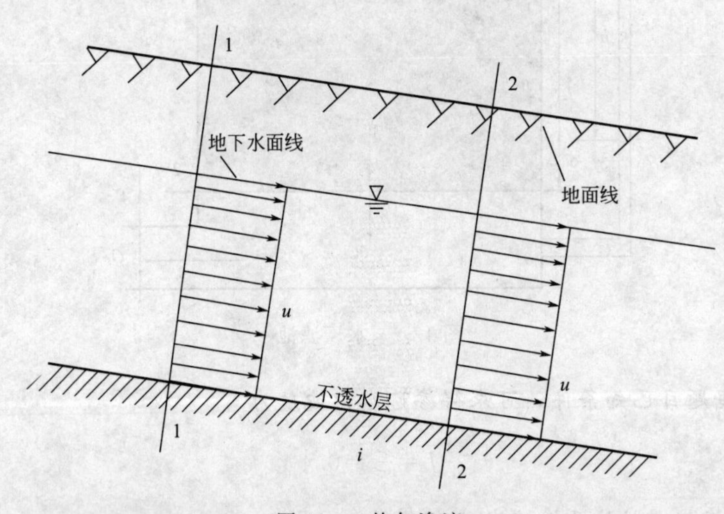

图 12-3　均匀渗流

12.3.2　渐变流渗流的裘皮依（J. Dupit）公式

任取长 ds 的渐变渗流，如图 12-4 所示。渐变渗流过流断面 1—1 和 2—2 的压强分布与明渠均匀流类似，仍然服从静压强分布规律。1—1 断面上各点的测压管水头相等且为 H_1，2—2 断面上各点的测压管水头均为 H_2。则 1—1 与 2—2 断面之间任一流线的水头损失相同，且为 $\mathrm{d}h_w=-\mathrm{d}H=H_1-H_2$。

由于渐变渗流流线的曲率较小，流线族几乎为平行直线，可以认为 1—1 和 2—2 断面间的所有流线长度均为 ds。因此，同一过流断面上各点的水力坡度相等，为：

$$J=-\frac{\mathrm{d}H}{\mathrm{d}s}=\mathrm{const} \tag{12-16}$$

对于均质土壤，根据达西渗流定律，同一过流断面上各点的渗流流速 u 相等，并等于

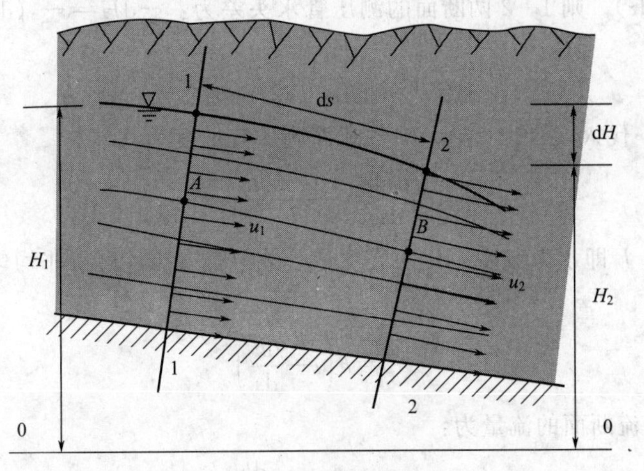

图 12-4 非均匀渐变渗流

断面平均流速，即

$$u=v=kJ \tag{12-17}$$

式（12-17）称为裘皮依公式。公式表明：渐变渗流同一过流断面上各点的渗流流速相等，且等于断面平均渗流流速。然而由于渐变渗流中各断面水深沿程发生变化，各断面水力坡度也将不同，因而不同过流断面上的流速不同，如图 12-4 所示。

12.4 棱柱体地下明渠恒定渐变渗流浸润曲线分析

12.4.1 渐变渗流基本微分方程

与地面明渠流动一样，实际工程中往往需要知道非均匀渗流的浸润曲线的沿程变化，从而了解各断面上水力要素的变化情况。由于渗流流速普遍较小，可以用测压管坡度来近似水力坡度。

取图 12-5 所示无压恒定渐变渗流，设不透水层底坡为 i，任取渗流过流断面 1—1，其含水层水深为 h，渠底距基准面的高度为 z，测压管水头为 $H=h+z$。在相距 ds 微段长度的 2-2 断面的含水层水深为 $h+\mathrm{d}h$，渠底距基准面的高度为 $z+\mathrm{d}z$，测压管水头为 $H+\mathrm{d}H=$

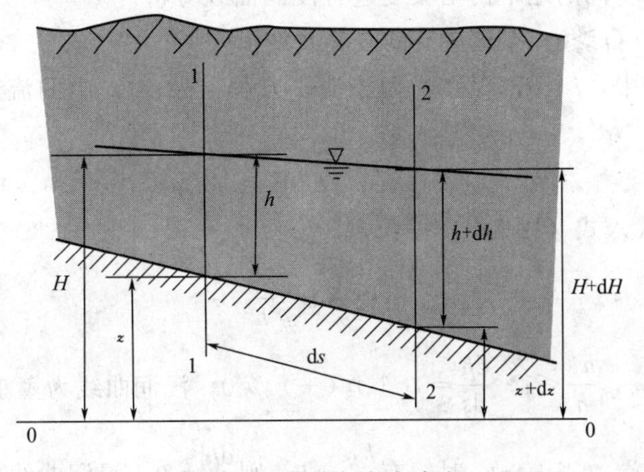

图 12-5 非均匀渐变渗流

$(h+\mathrm{d}h)+(z+\mathrm{d}z)$。则 1—2 两断面的测压管水头差为：$-\mathrm{d}H=-(\mathrm{d}h+\mathrm{d}z)$。由于 $\mathrm{d}z=-i\mathrm{d}s$ 则有：

$$-\mathrm{d}H=i\mathrm{d}s-\mathrm{d}h \tag{12-18}$$

将式（12-18）代入式（12-16），则各断面测压管坡度为

$$J=-\frac{\mathrm{d}H}{\mathrm{d}s}=\frac{i\mathrm{d}s-\mathrm{d}h}{\mathrm{d}s}=i-\frac{\mathrm{d}h}{\mathrm{d}s} \tag{12-19}$$

此测压管坡度 J 即水力坡度。代入裘皮依公式（12-17），可得非均匀渐变渗流断面平均渗流流速，为：

$$v=k\left(i-\frac{\mathrm{d}h}{\mathrm{d}s}\right) \tag{12-20}$$

通过该渐变渗流断面的流量为：

$$Q=kA(i-\frac{\mathrm{d}h}{\mathrm{d}s}) \tag{12-21}$$

将面积表示为：$A=bh$，取单宽流量：$q=\frac{Q}{b}$。式（12-21）可表示为：

$$\frac{\mathrm{d}h}{\mathrm{d}s}=i(1-\frac{q}{khi}) \tag{12-22}$$

式（12-21）、式（12-22）均为棱柱体地下明渠恒定渐变渗流的基本微分方程，利用此方程便可以分析和计算渐变渗流的浸润曲线的沿程变化，从而为实际工程的研究提供可靠的地下水面线的形式和渗流水深。

12.4.2 渐变渗流浸润曲线的类型

由于渐变渗流其流速很小，可略去流速水头，从而地下渗流的断面比能近似等于渗流水深。因此，与地面明渠流动相应的临界水深失去意义，从而缓流、急流、临界流，陡坡、缓坡、临界坡等概念不再存在。在分析地下明渠的浸润曲线时，只能与均匀渗流时的水深即正常水深比较，同样称正常水深的等值线为 N-N 线。则地下渗流区域只存在位于正常水深上部区域的 a 区和下部区域的 b 区。同时，地下河槽的底坡只有顺坡、平坡和逆坡。也只有顺坡地下河槽才能产生均匀渗流。整个渗流区域的浸润曲线类型减少，并变得简单。由于渗流流动过程中必然存在水头损失，总水头线同样沿程下降。

下面分别对三种不同的地下河槽坡度进行浸润曲线分析。

12.4.2.1 顺坡（$i>0$）渠道渗流的浸润曲线

在顺坡地下河槽中，$i>0$，存在均匀渗流，方程（12-22）中的流量可以用均匀渗流的正常水深 h_0 表示：

$$q=kh_0 i \tag{12-23}$$

将式（12-23）代入式（12-22），得：

$$\frac{\mathrm{d}h}{\mathrm{d}s}=i(1-\frac{h_0}{h}) \tag{12-24}$$

（1）a 区 $h>h_0$，$\frac{h_0}{h}<1$，$\frac{\mathrm{d}h}{\mathrm{d}s}=(+)(+)>0$，浸润曲线为壅水曲线，见图 12-6。

在浸润曲线上游端，当 $h\to h_0$ 时，有 $\frac{h_0}{h}=1$，则 $\frac{\mathrm{d}h}{\mathrm{d}s}=0$，浸润曲线以 N-N 线为渐近线。

在曲线下游端，当 $h\to\infty$ 时，有 $\frac{h_0}{h}\to 0$，则 $\frac{dh}{ds}\to i$，曲线以水平线为渐近线。

(2) b 区　$h<h_0$，$\frac{h_0}{h}>1$，$\frac{dh}{ds}=$ (+) (−) <0，浸润曲线为降水曲线，见图12-6。

在浸润曲线上游端，$h\to h_0$，同样有 $\frac{dh}{ds}=0$，浸润曲线以 N-N 线为渐近线。在浸润曲线下游端，$h\to 0$ 时，有 $\frac{h_0}{h}\to\infty$，则 $\frac{dh}{ds}\to -\infty$，浸润曲线与底坡正交。当该降水曲线的末端曲率半径很小时不再符合渐变流条件。

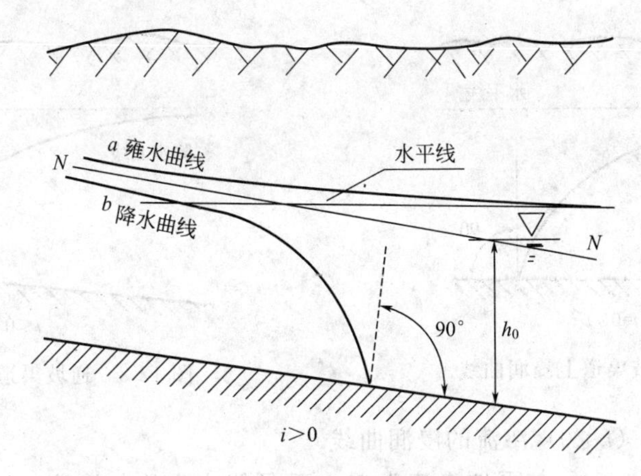

图 12-6　顺坡渗流的浸润曲线

在井、井群和集水廊道计算中往往需进行浸润曲线的计算。设 $\frac{h}{h_0}=\eta$，则 $dh=h_0 d\eta$。代入式 (12-24)，有：

$$\frac{i\,ds}{h_0}=d\eta+\frac{1}{\eta-1}d\eta \tag{12-25}$$

任意取两断面 1—1、2—2，其间长度为 L，式 (12-25) 积分为：

$$\frac{iL}{h_0}=\eta_2-\eta_1+\ln\frac{\eta_2-1}{\eta_1-1} \qquad [12\text{-}26\text{(a)}]$$

式中，η_1、η_2 分别为任意两断面 1—1、2—2 渗透水深 h_1、h_2 对应的无量纲水深 $\eta_1=\frac{h_1}{h_0}$、$\eta_2=\frac{h_2}{h_0}$。则式 [12-26 (a)] 也可变为：

$$iL=h_2-h_1+h_0\ln\frac{h_2-h_0}{h_1-h_0} \qquad [12\text{-}26\text{(b)}]$$

12.4.2.2　平坡 ($i=0$) 渗流的浸润曲线

在平坡地下河槽中，$i=0$，不可能产生均匀渗流，也无 N-N 线，因此渗流区域只有一种浸润曲线。渗流浸润曲线的微分方程变为：

$$\frac{dh}{ds}=-\frac{q}{kh} \tag{12-27}$$

由于渗透水深和单宽流量都不可能为负，则 $\frac{dh}{ds}<0$。因此，浸润曲线为一条水深沿程减

小的降水曲线，见图 12-7。浸润曲线上游端，当 $h\to\infty$，$\frac{dh}{ds}\to 0$，浸润曲线以水平线为渐近线。浸润曲线下游线，当 $h\to 0$，$\frac{dh}{ds}\to -\infty$，浸润曲线与底坡相垂直。

将式（12-27）分离变量，积分得：

$$h_1^2-h_2^2=-\frac{2q}{k}L \tag{12-28}$$

式中，h_1、h_2 分别为任意两断面 1—1、2—2 的渗透水深；L 为该两渗流断面之间的距离。

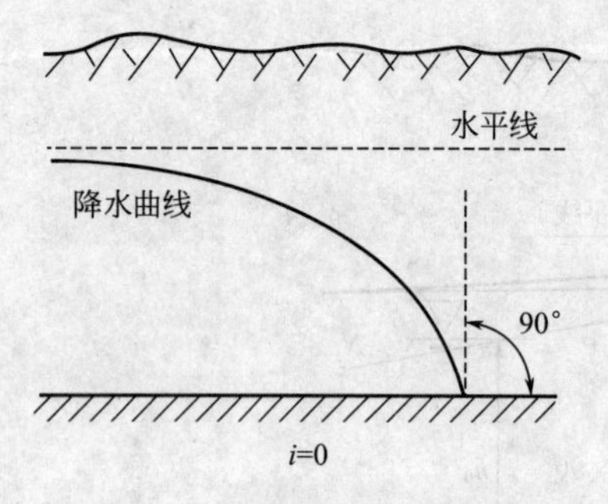

图 12-7　平坡渠道上浸润曲线

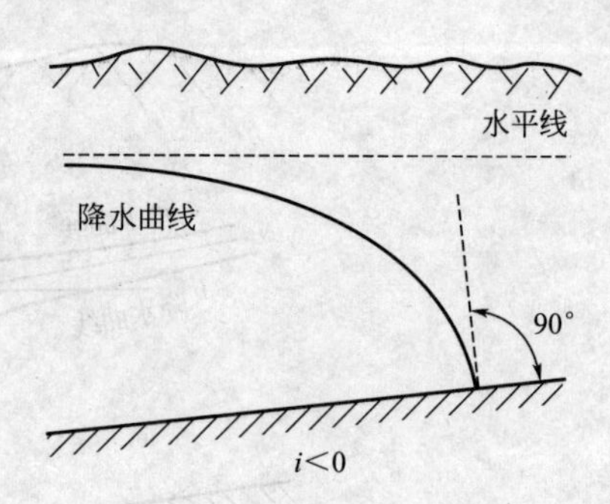

图 12-8　逆坡渠道上浸润曲线

12.4.2.3　逆坡（$i<0$）渗流的浸润曲线

逆坡地下河槽中 $i<0$，与平坡渗流类似也不可能产生均匀渗流，同样浸润曲线也只有一种。采用地面明渠相同的方法，以坡度大小相同的顺坡地下河槽 $i'=-i$ 均匀渗流的单宽流量 $q=kh'_0 i'$ 代入渗流基本微分方程式（12-22），得：

$$\frac{dh}{ds}=-i'(1+\frac{h'_0}{h}) \tag{12-29}$$

同样，由于渗透水深不可能为负，则$\frac{dh}{ds}<0$。因此，浸润曲线仍为一条水深沿程减小的降水曲线，如图 12-8 所示。浸润曲线上游端，当 $h\to\infty$，$\frac{dh}{ds}\to 0$，浸润曲线以水平线为渐近线。浸润曲线的下游线，当 $h\to 0$，$\frac{dh}{ds}\to -\infty$，浸润曲线与底坡相垂直。

在逆坡地下渗流中，设$\frac{h}{h'_0}=\eta'$，则 $dh=h'_0 d\eta'$。代入式（12-29），有：

$$\frac{i'ds}{h'_0}=-d\eta'+\frac{1}{\eta'+1}d\eta' \tag{12-30}$$

任意取两断面 1-1、2-2，其间长度为 L，式（12-30）积分为：

$$\frac{i'L}{h'_0}=\eta'_1-\eta'_2+\ln\frac{\eta'_2+1}{\eta'_1+1} \qquad [12\text{-}31(a)]$$

或

$$iL=h_2-h_1-h'_0\ln\frac{h_2+1}{h_1+1} \qquad [12\text{-}31(b)]$$

式中，η'_1、η'_2 分别为任意两断面 1—1、2—2 渗透水深 h_1、h_2 对应的无量纲水深 $\eta'_1=\frac{h_1}{h'_0}$、$\eta'_2=\frac{h_2}{h'_0}$。

【例 12-3】 图 12-9 中，在地下水渗流方向布置相距 500m 的两钻井 1 和 2。测得钻井 1 水面高程 13m，井底高程 10m；井 2 水面高程 12.75m，井底高程 8.75m，土壤的渗透系数 k 为 0.05cm/s，试求地下水单宽渗流流量。

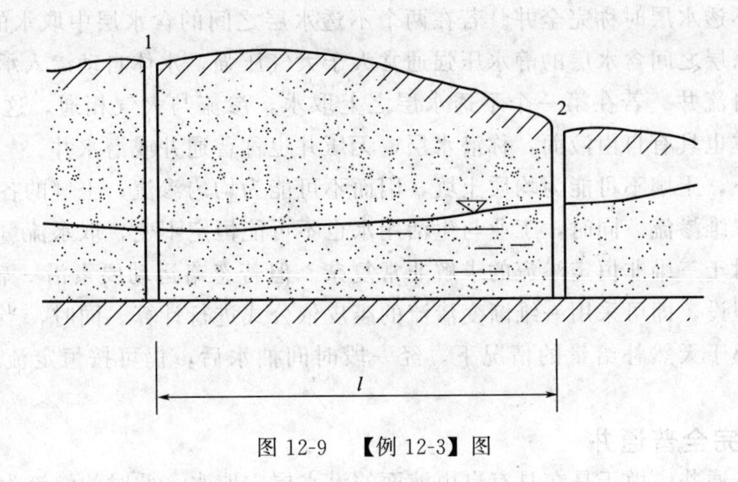

图 12-9 【例 12-3】图

【解】 根据题目已知条件有：$h_1=13-10=3\text{m}$，$h_1=12.75-8.75=4\text{m}$，$L=500\text{m}$。由井底高程可求得渗流的底坡为：

$$i=\frac{10-8.75}{500}=0.0025>0$$

故该渗流为顺坡渠道。顺坡渠道可以产生均匀流，其流量可按均匀流求解。

因渗流为渐变渗流，由顺坡渠道的浸润曲线方程式［12-26（b）］可求得均匀渗流的水深 h_0，即：

$$iL=h_2-h_1+h_0\ln\frac{h_2-h_0}{h_1-h_0}$$

$$0.0025\times500=4-3+h_0\ln\frac{4-h_0}{3-h_0}$$

试算求得：

$$h_0=0.695\text{m}$$

$$q=Q/b=k\,i\,h_0=0.0005\times0.0025\times0.695$$

$$=8.69\times10^{-7}\ (\text{m}^3/\text{s})=8.69\times10^{-4}\text{L/s}$$

本题初略估算时也可按平均水深和平均水力坡度计算，即：

$$\overline{h}=\frac{3+4}{2}=3.5(\text{m})$$

$$\overline{J}=\frac{\text{d}h}{\text{d}s}=\frac{h_2-h_1}{L}=\frac{4-3}{500}=2\times10^{-3}$$

由渐变渗流基本方程：

$$Q=Av=kbh\left(i-\frac{\text{d}h}{\text{d}s}\right)$$

$$q=k\,\overline{h}(i-\overline{J})=0.0005\times3.5\times(0.0025-0.002)$$

$$=8.75\times10^{-7}(\text{m}^3/\text{s})$$

12.5 井与集水廊道

井是给水排水工程中一种常见的抽取地下水或排出废水的构筑物。我国北方地区和农村广泛应用井抽水作为地下水源。南方地区则往往由于地下水位偏高，采用井抽水降低地下水位；或为提高地下水位向井中灌水，以保持地下水位。

根据井底所在的位置，可分为完全井和不完全井。当井底未到达不透水层时称不完全井，井底到达不透水层时称完全井。若在两个不透水层之间的含水层中取水的井称承压井。由于两个不透水层之间含水层的静水压强通常大于大气压强，水体自动渗入承压井中，因此承压井又称为自流井。若在第一个不透水层之上取水，渗流与大气相通，这种井称为无压井，此层的水体也具有自由液面，称潜水层，无压井也称普通井或潜水井。

通常情况下，土壤不可能为均质土壤，因而不可能为均匀渗流，土壤的各向异性决定了井的渗流属于三维渗流。同时，工业与生活用水也不可能恒定不变，取水流量受多种因素的影响，因此，对于三维非恒定渗流的求解非常复杂。但若忽略运动要素沿 z 轴方向的变化，并采用轴对称假设，即可采用一维渐变渗流的裘皮依公式进行计算。同时，当地下水来源充沛，开采量远小于天然补给量的情况下，经一段时间抽水后，仍可按恒定流分析井的渗流问题。

12.5.1 完全普通井

对于完全普通井，由于是在具有自由液面的潜水层中取水，此时的渗流为无压渗流。通常井的断面为圆形，因井底为不透水层，渗流水体由井壁渗入井中，如图 12-10 所示。

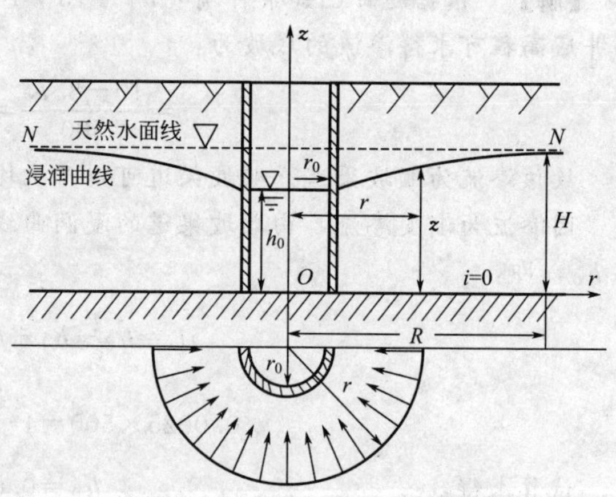

图 12-10 完全普通井（潜水井）

在平坡河槽的地下渗流中，设含水层厚度为 H，井半径为 r_0，初始时井中水面与含水层水面齐平。抽水后井中水面下降，同时地下水从四周径向对称流入井内，形成以井中心垂直轴线对称的漏斗形浸润曲面。设含水层体积很大，在一定的抽水流量下含水层厚度 H 不变，经一定时间抽水后，含水层流向井的地下渗流为恒定流动，井中水位 h_0 与周围浸润面的位置不变。除井壁附近外的大部分地区浸润曲线曲率半径较小，可以认为地下渗流运动为一维恒定非均匀渐变渗流，因此，可使用裘皮依公式进行分析计算。为分析方便，假设底坡 $i=0$。

在浸润曲线上取任意点，该点距井中心半径为 r，距不透水层距离为 z。当半径产生 $\mathrm{d}r$ 增量，在浸润曲线上的位置高度也将产生 $\mathrm{d}z$ 的增量，则该点浸润曲线的水力坡度为 $J=\dfrac{\mathrm{d}z}{\mathrm{d}r}$。

取均质各向同性土壤，各径向剖面的渗流状况相同。流向井的过水断面为一系列的圆柱面，圆柱面上各点的水力坡度均为 $\dfrac{\mathrm{d}z}{\mathrm{d}r}$。则距井轴半径为 r、高度为 z 的圆柱面断面平均流速为：

$$v=k\frac{\mathrm{d}z}{\mathrm{d}r}$$

将圆柱面面积为 $2\pi rz$ 代入连续性方程，得渗流流量：

$$Q=2\pi rzk\frac{\mathrm{d}z}{\mathrm{d}r} \tag{12-32}$$

或
$$2z\,dz=\frac{Q}{\pi k}\frac{dr}{r} \tag{12-33}$$

式中，Q 为渗流流量，也为抽水流量。对式（12-33）积分可求出井中抽水时的浸润曲线方程和恒定流下抽水的最大流量。取定积分，半径 r 从井半径 r_0 到任意断面位置的 r，z 坐标从井中初始水深 h_0 到对应半径 r 的位置高度 z，有：

$$\int_{h_0}^{z}2z\,dz=\int_{r_0}^{r}\frac{Q}{\pi k}\frac{dr}{r}$$

得：
$$z^2-h_0^2=\frac{Q}{\pi k}\ln\frac{r}{r_0} \tag{12-34}$$

或：
$$z^2-h_0^2=\frac{0.732Q}{k}\lg\frac{r}{r_0} \tag{12-35}$$

式（12-34）、式（12-35）为完全普通井（或潜水井）的浸润曲线方程。当半径 $r=R$ 的过水断面上，潜水层水深 $z=H$，即该处天然地下水位已不受井中抽水影响，R 即为井的影响半径。将边界条件 $r=R$ 时，$z=H$ 代入式（12-35），可得恒定流下完全普通井抽水的最大流量：

$$Q=1.366\frac{k(H^2-h_0^2)}{\lg\frac{R}{r_0}} \tag{12-36}$$

理论上影响半径 R 为无穷大，实际上当 z 接近于 0.95 倍的含水层厚度 H 时，就可认为是最大的影响半径。一般，影响半径由抽水试验测定，初步估算时可以采用以下经验公式

$$R=3000S\sqrt{k} \tag{12-37}$$

式中，S 为一定抽水流量 Q 下，地下水面的最大降落深度，$S=H-h_0$，S、R 均以 m 计；k 为渗透系数，m/s。

估算时最大影响半径 R 还可按土壤性质由经验酌情选用：粗粒土壤 $R=700\sim1000$m；中粗粒土壤 $R=250\sim700$m；细粒土壤 $R=100\sim200$m。

【例 12-4】 从完全潜水井中取水，井半径 $r_0=20$cm，含水层厚度为 $H=10$m，土壤渗流系数 $k=0.04$cm/s。求当井中水位降落值 $S=3$m 时的抽水量。影响半径可按 $R=3000Sk^{(1/2)}$ 计算。

【解】 由题目已知：$h_0=H-S=10-3=7$(m)

影响半径由经验公式估算：

$$R=3000S\sqrt{k}=3000\times3\times\sqrt{0.0004}=180(\text{m})$$

取影响半径 $R=180$m，可求得井的产水量为

$$Q=1.366\frac{k(H^2-h_0^2)}{\lg\frac{R}{r_0}}=1.366\times\frac{0.0004\times(10^2-7^2)}{\lg\frac{180}{20}}=0.029(\text{m}^3/\text{s})$$

12.5.2 完全自流井［承压井］

当完全井从位于两不透水层之间的含水层中取水，由于含水层内的压强大于大气压强，此时含水层自由液面将高于不透水层，若各断面以测压管液面表示其自由液面，于是可以虚拟一条浸润曲线。当压力足够大时，此自由液面还可能高于地面。

图 12-11 中，设含水层厚度为 t，其自由水面线的水深为 H。其他参数不变，依然假设底坡 $i=0$。由于完全自流井的井底直达下部不透水层，井底不透水，井壁透水。渗流各过

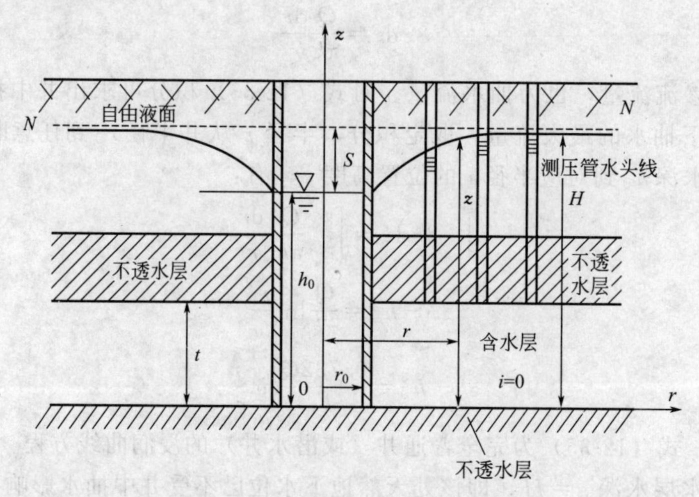

图 12-11　完全自流井（承压井）

流断面仍然为圆柱面，面积为 $2\pi rt$。

若井中抽水恒定，井中初始水深降至 h_0，同样形成一个对称于井轴的漏斗形降水曲面。按照完全普通井同样的方法，以平坡 $i=0$ 为例，可得渗流流量：

$$Q=Av=2\pi rtk\frac{\mathrm{d}z}{\mathrm{d}r} \tag{12-38}$$

或：

$$\mathrm{d}z=\frac{Q}{2\pi tk}\frac{\mathrm{d}r}{r} \tag{12-39}$$

作定积分：$\int_{h_0}^{z}\mathrm{d}z=\int_{r_0}^{r}\frac{Q}{2\pi tk}\frac{\mathrm{d}r}{r}$。得：

$$z-h_0=\frac{Q}{2\pi kt}\ln\frac{r}{r_0} \qquad [12\text{-}40\ (\mathrm{a})]$$

或

$$z-h_0=0.366\frac{Q}{kt}\lg\frac{r}{r_0} \qquad [12\text{-}40\ (\mathrm{b})]$$

式［12-40（a）］、式［12-40（b）］为完全自流井的测压管水头线方程。在最大影响半径下 $r=R$，$z=H$ 时，可得恒定抽水时的最大抽水流量为：

$$Q=\frac{2\pi kt(H-h_0)}{\ln\dfrac{R}{r_0}} \tag{12-41}$$

或

$$Q=2.73\frac{ktS}{\lg\dfrac{R}{r_0}} \tag{12-42}$$

同样，S 为一定抽水流量 Q 下的最大降落深度，$S=H-h_0$。影响半径 R 可按照完全潜水井同样的方法确定。

【例 12-5】 如图 12-12 所示一完全自流井，半径 $r_0=15\text{cm}$，含水层厚度 $t=5\text{m}$，在离井中心 20m 处钻一观测孔，做抽水试验以测定渗流系数 k，当抽水至稳定时，井中水位降深 $S=3.6\text{m}$，观测孔的水位降深为 $S_1=1.0\text{m}$，抽水量 $Q=15\text{L/s}$，抽水前井中水深 $H=10\text{m}$。试求渗流系数 k 和影响半径 R。

【解】 题目已知，$r_0=0.15\text{m}$，$S=3.6\text{m}$，$H=10\text{m}$，则：$h_0=H-S=10-3.6=6.4$

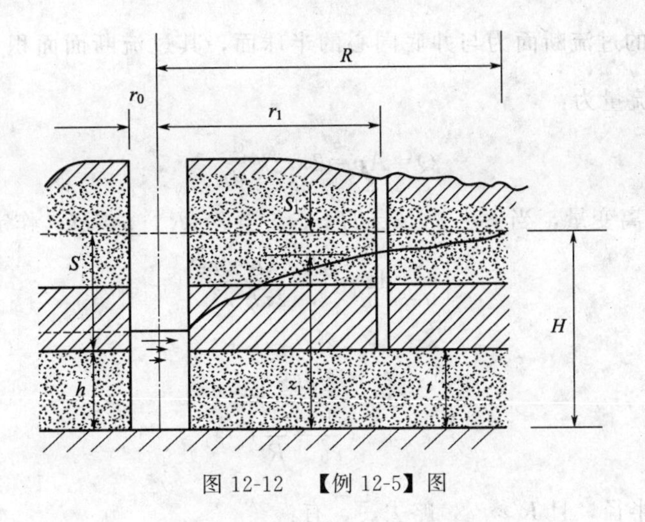

图 12-12 【例 12-5】图

(m)。

当 $r_1=20\text{m}$，$S_1=1\text{m}$，$z_1=H-S_1=10-1=9$（m）。

由完全自流井测压管水头线方程可求出渗透系数：

$$z_1-h_0=\frac{Q}{2\pi kt}\ln\frac{r_1}{r_0}$$

$$k=\frac{Q}{2\pi t(z_1-h_0)}\ln\frac{r_1}{r_0}=\frac{0.015}{2\pi\times5\times(9-6.4)}\ln\frac{20}{15}=5.28\times10^{-5}(\text{m/s})$$

根据最大产水量公式可求出影响半径：$Q=\dfrac{2\pi kt(H-h_0)}{\ln\dfrac{R}{r_0}}$

$$\ln\frac{R}{r_0}=\frac{2\pi kt(H-h_0)}{Q}=\frac{2\pi\times5.28\times10^{-5}\times5\times(10-6.4)}{0.015}=0.398$$

$$R=r_0e^{0.398}=0.15e^{0.398}=0.223(\text{m})$$

12.5.3 不完全大口井与基坑

在建筑工程中常常采用基坑排除地下水体，基坑抽水的原理与大口井相同。基坑与大口井都是抽取浅层地下水的一种形式，井直径较大，一般在 2～10m 或以上。它们可以是完全井，或不完全井，可井壁进水或井底进水。对于井底直达不透水层的完全大口井，当井壁从无压地下含水层取水，其取水流量和井管的完全普通井相同，可采用式（12-36）计算；当井壁从承压地下含水层中取水，其取水流量同样和井管的完全自流井相同，采用式（12-41）计算。

大口井过流面积较大，出水流量较大，适用于地下含水量丰富、含水层较浅的地区。因此，常常采用不完全大口井，利用井底透水实现抽水，其井壁不透水。大口井的底部可以是半球形，也可是平底。渗流的流线与井底部的形状有关，下面分别叙述。

设有一井底为半球形的不完全大口井，井下含水层水面为无穷大。井底的渗流沿径向流入井底，如图 12-13 所示。设含水层厚度（或测压管高度）为 H，井半径为 r_0，井中水位相对于不透水层的高度 z 可以用含水层厚度 H 与最大水面降落 S 求得，即 $z=H-S$。设任意位置距井中心半径为 r，对应浸润曲线上的点距不透水层 0—0 的坐标为 z，该点的水力坡

度为 $J=\dfrac{dz}{dr}$，渗流的过流断面为与井底同心的半球面，其过流断面面积 $A=2\pi r^2$。根据裘皮依公式，则渗透流量为：

$$Q=Av=2\pi r^2 k\frac{dz}{dr} \tag{12-43}$$

式（12-43）分离变量，当 $r=r_0$，$z=H-S$；当 $r=R$，$z=H$。作定积分：

$$\int_{H-S}^{H}dz=\int_{r_0}^{R}\frac{Q}{2\pi k}\frac{dr}{r^2} \tag{12-44}$$

整理得：

$$Q=\frac{2\pi kS}{\left(\dfrac{1}{r_0}-\dfrac{1}{R}\right)} \tag{12-45}$$

R 为井的影响半径，且 $R\gg r_0$，略去$\dfrac{1}{R}$，有：

$$Q=2\pi k r_0 S \tag{12-46}$$

式（12-46）即为半球形底大口井的产水量公式。

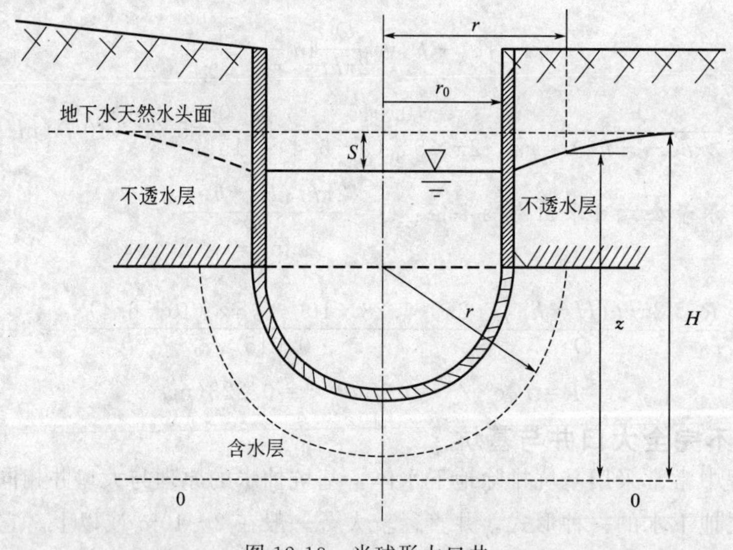

图 12-13　半球形大口井

当大口井的井底为平底时，其过流断面近似为半椭圆形，渗流流线为双曲线，如图 12-14 所示。对于平底大口井可类似推出不完全大口井的产水量公式：

$$Q=4\,kr_0S \tag{12-47}$$

在大口井的计算中，井底形状不同，计算公式不同，其产水量不同。当含水层比井的半径大 8～10 倍时，式（12-46）更符合实际情况。当然如果条件许可，可实测井的出水量与水面降落的关系，从而推求实际大口井的产水量。

实际工程中的基坑排水可类似于大口井进行计算。

12.5.4　集水廊道

大坝、地下工程等常常采用集水廊道排除渗透水体，集水廊道的断面形式多为矩形断面的隧道形状，可单侧或双侧透水，其含水层多为无压含水层，如图 12-15 所示。水体通过集

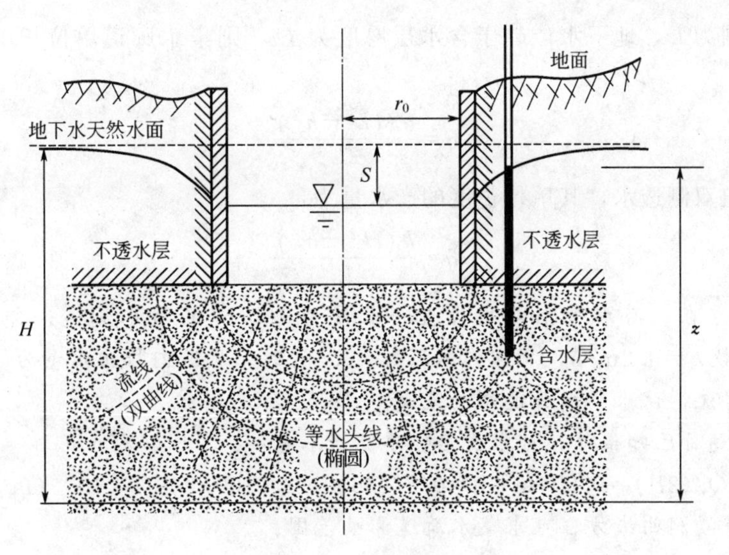

图 12-14 平底大口井

水廊道不断被排走，同时又不断地从含水层中渗入集水廊道。当廊道中的水位恒定时，两侧形成对称于廊道轴线的浸润曲面。若含水层很大，廊道很长，可近似为无压渐变渗流。设集水廊道底坡 $i=0$，含水层土壤为均匀各向同性，廊道内保持恒定水深 h，两侧浸润曲线形状位置基本不变，含水层厚为 H，仍然可用裘皮依公式分析渗流流量。

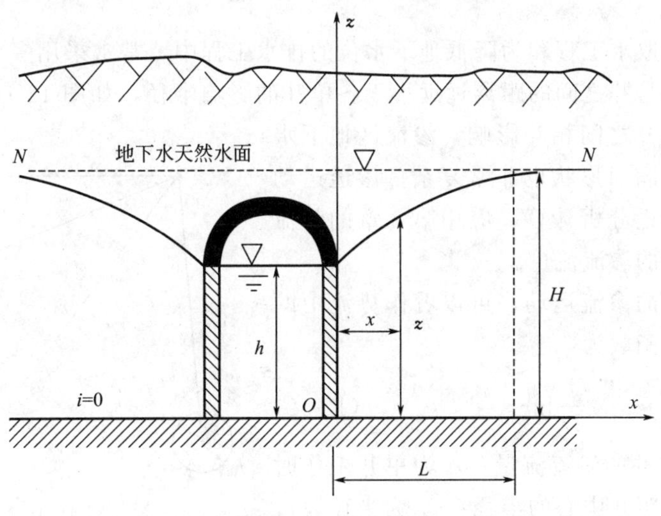

图 12-15 集水廊道

取廊道右侧的单位长度集水廊道，其单宽渗流流量为 q，浸润线上任意位置的过流断面面积为 $A=z\times L$，该点水力坡度为 $J=\dfrac{\mathrm{d}z}{\mathrm{d}x}$，由裘皮依公式有：

$$q=kz\frac{\mathrm{d}z}{\mathrm{d}x} \tag{12-48}$$

分离变量积分，得集水廊道浸润曲线方程：

$$z^2-h^2=\frac{2q}{k}x \tag{12-49}$$

当影响范围为 L，地下水位趋于含水层厚度为 H，则集水廊道单位长度上每侧的产水量为：

$$q=\frac{k(H^2-h^2)}{2L} \tag{12-50}$$

若考虑廊道双侧透水，其单位长度的产水量为：

$$q=\frac{k(H^2-h^2)}{L} \tag{12-51}$$

【例 12-6】 在一潜水含水层中设置一长度为 100 m 的集水廊道，含水层厚度 $H=2.3\text{m}$，渗流系数 $k=0.2\text{m/h}$，廊道内水深 $h=0.5\text{m}$ 时，廊道内排出水量为 $0.8\text{m}^3/\text{h}$，假定廊道两侧对称渗流，试求集水廊道影响范围。

【解】 由题目已知条件，可求出单侧单宽产水量：

$$q=Q/(2B)=0.004\text{m}^3/\text{h}=0.8/(3600\times2\times100)=1.1\times10^{-6}(\text{m}^3/\text{s})$$

由集水廊道浸润曲线方程可求集水廊道影响范围：

$$z^2-h^2=\frac{2q}{k}x$$

当 $x=L$ 时，将 $z=H$ 代入上式，有：$L=\dfrac{k(H^2-h^2)}{2q}=\dfrac{0.2(2.3^2-0.5^2)}{2\times0.004}=126(\text{m})$

12.6 井 群

在地下水源的取水工程和为降低地下水位的排水工程中，常常采用多个井抽水，从而形成井群。同时，井与井之间的距离远远小于各单井的影响半径，如图 12-16 所示。当井群同时抽水工作时，各井之间相互影响，渗流区地下水流流动复杂，其浸润面形状也非常复杂。渗透运动必须借助于势流理论分析计算，应用第 3 章的势流叠加原理求解井群的渗流流量。

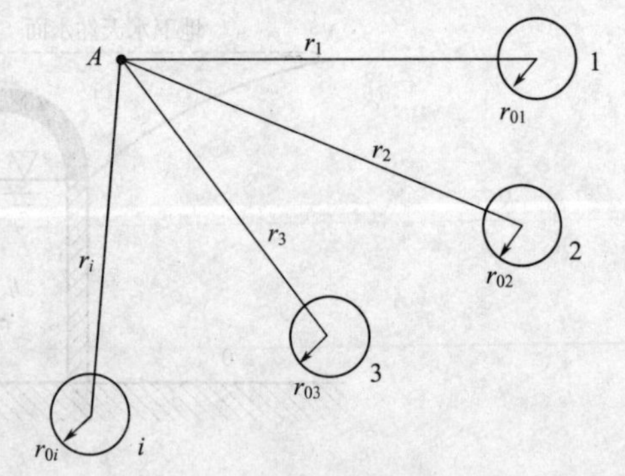

图 12-16 井群

对于任一单井的渗流运动，可以看作势流中的点汇，其汇流的势函数为：

$$\varphi_i=\frac{Q_i}{2\pi}\ln r_i \tag{12-52}$$

式中，Q_i 为单井的渗流流量；r_i 为单井工作时浸润曲线上任意点距井中心的半径；φ_i 为半径为 r_i 处垂直于浸润曲线的等势面的势函数。将此势函数对半径 r_i 求导数，得：

$$\frac{d\varphi_i}{dr_i}=\frac{Q_i}{2\pi r_i} \tag{12-53}$$

12.6.1 完全普通井群的浸润曲面方程

上一小节中已求出了完全普通井单井工作时的流量公式（12-32）和浸润曲线方程式（12-34）。

$$Q=2\pi rzk\frac{dz}{dr} \tag{12-32}$$

$$z^2-h_0^2=\frac{Q}{\pi k}\ln\frac{r}{r_0} \tag{12-34}$$

将式（12-32）代入式（12-53）有：

$$d\varphi_i=kz_i dz_i \tag{12-54}$$

式（12-54）积分有：

$$\varphi_i=\frac{1}{2}kz_i^2+c_{i0} \tag{12-55}$$

式中，c_{i0}为积分常数。式（12-55）即为完全普通井的势函数。将式（12-34）中浸润曲线z坐标代入，上式变为：

$$\varphi_i=\frac{k}{2}(\frac{Q_i}{\pi k}\ln\frac{r_i}{r_{i0}}+h_{i0}^2)+c_{i0} \tag{12-56}$$

设有多个完全普通井群同时工作，各井距某一点A的距离分别为r_1，r_2，r_3，…，r_i，井的半径分别为r_{01}，r_{02}，r_{03}，…，r_{0i}。各单井工作时的抽水流量分别为Q_1，Q_2，Q_3，…，Q_i，井中初始水深为h_{01}，h_{02}，h_{03}，…，h_{0i}。

当多个完全普通井群同时工作时，此时的地下渗流为复合势流，其势函数为$\varphi=\frac{1}{2}kz^2+c_0$。$z$为井群同时工作浸润曲线在$A$点的坐标。根据复合势流的性质，复合势流的势函数等于各简单势流势函数的代数和，即

$$\begin{aligned}\varphi&=\frac{1}{2}kz^2+c_0=\sum_{i=0}^{n}\varphi_i\\&=\sum_{i=0}^{n}\frac{k}{2}\left(\frac{Q_i}{\pi k}\ln\frac{r_i}{r_{i0}}+h_{i0}^2\right)+\sum_{i=0}^{n}c_{i0}\end{aligned} \tag{12-57}$$

令$C=\frac{2}{k}$（$\sum_{i=0}^{n}c_{i0}-c_0$），由式（12-57）得完全普通井群的浸润曲线方程为：

$$z^2=\sum_{i=0}^{n}\left(\frac{Q_i}{\pi k}\ln\frac{r_i}{r_{i0}}+h_{i0}^2\right)+C \tag{12-58}$$

若各井产水量相同，$Q_1=Q_2=\cdots=Q_n=\frac{Q_0}{n}$，$Q_0$为$n$个井的总产水量，则

$$z^2=\frac{Q_0}{n\pi k}[\ln(r_1r_2\cdots r_n)-\ln(r_{01}r_{02}\cdots r_{0n})]+\sum h_i^2+C \tag{12-59}$$

设井群的影响半径为R，且距各井很远，当$r_1\approx r_2\approx\cdots r_n=R$，$z=H$，代入式（12-59）中，得：

$$H^2=\frac{Q_0}{n\pi k}[n\ln R-\ln(r_{01}r_{02}\cdots r_{0n})]+\sum h_i^2+C \tag{12-60}$$

将式（12-59）与式（12-60）相减得

$$z^2=H^2-\frac{Q_0}{\pi k}\left[\ln R-\frac{1}{n}\ln(r_1r_2\cdots r_n)\right] \tag{12-61}$$

式（12-61）为完全潜水井群的浸润曲面方程。式中影响半径R可采用下式计算

$$R=575S\sqrt{Hk} \tag{12-62}$$

式中，S为井群中心的水位降深，m；H为含水层厚度，m。

则完全潜水井群产水量公式为：

$$Q_0=\frac{\pi k(H^2-z^2)}{\ln R-\frac{1}{n}\ln(r_1r_2\cdots r_n)} \tag{12-63}$$

12.6.2 完全自流井群的测压管水头面方程

采用完全普通井群相同的方法，将其流量公式（12-38）和测压管水头公式［12-40(a)］代入方程（12-53）。

$$Q=Av=2\pi rtk\frac{dz}{dr} \tag{12-38}$$

$$z-h_0=\frac{Q}{2\pi kt}\ln\frac{r}{r_0} \quad [12\text{-}40(a)]$$

有：
$$d\varphi=tk\,dz \tag{12-64}$$

积分得：
$$\varphi=tkz+c' \tag{12-65}$$

式中，c'为积分常数。t 为承压含水层厚度，在完全自流井群中为常数。将式［12-40(a)］中浸润曲线 z 坐标代入，考虑单井工作，则势函数为：

$$\varphi_i=tk(h_{i0}+\frac{Q_i}{2\pi kt}\ln\frac{r_i}{r_{i0}})+c'_i \tag{12-66}$$

则复合势流的势函数为：

$$\begin{aligned}\varphi&=tkz+c'=\sum_{i=0}^{n}\varphi_i\\&=\sum_{i=0}^{n}tk(h_{i0}+\frac{Q_i}{2\pi kt}\ln\frac{r_i}{r_{i0}})+\sum_{i=0}^{n}c'_i\end{aligned} \tag{12-67}$$

令 $C'=\frac{1}{tk}(\sum_{i=0}^{n}c'_i-c')$，式（12-67）可变为：

$$z=\sum_{i=0}^{n}(h_{i0}+\frac{Q_i}{2\pi kt}\ln\frac{r_i}{r_{i0}})+C' \tag{12-68}$$

同样假定各井产水量相同，$Q_1=Q_2=\cdots=Q_n=\frac{Q_0}{n}$，$Q_0$为 n 个井的总产水量。井群的影响半径 R 距各井很远，有 $r_1\approx r_2\approx\cdots r_n=R$，$z=H$，代入式（12-68）中，得：

$$H=\sum_{i=0}^{n}h_{i0}+\frac{Q_0}{2\pi kt}[n\ln R-\ln(r_{01}r_{02}\cdots r_{0n})]+C' \tag{12-69}$$

式（12-68）减去式（12-69），得完全自流井群的测压管水头方程为：

$$z=H-\frac{Q_0}{2\pi kt}[n\ln R-\ln(r_1r_2\cdots r_n)] \tag{12-70}$$

则完全自流井群的产水量为：

$$Q_0=\frac{2\pi kt(H-z)}{n\ln R-\frac{1}{n}\ln(r_1r_2\cdots r_n)} \tag{12-71}$$

【例 12-7】 在基础工程施工中，为了降低地下水位，在圆形基坑的周围布置 6 个等半径（$r_0=0.1$m）的完全潜水井，如图 12-17 所示。已知渗流系数 $k=0.05$cm/s，井群影响半径为 500m，含水层厚度 $H=10$m。若要求中心点 G 的地下水位降深 $S=6$m，问每个井的抽水量为多少？

【解】 有题目知：$r_{01}=r_{02}=r_{03}=r_{04}=r_{05}=r_{06}=0.1\text{m}$，$R=500\text{m}$，中心点$G$的地下水位$z=H-S=10-6=4\text{m}$。设各井抽水量相等时井群总产水量为$Q_0$，由完全潜水井井群的浸润曲面方程：

$$H^2-z^2=\frac{Q_0}{n\pi k}\ln\frac{R^n}{r_1r_2\cdots r_n}$$

$$Q_0=\frac{6\pi k(H^2-z^2)}{[6\ln R-\ln(r_1r_2r_3r_4r_5r_6)]}$$

$$=\frac{6\pi\times0.0005\times(10^2-4^2)}{[6\ln500-6\ln0.1]}=0.0155(\text{m}^3/\text{s})$$

则每个单井的产水量为：$q=Q_0/6=0.0026(\text{m}^3/\text{s})$

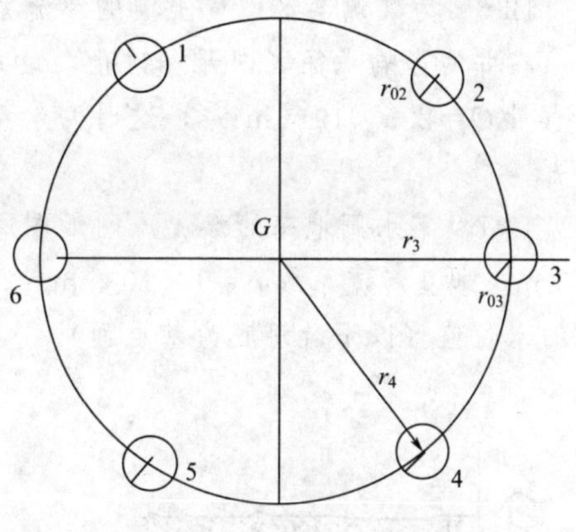

图 12-17 【例 12-7】图

习 题

12-1 一水平不透水层上的普通完整井半径$r_0=0.3\text{m}$，含水层水深$H=9\text{m}$，渗流系数$k=0.0006\text{m/s}$，求井中水深$h_0=4\text{m}$时的渗流量Q和浸润线方程（井的影响半径$R=367.42\text{m}$）。

12-2 土壤在达西实验装置中，已知圆筒直径$D=45\text{cm}$，两断面间距离$l=80\text{cm}$，两断面间水头损失$h_w=68\text{cm}$，渗流量$Q=56\text{cm}^3/\text{s}$，求渗流系数k。

12-3 设在现场注水测定潜水含水层土壤的渗透系数k值。已知钻井的直径$d=20\text{cm}$，直达水平不透水层。当注入钻井的流量$Q=0.2\times10^{-3}\text{m}^3/\text{s}$时，钻井水深$h_0=5\text{m}$，含水层厚度$H=3.5\text{m}$，影响半径$R=150\text{m}$，试求土壤的渗透系数$k$。

12-4 如图所示，有一断面为正方形的盲沟，边长为0.2m，长$L=10\text{m}$，其前半部分装填细砂，渗流系数$k_1=0.002\text{cm/s}$，后半部分装填粗砂，渗流系数$k_2=0.05\text{ cm/s}$，上游水深$H_1=8\text{m}$，下游水深$H_2=4\text{m}$，试计算盲沟渗流的流量。

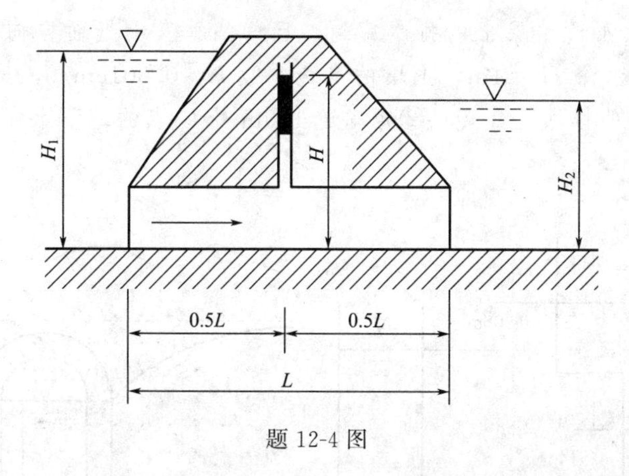

题 12-4 图

12-5 有一水平不透水层上的完全普通井，直径为0.4m，含水层厚度$H=10\text{m}$，土壤渗流系数$k=0.0006\text{m/s}$，当井中水深稳定在6m时，求井的出水量。井的影响半径$R=293.94\text{m}$，求浸润线方程。

12-6　为实测某区域内土壤的渗流系数 k 值，现打一普通完整井进行抽水实验，如图所示。在井的影响半径之内开一钻孔，距井中心 $r=80\text{m}$，井的半径 $r_0=0.20\text{m}$，抽水稳定后抽水量 $Q=2.5\times10^{-3}\text{m}^3/\text{s}$，这时井水深 $h_0=2.0\text{m}$，钻孔水深 $h=2.8\text{m}$，求土壤的渗流系数 k。

12-7　某水闸地基的渗流流网如图所示。已知 $H_1=10\text{ m}$，$H_2=2\text{ m}$，闸底板厚度 $\delta=0.5\text{ m}$。地基渗流系数 $k=1\times10^{-5}\text{m/s}$。求：①闸底 A 点渗流压强 p_A；②测压管1、2、3中的水位值（以下游河底为基准面）。

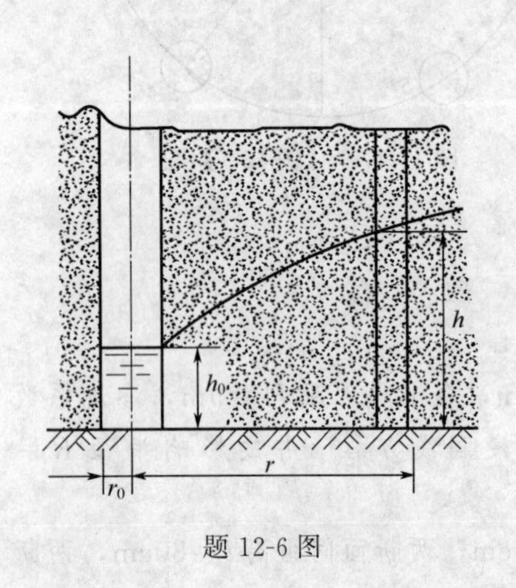

题 12-6 图

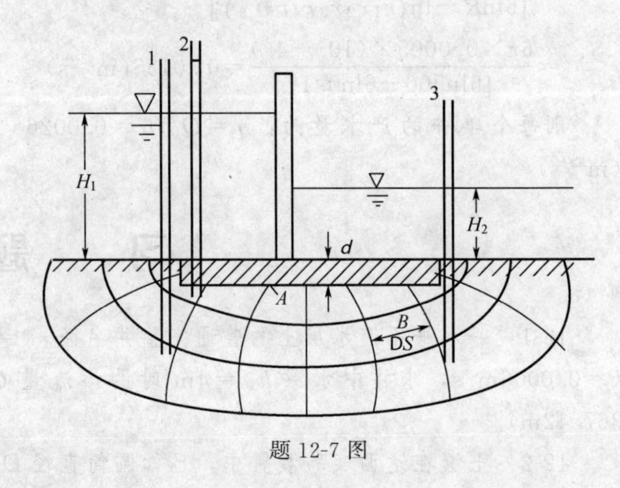

题 12-7 图

12-8　从一承压井取水。井的半径为 $r_0=0.1\text{m}$，含水层厚度为 $t=5\text{m}$，在离井中心10m处钻一观测孔，在未抽水前，测得地下水的水位 $H=12\text{m}$，现抽水量 $Q=36\text{m}^3/\text{h}$，井中水位降深 $S_0=2\text{m}$，观测孔中的水位降深 S_1 为1m，试求含水层的渗透系数 K 及井中水位降深 $S_0=3\text{m}$ 的涌水量。

12-9　如图所示，在渗透仪的圆管中装有均质的中沙，圆管直径 $d=15.2\text{cm}$，上部装有进水管，及保持恒定水位的溢流管 b。若测得通过沙粒的渗透流量 $q_v=2.83\text{cm}^3/\text{s}$，其余数据见图，从2—2到3—3断面的水头损失 忽略不计，要求计算渗透系数。

12-10　如图所示不透水层上的排水廊道，已知：垂直于纸面方向长100m，廊道水深 $h_0=2\text{m}$，含水层中水深 $H=4\text{m}$，土壤的渗透系数 $k=0.001\text{cm/s}$，廊道的影响半径 $R=200\text{m}$。试求：①廊道的排水流量 Q；②距廊道100m处 C 点的地下水深。

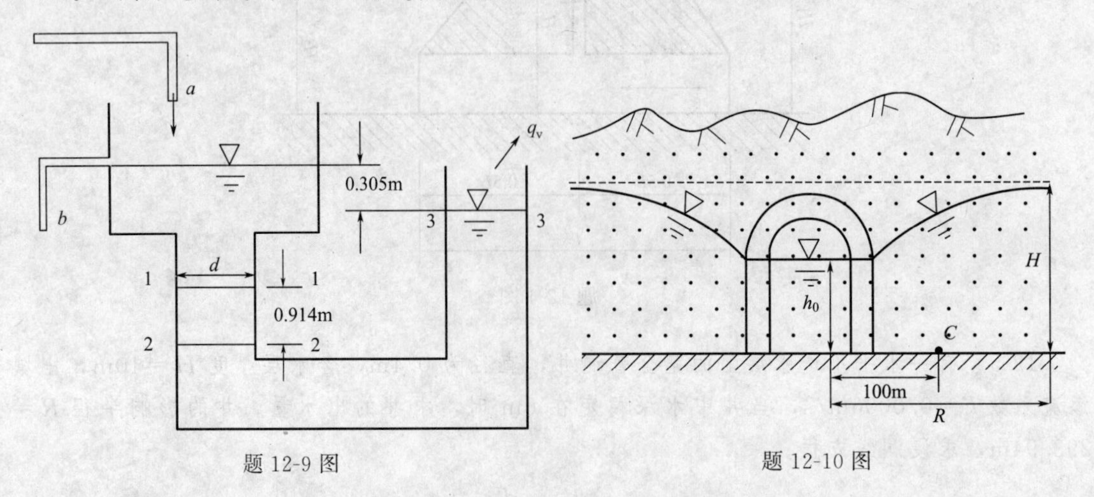

题 12-9 图　　题 12-10 图

12-11 变水头测定渗透系数的装置如图所示。土样内径为12cm，厚30cm。1min内，内径8mm的水位管中水位由100cm降至60cm。试求土样的渗透系数k值。

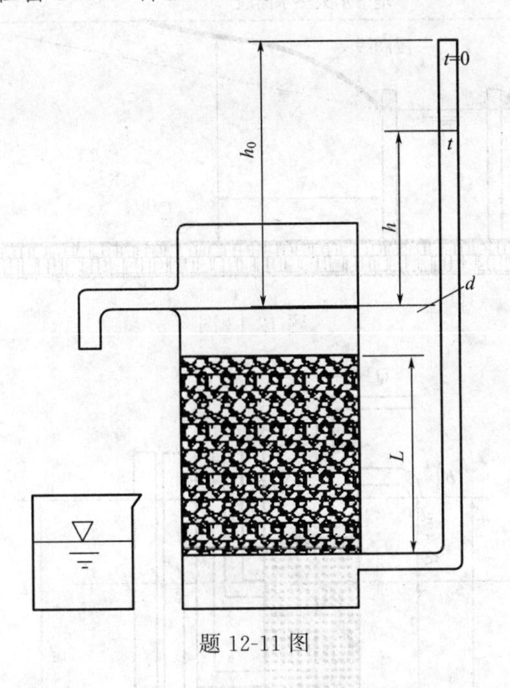

题12-11图

12-12 设在水平不透水层上有一无压含水层，天然状态下含水层水头$H=10$m，土壤渗透系数$k=0.04$cm/s。在含水层上原有一民用井，如图所示。现在距民用井轴线距离$l=200$m处，钻一半径$r_0=0.2$m的机井。为使机井抽水时，民用井水位下降值$S'\leqslant 0.5$m，试求：①机井中的水深h_0；②机井的最大抽水量Q（影响半径$R=1000$m）。

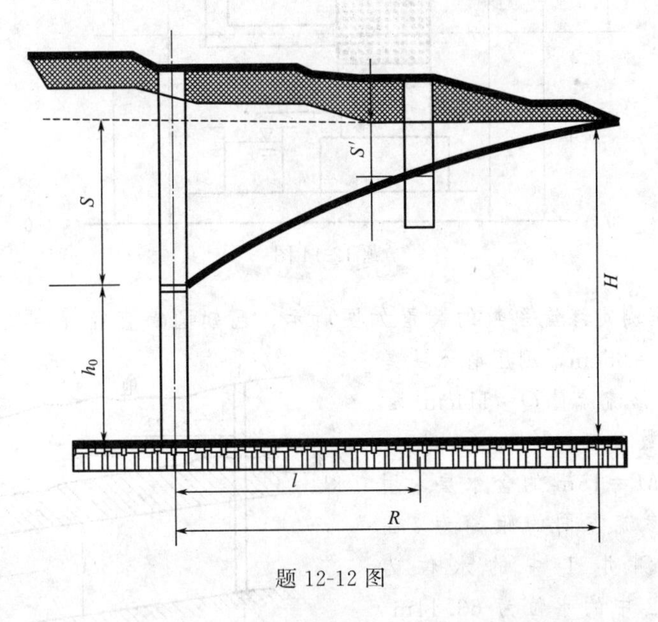

题12-12图

12-13 在水平不透水层上修建一条集水廊道，如图所示。廊道长150m，影响范围$L=100$m，廊道中水深为3.0m，影响范围外天然地下水深H为8m。由廊道排出的总流量Q为$0.35\text{m}^3/\text{s}$，求廊道外土壤的渗透系数k值。

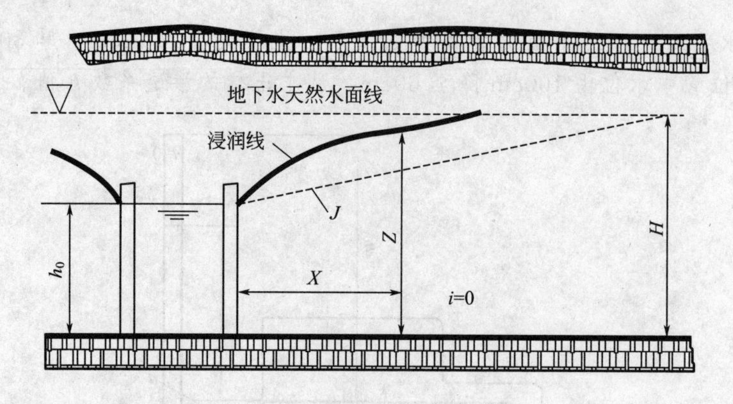

题 12-13 图

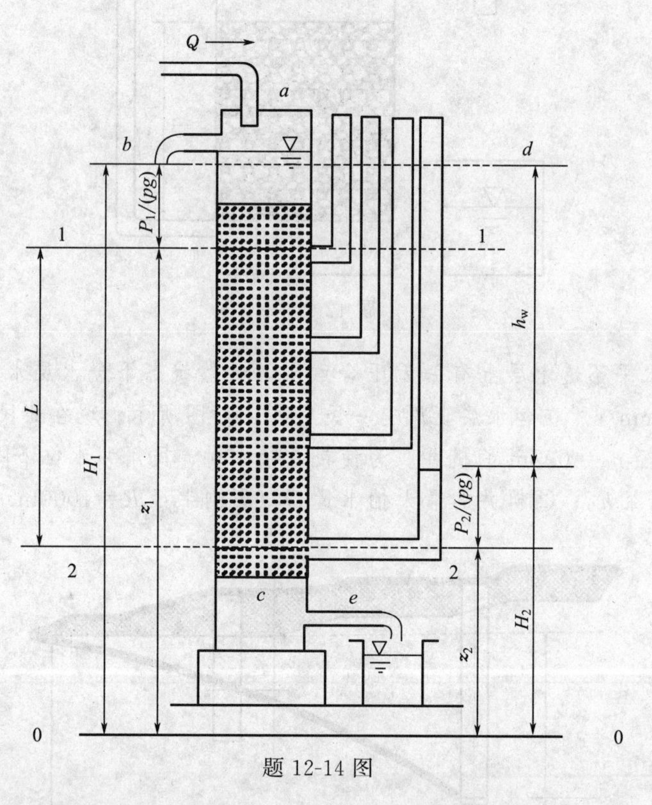

题 12-14 图

12-14　实验室测定渗流系数的装置如图所示。已知圆筒直径 $d=42\text{cm}$，断面 1—1 与 2—2 之间的距离 $l=85\text{cm}$，测压管水头差 $H_1-H_2=103\text{cm}$，渗流流量 $Q=114\text{cm}^3/\text{s}$，试求土样的渗透系数 k 值。

12-15　厚度 $M=15\text{m}$ 的含水层，用两个观测井（沿渗流方向的距离为 $l=200\text{m}$），测得观测井 1 中的水位为 64.22m，观测井 2 中的水位为 63.44m。含水层由粗砂组成，已知渗透系数 $k=45\text{m/d}$。试求含水层单位宽度（每米）的渗流量 q。

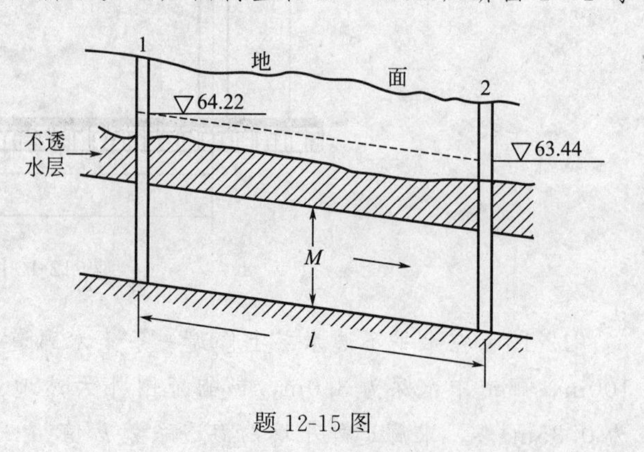

题 12-15 图

12-16　由半径 $r_0=0.1\text{m}$ 的八个钻井（完全普通井）所组成的井群，布置在长 $l=60\text{m}$、宽 $b=40\text{m}$ 的长方形周线上，如图所示，以降低基坑的地下水位。潜水含水层的厚度 $H=10\text{m}$，土壤渗透系数 $k=0.1\text{cm/s}$，井群的影响半径 R 为 500m。若每个钻井的抽水量 $Q=2.5\times10^{-3}\text{m}^3/\text{s}$，试求地下水位在井群中心点 A 的降落值 s。

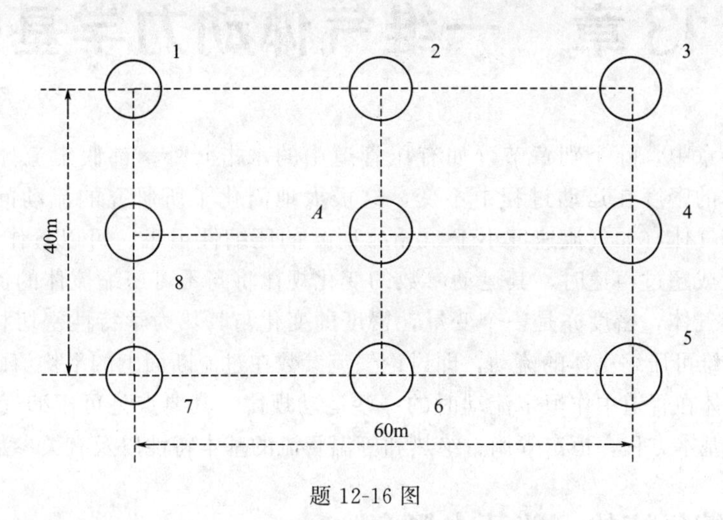

题 12-16 图

12-17　如图所示，利用半径 $r_0=10\text{cm}$ 的钻井（完全井）做注水试验。当注水量稳定在 $Q=0.20\text{L/s}$ 时，井中水深 $h=5\text{m}$，含水层由细砂构成，含水层水深 $H=3.5\text{m}$，试求其渗透系数值。

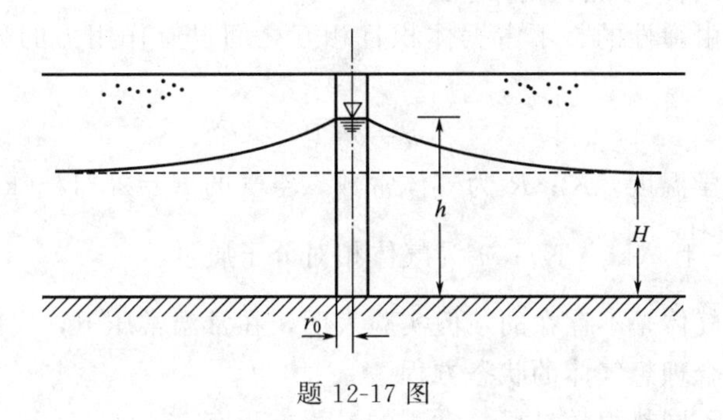

题 12-17 图

12-18　一含水层宽（垂直纸面）$b=500\text{m}$，长 $L=2000\text{m}$，$k_1=0.001\text{cm/s}$，$k_2=0.01\text{cm/s}$，厚度 $T=4\text{m}$，上下游水位如图所示，求通过此含水层的流量和渗流流速。

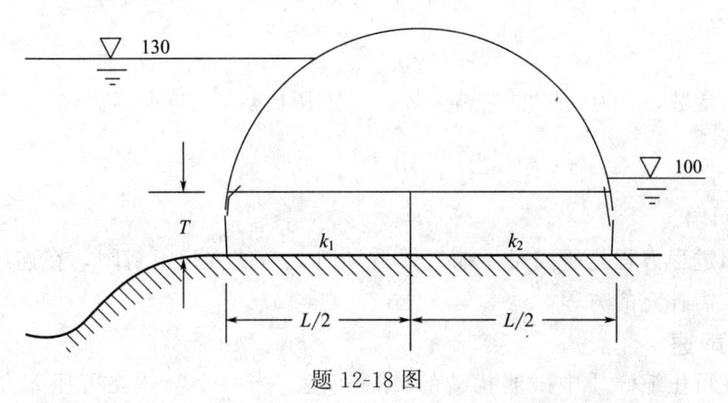

题 12-18 图

第 13 章　一维气体动力学基础

在前面的各章中，除个别章节（如有压管道中的水击）外，都假定流体是不可压缩流体，即认为流体的密度在运动过程中不变，这极大地简化了所研究的流动问题。一般情况下，液体和低速气体（如气流速度小于 50m/s 时）的压缩性很小，可以看作不可压缩流体。当气流速度接近或超过声速时，其运动参数的变化规律将与不可压缩流体的流动有本质的差别。对于可压缩气体，密度亦是一个变量，密度的变化与其热力学特性密切相关。

本章研究一维可压缩气体的流动，即讨论气流参数在过流断面上的平均值的变化规律，主要阐述可压缩气体在管道中作恒定流动时的一些运动规律，其要点是可压缩气流的基本概念，一维恒定气流的基本方程，恒定等熵、绝热和等温管流的基本特性以及有关参数的计算方法。

13.1　可压缩气流的一些基本概念

在讨论可压缩气体流动的基本规律以前，需要介绍一些有关可压缩气流的基本概念。

13.1.1　理想气体与热力学过程

理想气体为完全由弹性的、不占据体积且相互之间没有作用力的分子所组成的假想气体，其状态方程为

$$p=\rho RT \tag{13-1}$$

式中，T 为热力学温度，K；R 为气体常数，空气的 $R=287$J/（kg·K)，其他气体在标准状态下，$R=\frac{8314}{n}$J/（kg·K)；n 为气体相对分子质量。

虽然真正的理想气体是不存在的，但实验表明，在常温常压下，实际气体，如空气、燃气、烟气等，基本符合理想气体的状态方程。

对于气体流动的不同热力学过程，常用的过程方程有

定容过程　$$\rho=C \tag{13-2}$$

等温过程　$$T=C \tag{13-3}$$

等熵过程　$$\frac{p}{\rho^{\gamma}}=C \tag{13-4}$$

式中，C 为常数，γ 为气体的绝热指数，为定压比热 c_p 与定容比热 c_v 之比，即

$$\gamma=\frac{c_p}{c_v} \tag{13-5}$$

空气的 $\gamma=1.4$。

状态方程和过程方程是研究可压缩气体流动时，为使方程组封闭，在连续性方程和运动方程的基础上，需补充的方程。

13.1.2　声速

声速是指在可压缩介质中微弱扰动的传播速度。当一个物体在可压缩介质中发生振动

时，它会引起周围介质的压强、密度发生微小的变化，这种变化称为微弱扰动，这种扰动在介质中的传播速度称为声速。

为了说明微弱扰动在可压缩介质中的传播机理，我们来观察在等直径的长管内原静止的可压缩气体，由活塞运动而引起的扰动。如图 13-1（a）所示，管内右端装有一活塞，若让活塞以微小速度 $\mathrm{d}v$ 向左运动，则紧贴活塞左侧的气体也随之以微小速度 $\mathrm{d}v$ 向左运动，并产生一个压缩的微小扰动，向左运动的气体又推动其左侧的气体向左运动，并产生微小的压强增量，如此继续下去，这个过程是以波的形式且以波速 a 向左传播，这就是微弱扰动的传播过程，通常把波速 a 称为声速。在通过微弱扰动波波面 mn 以前的气体处于静止状态，压强为 p、密度为 ρ，是未受扰动区；而在通过波面 mn 以后，气体的速度由零变为 $\mathrm{d}v$，压强由 p 变为 $p+\mathrm{d}p$，密度由 ρ 变为 $\rho+\mathrm{d}\rho$，为受扰动区。微弱扰动波波面 mn 就是受扰动区和未受扰动区的分界面。

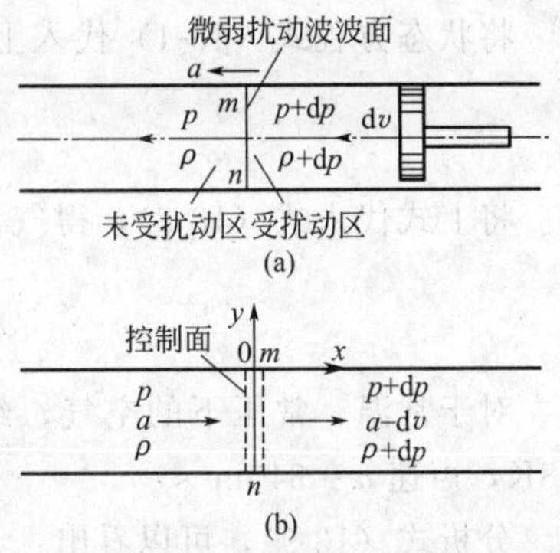

图 13-1 微弱扰动波的传播过程

为了分析方便，采用相对坐标系，将坐标固定在波面 mn 上，和波面 mn 以同一的速度 a 向左运动［图 13-1（b）］。对于相对坐标来说，波面 mn 是静止不动的，而波面左侧原来静止的气体将以速度 a 流向波面，压强为 p、密度为 ρ；波面右侧的气体将以速度 $a-\mathrm{d}v$ 离开波面，其压强为 $p+\mathrm{d}p$，密度为 $\rho+\mathrm{d}\rho$，对于微弱扰动，$\mathrm{d}p\ll p$、$\mathrm{d}\rho\ll\rho$，$\mathrm{d}v\ll a$。取图中虚线所示区域为控制体，波面处于控制体中，当波面两侧的控制面无限接近时，控制体体积趋近于零。设管道截面面积为 A，则由连续方程

$$\rho a A=(\rho+\mathrm{d}\rho)(a-\mathrm{d}v)A$$

展开并略去二阶微量，可得

$$\frac{\mathrm{d}\rho}{\rho}=\frac{\mathrm{d}v}{a} \tag{13-6}$$

对控制体列动量方程（忽略黏性影响），有

$$pA-(p+\mathrm{d}p)A=\rho a A\,[(a-\mathrm{d}v)-a]$$

整理可得

$$\mathrm{d}p=\rho a\,\mathrm{d}v \tag{13-7}$$

由式（13-6）和式（13-7），消去 $\mathrm{d}v$ 可得

$$a^2=\frac{\mathrm{d}p}{\mathrm{d}\rho}$$

即

$$a=\sqrt{\frac{\mathrm{d}p}{\mathrm{d}\rho}} \tag{13-8}$$

这就是声速的一般表达式。

式（13-8）虽然是从微弱扰动平面波导出的，但也同样适用于球面波。它既适用于气体，也适用于液体。由于该式是在 $\mathrm{d}\rho\ll\rho$ 的条件下成立，所以它只适用于气体和液体中微弱扰动所产生的波。

对于气体，由于微弱扰动在传播过程中，微弱的压强变化在气体中引起的温度梯度和速度梯度都很小，而且传播过程很快，热交换和摩擦力都可略而不计，因此微弱扰动的传播过程可以看作是一个等熵过程。

对等熵过程关系式（13-4）微分

$$\mathrm{d}p=C\gamma\rho^{\gamma-1}\mathrm{d}\rho$$

则
$$\frac{\mathrm{d}p}{\mathrm{d}\rho}=C\gamma\rho^{\gamma-1}=\frac{p}{\rho^{\gamma}}\gamma\rho^{\gamma-1}=\gamma\frac{p}{\rho}$$

将状态方程式（13-1）代入上式，得

$$\frac{\mathrm{d}p}{\mathrm{d}\rho}=\gamma\frac{p}{\rho}=\gamma RT$$

将上式代入式（13-8），得气流中声速的表达式为

$$a=\sqrt{\frac{\mathrm{d}p}{\mathrm{d}\rho}}=\sqrt{\gamma\frac{p}{\rho}}=\sqrt{\gamma RT} \tag{13-9}$$

对于常温、常压下的空气，绝热指数 $\gamma=1.4$，当空气温度为15℃时，$T=273+15=288\mathrm{K}$，声速 $a=340\mathrm{m/s}$。

分析式（13-9），可以看出：

①$\frac{\mathrm{d}\rho}{\mathrm{d}p}$表示密度随压强的变化率，如果流体压缩性越大，$\frac{\mathrm{d}\rho}{\mathrm{d}p}$也越大，其倒数$\frac{\mathrm{d}p}{\mathrm{d}\rho}$则越小，因而声速 $a=\sqrt{\frac{\mathrm{d}p}{\mathrm{d}\rho}}$也越小，这说明声速在一定程度上反映了流体压缩性的大小。某种介质的声速越大，说明这种介质的可压缩性越小。

②声速与介质的性质有关，不同的气体有不同的绝热指数 γ 和气体常数 R，因而有不同的声速值。同一种介质中，声速随介质温度的升高而增大，即与介质的绝对温度的平方根成正比。如果流场中各点在不同瞬时的气体温度不同，则各点声速也不相同，所以声速是指某一点在某一瞬时的声速，即所谓当地声速。

13.1.3 马赫数与可压缩流动的分类

在气体动力学中，气流速度 v 和声速 a 的比值称为马赫数，用 Ma 表示，即

$$Ma=\frac{v}{a} \tag{13-10}$$

$Ma<1$ 称为亚声速流动，$Ma>1$ 称为超声速流动，$Ma=1$ 称为声速流动。

当马赫数小于或大于1时，扰动在气流中的传播情况将大不相同。为了说明这种差别，讨论空间流场中以不同速度运动的扰动点源所发出的微弱扰动的传播特性。如图13-2所示，图中实线圆表示微弱扰动波波面的位置，数字−1、−2等表示几秒钟前运动的扰动点源所在位置，例如−3即表示3秒钟前扰动点源所在位置，0即表示扰动点源当前位置。

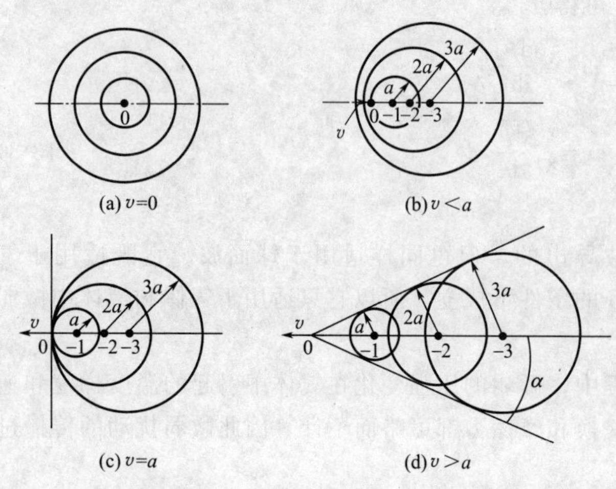

图13-2　气流中的微弱扰动波

① 扰动点源不动的情况［图13-2（a）］，$v=0$，$Ma=0$，此时微弱扰动向各方向传播到整个空间，波面是同心球面，投影在平面上为一簇同心圆。

② 扰动点源的速度 v 小于声速 a［图13-2（b）］，即 $v<a$，$Ma<1$，流动为亚声速流。此时扰动仍能向各

方向传播到整个空间，但相对运动着的扰动点源来讲，在扰动点源运动方向上传播得慢，而在扰动点源运动的反方向上传播得快。

③ 扰动点源速度 v 等于声速 a［图 13-2（c）］，即 $v=a$，$Ma=1$，流动为声速流。此时在扰动点源运动方向，所有扰动的波面叠合形成一个平面，它把未受扰动区和受扰动区分开，微弱扰动的传播不可能超越运动着的扰动点源，即微弱扰动不可能传播到点源上游。

④ 扰动点源速度 v 大于声速 a［图 13-2（d）］，即 $v>a$，$Ma>1$，流动为超声速流。此时所有微弱扰动波面叠合成一个圆锥面，这个锥面称为马赫锥，马赫锥的母线就是微弱扰动波的边界线，这个圆锥顶角的一半，称为马赫角 α，显然

$$\sin\alpha=\frac{a}{v}=\frac{1}{Ma} \tag{13-11}$$

马赫锥外面的气体不受扰动的影响，扰动波的影响仅局限于马赫锥内部，即微弱扰动不能向马赫锥外面传播。例如当超声速飞机飞行时，这个马赫锥以飞机为顶点并随飞机前进，锥面以外的空气不受影响，即使看见飞机飞过头顶，也听不到声音；只有人进入了马赫锥以后，才能听到其声音。

13.2 无黏性气体的一维恒定流动

一维恒定流动是一种简单的流动情况，其所有运动要素仅是一个空间坐标的函数。本节将讨论无黏性气体作一维恒定流动时所遵循的一些基本原理。

13.2.1 基本方程

13.2.1.1 连续性方程

对于一维恒定气流，根据质量守恒原理，沿过流断面的质量流量不变，即

$$\rho vA=C \tag{13-12}$$

对上式微分，即可得出一维恒定气流连续性方程的微分形式

$$\mathrm{d}(\rho vA)=0$$

$$\rho v\,\mathrm{d}A+vA\,\mathrm{d}\rho+A\rho\,\mathrm{d}v=0$$

$$\frac{\mathrm{d}v}{v}+\frac{\mathrm{d}\rho}{\rho}+\frac{\mathrm{d}A}{A}=0 \tag{13-13}$$

13.2.1.2 运动方程

对于一维恒定流动，沿轴线 s 方向，应用无黏性流体运动微分方程，单位质量力在 s 方向分力以 S 表示，可得

$$S-\frac{1}{\rho}\frac{\mathrm{d}p}{\mathrm{d}s}=\frac{\mathrm{d}v}{\mathrm{d}t}=v\frac{\mathrm{d}v}{\mathrm{d}s} \tag{13-14}$$

当质量力仅为重力，气体在同一介质中流动，浮力与重力平衡，不计质量力 S，则得

$$\frac{1}{\rho}\frac{\mathrm{d}p}{\mathrm{d}s}+v\frac{\mathrm{d}v}{\mathrm{d}s}=0 \tag{13-15}$$

这就是无黏性气体一维恒定流动的运动方程，又称为欧拉方程。

13.2.1.3 能量方程

将欧拉方程积分可得无黏性气体一维恒定流动的能量方程（即伯努利方程）。

式（13-15）两边同乘以 $\mathrm{d}s$，然后积分，可得

$$\int \frac{1}{\rho}\mathrm{d}p + \int v\mathrm{d}v = 0$$

$$\int \frac{1}{\rho}\mathrm{d}p + \frac{1}{2}v^2 = C \tag{13-16}$$

式（13-16）中第一项的积分，取决于压强和密度之间的变化关系，与气流的热力学过程有关。以下分不同的过程进行讨论。

（1）定容过程　将 $\rho=C$ 代入式（13-16），积分，可得

$$\frac{p}{\rho}+\frac{v^2}{2}=C \tag{13-17}$$

此式在形式上与忽略了质量力的不可压缩无黏性流体一维恒定流的能量方程相同。

（2）等温过程　等温过程 $T=C$，$\frac{p}{\rho}=RT=C$，代入式（13-16）中的第一项，积分可得

$$\int \frac{1}{\rho}\mathrm{d}p = \int \frac{C}{p}\mathrm{d}p = C\ln p = \frac{p}{\rho}\ln p$$

再代入式（13-16），可得等温流动的能量方程为

$$\left.\begin{aligned} \frac{p}{\rho}\ln p + \frac{1}{2}v^2 = C \\ RT\ln p + \frac{1}{2}v^2 = C \end{aligned}\right\} \tag{13-18}$$

在等温流动中，对于任意两断面，有

$$RT\ln p_1 + \frac{1}{2}v_1^2 = RT\ln p_2 + \frac{1}{2}v_2^2 \tag{13-19}$$

（3）绝热过程　流动过程中如果和外界没有热交换称为绝热过程，无黏性气体的绝热流动过程为可逆的绝热过程，即为等熵过程。

将等熵过程关系式（13-4）变换为下列形式

$$\rho = \left(\frac{p}{C}\right)^{1/\gamma} = p^{1/\gamma}C^{-1/\gamma}$$

代入式（13-16）中的第一项，积分可得

$$\int \frac{\mathrm{d}p}{\rho} = C^{1/\gamma}\int p^{-1/\gamma}\mathrm{d}p = \frac{\gamma}{\gamma-1}\frac{p}{\rho}$$

将积分结果再代入式（13-16），可得等熵流动过程的能量方程为

$$\frac{\gamma}{\gamma-1}\frac{p}{\rho} + \frac{1}{2}v^2 = C \tag{13-20}$$

对于任意两个断面，有

$$\frac{\gamma}{\gamma-1}\frac{p_1}{\rho_1} + \frac{v_1^2}{2} = \frac{\gamma}{\gamma-1}\frac{p_2}{\rho_2} + \frac{v_2^2}{2} \tag{13-21}$$

式（13-21）还可以改写为其他形式。

将式（13-1）和式（13-9）分别代入式（13-20）左边第一项，可得

$$\frac{\gamma}{\gamma-1}\frac{p}{\rho} = \frac{\gamma}{\gamma-1}RT \tag{13-22}$$

和
$$\frac{\gamma}{\gamma-1}RT=\frac{a^2}{\gamma-1} \tag{13-23}$$

由式（13-5）可知，$\gamma=\frac{c_p}{c_v}$，再由热力学可知，气体常数等于定压比热与定容比热之差，即

$$R=c_p-c_v \tag{13-24}$$

单位质量的焓值等于定压比热乘以绝对温度，即

$$i=c_pT \tag{13-25}$$

单位质量的内能等于定容比热乘以绝对温度，即

$$U=c_vT \tag{13-26}$$

由上述几个关系式可得

$$\frac{\gamma}{\gamma-1}RT=\frac{c_p/c_v}{c_p/c_v-1}(c_p-c_v)T=c_pT=i \tag{13-27}$$

和
$$\begin{aligned}\frac{\gamma}{\gamma-1}\frac{p}{\rho}&=\frac{p}{\rho}+\frac{1}{\gamma-1}\frac{p}{\rho}=\frac{p}{\rho}+\frac{1}{\gamma-1}RT\\&=\frac{p}{\rho}+\frac{1}{c_p/c_v-1}\ (c_p-c_v)\ T\\&=\frac{p}{\rho}+c_vT=\frac{p}{\rho}+U\end{aligned} \tag{13-28}$$

综合以上结果，可将等熵流动的能量方程写成如下形式

$$\left.\begin{array}{l}\dfrac{\gamma}{\gamma-1}\dfrac{p}{\rho}\\\dfrac{\gamma}{\gamma-1}RT\\\dfrac{a^2}{\gamma-1}\\c_pT\\i\\\dfrac{p}{\rho}+U\end{array}\right\}+\frac{v^2}{2}=C \tag{13-29}$$

这 6 个并列方程式具有同等效用，不同形式可以适用于不同需要。

等熵过程的能量方程各项的物理意义可以从式（13-29）中最后一个方程中看出，$\frac{p}{\rho}$、U、$\frac{v^2}{2}$分别表示单位质量的气体所具有的压能、内能和动能。方程的物理意义是：在无黏性气体一维恒定等熵流动中，单位质量气体所具有的机械能和内能之和（即总能量）始终保持不变。

绝热流动的能量方程不仅适用于无黏性气体的可逆绝热流动（即等熵流动），而且也适用于实际气体的不可逆绝热流动，这是由于在绝热条件下，系统与外界不发生热交换，克服摩擦阻力所做的功转化为气体的内能，因而总能量保持不变。例如喷管中的流动具有较高的速度，气流与壁面接触时间极短，来不及进行热交换，可以近似地按绝热流动处理；对于有保温层的长管路，自然属于绝热流动。但这两种情况的处理方法不同，前一种情况按等熵流

动处理，后一种情况要考虑摩阻产生的损失，按 13.3 中的绝热管流处理。

【例 13-1】 如图 13-3 所示，用文丘里流量计量测空气的质量流量，其进口直径为 400mm，喉部直径为 150mm，已知进口处的压强和温度分别为 140kN/m² 和 18℃，喉管处压强为 116kN/m²，$\gamma=1.4$，$R=287\text{J}/(\text{kg}\cdot\text{K})$，文丘里流量计的流量系数为 0.96。

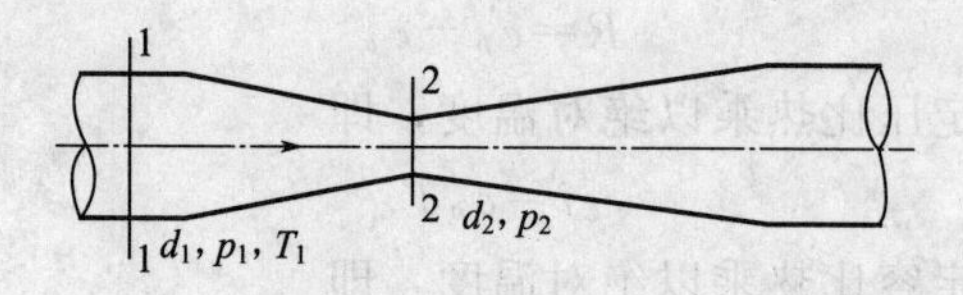

图 13-3 文丘里流量计

【解】 设文丘里流量计进口断面为 1—1 断面，喉管断面为 2—2 断面，如图 13-3 所示，即已知 $d_1=400\text{mm}$，$p_1=140\text{kN/m}^2$，$T_1=273+18=291\text{K}$，$d_2=150\text{mm}$，$p_2=116\text{kN/m}^2$。

气流在通过文丘里流量计时，由于流速大，流程短，来不及和周围管壁进行热交换，可以看作是绝热流动；同时又因为流程短，摩擦损失可忽略不计，可近似认为是一维等熵流动。

由状态方程 (13-1)，求得进口断面密度

$$\rho_1=\frac{p_1}{RT_1}=\frac{140\times10^3}{287\times291}=1.676(\text{kg/m}^3)$$

由等熵关系式 (13-4)，求得喉管断面密度

$$\rho_2=\rho_1\left(\frac{p_2}{p_1}\right)^{1/\gamma}=1.676\times\left(\frac{116}{140}\right)^{1/1.4}=1.465(\text{kg/m}^3)$$

由连续性方程 (13-12)，得

$$v_2=\frac{\rho_1 v_1 A_1}{\rho_2 A_2}=\frac{1.676}{1.465}\times\left(\frac{400}{150}\right)^2 v_1=8.135v_1 \tag{a}$$

由能量方程 (13-21)，得

$$\frac{\gamma}{\gamma-1}\frac{p_1}{\rho_1}+\frac{v_1^2}{2}=\frac{\gamma}{\gamma-1}\frac{p_2}{\rho_2}+\frac{v_2^2}{2}$$

代入数值

$$\frac{1.4}{1.4-1}\times\frac{140\times10^3}{1.676}+\frac{v_1^2}{2}=\frac{1.4}{1.4-1}\times\frac{116\times10^3}{1.465}+\frac{v_2^2}{2}$$

可得

$$30459.32+v_1^2=v_2^2 \tag{b}$$

(a)、(b) 两式联立求解，得

$$v_1=21.618\text{m/s},v_2=175.862\text{m/s}$$

质量流量

$$Q_m=\mu\rho_2 v_2 A_2$$

$$=0.96\times1.465\times175.862\times\frac{\pi}{4}\times0.15^2=4.371(\text{kg/s})$$

13.2.2 滞止参数

滞止参数是指气流在某一断面的流速设想以无摩擦的绝热过程（即等熵过程）降低为零

时，该断面上的其他参数所达到的数值。滞止参数均以下标“0”表示，如 p_0、ρ_0、T_0、i_0 和 a_0，分别称为滞止压强、滞止密度、滞止温度、滞止焓值和滞止声速。

既然滞止参数是一种设想的特殊状态下对应的参数，因此对于任何一维流动（流动本身可以不等熵），各断面都存在它所对应的滞止参数。而如果流动本身等熵，可以证明：滞止参数在整个流动过程中始终保持不变，因此可以作为气流的共同参数，一种参考状态参数。

某断面的滞止参数可根据等熵过程的能量方程及该断面的参数值求出，由式（13-29）得

$$\frac{\gamma}{\gamma-1}\frac{p_0}{\rho_0}=\frac{\gamma}{\gamma-1}\frac{p}{\rho}+\frac{v^2}{2} \tag{13-30}$$

$$\frac{\gamma}{\gamma-1}RT_0=\frac{\gamma}{\gamma-1}RT+\frac{v^2}{2} \tag{13-31}$$

$$i_0=i+\frac{v^2}{2} \tag{13-32}$$

$$\frac{a_0^2}{\gamma-1}=\frac{a^2}{\gamma-1}+\frac{v^2}{2} \tag{13-33}$$

从式（13-30）～式（13-33）可知，滞止温度 T_0、滞止焓值 i_0 和滞止声速 a_0 反映了包括热能在内的气流全部能量，而滞止压强 p_0 则只反映机械能。在实际气体的不可逆绝热流动中，各断面上的 T_0、i_0 和 a_0 值不变，表示总能量不变，但由于摩阻消耗了一部分机械能并转化为热能，使 p_0 沿程降低。而在有摩阻的等温气流中，气流与外界不断地进行热交换，使滞止温度 T_0 沿程不断变化。只有在等熵气流中，各断面的滞止参数 p_0、ρ_0、T_0、i_0 和 a_0 均保持不变。

由式（13-30）～式（13-33）和马赫数的定义式（13-10），可得

$$\frac{T_0}{T}=\left(1+\frac{\gamma-1}{2}Ma^2\right) \tag{13-34}$$

$$\frac{p_0}{p}=\left(1+\frac{\gamma-1}{2}Ma^2\right)^{\frac{\gamma}{\gamma-1}} \tag{13-35}$$

$$\frac{\rho_0}{\rho}=\left(1+\frac{\gamma-1}{2}Ma^2\right)^{\frac{1}{\gamma-1}} \tag{13-36}$$

$$\frac{a_0}{a}=\left(1+\frac{\gamma-1}{2}Ma^2\right)^{1/2} \tag{13-37}$$

式（13-34）～式（13-37）四式给出了滞止参数、流动参数和马赫数之间的关系，因此，在等熵流动中，只要已知流动的滞止参数和某一断面上的马赫数，即可求得该断面上温度、压强、密度、声速，使计算更为简便。

气体从某一静止状态开始流动，例如从一个很大的容器中流出，那么容器中的气体参数可以认为是滞止参数，如果流动为等熵流动，滞止参数在整个流动过程中始终保持不变，因此容器中的气体参数为整个流动的滞止参数。

【例 13-2】 空气从温度为 45℃、绝对压强为 548kN/m² 的密闭容器中绝热排出，求喷管出口处 $Ma=0.5$ 时的温度、压强、密度和速度。

【解】 密闭容器中流速可近似认为等于零，因此可以把密闭容器中的状态看作是一个滞止状态，容器中各参数为滞止参数，已知滞止温度 $T_0=273+45=318\text{K}$，滞止压强 $p_0=548\text{kN/m}^2$。

由式（13-1），可得

$$\rho_0=\frac{p_0}{RT_0}=\frac{548\times10^3}{287\times318}=6(\mathrm{kg/m^3})$$

由式（13-34）

$$\frac{T_0}{T}=\left(1+\frac{\gamma-1}{2}Ma^2\right)=1+\frac{1.4-1}{2}\times0.5^2=1.05$$

$$T=\frac{T_0}{1.05}=\frac{318}{1.05}=302.86\mathrm{K}$$

由式（13-35）

$$\frac{p_0}{p}=\left(1+\frac{\gamma-1}{2}Ma^2\right)^{\frac{\gamma}{\gamma-1}}=\left(\frac{T_0}{T}\right)^{\frac{\gamma}{\gamma-1}}=1.05^{\frac{1.4}{1.4-1}}=1.186$$

$$p=\frac{p_0}{1.186}=\frac{548}{1.186}=462.06(\mathrm{kN/m^2})$$

由式（13-36）

$$\frac{\rho_0}{\rho}=\left(1+\frac{\gamma-1}{2}Ma^2\right)^{\frac{1}{\gamma-1}}=\left(\frac{T_0}{T}\right)^{\frac{1}{\gamma-1}}=1.05^{\frac{1}{1.4-1}}=1.1297$$

$$\rho=\frac{\rho_0}{1.1297}=\frac{6}{1.1297}=5.31(\mathrm{kg/m^3})$$

由式（13-9）

$$a_0=\sqrt{\gamma RT_0}=\sqrt{1.4\times287\times318}=357.45(\mathrm{m/s})$$

由式（13-37）

$$\frac{a_0}{a}=\left(1+\frac{\gamma-1}{2}Ma^2\right)^{\frac{1}{2}}=\left(\frac{T_0}{T}\right)^{\frac{1}{2}}=1.05^{\frac{1}{2}}=1.0247$$

$$a=\frac{a_0}{1.0247}=\frac{357.45}{1.0247}=348.83(\mathrm{m/s})$$

$$v=Ma\cdot a=0.5\times348.83=174.42(\mathrm{m/s})$$

13.2.3 气流按不可压缩流体处理的限度

从式（13-34）～式（13-37）可以看出，当 $Ma=0$ 时各参数比值均为 1，也就是说气体处于静止状态，不存在压缩问题。当 $Ma>0$ 时，气流具有不同的速度，也都具有不同程度的压缩，因此存在 Ma 数在什么限度以内才可以忽略压缩性影响的问题，这要根据问题要求的精度来决定。为此，对比一下考虑和不考虑压缩性时的计算结果。

不考虑压缩性时，按无黏性不可压缩流体能量方程（忽略重力作用），有

$$p+\frac{\rho}{2}v^2=p_0 \tag{13-38}$$

为了进行比较，把上式改写为

$$\frac{p_0-p}{\frac{\rho}{2}v^2}=1 \tag{13-39}$$

考虑压缩性时，由式（13-35）

$$\frac{p_0}{p}=\left(1+\frac{\gamma-1}{2}Ma^2\right)^{\frac{\gamma}{\gamma-1}}$$

按二项式定理展开，取前三项

$$\frac{p_0}{p}=1+\frac{\gamma}{\gamma-1}\left(\frac{\gamma-1}{2}Ma^2\right)+\frac{\frac{\gamma}{\gamma-1}\left(\frac{\gamma}{\gamma-1}-1\right)}{2!}\left(\frac{\gamma-1}{2}Ma^2\right)^2=1+\frac{\gamma}{2}Ma^2+\frac{\gamma}{8}Ma^4$$

将 $Ma=\frac{v}{a}$，$a=\sqrt{\gamma\frac{p}{\rho}}$ 代入上式，可得

$$p_0-p=\frac{\rho}{2}v^2+\frac{\rho}{2}v^2\ \frac{Ma^2}{4}$$

即

$$\frac{p_0-p}{\frac{\rho}{2}v^2}=1+\frac{Ma^2}{4} \tag{13-40}$$

对比式（13-39）和式（13-40），可见随 Ma 数的增大，气流按无黏性不可压缩流体能量方程计算的压强误差就越大，其相对误差为

$$\delta=\frac{Ma^2}{4} \tag{13-41}$$

若气流 $a=340$m/s，不同 Ma 数下其压强的相对误差情况见表 13-1。这样即可用马赫数来判断压缩性的影响程度，至于何时可以忽略压缩性的影响，这和所要求的计算精度有关。从表 13-1 可以看出，若要求压强相对误差小于1%（即 $\delta<1\%$），则 $Ma<0.2$，即当 $v\leqslant$ 68m/s时，可忽略压缩性而按不可压缩处理。

表 13-1 不同马赫数下压强的相对误差

Ma	0.1	0.2	0.3	0.4	0.5	1.0
v/(m/s)	34	68	102	136	170	340
δ/%	0.25	1.0	2.25	4.0	6.25	27.5

下面进一步分析不同速度情况下密度的相对变化$\frac{\rho_0-\rho}{\rho}$。

由式（13-36），两边同减去 1，得

$$\frac{\rho_0-\rho}{\rho}=\left(1+\frac{\gamma-1}{2}Ma^2\right)^{\frac{1}{\gamma-1}}-1$$

根据上式可求得不同 Ma 数时密度的相对变化，见表 13-2，取 $\gamma=1.4$，$a=340$m/s。

表 13-2 说明，随着气流速度的增加，气流密度减小得越来越显著。若要求气流密度的变化小于1%，马赫数应小于 0.1412，若取 $a=340$m/s，求得气流速度小于 48m/s。通常所说气流速度小于 50m/s 可以作为不可压缩流体计算，其根据即在此。

表 13-2 不同马赫数下密度的相对误差

Ma	0.1	0.2	0.3	0.4	0.5	1.0
v/(m/s)	34	68	102	136	170	340
$\frac{\rho_0-\rho}{\rho}$/%	0.5	2	4.56	8.20	12.97	57.74

13.2.4 气流速度与断面面积的关系

由连续性方程式（13-13）、无黏性气流的运动方程式（13-14）、声速表达式（13-8）和

马赫数的定义式（13-10），可得

$$\frac{d\rho}{\rho}=-Ma^2\ \frac{dv}{v} \tag{13-42}$$

$$\frac{dv}{v}=\frac{1}{Ma^2-1}\frac{dA}{A} \tag{13-43}$$

式（13-43）为流速随断面面积变化的关系式。从式中可以看到流速随断面面积的变化规律与流动是超声速或亚声速有关。

对于亚声速流动，$Ma<1$，$Ma^2-1<0$，dA 与 dv 正负号相反，即流速随断面面积的增大而下降，随断面面积减少的而增加，变化规律与不可压缩流体相同［图 13-4（a）］。

对于超声速流动，$Ma>1$，$Ma^2-1>0$，dA 与 dv 正负号相同，即流速随断面面积的增大而增加，随断面面积的减少而下降，变化规律与不可压缩流体完全相反［图 13-4（b）］。

分析式（13-42），可以知道为什么超声速流动与亚声速流动有截然相反的结果。亚声速流动时，因 $\left|\frac{d\rho}{\rho}\right|$ 远小于 $\left|\frac{dv}{v}\right|$，使 dv 与 $d(\rho v)$ 正负号相同，而超声速流动时，因 $\left|\frac{d\rho}{\rho}\right|$ 远大于 $\left|\frac{dv}{v}\right|$，使 dv 与 $d(\rho v)$ 正负号相反，因而根据连续性方程，可以得出上述结果。

声速流动只能发生在 $dA=0$ 处，且只能发生在最小断面处。如图 13-5 所示喷管，若气流 $Ma<1$，则在收缩段 $dv>0$，流速逐渐增加，在最小断面处有可能升到声速；若气流 $Ma>1$，则在收缩段 $dv<0$，流速逐渐下降，在最小断面处有可能降到声速。气流先收缩后扩张并以音速通过最小断面的喷管称为拉伐喷管。

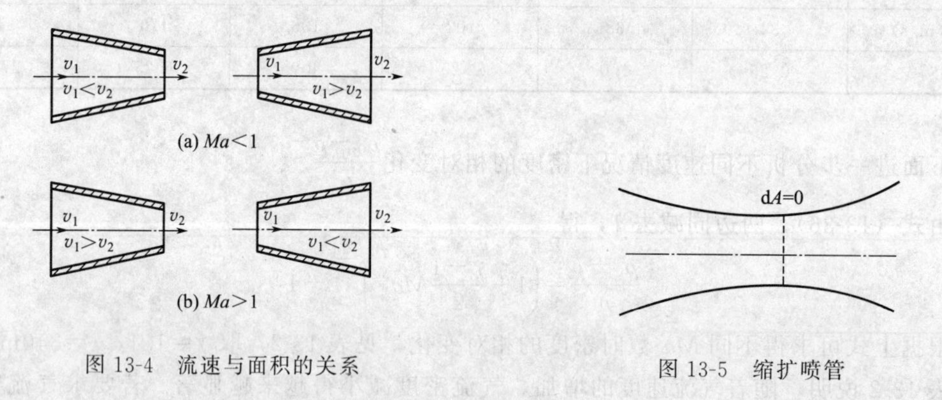

图 13-4 流速与面积的关系

图 13-5 缩扩喷管

13.3 实际气体在等截面管道中的流动

在实际的管道流动中，摩擦的作用总是存在的，对于喷管中的流动来说，由于流程短，摩阻作用较小，可以忽略不计，近似为无黏性气体的流动。但对于长管中的气流流动来说，因摩阻的作用较大，不能忽略，应按实际气体的流动进行处理。

如果气体在流动过程中，有充分时间与外界不断地进行热交换，气流的温度沿程几乎不变，这种流动简称为等温管流，如煤气管道中的气流流动。如果流动是绝热的，由于摩阻作用使一部分机械能不可逆地变成了热能，使气流的熵值增加，总压减小，但系统内总能量不变，这种流动简称为绝热管流，如工程上有些气体管路，往往用绝热材料包裹，管中的流动可近似按绝热管流计算。下面我们首先推导在等截面管道中考虑摩阻作用的气流的运动方程，然后分别介绍以上两种流动情况的计算方法。

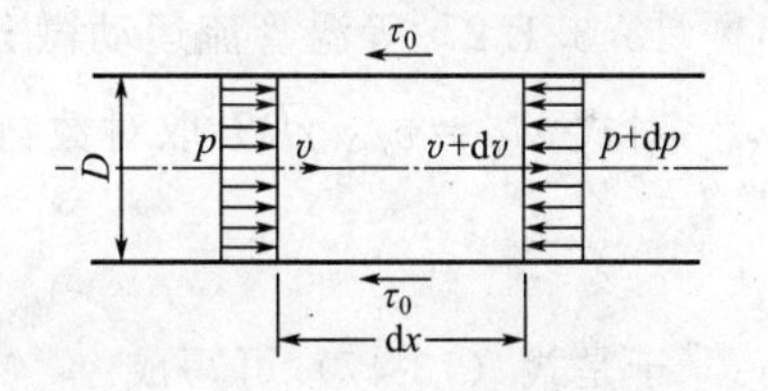

图 13-6　有摩阻作用的等截面管流

在等截面直管中取出长度为 $\mathrm{d}x$ 的微段，在这个微段中作恒定流动的气体所受到的作用力如图 13-6 所示。

根据动量定理

$$p\frac{\pi D^2}{4}-(p+\mathrm{d}p)\frac{\pi D^2}{4}-\tau_0\pi D\mathrm{d}x=\rho v\frac{\pi D^2}{4}(v+\mathrm{d}v-v)$$

化简后得

$$v\mathrm{d}v+\frac{\mathrm{d}p}{\rho}+\frac{4\tau_0}{\rho}\frac{\mathrm{d}x}{D}=0 \tag{13-44}$$

式中，τ_0 为管壁切应力，由前面的章节可知

$$\tau_0=\frac{\lambda}{8}\rho v^2$$

代入式（13-44），得到考虑摩阻作用的运动方程为

$$v\mathrm{d}v+\frac{\mathrm{d}p}{\rho}+\lambda\frac{\mathrm{d}x}{D}\frac{v^2}{2}=0 \tag{13-45}$$

式中，λ 为沿程阻力系数。

13.3.1　等截面管中的等温流动

可压缩气体在等截面有摩阻管道中的等温流动较为常见，如等温环境中无保温层的输气长管（如煤气管），就可视为一例。

13.3.1.1　等温管流特性分析

运动方程式（13-45），左边第二项可改写为

$$\frac{\mathrm{d}p}{\rho v^2}=\frac{p}{\rho v^2}\frac{\mathrm{d}p}{p}=\frac{1}{\gamma Ma^2}\frac{\mathrm{d}p}{p} \tag{13-46}$$

等截面管流 $\mathrm{d}A=0$，连续性方程式（13-13）变为

$$\frac{\mathrm{d}\rho}{\rho}+\frac{\mathrm{d}v}{v}=0$$

当等温时，由状态方程取对数再微分得

$$\frac{\mathrm{d}p}{p}=\frac{\mathrm{d}\rho}{\rho}$$

因此，式（13-46）可写为

$$\frac{\mathrm{d}p}{\rho v^2}=-\frac{1}{\gamma Ma^2}\frac{\mathrm{d}v}{v}$$

将此式代入式（13-45），化简可得

$$\frac{\mathrm{d}v}{v}=\frac{\gamma Ma^2}{(1-\gamma Ma^2)}\frac{\lambda}{2D}\mathrm{d}s \tag{13-47}$$

上式表明，当 $Ma<1/\gamma^{1/2}$ 时，$\mathrm{d}v/\mathrm{d}s>0$，气流沿程加速，但只能加速到 $Ma=1/\gamma^{1/2}$；当 $Ma>1/\gamma^{1/2}$ 时，$\mathrm{d}v/\mathrm{d}s<0$，气流沿程减速，但只能减速到 $Ma=1/\gamma^{1/2}$。

可见 $Ma=1/\gamma^{1/2}$ 是可压缩气体在等截面管中做等温流动时，管道出口处的马赫数不可跨越的界限。

13.3.1.2 等温管流运动微分方程的积分

对式 $Ma=v/\sqrt{\gamma RT}$ 取对数再微分，注意等温流动 T 为常数，则有

$$\frac{\mathrm{d}v}{v}=\frac{\mathrm{d}Ma}{Ma}$$

于是式（13-47）可写成

$$\frac{\mathrm{d}Ma}{Ma}=\frac{\gamma Ma^2}{(1-\gamma Ma^2)}\frac{\lambda}{2D}\mathrm{d}s \tag{13-48}$$

可压缩气体流动的沿程阻力系数 λ 与马赫数等有关。实验表明：当 $Ma<0.5$ 时，马赫数的影响不大，可视 λ 为常数，近似地按不可压缩流体计算 λ 值。设管长为 l，进口和出口马赫数分别为 Ma_1 和 Ma_2，积分上式得

$$\lambda\frac{l}{D}=\frac{1}{\gamma}\left(\frac{1}{Ma_1^2}-\frac{1}{Ma_2^2}\right)+\ln\frac{Ma_1^2}{Ma_2^2} \tag{13-49}$$

由气体状态方程和等截面管的连续性方程有

$$\frac{v_1}{v_2}=\frac{\rho_2}{\rho_1}=\frac{p_2}{p_1} \tag{13-50}$$

应用式（13-49）与式（13-50）即可计算可压缩气体在等截面管中等温流动的运动参数，但应注意使用条件，即应校核 Ma_2 不能跨越界限值 $1/\gamma^{1/2}$。

13.3.1.3 等温管流的管长计算

若当出口 $Ma_2=1/\gamma^{1/2}$ 时，l 即为最大计算管长，记作 $l_{\max}$。将 $Ma_2=1/\gamma^{1/2}$ 代入式(13-49)，得

$$\lambda\frac{l_{\max}}{D}=\frac{1-\gamma Ma_1^2}{\gamma Ma_1^2}+\ln(\gamma Ma_1^2) \tag{13-51}$$

这就是等截面有摩阻等温管流的最大管长计算公式。若实际管长 l 大于 $l_{\max}$：①如不改变进口条件，则必须减少管长；②如不减少管长，则管内流动将自动调节使出口 $Ma_2=1/\gamma^{1/2}$。在亚声速流动中，这一调节是通过减小进口马赫数，即减少流量来实现的，管道进口将发生壅塞；对于超声速流动，这一调节过程通常伴随激波的产生，使流动阻力大增。

由连续性条件，得质量流量

$$Q_m=\rho vA=\frac{p}{RT}AMa\sqrt{\gamma RT}=Ma\,pA\sqrt{\frac{\gamma}{RT}} \tag{13-52}$$

即

$$Ma=\frac{Q_m}{pA}\sqrt{\frac{RT}{\gamma}}$$

代入式(13-49)，得

$$Q_m=A\sqrt{\frac{p_1^2-p_2^2}{RT\left(\lambda\frac{l}{D}+2\ln\frac{p_1}{p_2}\right)}} \tag{13-53}$$

上式即为有摩阻等温等截面管流的质量流量计算公式，其适用条件为 $Ma_2\leqslant 1/\gamma^{1/2}$，且 $Ma<0.5$。

【例 13-3】 一通风管，内径为 $D=0.1$m，管长 120m，沿程阻力系数 $\lambda=0.016$，进口压强 $p_1=200$kPa（绝对），流量 $Q=0.45\mathrm{m}^3/\mathrm{s}$，设周围空气温度恒定为 288K，$\gamma=1.4$，$R=287$J/（kg·K）。试求出口压强 p_2、出口流速 v_2、质量流量 Q_m 及出口马赫数 Ma_2。

【解】
$$v_1=\frac{Q}{A}=\frac{Q}{D^2\pi/4}=\frac{0.45}{0.1^2\times\pi/4}=57.3(\text{m/s})$$

$$Ma_1=\frac{v_1}{\sqrt{\gamma RT}}=\frac{57.3}{\sqrt{1.4\times287\times288}}=0.1684$$

由式（13-49），用迭代法求解 Ma_2。求初值时，在式（13-49）中略去 $\gamma\ln\frac{Ma_1^2}{Ma_2^2}$ 项，即令初值

$$Ma_{2(0)}=\left(\frac{1}{Ma_1^2}-\gamma\lambda\frac{l}{D}\right)^{-\frac{1}{2}}=\left(\frac{1}{0.1684^2}-1.4\times0.016\times\frac{120}{0.1}\right)^{-\frac{1}{2}}=(8.3646)^{-\frac{1}{2}}=0.3454$$

将式（13-49）写成迭代形式

$$Ma_{2(i+1)}=\left[\frac{1}{Ma_1^2}-\gamma\lambda\frac{l}{D}+\gamma\ln\left(\frac{Ma_1}{Ma_{2(i)}}\right)^2\right]^{-\frac{1}{2}}$$

将 $Ma_{2(0)}$ 及各已知值代入上式迭代式计算得

$Ma_{2(1)}=0.3961$，$Ma_{2(2)}=0.4087$，$Ma_{2(3)}=0.4117$，$Ma_{2(4)}=0.4124$，$Ma_{2(5)}=0.4126$，取 $Ma_2=Ma_{2(5)}=0.4126$

则 $$v_2=Ma_2\sqrt{\gamma RT}=0.4126\times\sqrt{1.4\times287\times288}=140.36(\text{m/s})$$

又由式（13-50）

$p_2=\frac{v_1}{v_2}\cdot p_1=\frac{57.3}{140.36}\times200=81.65$（kPa）（绝对压强）

$$Q_m=Q\rho_1=Q\frac{p_1}{RT}=0.45\times\frac{200}{287\times288}=1.089(\text{kg/s})$$

因 $Ma_2=0.4126<1/\gamma^2=0.510$，计算有效。

13.3.2 等截面管中的绝热流动

有良好保温层的长管道输气（如有隔热层的蒸气管），其流动可近似做为绝热流动。

13.3.2.1 绝热管流特性分析

绝热过程的能量方程式（13-20）

$$\frac{\gamma}{\gamma-1}\frac{p}{\rho}+\frac{v^2}{2}=C$$

将 $p/\rho=RT$ 代入上式，并两边取微分，得

$$\frac{\gamma}{\gamma-1}R\mathrm{d}T+v\mathrm{d}v=0$$

即

$$\frac{\mathrm{d}T}{T}=-\frac{v^2}{\gamma RT}(\gamma-1)\frac{\mathrm{d}v}{v}=-Ma^2(\gamma-1)\frac{\mathrm{d}v}{v} \tag{13-54}$$

等截面管流 $\mathrm{d}A=0$，连续性方程式（13-13）变为

$$\frac{\mathrm{d}\rho}{\rho}=-\frac{\mathrm{d}v}{v} \tag{13-55}$$

将状态方程 $p=\rho RT$ 先取对数，再微分，得

$$\frac{\mathrm{d}p}{p}=\frac{\mathrm{d}\rho}{\rho}+\frac{\mathrm{d}T}{T} \tag{13-56}$$

将式（13-54）及式（13-55）代入式（13-56），得

$$\frac{dp}{p}=-\frac{dv}{v}-(\gamma-1)Ma^2\frac{dv}{v} \tag{13-57}$$

再将式（13-57）代入式（13-45），注意到$\frac{dp}{\rho v^2}=\frac{dp}{(p/RT)\ v^2}=\frac{dp}{p}\frac{1}{\gamma Ma^2}$，整理可得

$$\frac{dv}{v}=\frac{Ma^2}{1-Ma^2}\frac{\gamma\lambda}{2D}ds \tag{13-58}$$

上式表明，当 $Ma<1$ 时，$dv/ds>0$，即亚声速气流在等截面管有摩阻绝热流动中做加速运动，但只能加速到 $Ma=1$；当 $Ma>1$ 时，$dv/ds<0$，即超声速气流在等截面管有摩阻绝热流动中做减速运动，但只能减速到 $Ma=1$。也就是说，对于等截面管可压缩气体的绝热流动，从亚声速流过渡到超声速流，或者从超声速流过渡到亚声速流都是不可能的。

13.3.2.2　绝热管流运动微分方程的积分

将绝热过程的能量方程式（13-20）代入马赫数的定义式（13-10），可改写为

$$Ma^2=\frac{v^2}{\gamma RT}=\frac{v^2}{(C-v^2/2)(\gamma-1)}\ (C\ 为常数)$$

代入式（13-58），可得

$$\frac{dv}{v}\frac{(C-v^2/2)(\gamma-1)}{v^2}-\frac{dv}{v}=\frac{\gamma\lambda}{2D}ds$$

设管长为 l，进口与出口的流速分别为 v_1 与 v_2，当 $Ma<1$ 时，可视 λ 为常数，近似地按不可压缩流体计算 λ 值，积分上式得

$$C(\gamma-1)\left(\frac{1}{v_1^2}-\frac{1}{v_2^2}\right)-(\gamma+1)\ln\frac{v_2}{v_1}=\frac{\lambda\gamma}{D}l \tag{13-59}$$

上式即为等截面绝热流动运动微分方程的积分形式。式中 C 为常数，由绝热管流能量方程（13-20），有

$$C=\frac{\gamma}{\gamma-1}RT_1+\frac{v_1^2}{2}=\frac{\gamma}{\gamma-1}RT_2+\frac{v_2^2}{2} \tag{13-60}$$

由等截面管的连续性方程 $v_1\rho_1=v_2\rho_2$ 及气体状态方程 $p/\rho=RT$，有

$$\frac{v_2}{v_1}=\frac{\rho_1}{\rho_2}=\frac{p_1T_2}{p_2T_1} \tag{13-61}$$

由式（13-59）、式（13-60）和式（13-61）即可求解有摩阻等截面绝热管流的各流动参数。但应注意使用条件，上述积分时假定 λ 为常数，即 $Ma<1$。

13.3.2.3　绝热管流的管长计算

将 $\gamma RT=v^2/Ma$ 代入式（13-60），有

$$\left.\begin{aligned}\frac{C(\gamma-1)}{v_1^2}&=\frac{1}{Ma_1^2}+\frac{\gamma-1}{2}\\\frac{C(\gamma-1)}{v_2^2}&=\frac{1}{Ma_2^2}+\frac{\gamma-1}{2}\end{aligned}\right\} \tag{13-62}$$

将 $v=Ma\sqrt{\gamma TR}$ 代入式（13-62），有

$$\gamma RT_1\left(\frac{1}{\gamma-1}+\frac{1}{2}Ma_1^2\right)=\gamma RT_2\left(\frac{1}{\gamma-1}+\frac{1}{2}Ma_2^2\right)$$

$$\frac{T_1}{T_2}=\frac{2+(\gamma-1)Ma_2^2}{2+(\gamma-1)Ma_1^2}$$

则
$$\frac{v_2}{v_1}=\left(\frac{Ma_1^2T_1}{Ma_2^2T_2}\right)^{-1/2}=\left(\frac{Ma_1^2}{Ma_2^2}\frac{2+(\gamma-1)Ma_2^2}{2+(\gamma-1)Ma_1^2}\right)^{-1/2} \tag{13-63}$$

将式（13-62）、式（13-63）代入式（13-59），可得等截面绝热管流的管长计算公式

$$\lambda\frac{l}{D}=\frac{1}{\gamma}\left(\frac{1}{Ma_1^2}-\frac{1}{Ma_2^2}\right)+\frac{\gamma+1}{2\gamma}\ln\left(\frac{Ma_1^2}{Ma_2^2}\frac{2+(\gamma-1)Ma_2^2}{2+(\gamma-1)Ma_1^2}\right) \tag{13-64}$$

上式适用于 $Ma<1$ 的情况。

无论是亚声速还是超声速气流，极限情况管道出口 $Ma_2=1$，所对应的管长即为最大管长 l_{max}。将 $Ma_2=1$ 代入式（13-64），即可得等截面绝热管流的最大管长计算公式

$$\lambda\frac{l_{max}}{D}=\frac{1-Ma_1^2}{\gamma Ma_1^2}+\frac{\gamma+1}{2\gamma}\ln\frac{(\gamma+1)Ma_1^2}{2+(\gamma-1)Ma_1^2} \tag{13-65}$$

习 题

13-1 有一收缩形喷嘴中的空气流，已知 $p_1=140$kPa（绝对压强），$p_2=100$kPa（绝对压强），$v_1=80$m/s，$T_1=293$K，求断面上的速度 v_2。

13-2 一等熵空气流动，已知其滞止压强 $p_0=5\times98100$Pa（绝对压强），滞止温度 $t_0=20$℃，以及某断面的马赫数 $Ma=0.8$，试求滞止声速 a_0，以及该断面的当地声速 a、气流速度 v 和气流绝对压强 p。

13-3 空气在直径为 10.16cm 的管道中流动，其质量流量是 1kg/s，在管路某断面处的绝对压强为 41360Pa，滞止温度是 38℃，试求该断面处的马赫数、速度和滞止压强。

13-4 在管道中流动的空气，流量为 0.227kg/s。某处绝对压强为 137900Pa，马赫数 $Ma=0.6$，断面面积为 6.45cm^2，试求气流的滞止温度。

13-5 毕托管测得相对压强为 35.850kPa，驻点压强与压强差为 65.861kPa，由气压计读得大气压为 100.66kPa，而空气流的滞止温度为 27℃。分别按不可压缩和可压缩情况计算空气流的速度。

13-6 16℃的空气在 $D=20$cm 的钢管中做等温流动，沿管长 3600m 压降为 98kPa，假若初始绝对压强为 490kPa，设 $\lambda=0.032$，求质量流量。

13-7 已知煤气管路的直径为 20cm，长度为 3000m，气流绝对压强 $p_1=980$kPa，$T_1=300$K，$\lambda=0.012$，煤气的 $R=490$J/（kg·K），绝热指数 $\gamma=1.3$，当出口的外界压强为 490kPa 时，求质量流量。

13-8 空气自绝对压强为 1960kPa、温度为 293K 的气罐中流出，沿长度为 20m、直径为 2cm 的管道流入压强为 392kPa 的介质中，设流动为等温流动，$\lambda=0.015$，求出口质量流量。

13-9 空气在光滑水平管中输送，管长 200m，管径 5cm，$\lambda=0.016$，进口处绝对压强为10^6Pa，温度为 20℃，流速为 30m/s，求沿此管的压降。若①气体作为不可压缩流体；②可压缩等温流动；③可压缩绝热流动，试分别计算之。

部分习题参考答案

1-1～1-3 略

1-4 $\rho=900\text{kg/m}^3$

1-5 $v=0.01062\text{m}^2/\text{s}$，$\mu=10.6\text{N}\cdot\text{s/m}^2$

1-6 $K=1.98\times109\text{N/m}$

1-7 $F=1.0\ \ \text{N}$

1-8 略

1-9 $v=40.14\text{m/s}$

2-1 （a）68.65kPa；（b）−29.42kPa；0；19.61kPa

2-2 −4.9kPa；4.9kPa；

2-3 ①115.55kPa，17.48kPa；②9.63kPa，1.21m

2-4 −9.807kPa，$2\text{mH}_2\text{O}$

2-5 0.4m

2-6 1.28m

2-7 156.7Pa

2-8 ①185.2kPa；②175.4kPa

2-9 ①−1.86kPa；②−0.78kPa

2-10 $\rho'=(1-a/b)\rho$，$p_A-p_B=\frac{a}{b}\rho gh$

2-11 1189.0kPa

2-12 6.66kPa，0.682m

2-13 268.8kPa

2-14 0.213m

2-15 1.63m/s^2

2-16 $18.69\ \frac{1}{\text{s}}$

2-17 126N

2-18 0.8m

2-19 45.26kPa，1.12m（距 B 点）

2-20 9.15kPa，0.31m

2-21 24kN

2-23 1094kN，32.6°

2-24 5107.4kN

2-25 41.05kN

2-26 1.2kN

3-1　35.86m/s^2

3-2　$(x+1)(y-2)=-2$

3-3　①$13.06\text{m/s}^2$

3-4　$x^2+y^2=c$

3-5　0.413m/s，$129.7\times10^{-6}\text{m}^3/\text{s}$

3-6　①$0.0049\text{m}^3/\text{s}$，$4.9\text{kg/s}$；②$0.625\text{m/s}$，$2.5\text{m/s}$

3-7 略

3-8　$u_x=-(2xy+2x)+f(y)$

3-9　$\omega_x=0$，$\omega_y=-u_m\dfrac{z}{r_0^2}$，$\omega_z=u_m\dfrac{y}{r_0^2}$，$\varepsilon_{xy}=-u_m\dfrac{y}{r_0^2}$，$\varepsilon_{xz}=-u_m\dfrac{z}{r_0^2}$，$\varepsilon_{yz}=0$

3-10　$\omega_x=\omega_y=\omega_z=\dfrac{1}{2}$，$\varepsilon_{xy}=\varepsilon_{xz}=\varepsilon_{yz}=\dfrac{5}{2}$

3-11　$\Omega_x=1$，$\Omega_y=1$，$\Omega_z=1$，涡线$\begin{cases}x-y=C_1\\y-z=C_2\end{cases}$

3-12　14π

3-13　①$\psi=\dfrac{1}{2}(x^2+y^2)+C$；②不存在；

③$\varphi=\dfrac{1}{3}x^3-y^2x+\dfrac{1}{2}x^2-\dfrac{1}{2}y^2+C$，$\psi=(x+1)xy-\dfrac{1}{3}y^3+C$

3-14　$(u_x, u_y, u_z)=(2, 1, 2)$；　$(a_x, a_y, a_z)=(5, 4, 5)$；流线$\begin{cases}x^2-y^2=-3\\y^2-z^2=3\end{cases}$

3-15　$u_x=3(x^2-y^2)$，$u_y=-6xy$；$\psi=3x^2y-y^3$；2

3-16　①$\varphi=-2axy+C$；②不存在

3-17 略

3-18　$\psi=-12.29\text{m}^2/\text{s}$；$u=2.29\text{m/s}$

3-19　y 轴上速度最大的点是 $(0, a)$ 和 $(0, -a)$

4-1　$u_A=2.22\text{m/s}$

4-2　$Q=0.102\text{m}^3/\text{s}$

4-3　$p_A=43.5\text{kN/m}^2$

4-4　$u_A=2.4\text{m/s}$，$u_B=2.26\text{m/s}$

4-5　$Q=6.15\times10^{-3}\text{m}^3/\text{s}$；$p_B=-28.91\text{kN/m}^2$

4-6　$H_i=24.9\text{m}$，$\eta=79.7\%$

4-7　$Q=1.5\text{m}^3/\text{s}$

4-8　$Q=0.556\text{m}^3/\text{s}$

4-9　$H=1.23\text{m}$

4-10　$h_v=5.78\text{mH}_2\text{O}$

4-11　$p_B=-53.89\text{kN/m}^2$

4-12　$Q=8.483\mathrm{m^3/s}$；$R_x=22.45\mathrm{kN}$

4-13　$R=-R'_x=-0.456\mathrm{kN}$，$\theta=30°$

4-14　$R_x=3.81\mathrm{kN}$，$R_z=3.42\mathrm{kN}$　合力：$R=5.12\mathrm{kN}$，$\theta=41.99°$

4-15　$R_x=1049\mathrm{N}$；$R_y=2532\mathrm{N}$

4-16　$R_x=1.70\mathrm{kN}$

4-17　$R'_x=1240.5\mathrm{kN}$（→），$R'_y=1750.9\mathrm{kN}$（↑）

4-18　$R'=R=0.889\mathrm{kN}$

5-1　$Q_m=2.26\mathrm{m^3/s}$

5-2　$h_m=1.0\mathrm{m}$；$P_m=14\mathrm{kN}$

5-3　①$Q_m=35.9\mathrm{L/s}$；②$H_p=4.8\mathrm{m}$；$v_p=7.75\mathrm{m/s}$

5-4　$74.67\mathrm{N/m^2}$；$-35.56\mathrm{N/m^2}$

5-5　$\lambda_l=25$，$v_p=15.5\mathrm{m/s}$，$Q_p=175\mathrm{m^3/s}$；$F_p=1937.5\mathrm{kN}$

5-6　$B_m=1.25\mathrm{m}$；$L_m=5\mathrm{m}$；$H_m=0.1\mathrm{m}$；$t_m=54\mathrm{min}$

5-7　$Q_m=0.0181\mathrm{m^3/s}$

5-8　$v_m=0.325\mathrm{m/s}$；$Q_m=0.0914\mathrm{m^3/s}$

5-9　$Q=\frac{\pi d^2}{4}f\left(\frac{d}{H},\ \frac{\mu}{\rho H\sqrt{gH}},\ \frac{\sigma}{\rho g H^2}\right)\sqrt{2gH}$

5-10　$\Delta p=f\left(\frac{l}{d},\ \frac{\Delta}{d},\ \frac{\nu}{vd}\right)\rho v^2$；$h_f=f\left(\frac{\Delta}{d},\ \frac{\nu}{vd}\right)\frac{l}{d}\frac{v^2}{2g}$

5-11 略

6-1　水的流态为紊流，油的流态为层流。

6-2　①流动为层流；②$\nu=7.91\times10^{-5}\mathrm{m^2/s}$；③若保持相同的平均流速反向流动，压差计的读数无变化，但水银柱的左右两肢的交界面，亦要转向，左肢的低于右肢的。

6-3　①流动为紊流；②$h_f=1.18\mathrm{m}$；③$u=u_{\max}-\frac{u^*}{k}\left[\ln r_0-\ln(r_0-r)\right]$

6-4　$h_f=16.59\mathrm{m}$（oil）

6-5　10.92m；26.75Pa；0.164m/s；17.83Pa；3.21m/s

6-6　$\nu=1.802\mathrm{cm^2/s}$

6-7　$\lambda=0.022$

6-8　$\xi=0.762$

6-9　层流，$h_f=1077.1\mathrm{m}$

6-10　$Q=5.19\mathrm{L/s}$

6-11　$Q=2.09\mathrm{L/s}$

6-12　$\Delta=0.2\mathrm{mm}$

6-13　$Q=0.0383\mathrm{L/s}$

6-14　过渡区 $\lambda=0.018$

6-15　流动属于紊流过渡区

6-16　$h_f=1.616\ \mathrm{mH_2O}$，$\tau_0=2.97\mathrm{Pa}$

$v^*=0.0545\mathrm{m/s}$，　　$\delta_0=0.214\mathrm{mm}$

6-17　①$\frac{d_2}{d_1}=1.19$；①$\frac{d_2}{d_1}=1.16$；①$\frac{d_2}{d_1}=1.14$

6-18　$\frac{\Delta}{d}=0.0174$

6-19　$p_0=38955\mathrm{Pa}$

6-20　(a) $h_{m1}=0.171\mathrm{m}$，(b) $h_{m2}=3.85h_{m1}$

6-21　90°的缓弯减少局部水头损失较多

7-1　相同

7-2　$\varphi=\sqrt{\frac{x^2}{4yH}}$

7-3　$Q=0.0214\mathrm{m^3/s}$

7-4　$Q-0.0334\mathrm{m^3/s}$，$H_2-1.372\mathrm{m}$

7-5　$Q=4.2\mathrm{L/s}$

7-6　流速 $v=16.35\mathrm{m/s}$，流量 $Q=0.02\mathrm{m^3/s}$

7-7　$v=9.6\mathrm{m/s}$，$Q=4.82\times10^{-4}\mathrm{m^3/s}$；$v=8.12\mathrm{m/s}$，$Q=6.38\times10^{-4}\mathrm{m^3/s}$

7-8　$\varepsilon=0.64$，$\varphi=0.97$，$\zeta_{孔}=0.063$，$\mu=0.621$

7-9　①$Q=0.0373\mathrm{m^3/s}$；②$0.025\mathrm{m^3/s}$；③$Q=0.00024\mathrm{m^3/s}$

7-10　①$1.22\mathrm{m^3/s}$；②$1.61\mathrm{m^3/s}$；③$h_v=1.5\mathrm{m}$

7-11　$H_2=1.896\mathrm{m}$，$q_{V_2}=q_{V_1}=0.0363\mathrm{m^3/s}$

7-12　$Q_1=1.134\mathrm{L^3/s}$，$Q_2=0.611\mathrm{L^3/s}$，$Q_3=0.522\mathrm{L^3/s}$

7-13　1360s，7330s

7-14　$Q=2.091\mathrm{m^3/s}$

7-15　$Q=0.07\mathrm{m^3/s}$，$h_v=2.64\mathrm{mH_2O}$

7-16　①$z=6.15\mathrm{m}$；②$h_s=4.95\mathrm{m}$

7-17　$h_s=5.07\mathrm{m}$

7-18　$Q_1=162.721\mathrm{L/s}$；$Q_2=78.551\mathrm{L/s}$；$Q_3=38.771\mathrm{L/s}$；$h_f=13.57\mathrm{m}$

7-19　$H=15.671\mathrm{m}$

7-20　$Q=0.049\mathrm{m^3/s}$

7-21　$Q_1=0.072\mathrm{m^3/s}$

7-22　$Q_1=9.9\mathrm{L/s}$，$Q_2=31.9\mathrm{L/s}$，$Q_3=58.2\mathrm{L/s}$，$h_f=21.33\mathrm{m}$

7-23　$Q_2=2.41\mathrm{L/s}$；$Q_3=0.63\mathrm{L/s}$

7-24　①0，1.73L/s；②2.25L/s；0.2L/s；③1.1L/s；19.5

7-25　$H=22.421\mathrm{m}$

7-26　①$Q_1=Q_2=0.1193\mathrm{m^3/s}$；$Q_3=Q_4=0.06137\mathrm{m^3/s}$

②$h_{fAB}=h_{f1}=2.752\times1000Q_1^2=39.138\mathrm{m}$

③$h_{fAC}=h_{f3}=2.752\times500Q_3^2=5.18\mathrm{m}$

7-27　水塔高度 30.6m，各管段直径见下表：

0-1	1-2	2-3	1-4	2-5
700	600	500	250	300

8-1～8-5 略

8-6　$R=0.27\text{m}$，$v_m=5.32\text{m/s}$，$v_1=1.05\text{m/s}$

8-7　$u_m=0.22\text{m/s}$，$c_m=44.56\times10^{-6}$，$s=40.0$

8-8　$b_0=0.014\text{m}$，0.09mg/L

8-9　$17.17\exp(-926x^2)$，$7.68\exp(-185x^2)$

8-10　$q=(q_1+q_2)=6.53\times10^{-3}\text{g/(s}\cdot\text{cm}^2)$

8-11　$c(0, 30)=222\ \text{kg/m}^3$；$c(0, 365)=0.023\ \text{kg/m}^3$

8-12　$b=1.32\text{m}$；$Q_0=11.10\text{m}^3/\text{s}$；$Q=26.40\text{m}^3/\text{s}$

8-13　$c_{1\max}=3.29\text{kg/L}$；$c_{2\max}=2.69\text{kg/L}$

8-14　$2b=2.37\sqrt{x}$；$L=872.37\text{m}$；$c_{\max}=3.35\text{mg/L}$

9-1　$u=3.19\text{m/s}$

9-2　$Q=26.3\text{m}^3/\text{s}$

9-3　$Q=1.72\text{m}^3/\text{s}$，$v=0.512\text{m/s}$

9-4　$i=0.000334$

9-5　$h=1.09\text{m}$　$b=0.66\text{m}$

9-6　$h_0=0.43\text{m}$；$b=0.86\text{m}$

9-7　$h_0=2.153\text{m}$，$b=3.444\text{m}$

9-8　$Q_1\neq Q_2$；$Q_1=18.05\text{m}^3/\text{s}$；$Q_2=18.96\text{m}^3/\text{s}$

9-9　$h_0=2.266\text{m}$；$A_0=5.133\text{m}^2$

9-10　$h_0=1.391\text{m}$

9-11　$v=1.32\text{m/s}$；$Q=6.652\text{m}^3/\text{s}$

9-12　①$v=0.866\text{m/s}$；$Q=17.32\text{m}^3/\text{s}$

②底坡不变，粗糙系数增大，流量减小；

③粗糙系数不变，底坡 i 增大（变陡），流量增大

9-13　证明略

9-14　$\dfrac{b}{h_0}=\sqrt{1+m_1^2}+\sqrt{1+m_2^2}-(m_1+m_2)$

9-15　$n=0.027$

9-16　①大于；②小于；③小于

9-17　$h=2.18\text{m}$，$b=1.33\text{m}$，$\beta_k=0.61$

9-18　$Q=178.2\text{m}^3/\text{s}$

9-19　$Q=220.72\text{m}^3/\text{s}$

10-1　$Q=17.72\text{m}^3/\text{s}$，$v=81\text{m/s}$

10-2　$h_k=1.15$（m）

10-3　$h_k=0.6126438\text{m}$

10-4　缓流

10-5　①$h_{k2}=h_{k1}=1.37\text{m}$；②上游为缓流，下游为急流；③$h=h_{k1}=1.37\text{m}$

10-6　$h_1=1.01\text{m}$，$h_2=1.18\text{m}$

10-7　$h'==1.24\text{m}$，　$\Delta h_w=0.66\text{m}$

10-8　$n=0.028$

10-9　$e_{min}=0.297\text{m}$，缓流

10-10　略

10-11　①$h_k=0.5303\text{m}$；②$h_k=0.99\text{m}$

10-12　缓流

10-13　$Q=5.904\text{m}^3/\text{s}$

10-14

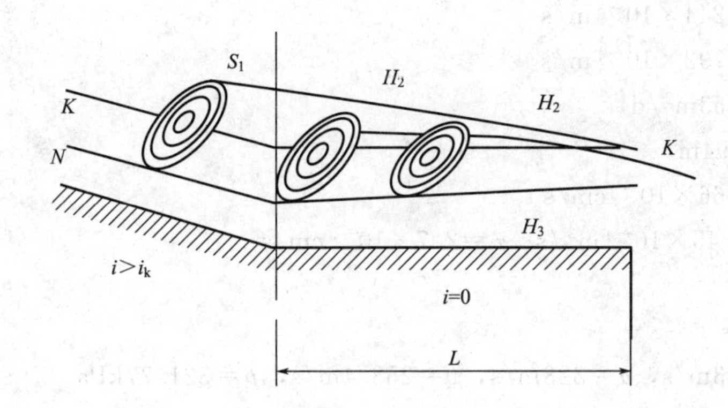

10-15　略

10-16　略

10-17　$h_1=1.9\text{m}$，$h_2=1.5\text{m}$

11-1、11-2 略

11-3　$Q=1.29\text{m}^3/\text{s}$

11-4　$Q=4.09\text{m}^3/\text{s}$

11-5　$Q=0.689\text{m}^3/\text{s}$

11-6　$Q=133.48\text{m}^3/\text{s}$

11-7　$Q=4.09\text{m}^3/\text{s}$

11-8　$Q=774.9\text{m}^3/\text{s}$

11-9　$Q=1376\text{m}^3/\text{s}$

11-10　$Q=968.18\text{m}^3/\text{s}$

11-11　$h_c=1.09\text{m}$，发生远离水跃

11-12　①$q_v=0.0861\text{m}^3/\text{s}$；②$H_2=0.328\text{m}$

11-13　$q_v=5886.9\text{m}^3/\text{s}$

11-14　$b=9\text{m}$，分三孔，每孔净宽 $b'=3\text{m}$

12-1　$Q=0.0172\text{m}^3/\text{s}$，$z^2=26.97+20.984\lg r$

12-2　$k=0.0414\text{cm/s}$

12-3　$k=0.036\times10^{-3}\text{m/s}$

12-4　$Q=0.615\text{cm}^3/\text{s}$

12-5　$Q=0.01649\text{m}^3/\text{s}$，$z^2=36+20.1164\lg\frac{r}{0.2}$

12-6　$k=0.00124\text{m/s}$

12-7　①$73.5\text{kN/m}^2$；②$h_1=h_2=8\text{m}$；$h_3=4\text{m}$

12-8　$k=1.465\times10^{-3}\text{m/s}$，$Q\approx59.99\text{m}^3/\text{h}$

12-9　$k=0.0467\text{cm/s}$

12-10　①$Q=6.0\times10^{-5}\text{m}^3/\text{s}$；②$h_C=3.16\text{m}$

12-11　$k=1.133\times10^{-5}\text{m/s}$

12-12　①$h_0=7.01\text{m}$；②$Q=7.48\times10^{-3}\text{m}^3/\text{s}$

12-13　$k=4.244\times10^{-3}\text{m/s}$

12-14　$k=6.792\times10^{-4}\text{m/s}$

12-15　$q=2.63\text{m}^2/\text{d}$

12-16　$s=0.94\text{m}$

12-17　$k=3.66\times10^{-3}\text{cm/s}$

12-18　$Q=5.45\times10^{-4}\text{m}^3/\text{s}$；$v=2.7\times10^{-5}\text{cm/s}$

13-1　242m/s

13-2　$a_0=343\text{m/s}$，$a=323\text{m/s}$，$v=258.4\text{m/s}$，$p=321.77\text{kPa}$

13-3　$Ma=0.71$，$v=241.5\text{m/s}$，$p_0=58.26\text{kPa}$

13-4　$T_0=287\text{K}$

13-5　①$v=236.8\text{m/s}$；②$v=252.8\text{m/s}$

13-6　$Q_m=2.31\text{kg/s}$

13-7　$Q_m=5.17\text{kg/s}$

13-8　$Q_m=0.427\text{kg/s}$

13-9　①$\Delta p=3.42\times10^5\text{Pa}$；②$\Delta p=4.4\times10^5\text{Pa}$；③$\Delta p=4.03\times10^5\text{Pa}$

参考文献

[1] 清华大学水力学教研室编．水力学．上、下册．北京：人民教育出版社，1980.

[2] Victor L Streeter，E. Benjamin Wylie，Keith W. Bedford. 流体力学（第9版）．北京：清华大学出版社，2003.

[3] 闻德荪，魏亚东，李兆年，王世和编．工程流体力学（水力学）．北京：高等教育出版社，1991.

[4] 高等学校给水排水工程学科专业指导委员会．高等学校给排水科学与工程本科指导性专业规范．北京：中国建筑工业出版社，2012.

[5] 蔡增基，龙天渝主编．流体力学泵与风机．第5版．北京：中国建筑工业出版社，2009.

[6] 毛根海，邵卫云，张燕编．应用流体力学．北京：高等教育出版社，2006.

[7] 严新华，龙天渝，陈应华，杨振玉，张志政．水力学．重庆：科学技术出版社，2001.

[8] 禹华谦主编．工程流体力学（水力学）．成都：西南交通大学出版社，1999.

[9] 闻德荪，黄正华，高海鹰，王玉敏编．工程流体力学（水力学）．第3版．北京：高等教育出版社，2010.

[10] 吴持恭主编．水力学．上、下册．北京：高等教育出版社，1983.

[11] 刘鹤年主编．水力学．北京：中国建筑工业出版社，1998.

[12] 肖明葵主编．水力学．重庆：重庆大学出版社，2007.

[13] 柯葵，朱立明，李嵘编．水力学．上海：同济大学出版社，2001.

[14] 西南交通大学水力学教研室编．水力学．第3版．北京：高等教育出版社，1984.

[15] 严熙世，刘遂庆主编．给水排水管网系统．北京：中国建筑工业出版社，2004.

[16] 中华人民共和国国家规范．建筑给水排水设计规范（GB 50015—2003）．

[17] 莫乃榕，槐文信编．流体力学水力学题解．武汉：华中科技大学出版社，2002.

[18] 谢永曜，汝树勋，陈亚梅，王贤敏编．工程流体力学、水力学题解．成都：四川科学技术出版社，2002.

[19] 王增长主编．建筑给水排水工程．第六版．北京：中国建筑工业出版社，2010.